한솔아카데미가 답 건축기사·건축산업기사

KB036986

한솔과 함께라면 빠르게 합격 할 수 있습니다.

단계별 완전학습 커리큘럼

기초핵심 – 정규이론과정 – 모의고사 – 마무리특강의 단계별 학습 프로그램 구성

기초핵심 (기초역학) ▶ **정규강의** (이론+문풀) ▶ **모의고사** (시험 2주전) ▶ **블랙박스 특강** (우선순위핵심)

건축기사·건축산업기사 유료 동영상 강의

구 분	과 목	담당강사	강의시간	동영상	교 재
필 기	건축계획	이병억	약 21시간		
	건축시공	한규대	약 43시간		
	건축구조	안광호	약 30시간		
	건축설비	오호영	약 20시간		
	건축법규	조영호	약 18시간		
	기사 과년도	과목별 교수님	약 39시간		
	산업기사 과년도	과목별 교수님	약 35시간		

• 유료 동영상강의 수강방법 : www.inup.co.kr

최근의 출제문제를 중심으로 분석한 출제빈도와 중요내용입니다.

과목	단 원 명	출제문항수	세 부 항 목
건축계획	1. 총론	1	건축물을 만드는 과정, 모듈
	2. 주거건축	5(7)	단독주택, 농촌주택, 공동주택, 단지계획
	3. 상업건축	3(7)	사무소, 은행, 상점, 슈퍼, 백화점 · 쇼핑센타
	4. 교육시설	1(4)	학교, 도서관
	5. 숙박시설	1	호텔, 레스토랑
	6. 의료시설	2	병원
	7. 문화시설	3	극장, 영화관, 미술관
	8. 산업건축	1(2)	공장, 창고
	9. 건축환경	·	열환경, 시환경, 음환경
	10. 건축사	3	서양건축사, 한국건축사
계		20(20)	
건축시공	1. 총론	1.5	공사관련자, 계획 및 입찰, 계약서류, 공사계획
	2. 공정 및 품질관리	1	공정계획, N/W공정표, 품질계획
	3. 가설공사	1.5(1.1)	공통가설, 직접가설공사, 적산
	4. 토공사 및 기초공사	1.5(1.1)	지반조사, 터파기, 흙막이, 기초, 말뚝
	5. 철근콘크리트공사	4.5(4.8)	철근공사, 거푸집공사, 콘크리트공사, 적산
	6. 철골공사	1.5(1.1)	일반사항, 각종접합, 철골현장세우기, 적산
	7. 조적, 타일 및 테라코타공사	1.8(1.7)	벽돌, Block, 돌공사, 타일, 적산
	8. 목공사	1.4(1.1)	목재의 성질, 이음, 맞춤, 목재 제품
	9. 방수, 지붕 및 홈통공사	1.3(1.6)	방수공법의 종류, 비교, 아스팔트 방수
	10. 미장공사	1(1.3)	미장재료의 분류, 성질, 시공일반사항
	11. 기타공사	3(2.7)	창호 및 유리공사, 도장, 금속, 합성수지공사
계		20(20)	

9장 0%
10장 15%
8장 5(10)%
1장 5%
7장 15%
2장 25(23)%
6장 10%
5장 5%
4장 5(20)%
3장 15(35)%

건축계획

1장 7(7)%
11장 15(13)%
5(5)% 2장
10장 5(6)%
8(6)% 3장
9장 6(8)%
4장 8(11)%
8장 7(6)%
7장 9(8)%
6장 7(6)%
5장 23(24)%

건축시공

과목	단 원 명	출제문항수	세 부 항 목
건축구조	1. 건축구조역학	6~7	부정정차수, 지점반력, 전단력, 휨모멘트, 축방향력, 단면의 성질, 응력, 변형률, 단주 및 장주, 구조물의 변형, 부정정구조
	2. 철근콘크리트구조	7~9	보의 휨해석 및 전단해석, 기둥의 해석, 처짐 및 균열, 정착 및 이음, 슬래브, 기초 및 벽체
	3. 강구조	2~4	고력볼트접합, 용접접합, 인장재설계, 압축재설계, 휨재설계, 강합성구조, 주각, 강구조 처짐제한, 전단중심
	4. 일반구조	3~4	활하중, 조립식구조, 부등침하 및 연약지반에 대한 대책, 말뚝간격, 내진설계
계		20	

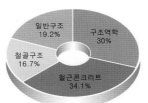

건축구조

과목	단 원 명	출제문항수	세 부 항 목
건축설비	1. 위생설비	6~8	급수설비, 급탕설비, 배수통기설비, 오물정화설비, 소화설비, 가스설비, 배관용재료
	2. 냉난방설비	7~8	난방설비, 공조설비, 냉동설비
	3. 전기설비	5~8	강전설비, 조명설비, 약전설비, 승강운송설비
계		20	

건축설비

과목	단 원 명	출제문항수	세 부 항 목
건축법규	1. 총칙	2~3	건축물, 지하층, 건축 및 대수선, 내화구조 등, 적용의 완화
	2. 건축물의 건축	4~5	건축허가 및 신고, 가설건축물, 착공 및 사용승인, 공사감리, 허용오차, 건축물의 용도분류, 용도제한, 용도변경
	3. 건축물의 유지관리	0~1	건축물의 유지관리, 철거신고
	4. 건축물의 대지 및 도로	1~2	옹벽의 기술기준, 조경, 공개공지 설치, 도로, 대지와 도로와의 관계, 건축선
	5. 건축물의 구조 및 재료	2~3	구조내력의 확인, 지하층, 피난계단, 방화구획, 주요구조부의 제한
	6. 지역 및 지구 안의 건축물	2~3	면적 및 높이산정 산정기준, 대지의 분할, 맞벽 및 연결통로, 건축물높이제한, 일조권제한
	7. 건축설비	1~2	승강설비, 배연설비, 피뢰설비, 지능형건축물
	8. 특별건축구역	0~1	특별건축구역
	9. 보칙 및 벌칙	0~1	기존건축물조치, 건축법준용공작물, 건축분쟁조정
	10. 주차장법	4~6	주차구획, 주차전용 건축물, 노외 및 기계식 주차장 설비기준, 부설주차장
	11. 국토의 계획 및 이용에 관한 법률	3~1	용도지역, 지구, 구역구분, 도시·군 계획시설, 도시계획, 광역도시계획, 지구단위계획, 건폐율 및 용적율
계		20	

건축법규

• 건축법 : 65%
• 주차장법 : 20%
• 국계법 : 15%

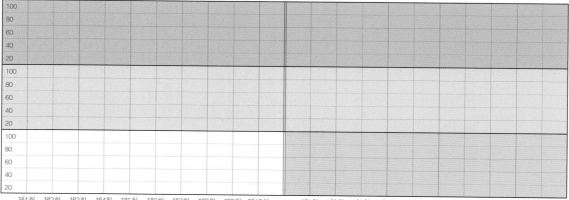

THE PASS

2024

건축기사·산업기사 시리즈

건축
계획

기출문제 무료동영상
CBT 모의고사

1

한솔아카데미

머리말

오랫동안 건축(산업)기사 시험대비를 위해 본 교재를 준비해 오면서 수험생들이 기사시험을 치루는데 어떻게 하면 본 과목의 내용을 쉽게 이해하여 완전하게 학습된 상태에서 시험을 볼 수 있을까 하는 생각을 한시도 놓쳐 본 적이 없다. 따라서, 그동안 일반적인 문제집들의 교재내용 구성이 뒷부분에 부록으로 되어 있는 과년도문제를 최초로 본문안으로 끌어들여 핵심이론 요약과 함께 과년도문제를 먼저 학습하도록 했었고 이를 바탕으로 출제예상문제를 풀도록 하여 과거에 출제된 문제들을 통해 앞으로 시행될 시험이 어떻게 나올지 예상하도록 하면서 시험에 만전을 기하도록 했었다.

사실상 건축계획은 쉬운듯 하면서도 어렵다. 시험을 치른 후 정답을 맞춰보면 기대밖의 낮은 점수에 본인스스로 놀라는 경우가 종종 있다.

따라서 어떠한 형태의 시험문제이든지 좋은 점수를 얻으려면 방대한 분량의 이론을 체계적으로 간단, 명료하면서도 쉽게 정리해야 한다. 이 점을 고려하여 핵심이론요약의 내용을 거의 빠짐없이 부담없는 분량으로 정리하였다.

전체적인 내용구성을 살펴보면

1. 이론요약
2. 핵심문제(기출문제)
3. 기출문제 및 출제예상문제
4. 최근기출문제 부록이다.

시험범위는 건축기사에서는 전범위인 1. 각론 2. 원론 3. 건축사이고 건축산업기사에는 1. 총론 2. 주거건축 3. 상업건축 4. 교육시설 5. 산업건축이다.

건축기사와 건축산업기사의 시험범위 차이가 크므로 건축산업기사를 준비하는 수험생들은 우선 먼저 시험범위를 잘 설정해야 한다.

이외에도 전달해야 될 내용들이 많지만 수험생여러분들이 학습하면서 느낄 수 있길 바라면서 이만 줄인다. 끝으로 목표가 꼭 달성되길 기원하며 이 책의 발간을 위해 수고한 많은 분들께 감사드린다.

저자 드림

"한솔아카데미" 교재는 앞서갑니다.

교재구성 특징

각 항목별 단원에 학습방향을 두어 흐름을 파악할 수 있습니다.

본문에 들어가기전 핵심을 체크하면서 쉽고 간단하게 학습에 몰입할 수 있도록 해드립니다.

각 핵심문제를 통해서 시험의 유형을 파악할 수 있습니다.

본문내용의 흐름에 맞추어 핵심문제를 구성하여 핵심문제를 완벽하게 풀 수 있도록 해설을 명쾌하게 구성하였습니다.

각문제마다 출제비중을 알게 하였습니다

[15,21,22㉮] 출제횟수를 한눈에 파악할 수 있게 하여 출제경향을 파악할 수 있게 하였습니다.

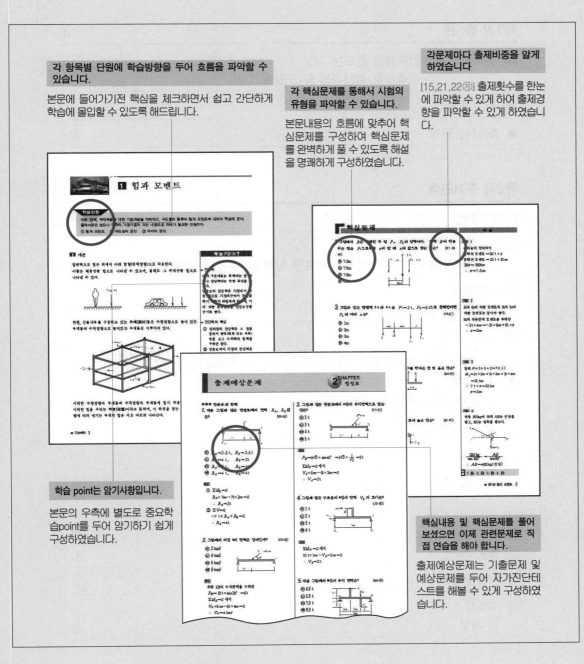

학습 point는 암기사항입니다.

본문의 우측에 별도로 중요학습point를 두어 암기하기 쉽게 구성하였습니다.

핵심내용 및 핵심문제를 풀어 보셨으면 이제 관련문제로 직접 연습을 해야 합니다.

출제예상문제는 기출문제 및 예상문제를 두어 자가진단테스트를 해볼 수 있게 구성하였습니다.

목 차

건 축 계 획

(과년도 기출문제 분석수록)

출제기준

■ 적용기간 : 2020. 1. 1 ~ 2024. 12. 31

자격종목	주요항목	세부항목	세세항목
건축기사 (필기)	1. 건축계획원론	1. 건축계획일반	1. 건축계획의 정의와 영역 2. 건축계획과정
		2. 건축사	1. 한국건축사 2. 서양건축사
		3. 건축설계 이해	1. 건축도면의 이해 2. 건축도면의 표현
	2. 각종 건축물의 건축계획	1. 주거건축계획	1. 단독주택　　2. 공동주택 3. 단지계획
		2. 상업건축계획	1. 사무소　　2. 상점
		3. 공공문화건축계획	1. 극장　　　　2. 미술관 3. 도서관
		4. 기타 건축물계획	1. 병원　　　2. 공장 3. 학교　　　4. 숙박시설 5. 장애인 · 노인 · 임산부 등의 　편의시설계획 6. 기타 건축물
건축산업기사 (필기)	1. 건축계획원론	1. 건축계획일반	1. 건축계획의 정의와 영역 2. 건축계획과정
	2. 각종 건축물의 건축계획	1. 주거건축계획	1. 단독주택 2. 공동주택 3. 단지계획
		2. 상업건축계획	1. 사무소 2. 상점
		3. 기타 건축물계획	1. 학교 2. 공장

제 1 장 총 론

출제경향분석

총론은 건축계획 전반에 걸친 개론적 내용으로 포괄적인 이론을 전개할 수 있으나, 여기에서는 건축계획에 해당하는 내용만을 2가지로 요약하여 설명하였다.

우선, 첫째는 건축물을 만드는 과정속에서 건축계획이 차지하는 범위(건축계획 결정 과정)와 이러한 건축계획에 임하는 사람으로서의 자세인 현대건축의 요구사항(건축계획의 원리)에 관한 것이고,

둘째는 건축계획시 꼭 필요로 하는 스케일(치수)에 관한 것이다. 이 치수를 정하여 기준치수를 사용하는 모듈(척도)에 대해 정리하였다.

일반적으로 총론에서 가장 많이 출제되며, 중요하게 강조되는 내용은 모듈이다.

세 부 목 차

1) 건축과정
2) 치수계획

I. 총론

1 건축과정

(1) 건축물을 만드는 과정
(2) 건축계획 결정과정 및 모델화

학습방향

건축물을 만드는 전과정 중에서 무엇이 가장 먼저 시행되는지를 판단하는 문제가 출제된다.

1. 건축과정 : 기획 – 계획 – 설계 – 시공 – 거주후 평가(POE)
   : 목표설정 – 자료수집분석 – 조건설정 – 기본계획 – 기본설계 – 실시설계 – 시공
2. 건축계획과정 : 목표설정 – 자료(정보)수집·분석 – 조건설정 – 모델화 – 평가 – 계획결정
3. 건축의 3대 요소 : 기능, 구조, 미
4. POE(Post Occupancy Evaluation) : 거주후 평가

---

1 건축물을 만드는 과정

(1) 기획

건축주(공사발주자)가 직접 행하는 것으로 건설목적, 의도, 방향설정, 운영방법, 예산, 경영방침, 설계에 대한 요구사항, 제약사항 등 건설의 전 과정을 예견하는 일이다.

(2) 계획

건축계획과정이란 어떤 목표를 달성하고자 할 때 우선 목적에 필요한 각종 정보 및 자료를 수집, 분석한 후 종합적 평가를 거쳐 계획을 결정하는 일련의 의사결정 과정을 말한다.

(3) 설계

건축가를 중심으로 행해지는 과정으로 기본설계단계와 실시설계단계로 이루어진다. 여기서 기본설계는 기획시에 의도된 것을 분석하고 조립하여 구체적인 형태의 기본을 결정하는 단계이고, 실시설계는 보다 상세한 설계를 하여 설계도서를 만드는 단계이다.

① 기본설계도서

㉮ 기본설계도 : 배치도, 평면도, 입면도, 단면도 등 건축물의 형태의 개요를 나타내는 도면

㉯ 설계설명서 : 설계자가 그 건축물에 대하여 생각하는 것, 구조방식, 마감재료, 설비개요 등을 나타내는 서류

㉰ 공사비 개산서 : 이 단계에서 공사비의 예정액을 예상하여 산출한 조사

② 실시설계도서

㉮ 실시설계도서 : 배치도, 평면도, 입면도 외 각종 상세도, 구조설계도, 급배수위생, 냉난방, 공기조화 등 전기기계설비 설계도, 옥외시설, 조경설계도

학습POINT

■ 건축과정

기 획	계획 → 설계		시공	
목표설정 ↓ 자료수집, 분석 ↓ 조건파악	기본계획 ↓ 기본설계 (모델화)	실시설계 →	시공 →	거 주 후 평 가
건축계획 결정과정		실시설계	시공	

■ 자료수집 방법

① 문헌조사 : 기존에 있는 문헌들을 통하여 자료를 수집하는 가장 많이 사용하는 방법으로 비용과 시간을 줄일 수 있는 점이 유리하나 자료수집에는 한계가 있다.

② 면접법 : 응답자로부터 사회현상에 관한 정보나 의견, 신념, 태도 등의 표현을 얻기 위해 서로 대면하여 실시하는 언어적인 상호작용으로 표준적 면접과 비표준적 면접이 있다.

③ 설문지법 : 개인의 지각, 신념, 감정, 동기, 기대 등 사적 정보를 얻는데 유용하며, 조사대상자의 언어적 표현에 의존하는 방법으로 직접질문과 간접질문의 방법이 있다.

---

      ④ 계산서 : 구조계산서, 냉난방부하 계산서, 전압강하 계산서, 조명조
        도 계산서 등
      ④ 시방서 : 시공자에 대한 지시사항으로서 설계도면에 표시할 수 없는 각종
        건축, 기계, 전기, 기타 사항 등 글이나 도표로 나타낸 것
      ④ 공사비예산서 : 표준이 되는 공사비로서 설계자가 산출한 조서

(4) 시공

공사시공업자에 의하여 실제로 건물을 만드는 과정이다.

(5) 거주후 평가(POE)

거주후 평가란 건축물이 완공된 후 사용 중인 건축물이 본래의 기능을 제
대로 수행하고 있는 지의 여부를 인터뷰, 현지답사, 관찰 및 기타 방법들
을 이용하여 거주후 사용자들의 반응을 진단, 연구하는 과정을 말한다.

2 건축계획 결정과정 및 모델화

(1) 목표 설정

(2) 정보 및 자료수집

  ① 정보의 종류 : 초기정보, 기술정보, 평가정보, 프로그램정보 등
  ② 자료수집 방법 : 문헌조사, 면접법, 설문지법, 관찰법, 실험법 등

(3) 조건 설정

  ① 기능 : 시설간의 기능도, 동선도, 운영방식 등
  ② 성능 : 내구연한, 실내환경, 구조재료, 건물환경 등
  ③ 규모 : 기능예산 및 장래규모 예측이나 증축 등
  ④ 성격 : 건축주나 건축가가 부여하며, 의장조건도 여기에 포함된다.

(4) 모델화

어떤 목표에 대하여 새로운 구상을 가지고 모델을 구성하는 방법이다.
  ① 설계조건에서 추출 : 공간상호간의 관계, 입지조건 등에서 추출
  ② 아이디어 정보참고 : 기존 건물, 문헌, 옛 건축 등에서 추출
  ③ 합의에 의한 결정 : 개인차를 줄이고 높은 단계의 아이디어를 얻기 위해
    합의의 방법을 사용한다.

(5) 평가

  ① 기준 : 목표달성도와 조건적응의 평가기준
  ② 방법 : 비교법, 단계법, 점수법, 직관법 등

(6) 계획 결정

선택과 수정항목별 평가를 거쳐 최종 계획을 결정한다.

④ 관찰법 : 사물의 현상에 대하여
일정한 목적을 정해 자연현상을
그대로 주의하여 파악하는 것으
로 참여 관찰방법과 비참여 관
찰방법이 있으며, 관찰자료의
효과적인 분석을 위해 행태도,
궤적관찰(자취관찰법), 활동일
지, 동선조사 등이 있다.
⑤ 실험법 : 재료나 구조물의 특성
에 관한 실험이나 인위적 환경
조건속에서의 인간행동이나 심
리적 반응을 조사하는 방법으로
특수한 문제를 해결하기 위해
사용한다.

■ 건축계획 결정과정

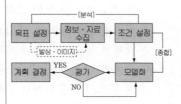

■ 현대건축의 요구사항(건축계획의
원리)
① 건축의 3대 요소
  ㉮ 기능
  ㉯ 구조
  ㉰ 미
② 사상(건축가로서의 개성)
③ 과학적(보건상 자연조건), 경제
적(건설비, 경상비, 내구연한
등)
④ 주위환경에 대한 고려
⑤ 정서
⑥ 기술적 협동
⑦ 도시계획적(조경계획, 색채계
획)인 검토와 미래 지향적(기술
개발, 참신한 생활공간 창조)

핵 심 문 제

1 다음의 설계과정 중에서 가장 선행되는 사항은 어느 것인가?

① 기본계획
② 조건파악
③ 기본설계
④ 실시설계

해설 **1**

2 건축설계과정에 관한 기술 중 가장 적합하지 않은 것은?

① 건축설계 첫 단계에서 검토할 사항은 대지분석이다.
② 건축주의 의도를 충분히 이해한다.
③ 건축의 조형을 내부기능에 못지 않게 중요시 한다.
④ 조경설계는 건축설계가 완성된 후에 한다.

해설 **2**
배치계획에서는 도로에서의 소음, 일조, 통풍, 전망관계, 대지의 특성 등을 고려하여야 하며, 조경, 주차장 등의 역할과 건축물 내부 실배치 및 외부공간과의 연관관계를 고려하여 결정해야 한다.

3 건축계획단계에서의 조사수법에 대한 설명으로 옳지 않은 것은?

① 이용상황이 명확하게 기록되어 있는 시설의 자료 등을 활용하는 것은 기존자료를 통한 조사에 해당된다.
② 직접관찰을 통하여 생활과 공간간의 대응관계를 규명하는 것은 생활행동 행위의 관찰에 해당한다.
③ 건물의 이용자를 대상으로 설문을 작성하여 조사하는 방식은 생활과 공간의 대응관계분석에 유효하다.
④ 주거단지에서 어린이들의 행동특성을 조사하기 위해서는 설문조사가 일반적으로 가장 적절한 방법이다.

해설 **3**
주거단지에서 어린이들의 행동특성을 조사하기 위해서는 직접관찰이 일반적으로 가장 적절한 방법이다.

4 대지분석에 관한 설명 중 옳지 않은 것은?

① 기후분석은 건축물의 외피계획을 위한 것이다.
② 축에 대한 분석은 건축물의 조형적 형태계획을 위한 것이다.
③ 교통분석은 차도계획 및 주차공간계획을 위한 것이다.
④ 주변상황분석은 그 건축의 규모 및 용도결정에 도움을 주기 위한 것이다.

해설 **4**
주변상황분석(context analysis)을 하는 이유는 대지의 성격 및 주변환경의 전후상황을 이해하여 대지에 맞는 최적의 건축계획안을 제시하기 위함이다.

5 POE(Post-Occupancy Evaluation)이란 무엇인가?

① 건축물을 사용해 보기 전에 평가하는 것이다.
② 건축물을 사용해 본 후에 평가하는 것이다.
③ 건축물의 사용을 염두에 두고 계획하는 것이다.
④ 건축물 사용자를 찾는 것이다.

해설 **5**
POE(거주후 평가)란 건축물이 완공된 후 사용자들의 반응을 진단, 연구하는 과정을 말한다.

정답 1. ② 2. ④ 3. ④ 4. ④ 5. ②

2 치수계획

(1) 건축공간과 치수
(2) 모듈(Module)

1 건축공간과 치수

(1) 물리적 스케일
출입구의 크기가 인간이나 물체의 물리적 크기에 의해 결정되는 경우

(2) 생리적 스케일
실내의 창문크기가 필요환기량으로 결정되는 경우

(3) 심리적 스케일
압박감을 느끼지 않을 만한 정도에서 천장높이가 결정되는 경우

2 모듈

(1) 모듈(module)의 의미
모듈은 척도 혹은 기준치수를 말하며, 건축의 생산수단으로서 기준치수의 집성이다.

(2) 모듈의 종류
① 기본모듈 : 기준척도를 10cm로 하고, 이것을 1M으로 표시하여 모든 치수의 기준으로 한다.
② 복합모듈 : 기본모듈인 1M의 배수가 되는 모듈이다.
  ㉮ 20cm : 2M, 건물의 높이방향의 기준
  ㉯ 30cm : 3M, 건물의 수평방향 길이의 기준
  ㉰ 모듈로(Modulor)
    르 코르뷔지에(Le Corbusier)에 의해 창안된 비례개념으로서 황금비를 바탕으로 한 대수개념의 모듈체계를 말한다.

학습POINT

■ 스케일과 모듈의 의미

스케일	척(尺), 치수, 크기
모듈	척도(尺度), 기준치수, 크기를 정하는 것, 표준화, 규격화

■ 모듈로(Modulor)
신장 183cm의 인체와 손을 들었을 때(226cm)의 인체에 대하여 적용한 피보나치수열을 각각 적색계열, 청색계열이라 함으로써 등비수열, 등차수열의 비를 복합적으로 나타내고 있다. 이 경우의 수치는 설계에 따라 각각 포함되며, 미학적 원리보다는 경제적인 공업생산을 목적으로 한 것이었다.

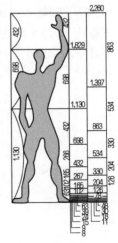

그림. 모듈로

(3) 모듈의 사용방법

내용	구분
① 모든 치수는 1M의 배수가 되게 한다. ② 건물의 높이는 2M의 배수가 되게 한다. ③ 건물의 평면상의 길이는 3M의 배수가 되게 한다.	배수 비례
④ 모든 모듈상의 치수는 공칭치수(줄눈과 줄눈간의 중심길이)를 말한다. 따라서 제품치수는 공칭치수에서 줄눈두께를 뺀 것이다. ⑤ 창호의 치수는 문틀과 벽사이의 줄눈중심간의 거리가 모듈치수에 일치하여야 한다. ⑥ 조립식 건물은 각 조립부재의 줄눈중심간의 거리가 모듈치수에 일치하여야 한다. ⑦ 고층 라멘건물은 층높이 및 기둥중심간의 거리가 모듈에 일치할 뿐만 아니라 장막벽 등의 재료를 모듈제품으로 사용할 수 있어야 한다.	공칭 치수

■ 모듈의 사용방법은 크게 나누어 2가지로 요약할 수 있는데, 첫 번째는 일반적으로 배수비례 단위를 사용하는 것이고, 두 번째는 건축물에 있어서 공칭치수를 사용하는 것이다.

(4) 건축의 척도조정(M.C ; modular coordination)

① 장점
  ㉮ 설계작업이 단순해지고 간편해진다.
  ㉯ 대량생산이 용이하다.(생산가가 낮아지고 질이 향상됨)
  ㉰ 건축재의 수송이나 취급이 편리하다.
  ㉱ 현장작업이 단순해지고 공기가 단축된다.
  ㉲ 국제적인 M.C사용시 건축구성재의 국제교역이 용이하다.

② 단점
  ㉮ 건축물 형태에 있어서 창조성 및 인간성을 상실할 우려가 있다.
  ㉯ 동일한 형태가 집단을 이루는 경향이 있으므로 건물의 배치와 외관이 단순해 지므로 배색에 신중을 기해야 한다.

(5) 건축의 양산화(prefabrication) - 공업화건축

건축의 각 부분을 공장제품으로 대량생산하여 현장에서 조립함으로써 공기를 단축시켜 짧은 기간 동안에 건축물을 대량생산하는데 그 목적이 있다.

핵 심 문 제

1 건축공간의 치수는 인간을 기준으로 볼 때 3가지로 나누어서 생각할 수 있다. 다음 중 이 3가지 분류에 포함되지 않는 것은?

① 환경적 스케일

② 심리적 스케일

③ 생리적 스케일

④ 물리적 스케일

2 다음의 치수규정 요인 중 구축적 조건에 직접 영향을 미치는 것은?

① 행동적 조건

② 환경적 조건

③ 기술적 조건

④ 사회 · 경제적 조건

3 건축모듈(Module)에 대한 설명으로 옳지 않은 것은?

① 양산의 목적과 공업화를 위해 사용된다.

② 모든 치수의 수직과 수평이 황금비를 이루도록 하는 것이다.

③ 복합모듈은 기본모듈의 배수로서 정한다.

④ 모듈설정시 설계작업이 단순화된다.

4 인체의 치수를 기본으로 해서 황금비를 적용, 전개하고 여기서 등차적 배수를 더한 모듈로(Modulor)라고 하는 설계단위를 설정한 근대건축가는?

① 오귀스트 페레

② P. 베에렌스

③ 프랑크 로이드 라이트

④ 르 코르뷔지에

5 건축계획시 적정규모의 산정방식 중 틀린 것은?

① 영리시설과 공공시설간에는 각기 다른 적정 기준값을 적용한다.

② 건물이용자의 측면에서 항상 여유있는 규모를 확보한다.

③ 사용자수와 소요규모와의 관계는 사례조사방법과 치수적용방법을 통하여 예측한다.

④ 면적은 주로 1인당의 m²로 나타내고 있으나, 역으로 단위면적당의 수용인원으로 표시하기도 한다.

해 설

해설 1 건축공간과 치수

① 물리적 스케일

② 생리적 스케일

③ 심리적 스케일

해설 2 동작공간 치수를 규정하는 요인

① 행동적 조건 – 건축공간을 주체적으로 이용하는 사람들이 영위하는 물리적 생활행위에 의해서 형성되는 기능적 조건

② 환경적 조건 – 자연과 같은 외적 환경 및 인공적인 설비에 의한 인공환경 또는 생리적, 심리적, 사회적으로 필요로 하는 환경조건

③ 기술적 조건 – 구성재의 생산과 운반 및 조립 등의 구축적 조건

④ 사회 및 경제적 조건 – 건축적 시설의 경영, 관리, 건축비, 유지비의 조건

해설 3

치수의 수직, 수평관계가 배수비례를 이루도록 하는 것이다.

해설 4

모듈로(Modulor)는 르 코르뷔지에에 의해 창안된 비례개념으로서 황금비를 바탕으로 한 대수개념의 모듈체계를 말한다.

해설 5

건물이용자의 측면에서 보면 항상 여유있는 규모가 바람직하겠으나 역으로 생각해 보면 이는 건물의 이용효율을 떨어뜨리게 한다. 따라서, 실제 계획에서는 건물이용자의 충족도와 그 시설의 이용률의 두 가지 점을 감안하여 결정해 나간다.

정답 1. ① 2. ③ 3. ② 4. ④ 5. ②

출제예상문제

■■■ 건축과정

1. 도심지에서 건축설계시 가장 먼저 생각해야 할 것은 다음 중 어느 것인가?

① 평면기능 분석
② 건물외관
③ 대지 및 주위환경 분석
④ 구조계획

해설 건축계획설계 진행
① 목표 및 방향설정
② 설계진행표 작성 및 조사항목 설정
③ 자료수집 및 조사
④ 대지분석
⑤ 사용자분석
⑥ 면적계획
⑦ 블록 및 매스계획
⑧ 배치 및 평면계획
⑨ 입면 및 단면계획
⑩ 형태 및 의장계획
⑪ 기타계획
⑫ 종합평가 및 결정

2. 주택의 설계를 위탁받은 경우, 설계자로서 최우선적으로 하여야 할 일은 다음 중 어느 것인가?

① 가족구성, 직업 등의 조사
② 면적, 요구실 수 등의 조사
③ 사용자의 요구조건 조사
④ 건축대지의 상황조사

해설 주택설계과정
① 목표설정 – 설계개요, 설계방향
② 정보수집 – 계획진행표, 자료수집
③ 대지분석 – 건축대지의 상황조사
④ 사용자분석 – 가족구성, 직업 등의 조사
⑤ 건축주 요구사항 – 사용자의 요구조건 조사
⑥ 면적계획 – 면적, 요구실 수 등의 조사
⑦ 기능 및 동선계획
⑧ 계획설계

3. 주택설계를 위촉받으면 다음 중 어느 것을 먼저 하는가?

① 부지의 상황을 조사한다.
② 건축법규를 조사한다.
③ 노무, 자재가격을 조사한다.
④ 평면을 구상한다.

4. 건축물의 성립에 영향을 미치는 요소 중 가장 영향력이 적은 것은?

① 지역의 기후 및 풍토적 요소
② 건축재료 및 기술적 요소
③ 건축시공상의 편리적 요소
④ 사회·문화적 요소

해설 건축의 규정요소
① 기후 및 풍토적 요소 : 온습도, 강수량, 바람 및 지형, 지질 등의 자연적 요소
② 사회·문화적 요소 : 사람들의 이념, 제도, 인습적 행위 및 사회정신, 세계관, 국민성 등
③ 정치 및 종교적 요소
④ 재료 및 기술적 요소 : 사용 가능한 건축재료와 이를 구성하는 기술적인 방법에 따라 건축물의 형태는 크게 변한다.
⑤ 기타 : 경제적 요소 및 건축가의 개성에 의한 영향

5. 일반적으로 master plan에 속하지 않는 것은?

① 각 건물의 배치계획
② 각 건물의 규모선정
③ 각 건물의 난방기계 위치선정
④ 각 건물의 주출입구 위치선정

해설 마스터 플랜(Master plan : 기본계획, 종합계획)
계획하려는 단지의 환경분석과 설계기법을 고려하여 각 건물의 배치계획, 규모계획, 동선계획 등 기본방향을 수립하기 위한 계획으로 구체적인 계획의 전제이다.

해답 1. ③ 2. ④ 3. ① 4. ③ 5. ③

6. 다음 중 건축의 3대 요소는?

① 통일성, 변화, 균형   ② 구조, 미, 기능
③ 속도, 빈도, 하중   ④ 색상, 명도, 채도

해설 ① – 디자인의 요소
② – 건축의 3대 요소
③ – 동선의 3요소
④ – 색의 3요소

■■■ 치수계획

7. 척도조정(Modular coordination)의 목적 중 부적당한 것은?

① 건축구성재의 수송이나 취급이 편리해진다.
② 건축구성재의 다량생산이 용이해지고, 생산비용이 낮아질 수 있다.
③ 현장작업이 단순하므로 공사기간이 단축될 수 있다.
④ 건축물의 개구부 치수를 통일하기 위해서이다.

8. 건축의 모듈러 코디네이션(modular coordination)에 관한 설명과 가장 거리가 먼 것은?

① 건축의 공업화를 위한 선행조건이 된다.
② 절단에 의한 재료의 낭비를 줄인다.
③ 다른 부품과의 호환성을 제공한다.
④ 건물의 내구성능을 높인다.

해설 MC는 건물의 내구성능과 무관하다.

9. 척도의 조정(modular coordination)을 하는 목적 중에서 가장 적합하지 않은 것은?

① 제품의 공장생산화에 의한 대량생산이 가능하다.
② 건축물의 설계작업과 시공이 간편하다.
③ 건물배치 및 배색이 동일하게 된다.
④ 공사기간의 단축과 현장작업이 단순해진다.

해설 ③는 단점에 속한다.

10. M.C에 관한 설명으로 잘못된 것은?

① M.C를 잘 이용하면 칸막이벽을 규격화, 단일화하여 장래이설이 불가능하다.
② 칸막이의 융통성을 중요시 할 경우 M.C는 아주 편리하다.
③ 여러 구성부재가 규격화하여 prefab의 새로운 방향과 일치한다.
④ 대규모 건물이나 동일시스템에 반복사용하면 비용이 절감된다.

해설 장래이설이 가능하다.

11. Modular coordination의 단점은?

① 설계의 작업이 단순, 간편하다.
② 대량생산이 용이하고 생산단가(cost)가 내려간다.
③ 현장작업이 단순하고 공기가 단축된다.
④ 동일한 형태가 집단을 이루어 조화를 이룬다.

12. 치수조정(Modular Coordination ; M.C)의 장점이 아닌 것은?

① 설계의 작업이 간편하고 단순하다.
② 대량생산이 용이하다.
③ 동일한 형태가 집단을 이룬다.
④ 현장작업이 단순해지고 공기가 단축된다.

13. 다음 중 주거공간의 M.C(Modular Coordination) 장점이 아닌 것은?

① 설계작업이 단순하고 간편하다.
② 사용자 개개인의 성격에 맞는 공간을 변화있게 제공할 수 있다.
③ 대량생산이 용이하고 생산비를 절약할 수 있다.
④ 현장작업이 단순하고 공기를 단축시킬 수 있다.

해설 척도조정을 통해 규격화가 이루어지므로 사용자 개개인의 성격에 맞는 공간구성이 어렵다.

14. 주택설계에서 모듈설정의 이점이 아닌 것은?

① 건축구성재의 다량생산이 용이해지고 생산비 용이 낮아진다.
② 현장작업은 복잡해지나 공사기간이 단축될 수 있다.
③ 설계작업이 단순화되고 용이하다.
④ 건축물에 미적 질서를 갖게 할 수 있다.

해설 현장작업이 단순해진다.

15. 치수조정(Modular coordination)의 이점이 아닌 것은?

① 설계작업의 간편화
② 대량생산이 용이
③ 공기의 단축
④ 생산비의 증가

해설 생산비가 감소된다.

16. 모듈러 코디네이션(Modular Coordination) 의 목적으로 거리가 먼 것은?

① 건축물을 인간적인 척도에 맞추기 위한 것이 다.
② 앞으로 다량으로 생산이 예상되는 주택 등의 규격화에 대처하기 위한 것이다.
③ 건축물의 설계, 시공의 낭비를 없애기 위한 것 이다.
④ 건축물의 외형 형태를 통일하기 위한 것이다.

해설 ④는 단점에 속한다.

17. 건물의 계획시 모듈을 설정하여 척도를 조정함으 로써 얻게 되는 이점과 가장 거리가 먼 것은?

① 건축구성재의 생산비용이 낮아질 수 있다.
② 형태가 다양해진다.
③ 미적 질서를 가질 수 있다.
④ 공사기간이 단축될 수 있다.

해설 형태는 단순해진다.

18. 건축물계획에 있어 모듈화적용에 관한 설명 중 옳지 않은 것은?

① 모듈화의 목적 중 하나는 건축부재의 공업화와 생산성 향상에 있다.
② 모듈시스템으로 설계시 자유도가 높아지며 자 유로운 건축배색에 있어서도 용이해진다.
③ 고층 사무소, 학교, 공동주택 등은 모듈시스템 을 도입하여 계획할 필요성이 높다.
④ 모든 모듈상의 제품치수는 공칭치수에서 줄눈 두께를 빼야 한다.

해설 모듈시스템으로 설계시 규격화되며, 건축배색에 신 중을 기해야 한다.

19. 모듈로(Modulor)라고 하는 설계단위를 설정한 근대 건축가는 누구인가?

① 오키시트 페레
② P. 베런스
③ U. 마이어
④ 르 코르뷔지에

해설 ① 오키시트 페레(August Perret) : 근대건축 초 기의 철근콘크리트구조로 고딕성당을 추상화한 건축가
② 피터 베런스(Peter Behrens) : 공작연맹의 원리를 실천에 옮겨 구체화 한 건축가

20. 공간구성에 있어 모듈을 인체척도와 관련시킨 건 축가는?

① 프랑크 로이드 라이트(F. L. Wright)
② 미스 반 데 로에(Mies van der Rohe)
③ 월터 그로피우스(Walter Gropius)
④ 르 코르뷔지에(Le Corbusier)

해설 공간구성에 있어 모듈을 바탕으로 인체척도에 적용 시킨 모듈로(Modulor)는 르코르뷔지에 의해 창안된 비례개념으로서 황금비를 바탕으로 한 대수개념의 모듈 체계를 말한다.

해답 14. ② 15. ④ 16. ④ 17. ② 18. ② 19. ④ 20. ④

21. 모듈러 시스템(Modular system)의 필요성이 가장 큰 건물은 다음 중 어느 것인가?

① 도서관
② 극장
③ 병원
④ 은행

해설 도서관건축의 평면계획에 있어서 모듈러 플래닝은 스페이스 이용변화가 가능한 점에 대해서 실로 획기적이라 할 수 있다.

MEMO

제2장   주 거 건 축

출제경향분석

주거건축에서 가장 기본이 되는 단독주택은 내용과 문제정리상 많은 의미를 부여하는 부분이다.

그 구성은 1. 개설 2. 기본계획 3. 평면계획 4. 세부계획 5. 기타계획에 관한 것으로 이론적 내용이 적절한 부분에 열거되어 체계적이고 순서적으로 이해하기 쉽도록 한 점을 기억하기 바라며 이 핵심정리에 따라 순차적으로 문제를 풀어가면 쉽게 해결되리라 생각한다.

주거건축에서 가장 중요하게 다루어지는 내용은 1. 단독주택에서는 스킵플로형, 한식과 양식의 비교, 주생활수준의 기준, 다이닝앨코브, 유틸리티, 침실의 크기 결정조건, 침대의 배치방법 등이고, 2. 아파트에서는 아파트의 형식상의 분류이다. 이 분류는 평면형식상과 입체형식상으로 나누어지는데, 이 중에서 입체형식상의 분류에 속하는 복층형 아파트가 가장 많이 출제되고 있으며, 최근에는 복층형이라는 용어와 같은 의미의 듀플렉스, 트리플렉스, 메조넷, 스킵플로어 등으로 출제되고 있다. 3. 단지계획에서는 C. A. Perry의 근린단위, 근린단위방식에 따른 공동시설, 주거밀도, 도시의 주택 배치방법이 중요하나 최근에 와서는 주거단지내 동선계획에 관한 내용도 출제되고 있다.

1 개설

(1) 주택의 분류
(2) 주택설계의 새로운 방향
(3) 주생활수준의 기준

학습방향

1. 주거건축은 단독주택, 공동주택, 단지계획으로 나눌 수 있는데, 이는 주택의 분류를 통해 출제되는 범위와 경향을 어느 정도 예측할 수 있다.
   (1) 단층과 중층, 단층과 복층, 스킵플로어
   (2) 코어형
   (3) 한식주택과 양식주택의 비교
2. 주택설계의 방향이 5가지로 제시되어 있는데 여기서 가장 중요한 것은 가사노동경감(주부동선의 단축)과 좌식과 입식에 관한 것, 그리고 전통성과의 관계를 묻는 문제가 출제된다.
3. 주생활수준의 기준에서는 그 기준이 되는 주거면적에 대한 이해가 절대적으로 필요하며, 가장 중요한 부분이다.
   (1) 주거면적이 차지하는 비율 : 연면적의 50~60%
   (2) 주거면적의 표준과 최소치 : 16.5㎡/인, 10㎡/인
   (3) 각국의 기준이 정하는 주거면적
       ① 숑바르 드 로브 : 8㎡/인, 14㎡/인, 16㎡/인   ② 코로느 기준 : 16㎡/인   ③ 국제주거회의 : 15㎡/인

1 주택의 분류

(1) 집합형식에 의한 분류

① 독립(단독)주택 : 1호의 주택이 층 구성상 단층 또는 중층으로 구성된 단일건물

② 공동주택 : 2호 이상의 주호로 구성된 단일건물

　㉮ 연립주택 : 2호 이상의 주택이 층 구성상 단층 또는 중층으로 구성된 단일건물

　㉯ 아파트 : 다수의 주호가 층구성상 단층 또는 복층으로 구성된 중층건물

(2) 기능, 목적에 의한 분류

① 전용주택 : 주생활만을 위한 주택

② 병용주택 : 주생활의 목적과 기타 직업생활의 목적을 겸한 주택(상점 병용주택, 공장 병용주택)

(3) 지역에 따른 분류

① 도시주택　　② 농 · 어촌주택　　③ 전원주택

(4) 평면상의 분류

① 편복도형 : 각 실을 일렬로 배치하여 각 실의 한 쪽면에 복도를 배치한 형식

② 중복도형 : 건물의 중간에 복도를 배치하고 그 양쪽면에 각 실을 배치한 형식

③ 회랑(廻廊)형 : 여러 실의 외측에 복도를 환상형으로 배치한 형식

학습POINT

■ 단층의 의미
① 1층(單層)
② 스킵플로어(skipfloor, 段層)
③ 한개층(Flat, simplex)

■ 중층과 복층
① 중층 – 1층을 포함한 2층 이상으로 된 건물
② 복층(duplex, triplex, maisonette) – 층수에 관계없이 중층건물에서 한 주호가 2개층 이상에 걸쳐서 구성된 형식

■ 주택의 평면형

(a) 회랑형

④ 중앙홀형 : 복도를 설치하지 않고 공용의 홀로부터 각 실을 접속하는 형식

⑤ 중정(中庭)형(patio, courtyard, atrium) : 건물의 내부에 중정을 두는 형식

⑥ 코어(core)형 : 건축에서 평면, 구조, 설비의 관점에서 건물의 일부분이 어떤 집약된 핵적 형태로 존재하는 것을 의미한다.

　　㉮ 평면적 코어 : 홀이나 계단 등을 건물의 중심적 위치에 집약하고 유효 면적을 증대시키고자 하는 것

　　㉯ 구조적 코어 : 건물의 일부에 내진벽 등을 집약, 배치하여 그 부분에서 건물 전체의 강도를 높이려는 것

　　㉰ 설비적 코어 : 부엌, 욕실, 화장실 등 설비부분을 건물의 일부에 집약, 배치시켜 설비관계 공사비를 감소시키려는 것

⑦ 일실형(one room system) : 주택 전체를 하나의 공간에 포함시켜 각 실을 독립된 구획공간으로 하지 않는 형으로 실내부에 고도의 설비와 짜임새 있는 내용이 요구된다.

⑧ 분리형

(5) 입면상의 분류

① 단층형(單層型) : 1층 건물

② 중층형(重層型) : 2층 이상의 건물

③ 취발형 : 한 건물내에서 일부는 중층, 일부는 단층이 되는 형식

④ 스킵 플로어형(skip floor type) : 대지형태가 경사지일 경우 자연지형에 따라 절토하지 않고 주택을 세우면 실의 바닥높이가 계단 참 정도의 차이가 생겨 전면은 중층이 되고 후면은 단층이 되는 형식이다.

⑤ 필로티형 : 1층은 기둥만의 개방적인 공간으로 구성하고, 2층 이상에 여러 실을 설치하는 형식이다.

(6) 주거양식에 따른 분류

① 한식주택　　② 양식주택

표 | 한식주택과 양식주택의 비교

분류	한식주택	양식주택
평면의 차이	• 위치별 실의 구분(안방, 건넌방, 사랑방) • 조합평면으로 각 실의 관계가 은폐적이고, 병렬식(분산식)	• 기능별 분화(거실, 식사실, 침실) • 분화평면으로 개방적이며, 집중배열식
구조의 차이	• 목조 가구식 • 바닥이 높고 개구부가 크다.	• 벽돌 조적식 • 바닥이 낮고 개구부가 작다.
습관의 차이	• 좌식(온돌)	• 입식(의자)
용도의 차이	• 방의 혼용용도(사용목적에 따라 달라진다.)	• 방의 단일용도(침실, 공부방)
가구의 차이	• 가구는 부차적 존재이다.(가구에 관계없이 각 소요실의 크기, 설비가 결정된다.)	• 가구는 중요한 내용물이다.(가구의 종류와 형태에 따라 실의 크기와 폭이 결정된다.)

(b) 중정형

(c) 코어형

■ 코어(core)형

① 코어의 의미 : 어느 부분을 한 곳에 모으는 것, 즉 집약시키는 것을 말한다.

② 코어형은 평면적 코어, 구조적 코어, 설비적 코어를 분류할 수 있다.

③ 주택에서의 코어형의 이점은 설비부분(부엌, 식당, 욕실, 변소)을 집약 배치시키는 설비적 코어이다.

④ 사무소건축에서는 평면적 코어를 기본으로 구조적, 설비적 코어를 중요하게 다룬다.

■ 주택의 입면형

(a) 취발형

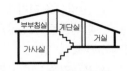

(b) 스킵 플로어형

(c) 필로티형

2 주택설계의 새로운 방향

(1) 생활의 쾌적함 증대

건강하고 쾌적한 인간 본래의 생활을 유지해 가는 것

(2) 가사노동의 경감(주거의 단순화) : 주부의 동선단축

① 필요 이상의 넓은 주거는 폐지하고 청소의 노력을 덜 것
② 플랜에서의 주부의 동선을 단축할 것
③ 능률이 좋은 부엌시설이나 가사실을 갖출 것
④ 설비를 좋게 하고 되도록 기계화할 것

(3) 가족본위의 주거(가장중심 → 주부중심)

주택은 주부중심이면서도 가족관계 구성원의 주택이기도 하다. 따라서, 가족전체의 단란은 물론, 각 구성원의 개인방도 확립되어야 한다. 가족생활을 희생시키는 형식적이고 외적인 요인들은 제거하여야 한다.

(4) 좌식 + 입식(의자식)의 혼용

(5) 개성적인 프라이버시의 확립

자립과 자주라는 인격형성을 위해서 반드시 필요하다.

3 주생활수준의 기준

(1) 주(住)의 가장 기본이 되는 목적은 거주할 수 있는 생활공간을 제공하는 것으로, 이 때의 수준의 기준은 주거면적으로 나타내며, 이는 주택 연면적의 50~60%을 차지한다.

(주거면적 = 연면적 – 공용면적)

(2) 1인당 점유 바닥면적(주거면적) – 최소 10m², 표준 16m²

(3) 각국의 기준

① 숑바르 드 로브(Chombard de lawve) 기준
   ㉮ 병리기준 : 8m²/인 이하이면 거주자의 신체적 및 정신적인 건강에 나쁜 영향을 끼치게 된다.
   ㉯ 한계기준 : 14m²/인 이하이면 개인 및 가족적인 거주의 융통성을 보장할 수 없다.
   ㉰ 표준기준 : 16m²/인 정도
② 코로느(Cologne)기준 : 16m²/인 정도
③ 프랑크프르트 암 마인(Frankfurt Am Main)의 국제주거회의 : 15m²/인
④ 노엘(Ch. Noel) : 2개의 형에서 6개실의 형에 대한 주택의 거주성 및 평면의 분석연구에서 얻은 주택면적은 1인당 15.73m²(거실 4.38m²/인, 침실 6.4m²/인 포함)라고 했다.

■ 가사노동경감(주부의 동선 단축)
• 주택설계시 가장 큰 비중을 두어야 할 사항
• 주택을 설계할 때에 가장 중요하게 생각해야 할 것

■ 좌식+입식
가족들의 활동성을 증대하기 위해서는 우리나라의 종래의 좌식생활보다도 의자식생활이 좋은 것은 물론이다. 그것은 각자의 생활습관, 경제적 수준, 가족수에 대한 주택의 넓이에 따라 고려해야 한다. 단계적으로 의자식 생활을 도입해야 할 곳은 식당, 아동실, 거실과 같이 활동도가 큰 방들이다.

■ 주택설계방향에 있어서 전통성과 연관된 틀린 문장
• 전통적인 인격의 최적생활 위주로 계획하는 것이 좋다.
• 생활습관에 맞는 좌식 선호
• 전통성 재현

■ 주거면적=거주면적, 유효면적, 대실면적, 임대면적, 전용면적

■ 코로느기준 = 퀠른기준

핵심문제

1 다음 주택 분류의 기준에 타당치 못한 것은?

① 농촌주택

② 겸용주택

③ 어촌주택

④ 도시주택

1 지역에 따른 분류
① 도시주택
② 농·어촌주택
③ 전원주택

2 주택의 평면형에 따른 특징을 기술한 것 중 틀린 것은?

① 편복도형은 각 실의 자연조건을 균등하게 되나 건물의 길이가 길게 된다.

② 분리형은 다른 형에 비해 실내부에 고도의 설비와 짜임새가 있어야 된다.

③ 중복도형에서는 일반적으로 북측에 화장실이나 계단, 창고 등이 배치 된다.

④ 중앙홀형은 면적을 집약적으로 계획할 수 있다.

해설 2
일실형(one room system)은 주택 전체를 하나의 공간에 포함시켜 각 실을 독립된 구획공간으로 하지 않는 형으로, 실내부의 고도의 설비와 짜임새 있는 내용이 요구된다.

3 주택에서 코어 시스템을 채용하는 가장 큰 이유는?

① 미관에 대한 고려

② 통로의 절약에 의한 거주면적의 확대

③ 일조권의 확보

④ 설비비의 절약

해설 3
부엌, 식당, 변소, 욕실 등의 배관설치가 필요한 실을 한 곳에 집중 배치함으로써 설비비가 절약된다.

4 경사지에 있어서의 주택 평면계획으로 바닥의 높이 차를 이용하여 공간을 효율적으로 처리할 수 있는 주택의 형식은?

① 스킵 플로어(skip floor)식

② 필로티(pilotis)식

③ 코어(core)식

④ 홀(hall)식

해설 4
스킵 플로어형(skip floor type)은 부지형태가 경사지일 경우 자연지형에 따라 절토하지 않고 주택을 세우면, 실의 바닥높이가 계단 참 정도의 차이가 생겨 전면은 중층이 되고, 후면은 단층이 되는 형식이다.

5 한식주택과 양식주택의 차이점에 대한 설명 중 옳지 않은 것은?

① 양식주택은 실의 위치별 분화이며, 한식주택은 실의 기능별 분화이다.

② 양식주택은 입식생활이며, 한식주택은 좌식생활이다.

③ 양식주택의 실은 단일용도이며, 한식주택의 실은 혼용도이다.

④ 양식주택의 가구는 주요한 내용물이며, 한식주택의 가구는 부차적 존재이다.

해설 5
한식주택은 실의 위치별 분화이며, 양식주택은 실의 기능별 분화이다.

정답 1. ② 2. ② 3. ④ 4. ① 5. ①

6 주택설계의 방향에 대한 설명 중 부적당한 것은?

① 생활의 쾌적함이 증대되도록 한다.
② 가사노동이 경감되도록 한다.
③ 집안의 가장이 중심이 되도록 한다.
④ 좌식과 의자식이 혼용되도록 한다.

7 다음 중 주택계획시 가장 중요하게 다루어져야 할 것은?

① 침실의 넓이   ② 주부의 동선
③ 현관의 위치   ④ 부엌의 방위

8 다음 중 단독주택에서 순수주거면적이 45m²일 때, 이 주택의 일반적인 전체 바닥면적 산정값으로 가장 알맞은 것은?

① 82m²   ② 100m²
③ 115m²   ④ 130m²

9 주택계획상 주거면적 표준으로 가장 적당한 것은?

① 8m²/인   ② 10m²/인
③ 14m²/인   ④ 16m²/인

10 주택 1인당 최소 주거면적은 다음 중 어느 것인가?

① 5m²   ② 10m²
③ 15m²   ④ 24m²

11 숑바르 드 로브의 주거면적기준으로 옳은 것은?

① 병리기준 : 6m², 한계기준 : 12m²
② 병리기준 : 8m², 한계기준 : 14m²
③ 병리기준 : 6m², 한계기준 : 14m²
④ 병리기준 : 8m², 한계기준 : 12m²

12 UIOP의 코로느(Cologne)기준 세계협회가 추천하고 있는 주거면적 기준은? (단, 3인에서부터 6인에 이르는 가족 한사람당)

① 13m²   ② 16m²
③ 18m²   ④ 30m²

13 Frankfurt Am Mein의 국제주거회의에서 결정한 1인당 최소 평균 주거면적은?

① 21m²   ② 18m²
③ 15m²   ④ 12m²

해설 6
가족본위의 주거(주부중심)

해설 7
주택을 설계할 때에 가장 중요하게 생각해야 할 것은 주부의 동선단축을 통한 가사노동의 경감에 있다.

해설 8
주생활수준의 기준에서 순수주거면적은 주택 연면적의 50~60%(평균 55%) 이므로

주택 연면적(A) × $\frac{55}{100}$ = 45m²이다.
따라서,
주택 연면적(A) = 45m² × $\frac{100}{55}$ = 81.8m²

해설 9
주생활수준의 기준에서 정하는 주거면적으로 1인당 16m² 정도가 필요하다.

해설 10
주생활수준의 기준에서 정하는 최소 주거면적으로 1인당 10m² 정도가 필요하다.

해설 11 숑바르 드 로브의 주거면적 기준
① 병리기준 : 8m²/인
② 한계기준 : 14m²/인
③ 표준기준 : 16m²/인

해설 12
코로느(cologne)기준(세계 가족단체협회) : 16m²/인 정도

해설 13
프랑크프루트 에임 만(Frankfurt Am Mein)의 국제주거회의 기준 : 15m²/인

정답 6. ③ 7. ② 8. ① 9. ④
10. ② 11. ② 12. ② 13. ③

2 기본계획

(1) 대지의 선정조건
(2) 배치계획

학습방향

대지선정시 조건은 자연적 조건과 사회적 조건으로 나눌 수 있는데, 자연적 조건에서 가장 중요한 것은 일조와 통풍이고, 사회적 조건에서는 교통문제이다.
배치계획시 조건에서는 인동간격에 관한 내용이 자주 출제된다.
1. 대지선정시 조건
2. 배치계획시 조건

1 대지의 선정조건

(1) 자연적 조건

① 일조 및 통풍이 양호한 곳
② 전망이 좋고 공기가 신선한 곳
③ 지반이 견고하고 배수가 잘 되는 곳
④ 조용하고 양호한 환경이 유지될 수 있는 곳
⑤ 부지의 형태 : 정형 또는 구형(矩形 ; 직사각형)
⑥ 부지의 면적 : 건축면적의 3~5배 정도
⑦ 경사지에서의 구배 : 1/10 정도

(2) 사회적 조건

① 교통이 편리(통근거리)한 곳
② 근린생활시설의 이용이 편리한 곳
③ 법규적 조건에 적합한 곳

2 배치계획

(1) 배치계획시 조건

① 일조조건은 동지 때 최소한 4시간 이상의 햇빛이 들어와야 한다.
② 동서건물간격은 방화, 통풍상 최소 6m 이상 띄어야 한다.
③ 건물은 가능한 한 동서로 긴 형태가 좋다.

(2) 인동(隣棟)간격

① 남북간의 인동간격 ㉮ 일조 ㉯ 채광
② 동서간의 인동간격 ㉮ 통풍 ㉯ 방화

학습POINT

■ 일조와 채광
 ① 일조 : 빛으로부터 얻는 따뜻함
 ② 채광 : 빛으로부터 얻는 밝기

■ 건축면적
 건축물의 수평투영면적

■ 그림. 경사지에서의 전망

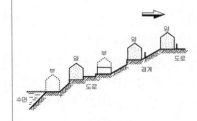

■ 인동(隣棟)간격의 의미
 주택을 배치할 때에 주변 주택건물과의 사이를 인동간격이라 한다. 여기서 인(隣, 린)이라는 것은 이웃이라는 의미를 가지며, 동(棟)은 건물을 말한다.

핵 심 문 제

1 주택의 대지조건으로 적합하지 않은 것은?

① 지반이 견고하고 침수우려가 없을 것
② 간선도로에 접하여 교통이 편리할 것
③ 하계에 통풍이 좋고, 일조가 충분할 것
④ 대지모양은 정형이 좋고, 직사각형이 이상적이다.

2 주택부지 선정조건과 건물배치상 부적합한 것은?

① 동서 건물간격은 방화, 통풍상 최소 3m 이상 띄어야 한다.
② 일조 조건은 동지때 최소한 4시간 이상의 햇빛이 들어와야 한다.
③ 경사지는 그 구배(slope)가 1/10 정도가 이용률이 좋다.
④ 교통의 편리와 상·하수도를 고려한다.

3 그림과 같은 경사지에서 주택배치가 가장 불리한 것은?

① A
② B
③ C
④ D

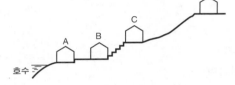

4 주거에서 일조는 아주 중요한 문제인데 태양이 가장 낮은 동지 때의 이상적인 일조 관계는?

① 3시간 동안의 완전 일조가 이상적이다.
② 4시간 동안의 완전 일조가 이상적이다.
③ 5시간 동안의 완전 일조가 이상적이다.
④ 6시간 동안의 완전 일조가 이상적이다.

5 주택에 있어 보건위생상 적당한 공지가 필요한 이유로서 그 중요성이 낮은 것은?

① 동절기의 일조
② 하절기의 통풍, 채광
③ 시선차단
④ 연소방지

해 설

해설 1
간선도로에 접할 경우 교통은 편리하나 소음 및 매연, 먼지 등으로 인해 주거환경상 나쁘다.

해설 2
단독주택에서는 동서간의 인동간격은 방화·통풍상 최소 6m 이상 띄운다.

해설 3
B는 앞집에 가리워져 경사지에서 전망상 나쁘다.

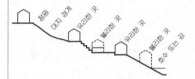

경사지에서의 유리한 곳과 불리한 곳

해설 4
태양이 가장 낮은 동지에 있어서 남쪽 창에서 6시간 동안 햇빛이 드는 것이 이상적이다. 도심지에서는 충분한 부지의 확보가 힘들므로 최소한 4시간 정도는 햇빛이 들어와야 한다.

해설 5
인동간격을 통해서 건물과 건물사이의 여유공지를 확보할 수 있는데, 이는 일조, 채광, 통풍, 방화(연소방지)에 좋다.

정답 1. ② 2. ① 3. ② 4. ④ 5. ③

1. 단독주택

3 평면계획

(1) 현대건축의 요구사항
(2) 공간의 구역구분
(3) 동선계획
(4) 각실의 방위계획

학습방향

평면계획은 주택설계시 가장 기본이 되는 계획으로 먼저 기능(목적, 욕구사항)에 따른 소요 공간을 구상하고, 이 공간을 몇 개의 큰 존(zone)으로 나눈다.(조닝, 공간의 구역구분, 지대별 계획) 이 공간 사이의 연결을 위한 동선이 필요하며(동선계획), 마지막으로 각 방의 방위를 고려한다.
이와 같은 흐름으로 평면계획에 관련된 내용을 간단하게 기억하면서 중요한 부분들을 정리하면 학습효과가 있다. 여기서 중요한 부분은 공간의 구역구분에 따른 분류와 동선계획에 있어서 원칙과 3요소이다. 각실의 방위계획에서는 그림에 나와 있는 각실들은 참고만 하고 부엌의 위치, 그리고 부엌은 서향을 절대적으로 피해야 하는 것과 욕실·변소는 북측에 면해도 좋다라는 내용만 정리하면 된다.

1. 조닝
2. 동선의 원칙과 3요소

1 현대건축의 욕구사항(본질적 분야)

(1) 1차적 욕구사항(육체적인 요소) : 생식, 식사, 휴식, 배설
(2) 2차적 욕구사항(정신적인 요소) : 교육, 사교, 오락

2 공간의 구역구분(조닝 – 지대별 계획)

(1) **지대별계획시 고려사항**
　① 구성원 본위가 유사한 것은 서로 접근시킨다.
　② 시간적 요소가 같은 것끼리 서로 접근시킨다.
　③ 유사한 요소는 서로 공용시킨다.
　④ 상호간의 요소가 다른 것은 서로 격리시킨다.

(2) **조닝 방법**
　① 생활공간에 의한 분류
　　㉮ 개인 생활공간
　　㉯ 보건, 위생공간
　　㉰ 단란 생활공간
　② 사용 시간별 분류
　　㉮ 낮에 사용하는 공간
　　㉯ 밤에 사용하는 공간
　　㉰ 낮 + 밤에 사용하는 공간

학습POINT

■ 조닝(Zoning)
　① 의미 : 공간을 몇 개의 구역별로 나누는 것을 말하며, 지대별 계획이라는 용어도 같은 의미로 쓰여진다.
　② 조닝과 융통성은 정반대의 의미이다.
　③ 코어형에 따른 조닝은 문제에서 틀리다고 하나 사실상 코어는 유효면적과 공용면적으로 조닝되어 있다.

■ 지대별 계획시 고려사항
　① 구성원 본위 : 부부, 아동, 노인 등
　② 시간적 요소 : 낮, 밤, 낮과 밤
　③ 유사한 요소 : 욕실과 변소, 식사실과 부엌,
　④ 상호간의 요소 : 식사실과 침실 (식·침분리)

■ 그림. 조닝

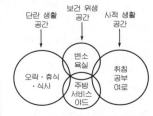

(a) 생활 공간에 의한 분류

③ 주행동에 의한 분류
　㉮ 주부의 생활행동
　㉯ 주인의 생활행동
　㉰ 아동의 생활행동
④ 생활행동별 분류
　㉮ 휴식 존　㉯ 문화적 존　㉰ 가사노동 존

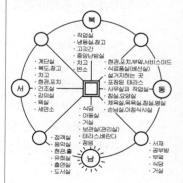

(b) 사용 시간별 분류

3 동선계획

사람이나 차량 또는 물건의 이동궤적을 동선이라 하며, 그것이 효율적이고 합리적으로 유도되기 위한 계획과 그 움직임에 대응하는 시설의 배치 등을 검토하는 일을 동선계획이라 한다.

(1) 동선의 원칙

① 단순하고 명쾌하게 해야 한다.(특히 빈도가 높은 동선은 짧게 한다.)
② 서로 다른 종류의 동선이나 차량, 사람의 동선 등은 가능한 한 분리시키고 필요 이상의 교차는 피한다.
③ 개인권, 사회권, 가사노동권은 서로 독립성을 유지해야 한다.
④ 동선에는 공간(space)이 필요하다.

(2) 동선의 3요소 – 속도, 빈도, 하중

■ 동선계획의 원칙내용 중에서 개인권, 사회권, 가사노동권은 서로 독립성을 유지해야 한다는 것은 서로 조닝이 필요하다는 것을 말하며, 여기서 권은 구역 또는 사용하는 공간을 말한다. 개인권은 개인이 사용하는 공간, 사회권은 가족이 사용하는 공간, 가사노동권은 주부가 사용하는 공간을 말한다.

4 각실의 방위계획

(1) 방위상 특성

① 동쪽 : 아침의 햇살은 실내에 깊이 들어오며, 겨울의 아침은 따뜻하나 오후는 춥다.
② 서쪽 : 오후에 태양광선이 깊이 입사하므로 오후에는 무덥다.
③ 남쪽 : 여름철의 태양은 높기 때문에 실내까지 깊이 입사하지 않으며, 겨울철은 깊이 입사하여 따뜻하다.
④ 북쪽 : 하루 종일 태양이 비치지 않고, 겨울에는 북풍을 받아 추우나 광선은 종일 균일하다.

(2) 각 방위의 성격에 따른 각실배치의 표준(그림 참조)

■ 각실의 방위에 관한 내용 중에서 부엌은 일사시간이 긴 서측에 면하게 해서는 안된다는 것을 원칙으로 하여 틀리게 많이 출제된다.

■ 북측채광은 균일한 조도를 특징으로 하는 정밀작업공장, 미술실, 톱날지붕, 귀금속점에 필요하다.

■ 그림. 방위에 따른 각실 배치

1 주택설계시 가장 기본이 되는 계획은?

① 입면계획

② 정원계획

③ 평면계획

④ 배치계획

2 인간의 욕구와 주택과의 관계를 표시한 것 중 제 1차 욕구(육체적인)와 거리가 먼 항은?

① 휴식   ② 수면

③ 생식   ④ 단란

3 주택평면의 지대별계획으로 옳지 않은 것은?

① 유사한 요소의 것은 공용하도록 한다.

② 시간적 요소가 같은 것끼리 서로 접근시킨다.

③ 구성원 본위로 유사한 것은 서로 격리시킨다.

④ 상호간 요소가 서로 다른 것끼리는 서로 격리시킨다.

4 주택의 평면계획시 공간의 조닝방법으로 가장 적합하지 않은 것은?

① 가족전체와 개인에 의한 조닝

② 정적공간과 동적공간에 의한 조닝

③ 융통성에 의한 조닝

④ 주간과 야간의 사용시간에 의한 조닝

5 일반주택의 동선계획에 관한 설명 중 옳지 않은 것은?

① 동선이 가지는 요소는 속도, 빈도, 하중의 3가지가 있다.

② 동선에는 공간이 필요하고 가구를 둘 수 없다.

③ 하중이 큰 가사노동의 동선은 길게 나타난다.

④ 개인, 사회, 가사노동권의 3개 동선이 서로 분리되어야 바람직하다.

6 다음 중 방위에 따른 주택의 실배치가 가장 부적절한 것은?

① 남 – 식당, 아동실, 가족거실

② 서 – 부엌, 화장실, 가사실

③ 북 – 냉장고, 저장실, 아틀리에

④ 동 – 침실, 식당

4 세부계획

(1) 현관, 복도, 계단
(2) 거실

학습방향

현관의 위치결정 요소와 복도 폭에 관한 문제로서 복도 폭은 출입문의 개폐방향에 따라 결정될 수 있는데, 어느 방향으로든지 최소 문의 폭(약 90cm) 이상이 되어야 한다. 거실은 그 기능과 거실의 위치에 관한 내용이 중요하며, 평면계획상 거실과 다른 공간과의 구성을 판단하는 문제가 중요하다.

1. 현관의 위치결정 요소
2. 복도 폭
3. 계단의 치수
4. 거실
 ① 기능 - 가족단란의 독립된 실
 ② 거실의 크기 - 4~6㎡/인 (연면적의 30% 정도)
 ③ 침실과는 항상 대칭되게 한다.

1 현관, 복도, 계단

(1) 현관(entrance)

① 크기

㉮ 폭 : 1.2m, 깊이 : 0.9m

㉯ 면적구성비 : 연면적의 7% 정도

② 위치결정 요소

㉮ 도로의 위치와 경사도 및 대지의 형태에 따라 영향을 받는다.

㉯ 방위는 영향이 거의 없다.

(2) 복도(corridor)

① 크기

㉮ 폭 : 최소 90cm 이상(일반적으로 110~120cm 정도가 적당하다.)

㉯ 면적구성비 : 연면적의 10%

② 복도의 기능

㉮ 내부의 통로(동선의 공간)

㉯ 선룸(sun room)의 역할

㉰ 방 차단

㉱ 어린이 놀이터, 응접실의 역할(폭 1.5m 이상)

③ 소규모 주택에는 비경제적이다.

(3) 계단(stair)

① 계단의 안전성은 경사, 폭, 난간, 디딤바닥의 마무리 방법에 따라 결정된다.

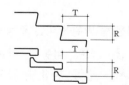

② 계단의 평면상의 길이는 270cm 정도가 적당하며, 단높이 및 디딤바닥의 넓이는 25~29cm 정도가 적당하다. (단높이 23cm 이하, 단너비 15cm 이상)

③ 계단의 폭은 90~140cm의 범위내에서 복도 폭과 연결시켜서 105~120cm가 적당하다.

2 거실

거실은 온 가족이 모여 단란하게 쉬는 곳으로 가족생활의 중심이 되는 곳이다.

(1) 기능
① 가족의 단란, 휴식, 접대
② 주부의 작업공간
③ 가족생활의 중심이 되는 곳
④ 소주택일 경우 : 서재, 응접, 리빙 키친으로 이용한다.

(2) 크기
① 거실의 1인당 소요 바닥면적 : 최소 4~6m² 정도
② 거실의 면적구성비 : 건축 연면적의 25% 정도
③ 거실의 천장 높이 : 2.1m 이상

(3) 거실의 위치
① 남향이 가장 적당하며, 햇빛과 통풍이 잘되는 곳
② 통로에 의한 실이 분할되지 않는 곳
③ 거실은 다른 한쪽 방과 접속하게 되면 유리하다.
④ 침실과는 항상 대칭되게 한다.
⑤ 주거 중 다른 방의 중심적 위치에 둔다.

(4) 평면계획상 고려할 점
① 거실은 주택 중심부에 두고, 각 방에서 자유롭게 출입할 수 있도록 한다.
② 정원 테라스와 연결하도록 하고 직접 출입하도록 한다.

(5) 가구
① 가구배치 변화가 가장 심한 곳이다.
② TV를 설치할 때에는 화면과의 각도가 60° 이내가 되도록 의자를 배치한다.

■ 응접실과 서재
① 위치
㉮ 응접실 겸 서재는 현관 가까운 곳에 배치한다.
㉯ 순수한 서재는 침실에 가까운 조용한 곳에 배치한다.
② 크기 : 응접용 가구와 서재용 대형 책상, 의자, 책장을 놓을 수 있는 면적으로 한다.

■ 테라스(terrace)
• 거실 등의 외부의 지대를 일단 높게 만들고 위에 지붕 등을 꾸민 것
• 땅바닥에 돌이나 콘크리트를 쳐서 비가 온후에라도 옥내와 옥외를 연결시키는 일종의 완충적인 옥외공간

■ 그림. 거실의 가구배치

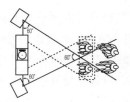

① 스테레오

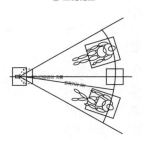

② TV 시청거리

1 주택 현관의 최소 크기로 적당한 것은?

① 0.9×0.9m   ② 0.9×1.2m

③ 1.2×1.2m   ④ 1.2×1.5m

해설 **1** 현관(entrance)의 최소 크기
폭 : 1.2m, 깊이 : 0.9m

2 다음 중 단독주택의 현관 위치결정에 가장 주된 영향을 끼치는 것은?

① 방위

② 건폐율

③ 주택의 규모

④ 도로의 위치

해설 **2**
주택 현관의 위치는 도로의 위치,
대지의 형태, 경사도에 따라 영향을
받는다.

3 주택의 현관 및 복도에 대한 설명 중 옳지 않은 것은?

① 현관은 최소한 폭 1.2m, 깊이 0.9m를 필요로 한다.

② 소규모 주택에서는 복도를 두는 것이 비경제적이다.

③ 현관의 위치는 대지의 형태, 도로와의 관계 등에 영향을 받는다.

④ 통로로서의 복도 폭은 80cm가 가장 적합하다.

해설 **3**
복도 폭은 최소 90cm 이상(105~
120cm 정도)이 적당하다.

4 주택계단의 폭은 얼마가 적당한가?

① 75~80cm

② 80~95cm

③ 100~120cm

④ 150~180cm

해설 **4** 계단
① 단높이 : 23cm 이하, 단너비 :
   15cm 이상(법규상)
② 계단 물매 : 29~35°
③ 난간의 높이 : 80~90cm
④ 계단폭은 105~120cm 정도, 계
   단참은 3m마다 설치한다.

5 다음 주택의 세부계획 중 거실에 대한 설명으로 옳지 않은 것은?

① 주택의 각 실은 거실에서부터 발전 분화되어야 한다.

② 거실은 정원과 유기적으로 시각적으로 연결되는 것이 좋다.

③ 거실의 넓이는 실내 거주인수에 소요되는 면적만으로 정해진다.

④ 거실은 가족 공동생활의 중심이 되는 장소이다.

해설 **5**
거실의 크기는 일정한 수치로 그 적
정치가 결정되기 보다는 주택 전체
의 규모나 가족수, 가족구성 또는
경제적인 제약, 주생활양식, 타실과
의 관계 등에 의해 결정된다.

6 다음 중 주택설계시 거실의 크기를 결정하는 요소와 가장 거리가 먼 것은?

① 가족구성

② 생활방식

③ 주택의 규모

④ 거실의 조도

해설 **6**
거실의 크기는 주택 전체의 규모나
가족수, 가족구성 또는 경제적인 제
약, 주생활양식, 타실과의 관계 등
에 의해 결정된다.

정답 1. ②   2. ④   3. ④   4. ③
5. ③   6. ④

4 세부계획 (3) 식당, 부엌

학습방향

주택에 관한 내용 중에서 부엌은 가장 중요한 부분으로 내용도 많고 자주 출제된다.

1. 다이닝 앨코브, 다이닝 키친, 리빙 키친
2. 부엌의 크기 결정요소
3. 부엌의 작업순서
4. 부엌의 유형
5. 유틸리티(가사실)

3 식당, 부엌

주부의 일상생활 중 대부분의 시간을 보내는 장소로 음침하지 않고 밝은 곳에 두며, 서비스야드에 인접하고 집전체의 관리에도 용이하도록 한다.

(1) 식당

① 위치별 구분

㉮ 분리형 : 거실이나 식사실, 부엌이 완전히 분리된 형식

㉯ 개방형

㉠ 다이닝 키친(dining kitchen) : 일명 다이넷(dinette)이라 하며, 부엌의 일부에 식탁을 놓은 것

㉡ 다이닝 앨코브(dining alcove) : 거실의 일단에 식탁을 꾸며 놓은 것 (보통 6~9m² 정도의 크기로 함)

㉢ 리빙 키친(living kitchen) : 거실, 식사실, 부엌을 한 공간에 꾸며 놓은 것

㉣ 다이닝 포치(dining porch), 다이닝 테라스(dining terrace) : 여름철 등 좋은 날씨에 포치나 테라스에서 식사하는 것

② 식당의 크기 결정기준

㉮ 식탁의 크기와 의자의 배치상태

㉯ 주변 통로와의 여유공간

㉰ 식사인원수(가족수)

(2) 부엌

① 위치

㉮ 남쪽 또는 동쪽 모퉁이 부분

㉯ 일사가 긴 서쪽은 음식물이 부패하기 쉬우므로 반드시 피해야 한다.

② 크기

학습POINT

■ 앨코브
큰 공간측면에 개방되어 부수되어 있는 부분적 작은 후퇴공간

■ 포치(porch)
현관문 바로 앞에 사람이나 차가 와서 닿는 곳으로 대개는 건물과는 별도로 지붕을 가진다.

   ㉮ 보통 건축 연면적의 8~12% 정도

   ㉯ 주택의 규모가 큰 경우(100m² 이상)는 7% 이하도 가능함

③ 부엌의 크기 결정기준

   ㉮ 작업대의 면적

   ㉯ 작업인(주부)의 동작에 필요한 공간

   ㉰ 수납공간(식기, 식품, 조리용 기구)

   ㉱ 연료의 종류와 공급방법

   ㉲ 주택의 연면적, 가족수, 평균 작업인수, 경제수준

④ 부엌의 작업순서 (그림참조)

   ㉮ 오른쪽방향으로 이동하도록 배치한다.

   ㉯ 작업 삼각형 : 냉장고와 개수대 그리고 가열기를 잇는 작업삼각형의 길이는 3.6~6.6m로 하는 것이 능률적이며 개수대는 창에 면하는 것이 좋다.

⑤ 부엌의 유형

   ㉮ 직선형 : 좁은 부엌에 알맞고 동선의 혼란이 없는 반면 움직임이 많아 동선이 길어지는 경향이 있다.

   ㉯ L자형 : 정방형 부엌에 알맞고 비교적 넓은 부엌에서 능률이 좋으나 모서리 부분은 이용도가 낮다.

   ㉰ U자형 : 양측 벽면이 이용될 수 있으므로 수납공간을 넓게 잡을 수 있으며 이용하기에도 아주 편리하다.

   ㉱ 병렬형 : 직선형에 비해 작업동선이 줄어 들지만 작업시 몸을 앞뒤로 바꿔야 하므로 불편하다. 식당과 부엌이 개방되지 않고 외부로 통하는 출입구가 필요한 경우에 많이 쓰인다.

⑥ 작업대의 크기

   ㉮ 폭 : 50~60cm

   ㉯ 높이 : 82~86cm

⑦ 부속공간

   ㉮ 가사실(utility space) : 주부의 세탁, 다림질, 재봉 등의 작업을 하는 공간으로서 일반적으로 욕실 및 부엌, 서비스 관계의 여러 실과 접한 위치에 두고 서로 연락이 편리하게 한다.

   ㉯ 옥외작업장(service yard) : 세탁장, 건조장, 우물, 연료저장창고, 장독대, 오물처리 등 옥외작업에 관계되는 모든 시설을 말한다.

   ㉰ 다용도실(multipurpose room) : 서비스 발코니와 주방 사이의 공간으로 세탁, 걸레빨기 및 잡품창고를 겸한 실을 말한다.

   ㉱ 배선실(pantry) : 규모가 큰 주택에서 부엌과 식당 사이에 식품, 식기 등을 저장하기 위해 설치한 실이다.

⑧ 설비적 코어 시스템 : 부엌, 식당, 변소, 욕실 등의 배관설치가 필요한 실을 한 곳에 집중 배치함으로써 설비비가 절약되는데, 이는 주택의 규모가 큰 경우에 적합하다.

■ 그림. 작업삼각형

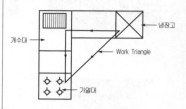

■ 부엌의 작업순서

■ 그림. 부엌의 유형

(a) 직선형

(b) 병렬형

(c) L자형

(d) U자형

(e) 배선실이 있는 부엌

핵심문제

1 소규모 주택에서 거실의 일단에 식탁을 꾸며 놓은 것은?

① 다이닝 포치(Dining Porch)

② 다이닝 키친(Dining Kitchen)

③ 다이닝 앨코브(Dining Alcove)

④ 다이닝 테라스(Dining Terrace)

2 다이닝 앨코브(dining alcove)에 대한 설명이 바르게 된 것은?

① 식당 한쪽 벽에 식탁을 붙이고 접을 수 있게 한 것이다.

② 여름철 좋은 날씨에 옥외에서 식사할 수 있게 한 공간이다.

③ 부엌의 일부에 설치한 식사공간이다.

④ 거실의 일단에 식탁을 꾸민 공간이다.

3 식당과 부엌을 겸용하는 다이닝 키친의 가장 큰 이점은?

① 주부의 동선이 단축된다.

② 공사비가 절약된다.

③ 설비비가 절약된다

④ 평면계획이 자유롭다.

4 세사람씩 서로 보고 앉게 되어 있는 직사각형 식탁(6인용 식탁)의 크기로 적절한 것은? (단, 단위는 mm임)

① (800~1,000)×1,200

② (800~1,000)×1,500

③ (800~1,000)×1,800

④ (800~1,000)×2,100

5 건축 연면적이 66m²인 주택에서 부엌의 적당한 면적은?

① 3.3m²

② 6.6m²

③ 9.9m²

④ 12.6m²

6 부엌의 합리적인 크기를 결정하기 위한 내용과 가장 관계가 먼 것은?

① 작업대의 면적

② 주부의 동작에 필요한 공간

③ 후드(hood)의 설치에 의한 공간

④ 주택의 연면적, 가족수 및 평균 작업인수

[해설] 1

① 다이닝 포치, 다이닝 테라스 : 여름철 좋은 날씨에 포치나 테라스에서 식사하는 것

② 다이닝 키친(DK형식) : 부엌 + 식당

③ 다이닝 앨코브(LD형식) : 거실의 일단에 식탁을 놓은 것

[해설] 2

① – 수납식

② – 다이닝 포치

③ – 다이닝 키친

[해설] 3

다이닝 키친의 가장 큰 이점은 주부의 동선단축에 있다.

[해설] 4

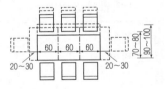

그림. 6인용 식탁의 크기

[해설] 5

부엌의 크기는 주택 연면적의 8~12%이므로 약 6.6m²(약 10%)가 필요하다.

[해설] 6 부엌의 크기 결정기준

① 작업대의 소요면적

② 작업인의 동작에 필요한 공간

③ 수납공간

④ 연료의 종류와 공급방법

⑤ 주택연면적, 가족수, 평균 작업인수

정답 1. ③ 2. ④ 3. ① 4. ③
5. ② 6. ③

7 제한된 공간에서 부엌의 각종 설비가 작업하기에 가장 적절하게 배열한 것은?

① 냉장고 - 레인지 - 개수대 - 작업대 - 배선대
② 냉장고 - 개수대 - 작업대 - 레인지 - 배선대
③ 냉장고 - 작업대 - 레인지 - 개수대 - 배선대
④ 냉장고 - 레인지 - 작업대 - 개수대 - 배선대

8 다음 그림은 부엌에서의 작업삼각형(work triangle)을 나타낸 것이다. 설명 중 옳지 않은 것은?

① 삼각형 세변길이의 합이 짧을수록 효과적인 배치이다.
② 삼각형 세변길이의 합은 3.6~6.6m 사이에서 구성하는 것이 좋다.
③ 싱크대와 조리대 사이의 길이는 1.2~1.8m가 적당하다.
④ 삼각형의 가장 짧은 변은 조리대와 냉장고 사이의 변이 되어야 한다.

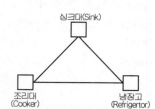

9 다음과 같은 특징을 갖는 부엌의 평면형은?

> • 작업시 몸을 앞뒤로 바꾸어야 하는 불편이 있다.
> • 식당과 부엌이 개방되지 않고 외부로 통하는 출입구가 필요한 경우에 많이 쓰인다.

① 일렬형
② ㄱ자형
③ 병렬형
④ ㄷ자형

10 다음 중 주택에서 옥내와 옥외를 연결시키는 완충적인 공간이 아닌 것은?

① 테라스
② 서비스 야드
③ 유틸리티
④ 다이닝 포치

11 부엌공간에서 배선실은 어떤 용도로 쓰이는가?

① 세탁, 걸레빨기 및 잡품창고를 위한 공간
② 세탁, 다림질 및 재봉 등의 작업을 하는 공간
③ 연료 저장창고, 오물처리시설 및 건조장 등의 옥외작업공간
④ 식품, 식기 등을 저장하는 공간

해 설

해설 **7**
준비 - 냉장고 - 싱크대(개수대) - 작업대(조리대) - 레인지(가열대) - 배선대

해설 **8**
① 냉장고-개수대-가열대를 연결한 세변의 길이는 주부의 피로도를 좌우하는 것으로 세변의 총길이가 3.6~6.6m 범위내가 적당하다.
② 냉장고와 싱크대, 싱크대와 조리대 사이의 변을 짧게 한다.

해설 **9**
병렬형은 부엌가구를 서로 마주보게 배치하는 것으로서 폭이 좁고 긴 부엌에 적합하다.

해설 **10**
유틸리티(utility space, 가사실)는 주부의 세탁, 다림질, 재봉 등의 작업을 하는 공간으로서 일반적으로 욕실 및 부엌, 서비스관계의 여러 실과 접한 위치에 두고 서로 연락이 편리하게 한다.

해설 **11**
① - 다용도실
② - 가사실
③ - 옥외작업장

정답 7. ② 8. ④ 9. ③ 10. ③ 11. ④

1. 단독주택

4 세부계획 　(4) 침실

학습방향

침실의 종류를 용도상으로 분류하고 있으며, 해당되는 침실이 갖추어야 할 조건과 침실의 크기를 판단하는 문제이다.
1. 침실의 사용 인원수에 따른 1인당 소요 바닥면적
2. 침대의 배치방법
3. 노인용실

4 침실(Bed room)

(1) 기능상 분류

① 부부침실 : 내실 또는 안방이라고 하고 취침과 의류 수납, 갱의, 화장, 독서, 목욕 등을 고려하여 부부용 사실로서의 독립성이 확보되어야 하며 편리해야 한다

② 노인침실 : 건강 유지를 위해서 일조가 충분하고 조용한 곳으로 아동실에 가까운 주거중심에서 좀 떨어진 위치가 좋으며, 세면실과 변소를 근접시키며 정원을 내다 볼 수 있는 곳이 좋다.

③ 아동실 : 주간에는 유희와 공부방으로 사용되고 야간에는 침실로 사용된다.

④ 객용침실

(2) 침실의 크기

① 고려 사항

㉠ 사용 인원수에 의한 기적(공간의 크기) 　㉯ 가구의 점유면적

㉰ 공간형태에 의한 심리적 작용

② 침실의 사용 인원수에 따른 1인당 소요 바닥면적

㉠ 성인 1인당 필요로 하는 신선한 공기 요구량 : 50m³/h(아동은 1/2)

㉯ 소요공간의 크기 : 자연환기 횟수를 2회/h로 가정하면

50m³/h ÷ 2회/h = 25m³이다.

㉰ 1인당 소요 바닥면적 : 천장높이가 2.5m일 경우

25m³ ÷ 2.5m = 10m²(아동은 1/2)

(3) 침대의 배치방법

① 침대상부 머리 쪽은 외벽에 면하도록 한다.

② 누운채로 출입문이 보이도록 하며 안여닫이로 한다.

③ 침대 양쪽에 통로를 두고, 한쪽을 75cm 이상 되게 한다.

④ 침대 하부 발치쪽은 90cm 이상의 여유를 둔다.

⑤ 주요 통로쪽 폭은 90cm 이상 띄운다.

학습POINT

■ 노인용 주거공간의 침실계획

① 침실의 크기는 그 유형에 따라 필요한 크기가 다르지만, 입식의 경우 1인용 침대 2개와 침대머리장 2개, 옷장, 의자를 놓을 수 있는 공간이 필요하다.

② 침대주변의 공간은 침대를 정리하기 위한 공간으로 90cm 정도가 확보되어야 한다.

③ 통행을 위한 공간으로 침실문과 침대, 또는 수납공간과 침대사이에 150cm×150cm의 공간이 필요하다.

④ 침실문의 폭은 휠체어의 출입을 고려하여 90cm 이상이 되도록 하는 것이 바람직하며, 손잡이의 높이는 약 90cm가 편리하다.

⑤ 침대에 면한 창문의 높이는 90cm 정도가 적당하며, 침대에서 비상벨, 전화, 전기스위치 등의 사용이 편리해야 한다.

■ 그림. 침대의 배치방법

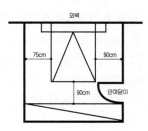

핵 심 문 제

1 주택의 침실계획에 관한 설명 중 적당하지 못한 것은?

① 침실의 출입문을 열었을 때 직접 침대가 보이지 않게 하고, 출입문은 안 여닫이로 한다.

② 아동침실은 정신적으로나 육체적인 발육에 지장을 주지 않도록 안전성 확보에 비중을 둔다.

③ 노인실은 다른 가족들과 생활주기가 크게 다르므로 공동생활영역에서 완전히 독립 배치시키는 것이 좋다.

④ 객용침실은 소규모의 주택에서는 고려하지 않아도 되며, 소파, 베드 등을 이용해서 처리한다.

2 다음의 노인주거계획에 관한 설명 중 옳지 않은 것은?

① 계단 양쪽에 난간을 부착하도록 한다.

② 단차가 있는 바닥은 대비가 약한 색을 사용하는 것이 좋다.

③ 침실이나 욕실 바닥재는 미끄럼이 없고 청소하기 쉬운 재료를 사용한다.

④ 출입구에는 휠체어를 놓을 수 있는 공간을 확보하고 비를 맞지 않도록 계획한다.

3 침실의 크기 결정요소로서 고려하지 않아도 되는 것은?

① 사용인원수에 따른 공간의 크기

② 가구의 점유면적

③ 공간형태에 의한 심리적 작용

④ 창호의 크기

4 필요공기량을 산정하여 침실의 규모를 산정하려고 한다. 성인 2인용 침실의 최소 바닥면적은? (단, 실내 자연환기횟수 2회/hr, 천장고 2.5m)

① 10m²　　　　　　　② 15m²

③ 20m²　　　　　　　④ 25m²

5 침실내 침대배치에 관한 설명 중 틀린 것은?

① 침대와 벽 사이에는 60cm 이상 간격을 둘 것

② 침대와 침대 사이는 75cm 이상 띄울 것

③ 침대의 긴 면은 바깥벽에 붙일 것

④ 침대의 다른 한 면은 자유로이 동작할 수 있는 공간을 둘 것

해설 1
노인용 침실은 건강유지와 소외의식 방지를 위해 남쪽의 밝은 곳에 둔다.

해설 2
단차가 있는 바닥은 대비가 강한 색을 사용하는 것이 좋다.

해설 3 침실의 크기 결정 요소
① 사용인원수에 따른 공간의 크기
② 가구의 점유면적
③ 공간형태에 의한 심리적 작용

해설 4 침실의 크기 결정
① 성인 1인당 필요로 하는 신선 공기 요구량 : 50m³/h
② 자연환기가 2회/h 이므로
실용적=50m³/h÷2회/h=25m³
③ 천장고가 2.5m 라면
성인 1인당 침실 바닥면적
=25m³÷2.5m=10m²
따라서 성인 2인용일 경우
10m²×2인=20m²

해설 5 침실의 크기 결정
침대 상부 머리 쪽은 외벽에 면하도록 한다.

정답 1. ③ 2. ② 3. ④ 4. ③ 5. ③

4 세부계획

(5) 욕실, 변소
(6) 차고

학습방향

1. 욕실의 최소 크기
2. 변소의 최소 크기

5 욕실, 변소(bath room, toilet)

(1) 위치

북쪽에 면하게 하여 설비 배관상 부엌과 인접시킨다.

(2) 크기

① 욕실

㉮ 보통 1.6~1.8m×2.4~2.7m

㉯ 최소 0.9~1.8m×1.8m

㉰ 천장 높이 2.1m 이상

② 변소

㉮ 최소 0.9×0.9m

㉯ 양변기를 설치할 경우 : 0.8m×1.2m

㉰ 소변소를 설치할 경우 : 0.8m×0.9m

㉱ 욕조, 세면기, 양변기를 함께 설치할 경우 : 최소 1.7m×2.1m

6 차고(garage)

(1) 크기

① 최소 : 자동차의 폭과 길이보다 1.2m 더 크게 한다.

② 주택 전용 차고의 크기 : 3.0m×5.5m

(2) 구조

① 차고의 벽이나 천장 등을 방화구조로 하고 출입구나 개구부에 갑종 방화문을 설치한다.

② 바닥 : 내수재료를 사용하고 경사도는 1/50 정도로 한다.

③ 벽 : 백색타일을 2.0m까지 붙이는 것이 이상적이며, 1.5m 정도 높이에는 국부조명을 하여 작업에 편리하도록 한다.

학습POINT

■ 그림. 변소의 크기

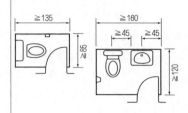

■ 그림. 주택차고의 최소 크기

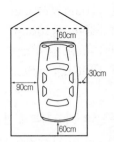

핵심문제

해 설

1 주택의 욕실계획에 대한 설명 중 틀린 것은?

① 방수성, 방오성이 큰 마감재료를 사용한다.

② 욕실계획은 제한된 작은 공간에서 편리하게 제기능을 수행하면서 되도록 넓게 사용하는 공간사용의 극대화 방안이 요구된다.

③ 부엌공간에서 사용하는 물과는 성격이 다르므로 욕실과 부엌공간은 근접시키지 않도록 한다.

④ 욕실은 침실 전용으로 설치하는 것이 이상적이나 그러지 아니할 경우 거실과 각 침실에서 접근하기 쉬워야 한다.

2 주택 욕실과 변소의 계획에 관한 것 중 옳지 않은 것은?

① 욕실과 변소는 가능한 한 부엌과 인접시켜 급배수 배관을 한 블록으로 형성하도록 한다.

② 욕실의 크기는 1.6~1.8m×2.4m 정도가 적당하며, 0.9m× 0.9m가 최소면적이다.

③ 변소는 최소 0.9m×0.9m이며, 양변기를 설치할 경우에는 최소 0.8m×1.2m가 보통이다.

④ 천장의 높이는 최소 2.1m 이상으로 적당한 경사를 둔다.

3 주택건축에서 욕실과 연결시키는 방으로서 옳지 않은 것은?

① 변소   ② 부엌

③ 식사실   ④ 세탁실

4 주택의 욕실내에 대형 욕조, 세면기, 양변기를 나란히 설치할 때의 크기는 다음 중 어느 것이 적당한가?

① 170cm×210cm

② 180cm×160cm

③ 180cm×240cm

④ 160cm×350cm

5 주택의 차고계획에 관한 사항 중 가장 옳지 않은 것은?

① 주인이 직접운전하는 경우라도 현관과 차고는 분리한다.

② 차고의 폭은 차 폭에 60cm 정도 더한 폭이면 된다.

③ 차고에는 급수설비를 하는 것이 필수적이다.

④ 바닥구배는 1/50 정도 두어야 한다.

해설 1

부엌공간에서 사용하는 물의 성격과는 관계없이 욕실과 부엌공간은 근접시킨다.

해설 2

① ①의 내용은 설비적 코어시스템에 관한 것이다.

② 욕실의 최소 크기는 0.9m× 1.8m 정도이다.

해설 3

설비적 코어시스템은 부엌, 식당, 변소, 욕실 등의 배관설치가 필요한 실을 한곳에 집중 배치함으로써 설비비가 절약되는데, 이는 주택의 규모가 큰 경우에 적합하다.

해설 4

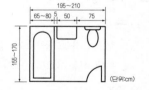

해설 5

자동차의 폭과 길이보다 최소 1.2m 더 크게 한다.

정답 1. ③ 2. ② 3. ③ 4. ① 5. ②

2. 공동주택

1 공동주택 (1) 특징
2 연립주택 (1) 특징 (2) 종류

학습방향

연립주택에 관한 문제는 공동주택의 특징(장·단점)과 연립주택의 종류 중 하나인 테라스 하우스이다. 여기에서 주로 테라스 하우스에 관한 문제가 많이 출제되며, 이외에 공동(집합)주택의 장·단점, 그리고 공동주택을 고층화할 경우의 장·단점에 관한 문제가 출제된다.

1. 공동주택의 장·단점
2. 테라스 하우스
3. 공동주택의 고층화에 따른 장·단점

• 공동주택

1 특징

(1) 장점

① 토지의 효율적 이용과 점유면적의 감소가 가능하다.
② 공공용지(어린이놀이터, 공원, 보행광장 등)의 확보가 쉽다.
③ 설비(공조, 급탕, 정화조, 변전설비 등)의 집중화가 가능하다.
④ 동일면적의 독립주택에 비해 유지관리비가 절감된다.

(2) 단점

① 공동사회의 소속감과 연대의식이 결여된다.
② 프라이버시의 확보가 불리하다.
③ 화재, 재난시 피난상 불리하다.
④ 획일성에 따른 각 세대별 독자성이 결여된다.
⑤ 고층화에 따른 건축비의 상승이 우려된다.

• 연립주택

1 특징

(1) 장점

① 토지의 이용률을 높일 수 있다.
② 테라스 하우스의 경우 각 세대마다 전용의 뜰을 갖는다.
③ 접지성과 집합형식에 따라 풍요로운 옥외공간을 조성할 수 있다.
④ 경사지, 소규모택지의 이용이 가능하다.
⑤ 대지의 형태 및 지형에 조화시켜 계획함으로써 다양한 배치와 외관의 변화가 가능하다.

학습POINT

■ 공동주택(건축법 시행령 별표 1 참조)
① 연립주택 : 4층 이하로서 동당 건축 연면적이 660m²를 초과하는 주택
② 다세대주택 : 4층 이하로서 동당 건축 연면적이 660m² 이하인 주택
③ 아파트 : 5층 이상의 주택

■ 아파트를 고층화할 경우 이점인 것은 다음과 같이 여러 가지로 표현된다.
① 단위면적당 건축공사비가 저렴해진다.
② 단위면적당의 건축비가 싸다.
③ 단위 바닥면적당 건축비가 싸게 든다.
④ 단위면적당의 건축비가 절감된다.

(2) 단점

① 벽체의 공유로 인하여 일조, 채광, 통풍이 불리하고, 평면계획에 제약을 받는다.

② 프라이버시 유지에 불리하다.

③ 계획이 성실하지 못할 경우에는 단조로운 공간과 외관이 형성된다.

2 종류

(1) 2호 연립주택

2호의 주택이 옆 세대와 서로 벽체를 공유하는 형식의 순수한 연립주택을 말한다.

(2) 테라스 하우스(terrace house)

경사지에서 적절한 절토에 의하여 자연지형에 따라 건물을 테라스형으로 축조하는 것으로 각호마다 전용의 뜰(정원)을 갖는다.

(3) 중정형 하우스(patio house, courtyard house)

보통 한 세대가 한 층을 점유하는 주거형식으로 중정을 향하여 L자 형으로 둘러싸고 있다.

(4) 타운 하우스(town house)

토지의 효율적인 이용, 건설비 및 유지관리비의 절약을 고려한 연립주택의 한 종류로 단독주택의 이점을 최대한 살리고 있다.

① 공간구성

㉮ 1층 : 거실, 식당, 부엌 등의 생활공간(부엌은 출입구에 가까이, 거실 및 식당은 테라스나 정원을 향함)

㉯ 2층 : 침실, 서재 등 휴식 및 수면공간(침실은 발코니를 수반함)

② 특징

㉮ 인접 주호와의 사이 경계벽 연장를 통한 프라이버시의 확보

㉯ 각 호마다 주차가 용이함

㉰ 배치의 다양한 변화

㉱ 층의 다양화를 위해 동의 양 끝 세대나 단지의 외곽동을 1층으로 하여 중앙부에 3층을 배치함

㉲ 프라이버시의 확보는 조경을 통해 해결 가능하며, 프라이버시를 위한 시각 적정거리는 25m 정도

㉳ 일조확보를 위해 남향 또는 남동향으로 동 배치함

(5) 로우 하우스(low house)

2동 이상의 단위주거가 계벽을 공유하고, 단위주거 출입은 홀을 거치지 않고 지면에서 직접 출입하며, 밀도를 높일 수 있는 저층주거로 층수는 3층 이하이며, 2층이 일반적이다.

■ 테라스 하우스

① 자연형

㉮ 상향식

하층에 주생활공간을 두며, 가장 높은 곳에 정원을 두고, 차고는 가장 낮은 곳에, 그리고 차고위 캔틸레버식 데크는 정원으로 사용하는 방식

㉯ 하향식

도로에서 직접 접근이 가능하고, 상층에 주생활공간을 두며, 하층에 휴식, 수면공간을 두는 형식으로, 캔틸레버의 데크는 정원으로 사용되는 방식

② 인공형

평지에 테라스 하우스 장점을 살려 건립한 형태

㉮ 시각적 인공형 테라스 하우스

상층으로 갈수록 건물의 내부가 작아지는 형식

㉯ 구조적 인공형 테라스 하우스

건물의 길이가 같으면서 상부층으로 갈수록 약간씩 뒤로 후퇴하여 테라스가 되는 형식

㉰ 혼합형

㉮와 ㉯를 혼합한 형식

■ 그림. 테라스 하우스

핵 심 문 제

1 공동주택의 이점이 아닌 것은?

① 세대당 건설비, 유지비를 절감할 수 있다.
② 생활협동체를 구성할 수 있다.
③ 공동시설을 설치할 수 있다.
④ 생활의 변화에 대해 자유롭게 대응할 수 있다.

해설 1
공동주택은 생활의 변화에 대해 자유롭게 대응하기 어렵다.

2 도시의 주택을 고층 집단화하는 경우에 대한 설명으로 옳지 않은 것은?

① 토지이용의 효율이 높다.
② 단위면적당의 건축비가 절감된다.
③ 집약시설로써 환경의 질적 향상을 도모할 수 있다.
④ 공동시설을 설치할 수 있다.

해설 2
도시주택의 고층화시 구조체의 건설비의 증가에 따라 단위면적당 건축비가 비싸진다.

3 연립주택의 분류형태에서 적합하지 않은 것은?

① 타운 하우스(town house)
② 로우 하우스(row house)
③ 중정형 주택(patio house)
④ 플랫 타입(flat type)

해설 3 플랫형(flat type)
아파트의 단위주호가 한 개층에 배치되는 형

4 경사지 이용에 적절한 형식으로 각 주호마다 전용의 정원을 갖는 주택형식은?

① 타운 하우스(town house)
② 로우 하우스(row house)
③ 중정형 주택(patio house)
④ 테라스 하우스(terrace house)

해설 4
테라스 하우스(terrace house)는 경사지를 적절하게 이용할 수 있으며, 각 호마다 전용의 정원을 갖는 주택형식이다.

5 테라스 하우스에 대한 설명 중 옳지 않은 것은?

① 시각적인 인공 테라스형은 위층으로 갈수록 건물의 내부면적이 작아지는 형태이다.
② 각 세대의 깊이는 7.5m 이상으로 하여야 한다.
③ 경사가 심할수록 밀도가 높아진다.
④ 평지보다 더 많은 인구를 수용할 수 있어 경제적이다.

해설 5
각 세대의 깊이는 6~7.5m 이상 되어서는 안된다.

6 테라스 하우스와 같이 각 호마다 전용의 뜰을 갖고 있으며, 어린이놀이터, 보도, 주차장 등의 공용의 오픈 스페이스를 갖고 있는 형식의 공동주택의 한 종류는?

① 2호 연립주택
② 중정형 하우스
③ 타운 하우스
④ 로우 하우스

해설 6
타운하우스는 각 주호마다 전용의 뜰과 공공의 오픈 스페이스를 갖고 있는 형식의 연립주택의 한 종류이다.

정답 1. ④ 2. ② 3. ④ 4. ④
5. ② 6. ③

1 개설

(1) 아파트의 성립요인
(2) 아파트의 분류
(3) 독신자 아파트

학습방향

아파트의 성립요인(필요성)으로 가장 중요한 요인은 도시인구의 집중현상으로 인해 인구밀도가 증대하는 것이다.
아파트의 분류는 주거건축에 관한 전체 내용 중에서 가장 중요한 부분이다. 아파트의 분류 중 복층형(duplex, maisonnette)과 스킵플로어형에 관한 내용이 자주 출제되고 있다.

1. 아파트의 성립요인
2. 평면형식상의 분류 – 계단실(홀)형, 편복도형, 중복도형, 집중형
3. 복층형(듀플렉스형, 트리플렉스형, 메조넷형)과 스킵플로어형
4. 독신자 아파트

1 아파트의 성립요인

(1) 사회적 요인

① 도시 인구밀도의 증가
② 도시생활자의 이동
③ 세대인원의 감소

(2) 계획적 및 경제적 요인

① 주위환경의 개량 및 공동설비에 대한 혜택의 증대
② 대지비, 건축비, 유지비의 절약

2 아파트의 분류

(1) 평면형식상의 분류

① 계단실(홀)형(direct access hall system)
　㉮ 장점
　　㉠ 독립성이 좋다.
　　㉡ 출입이 편하다.
　　㉢ 통행부의 면적이 작으므로 건물의 이용도가 높다.
　㉯ 단점 : 고층 아파트일 경우 각 계단실마다 엘리베이터를 설치해야 하므로 시설비가 많이 든다.
② 편(갓)복도형(side corridor system, balcony system)
　㉮ 장점
　　㉠ 복도개방시 각 주호의 거주성이 좋다.

■ 그림 아파트의 평면형식

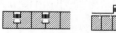

① 계단실형　② 편복도형

③ 중복도형　④ 집중형

■ 평면형식상의 분류 및 비교

비교내용 평면형식	프라이버시	전용면적비	환경조건	부지의이용률
① 계단실형	가장 좋다	가장 높다	가장 좋다	가장 낮다
② 편복도형	별로 좋지 않다	조금 높다	양호하다	낮다
③ 중복도형	나쁘다	낮다	나쁘다	높다
④ 집중형	가장 나쁘다	가장 낮다	가장 나쁘다	가장 높다

ⓛ 프라이버시는 좋지 않으나 고층 아파트에 적합하다.
ⓒ 통풍, 채광이 양호하다.
㉯ 단점
ⓐ 복도개방시 외부에 대해 무방비상태이므로 위험하다
ⓛ 복도폐쇄시 통풍, 채광이 불리해진다.
ⓒ 고층 아파트의 경우 난간을 높게 해야 한다.

③ 중(속)복도형(middle corridor system)
㉮ 장점 : 부지의 이용률이 높다.
㉯ 단점
ⓐ 프라이버시가 나쁘고 시끄럽다.
ⓛ 통풍, 채광상 불리하다.
ⓒ 복도의 면적이 넓어진다.

④ 집중형
㉮ 장점
ⓐ 부지의 이용률이 가장 높다.
ⓛ 많은 주호를 집중시킬 수 있다.
㉯ 단점
ⓐ 프라이버시가 극히 나쁘며, 통풍 채광상 극히 불리하다
ⓛ 복도부분의 환기 등의 문제점을 해결하기 위해 고도의 설비시설을 해
   야 한다.

(2) 입체형식상의 분류

① 단층(flat)형
각호의 주어진 규모 가운데 각 실의 면적배분이 한 개층에서 끝나는 형
㉮ 장점
ⓐ 평면구성의 제약이 적다.
ⓛ 작은 면적에서도 설계가 가능하다.
㉯ 단점
ⓐ 프라이버시 유지가 어렵다.
ⓛ 각 주호의 규모가 커지면 호당 공용부분의 면적이 커진다.

② 복층(duplex, maisonnette)형
한 주호가 2개층 이상에 걸쳐 구성되는 형
㉮ 장점
ⓐ 엘리베이터의 정지층수가 적어지므로 운영면에서 경제적이고 효율적
   이다.
ⓛ 복도가 없는 층은 남북면이 트여져 있으므로 평면계획상 좋은 구성이
   가능하다.
ⓒ 통로면적이 감소되고 유효면적이 증대된다.

■ 복도의 보행거리가 짧아 질수록
출입이 편하다

■ 통행부의 면적이 작으므로 건물
의 이용도가 높다라는 것은 전용
면적비가 크다는 것을 의미한다.

■ 가족단위 아파트는 저층인 경우
계단실형, 고층인 경우 편복도형
이 적합하고, 도심 독신자 아파트
는 중복도형, 집중형이 적합하다.

■ 그림. 아파트의 입체형식상의
분류

(a) 플랫형   (b) 메조넷형

   ㉣ 독립성이 가장 좋다.
  ㉯ 단점
   ㉠ 복도가 없는 층은 피난상 불리하다.
   ㉡ 소규모 주거에서는 비경제적이다.

(3) 주동형태에 의한 분류

 ① 판상형
  ㉮ 각 주호의 향의 균일성을 확보할 수 있다.
  ㉯ 단위평면구성이 용이하다.
  ㉰ 조망이 차단과 인동간격, 음영 등을 면밀히 검토해야 한다.

 ② 탑상형(타워형)
  ㉮ 건축외관의 4면성이 강조되어 방향성이 없는 자유로운 배치가 가능
   하다.
  ㉯ 조망에 유리하다.
  ㉰ 각 주호의 환경조건이 불균등하다.

3 독신자 아파트

아파트먼트 하우스 중에서 호텔에 가까운 형식이다
 ① 단위플랜 자신(주호)의 면적은 극도로 절약되고, 공용의 사교적 부분이
  충분히 설치되어 있다.
 ② 식사는 공용의 식당에서 행해지며, 단위플랜내 부엌이 없는 것이 보통
  이다.
 ③ 욕실은 공동으로 사용한다.
 ④ 단위플랜내에는 거실 및 침실에 반침을 둔다.

■ 스킵 플로어(skip floor)형

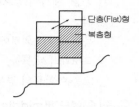

- 스킵 플로어형은 주거공간 구성에 있어서 실과 실과의 높이가 반층 정도에 걸쳐 있으므로 구조 및 설비계획상 복잡하다.
- 스킵 플로어형은 우리말로 단층(段層)인데, 플랫(flat)형의 단층과 그 의미가 다르다. 사실상 스킵 플로어형을 복층형으로 보나 구조를 보면 단층형과 복층형이 존재한다.
- 이 경우를 스킵 메조넷이라 한다.

■ 트리플렉스(triplex)형
복층형에서 한 주호가 3개층에 걸쳐 구성되어 있는 형식

1 다음 중 아파트의 성립요소가 아닌 것은?

① 도시생활자의 이동성

② 부지비, 건축비 등의 절약

③ 세대인원의 증가

④ 도시 인구밀도의 증가

해설 **1**
세대인원의 감소

2 다음 중 아파트의 평면형식에 따른 분류에 속하지 않는 것은?

① 홀형　　　　　　　② 복도형

③ 집중형　　　　　　④ 탑상형

해설 **2** 탑상형
주동형태에 의한 분류

3 아파트 평면형식 중 계단실(홀)형에 대한 설명으로 옳지 않은 것은?

① 주호내의 주거성과 독립성이 좋다.

② 부지의 이용률이 가장 높으며, 많은 주호를 집중시킬 수 있다.

③ 동선이 짧으므로 출입이 편하다.

④ 엘리베이터의 이용률이 낮다.

해설 **3**
②는 집중형의 특징에 속한다.

4 아파트의 평면형식 중 일반적으로 동서를 축으로 한쪽 복도를 통해 각 주호로 들어가는 형식은?

① 계단실형　　　　　② 편복도형

③ 중복도형　　　　　④ 집중형

해설 **4**
편복도형은 계단 또는 엘리베이터로 연결되고, 연속된 긴 복도에 의해서 각 세대로 출입하는 형식이다.

5 복도 양측에 각 주호를 배치하여 출입하는 형식으로 도심 독신자 아파트에 적합 한 평면형식은?

① 홀형　　　　　　　② 집중형

③ 편복도형　　　　　④ 중복도형

해설 **5**
중(속)복도형은 복도 양측에 각 주호를 배치하여 출입하는 형식으로 고층 고밀도 아파트에 가장 유리하며, 도심 독신자 아파트에 적합하다.

6 중복도형 아파트에 관한 설명 중 잘못된 것은?

① 도심자의 독신자 아파트에 많이 이용된다.

② 프라이버시가 나쁘고 시끄럽다.

③ 채광, 통풍조건을 양호하게 할 수 있다.

④ 대지에 대한 건물이용도가 높다.

해설 **6**
중복도형은 채광, 통풍상 불리하다.

정답 1. ③　2. ④　3. ②　4. ②
5. ④　6. ③

7 집중형 아파트에 관한 설명 중 옳지 않은 것은?

① 대지에 대해서 건물이용도가 높다.

② 각 주호의 일조시간을 동일하게 확보할 수 있다.

③ 프라이버시가 좋지 않다.

④ 기후조건에 따라 기계적 환경조절이 필요하다.

해 설

[해설] **7**
집중형은 각 주호의 일조시간을 동일하게 확보할 수 없다.

8 아파트의 단면형식에 따른 분류에서 볼 때 단층(flat)형 주요 형식의 설명 중 옳지 않은 것은?

① 평면구성에 있어 제약이 적고 작은 면적에서 설계가 가능하다.

② 프라이버시(privacy) 유지가 용이하다.

③ 한 주호가 동일 층에서 평면적으로 구성되어 있다.

④ 주호규모가 커지면 호당 공용부분면적이 커진다.

[해설] **8**
단층형은 각 실에 인접하게 되어, 복층형에 비해 프라이버시 유지가 어렵다.

9 아파트의 단면형식 중 복층형에 대한 설명으로 옳지 않은 것은?

① 통로면적이 증가하며, 유효면적은 감소한다.

② 주호내에 계단을 두어야 하므로 소규모 주택에서는 비경제적이다.

③ 거주성, 특히 프라이버시가 높다.

④ 공용복도가 없는 층은 화재 및 위험시 대피상 불리하다.

[해설] **9**
복층형은 통로면적이 감소하며, 유효면적은 증가한다.

10 하나의 주거단위가 복층형식을 취하는 메조넷형(Maisonette Type)에 대한 설명 중 적당하지 않은 것은?

① 주택내의 공간의 변화가 있다.

② 거주성, 특히 프라이버시가 좋다.

③ 면적면에서 소규모 주택에 유리하다.

④ 양면 개구부에 의한 일조, 통풍 및 전망이 좋다.

[해설] **10**
복층형식을 취하는 메조넷형은 소규모 주거형에는 부적합하다.

11 엘리베이터와 연결되는 복도가 2층이나 3층마다 있고 2층에서 상하층이 계단으로 연결되는 아파트의 형식을 무엇이라 하는가?

① 스킵 플로어(skip floor)

② 플랫(flat)

③ 코리도 플로어(corridor floor)

④ 다이렉트 액세스(direct access)

[해설] **11**
① 플랫 – 단층형
② 코리도 플로어 – 복도형
③ 다이렉트 액세스 – 계단실형

정답 7. ② 8. ② 9. ① 10. ③
11. ①

12 아파트의 단위주거 단면구성형식 중 스킵 플로어형에 대한 설명으로 옳지 않은 것은?

① 전체적으로 유효면적이 증가한다.
② 공용부분인 복도면적이 늘어난다.
③ 엘리베이터 정지층수를 줄일 수 있다.
④ 복도가 없는 층에서 주거 단위평면이 남북으로 트일 수 있다.

13 공동주택의 단위주거 단면구성형태에 대한 설명 중 틀린 것은?

① 복층형(메조넷형)은 엘리베이터의 정지층수를 적게 할 수 있다.
② 스킵 플로어형은 주거단위의 단면을 단층형과 복층형에서 동일 층으로 하지 않고 반층씩 엇나게 하는 형식을 말한다.
③ 트리플렉스형은 듀플렉스형보다 프라이버시의 확보율은 낮고 통로 면적도 불리하다.
④ 플랫형은 주거단위가 동일 층에 한하여 구성되는 형식이다.

14 탑상형(Tower Type) 공동주택에 대한 설명으로 옳지 않은 것은?

① 각세대에 시각적인 개방감을 줄 수 있다.
② 다른 주거동에 미치는 일조의 영향이 적다.
③ 단지내의 랜드마크(Land Mark)적인 역할이 가능하다.
④ 각 세대에 일조 및 채광 등의 거주환경을 균등하게 제공할 수 있다.

15 독신자 아파트의 특징으로서 틀린 것은?

① 단위플랜 자신의 면적이 극도로 절약되어 공용의 사교적 부분이 충분히 설치되어 있다.
② 단위플랜에 부엌을 설치한다.
③ 욕실은 공동으로 사용하는 것이 많다.
④ 단위플랜에 있어서는 거실 및 침실에 반침을 둔다.

해 설

해설 **12**
스킵 플로어형은 공용부분인 복도면적은 감소한다.

해설 **13**
트리플렉스형은 듀플렉스형보다 프라이버시의 확보율은 높고 통로면적도 작아져 유리하다.

해설 **14**
각 세대에 일조 및 채광 등의 거주환경이 불균등해진다.

해설 **15**
단위플랜내에 부엌을 설치하지 않는다.

정답 12. ② 13. ③ 14. ④ 15. ②

2 배치계획

(1) 배치계획시 조건
(2) 인동간격

학습방향

배치계획에서는 인동간격에 관련된 문제가 자주 출제되는데, 우선 인동간격에서 결정요인과 인동간격을 계산하는 식과 문제, 그리고 남북간 인동간격의 결정요소 등이다.
1. 남북간 인동간격의 결정요소
2. 동서간 인동간격의 결정요소

1 배치계획시 조건

(1) 거실의 일조, 채광, 통풍, 소음방지

(2) 건물의 연소방지시설

(3) 정원과 옥외통로용 공간확보

2 인동간격

(1) 남북간의 인동간격(D) 결정조건

① 일조(동지 때 최소 4시간 이상)

$$D = 2H \quad \cdot H : 건물의\ 높이$$

② 채광

(2) 동서간의(측면) 인동간격(dx) 결정조건

① 통풍

② 방화(연소방지)상 – 최소 6m 이상 띄어야 한다.

㉮ 1세대 건물 $dx = bx$

㉯ 2세대 건물 $dx = \dfrac{1}{2} bx$

㉰ 다세대 건물 $dx = \dfrac{1}{5} bx$ $\cdot bx$: 건물의 전면상의 길이

학습POINT

■ 인동(隣棟)간격

① 의미 : 주택을 배치할 때에 주변 주택건물과의 사이를 인동간격이라 한다. 여기서 인(隣, 린)이라는 것은 이웃이라는 의미를 가지며, 동(棟)은 건물을 말한다.

② 인동간격의 결정요소

㉮ 남북간 인동간격

㉠ 계절(겨울철 동지 때 기준)

㉡ 그 지방의 위도

㉢ 태양의 고도

㉣ 일조시간

㉤ 대지의 지형

㉥ 앞 건물의 높이

㉯ 동서간의 인동간격 – 건물의 전면상의 길이(건물의 동서간의 길이)

■ 그림. 인동간격

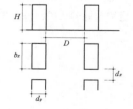

1 공동주택을 배치할 때 고려할 사항 중 관계가 적은 것은?

① 거실의 채광

② 거실의 환기

③ 건물의 연소시설

④ 정원과 옥외통로용 공간의 확보

[해설] **1**
배치계획시 조건 중 실내와 관계되는 거실의 환기와는 무관하며, 거실의 통풍과 관계된다.

2 건축계획적 측면에서 고려할 때 아파트의 남북간 인동간격과 측면 인동 간격에서 다음 중 어느 것이 적정하게 설계된 것인가?

① $D \fallingdotseq 2H$, $dx = \frac{1}{5}bx$

② $D = 1.5H$, $dx = \frac{1}{2}bx$

③ $D = H$, $dx = 1bx$

④ $D = H$, $dx = \frac{1}{3}bx$

[해설] **2**
① 남북간의 인동간격$(D) = 2H$
  • H = 건물의 높이
② 동서간의(측면) 인동간격(dx)
  $= \frac{1}{5}bx$(다세대 건물)
  • bx : 건물의 전면상의 길이

3 다음 중 대단위 아파트단지의 건물 배치계획에 있어서 남북간 인동간격 의 결정요소와 가장 관계가 먼 것은?

① 건축물의 방위각

② 대지의 경사도

③ 건축물의 동서길이

④ 일조시간

[해설] **3**
동서간의 인동간격 – 건물의 전면상의 길이(건물의 동서간의 길이)

4 아파트 주동배치 유형 중 클러스터배치에 대한 설명이 아닌 것은?

① 공용공간에 대한 영역성 확보에 유리하다.

② 클러스터 구성방식에는 ㅁ자형과 ㄷ자형이 있다.

③ 필연적으로 비남향 주거동이 생기게 된다.

④ 평행배치에 비해 단조롭다.

[해설] **4**
클러스터배치보다 평행배치가 단조롭다.

5 아파트의 옥외공간 구성요소가 아닌 것은?

① 영역성

② 공동체 의식

③ 접근성

④ 과밀

[해설] **5** 옥외공간의 구성요소
① 영역성
② 접지성
③ 공동체 의식
④ 폐쇄성
⑤ 접근성

정답 1. ② 2. ① 3. ③ 4. ④ 5. ④

3 평면계획 (1) 단위평면
(2) 블록플랜

1 단위평면(unit plan)

(1) 단위평면의 결정조건
① 거실에는 직접 출입이 가능하도록 한다.
② 침실에는 직접 출입이 가능하도록 하며, 타실을 통하여 통행하지 않도록 한다.
③ 부엌과 식사실은 직결하고, 외부에서 직접 출입할 수 있도록 한다.
④ 동선은 단순하고 혼란되지 않도록 한다.

(2) 단위평면형
① D·K형
㉮ 식사와 취침은 분리하지만, 단란은 취침하는 곳과 겹친다.
㉯ 소규모 주택형
㉰ 각 실을 분리하면 협소하기 때문에 일반적으로 주방겸 식사실(DK)과 거실겸 침실은 개방적으로 연결된다.
㉱ 거실 겸 침실은 전용되는 온돌방으로 하는 경우가 많다.
② L·D·K형
㉮ 최소한의 넓이로 공실부분(식사·단란 등)과 사실부분(취침 등)을 분리한다.
㉯ L·D·K가 일체가 되므로 안정된 거실을 확립할 수 있다.
㉰ L·D·K의 면적이 크면 간편한 칸막이로 K와 L을 분리할 수 있다.
③ L·D+K형
㉮ L·D는 동일한 방으로서 K를 분리한다.
㉯ 식사실을 중심으로 단란한 생활형에 적합하다.
㉰ 면적이 작은 LD의 설비에 신중을 요한다.
㉱ 동양식 방의 LD(다실)형도 있다.

학습POINT

■ 단위평면은 단독주택에 준한다.

■ ① 2DK : 2침실 + dining kitchen (하나로 된 식당 주방형식)
② 3LK : 3침실 + living kitchen
③ 3DK : 3침실 + dining kitchen

■ 단위평면과 블록플랜

	주택	병원	학교
단위플랜 (Unit)	주호	병실	교실
블록플랜 (Block)	주동	병동	교사

④ L+D · K형

 ㉮ D · K는 동일한 방으로 하고 L을 분리한다. L을 독립적으로 이용하는 생활형에 적합하다.

 ㉯ D · K는 가사의 편의, 주방작업을 하면서 단란참가 등이 용이하므로 인기가 있다.

 ㉰ D · K를 식사를 위한 장소로만 이용하든가 모임장소로 하는 용도에 따라서 다르다.

⑤ L+D+K형

 ㉮ L · D · K는 각각 분리한다.

 ㉯ 각 방은 각각 용도에 다라 독립시킬 수 있다.

 ㉰ 불충분한 규모에서 형식적으로 분리시키는 것은 도리어 생활을 불편하게 할 때도 있다.

2 블록플랜(block plan)

■ 블록플랜은 계단실형에 준한다.

(1) 블록플랜의 결정조건

① 각 단위 플랜이 2면 이상 외기에 면할 것
② 중요한 거실이 모퉁이에 배치되지 않도록 할 것
③ 각 단위플랜에서 중요한 실의 환경은 균등하게 할 것
④ 모퉁이내에서 다른 주호가 들여다 보이지 않을 것
⑤ 현관은 계단에서 6m 이내일 것

1 아파트 단위평면의 결정조건과 가장 거리가 먼 것은?

① 부엌과 욕실을 분산 배치한다.
② 동선은 단순하고 혼란하지 않도록 한다.
③ 각 실은 타실을 통해서 통행하지 않아야 한다.
④ 식사실과 부엌은 연결시킨다.

해설 **1**
부엌과 욕실은 가능한 한 접근시켜 설비를 집중시킨다.

2 주방과 식당이 한 실로 되어 있는 DK형의 특징이 아닌 것은?

① 식사와 취침은 분리하지만 단란은 취침하는 곳과 겹칠 수 있다.
② 소규모 주택형에 적합한 형식이다.
③ 식사실을 중심으로 단란한 생활형에 적합하다.
④ 거실 겸 침실은 전용되는 온돌방으로 하는 경우가 많다.

해설 **2**
LD+K형은 식사실을 중심으로 단란한 생활형에 적합하다.

3 아파트 건축계획에서 2DK형이란 다음 중 어느 것을 가르키는가?

① 하나의 침실에 하나로 된 식당 주방형식
② 두 개의 침실에 하나로 된 식당 주방형식
③ 두 개의 침실에 식당과 주방이 별도로 된 것
④ 하나의 침실에 식당과 주방이 별도로 된 것

해설 **3**
2DK : 2침실 + dining kitchen (하나로 된 식당 주방형식)

4 다음 중 아파트 단위주호 평면계획에서 공간의 융통성을 부여하는 방법과 가장 거리가 먼 것은?

① 식당과 거실을 동일실로 하고 부엌을 분리한다.
② 거실에 인접한 침실의 출입은 거실을 거치지 않도록 한다.
③ 발코니면적을 가급적 크게 한다.
④ 침실은 서로 인접되지 않도록 하여 독립성을 유지한다.

해설 **4**
침실간은 공간의 성격이 유사하므로 서로 인접시켜 공간의 융통성을 높인다.

5 아파트 블록플랜(block plan) 결정조건 중 옳지 않은 것은?

① 각 단위평면이 3면 이상 외기에 접할 것
② 각 단위평면의 중요한 실이 균등한 조건을 가질 것
③ 단위주거가 균등하게 일사면에 노출되도록 할 것
④ 현관은 계단으로부터 멀지 않을 것(6m 이내)

해설 **5**
각 단위플랜이 2면 이상 외기에 면할 것

4 세부계획
(1) 단위플랜내 각 실
(2) 공용부분

5 환경 및 설비계획
(1) 엘리베이터

• 세부계획

학습POINT

1 단위플랜내 각 실

(1) 현관
① 안여닫이가 원칙이나 면적상 홀이 좁아지므로 밖여닫이로 한다.
② 유효폭은 85cm 이상으로 하고 방화상 철제문으로 한다.

(2) 거실, 식당, 부엌
① 대개 다이닝키친, 리빙키친형식이다.
② 부엌에 면하여 베란다를 설치한다.
③ 거실의 천장높이는 2.4m 이상으로 하고, 최상층은 방서를 위해 일반층보다 10~20cm 정도 더 높게 한다.

(3) 발코니(balcony)
직접 외기에 접하는 장소로 서비스 발코니와 리빙 발코니가 있다.
① 용도 : 유아의 놀이 장소, 일광욕, 세탁물 건조장소
② 난간의 높이 : 1.2m 정도
③ 비상시 이웃집과 연락이 가능한 구조로 한다.

(4) 변소 · 욕실
① 변소는 수세식이며 될 수 있는 대로 거실에서 직접 들어가는 것을 피하고 복도나 수세실을 지나게 하는 것이 좋다.
② 세면소는 변소에 붙여서 수세를 겸하고 욕실에 접하여 탈의장으로 쓸 수 있게 하는 방식과 욕실과 변소, 세면소를 한군데 두고 여기서 세탁실을 겸하는 경우도 있다.

2 공용부분

(1) 계단
① 계획상 : 단높이 18cm, 단너비 28cm, 계단 폭 1.8~2.1m

② 법규상 : 단높이 20cm 이하, 단너비 24cm 이상

(2) 복도

　① 보행거리

　　㉮ 주요 구조부가 내화구조인 경우 : 50m

　　㉯ 비내화구조인 경우 : 30m

　② 출입구의 높이 : 1.8m

　③ 복도 폭(법규상)

　　㉮ 중복도 : 1.8m 이상

　　㉯ 편복도 : 1.2m 이상

• 환경 및 설비계획

1 엘리베이터

(1) 대수산출시 가정조건

　① 2층 이상 거주자의 30%를 15분간에 일방향 수송한다.

　② 1인의 승강에 필요한 시간은 문의 개폐시간을 포함해서 6초로 한다.

　③ 한 층에서 승객을 기다리는 시간은 평균 10초로 한다.

　④ 실제 주행속도는 전속도의 80%로 한다.

　⑤ 정원의 80%를 수송인원으로 본다.

(2) 엘리베이터 1대당 50~100호가 적당하며, 10인승 이하의 소규모가 좋다.

(3) 엘리베이터의 속도

　① 경제적인 면 : 저속(50m/min 이하)

　② 능률적인 면 : 중속(70~100m/min)

(4) 엘리베이터의 박스는 세로길이를 깊게 하여 화물을 들어가기 쉽도록 한다.

(5) 엘리베이터를 2대 이상 설치할 때에는 한 곳으로 통합하는 것이 운전상 유리하다.

■ 엘리베이터의 속도에 의한 분류

① 저속 : 15~50m/min

② 중속 : 60~105m/min

③ 고속 : 120m/min 이상

■ 엘리베이터의 경제성과 효율성

① 선택(구매)시

　㉮ 저속 – 가격이 싸므로 경제적이나 속도가 너무 느리다.

　㉯ 중속 – 가격이 고속에 비해 싸면서도 속도가 저속보다 빨라 능률적이다.

　㉰ 고속 – 직류모터를 사용하므로 가격이 비싸다.

② 배치시(평면상)

　㉮ 계단실형 – 각 계단실마다 배치해야 하므로 비경제적이다.

　㉯ 편복도형 – 1동에 1~2대 정도가 소요 되므로 경제적이다.

③ 운행시(입체형식상)

　㉮ 단층형 – 각층마다 정지해야 하므로 정지층수가 많아져 비경제적이다.

　㉯ 복층형 – 정지층수가 적어지므로 경제적이다.

1 아파트의 각부계획 중 옳은 것은 어느 것인가?

① 거실의 천장높이는 3.0m 이상으로 하고, 최상층은 방서를 위해 일반층보다 30cm 정도 높인다.

② 현관의 유효폭은 85cm 이상으로 하며, 방화상 철제문으로 한다.

③ 편복도형식일 경우 복도의 유효폭은 1.8m 이상으로 한다.

④ 발코니의 난간높이는 1.1m 정도, 옥상의 난간높이는 1.0m 정도로 한다.

2 아파트의 발코니계획에 주의할 사항 중 적당치 못한 사항은 어느 것인가?

① 부엌의 보조공간으로 이용될 수 없다.

② 배수에 주의하여야 한다.

③ 화단상자를 가꾸어 답답함을 보완한다.

④ 어린이놀이터로 이용될 수 있다.

3 아파트 평면형식 중 중복도형에 관한 설명으로 옳지 않은 것은?

① 채광과 통풍이 용이하다.

② 대지에 대한 이용도가 높다.

③ 프라이버시가 나쁘고 시끄럽다.

④ 세대의 향을 동일하게 할 수 없다.

4 아파트에서 엘리베이터 대수산정의 가정조건 중에서 잘못된 것은?

① 정원의 80%를 태우는 것으로 한다.

② 2층 이상의 재주자의 50%를 15분간에 일방으로 수송한다.

③ 한 층에서 승객을 기다리는 시간을 평균 10초로 한다.

④ 실제의 주행속도를 전속도의 80%로 한다.

5 철근콘크리트 아파트(지상 15층 중산층용)에서 엘리베이터의 경제성과 서비스의 효율을 높일 수 있는 계획방법 중 가장 적합한 것은? (각항 모두 엘리베이터를 집중 배치한다.)

① 중복도형의 평면에 각층 통로형

② 편복도형의 평면에 심플렉스(simplex)형

③ 중복도형의 평면에 플랫(flat)형

④ 편복도형의 평면에 듀플렉스(duplex)형

해설 **1**

① 거실의 천정높이는 2.4m 이상으로 하고, 최상층은 방서를 위해 일반층보다 10~20cm 정도 높인다.

② 편복도 유효폭은 1.2m 이상, 중복도 유효폭은 1.5m 이상으로 한다.

③ 발코니의 난간높이는 1.0m 정도, 옥상의 난간높이는 1.1m 정도로 하며, 이웃과의 연락이 가능한 구조로 한다.

해설 **2**

발코니는 거실과 식사실의 연장으로서 리빙 발코니와 부엌과 유틸리티의 연장으로서 서비스 발코니가 있다.

해설 **3** 아파트의 복도 폭

계단실형은 단위주호의 독립성이 양호하며, 일조, 채광, 통풍조건이 양호하다.

해설 **4**

2층 이상 거주자의 30%를 15분간에 일방향으로 수송한다.

해설 **5**

엘리베이터의 경제성과 서비스 효율을 높이려면 편복도형의 평면에 복층형식을 도입하여 정지층수를 적게 해야 한다.

1 근린단위

(1) 근린단위범위
(2) 근린주구이론
(3) 근린생활권의 구성

단지계획은 공동(집합, 집단지)주택에 연관된 것으로 커뮤니티(공동, 집합, 근린) - 커뮤니티 센터(공동시설, 근린시설) - 근린단위(근린주구)방식 - 근린단위(근린주구) - 근린생활권(인보구, 근린분구, 근린주구)의 이론순으로 정리할 수 있는데, 이 중 페리의 근린주구 이론이 개념적으로 강조되고 있다.

1. C. A. Perry의 근린주구
2. 근린주구이론
3. 인보구, 근린분구, 근린주구

1 근린단위범위

(1) 커뮤니티(community)

① 의미 : 도시의 발전으로 주택지의 편의는 증가하나 한편으로는 생활의 쾌적함과 질서가 급격히 저하됨에 따라 주택지의 균형있는 발전을 이룩하기 위해서 주택지를 지역적으로 통합하여 발전시키려는 사고방식이 근린주구의 개념이며, '커뮤니티'라 한다.

② 커뮤니티 센터(community center) : 인간의 정신적 결합과 유대관계를 긴밀히 하기 위한 공동시설의 체제이며, 이와 같이 공동생활에 필요한 시설이 형성된 군을 말한다.

(2) C. A. Perry의 근린단위방식

① 크기 : 초등학교 하나를 필요로 하는 인구가 적당하다.

② 경계 : 주구내의 경계는 간선도로로 한다.

③ 공지 : 요구에 적합한 소공원 및 레크리에이션 용지가 필요하다.

④ 공동시설 용지 : 그 유치권이 주구의 크기와 같은 학교, 기타 공공시설 용지는 주구의 중심 혹은 주위의 일단으로서 짜임새 있게 배치한다.

⑤ 지구적인 검토 : 주구내의 인구에 적합한 하나 이상의 점포지구가 필요하며, 위치는 주구의 주위, 교차지점, 인접하는 지구의 점포지구에 인접하도록 배치해야 한다.

⑥ 내부 가로망 : 주구내의 교통량에 비례하며, 주구내를 통과하는 도로를 두어서는 안된다.

2 근린주구의 이론

(1) 하워드(Ebenzer Howard)의 「내일의 전원도시」

도시와 농촌의 관계에서 서로의 장점만을 결합시킨 전원도시계획안을 발

학습POINT

■ 커뮤니티
= 공동, 근린, 집합

■ 커뮤니티 센터
= 공동시설, 근린생활시설

■ 그림. 근린단위

표하고, 런던교외의 레치워스와 웰인지역에서 실현함

(2) 페리(C. A. Perry)의 뉴욕 및 그 주변지역계획

① 일조문제와 인동간격의 이론적 고찰로 근린주구이론을 정리

② 초등학교를 한 곳을 필요로 하는 인구가 적당

③ 지역의 반지름 약 400m

④ 중심시설은 교회와 커뮤니티

(3) 라이트(Henry Wright)와 스타인(C. S. Stein)의 래드번설계

① 자동차와 보행자의 분리함

② 슈퍼블록으로 주택들과 가구안의 시설들, 학교, 공원들까지도 보도에
   의하여 연결됨

③ 쿨드삭(cul-de-sac)으로 차량의 서비스 도로역할을 함

■ 그림. 근린주구 이론

① 페리에 의한 근린주구의 모델

② 스타인에 의한 근린주구

A : 쇼핑센터
B : 아파트촌
C : 학교
D : 공동 정원

③ 래드번의 근린주구

3 근린생활권의 구성

(1) 인보구

어린이놀이터가 중심이 되는 단위이며, 아파트의 경우는 3~4층 건물로서
1~2동이 해당된다.

(2) 근린분구

일상소비생활에 필요한 공동시설이 운영가능한 단위로서 소비시설을 갖추
며, 후생시설, 보육시설을 설치한다.

(3) 근린주구

초등학교를 중심으로 한 단위이며, 어린이공원, 운동장, 우체국, 소방서,
동사무소 등이 설립된다. 근린주구는 도시계획의 종합계획에 따른 최소단
위가 된다.

표 | 근린단위방식

단위 구분	중심시설
인보구 (20~40호) 0.5~2.5ha	• 유아놀이터 • 공동세탁장
근린분구 (400~500호) 15~25ha	• 소비시설 : 잡화상, 술집, 쌀가게 • 후생시설 : 공중 목욕탕, 약국, 이발관, 진료소, 조산소, 공중변소 • 공공시설 : 공회당, 우체통, 파출소, 공중전화 • 보육시설 : 유치원, 탁아소, 아동공원
근린주구 (1,600~2,000호) 100ha	초등학교, 병원, 어린이공원, 도서관, 우체국, 소방서, 동사무소

1 단지계획을 설명한 것 중 옳지 않은 것은?

① 단지계획은 인간의 여러 가지 활동을 수용하기 위한 물리적 외부환경을 조직하는 기술이다.

② 단지계획은 구조물의 성격과 위치, 토지, 인간의 활동, 생물학적인 면을 다루는 분야이다.

③ 단지계획은 건물과 건물사이의 상관관계를 다루는 분야이다.

④ 단지계획은 건축, 조경, 토목공학, 도시계획과 연관된 분야로서 이들 모든 분야의 전문가들에 의해 계획될 수 있다.

2 페리의 근린주구이론의 내용과 가장 거리가 먼 것은?

① 내부가로망은 단지내의 교통량을 원활히 처리하고, 통과교통에 사용되지 않도록 계획되어야 한다.

② 상업지구는 교통의 결정점에는 설치하지 않으며, 주거지 외각의 교통이 편리한 간선도로 부근에 설치하여야 한다.

③ 근린주구의 단위는 통과교통이 내부를 관통하지 않고 용이하게 우회할 수 있는 충분한 넓이의 간선도로에 의해 구획되어야 한다.

④ 근린주구의 단위는 하나의 초등학교가 필요하게 되는 인구에 대응하는 규모를 가져야 하고, 그 물리적 크기는 인구밀도에 의해 결정된다.

3 레드번(Radburn) 주택단지계획에 대한 설명으로 옳지 않은 것은?

① 주거구는 슈퍼블록단위로 계획하였다.

② 주거지내의 통과교통으로 간선도로를 계획하였다.

③ 보행자의 보도와 차도를 분리하여 계획하였다.

④ 중앙에는 대공원설치를 계획하였다.

4 다음 중 캐빈 린치(Kevin Lynch)가 주장한 "도시이미지"의 구성요소가 아닌 것은?

① Paths   ② Edges

③ Linkages   ④ Landmarks

5 다음 근린생활권의 주택지의 단위 중 가장 기본이 되는 최소한의 단위는?

① 근린주구   ② 근린분구

③ 커뮤니티 센터   ④ 인보구

해설 **1**
단지계획에서 소규모 단지는 대지이용계획이며, 대규모 단지는 지구상세계획이라 표현할 수 있다. 도시계획에서 지정된 토지의 지역, 지구, 구역의 용도를 단지계획에서는 건축적인 밀도, 형태, 층고 등을 통하여 구체화 시키는 것이다.

해설 **2**
근린주구의 교차점이나 인접주구의 점포에 인접한 1개 이상의 지구점포를 설치한다.

해설 **3**
쿨드삭(cul-de-sac)으로 차량의 서비스 도로역할을 함

해설 **4** 케빈 린치(Kevin Lynch)의 도시의 이미지를 구성하는 요소
① 도로(path)
② 지구(district)
③ 변두리(edge)
④ 목표(land mark)
⑤ 접합점(node)

해설 **5**
인보구(隣保區)는 가장 작은 생활권 단위로서 기본이 된다.

6 주택단지의 단위 중 인보구의 중심시설은?

① 파출소

② 초등학교

③ 고등학교

④ 어린이놀이터

7 근린분구에 대한 설명으로 옳은 것은?

① 100ha, 2,000호를 생활권으로 한다.

② 일상소비생활에 필요한 공동시설이 운영가능한 단위이다.

③ 아파트의 경우 3~4층 건물로서 1~2동이 해당된다.

④ 중심시설로는 초등학교, 도서관, 우체국 등이 있다.

8 근린생활권의 주택지의 단위로서 초등학교를 중심으로 한 단위이며, 어린이공원, 운동장, 우체국, 소방서, 동사무소 등이 설립되는 것은 어느 것인가?

① 인보구

② 근린분구

③ 근린주구

④ 커뮤니티

9 근린생활권의 주택지의 단위 중 근린주구의 중심시설에 해당되지 않는 것은?

① 초등학교

② 유치원

③ 병원

④ 도서관

해 설

해설 **6**
인보구는 가장 작은 생활권 단위로서 어린이놀이터가 중심시설이다.

해설 **7**
근린분구는 일상소비생활에 필요한 공동시설이 운영가능한 단위로서 소비시설을 갖추며, 후생시설, 보육시설을 설치한다.

해설 **8**
근린주구는 초등학교를 중심으로 한 크기로 1,600~2,000호의 규모이며, 이에 속하는 공동시설은 병원, 어린이공원, 도서관, 우체국, 소방서, 동사무소이다.

해설 **9** 근린주구내 중심시설
초등학교, 병원, 어린이공원, 도서관, 우체국, 소방서, 동사무소

정답 6. ④ 7. ② 8. ③ 9. ②

2 주거단지의 계획

(1) 주거밀도 (2) 인동간격
(3) 동선계획 (4) 환경계획
(5) 공동시설

학습방향

주거단지의 계획에서는 다음과 같은 내용과 순서로 출제가 되어 오는데, 최근에 와서는 자주 출제된다.

1. 주거밀도
2. 공동주택의 배치계획
3. 동선계획(차량동선, 보행자동선)
4. 주거단지내 공동시설계획시 유의사항

1 주거밀도(住居密度)

밀도란 토지의 집약적, 경제적 및 쾌적한 주거환경을 조성하기 위하여 토지와 건물, 토지와 인구와의 수량적 관계의 지표로서 대개 단위면적당의 건물량, 인구량, 즉 인구밀도, 건축밀도로 나타낸다.

(1) 적정 주거밀도를 결정하기 위한 조건

① 주택 1인당 바닥면적 : 주택규모
② 건축형식 : 인동간격의 결정
③ 건축구조 : 동서방향의 인동간격 결정
④ 일사, 지반의 경사 등(동지 때 기준 4시간) : 남북간의 인동간격 결정
⑤ 토지 이용률 : 구역의 크기와 건축형식에 따라 다르다.

(2) 주거밀도를 나타내는 방법

① 인구밀도 : 토지와 인구와의 관계
② 총밀도 : 총대지면적 또는 단지 총면적에 대한 밀도
③ 순밀도 : 녹지나 교통용지를 제외한 주거전용면적에 대한 밀도
④ 호수밀도(호/ha) : 토지와 건축물량과의 관계
⑤ 건폐율(%) = 건축면적/대지면적
⑥ 용적률(%) = 건축연면적/대지면적

(3) 도시의 주택배치방법

① 중심부
② 중심부의 외주부
③ 외주부
④ 교외지구

학습POINT

■ 주거밀도를 산정하는데 있어서 밀도는 토지에 대한 인간, 토지에 대한 건물의 밀도로 나타낼 수 있다. 토지에 대한 인간의 밀도가 높으면 과밀이라 하고, 토지에 대한 건물의 밀도가 높은 고층화 현상을 고밀도라 한다.

■ 표. 주거밀도산정

	인간/토지	건물/토지
기준	1인당 주거면적 주택규모	건폐율
영향을 미치는 요소	인동간격	용적률 토지이용률

■ 도시주택의 배치방법

분류	인구밀도	규모
중심부	500인/ha	고층 아파트단지
중심부의 외주부	400인/ha	중층 아파트단지
	300~인/ha	연립주택단지
외주부	200인/ha	2층단독주택단지
교외지구	100인/ha	목조단독주택
	50인/ha	전원주택

표 | 도시의 주택배치방법

분류	인구밀도	규 모
중심부	500인/ha	• 고층 아파트단지
중심부의 외주부	300~400인/ha	• 중층 아파트단지 • 연립주택단지
외주부	200인/ha	• 단독주택단지
교외지구	50~100인/ha	• 전원주택

주) ha(헥타르, hectare, 100are) ※ 1are → 100m², 1ha → 10,000m²

2 인동간격

• 공동주택의 배치계획

① 커뮤니티 의식의 형성을 위해 매개공간계획에 유의하고, 생활영역을 명확하게 하여 개성적인 공간구성에 유의한다.

② 생활의 편리성, 쾌적성의 확보를 위해 거주자, 외래방문객, 기타 서비스 차량을 위한 주차계획, 일조 · 통풍 · 채광의 확보, 주거내에서의 프라이버시 유지에 유의한다.

③ 쾌적한 외부공간의 구성을 위한 오픈 스페이스(open space)의 확보, 단지의 경관, 휴먼 스케일에 대해 고려한다.

④ 주동구성의 형식 및 배치기법의 다양성을 추구하고, 방화, 피난, 전파장애, 풍해, 그리고 타 시설과의 관계 등을 고려한다.

3 동선계획

(1) 보행자동선

① 목적동선은 최단거리로 하며, 오르내림이 없도록 한다.

② 대지주변부의 보행자 전용로와 연결한다.

③ 보행로의 폭은 어린이놀이터를 포함한 생활공간으로 고려하여 넓게 한다.

④ 생활편의시설을 집중적으로 배치하여, 그 동선의 반대쪽으로 학교시설을 배치한다.

⑤ 어린이놀이터나 공원은 보행용 도로에 인접해서 설치한다.

(2) 차량동선

① 최단거리 동선이 요구되며, 알기 쉽게 배치한다.

② 9m(버스), 6m(소로), 4m(주거동 진입도로)의 3단계 정도로 한다.

③ 주차장계획과 합리적인 연결이 되도록 한다.

④ 쓰레기 수집방식은 차량동선계획과 함께 고려한다.

⑤ 긴급차량동선을 확보하고, 소음대책도 강구한다.

(3) 보차분리

① 평면분리

㉮ 쿨드삭(Cul-de-sac) ㉯ 루프(Loop) ㉰ T자형 ㉱ 열쇠자형

② 면적분리

㉮ 보행자 안전참 ㉯ 보행자공간 ㉰ 몰 플라자

③ 입체분리

㉮ 오버브리지(overbridge) ㉯ 언더 패스(under path)

㉰ 지상인공지반 ㉱ 지하가 ㉲ 다층구조지반

④ 시간분리

㉮ 시간제 차량통행 ㉯ 차없는 날

4 환경계획

(1) 환경요소

① 자연적 환경요소 – 물, 지형, 향, 조망, 기후

② 인위적 환경요소 – 위치, 문화적 유인, 공급처리시설, 서비스, 건축물, 도로

(2) 환경계획의 요소

① 영역성   ② 프라이버시   ③ 향   ④ 독자성

⑤ 편이성   ⑥ 접근성   ⑦ 안정성

5 공동시설

(1) 공동시설의 분류

① 1차 공동시설(기본적 주거시설) : 급·배수, 급탕, 난방, 환기, 전화설비, 통로, 엘리베이터, 각종 슈트, 소각로, 구급설비 등

② 2차 공동시설(거주행위의 일부를 공유하여 합리화와 향상을 꾀한 것) : 세탁장, 작업시설, 어린이놀이터, 창고설비, 응접실 등

③ 3차 공동시설(집단생활의 기능촉진) : 관리시설, 물품판매, 집회실, 체육시설, 의료시설, 보육시설, 채원, 정원 등

④ 4차 공동시설(공공시설) : 우체국, 학교, 경찰서, 파출소, 소방서, 교통기관 등

(2) 주거단지내의 공동시설계획시 고려사항

① 이용성, 기능상의 인접성, 토지이용의 효율성에 따라 인접하여 배치한다.

② 확장 또는 증설을 위한 용지를 확보하는 것이 좋다.

③ 중심을 형성할 수 있는 곳에 설치한다.

④ 중심지역에는 시설광장을 설치하여 공원, 녹지, 학교 등과 관련시켜 계획한다.

⑤ 이용빈도가 높은 건물은 이용거리를 짧게 한다.

핵심문제

1 공동주택단지의 주거밀도를 계획하는데 가장 기본이 되는 사항은?

① 지반의 경사도와 토지이용률
② 건축의 구조와 주택형식
③ 호수밀도와 인구밀도
④ 주택의 규모와 건폐율

2 도시의 주택배치계획으로 인구밀도 500인/ha 정도의 장소에서는 다음 어느 주택이 좋은가?

① 8층 철근콘크리트조 아파트
② 3층 철근콘크리트조 또는 블록조 아파트
③ 벽돌조 단층주택
④ 목조 단층 독립주택

3 공동주택의 배치계획에 관한 설명 중 옳지 않은 것은?

① 주거내에서의 프라이버시 유지를 위하여 가급적 커뮤니티 공간계획을 억제한다.
② 거주자, 외래 방문객, 기타 서비스 차량을 위한 주차계획을 한다.
③ 쾌적한 외부공간의 구성을 위한 오픈 스페이스(open space)를 확보한다.
④ 주동구성의 형식 및 배치기법의 다양성을 추구한다.

4 주거단지의 보행자 동선계획에 대한 설명으로 옳지 않은 것은?

① 보행자 전용도로의 폭은 충분히 넓게 확보하도록 계획하는 것이 좋다.
② 필로티, 스트리트 퍼니처, 도로의 텍스츄어 등의 배려를 하는 것이 좋다.
③ 목적동선은 그 길이가 길어지더라도 쾌적한 분위기의 연출이 가장 중요하다.
④ 생활편의시설 및 놀이터나 공원 등의 커뮤니티시설은 보행자 도로에 인접하여 설치하는 것이 좋다.

5 주거단지내의 공동시설에 대한 설명 중 옳지 않은 것은?

① 이용빈도가 높은 건물은 이용거리를 길게 한다.
② 중심을 형성할 수 있는 곳에 설치한다.
③ 이용성, 기능상의 인접성, 토지이용의 효율성에 따라 인접하여 배치한다.
④ 확장 또는 증설을 위한 용지를 확보하는 것이 좋다.

해설

해설 1
주거밀도를 계획하는데 가장 기본이 되는 사항은 첫째는 토지에 대한 인간의 밀도로서 1인당 주거면적(주택규모)로 나타내고, 둘째는 토지에 대한 건물의 밀도로서 건폐율로 나타낸다.

해설 2
인구밀도가 500인/ha 정도이면 중심부에 속하므로 건물의 밀도는 고밀도로 고층 아파트에 해당된다.

해설 3
커뮤니티 의식의 형성을 위해 매개공간계획에 유의하고, 생활영역을 명확하게 하여 개성적인 공간구성에 유의한다.

해설 4
목적동선은 최단거리로 한다.

해설 5
이용빈도가 높은 건물은 이용거리를 짧게 한다.

정답 1. ④ 2. ① 3. ① 4. ③ 5. ①

3 교통계획
(1) 차량동선
(2) 진입로교통
(3) 보행자교통

학습방향

교통계획에서는 다음과 같은 내용들이 최근에 와서 많이 출제되어 오고 있다.
1. 주거단지의 교통계획시 착안사항
2. 도로의 형식
3. 주진입로의 교통
4. 보행자를 위한 공간계획설계시 유의사항
5. 보행자 도로

1 차량동선

(1) 주거단지의 교통계획시 착안사항

① 통행량이 많은 고속도로는 근린주구단위를 분리시킨다.
② 근린주구단위 내부로의 자동차 통과진입을 극소화 한다.
③ 도로패턴은 조직적이어야 하며, 주요 차도와 보도의 입구는 명백히 특징지을 수 있어야 한다.
④ 2차 도로체계는 주도로와 연결되어 쿨드삭(Cul-de-sac)을 이루게 한다.
⑤ 단지내의 통과교통량을 줄이기 위해 고밀도지역은 진입구 주변에 배치한다.
⑥ 통과도로는 다른 도로들 보다 명확하게 설정하도록 한다.

(2) 간선도로계획

① 지구내 간선도로는 지선로에 의해 자주 끊겨서는 안된다.
② 간선도로에서 횡단보도의 빈도는 최소 300m마다 설치한다.
③ 간선도로의 교차는 T자형으로 하며, 교차지점간의 간격은 최소 400m 이상으로 한다.
④ 간선도로의 교차각은 최소 60° 이상이어야 하며, 30° 이상 우회할 때 우회지점에 지표를 설치한다.
⑤ 모든 공공시설물은 인접된 둘 이상의 간선도로에서 보행거리내에 설치한다.

(3) 도로의 형식

① 격자형 도로 : 교통을 분산시키고 넓은 지역을 서비스할 수 있으며, 교차점은 40m 이상 떨어져야 한다.
② 선형도로

학습POINT

■ 그림. 간선도로의 요소

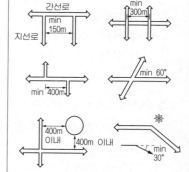

㉮ 폭이 좁은 단지에 유리하고 단지의 양측면 또는 한측면을 서비스할 수 있다.

㉯ 도로가 특색있는 지형과 바로 인접할 경우 비교적 가까이에서 보행자를 위한 공간확보가 가능하다.

③ 쿨드삭(cul-de-sac) : 차량의 흐름을 주변으로 한정하여 서로 연결하며 차량과 보행자를 분리할 수 있다. 모든 쿨드삭은 2차선으로서 적정길이는 120m에서 최대 300m까지이며, 300m일 경우는 중간에 회전구간을 설치한다.

④ 단지순환도로 : 단지의 가장자리를 따라 커다란 루프(loop)를 둘러싸서 내부세대와 연결시키는 방식으로 중앙부에 근접한 작은 루프로써 외측과 내측을 서비스하는 방식이 있다.

2 진입로교통

(1) 주진입로의 교통

① 기준도로와 만나는 주진입로는 직각교차로 하며, 양쪽방향으로부터 시야를 가리지 않도록 한다.

② 다른 교차로부터 최소 60m 이상 떨어져 위치해야 한다.

③ 운전자들의 시각에 방해물이 없어야 한다.

④ 진입로 1개소당 200세대까지 서비스할 수 있도록 한다.

(2) 독립주택단지의 도로

① 도로면적은 부지면적의 13~17%(단, 외주도로는 제외)

② 폭

㉮ 주택로 : 4m

㉯ 가구로 : 6m

㉰ 소방도로 : 8m 정도의 폭으로 300m 간격마다 설치한다.

3 보행자교통

(1) 보행자를 위한 공간계획설계시 유의사항

① 보행자가 차도를 걷거나 횡단하는 것이 용이하지 않도록 한다.

② 보행로에 흥미를 부여하여 질감, 밀도, 조경 및 스케일에 변화를 준다.

③ 광장 등을 보행자공간에 포함시켜 다양성을 높인다.

④ 안전하고 쾌적한 곳은 물론 휴게소, 녹지 등 필요한 시설을 설치한다.

⑤ 통행인의 습관이나 형태에 맞추어 최단거리로 한다.

⑥ 보 · 차 교차부분은 시계를 넓게 하고 차도를 쉽게 인지할 수 있도록 한다.

■ 그림. 도로의 형식

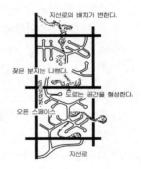

(a) 격자형

(b) 선형도로

(c) 쿨드삭

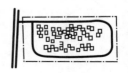

(d) 단지순환로

⑦ 교차부분은 직각으로 단차를 적게 하며 미끄럼시설도 고려한다.

⑧ 주민들의 접촉을 보행로에서 일어나도록 한다.

⑨ 커뮤니티의 중앙부에는 유보로(Promenade)를 설치한다.

⑩ 활동의 결절점은 커뮤니티의 어느 곳에서도 10분 정도의 보행거리내에 위치하도록 하며, 오픈 스페이스를 둔다.

(2) 보행자 보도

① 최소 폭은 3인이 부딪치지 않고 통과할 수 있도록 2.4m 이상 확보해야 한다.

② 보도는 블록내에서 단절되지 말아야 하며, 다른 시설물로부터 방해를 받지 않아야 한다.

③ 규모가 큰 건축물의 입구가 직접 면하지 않아야 한다.

④ 도로 폭 10m 이상시 보도가 필요하다.

■ 주거단지의 도로형식(국지도로)

① 격자형

가로망의 형태가 단순·명료하고, 가구 및 획지구성상 택지의 이용효율이 높기 때문에 계획적으로 조성되는 시가지에 가장 많이 이용되어 온 형태이다. 자동차 교통에 있어서 편리하고 교차로가 십자형이 되기 때문에 교통처리에 유리하다.

② T자형

격자형이 갖는 택지의 이용효율을 유지하면서 지구내 통과교통의 배제, 주행속도의 저하를 위하여 도로의 교차방식을 주로 T자교차로 한 형태이다. 통행거리가 조금 길게 되고 보행자에 있어서는 불편하기 때문에 보행자 전용 도로와의 병용에 유리하다.

③ 루프(Loop)형

불필요한 차량도입이 배제되는 이점을 살리면서 우회도로가 없는 쿨드삭의 결점을 개량해 만든 패턴이다. 쿨드삭과 같이 통과교통이 없기 때문에 주거환경·안전성은 확보되나 도로율이 높아지는 단점이 있다.

④ 쿨드삭(Cul-de-sac)형

각 가구를 잇는 도로가 하나이기 때문에 통과교통이 없고 주거환경의 쾌적성과 안전성이 모두 확보된다. 각 가구와 관계없는 자동차의 진입을 방지할 수 있다는 장점이 있지만 우회도로가 없기 때문에 방재·방범상에는 불편하다. 따라서 주택의 배면에는 보행자 전용도로가 설치되어야 효과적이며 도로의 최대 길이도 150m 이하가 되어야 한다.

핵심문제

1 주거단지의 교통계획에 관한 설명으로 옳지 않은 것은?

① 근린주구단위 내부로의 자동차 통과진입을 극소화한다.

② 주요 차도와 보도의 입구는 명백히 특징지을 수 있어야 한다.

③ 단지내의 통과교통량을 줄이기 위해 고밀도지역은 단지중심부에 배치시킨다.

④ 2차 도로체계(sub-system)는 주도로와 연결되어 쿨드삭(Cul-de-sac)을 이루게 한다.

2 주거단지의 교통계획시 각 도로에 대한 설명 중 틀린 것은?

① 격자형 도로는 교통을 균등 분산시키고 넓은 지역을 서비스할 수 있다.

② 선형도로는 폭이 넓은 단지에 유리하고, 한쪽 측면의 단지만을 서비스할 수 있다.

③ 쿨드삭(Cul-de-sac)은 차량의 흐름을 주변으로 한정하여 서로 연결하며 차량과 보행자를 분리할 수 있다.

④ 단지순환로가 단지 주변에 분포하는 경우 최소한 4~5m 정도 완충지를 두고 식재하는 것이 좋다.

3 주거단지의 주진입로계획 중 틀린 항목은?

① 기준도로와 직각교차로 한다.

② 다른 교차로부터 최소 60m 이상 떨어져 위치한다.

③ 운전자들의 시각에 방해물이 없어야 한다.

④ 진입로 1개소당 100세대까지 서비스할 수 있도록 한다.

4 주택단지계획에 있어서 단지내부 도로면적은 단지총면적에 대해 어느 비율 정도가 적당한가?

① 5~7%

② 7~10%

③ 13~17%

④ 20~25%

해 설

해설 1
단지내의 통과교통량을 줄이기 위해 고밀도지역은 진입구 주변에 배치한다.

해설 2
선형도로는 폭이 좁은 단지에 유리하고, 단지의 양측면 또는 한측면을 서비스 할 수 있다.

해설 3
진입로 1개소당 200세대까지 서비스할 수 있도록 한다.

해설 4
독립주택단지의 도로면적은 부지면적의 13~17% (단, 외주도로는 제외)

정답 1. ③ 2. ② 3. ④ 4. ③

5 주거단지계획시 보행자를 위한 공간계획에 관한 설명 중 옳지 않은 것은?

① 보행자가 차도를 걷거나 횡단하는 것이 용이하지 않도록 한다.

② 보행로에 흥미를 부여하되 질감, 밀도, 조경 및 스케일에 변화를 준다.

③ 광장 등을 보행자공간에 포함시켜 다양성을 높인다.

④ 커뮤니티의 중앙부에는 유보로(Promenade)를 설치하면 안된다.

6 주거단지의 보행자 도로계획시 잘못된 것은?

① 최소 폭은 3인이 부딪치지 않고 통과할 수 있도록 2.4m 이상 확보해야 한다.

② 도로 폭 15m 이상시 보도가 필요하다.

③ 대규모 건축물의 입구가 직접 면하지 않도록 한다.

④ 보도는 블록내에서 단절되지 말아야 하며, 다른 시설들로부터 방해를 받지 않아야 한다.

해 설

해설 **5**
커뮤니티의 중앙부에는 유보로(Promenade)를 설치한다.

해설 **6**
도로 폭 10m 이상시 보도가 필요하다.

정답 5. ④ 6. ②

■■■ **1. 단독주택**

■ **개설**

1. 주택의 평면계획의 유형에 관한 기술 중 가장 부적당한 것은?

① 편복도형은 각호의 통풍 및 채광이 양호하지만, 공용복도에 있어서 프라이버시가 침해되기 쉽다.

② 홀형은 복도를 두지 않고 계단 또는 엘리베이터 홀에서 직접 주거단위로 들어가는 형식이다.

③ 집중형은 기후조건에 따라 기계적 환경조절이 필요한 형식이다.

④ 중복도형은 건물이용도가 높으며 통풍, 채광이 양호하다.

[해설] 계단실(홀)형은 건물의 이용도가 높고 통풍, 채광이 양호하고, 중복도형은 부지의 이용도가 높다.

2. 주택의 평면적 유형에서 코어(core)형에 대한 설명 중 옳지 않은 것은 어느 것인가?

① 평면적 코어란 홀이나 계단 등을 건물의 중심적 위치에 집약하고 유효면적을 감소시키고자 하는 것이다.

② 구조적 코어란 건물의 일부에 내진벽 등을 집약시켜 그 부분에서 건물전체의 강도를 높이려는 형식이다.

③ 설비적 코어란 부엌, 욕실, 화장실 등 설비부분을 건물의 일부에 집약시켜 설비관계 공사비를 감소시키려는 것이다.

④ 코어란 건축에 있어서는 평면, 구조, 설비의 코어형이 존재한다.

[해설] 평면적 코어는 홀이나 계단 등을 건물의 중심적 위치에 집약하고, 유효면적을 증대시키고자 하는 것이다.

3. 공동주택에서 코어 시스템(core system)을 채용하는 가장 큰 이유는?

① 설비비의 절약

② 통로의 절약

③ 구조적인 안전

④ 미관의 고려

[해설] 설비적 코어시스템은 부엌, 식당, 변소, 욕실 등의 배관설치가 필요한 실을 한곳에 집중 배치함으로써 설비비가 절약되는데, 이는 주택의 규모가 큰 경우에 적합하다.

4. 주택의 각종 평면형에서 생활기능을 한 공간에 적절히 배치하여 주생활행동을 단순화하고 각 실을 독립적으로 구획하지 않고 가볍게 구획하는 형식은?

① Core형

② One room system형

③ Void형

④ Pilotis형

[해설] 일실형(one room system)은 주택 전체를 하나의 공간에 포함시켜 각 실을 독립된 구획공간으로 하지 않는 형이다.

5. 경사진 부지형태를 절토에 의해 변형시키지 않으면서 주거공간내의 분위기에 변화를 줄 수 있는 형태는?

① 중정(Void)형

② 필로티(Pilotis)형

③ 개방형(또는 취발형)

④ 스킵 플로어(Skip floor)형

[해설] 스킵 플로어형 : 경사진 대지형태를 절토에 의해서 평탄하게 변형시키지 않고 주택의 공간을 계획하는 입면형식

해답 1.④ 2.① 3.① 4.② 5.④

6. 아파트의 동계획에서 지상층에 필로티를 두는 이유에 대한 다음의 설명 중 적절하지 않은 것은?

① 개방감의 확보
② 원활한 보행동선의 연결
③ 휴식공간 등 주민편의시설의 확보
④ 용적률의 감축 및 공사비절감

[해설] 필로티는 1층은 기둥만을 세워 놓고 2층 이상에 실을 두는 1층만의 빈공간을 말하며, 두는 이유는 다음과 같다.
① 개방감의 확보
② 원활한 보행동선의 연결
③ 오픈스페이스로서의 활용가능

7. 한식주택과 양식주택을 비교한 내용으로 옳지 않은 것은?

① 한식주택은 좌식생활이며, 양식주택은 입식생활이다.
② 평면구성상 실을 한식은 용도에 따라 호칭하고, 양식은 위치에 따라 호칭한다.
③ 한식은 담장, 울타리가 높아지게 되며, 양식은 울타리가 없어도 된다.
④ 한식은 양식에 비해 실의 융통성이 높다.

[해설] 평면구성상 실을 한식은 위치에 따라 호칭하고, 양식은 용도에 따라 호칭한다.

8. 한식과 양식주택의 차이점으로 옳지 않은 것은?

① 한식주택은 개방적이나, 양식주택은 은폐적이다.
② 한식주택은 좌식이나, 양식주택은 입식이다.
③ 한식주택은 혼용도이나, 양식주택은 단일용도이다.
④ 한식주택의 가구는 부차적이나, 양식주택은 주요한 내용물이다.

[해설] 한식주택은 은폐적이나, 양식주택은 개방적이다.

9. 한·양식(韓·洋式)주택의 차이점에 대한 사항 중 옳지 않은 것은?

① 한식주택은 실의 분화가 있으며, 양식주택은 실의 다용도성이 있다.
② 한식주택은 가구식이며, 양식주택은 거의 조적식이다.
③ 한식주택은 좌식생활이며, 양식주택은 입식생활이다.
④ 한식주택은 바닥이 높으며 개구부가 크고, 양식주택은 바닥이 낮으며 개구부가 작다.

[해설] 양식주택은 실의 분화가 있으며, 한식주택은 실의 다용도성이 있다.

10. 한식주택과 양식주택의 차이점에 대한 기술 중 잘못된 것은?

① 양식주택은 실의 복합용도, 한식주택은 실의 단일용도로 되어 있다.
② 양식주택은 실의 기능적 분화, 한식주택은 실의 위치별 분화로 구분되어 있다.
③ 일반적으로 양식주택은 조적조, 한식주택은 가구식으로 되어 있다.
④ 한식주택의 가구는 부차적 존재이며, 양식주택의 가구는 주요한 내용물이다.

[해설] 양식주택은 실의 단일용도, 한식주택은 실의 복합용도로 되어 있다.

11. 한식주택과 양식주택을 비교 설명한 것 중 옳지 않은 것은?

① 한식주택은 공간의 융통성이 높고, 양식주택은 공간의 독립성이 높다.
② 한식주택은 평면구성이 폐쇄적, 집중식이고, 양식주택은 개방적, 분산식이다.
③ 한식주택의 가구는 부차적 존재이며, 양식주택의 가구는 주요한 내용물이다.
④ 한식주택은 좌식생활이며, 양식주택의 입식생활이다.

[해설] 한식주택은 조합평면으로 각 실의 관계가 은폐적이고 병렬식(분산식)으로 배치되어 있으며, 양식주택은 분화평면으로 개방적이며 집중배열식이다.

12. 한식주택과 양식주택을 비교 설명한 것 중 옳지 않은 것은?

① 한식주택은 위치별로 호칭하며, 양식주택은 기능, 용도별로 호칭한다.
② 한식주택은 평면구성이 폐쇄적, 집중식이고, 양식주택은 개방적, 분산식이다.
③ 한식주택은 공간의 융통성이 높고, 양식주택은 공간의 독립성이 높다.
④ 한식주택은 복사난방방식이며, 양식주택은 대류식 난방방식이다.

[해설] 한식주택은 조합평면으로 각 실의 관계가 은폐적, 분산식으로 배치되어 있으며, 양식주택은 분화평면으로 개방적이며 집중식이다.

13. 다음의 한식주택의 특징을 설명한 것 중 거리가 먼 것은?

① 가구식 구조이고 개구부가 많다.
② 실은 분화(分化)형태의 평면형이다.
③ 주택은 바닥이 높다.
④ 습관적으로 보면 좌식이다.

[해설] 한식주택은 실의 조합형태(은폐적)의 평면형이다.

14. 한식에서는 좌식의 특징, 양식에서는 입식의 특징을 갖고 있다. 차이가 발생하는 근본적인 원인은?

① 구조
② 사용연료
③ 습관
④ 난방법

[해설] 생활습관은 온돌과 침대의 차이에서 오는 관계이다.

15. 한식주택과 양식주택을 비교하여 볼 때 한식주택의 특징으로 가장 적합하지 않은 것은?

① 실의 기능은 융통성이 낮다.
② 실의 독립성이 낮다.
③ 평면의 구성은 상대적으로 은폐적이다.
④ 실의 호칭은 대부분 실의 위치에 따라 정한다.

[해설] ① 한식주택은 방이 혼용용도로 사용되므로 융통성이 높다.
② 양식주택의 평면은 실의 분화로 개방적이다.

16. 한식주택의 특징에 대한 설명 중 가장 옳지 않은 것은?

① 주택의 평면은 은폐적이며, 실의 조합으로 되어 있다.
② 가구의 종류와 형에 따라 실의 크기와 폭 비가 결정된다.
③ 한식주택의 실은 혼용도이다.
④ 생활습관적으로 보면 좌식이다.

[해설] ②는 양식주택의 특징에 속한다.

17. 다음의 주택에 관한 설명 중 옳지 않은 것은?

① 한식주택의 가구는 부차적 존재이며, 양식주택의 가구는 주요한 내용물이다.
② 한식주택은 좌식생활을 반영하며, 주로 실의 조합으로 구성된다.
③ 양식주택은 입식생활을 반영하며, 벽돌조적식 구조의 특성을 가진다.
④ 3세대 주거는 노부모세대와 부모세대공간, 그리고 자녀세대공간을 각기 다른 주호내에 계획하는 주거를 의미한다.

[해설] 3세대 주거는 노부모세대와 부모세대공간, 그리고 자녀세대공간을 한 주호내에 계획하는 주거를 의미한다.

해답   12. ②   13. ②   14. ③   15. ①   16. ②   17. ④

18. 전통 주거건축 중 부엌, 방, 대청, 방의 순으로 배열되는 일(一)자형 평면을 가진 민가형은?

① 평안도지방형   ② 함경도지방형

③ 남부지방형   ④ 개성지방형

[해설] 전통주거건축 지방별 평면형

① 평안, 황해지방   ② 남부지방

 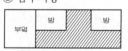

③ 개성지방   ④ 서울지방

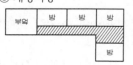

19. 한식주택 중 남부지방의 서민주택 평면은?

①   ②

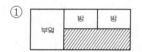 

③   ④

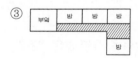 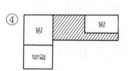

[해설] ① – 평안, 황해지방, ② – 남부지방,
③ – 개성지방, ④ – 서울지방

20. 한국전통 서민주택 중 개성지방의 서민주택평면은 다음 그림 중 어느 것인가?

①   ②

 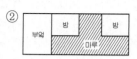

③   ④

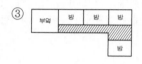 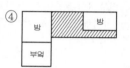

[해설] ① – 평안, 황해지방, ② – 남부지방,
③ – 개성지방, ④ – 서울지방

21. 다음 중 전통주택의 형태에 영향을 끼친 조건으로 가장 적합한 것은?

① 바람이 많고 비가 많다.

② 겨울과 여름의 한서의 차이가 심하다.

③ 석재가 많다.

④ 기독교의 영향

[해설] 전통주택은 겨울에는 따뜻하고(일조), 여름에는 시원함(통풍)에 큰 비중을 두고 있다.

22. 주택설계의 방향에 관한 설명 중 틀린 것은?

① 가사노동의 경감

② 가족본위의 주거

③ 공간규모를 전체적으로 크게 구성

④ 개인생활의 프라이버시 확보

[해설] 주거면적의 적정 규모화

23. 주택설계의 방향에 관한 설명 중 옳지 않은 것은?

① 가사노동이 경감되도록 한다.

② 좌식과 입식이 혼용되도록 한다.

③ 가장중심의 공간이 되도록 한다.

④ 생활의 쾌적함이 증대되도록 한다.

[해설] 주부중심의 공간이 되도록 한다.

24. 새로운 주택설계의 방향에 관하여 기술한 것 중 가장 부적당한 것은?

① 생활의 쾌적함을 증대시킨다.

② 가족본위의 생활을 추구하기 위해 각 실의 Privacy를 유지하여야 한다.

③ 가사의 노동을 덜어주기 위해 주거의 단순화를 지향(持向)한다.

④ 생활습관과 경제를 고려하여 좌식으로만 설계한다.

[해설] 좌식과 입식을 고려한다.

해답   18. ③   19. ②   20. ③   21. ②   22. ③   23. ③   24. ④

25. 생활방식을 고려한 새로운 주택설계 방향이 아닌 것은?

① 생활의 쾌적함 증대
② 주거면적의 적정화 및 가사노동의 경감
③ 가족본위의 주거
④ 생활관습에 맞는 좌식선호

해설 좌식 + 입식(의자식)의 혼용

26. 다음 중 주거계획의 기본목표와 가장 거리가 먼 것은?

① 생활의 쾌적함 증대
② 가사노동의 경감
③ 가족본위의 주택
④ 주거공간의 규모확대

해설 주거공간의 적정 규모화

27. 현대주택 설계의 방향으로 옳지 않은 것은?

① 건강하고 쾌적한 인간본래의 생활을 되찾는 것이 요구된다.
② 평면기능상으로 주부의 동선을 최소한 단축한다.
③ 가족의 생활을 희생시키는 형식적이고 외적인 요인들을 제거하여야 한다.
④ 전통적인 한식의 좌식생활 위주로 계획하는 것이 좋다.

해설 좌식 + 입식(의자식)의 혼용

28. 주택설계의 기본방향으로 가장 타당하지 않은 것은?

① 생활의 쾌적감을 증대
② 가사노동의 경감
③ 좌식과 입식의 혼용
④ 가장중심의 주거

해설 가족본위의 주거(주부중심)가 되도록 한다.

29. 주택에서 주부의 부담을 경감시키기 위한 방법 중 옳지 않은 것은?

① 필요 이상의 넓은 주거공간을 지향할 것
② 주부의 동선을 단축시킬 것
③ 능률적인 부엌시설과 가사실을 갖출 것
④ 설비를 좋게 하고 되도록 기계화 할 것

해설 필요 이상의 넓은 주거는 폐지하고, 청소의 노력을 덜 것

30. 가사노동의 경감을 위한 방법으로 옳지 않은 것은?

① 설비를 좋게 하고 되도록 기계화 할 것
② 평면에서의 주부의 동선이 단축되도록 할 것
③ 청소 등의 노력을 절감하기 위하여 좁은 주거로 계획할 것
④ 능률이 좋은 부엌시설이나 가사실을 갖출 것

해설 필요 이상의 넓은 주거면적을 줄여서 청소의 노력을 줄인다.

31. 다음 중 주거공간계획의 결정요소와 가장 관계가 먼 것은?

① 미래의 주거생활 패턴추구
② 신체적인 욕구
③ 전통성 재현
④ 사용자의 경제성 고려

해설 전통성의 재현은 주거공간계획 결정요소와 무관하며, 상징적 건축물인 박물관 등에 필요하다.

32. 전통주택이 현대주택으로 변화하는 과정에 영향을 미친 사회·경제적 요소가 아닌 것은?

① 직장과 주택의 분리
② 가족개념의 변화
③ 라이프 사이클(Life Cycle)의 변화
④ 연료의 혁명

해설 직주근접이나 직주분리의 개념은 현대주택에서 현대주택 이후의 변화과정에서 논의되는 관점이다.

해답   25. ④   26. ④   27. ④   28. ④   29. ①   30. ③   31. ③   32. ①

33. 주택설계시 가장 큰 비중을 두어야 할 사항은 다음 중 어느 것인가?

① 거실의 방향과 크기   ② 부엌의 위치
③ 주부의 동선   ④ 침실의 위치

[해설] 주택설계시 주부의 동선단축을 가장 먼저 고려해야한다.

34. 단독주택계획에 관한 사항 중 가장 적절하지 못한 것은?

① 주거부면적은 통상 주택면적의 약 80% 정도이다.
② 주택 각 실의 배치는 실 상호간의 동선연결 및 최적방위(orientation)대를 고려하여 결정한다.
③ 소규모 주택은 소위 리빙 키친(living-kitchen)형식의 도입이 바람직하다.
④ 각 실의 치수계획은 인체 동작치수를 기본으로 하여 결정하는데 이는 소위 공간분석(space program)작업의 주된 내용이다.

[해설] 주거면적은 주택 연면적의 50~60%를 차지한다.
(주거면적 = 연면적 – 공용면적)

35. 사회학자 송바르 드 로브가 주장한 주거면적의 한계기준과 병리기준의 값으로 옳은 것은?

① 한계기준 : 14m²/인, 병리기준 : 8m²/인
② 한계기준 : 8m²/인, 병리기준 : 14m²/인
③ 한계기준 : 16m²/인, 병리기준 : 14m²/인
④ 한계기준 : 8m²/인, 병리기준 : 16m²/인

[해설] 송바르 드 로브 기준
① 병리기준 : 8m²/인 이하
② 한계기준 : 14m²/인 이하
③ 표준기준 : 16m²/인

36. 송바르 드 로브(Chombard de Lawve)가 설정한 1인당 주거면적의 표준기준은?

① 8m²   ② 10m²
③ 14m²   ④ 16m²

37. 송바르 드 로브(chombard de Lawve)가 설정한 표준기준에 따를 경우, 4인 가족을 위한 주택의 주거면적은?

① 32m²   ② 56m²
③ 64m²   ④ 128m²

[해설] 송바르 드로브의 주거면적 기준
① 병리기준 : 8m²/인 이하
② 한계기준 : 14m²/인 이하
③ 표준기준 : 16m²/인
여기서, 16m²/인×4인=64m² 이다.

38. 세계 가족단체협회가 권장하는 코로느(cologne)기준 및 송바르 드 로브(chombard de lawve)의 기준에 의한 1인당 주거면적의 표준치는 어느 정도인가?

① 8m²   ② 4m²
③ 16m²   ④ 20m²

[해설] ① 송바르 드 로브 기준
• 병리기준 : 8m²/인 이하
• 한계기준 : 14m²/인 이하
• 표준기준 : 16m²/인
② 코로느 기준 : 16m²/인 정도

39. 세계 가족단체협회가 권장하고 있는 주택 건축면적의 유효기준은 평균 얼마인가?

① 8m²/인
② 10m²/인
③ 14m²/인
④ 16m²/인

40. 국제주거회의의 평균 주거면적을 기준으로 할 때 5인 가족에 필요한 주거면적은?

① 50m²   ② 65m²
③ 70m²   ④ 75m²

[해설] 주생활수준의 기준 중 국제주거회의 기준 : 15m²/인
15m²/인×5인=75m²

해답   33. ③   34. ①   35. ①   36. ④   37. ③   38. ③   39. ④   40. ④

41. 다음의 주택건축면적의 기준에 관한 설명 중 가장 부적절한 것은?

① 숑바르 드 로브는 1인당 14m² 이상을 개인적 혹은 가족적인 융통성이 보장되는 기준으로 보았다.

② 숑바르 드 로브의 병리기준은 1인당 10m² 이하일 때 거주자의 심리적 건강에 나쁜 영향을 끼친다는 것이다.

③ 세계가족단체협회는 적어도 1인당 평균 16m²를 권장하고 있다.

④ 노엘은 주택의 거주성 및 평면의 분석연구를 통해 1인당 평균 주택면적을 산출하였다.

해설 숑바르 드 로브의 병리기준은 1인당 8m² 이하일 때 거주자의 심리적 건강에 나쁜 영향을 끼친다는 것이다.

42. 표준 주거면적산정시 실(室)단위면적을 구성하는 요소와 거리가 먼 것은?

① 인체동작면적
② 설비면적
③ 수납공간
④ 통로면적

해설 통로란 동선의 공간이므로 주거공간에서 단위실면적을 산정하고자 할 때 크게 고려하지 않아도 된다.

43. 주거공간에서 단위실면적 산정을 위한 구성분자로 크게 고려하지 않아도 되는 것은?

① 인체동작면적
② 거주인원수
③ 통로면적
④ 가구면적

해설 통로면적은 동선의 공간이므로 주거공간에서 단위실면적을 산정하고자 할 때 크게 고려하지 않아도 된다.

44. 주거수준(Housing Level)이 고소득계층을 위주로 공급되는 병폐를 갖는 사항은?

① 과밀주거(Over-Crowding)
② 수용력(Accommodation Density)
③ 점유율(Occupency Ratio)
④ 과소주거(Under-Utilization Space)

해설 ① 저소득층 – 과밀주거, 과소주거, 수용력
② 고소득층 – 과다한 점유율

■ 배치계획

45. 도시주택의 대지선정상 별로 중요하지 않은 것은?

① 일조 및 통풍
② 교통
③ 전망
④ 매연 및 소음

해설 도시주택은 평지형이므로 전망이 자연적 조건에 속하나 무관하며, 경사지주거에서 고려한다.

46. 단독주택계획에 대한 설명 중 옳지 않은 것은?

① 건물은 가능한 한 동서로 긴 형태가 좋다.
② 동지 때 최소한 4시간 이상의 햇빛이 들어와야 한다.
③ 인접대지에 기존건물이 없더라도 개발가능성을 고려하도록 한다.
④ 건물이 대지의 남측에 배치되도록 한다.

해설 건물이 대지의 북측에 배치되도록 한다.

47. 차양의 길이는 어느 계절을 기준으로 하여 설계하는가?

① 춘분
② 하지
③ 추분
④ 동지

해설 차양은 햇빛과 낙수물을 피하기 위하여 널이나 함석 등으로 창문위나 처마끝 지붕밑에 이어 만든 지붕모양의 구조체로서 처마가 높고 처마끝이 벽에서 적게 내밀 때 출입구나 창 등의 문꼴을 보호하기 위하여 차양을 사용하며, 하지를 기준으로 차양의 길이를 결정한다.

48. 남향으로 향하게 주택을 배치시킬 때 가장 유의해야 할 조건 중 적합치 않은 것은?

① 적당한 크기로 지붕 처마나 차양을 돌출시켜야 한다.
② 창호의 크기는 될 수 있는 한 크게 한다.
③ 지붕의 물매는 동서로 구배를 주어야 의장상 좋다.
④ 아동방도 남향으로 배치함이 좋다.

해설 지붕의 물매는 남북으로 둔다.

49. 주거용 건물에 특히 중요한 요소라고 생각되는 것은?

① 일조　　　　② 풍향
③ 방화　　　　④ 소음

해설 인동간격
(1) 남북간의 인동간격
　① 일조　　② 채광
(2) 동서간(측면)의 인동간격
　① 통풍　　② 방화(연소방지상)

50. 우리나라 전통의 한식주택에서 문꼴부분의 면적이 큰 이유로 가장 적합한 것은?

① 출입하는데 편리하게 하기 위해서
② 하기의 고온다습을 견디기 위해서
③ 동기에 일조효과를 충분히 얻기 위해서
④ 겨울의 방한을 위해서

해설 문꼴부분의 면적이 큰 이유는 하기의 고온다습을 견디기 위해서이다.

51. 주택의 방한, 방서(防寒, 防署)계획을 위한 기술 중 적당치 않은 것은?

① 처마깊이를 태양의 입사각에 맞추어 계획한다.
② 중공벽(中空壁)구조로 한다.
③ 최상층의 천장속을 밀폐한다.
④ 주거실을 남향으로 배치한다.

해설 하절기의 직사광선으로 지붕표면이 더워져서 천장 속의 공기층을 가열시키므로 외벽에 환기공을 내어서 천장속의 공기를 환기시켜 주어야 덜 더워진다.

52. 다음 중 여름철 단층주택에서 서쪽 창에 들어오는 일사를 방지하기 위한 방법으로 가장 적합하지 않은 것은?

① 처마길이를 크게 한다.
② 창밖에 낙엽수를 심는다.
③ 창에 수직루버를 설치한다.
④ 처마끝에 발을 매단다.

해설 서양의 일사는 수직상으로 건물내에 비치는 것이 아니라, 오후내내 수평에 가깝게 낮게 깔려 건물내에 비치므로 처마길이를 많이 내어도 별다른 효과가 없다.

53. 주택의 에너지절약을 위한 방안 중 부적당한 것은?

① 천장높이는 낮을수록 실용적이 적어서 열손실이 적다.
② 평면형은 정방형이 凹凸이 많은 평면보다 열손실이 적다.
③ 주택 각실 중 상주하는 거실, 안방 등을 남향으로 면하게 할수록 열손실이 적다.
④ 난방하는 방을 북향에 배치하고 타실을 둘레에 배치하면 열손실이 적게 된다.

해설 난방하는 방은 남향에 배치한다.

■ **평면계획**

54. 다용도성을 설명한 내용 중 옳지 않은 것은?

① 두 가지 이용형태가 전혀 관련이 없을 경우 유사한 스페이스를 겸용할 수 없다.
② 두 가지 이상의 기능이 상호작용하거나 중첩될 경우 복합시켜 사용할 수 있다.
③ 목적은 다르더라도 목적을 달성하기 위한 수단이 유사할 때는 실을 겸용할 수 있다.
④ 예상되는 용도 중 공통의 성능이 요구될 때 같은 종류의 성능은 겸용할 수 있다.

[해설] 상호간의 요소가 다른 것은 서로 격리시키며, 수단이 유사하더라도 목적이 다르면 우선적으로 목적을 주로 하여 격리시킨다.

55. 주택공간의 기능적 구성개념으로서 적당하지 않은 것은?

① 개인생활공간 – 가사공간 – 공동생활공간

② 낮사용공간 – 밤사용공간 – 낮 + 밤사용공간

③ 단란생활공간 – 보건위생공간 – 사적생활공간

④ 개인생활공간 – 단란생활공간 – 취침공간

[해설] 개인생활공간 – 보건위생공간 – 단란생활공간

56. 주거공간을 주행동에 따라 개인공간, 작업공간, 사회적공간으로 구분할 경우 다음 중 작업공간에 해당하는 것은?

① 화장실   ② 서재

③ 다용도실   ④ 현관

[해설] ① 개인공간 – 침실, 서재, 욕실

② 작업공간 – 식당, 부엌(배선, 가사노동), 서비스 야드

③ 사회적공간 – 입구(현관), 거실(응접, 공동생활), 테라스

57. 주거공간을 주행동에 따라 개인공간, 사회공간, 노동공간 등으로 구분할 경우 다음 중 사회공간에 속하는 것은?

① 서재   ② 부엌

③ 식당   ④ 다용도실

[해설] ① 개인공간 – 서재

② 사회공간 – 식당

③ 노동공간 – 부엌, 다용도실

58. 주택계획에서 보건위생적 공간은 어느 곳에 배치하는 것이 좋은가?

① 모서리부분   ② 중앙부분

③ 서측   ④ 북측

[해설] 생활공간에 의한 분류 – 보건·위생적 공간(변소, 세면소 등)은 중앙부분에 배치하는 것이 좋다.

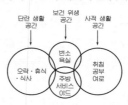

59. 다음은 주택의 기본 조직도이다. ⓐ에 들어가야 할 실로서 적합한 것은?

① 변소, 세면소

② 현관, 응접실

③ 배선실, 식당

④ 세탁, 욕실

[해설]

60. 주거생활공간을 생활행동별로 구분할 때 해당되지 않는 것은?

① 휴식 존(zone)   ② 문화적 존(zone)

③ 생리위생 존(zone)   ④ 가사노동 존(zone)

[해설] **생활행동별 분류**

① 휴식 존 : 단란여가공간, 취침공간

② 문화적 존 : 단란여가공간, 접객공간, 서재

③ 가사노동 존 : 조리공간, 작업공간, 생리위생공간, 수납공간, 서비스 야드

61. 주거내의 행위 중 가장 폐쇄성을 요구하는 행위는?

① 취침   ② 식사

③ 휴식   ④ 단란

[해설] 개인공간은 프라이버시를 요구하는 폐쇄적이며 정적인 공간이며, 가족공간은 개방적이며 동적인 공간이다.

해답   55. ④   56. ③   57. ③   58. ②   59. ①   60. ③   61. ①

62. 주거용 건축을 계획하는데 있어서 기능별 분화의 통합지표가 잘못된 것은?

① 취침공간과 식사공간은 완전히 분리시킨다.
② 개실을 확보하여 Privacy를 유지시킨다.
③ 접객본위의 공간은 가족단란공간과는 분리시킨다.
④ 가사작업공간은 유기적으로 통합시킨다.

해설 주택계획시 기능별 분화의 통합지표(기능별 조닝)
 ① 취침공간, 단란공간, 식사공간, 접객공간, 가사작업공간, 설비공간 등으로 구분하여 생각한다.
 ② 가족 각 개인생활을 위한 개실을 확보하여 개인의 프라이버시를 확보한다.
 ③ 취침공간과 식사공간은 완전히 분리시킨다.
 ④ 가사작업공간은 유기적으로 통합되도록 하고, 가사작업공간과 단란, 식사공간 등과는 서로 접하거나 통합하도록 한다.
 ⑤ 접객본위의 생각을 버리고 가족중심으로 생각해야 하며, 접객공간은 가족단란공간에 가급적이면 통합시키도록 한다.

63. 다음 중 주거공간의 효율을 높이고, 데드 스페이스(dead space)를 줄이는 방법과 가장 거리가 먼 것은?

① 기능과 목적에 따라 독립된 실로 계획한다.
② 유닛가구를 활용한다.
③ 가구와 공간의 치수체계를 통합한다.
④ 침대, 계단 밑 등을 수납공간으로 활용한다.

해설 기능과 목적에 따라 공간의 성격이 유사한 것은 서로 인접시키는 것이 주거공간의 효율을 높이고, 공간의 융통성을 보다 높일 수 있다.

64. 주택에서 두 실간의 적상하층 관계가 가장 좋은 것은?

① 하층 : 거실, 상층 : 침실
② 하층 : 침실, 상층 : 욕실
③ 하층 : 기계실, 상층 : 거실
④ 하층 : 침실, 상층 : 거실

해설 동적 공간인 거실은 1층에 정적 공간인 침실은 2층에 배치하는 것이 적합하다.

65. 주택의 동선계획에 관한 설명 중 틀린 것은?

① 동선의 형은 가능한 한 단순하게 한다.
② 개인, 사회, 가사노동권의 3개 동선을 일치시킨다.
③ 동선은 가능한 한 굵고 짧게 한다.
④ 동선에는 공간이 필요하고 가구를 두지 않는다.

해설 개인권, 사회권, 가사노동권(가사작업공간)은 서로 독립시킨다.

66. 주택의 동선계획에 관한 설명 중 틀린 것은?

① 다른 권역의 동선과는 될 수 있는 한 근접 교차시킨다.
② 주거에서는 일반적으로 개인권, 가사노동권, 사회권으로 분리한다.
③ 동선에는 공간이 필요하다.
④ 동선의 형은 가능한 한 단순하게 하며, 동선의 길이는 짧게 한다.

해설 서로 다른 종류의 동선은 될 수 있는 대로 서로 교차되지 않도록 한다.

67. 건축계획에서 동선(動線)이 가지는 요소와 가장 관계가 먼 것은?

① 하중 　　　　　② 빈도
③ 속도 　　　　　④ 폭(너비)

해설 동선의 3요소 - 속도, 빈도, 하중

68. 주택의 동선계획에 대한 설명 중 틀린 것은?

① 동선에는 공간이 필요하다.
② 동선의 3요소는 속도, 빈도, 하중을 말한다.
③ 개인, 사회, 가사노동권의 3개 동선이 서로 분리되어 간섭이 없어야 한다.
④ 하중이 큰 가사노동의 동선은 되도록 북쪽에 오도록 하고, 짧게 한다.

[해설] 하중이 큰 가사노동의 동선은 되도록 남쪽에 오도록 하고, 짧게 한다.

69. 주택의 동선계획에 관한 설명 중 틀린 것은?

① 동선의 형은 가능한 한 단순하게 한다.
② 속도가 빠른 동선은 통로의 너비를 넓게 하고, 장애가 없도록 한다.
③ 개인, 사회, 가사 노동권의 3개 동선을 일치시킨다.
④ 거실이 동선에 의해 종횡무진으로 끊어질 경우, 그 공간은 안정감을 잃게 된다.

[해설] 개인권, 사회권, 가사노동권(가사작업공간)은 서로 독립시킨다.

70. 주택의 동선계획에 관한 설명 중 옳지 않은 것은?

① 가사노동의 동선은 되도록 북쪽에 오도록 하고, 길게 한다.
② 개인, 사회, 가사노동권의 3개 동선이 서로 분리되어 간섭이 없도록 한다.
③ 주택 내부동선은 외부조건과 배실설계에 따른 출입형태에 의해 1차적으로 결정된다.
④ 동선에는 공간이 필요하고 가구를 둘 수 없다.

[해설] 가사노동의 동선은 되도록 남쪽에 오도록 하고, 짧게 한다.

71. 주택의 동선계획(動線計劃)에 관한 설명 중 틀린 것은?

① 동선의 형은 될 수 있는 한 단순하게 한다.
② 낮 공간의 동선과 밤 공간의 동선은 서로 분리시킨다.
③ 다른 종류의 동선과는 될 수 있는 한 근접 교차시켜 힘이 들지 않게 한다.
④ 동선의 길이는 될 수 있는 한 짧게 해야 한다.

[해설] 서로 다른 종류의 동선이나 차량, 사람의 동선 등은 가능한 한 분리시키고 필요 이상의 교차는 피한다.

72. 주택의 동선계획에 관한 설명 중 옳지 않은 것은?

① 동선의 형(形)은 될 수 있는 한 단순하게 한다.
② 거실은 통로로서 사용되지 않도록 하는 것이 좋다.
③ 가사노동의 동선은 되도록 남쪽에 오도록 하고, 짧게 한다.
④ 다른 종류의 동선과는 서로 근접 교차시켜 동선간의 이동이 원활하게 한다.

[해설] 서로 다른 종류의 동선이나 차량, 사람의 동선 등은 가능한 한 분리시키고 필요 이상의 교차는 피한다.

73. 주택의 동선(動線)계획에 관한 기술 중 옳지 않은 것은?

① 개인, 사회, 가사노동권의 3개 동선을 서로 분리하여 간섭이 없도록 한다.
② 주부의 가사노동 단축을 위해 평면에서의 주부의 동선을 짧게 한다.
③ 동선에는 공간이 필요하다.
④ 가사노동의 동선은 북쪽에 오는 것이 좋다.

[해설] 가사노동의 동선은 주간에 가장 많이 사용하므로 남쪽에 오는 것이 좋다.

74. 주택의 동선계획으로 주의할 사항이 아닌 것은?

① 단순, 명쾌하게 한다.
② 서로 다른 종류의 동선이나 차량, 사람의 동선 등은 가능한 한 교차하게 한다.
③ 개인 및 공유공간은 서로 독립성을 유지하는 것이 좋다.
④ 동선에는 기본적으로 공간이 필요하다.

[해설] 서로 다른 종류의 동선이나 차량, 사람의 동선 등은 가능한 한 분리시킨다.

해답   69. ③   70. ①   71. ③   72. ④   73. ④   74. ②

75. 주택의 방위와 실배치관계에서 잘못된 것은?

① 동측은 아침 햇살이 깊게 들어오므로 부엌 등과 같은 주부의 가사노동공간을 배치한다.

② 서측은 깊은 일조를 받으므로 건조실이나 갱의실 등을 배치하는 것이 바람직하다.

③ 남측에는 식당, 거실, 아동실 등을 배치한다.

④ 북측에는 일조가 필요하지 않은 현관, 도서관, 접견실 등을 배치한다.

해설 북측에는 일조가 크게 필요하지 않은 현관이나 변소 등을 두며, 광선이 하루 종일 변동이 없어 균일한 조도가 필요한 미술실을 둔다.

76. 다음과 같은 주택의 각실 방위 중 가장 바람직하지 못한 것은 어느 것인가?

① 욕실 – 서쪽

② 식당 – 남쪽

③ 어린이방 – 동남쪽

④ 변소 – 남서쪽

해설 변소 – 북쪽

77. 주택 평면계획시 서향에 면하면 가장 불리한 것은?

① 건조실　　　　② 부엌

③ 욕실　　　　　④ 갱의실

해설 부엌은 서쪽에 면하게 되면 일사시간이 길어지고, 햇빛이 실내에 깊이 사입되므로 음식물이 부패되기 쉽다.

■ 세부계획

78. 주택의 현관에 대한 설명 중 옳지 않은 것은?

① 현관의 위치는 대지의 형태, 방위, 도로와의 관계에 영향을 받는다.

② 현관의 크기는 현관에서 간단한 접객의 용무를 겸하는 이외의 불필요한 공간을 두지 않는 것이 좋다.

③ 현관의 위치는 주택의 북측이 가장 좋으며, 주택의 남측이나 중앙부분에는 위치하지 않도록 한다.

④ 현관의 크기는 주택의 규모와 가족의 수, 방문객의 예상수 등을 고려한 출입량에 중점을 두어 계획하는 것이 바람직하다.

해설 주택 현관의 위치는 도로의 위치, 대지의 형태, 경사도에 따라 영향을 받으며, 사실상 방위자체와는 무관하다. 주택의 규모가 큰 경우 주택의 남측이나 중앙부분에는 위치하기도 한다.

79. 주택 현관의 위치를 결정하는 요소로서 거리가 먼 것은?

① 도로와의 관계　　② 대지의 형태

③ 방위　　　　　　④ 정원과의 관계

해설 주택 현관의 위치는 도로의 위치, 대지의 형태, 경사도에 따라 영향을 받으며, 사실상 방위 자체와는 무관하다. 그러나 도로의 위치와 방위를 고려해서 현관을 결정하는 것이 바람직하다.

80. 주공간의 분류 중 표출적 공간(expressional space)에 해당되는 곳은?

① 변소　　　　　　② 현관

③ 침실　　　　　　④ 욕실

81. 주택계획시 복도가 차지하는 면적은 일반적으로 전체 면적의 얼마인가?

① 20%　　　　　　② 15%

③ 10%　　　　　　④ 5%

82. 주택의 복도계획에서 옳지 않은 것은?

① 50m² 이하 주택에 복도를 두는 것은 비경제적이다.

② 중복도는 채광, 통풍에 유리하다.

③ 일반적으로 전체 면적의 10% 정도이다.

④ 통행상 서로 엇갈릴 때 옆으로 걸어가는 일을 피하기 위해서는 폭 105~120cm가 적당하다.

해설 중복도는 채광, 통풍에 불리하다.

해답　75. ④　76. ④　77. ②　78. ③　79. ④　80. ②　81. ③　82. ②

83. 주택에 있어서 복도의 기능에 대한 설명 중 가장 옳지 않은 것은?

① 응접실의 역할(특히 1.5m 이상인 경우)
② 방을 개방하는 역할
③ 겨울철 선룸(sun room)의 역할
④ 주택내부의 통로역할

해설 방을 구분하여 주는 역할

84. 주택의 현관 및 복도에 대한 설명 중 부적당한 것은?

① 현관은 쉽게 눈에 띄어야 한다.
② 현관은 도로에 똑바로 면해 있는 것보다 약간 방위를 돌려 진입하도록 한다.
③ 복도 폭은 문의 개폐방향에 따라 결정될 수 있다.
④ 복도 폭은 안목치수가 80cm가 적당하다.

해설 복도(corridor) 폭은 최소 90cm 이상으로 하며, 일반적으로 110~120cm 정도가 적당하다.

85. 주택 계단의 설치계획에 대한 설명 중 옳지 않은 것은? (단, 주택의 연면적이 200m² 이상인 경우)

① 계단의 오름은 일반적으로 시계 반대방향으로 한다.
② 높이가 1m를 넘는 계단 및 계단참의 양옆에는 난간(벽 또는 이에 대치되는 것을 포함한다.)을 설치한다.
③ 높이가 3m를 넘는 계단에는 높이 3m 이내마다 너비 1.2m 이상의 계단참을 설치한다.
④ 계단을 내려갈 때 핸드레일은 왼손으로 잡도록 계획한다.

해설 계단을 내려갈 때 핸드레일은 오른손으로 잡도록 계획한다.

86. 2층 단독주택에서 1층에 부모가, 2층에 자녀들이 거주할 경우에 가족의 단란에 가장 영향을 줄 수 있는 요소는?

① 계단의 배치
② 침실의 방위
③ 건물의 층고
④ 식당과 부엌의 연결방법

해설 계단은 상하층의 공간을 연결하므로 가족의 단란한 생활을 영위하는 것에 대해 가장 영향을 줄 수 있는 요소이다.

87. 다음 중 주택의 거실 규모결정시 고려하여야 할 사항과 가장 관계가 먼 것은?

① 가족수
② 전체 주택의 규모
③ 가족구성
④ 현관의 위치

해설 거실의 크기는 일정한 수치로 그 적정치가 결정되기보다는 주택 전체의 규모나 가족수, 가족구성 또는 경제적인 제약, 주생활양식, 타실과의 관계 등에 의해 결정된다.

88. 다음 중 주택 거실에서 가구배치의 결정요소와 가장 거리가 먼 것은?

① 거실의 형태
② 개구부의 위치
③ 바닥재의 종류
④ 거주자의 취향

해설 주택 거실에서 가구배치의 결정요소와 바닥재의 종류와는 무관하다.

89. 주택의 거실계획에 대한 설명 중 옳지 않은 것은?

① 방위는 남향이 가장 적당하다.
② 침실과는 가급적 대칭인 위치에 둔다.
③ 독립성 유지를 위하여 가급적 한쪽 벽만을 타실과 접속시킨다.
④ 평면계획상 통로로서 사용되도록 평면배치를 하는 것이 좋다.

해설 거실의 기능은 통로나 홀 역할을 하지 않는 가족전체의 단란을 위한 실로서 독립성을 갖도록 한다.

해답 83. ② 84. ④ 85. ④ 86. ① 87. ④ 88. ③ 89. ④

90. 주택의 거실계획에 대한 설명 중 옳지 않은 것은?

① 거실에서 문이 열린 침실의 내부가 보이지 않도록 한다.

② 거실의 연장을 위하여 가급적 정원 사이에 테라스를 둔다.

③ 통로로서의 이용을 원활하게 하기 위해 가급적 각 실의 중심에 배치한다.

④ 가능한 동측이나 남측에 배치하여 일조 및 채광을 충분히 확보할 수 있도록 한다.

해설 거실은 각 방으로 출입이 가능한 통로나 홀로서 사용되어서는 안된다.

91. 주택의 거실 평면계획에 대한 설명 중 옳지 않은 것은?

① 통로로서의 이용을 원활하게 하기 위해 가급적 각 실의 중심에 배치한다.

② 독립성 유지를 위하여 가급적 한쪽 벽만을 타실과 접속시킴으로써 출입구를 설치한다.

③ 침실과는 가급적 대칭적인 위치에 둔다.

④ 거실의 연장을 위하여 가급적 정원 사이에 테라스를 둔다.

해설 거실의 기능은 통로나 홀 역할을 하지 않는 가족 전체의 단란을 위한 실로서 독립성을 갖도록 한다.

92. 주택 평면계획에서 거실의 계획에 관한 설명으로 가장 부적당한 것은?

① 개방된 공간에서 벽면의 기술적인 활용과 자유로운 가구의 배치로서 독립성이 유지되도록 한다.

② 거실의 위치는 가족의 단란이 될 수 있는 곳이 좋다.

③ 거실과 정원은 유기적으로 시각적 연결을 하여 유동적인 감각을 갖게 한다.

④ 거실은 평면계획상 통로나 홀로서 사용되는 방법의 평면배치가 가장 좋다.

해설 거실은 각 방으로 출입이 가능한 통로나 홀로서 사용되어서는 안된다.

93. 주택의 거실 평면계획상 고려할 사항으로 가장 관계가 적은 것은?

① 동선단축을 위하여 가급적 각 실의 중심에 배치한다.

② 독립성 유지를 위하여 가급적 한쪽 벽만을 타실과 접속시킨다.

③ 침실과는 가급적 대칭인 위치에 둔다.

④ 거실의 연장을 위하여 가급적 정원 사이에 테라스를 둔다.

해설 주거 중 다른 방의 중심적 위치에 둔다.

94. 부엌의 일부에 간단히 식탁을 꾸민 것을 무엇이라 하는가?

① living kitchen

② dining kitchen

③ dining terrace

④ dining porch

해설 ① 다이닝 키친(DK형식) : 부엌 + 식당

② 리빙 키친(LDK형식) : 거실 + 식당 + 부엌

③ 다이닝 앨코브(LD형식) : 거실의 일단에 식탁을 놓은 것

95. 주택계획시 개방형 식당구성에서 거실의 일부에 식탁을 구성하여 놓은 형식을 무엇이라고 하는가?

① 다이닝 키친(Dining Kitchen)

② 다이닝 앨코브(Dining alcove)

③ 리빙 키친(Living Kitchen)

④ 다이닝 포치(Dining porch)

해설 다이닝 앨코브 - 거실의 일단에 식사실을 설치한 것

96. 다음 중 거실의 일부에 식탁을 꾸미는 것으로서 보통 6~9m² 정도의 크기로 만드는 것은?

① living kitchen
② dining kitchen
③ dining porch
④ dining alcove

97. 소규모 주택에서 거실과 부엌을 동일공간으로 둔 형식을 무엇이라 하는가?

① living kitchen
② living room
③ dining kitchen
④ dining porch

[해설] 리빙 키친(LDK형식) : 거실 + 식당 + 부엌

98. 주택의 식당계획에서 LDK형의 의미로 가장 알맞은 것은?

① 별도의 거실을 두고 부엌의 일부에 식당을 설치한 형태
② 별도의 부엌을 두고 거실과 식당을 겸용하는 형태
③ 거실, 식당, 부엌을 개방된 하나의 공간에 배치한 형태
④ 식당, 부엌, 다용도실을 개방된 하나의 공간에 배치한 형태

[해설] LDK형은 리빙 키친으로 거실, 식당, 부엌을 개방된 하나의 공간에 배치한 형태이다.

99. 주택평면에서 3LDK형식이란?

① 거실, 침실, 부엌
② 거실, 침실 2, 부엌
③ 거실, 침실 3, 부엌겸 식당
④ 거실, 침실, 부엌겸 식당

100. 거실, 식사실, 부엌을 한 공간에 꾸며 놓은 소위 리빙 키친(living kitchen)에 관한 기술 중 틀린 것은?

① 통로로 쓰이는 부분이 절약되어 다른 실의 면적이 넓어질 수 있다.
② 부엌부분의 통풍과 채광이 좋아진다.
③ 주부의 동선이 단축된다.
④ 중소형의 아파트나 주택에는 적합하지 않다.

[해설] 리빙 키친형식은 중소형의 아파트나 주택에 적합하다.

101. 주택의 부엌과 식당계획시 가장 중요하게 고려해야 할 사항은?

① 조명배치   ② 작업동선
③ 색채조화   ④ 수납공간

[해설] 주택의 부엌과 식당계획시 가장 중요하게 고려해야 할 사항은 주부의 작업동선이다.

102. 리빙 키친(living kitchen)의 가장 큰 이점은?

① 공사비가 절약된다.
② 주부의 동선이 단축된다.
③ 설비비가 절약된다.
④ 증축시 유리하다.

[해설] 리빙 키친의 가장 큰 이점은 주부의 동선단축으로 인한 가사노동의 경감에 있다.

103. 일반적인 단독주택의 설계에서 각 실의 면적비율로 적당하지 않은 것은?

① 부엌 : 주택 연면적의 약 8~12%
② 거실 : 주택 연면적의 약 20%
③ 복도 : 주택 연면적의 약 10%
④ 현관(홀) : 주택 연면적의 약 7%

[해설] 거실 : 주택 연면적의 약 30%

104. 연면적 90m²의 양식주택에서 면적구성이 적당치 않은 것은?

① 현관과 홀 6m²   ② 복도 9m²
③ 부엌 18m²   ④ 거실 27m²

해설 연면적에 대한 각 실의 면적구성비

구 분	면적구성비	해당면적
현관·홀	7%	6.3m²
복도	10%	9m²
거실	30%	27m²
부엌	8~12%	7.2~10.8m²

105. 다음 중 부엌의 합리적 크기를 결정하기 위한 고려사항과 가장 거리가 먼 것은?

① 수납공간   ② 대지면적
③ 작업대의 면적   ④ 가족수

해설 부엌의 크기 결정 요소
   ① 작업대의 면적
   ② 작업인의 동작에 필요한 공간
   ③ 수납공간
   ④ 연료의 종류와 공급방법
   ⑤ 주택연면적, 가족수, 생활수준, 평균 작업인수

106. 부엌 크기의 결정기준과 가장 관계가 먼 것은?

① 주작업인의 동작범위
② 설비기구의 규모
③ 부엌공간의 주출입구
④ 주택의 연면적, 가족수, 평균작업인의 수

107. 주택의 주방계획에서 작업과정에 합리적인 작업대 배열의 순서로 가장 적당한 것은?

① 냉장고 → 레인지 → 싱크 → 조리대
② 싱크 → 레인지 → 냉장고 → 조리대
③ 레인지 → 냉장고 → 조리대 → 싱크
④ 냉장고 → 싱크 → 조리대 → 레인지

해설 부엌의 작업순서
   준비 - 냉장고 - 싱크대(개수대) - 조리대 - 가열대
   (레인지) - 배선대

108. 주방에서의 조리과정을 고려할 때 기구의 배치순서가 가장 합리적인 것은?

① 레인지 → 싱크대 → 조리대 → 냉장고
② 조리대 → 싱크대 → 레인지 → 냉장고
③ 싱크대 → 조리대 → 냉장고 → 레인지
④ 냉장고 → 싱크대 → 조리대 → 레인지

해설 준비 - 냉장고 - 싱크대(개수대) - 조리대 - 레인지(가열대) - 배선대

109. 다음 중 부엌의 작업순위에 따라 설치되는 설비기기의 순서로 가장 적당한 것은?

1. 가열대   2. 조리대   3. 배선대   4. 개수대

① 2 - 4 - 1 - 3   ② 4 - 2 - 1 - 3
③ 2 - 4 - 3 - 1   ④ 4 - 2 - 3 - 1

해설 부엌의 작업순서 : 준비 - 냉장고 - 개수대 - 조리대 - 가열대 - 배선대

110. 주방에서의 작업순서가 가장 옳게 된 것은?

① 요리재료의 반입 - 세척 - 조리 - 배선
② 세척 - 요리재료의 반입 - 조리 - 배선
③ 배선 - 세척 - 요리재료의 반입 - 조리
④ 조리 - 세척 - 배선 - 요리재료의 반입

해설 부엌의 작업순서 : 준비 - 냉장고 - 개수대 - 조리대 - 가열대 - 배선대

111. 부엌 평면 가운데 사선 친 부분을 설명한 것은?

① 싱크(sink)
② 배선대
③ 조리대
④ 해치(hatch)

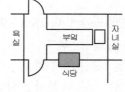

해설 해치(hatch)는 부엌이나 식당 사이에 흔히 설치하는 대 또는 식기 등을 출입하게 끔 만든 창구를 말한다.

112. 부엌의 작업과정에서 작업의 삼각형(working triangle)에 속하지 않는 것은?

① 싱크   ② 레인지
③ 냉장고   ④ 테이블

[해설] 부엌의 작업삼각형 : 레인지(가열대) – 싱크(개수대) – 냉장고

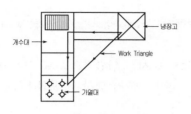

그림. 작업삼각형

113. 주택 부엌에서 작업삼각형은 작업능률과 관계되어 있는 것으로 3가지 작업대를 연결하여 만든 것이다. 다음 중 이 3가지 작업대에 해당하지 않는 것은?

① 냉장고   ② 개수대
③ 배선대   ④ 가열대

[해설] **작업삼각형**

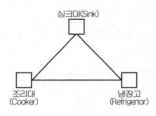

114. 부엌공간의 작업행정 중 창에 면하지 않아도 될 부분은?

① 준비대   ② 개수대
③ 조리대   ④ 가열기

115. 다음 중 주택 부엌의 작업삼각형(work triangle)의 길이로 가장 적당한 것은?

① 2.5m   ② 5.0m
③ 8.0m   ④ 9.5m

[해설] 냉장고와 개수대 그리고 가열기를 잇는 작업삼각형의 길이는 3.6~6.6m로 하는 것이 능률적이다.

116. 부엌의 설비기구 배치형식에 관한 설명으로 옳지 않은 것은?

① 일렬형은 소규모 주택에 적합하다.
② 병렬형은 작업동선이 가장 긴 형식이다.
③ ㄱ자형은 식사실과 함께 이용할 경우에 많이 사용된다.
④ ㄷ자형은 평면계획상 외부로 통하는 출입구의 설치가 곤란하다.

[해설] 병렬형은 작업동선이 가장 짧은 형식이다.

117. 주택에서 부엌 작업대의 배치유형 중 ㄷ자형에 대한 설명으로 옳은 것은?

① 가장 간결하고 기본적인 설계형태로 길이가 4.5m 이상 되면 동선이 비효율적이다.
② 두 벽면을 따라 작업이 전개되는 전통적인 형태이다.
③ 평면계획상 외부로 통하는 출입구의 설치가 곤란하다.
④ 작업동선이 길고 조리면적은 좁지만 다수의 인원이 함께 작업할 수 있다.

[해설] ①, ④ – 일렬형, ② – 병렬형

118. 단독주택의 부엌 유형에 대한 설명 중 틀린 것은?

① 일렬형은 설비기구가 많은 경우에 동선이 길어지는 경향이 있으므로 소규모 주택에 적합하다.
② ㄷ형은 평면계획상 외부로 통하는 출입구의 설치는 가능하나 작업동선이 긴 단점이 있다.
③ ㄱ자형은 작업동선이 효율적이지만 여유공간이 많이 남기 때문에 식사실과 함께 이용할 경우에 적합하다.
④ 병렬형은 일렬형에 비하여 작업동선이 줄어들기는 하지만, 작업시 몸을 앞뒤로 바꾸어야 하는 불편이 있다.

해답   112. ④   113. ③   114. ④   115. ②   116. ②   117. ③   118. ②

[해설] ㄷ형은 인접한 3면 벽에 작업대를 배치한 형태로 일반적으로 중앙에 개수대를 두고 좌우에 조리대, 가열대를 배치한다. 가장 편리하고 능률적인 작업대의 배치로 벽면을 차지하는 면적이 크므로 많은 수납공간 및 작업공간을 얻을 수 있다. 식탁, 기타 작업과의 연결이 불편하며 대규모의 부엌에 많이 사용된다.

119. 주택의 부엌계획에 관한 설명 중 옳지 않은 것은?

① 일사가 긴 서쪽은 음식물이 부패하기 쉬우므로 피하도록 한다.
② 작업삼각형은 냉장고와 개수대 그리고 배선대를 잇는 삼각형이다.
③ 부엌의 평면형 중 일렬형은 동선과 배치가 간단한 평면형이지만 설비기구가 많은 경우에는 작업동선이 길어진다.
④ 부엌의 평면형 중 ㄱ자형은 식사실과 함께 이용할 경우에 적합하다.

[해설] 작업삼각형은 냉장고와 개수대 그리고 조리대를 잇는 삼각형이다.

120. 다음 중 주택건축의 내외를 연결하는 매개역할을 하는 공간에 속하지 않는 것은?

① 테라스　　　　　② 다목적실
③ 다이닝 포치　　　④ 서비스 야드

[해설] 다목적실(multipurpose room) : 서비스 발코니와 주방사이의 공간으로 세탁, 걸레빨기 및 잡품창고를 겸한 실을 말한다.

121. 주택에서 실내외를 연결하는 공간이 아닌 것은?

① 테라스
② 서비스 야드
③ 유틸리티
④ 다이닝 포치

[해설] 유틸리티(utility)은 가사실로서 부엌을 통하여만 내외부로 출입이 가능하다.

122. 다음 중 유틸리티(utility)공간과 관련이 있는 것은?

① 거실　　　　　② 침실
③ 창고　　　　　④ 어린이방

[해설] 유틸리티는 가사실로서 부엌에 인접해서 배치한다.

123. 주택의 부엌계획에 대한 설명 중 옳지 않은 것은?

① 작업의 순서는 일반적으로 준비대 → 싱크대 → 조리대 → 가스렌지 → 배선대의 순으로 진행된다.
② U자형 부엌은 통상 가스렌지를 가운데 두고 싱크대와 냉장고를 마주보게 배치한다.
③ 저장, 준비, 조리공간을 잇는 work triangle의 세 변의 길이가 너무 길어지면 작업능률이 저하된다.
④ 일렬형 부엌은 싱크대, 조리대, 가스렌지 등의 작업대를 일렬로 한 벽면에 배치한 형태이다.

[해설] U자형 부엌은 통상 싱크대를 가운데 두고 가스렌지와 냉장고를 마주보게 배치한다.

124. 주택의 부엌에 관한 기술 가운데 가장 적당한 것은 어느 것인가?

① 가사작업의 능률과 편리, 자연소독 등으로 서측에 면하게 함이 좋다.
② 소주택으로 될 경우에도 부엌은 독립적으로 위치시킴이 좋다.
③ 작업대의 배치방법은 오랜 습관에 의해 오른쪽에서 왼쪽으로 이동하며 사용토록 한다.
④ 연면적 120m²의 주택에서 적당한 부엌 면적은 10m²가 요구된다.

[해설] ① 서측에 면할 경우 일사시간이 길어지며, 햇빛이 건물내 깊이 사입되므로 음식물이 부패되기 쉽다.
② 소주택일 경우 리빙 키친, 다이닝 키친 등 개방형을 취한다.
③ 작업대의 배치방식은 왼쪽에서 오른쪽으로 이동하며 사용토록 한다.

해답　119. ②　120. ②　121. ③　122. ③　123. ②　124. ④

④ 부엌의 크기는 연면적의 8~12% 정도이므로
  120×(0.08~0.12) = 9.6~14.4m²이다.

125. 주택의 부엌에 대한 설명 중 옳은 것은?

① 가족수는 부엌의 크기를 결정하는 기본 요건중
  의 하나이다.
② 작업순서와 회전방법은 왼쪽으로 회전하는 것
  이 좋다.
③ 작업대의 높이는 90cm 이상이어야 한다.
④ 부엌개선시 마감재료의 선택을 우선 고려해야 한
  다.

〔해설〕 ① 작업순서와 회전방법은 오른쪽으로 회전하는 것
  이 좋다.
② 작업대의 높이 - 73~83cm
③ 부엌개선시 우선 고려해야 할 것은 작업순서에 따른
  작업대의 배치문제이다.

126. 주택의 부엌계획에 관한 설명 중 옳은 것은?

① 코어시스템(core system)으로 계획하면 설
  비적인 면에서 유리하다.
② 작업대의 배열은 준비대, 가열대, 조리대, 배
  선대이다.
③ 부엌의 크기는 주택 연면적의 7% 정도가 좋
  다.
④ 작업대의 높이는 기능적인 면에서 55~65cm
  정도로 본다.

〔해설〕 ① 작업대의 배열은 준비대 → 개수대 → 조리대 →
  가열대 → 배선대의 순이다.
② 부엌의 크기는 주택 연면적의 8~12%가 일반적이
  다.
③ 작업대의 높이는 73~83cm 정도가 좋다.

127. 다음 중 주택 침실에 관한 설명으로 옳지 않은
것은?

① 침실은 독립성(privacy)이 보장되어야 한다.
② 출입문은 침대가 직접 보이지 않도록 안여닫이
  로 한다.

③ 침실은 도로에 면한 위치가 좋다.
④ 침실의 침대는 머리 쪽에 창을 두지 않는 것이 좋
  다.

〔해설〕 침실은 도로에 면하지 않도록 한다.

128. 다음 노인실계획에 관한 내용 중 적합하지 않은
것은?

① 식당, 욕실 및 화장실에 가까운 곳이 좋다.
② 일조가 충분하고 전망 좋은 곳에 면하도록 한
  다.
③ 정신적 안정과 보건에 유의해야 한다.
④ 노인방은 조용하여야 하므로 가장 은밀한 곳에
  배치한다.

〔해설〕 노인침실은 일조가 충분하고 전망이 좋은 조용한 곳
  에 면하게 하며, 식당, 욕실 및 화장실 등에 근접시켜
  정신적 안정과 보건에 편하도록 한다.

129. 실내재실자의 체취를 기준으로 할 때 성인 1인
당 소요 실용적을 17m³/h로 본다면, 실내 환기회
수 2회/hr, 천장고 3m, 재실인원 6인용 침실의 최
소 바닥넓이는 얼마인가?

① 12m²   ② 15m²
③ 17m²   ④ 20m²

〔해설〕 성인 1인당 필요로 하는 신선공기 요구량이 17m³/h,
  실내 환기회수가 2회/h이므로
  이 때, 실용적은 17m³/h ÷ 2회/h = 8.5m³이다.
  침실의 천장높이를 3m로 하면, 1인당 소요 바닥면적은
  $8.5m³ ÷ 3m = \frac{8.5}{3} m²$

  따라서, 6인용 침실이므로 $\frac{8.5}{3} m² × 6인 = 17m²$

130. 침실계획기준으로 실의 최저 소요공기량은 다
음 중 어느 것인가? (단, 실내 자연환기횟수를 2회
/hr로 가정하고, 성인 2인이 사용하는 방이다.)

① 25m³   ② 50m³
③ 75m³   ④ 100m³

해설 성인 1인당 신선공기 요구량 $50m^3/h$
자연환기횟수 2회/h 이므로
1인당 최저 소요기적 $50m^3 \div 2 = 25m^3$
성인 2인 사용시 ∴ $25m^3 \times 2 = 50m^3$

131. 다음과 같은 조건에 요구되는 주택 침실의 최소 넓이는?

- 2인용 침실
- 1인당 소요공기량 : $50m^3$
- 침실의 천장높이 : 2.5m
- 실내의 자연환기횟수 : 2회/h

① $10m^2$ ② $20m^2$
③ $30m^2$ ④ $50m^2$

해설 **침실의 크기 결정**
① 1인당 필요로 하는 신선공기 요구량 – $50m^3/h$
② 실내 자연환기가 2회/h일 경우 $50m^3/h \div 2$회/h$ = 25m^3$
③ 천장높이가 2.5m일 경우 1인당 바닥면적은
  $25m^3 \div 2.5m = 10m^2$
따라서, 성인 2인용 침실의 경우 $10m^2 \times 2$인 $= 20m^2$

132. 실내환기량에 의한 실의 면적을 구할 경우 성인 2인용 침실의 천장높이가 2.5m이고, 실내 자연환기횟수가 2회/h일 경우 최소한의 침실 바닥넓이는 얼마인가? (단, 성인 1인당 신선한 공기요구량 = $50m^3/h$)

① $10m^2$ ② $20m^2$
③ $25m^2$ ④ $50m^2$

해설 **침실의 크기 결정**
① 1인당 필요로 하는 신선공기 요구량 – $50m^3/h$
② 실내 자연환기가 2회/h일 경우 $50m^3/h \div 2$회/h$ = 25m^3$
③ 천장높이가 2.5m일 경우 1인당 바닥면적은
  $25m^3 \div 2.5m = 10m^2$
따라서, 성인 2인용 침실의 경우 $10m^2 \times 2$인 $= 20m^2$이다.

133. 실내환기량에 의한 실의 면적을 구할 경우 성인 3인용 침실의 천장높이가 2.5m이고, 실내 자연환기횟수가 3(회/hr)일 경우 최소한의 침실 바닥넓이는 얼마인가?

① $10m^2$ ② $15m^2$
③ $20m^2$ ④ $30m^2$

해설 **침실의 크기결정**
① 1인당 필요로 하는 신선공기 요구량 – $50m^3/h$
② 실내 자연환기가 3회/h일 경우
  $50m^3/h \div 3$회/h$ = \frac{50}{3}m^3$
③ 천장높이가 2.5m일 경우
  1인당 바닥면적은 $\frac{50}{3}m^3 \div 2.5m = \frac{20}{3}m^2$
따라서, 성인 3인용일 경우 침실의 크기는
$\frac{20}{3}m^2 \times 3 = 20m^2$이다.

134. 생리적인 면에서 6세 이상의 아동 2인용 침실의 크기로 적당한 것은? (단, 자연환기횟수 2회/hr, 천장높이는 2.5m로 함)

① $10m^2$ ② $15m^2$
③ $20m^2$ ④ $25m^2$

해설 성인 1인당 신선한 공기 요구량 $50m^3/h$(아동은 1/2)
아동 1인당 소요기적 $25m^3/h \div 2$회/h$ = 12.5m^3$
천장높이는 2.5m이므로
아동 1인당 소요면적 $= 12.5m^3 \div 2.5m = 5m^2$
따라서, 아동 2인용의 경우 ∴ $5m^2 \times 2$인 $= 10m^2$

135. 주택의 평면계획에 관한 기술 중 옳지 않은 것은?

① 거실은 통로나 hall로서 사용되는 방법의 평면배치는 적극적으로 피하도록 한다.
② 침실 출입문은 침대가 직접 보이지 않도록 안여닫이로 하는 것이 좋다.
③ 식당의 최소 면적은 식탁의 크기와 모양, 의자의 배치상태, 주변통로와의 여유공간 등에 의해 결정된다.
④ 침대배치는 창가에 머리 쪽이 오도록 두는 것이 가장 바람직하다.

해설 침대 상부 머리 쪽은 외벽에 면하게 하며 창가는 피한다.

해답   131. ②   132. ②   133. ③   134. ①   135. ④

136. 침대의 배치관계를 표시한 것 중 가장 적절한 것은?

①   ②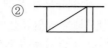

③   ④

[해설] 침대 상부 머리 쪽은 외벽에 면하도록 한다.

137. 그림과 같은 침실에서 실의 폭(x)으로 가장 적당한 것은? (단, double 침대로 1,400× 2,000mm임)

① 2m
② 2.5m
③ 3m
④ 4m

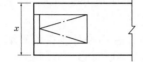

[해설] x ≥ 0.75m(통로폭) + 1.4m(침대폭) + 0.9m(주요 통로폭) = 3.05m

138. 다음 중 소규모주택에서 1실 겸용으로 사용하기에 가장 부적당한 조항은?

① 침실과 식당   ② 거실과 식당
③ 침실과 서재   ④ 거실과 응접실

[해설] 식침분리의 원칙을 지킨다.

139. 주택의 욕실계획에 관한 내용으로 적합하지 않은 것은?

① 아무리 큰 저택이라도 공용욕실로 계획한다.
② 현관이나 응접실과는 다소 격리시키는 것이 바람직하다.
③ 욕실의 크기는 설비와 사용내용에 따라 정한다.
④ 천장은 내수(방수)재료, 경사를 두는 것이 좋다.

[해설] 공용욕실을 두고 별도로 개인용 욕실은 침실내 배치한다.

140. 주택의 변소에서 양변기를 설치할 때 변소의 최소 크기는 다음 중 어느 것인가?

① 0.9m × 0.9m   ② 0.8m × 0.8m
③ 0.8m × 1.2m   ④ 1.0m × 1.2m

[해설] ① 양변기를 설치한 경우 0.8m × 1.2m
② 변소의 최소 크기 0.9m × 0.9m

■ 종합

141. 주택계획에 관한 기술 중 틀린 것은 다음 어느 것인가?

① 주택의 대지는 정형이 좋고, 일반적으로 남북이 긴 것이 좋다.
② 침실은 도로에 면한 곳을 피하고, 안정과 기밀을 위해서 2층이 좋고 방위는 동측이나 남측이 더 좋다.
③ 거실은 다른 한 쪽 방과 접속되게 하고, 침실과는 항상 대칭되게 한다.
④ 주택의 생활기능별로 복잡한 기능을 단순화하기 위하여 상호간 요소가 다른 것끼리 서로 격리시킨다.

[해설] 주택의 부지는 정형 또는 정형에 가까운 직사각형이 좋고, 일반적으로 동서로 긴 것이 좋다.

142. 주택의 세부계획에 있어서 옳지 않은 것은?

① 거실은 평면계획상 통로나 홀(hall)로서 사용되지 않도록 한다.
② 식당의 최소면적은 식탁의 크기와 모양, 의자배치, 주변통로 등에 의해 결정된다.
③ 부엌은 남쪽이나 동쪽에 두어 쾌적하고 능률적인 작업이 되도록 하고 있다.
④ 현관의 크기는 방문객의 편의를 위해 크게 하면 할수록 좋다.

해답 136. ① 137. ③ 138. ① 139. ① 140. ③ 141. ① 142. ④

143. 주택의 세부계획에 있어서 옳지 않은 것은?

① 거실은 통로공간을 지양하고, 나머지 3면을 확보하면 공간이용을 극대화할 수 있다.

② 식당의 최소 면적은 식탁의 크기와 모양, 의자 배치, 주변통로 등에 의해 결정된다.

③ 부엌의 남쪽이나 동쪽에 두어 쾌적하고 능률적인 작업이 되도록 하고 있다.

④ 현관의 크기는 가족수, 방문객수를 고려하여 가급적 크게 하는 것이 좋다.

144. 주택의 각실계획에 관한 설명 중 옳지 않은 것은?

① 현관은 출입과 접객의 편리를 위해 크게 하면 할수록 좋다.

② 계단은 안전상 구배, 폭, 난간 및 마감방법에 중점을 두고, 실내디자인상 의장적인 고려를 한다.

③ 거실은 주행위(住行爲) 개개의 복합적인 기능을 갖고 있으며, 이에 대한 적합한 가구와 어느 정도 활동성을 고려한 계획이 되어야 한다.

④ 식당 및 부엌은 능률 좋게 하고, 옥외작업장 및 정원과 유기적으로 결합되게 한다.

145. 다음의 주택계획에 관한 설명 중 틀린 것은?

① 부엌은 사용시간이 길고 부패하기 쉬운 물건이 많이 수장하는 곳이므로 서향은 피하는 것이 좋다.

② 50㎡ 이하의 소규모 주택에서는 복도를 두는 것이 공간활용상 경제적이다.

③ 주택의 규모가 비교적 작을 때에는 거실과 식사부분을 동일공간으로 처리하여도 좋다.

④ 현관의 크기는 주택의 규모와 가족의 수, 그리고 방문객의 예상수 등을 고려한 출입량에 중점을 두는 것이 타당하다.

146. 주택의 평면계획에 관한 사항 중 틀린 것은?

① 거실은 평면계획상 통로나 홀로서 사용하는 것이 좋다.

② 노인침실은 일조가 충분하고 전망이 좋은 조용한 곳에 면하게 하고, 식당, 욕실 등에 근접시킨다.

③ 부엌은 사용시간이 길므로 동남 또는 남쪽에 배치해도 좋다.

④ 현관의 위치는 대지의 형태, 도로와의 관계에 의하여 결정된다.

147. 일반 단독주택의 계획에 대한 설명으로 옳지 않은 것은?

① 현관의 위치는 대지의 형태, 방위, 도로와의 관계 등에 의하여 결정된다.

② 노인의 침실은 일조, 전망에 양호하며 식당, 욕실 및 화장실에 근접된 곳에 위치시킨다.

③ 거실은 홀(hall)과 겸하여 사용되는 평면배치를 하는 것이 좋다.

④ 식당의 면적은 가족의 수와 식탁의 크기 등에 의해서 정해진다.

해답   143. ④   144. ①   145. ②   146. ①   147. ③

148. 다음의 주택계획에 대한 설명 중 옳지 않은 것은?

① 거실은 각 실로의 연결통로로서 가족의 통행에 지장이 없도록 계획한다.
② 식당의 최소 면적은 식탁의 크기와 모양, 의자의 배치상태, 주변통로와의 여유공간 등에 의하여 결정된다.
③ 리빙 키친은 거실과 부엌을 동일공간에 둔 형식으로 주부의 가사노동이 간편화된다.
④ 현관의 크기는 주택의 규모, 가족의 수, 방문객의 예상수 등을 고려한 출입량에 중점을 두어 계획한다.

해설 거실은 실과 실을 연결하는 통로로 이용되어 안정성이 깨어져서는 안된다.

149. 주택의 평면계획에 관한 설명 중 옳지 않은 것은?

① 거실은 통로와 홀(hall)로 사용되는 것이 바람직하다.
② 거실의 생활은 의식적이고 동적인 행동이기 때문에 그 넓이는 단순히 실내거주인수에 소요되는 면적만으로 정해질 수 없다.
③ 노인침실은 일조가 충분하고 전망 좋은 조용한 곳에 면하도록 한다.
④ 현관의 크기는 주택의 규모, 가족의 수, 방문객의 예상수 등을 고려한 출입량에 중점을 두는 것이 타당하다.

해설 거실의 기능은 통로나 홀 역할을 하지 않는 가족 전체의 단란을 위한 실로서 독립성을 갖도록 한다.

150. 주택 각부계획에 대한 설명 중 옳지 않은 것은?

① 거실과 정원은 유기적으로 시각적 연결을 갖게 한다.
② 침실의 침대는 머리 쪽에 창을 두지 않는 것이 좋다.
③ 거실은 남북방향으로 긴 것이 좋다.
④ 욕실의 천장은 약간 경사지게 함이 좋다.

해설 거실은 일반적으로 동서방향으로 긴 것이 좋다.

151. 주택의 평면계획에 관한 다음 설명 중 틀린 것은?

① 부엌은 사용시간이 길고 부패하기 쉬운 물건을 많이 수장하는 곳이므로 서측은 반드시 피하여야 한다.
② 응접실은 동남쪽의 가장 좋은 방위에 둔다.
③ 주택의 규모가 비교적 작을 때에는 거실과 식사부분을 동일공간으로 처리하여도 좋다.
④ 현관의 방위는 어느 곳이라도 무방하다.

해설 응접실은 사용시간과 사용빈도가 적으므로 북향에 두어도 무방하다

152. 주택의 각실계획에 대한 다음 설명 중 옳지 않은 것은?

① 부엌은 음식물의 부패관계로 남향을 피하고 서향으로 하여야 한다.
② 사용시간이 짧은 취미실 등은 향을 고려하지 않을 수도 있다.
③ 거실은 통로나 홀(hall)로서 사용되는 방법의 평면배치는 적극적으로 피하도록 한다.
④ 노인침실은 일조가 충분하고 전망 좋은 조용한 곳에 면하도록 한다.

해설 부엌은 음식물의 부패관계로 서향을 피해야 한다.

153. 주택의 평면계획에 대한 다음 설명 중 부적당한 것은?

① 가족의 식·침분리를 염두에 두어야 한다.
② 현관의 방위는 어느 곳이라도 무방하다.
③ 다용도실은 부엌에 부속시키고 외부에 출입할 수 있도록 한다.
④ 부엌은 사용시간이 많고 부패가 용이한 물건을 많이 수장하는 곳이므로 남(南)면은 반드시 피하여야 한다.

해설 부엌은 서쪽면을 피한다.

해답 148. ① 149. ① 150. ③ 151. ② 152. ① 153. ④

154. 다음의 주거건축의 세부계획에 대한 설명 중 옳지 않은 것은?

① 부엌의 평면형 중 ㄱ자형은 작업동선이 효율적이지만 여유공간이 없어 식사실과 함께 구성할 수 없다.

② 현관의 크기는 주택의 규모와 가족의 수, 그리고 방문객의 예상수 등을 고려한 출입량에 중점을 두는 것이 타당하다.

③ 소규모 주택에서는 복도가 없는 홀형식의 평면계획으로 최대한의 공간활용을 하는 것이 좋다.

④ 욕실계획은 제한된 작은 공간에서 편리하게 제기능을 수행하면서 되도록 넓게 사용하는 공간사용의 극대화 방안이 요구된다.

[해설] 부엌의 평면형 중 ㄱ자형은 작업동선이 효율적이며 여유공간이 있어 식사실과 함께 구성할 수 있다.

155. 다음의 주거공간에 대한 설명 중 옳지 않은 것은?

① 현관은 도입공간으로서 실내외부의 중간적인 성격을 가진 연결공간이다.

② 침실은 주거공간 중 가장 사적인 개인생활공간이다.

③ 4~5인을 기준으로 한 식당의 표준 크기는 4.5m2 정도이다.

④ 리빙 다이닝키친은 공간활용을 극대화시킬 수 있으므로 원룸시스템에서 많이 적용된다.

[해설] 식당의 크기

가족수	3인 가족	4인 가족	5인 가족
실의 크기	5m²	7.5m²	10m²

156. 다음의 주택계획에 관한 설명 중 옳지 않은 것은?

① 현관문은 미닫이보다 여닫이로 하는 것이 좋다.

② 침실은 현관에서 멀리 떨어진 곳으로 조용한 공지에 면하게 하는 것이 좋다.

③ 50m² 정도의 소규모 주택에서는 식사공간을 침실과 겸용하는 것이 좋다.

④ 현관은 간단한 접객의 용무를 겸하는 이외의 불필요한 공간을 두지 않는 것이 좋다.

[해설] 소규모 주택에서도 침실과 식사공간은 절대적으로 분리시킨다.

157. 주택의 평면계획에 관한 설명 중 옳지 않은 것은?

① 건물의 평면모양은 사각형에 가까울수록 좋다.

② 통풍을 고려하여 북측에도 창문을 낼 필요가 있다.

③ 현관의 방위는 어느 쪽이라도 좋다.

④ 부엌은 음식물이 상하기 쉬우므로 남향을 피해야 한다.

[해설] 부엌은 서측을 피한다.

158. 일반 주택계획에 관한 설명 중 옳지 않은 것은?

① 실내의 계단은 현관이나 거실에 가까이 근접하여 위치시키는 것이 좋다.

② 통풍을 고려하여 북측에도 창문을 낼 필요가 있다.

③ 현관의 위치는 대지의 형태, 도로와의 관계 등에 의하여 결정된다.

④ 부엌은 음식물이 상하기 쉬우므로 남향을 피하고, 주택의 서측에 배치하는 것이 가장 좋다.

[해설] 부엌은 음식물이 상하기 쉬우므로 서향을 피하는 것이 가장 좋다.

159. 일반주택의 평면계획에 관한 설명 중 옳지 않은 것은?

① 현관의 위치는 도로와의 관계, 대지의 형태 등에 영향을 받는다.

② 부엌은 가사노동의 경감을 위해 가급적 크게 만들어 워크 트라이앵글(work triangle)의 변의 길이를 길게 한다.

---

③ 부부침실보다는 낮에 많이 사용되는 노인실이나 아동실이 우선적으로 좋은 위치를 차지하는 것이 바람직하다.

④ 거실이 통로가 되지 않도록 평면계획시 고려해야 한다.

해설 부엌은 가사노동의 경감을 위해 가급적 작게 만들어 워크 트라이앵글(work triangle)의 변의 길이를 짧게 한다.

160. 주택의 평면계획에 관한 설명 중 옳지 않은 것은?

① 사적인 공간은 정적이고 독립성이 있어야 한다.

② 현관의 위치결정 요소로는 도로와의 관계, 방위, 대지의 형태 등이 있다.

③ 부엌은 음식물이 상하기 쉬우므로 남향으로 하여서는 안된다.

④ 부엌의 작업대는 준비, 조리, 가열, 배선의 작업순서를 고려하여 배열한다.

해설 부엌은 음식물이 상하기 쉬우므로 서향으로 하여서는 안된다.

161. 주택의 평면계획에 대한 설명 중 옳지 않은 것은?

① 기능 및 관계가 상호간 연관이 있는 실 및 공간은 인접시키는 것이 좋다.

② 대규모 주택의 경우 거실, 식당, 주방 등을 독립적으로 구성하는 것이 좋다.

③ 거실은 일조 및 채광의 충분한 확보를 위해 가능한 동측이나 남측에 배치하는 것이 좋다.

④ 식당은 어떤 공간의 위치보다 조용하고 프라이버시 유지가 가능한 곳에 배치하는 것이 좋다.

해설 침실은 어떤 공간의 위치보다 조용하고 프라이버시 유지가 가능한 곳에 배치하는 것이 좋다.

162. 주택의 건축계획에 관한 기술 중 옳지 않은 것은?

① 다이닝 앨코브(dining alcove)란 거실의 일부에 설치한 식사공간이다.

② 침실에서 성인 1인당 필요한 신선한 공기량은 시간당 30m³이다.

③ 1인당 최소 주거면적은 10m²이나 일반적인 표준면적은 16m² 정도이다.

④ 토지의 효율적인 이용, 건설 및 유지비를 고려한 주택형식은 타운하우스이다.

해설 성인 1인당 필요한 신선한 공기량은 50m³/h이며, 아동은 성인의 1/2이다.

163. 주택의 평면계획에 관한 기술 중 옳지 않은 것은?

① 거실의 위치는 남향이 가장 좋으며 다른 방의 중심적 위치에 오게 한다.

② 침실문은 침대가 직접 보이지 않게 안여닫이로 한다.

③ 리빙 키친(living kitchen)의 가장 편리한 점은 주부의 노동량경감에 있다.

④ 침대배치는 창가에 머리 쪽이 오도록 두는 것이 좋다.

해설 침대는 머리 쪽에 창을 두지 않는 것이 좋으며, 만약 둘 경우에는 창을 높게 하고 기밀하게 할 필요가 있다.

164. 주택의 평면계획에 관한 기술 중 적합하지 않은 것은?

① 도로의 위치와 방위를 고려해서 현관의 위치를 결정한다.

② 학생용 침실의 침대는 일조 채광상 가급적 창가에 배치한다.

③ 부엌은 그 사용시간이 길므로 동남 또는 남쪽에 배치하는 것도 무방하다.

④ 다용도실은 부엌에 가깝게 배치하는 것이 좋다.

[해설] 침대 상부 머리 쪽은 외벽에 면하여 배치하며, 창가는 피한다.

165. 주택의 각실 공간계획에 대한 설명 중 가장 옳지 않은 것은?

① 거실이 통로로서 사용되는 평면배치는 피한다.
② 식사실은 가족수 및 식탁배치에 따라 크기가 결정된다.
③ 부엌은 밝고, 관리가 용이한 곳에 위치시킨다.
④ 부부침실은 주간생활을 위하여 아동침실에 비해 밝고, 전망 좋은 곳에 위치시킨다.

[해설] 부부침실은 독립성과 안정성을 보장하고 정원 쪽으로 배치하며, 남동쪽이 유리하다.

166. 주택의 각 부위별 치수계획 중 잘못된 것은?

① 부엌의 작업대 높이 : 65cm
② 세면기의 높이 : 75cm
③ 복도의 폭 : 120cm
④ 현관의 폭 : 120cm

[해설] 부엌의 작업대 높이 : 75~85cm

167. 소주택에서 실을 겸용하는 경우에 가장 타당치 않은 것은?

① 식당과 부엌   ② 식당과 침실
③ 거실과 식당   ④ 응접실과 객실

[해설] 주택의 규모에 관계없이 식당과 침실은 절대 분리시킨다.

168. 현대 주택건축의 평면계획에 있어서 옳지 않은 것은?

① 통풍을 고려하여 북측에도 창을 낼 필요가 있다.
② 현관의 방위는 그 자체로 보아서는 어느 곳이라도 무방하다.
③ 거실은 통로공간을 지양하고, 나머지 3면을 확보하면 공간이용을 극대화할 수 있다.

④ 욕실의 세면대는 채광에 유의하여 외벽에 면하게 하고, 배관도 외벽속으로 한다.

[해설] 욕실의 배관은 동결방지를 위해 내벽속으로 한다.

■■■ 연립주택

■ 공동주택

169. 공동주택에 관한 설명 중 옳지 않은 것은?

① 동일한 규모의 단독주택보다 대지비나 건축비가 적게 든다.
② 주거환경의 질을 높일 수 있다.
③ 단독주택보다 독립성이 크다.
④ 도시생활의 커뮤니티화가 가능하다.

[해설] 공동주택은 단독주택보다 독립성이 떨어진다.

170. 다음의 공동주택에 관한 설명 중 옳지 않은 것은?

① 의도적으로 주택을 집합화 함으로써 토지이용의 효율을 높인 주거군을 말한다.
② 생활에 필요한 상수와 하수의 통합이 필요해진다.
③ 주택의 집적으로 주거밀도가 높아짐에 따라 억제기능이 필요하다.
④ 상업적·문화적 공동시설을 만들어 주거환경의 질을 높일 수 있다.

171. 집합주택계획상의 특징에 대한 기술 중 거리가 먼 것은?

① 이용자의 대상은 불특정 다수이다.
② 개별적인 세대의 요구에 대응하는 계획이 가능하다.
③ 거주자를 계층으로 파악하고 주양식(住樣式)을 계획하는 것이 필요하다.
④ 영역성(territoriality)은 계획상 중요한 요소이다.

[해설] ②는 단독주택에 속하는 특징이다.

해답   165. ④   166. ①   167. ②   168. ④   169. ③   170. ②   171. ②

172. 집합주택의 이점이 아닌 것은?

① 융통성을 가진 평면을 계획할 수 있다.
② 가구당 건설비, 관리비를 절감할 수 있다.
③ 생활협동체를 구성할 수 있다.
④ 공동시설을 설치할 수 있다.

해설 집합주택은 동일한 평면으로 계획되므로 융통성을 가진 평면을 계획을 기대하기 어렵다.

173. 다음 중 아파트의 주거형식이 독립주택형식과 비교하여 장점이 되지 않는 것은 어느 것인가?

① 많은 공동편익시설을 용이하게 이용할 수 있다.
② 융통성 있는 평면이 가능하다.
③ 건축비의 절감이 가능하다.
④ 보다 높은 토지 이용률이 가능하다.

해설 불특정 다수를 대상으로 수용할 수 있는 표준형에 근접하는 평면을 구성하게 되므로 여러 형태의 융통성을 가진 평면을 기대하기 어렵다.

174. 도시의 주택을 고층으로 함으로서 얻는 이점 중 부적당한 것은 다음 중 어느 것인가?

① 토지의 이용도가 높아진다.
② 상·하수도 및 가스 등의 시설이 용이해진다.
③ 어린이공원 등 공공광장의 확보가 쉽다.
④ 단위바닥면적당 건축비가 싸게 든다.

해설 단위바닥면적당 건축비가 비싸게 든다.

175. 도시의 아파트를 고층화하는 경우 장점이 아닌 것은?

① 단위면적당 건축공사비가 저렴해진다.
② 토지의 이용도가 높다.
③ 단지내의 외부공간 환경조성이 좋아질 수 있다.
④ 통근권이 단축된다.

해설 도시의 아파트가 고층화되면 구조체의 건설비와 가설공사비가 증가되므로 단위면적당 건축비가 비싸진다.

■ **연립주택**

176. 다음 연립주택에 대한 설명 중 틀린 것은?

① 저층이 갖는 사회적 친교와 활동기회가 원활하다.
② 지형조건에 따라 다양한 배치형태를 갖는다.
③ 지면에서 직접 각 가구에 들어 갈 수 있어야 한다.
④ 사유대지와 개인정원을 확보할 수 없다.

해설 사유대지와 개인정원을 확보할 수 있다.

177. 건축계획적 측면으로 고려할 때 연립주택의 개념은?

① 4층 이하의 공동주택으로 매층 다른 세대로 구성된다.
② 각 세대마다의 현관과 수직공간은 공동으로 구성된다.
③ 2층 이하의 공동주택으로 매층 다른 세대로 구성된다.
④ 어떤 특정한 개념이 없이 공동주택의 한 부류로 생각할 수 있다.

해설 공동주택(건축법 시행령 별표 1 참조)
① 연립주택 : 4층 이하로서 동당 건축연면적이 660m² 를 초과하는 주택
② 다세대주택 : 4층 이하로서 동당 건축연면적이 660m² 이하인 주택
③ 아파트 : 5층 이상의 주택

178. 다음 설명에 알맞은 연립주택의 유형은?

- 일반적으로 경사지를 이용하여 지형에 따라 건물을 축조한다.
- 각 세대마다 개별적인 옥외공간의 확보가 가능하다.
- 도로를 중심으로 상향식과 하향식으로 구분할 수 있다.

해답   172. ①   173. ②   174. ④   175. ①   176. ④   177. ①   178. ③

① 타운하우스(Town House)

② 로우 하우스(Low House)

③ 테라스 하우스(Terrace House)

④ 파티오 하우스(Patio House)

[해설] 테라스 하우스는 경사지에서 적절한 절토에 의하여 자연지형에 따라 건물을 테라스형으로 축조하는 것으로, 각 호마다 전용의 뜰(정원)을 갖는다.

179. 테라스 하우스에 대한 설명 중 옳지 않은 것은?

① 일반적으로 후면에 창이 안나므로 각 세대깊이가 너무 깊지 않아야 한다.

② 진입방식에 따라 하향식과 상향식으로 나눌 수 있다.

③ 하향식의 경우 상층에 침실 등의 휴식공간을 두어 프라이버시를 확보한다.

④ 하향식이나 상향식 모두 스플릿 레벨이 가능하다.

[해설] 하향식 테라스 하우스의 경우에 침실 등의 프라이버시 확보공간은 하층에 계획하는 것이 바람직하다.

180. 다음의 테라스 하우스에 대한 설명 중 옳지 않은 것은?

① 각 가구마다 정원을 확보할 수 있다.

② 모든 유형에서 각 가구마다 지하실을 설치할 수 있다.

③ 시각적인 인공 테라스형은 일반적으로 위층으로 갈수록 건물의 내부가 작아진다.

④ 자연형 테라스 하우스는 경사지를 이용하여 지형에 따라 건물을 테라스형으로 축조한 것이다.

[해설] 인공형 테라스 하우스는 테라스형의 여러 가지 장점들을 이용하여 평지에 테라스형을 건립하는 것으로 지하실을 설치하지 않는다.

181. 연립주택의 형식 중 테라스 하우스(terrace house)에 관한 설명으로 옳지 않은 것은?

① 테라스 하우스는 지형에 따라 자연형과 인공형으로 구분할 수 있다.

② 자연형 테라스 하우스는 평지에 테라스형으로 건립하는 것을 말한다.

③ 경사지일 경우 도로를 중심으로 상향식 주택과 하향식 주택으로 구분할 수 있다.

④ 테라스 하우스는 경사도에 따라 그 밀도가 크게 좌우된다.

[해설] 평지에 건립하는 것은 인공형 테라스 하우스이다.

■■■ **아파트**

■ **개설**

182. 아파트의 사회적인 성립요인으로 옳지 않은 것은?

① 도시의 인구밀도 증가

② 단독주택에 비하여 프라이버시가 증대

③ 도시생활자의 이동성

④ 세대인원의 감소

[해설] 아파트는 단독주택에 비해 프라이버시가 감소하며, 아파트의 성립요인과는 무관하다.

183. 아파트의 성립요건이 아닌 것은?

① 도시의 랜드마크(land mark)가 되도록 하기 위해

② 도시근로자의 이동성

③ 핵가족화에 따른 세대인원의 감소

④ 인구집중에 따른 지가의 상승에 대응하기 위해

[해설] 랜드마크(land mark) – 기념비적인 또는 상징적인 것을 말한다.(예 : 서울의 랜드마크 – 63빌딩)

184. 아파트의 평면형식에 의한 분류에 속하지 않는 것은?

① 계단실형   ② 편복도형
③ 복층형   ④ 집중형

[해설] 복층(duplex, maisonnette)형 – 입체형식상의 분류

185. 다음 아파트의 형식 중 각 세대간 독립성이 가장 높은 것은?

① 집중형   ② 중복도형
③ 편복도형   ④ 계단홀형

[해설] 각 세대간 독립성이 가장 좋은 순서
계단실형 – 편복도형 – 중복도형 – 집중형

186. 독립성 확보가 가장 용이한 아파트의 평면형식은?

① 집중형   ② 계단실형
③ 편복도형   ④ 중복도형

[해설] 독립성이 가장 좋은 순서별로 나열하면 계단실형 → 편복도형 → 중복도형 → 집중형 순이다.

187. 다음의 아파트 평면형식 중 독립성(privacy)이 가장 양호한 것은?

① 편복도형   ② 중복도형
③ 집중형   ④ 홀형

[해설] 독립성이 가장 좋은 순서별로 나열하면 홀(계단실)형 → 편복도형 → 중복도형 → 집중형 순이다.

188. 아파트의 평면형식 중 독립성이 좋고, 통행이 편리하며, 통행부의 면적이 근소하여 건물의 이용도가 높은 이점을 가지고 있는 것은 어느 것인가?

① 집중형   ② 홀형
③ 편복도형   ④ 중복도형

[해설] 아파트의 평면형식 중 독립성이 좋고, 통행이 편리하며, 통행부의 면적이 근소하여 건물의 이용도가 높은 이점을 가지고 있는 것은 계단실(홀)형이다.

189. 아파트의 평면형식 중 계단실형에 관한 설명으로 옳은 것은?

① 독신자 아파트에 주로 채용된다.
② 집중형에 비해 부지의 이용률이 높다.
③ 복도형에 비해 거주의 독립성이 높다.
④ 중복도형에 비해 1대의 엘리베이터에 대한 이용가능한 세대수가 많다.

[해설] ① 중복도형은 독신자 아파트에 주로 채용된다.
　② 집중형에 비해 부지의 이용률이 낮다.
　③ 중복도형에 비해 1대의 엘리베이터에 대한 이용가능한 세대수가 적다.

190. 아파트의 평면형식 중 계단실형(Hall Type)에 대한 설명으로 옳지 않은 것은?

① 좁은 대지에서 집약형 주거 등이 가능하다.
② 동선이 짧아 출입이 용이하다.
③ 코어의 이용률이 높아 경제적으로 유리하다.
④ 전용면적비가 높아질 수 있다.

[해설] ③는 집중형에 관한 특징이다.

191. 아파트의 평면형식 중 홀형(hall type)에 대한 설명으로 옳지 않은 것은?

① 프라이버시가 양호하다.
② 통행부 면적이 작아서 건물의 이용도가 높다.
③ 좁은 대지에서 집약형 주거가 가능하다.
④ 편복도형에 비해 주거단위까지의 동선이 길어 통행이 불편하다.

[해설] 편복도형에 비해 주거단위까지의 동선이 짧아 통행하기가 편리하다.

192. 아파트형식 중 홀(hall)형에 대한 설명으로 옳은 것은?

① 독신자 아파트에 주로 사용된다.
② 기계적 환경조절이 반드시 필요하다.
③ 복도형에 비해 프라이버시가 양호하다.
④ 복도형에 비해 통행부 면적이 크다.

해답   184. ③   185. ④   186. ②   187. ④   188. ②   189. ③   190. ③   191. ④   192. ③

[해설] ① 중복도형은 독신자 아파트에 주로 사용된다.
　　② 집중형은 기계적 환경조절이 반드시 필요하다.
　　③ 홀형은 복도형에 비해 통행부 면적이 작다.

193. 아파트형식 중에서 홀형에 대한 설명으로 옳은 것은?

① 중복도형에 비해 대지에 대해서 건물이용도가 높다.
② 단위주호의 독립성을 높일 수 있다.
③ 채광, 통풍조건을 양호하게 할 수 없다.
④ 기계적 환경조절이 반드시 필요한 형이다.

[해설] ①, ③, ④는 집중형의 특징에 속한다.

194. 아파트의 형식 중 홀형에 대한 설명으로 옳은 것은?

① 각 주호의 독립성을 높일 수 있다.
② 기계적 환경조절이 반드시 필요한 형이다.
③ 도심지 독신자 아파트에 가장 많이 이용된다.
④ 대지에 대한 건물의 이용도가 가장 높은 형식이다.

[해설] ②, ④ – 집중형, ③ – 중복도형

195. 최근 아파트에서 편복도형에 비해 계단실형이 많이 채용되는 이유로 옳은 것은?

① 거주의 독립성과 양호한 통풍을 확보할 수 있기 때문이다.
② 편복도형에 비해 건축 유효면적이 커지기 때문이다.
③ 편복도형에 비해 단위면적당 건축비가 더 저렴하기 때문이다.
④ 편복도형에 비해 토지이용률이 높아지기 때문이다.

[해설] 계단실형은 편복도형에 비해 단위주호의 독립성이 양호하며, 일조, 채광, 통풍조건이 양호하다. 또한 편복도형에 비해 건축 유효면적이 크기 때문에 최근 많이 채용된다.

196. 다음의 아파트형식 중 거주자의 자연적 환경을 동일하게 만들고자 할 때 일반적으로 채용되는 것은?

① 집중형　　　　　② 편복도형
③ 중복도형　　　　④ 계단실형 중 T형

[해설] 편복도형은 복도를 북측에 배치하면 모든 주호가 남쪽에 면하므로 각 주호가 균등한 자연환경을 소유하게 된다.

197. 아파트의 평면형식 중 편복도형에 대한 설명으로 옳지 않은 것은?

① 대지에 대해서 건물의 이용도가 가장 높다.
② 각 호의 통풍 및 채광이 양호하다.
③ 각 실의 프라이버시가 집중형에 비하여 양호하다.
④ 엘리베이터의 효율은 계단실형에 비하여 좋다.

[해설] 대지에 대해서 건물의 이용도가 가장 높은 평면형식은 집중형이다.

198. 동일한 대지조건, 동일한 단위주호 면적을 가진 편복도형 아파트가 계단실형에 비해 유리한 점은?

① 채광, 통풍을 위한 개구부가 넓어진다.
② 수용세대수가 많아진다.
③ 공용면적이 작아진다.
④ 피난에 유리하다.

199. 그림과 같은 복도형 아파트의 블록플랜 개념도에서 개념이 바르게 구성된 것은? (단, A = 엘리베이터와 계단, B = 복도, C = 홀, D = 단위주거임)

① A - B - C - D
② B - D - C - A
③ C - B - D - A
④ A - C - B - D

[해설] 편(중)복도형 아파트는 엘리베이터나 계단에 의해서 각층에 올라와 홀을 통해서 복도를 따라 각 단위주거에 도달하는 형식이다.

해답　193. ②　194. ①　195. ②　196. ②　197. ①　198. ②　199. ④

200. 부지의 이용률이 가장 높은 아파트의 평면형식은?

① 계단실형   ② 중복도형

③ 편복도형   ④ 집중형

해설 부지의 이용률이 가장 높은 아파트는 집중형이고, 가장 낮은 아파트는 계단실형이다.

201. 아파트의 평면형 가운데 대지를 절약할 수 있고, 엘리베이터와 계단실 주위에 많은 주거를 배치하나 특히 기계적 환기시설이 필요하며, 소음이 많은 평면형은?

① 다수단위 Hall형   ② 편복도형

③ 중복도형   ④ 집중형

해설 집중형은 주거환경조건이 각기 다르며, 불리하므로 고도의 설비시설이 필요하다.

202. 공동주택의 평면형식에 관한 설명 중 가장 부적당한 것은?

① 계단실형은 통행부 면적이 크며, 출입이 불편하다.

② 편복도형은 각호의 통풍 및 채광이 양호하다.

③ 중복도형은 독신자 아파트에 많이 이용된다.

④ 집중형은 각 세대별 조망이 다르다.

해설 계단실형은 통행부 면적이 작으며, 출입이 편리하다.

203. 아파트의 각종 평면형식에 대한 설명 중 옳은 것은?

① 편복도형은 통풍 및 채광상 가장 불리한 형식이다.

② 중복도형은 공사비가 많이 들지만 각 세대마다 독립성과 통풍이 좋다.

③ 계단실형은 통행부 면적이 작아서 건물의 이용도가 높다.

④ 집중형은 모든 실을 남향으로 할 수 있어 채광상 유리하다.

해설 ① 편복도형은 통풍 및 채광상 유리한 형식이며, 가장 불리한 형식은 집중형이다.

② 계단실형은 공사비가 많이 들지만 각 세대마다 독립성과 통풍이 좋다.

③ 집중형은 모든 실을 남향으로 할 수 없어 채광상 불리하다.

204. 아파트의 각 형식에 관한 설명 중 옳지 않은 것은?

① 홀형은 승강기를 설치할 경우 1대당 이용률이 복도형에 비해 적다.

② 편복도형은 단위면적당 가장 많은 주호를 집결시킬 수 있는 형식이다.

③ 집중형은 기후조건에 따라 기계적 환경조절이 필요하다.

④ 편복도형은 공용복도에 있어서 프라이버시가 침해되기 쉽다.

해설 집중형은 단위면적당 가장 많은 주호를 집결시킬 수 있는 형식이다.

205. 아파트의 평면형식에 대한 설명 중 옳지 않은 것은?

① 홀형은 계단 또는 엘리베이터 홀로부터 직접 주거단위로 들어가는 형식이다.

② 홀형은 통행부 면적이 작아서 건물의 이용도가 높다.

③ 집중형은 채광·통풍조건이 좋아 기계적 환경조절이 필요하지 않다.

④ 중복도형은 대지에 대해서 건물이용도가 높으나, 프라이버시가 좋지 않다.

해설 집중형은 채광·통풍조건이 나빠서 기계적 환경조절이 필요하다.

206. 아파트건축의 각종 평면형식에 대한 설명 중 옳지 않은 것은?

① 홀형 - 프라이버시가 좋고 통행부 면적이 작다.
② 편복도형 - 복도가 개방형이므로 각호의 통풍 및 채광상 양호하다.
③ 중복도형 - 프라이버시가 좋지 않으며 시끄럽다.
④ 집중형 - 복도부분에 있어 채광, 통풍이 좋다.

해설 집중형은 복도부분에 있어 채광, 통풍이 가장 나쁘다.

207. 아파트의 평면형에 대한 설명 중 옳지 않은 것은?

① 홀형은 통행부의 면적이 많이 소요되나, 동선이 길어 출입하는데 불편하다.
② 집중형은 기후조건에 따라 기계적 환경조절이 필요한 형이다.
③ 중복도형은 프라이버시가 좋지 않다.
④ 편복도형은 복도가 개방형이므로 각호의 통풍 및 채광상 양호하다.

해설 홀형은 통행부의 면적이 작게 소요되며, 동선이 짧아 출입하는데 편리하다.

208. 아파트 건축의 각 평면형식에 대한 설명 중 옳지 않은 것은?

① 홀형(hall type)은 통행이 양호하며, 프라이버시가 좋다.
② 편복도형은 복도가 개방형이므로 각호의 채광 및 통풍이 양호하다.
③ 중복도형은 대지에 대한 건물이용도가 좋으나, 프라이버시가 나쁘다.
④ 계단실형은 통행부 면적이 높으며, 독신자 아파트에 주로 채용된다.

해설 계단실형은 통행부의 면적이 작게 소요되어 동선거리가 짧아 출입하는데 편리하며, 독신자 아파트에 주로 채용하는 것은 중복도형과 집중형이다.

209. 아파트건축에서 복층형식(maisonette type)에 대한 설명 중 틀린 것은?

① 전체적으로 유효면적이 증가된다.
② 복도면적이 늘어난다.
③ 엘리베이터 정지층수를 줄일 수 있다.
④ 소규모 주택에는 면적면에서 불리하다.

해설 복층형은 공용면적인 복도면적은 감소한다.

210. 아파트의 입체형식 중 복층형에 대한 설명 중 적당하지 않은 것은?

① 엘리베이터의 정지층수를 적게 할 수 있다.
② 복도가 없는 층은 통풍 및 채광이 나쁘다.
③ 통로면적을 감소하고 임대면적을 증가시킬 수 있다.
④ 소규모 주택에는 면적면에서 불리하다.

해설 복층형은 복도가 없는 층은 남북면이 트여져 있으므로 평면계획상 좋은 구성이 가능하며, 통풍 및 채광이 양호하다.

211. 아파트의 입체형식 중 복층형에 대한 설명 중 적당하지 않은 것은?

① 엘리베이터의 정지층수를 적게 할 수 있다.
② 거실의 천장이 2개층 높이로 되어 있어 시원한 공간감을 얻을 수 있다.
③ 통로면적을 감소하고 임대면적을 증가시킬 수 있다.
④ 복도가 없는 층은 남북면이 모두 외기에 면할 수 있다.

해설 거실의 천장이 2개층 높이로 구성된 것은 취발형이다.

212. 아파트의 단면형식 중 복층형(duplex type)을 설명한 사항 중 틀린 것은?

① 통로면적을 감소하고 임대면적을 증가시킬 수 있다.

② 전용면적비(net area/gross area)가 작다.

③ 통로가 없는 층의 면적은 일조, 통풍 및 전망이 좋다.

④ 소규모에는 계단실 등으로 면적감소가 크다.

[해설] 전용(유효, 주거, 거주, 임대, 대실)면적이 커진다.

213. 아파트의 단위주거 단면구성 형식 중 복층형에 대한 설명으로 옳지 않은 것은?

① 구조 및 설비가 단순하여 설계가 용이하고 경제적이다.

② 복층형 중 단위주거의 평면이 2개 층에 걸쳐져 있는 경우를 듀플렉스형이라 한다.

③ 주택내의 공간의 변화가 있다.

④ 단층형에 비해 공용면적이 감소한다.

[해설] 복층형은 건물의 구조 및 설비상 복잡하다.

214. 복층형 아파트에 대한 설명으로 옳지 않은 것은?

① 유효면적을 증가시킬 수 있으므로 $50m^2$ 이하의 주거형식에 경제적이다.

② 엘리베이터의 정지층수를 적게 할 수 있다.

③ 주, 야간별 생활공간을 층별로 나눌 수 있다.

④ 양면개구에 의한 일조 및 통풍이 좋다.

[해설] 유효면적을 증가시킬 수 있으나, $50m^2$ 이하의 소규모 주거형식에 비경제적이다.

215. 메조넷형(복층형) 아파트의 특징 중에서 다음 중 가장 적절한 것은?

① 통로의 배치상 유효면적이 증가하므로 소규모 주택에 유리하다.

② 공간에 변화가 있으나 프라이버시 유지가 어렵다.

③ 설비 및 구조계획에 어려움이 따른다.

④ 엘리베이터가 정지하는 층수가 많아진다.

[해설] ① 소규모 주택에는 불리하다.
② 프라이버시 유지가 좋아진다.
③ 엘리베이터 정지층수가 적어진다.

216. 다음 고층 집합주택형식 중에서 주거환경 및 독립성이 좋은 것은?

① 편복도 플랫(flat)형

② 중복도 플랫(flat)형

③ 집중형

④ 메조넷(maisonette)형

[해설] 독립성이 가장 좋은 순서 : 메조넷(복층)형 – 편복도 플랫(단층)형 – 중복도 플랫형 – 집중형

217. 메조넷형 아파트에 대한 설명으로 옳지 않은 것은?

① 통로가 없는 층의 평면은 프라이버시 확보에 유리하다.

② 소규모 주택에 적용할 경우 다양한 평면구성이 가능하여 경제적이다.

③ 통로가 없는 층의 평면은 화재발생시 대피상 문제점이 발생할 수 있다.

④ 엘리베이터 정지층 및 통로면적의 감소로 전용면적의 극대화를 도모할 수 있다.

[해설] 메조넷형 아파트는 소규모 주택에 적용할 경우 비경제적이다.

해답   212. ②   213. ①   214. ①   215. ③   216. ④   217. ②

218. 아파트의 단면형식 중 메조넷 형식(maisonette type)에 대한 설명으로 옳지 않은 것은?

① 하나의 주거단위가 복층형식을 취한다.

② 주택내의 공간의 변화가 없으며, 통로에 의해 유효면적이 감소한다.

③ 양면 개구부에 의한 일조, 통풍 및 전망이 좋다.

④ 거주성, 특히 프라이버시는 높으나 소규모 주택에는 면적면에서 불리하다.

[해설] 메조넷형식은 주택내의 공간의 변화가 있으며, 통로면적이 감소하고 유효면적은 늘어난다.

219. 공동주택의 형식 중 메조넷형에 대한 설명으로 옳지 않은 것은?

① 주호의 프라이버시와 독립성이 양호하다.

② 양면개구에 의한 일조, 통풍 및 전망이 좋다.

③ 주택내의 공간의 변화가 있다.

④ 평면구성의 제약이 적고, 소규모 주택에 면적면에서 적용이 유리하다.

[해설] 메조넷형은 소규모 주택에 면적면에서 적용이 불리하다.

220. 아파트의 형식 중 메조넷형에 대한 설명으로 옳지 않은 것은?

① 주택내의 공간의 변화가 있으며 유효면적이 증가한다.

② 주거단위면적의 규모에는 영향을 받지 않으나, 피난계단계획에 어려움이 따른다.

③ 트리플렉스형은 하나의 주거단위가 3층형으로 구성되는 것이다.

④ 양면개구에 의한 일조, 통풍 및 전망이 좋다.

[해설] 메조넷형은 소규모 주호에는 부적당하다.

221. 아파트의 단면형식 중 메조넷형(maisonette type)에 대한 설명으로 옳지 않은 것은?

① 주택 내부공간의 다양한 변화추구가 가능하다.

② 공용 및 서비스면적이 증가한다.

③ 통로가 없는 층의 평면은 일조, 통풍 및 전망이 좋다.

④ 거주성, 특히 프라이버시의 확보가 용이하다.

[해설] 메조넷형(maisonette type)은 공용 및 서비스면적이 감소한다.

222. 공동주택에서 하나의 주거단위가 복층형식을 취하는 메조넷형에 대한 설명으로 옳지 않은 것은?

① 엘리베이터의 정지층수가 적어 경제적이고 효율적이다.

② 복도가 없는 층이 있어 평면계획이 유동적이다.

③ 통로면적은 물론 유효면적도 감소한다.

④ 거주성, 특히 프라이버시가 높다.

[해설] 메조넷형은 유효면적이 증가하고, 통로면적인 공용면적은 감소한다.

223. 공동주택의 단면형식 중 메조넷형에 대한 설명으로 옳지 않은 것은?

① 채광 및 통풍이 유리하다.

② 작은 규모의 주택에 적합하다.

③ 주택내의 공간의 변화가 있다.

④ 거주성, 특히 프라이버시가 높다.

[해설] 메조넷형 작은 규모의 주택에 부적합하다.

224. 아파트 형식 중 메조넷형에 대한 설명으로 옳지 않은 것은?

① 주택내의 공간의 변화가 있다.

② 통로가 없는 층은 프라이버시가 좋아진다.

③ 단위주호면적이 작을 경우 특히 효율적이다.

④ 거주성, 특히 프라이버시면에서 유리한 형식이다.

[해설] 메조넷형은 단위주호면적이 작을 경우 불리하다.

해답 218. ② 219. ④ 220. ② 221. ② 222. ③ 223. ② 224. ③

225. 아파트의 형식 중 메조넷형에 대한 설명으로 맞는 것은?

① 전용면적비는 크나 독립성이 좋지 못하다.
② 통로면적과 임대면적이 감소된다.
③ 주택내의 공간변화가 있고 거주성이 좋다.
④ 소규모 주택에 적당한 형식이다.

[해설] ① 독립성이 가장 좋다.
　② 통로면적이 감소되고 임대(유효)면적이 증대된다.
　③ 소규모 주거에서는 비경제적이다.

226. 아파트에서 메조넷형식의 특징이 아닌 것은?

① 공용복도가 없는 층이 생기므로 그곳에 침실을 두어 프라이버시를 유지할 수 있다.
② 공용복도가 없는 층에서는 남북으로 개구부를 둘 수 있으므로 통용·채광이 유리하다.
③ 단위주호면적이 작을 경우 특히 효율적인 단면형식이다.
④ 거주성, 특히 프라이버시면에서 유리한 형식이다.

[해설] 메조넷형식은 단위주호면적이 작을 경우 불리하다.

227. 메조넷형(maisonette type) 아파트에 관한 설명 중 틀린 것은?

① 통로면적이 증가되고, 유효면적이 감소된다.
② 주택내의 공간의 변화가 있다.
③ 엘리베이터 정지층수를 적게 할 수 있다.
④ 50m² 이하의 주거형식에는 비경제적이다.

[해설] 메조넷형은 통로면적이 감소되고, 유효면적이 증가된다.

228. 메조넷(maisonette)형 아파트의 특징이 아닌 것은?

① 엘리베이터 정지층수가 적다.
② 복도가 없는 층이 생긴다.
③ 통로면적이 감소된다.
④ 소규모 주택에는 면적면에서 유리하다.

[해설] 메조넷형 아파트는 소규모 주택에는 면적면에서 불리하다.

229. 아파트의 계획에서 듀플렉스(duplex)형에 관한 기술 중 옳지 않은 것은 어느 것인가?

① 엘리베이터의 정지층수를 적게 할 수 있으므로 경제적이며, 효율성을 높일 수 있다.
② 임대면적이 커지고 통로면적인 공용부분의 면적은 감소한다.
③ 복도가 없는 층은 남북면이 트여져 있으므로 좋은 평면구성이 가능하며, 독립성이 가장 좋다.
④ 건물의 구조상 가장 간단하다.

[해설] 복층형은 건물의 구조상 복잡하다.

230. 공동주택의 단위주거 단면구성에 따른 형식 중 주거단위의 단면을 단층형과 복층형에서 동일 층으로 하지 않고 반층씩 엇나게 하는 형식은?

① 플랫형(flat type)
② 스킵형(skip floor type)
③ 듀플렉스형(duplex type)
④ 트리플렉스형(triplex type)

231. 고층 아파트계획에서 엘리베이터의 정지층수를 줄이고 공유면적의 축소가 가능한 이점을 취할 수 있는 형식은 다음 중 어느 것인가?

① 플랫(flat)형
② 워크업(walk up)형
③ 스킵 플로어(skip floor)형
④ 홀(hall)형

232. 공동주택의 단면형 중 스킵 플로어(skip floor)형식에 대한 설명으로 옳은 것은?

① 주거단위가 동일 층에 한하여 구성되는 형식이며, 각 층에 통로 또는 엘리베이터를 설치한다.

② 주거단위의 단면을 단층형과 복층형에서 동일 층으로 하지 않고 반 층씩 엇나게 하는 형식을 말한다.

③ 하나의 단위주거의 평면이 2개 층에 걸쳐 있는 것으로 듀플렉스형이라고도 한다.

④ 하나의 단위주거의 평면이 3개 층에 걸쳐 있는 것으로 트리플렉스형이라고도 한다.

해설 ① – 단층형, ② – 스킵 플로어형
③, ④ – 복층형

233. 아파트의 평면형식에 대한 설명 중 틀린 것은?

① 홀형은 계단 또는 엘리베이터 홀로부터 직접 주거단위로 들어가는 형식으로 프라이버시가 양호하다.

② 트리플렉스형(Triplex Type)은 하나의 주거단위가 3층형으로 구성된 것으로 프라이버시 확보율이 높다.

③ 집중형은 대지의 이용도가 높고 채광, 통풍에도 좋아 경제적이고 이상적인 형이다.

④ 갓복도형은 프라이버시의 문제성이 있다.

해설 집중형은 채광, 통풍과 거주환경이 나쁘다.

234. 아파트 건축계획에 관한 사항 중 옳은 것은?

① 편복도형에서는 복도에서 프라이버시가 침해되기 쉽고 이웃간에 친교형성이 어렵다.

② 계단실형은 편복도형에 비해 밀도를 높일 수 있다.

③ 메조넷형은 양면개구에 의한 일조, 통풍 및 전망이 양호하다.

④ 플랫형은 소규모 주택에는 면적상 불리하다.

해설 ① 편복도형은 이웃간의 친교형성이 다른 형에 비해 쉽다.

② 편복도형이 계단실형보다 주거밀도를 높일 수 있다.

③ 플랫형은 소규모 주택에 유리하다.

235. 아파트의 형식에 대한 기술 중 옳지 않은 것은?

① 홀형은 계단 또는 엘리베이터 홀에서 각 세대로 직접 들어가는 형식으로 프라이버시가 양호하다.

② 트리플렉스형은 하나의 주거단위가 3층으로 구성된 것으로 통로가 없는 층의 평면은 채광 및 통풍에 문제가 있다.

③ 스킵 플로어형식은 주거단위의 단면을 단층형과 복층형에서 동일층으로 하지 않고 반층씩 엇나게 하는 형식을 말한다.

④ 집중형은 부지의 이용률은 높으나 통풍 및 채광에는 불리하다.

해설 트리플렉스형은 통로가 없는 층의 평면은 채광 및 통풍이 좋다.

236. 스킵 플로어(skip floor)의 변형으로 엘리베이터의 정지층에 집중적으로 공동시설을 배치한 형식을 무엇이라 하는가?

① 워크업(walk-up)

② 메조넷(maisonnette)

③ 코리도 플로어(corridor system)

④ 플랫(flat)

해설 ① – 계단실형, ② – 복층형, ③ – 복도형,
④ – 단층형

237. 아파트건축의 평면 및 단면형식에 관한 설명 중 적당하지 않은 것은?

① 홀형은 프라이버시 보장이 잘되고 출입이 편하다.

② 편복도식은 각 호의 프라이버시의 해결에 난점이 있다.

③ 중복도형은 엘리베이터의 효율은 높으나 일조, 통풍에 난점을 낳기 쉽다.

④ 메조넷형식은 각 주호의 프라이버시 보장은 높으나, 주거단위 규모가 작은 경우에 적합하다.

238. 집합주택의 형식에 관한 설명 중 적당하지 않은 것은?

① 홀형은 프라이버시 보장이 잘 되고 통풍이 양호하다.
② 플랫형의 편복도식은 각호의 프라이버시를 보전하기 어렵다.
③ 메조넷형식은 플랫형보다 통풍, 채광은 유리하나, 프라이버시 보전이 어렵다.
④ 중복도형은 일조, 통풍에 난점이 생기기 쉽다.

해설 메조넷형은 플랫형보다 통풍, 채광은 유리하며, 프라이버시가 가장 좋다.

239. 집합주택의 형식에 대한 설명 중 옳지 않은 것은?

① 테라스 하우스는 각 세대마다 테라스를 갖는 연립주택의 일종이다.
② 플랫 시스템(flat system)은 각 세대가 단층형으로 된 것이다.
③ 발코니 시스템(balcony system)은 중복도형식으로 저층에 알맞다.
④ 메조넷 시스템(maisonnette system)은 각 세대가 2층 이상으로 구성된 형식이다.

해설 발코니 시스템 – 편복도형

240. 12층 96세대 규모의 아파트에 있어서 엘리베이터의 기능과 경제성이 효율적인 형식은?

① 편복도형
② 복층형(maisonnette type)
③ 2단위 계단실형
④ 중복도형

해설 엘리베이터의 기능과 경제성 면에서 효율적으로 운행하려면 정지층수를 적게 해야 한다. 따라서 복층형이 알맞다.

241. 아파트설계시 승강기의 정지층수를 적게 할 수 있는 형은?

① 계단실형(hall system)
② 단층형(flat system)
③ 복도형(corridor system)
④ 복층형(maisonnette system)

해설 복층형은 운행상 엘리베이터의 정지층수를 적게 할 수 있어 경제적이고 효율적이다.

242. 다음 A, B, C의 주거양식에 해당하는 것을 가운데서 선택해서 조합한 것 중 맞게 조합된 것은?

① 각 주거단위에 정원을 갖는 것
② 각 주거의 단위가 2층으로 구성된 것
③ 갓복도(편복도)의 것
④ 각 주거단위가 하나의 층으로 이루어진 것

A. Maisonette   B. Flat   C. Terrace House

① A – ②, B – ④, C – ①
② A – ③, B – ④, C – ②
③ A – ②, B – ③, C – ①
④ A – ④, B – ②, C – ①

243. 독신자 아파트의 특징으로 옳지 않은 것은?

① 단위플랜은 취사용의 부엌이 있는 것이 보통이다.
② 욕실은 공동으로 사용하는 것이 많다.
③ 단위플랜 자신의 면적이 극도로 절약된다.
④ 단위플랜에 있어서는 거실 및 침실에 반침을 둔다.

해설 식사는 공용의 식당에서 행해지며, 단위플랜내 부엌이 없는 것이 보통이다.

244. 독신자 아파트의 특징으로 옳지 않은 것은?

① 단위평면 자체의 면적이 극도로 제한된다.
② 단위평면에는 부엌을 두지 않는다.
③ 욕실은 반드시 실별로 둔다.
④ 공공의 사교적 부분이 충분히 제공된다.

해설 욕실은 공동으로 사용한다.

■ 배치계획

245. 공동주택 배치계획시 고려해야 할 사항과 가장 관계가 먼 것은?

① 각 세대의 일조를 위한 건물간의 간격
② 피난 등을 위한 옥외공간의 확보
③ 단지내 도로, 주동 또는 놀이터에서 오는 소음 방지
④ 건물 외부디자인

해설 건물 외부디자인은 입면계획에 속한다.

246. 공동주택의 배치조건으로 관계가 적은 것은?

① 건물의 구조 및 형태
② 동서남북간 인동간격
③ 거실의 소음 및 건물 연소시설
④ 녹지 및 옥외통로

해설 건물의 구조는 단면계획시, 형태는 입면계획시 고려한다.

247. 아파트(공동주택)설계에서 건물측면의 인동간격은 연소방지 및 통풍에 목적을 두고 있다. 다음 2세대 건물에서 측면 인동간격은?

① $dx = 1bx$
② $dx = \frac{1}{2}bx$
③ $dx = \frac{1}{5}bx$
④ $dx = 2bx$

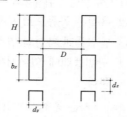

해설 측면간 인동간격
  ① $dx = 1bx$(1세대 건물)
  ② $dx = \frac{1}{2}bx$(2세대 건물)
  ③ $dx = \frac{1}{5}bx$(다세대 건물)

248. 다음 중 공동주택의 인동간격을 결정하는 요소와 가장 관계가 먼 것은?

① 일조 및 통풍
② 소음방지
③ 지하주차공간의 크기
④ 시각적 개방감

해설 인동간격
  ① 남북간의 인동간격 결정조건
    ㉠ 일조   ㉡ 채광
  ② 동서간의(측면) 인동간격 결정조건
    ㉠ 통풍   ㉡ 방화(연소방지)상
  ③ 기타 – 소음, 프라이버시(시각적 개방감)

249. 아파트의 인동간격 결정요소 중 옳지 않은 것은?

① 일조와 채광
② 통풍과 연소방지
③ 소음전달 방지
④ 프라이버시 유지

해설 ③ – 아파트의 상하층간의 방음문제

250. 공동주택의 남북간 인동간격을 결정하는데 관계가 없는 것은?

① 통풍
② 동짓날 정오를 중심으로 4시간 일조
③ 건물의 높이
④ 태양고도

해설 통풍은 동서간의 인동간격 산정시 고려한다.

251. 공동주택에서 남북간 인동간격을 정하는 기준이 되는 것은?

① 동지 때 1일 4시간 이상 일조가 되도록 한다.
② 동지 때 1일 6시간 이상 일조가 되도록 한다.
③ 춘분 때 1일 4시간 이상 일조가 되도록 한다.
④ 춘추분 때 1일 6시간 이상 일조가 되도록 한다.

252. 다음 중 초고층 아파트계획시 특히 유의할 사항과 가장 거리가 먼 것은?

① 바람의 영향　　② 피난계획
③ 구조적인 안전성　　④ 자연채광

[해설] 초고층 아파트계획시 피난과 안전이 주된 요점이며, 화재발생으로 인한 피난계획이나 지진으로 인한 건물붕괴 위험성에 대한 구조적인 안전성이 중요한 문제이다.

253. 공동주택계획에 관한 기술 중에서 옳은 것은?

① 단위주호내 공간의 융통성을 높이기 위해서는 침실을 인접하여 두지 않는다.
② 남북간 인동간격은 동지 때 1일 4시간 이상 일조가 되도록 정하면 좋다.
③ 메조넷형은 설비, 구조계획이 합리적으로 이루어질 수 있는 유형이다.
④ 복도형 고층 아파트에서 친교형성이 비교적 빈번히 일어나는 곳은 계단실이다.

[해설] ① 공간의 성격이 유사한 것은 서로 인접시키는 것이 공간의 융통성을 보다 높일 수 있다.
② 메조넷형은 설비, 구조계획이 복잡하고 어렵다.
③ 복도형 고층 아파트에서 친교형성이 비교적 빈번히 일어나는 곳은 주동의 현관이다.

254. 공동주택의 건축계획에 관한 사항 중 옳지 않은 것은?

① 중복도형은 동서로 길게 배치하여 하루 1회 이상 일조를 확보하도록 한다.
② 계획적인 측면에서 고려한다면 남북간 인동거리는 평지일 경우 앞 동(棟)높이의 2배 이상을 띄우는 것이 좋다.
③ 한 세대가 2개층 이상에 걸쳐 있는 형식을 메조넷형식이라고 한다.
④ 단위주거의 평면계획시 거실은 현관에서 직접 연결하는 것이 좋다.

[해설] 중복도형은 축을 남북으로 길게 하여 단위주호가 각각 동서로 면하게 한다.

255. 아파트의 친교공간형성에 관한 제안 중 옳지 않은 것은?

① 큰 건물로 설계하고, 작은 단지는 통합하여 큰 단지로 만든다.
② 별도의 계단실과 입구주위에 집합단위를 만든다.
③ 아파트에서의 통행을 공동출입구로 집중시킨다.
④ 공동으로 이용되는 서비스시설을 현관에 인접하여 통행의 주된 흐름에 약간 벗어난 곳에 위치시킨다.

[해설] 작은 건물로 설계하고, 큰 단지는 작은 부분으로 나눈다.

256. 고층 공동주택에서 이웃간의 친교형성이 가장 빈번히 일어날 수 있는 곳은?

① 계단실
② 주호 앞 현관
③ 주동의 현관
④ 관리사무실

[해설] 고층 아파트에서 이웃간의 친교형성이 비교적 빈번히 일어나는 곳은 주동의 현관이다.

■ **평면계획**

257. 아파트의 세대 단위플랜의 결정조건 중 틀린 것은?

① 거실에는 직접 출입하도록 할 것
② 부엌과 식사실은 직결할 것
③ 부엌은 될 수 있는 대로 외부에서 직접 출입할 수 없도록 할 것
④ 동선이 단순하고 혼란치 않을 것

[해설] 부엌과 식사실은 직결하고, 외부에서 직접 출입할 수 있도록 한다.

해답　252. ④　253. ②　254. ①　255. ①　256. ③　257. ③

258. 아파트의 블록 플랜(Block Plan) 결정조건으로 옳지 않은 것은?

① 각 단위평면은 2면 이상 외기에 접하도록 한다.

② 현관은 계단으로부터 최대 12m 이내에 있도록 한다.

③ 각 단위평면의 중요한 실은 균등한 조건을 가지도록 한다.

④ 거실과 같은 세대의 중요한 실이 모서리나 구석 등에 배치되지 않도록 한다.

[해설] 현관은 계단에서 6m 이내일 것

259. 아파트의 블록 플랜(block plan)의 결정조건 중 옳지 않은 것은?

① 중요한 시설이 모퉁이 등에 배치되지 않도록 한다.

② 각 단위플랜이 2면 이상 외기에 면해야 한다.

③ 현관은 계단에서 10m 이내이어야 한다.

④ 모퉁이에서 다른 주거가 들여다 보이지 않도록 한다.

[해설] 현관은 계단에서 6m 이내이어야 한다.

260. 공동주택 블록플랜의 결정조건 중 옳지 않은 것은?

① 각 단위평면이 2면 이상 외기와 접할 것

② 현관이 계단으로부터 멀지 않을 것(6m 이내)

③ 설비공간의 배치가 어떤 규칙성에 준하며 경제성을 고려할 것

④ 동선이 단순하고 혼란치 않을 것

[해설] ④는 단위플랜 결정조건에 속한다.

261. 아파트의 블록플랜 결정조건으로 옳지 않은 것은?

① 각 단위평면이 2면 이상 외기에 접할 것

② 현관이 계단으로부터 15m 이내로 멀지 않을 것(홀형)

③ 설비공간의 배치는 어떠한 규칙성을 가질 것

④ 중요한 거실이 모퉁이에 배치되지 않을 것

[해설] 현관으로부터 계단까지의 거리가 적어도 6m 이내에 있어야 한다.

262. 공동주택 주거단위의 평면형에서 L·D+K형식이란 다음 중 어느 것인가?

① 거실과 부엌을 겸용으로 사용하고 식당이 별도로 있다.

② 부엌과 식당을 한 공간에서 사용하고 거실이 따로 있다.

③ 거실과 식당을 같이 사용하고 부엌을 따로 사용한다.

④ 부엌과 거실, 식당을 모두 겸용하는 형태이다.

[해설] L·D + K형식이란 L·D는 동일실로 하고 K는 분리한 것으로 L·D형식은 다이닝 앨코브로 거실의 일부에 식사실을 설치한 것이다.

263. 공동주택의 거주자는 다양한 가족구성을 가진 가구로 이루어져 있다는 점을 감안할 때 단위주호계획에서 우선적으로 고려해야 할 사항은?

① 거실공간의 융통성

② 침실의 독립성

③ 수납공간의 증대

④ 침실면적의 증대

[해설] 공동주택 거주자의 가족구성이 다양하다는 점을 감안할 때 단위주호계획에서 가장 우선적으로 고려해야 하는 사항은 거실공간의 융통성을 증대시키는데 있다.

264. 공동주택 단위주호계획에서 공간의 융통성을 보다 높일 수 있는 방안으로 적당하지 않은 것은?

① 침실간 인접한 벽을 비내력벽으로 한다.
② 거실의 독립성을 부여한다.
③ 침실을 각기 분리시켜 배치한다.
④ 발코니공간을 되도록 크게 한다.

해설 공간의 성격이 유사한 것은 서로 인접시키는 것이 공간의 융통성을 보다 높일 수 있다.

265. 아파트의 단위주거에 있어서 장기적으로 융통성을 높일 수 방법으로 옳은 것은?

① 벽식구조   ② 라멘구조
③ 고정창호   ④ 노출배관

266. 공동주택에서 평면의 융통성(flexibility)에 관한 설명 중 부적절한 것은?

① 고정부분과 가변 칸막이 부분을 결정하여 고려한다.
② 생활요구의 다양성, 변화에 대한 고려로부터 나온 개념이다.
③ 융통성을 위해 1실(one room)형으로 고려하여 칸막이를 자유롭게 구성한다.
④ 융통성을 위한 고려에도 생활과 공간의 대응이 검토되어야 한다.

해설 융통성을 위해 1실형으로 계획하는 것은 아니며, 1실형(one room system)은 공사비 절감을 주목적으로 계획된 것이다.

267. 가족 성장주기상 신혼 및 취학 전 유아를 가진 성장시기에 가장 알맞은 주거공간의 기술적 해결이라 볼 수 있는 것은?

① 가구 등을 교체함으로써 해결한다.
② 이동 간막이벽으로 공간분리를 해결한다.
③ 공간의 효율성을 최대로 하여 다목적으로 이용한다.
④ 개실이나 설비실을 건물의 구체구조에 맞춰 준비한다.

268. 공동주택의 세대별 주호의 생활공간계획에 대한 설명 중 옳지 않은 것은?

① 단위평면의 깊이는 채광에 지장이 없는 한 가급적 깊게 함으로써 외측면을 줄이는 것이 에너지절약에 유리하다.
② 욕실, 화장실, 부엌 등의 배관설비는 한 곳으로 집중시키는 것이 유지관리에 용이하다.
③ 규모가 작으면 면적을 절약하기 위해 거실, 침실, 식당 및 부엌은 분리하여 독립시키도록 한다.
④ 부엌은 유틸리티룸 및 식당과 직접 연결시키도록 한다.

해설 규모가 작으면 면적을 절약하기 위해 리빙 키친(거실+식당+부엌)형식을 도입한다.

■ **세부계획**

269. 아파트 발코니의 손잡이 높이는 어느 정도가 적당한가?

① 1.5m 이상
② 1.3m 이상
③ 1.0m 이상
④ 0.8m 이상

해설 ① 아파트의 발코니난간의 높이 – 1m 이상
② 옥상난간의 높이 – 1.1m 이상

270. 연면적이 500m²인 공동주택에서 2세대 이상이 공동으로 사용하기 위해 설치하는 복도의 유효 너비는 최소 얼마 이상이어야 하는가? (단, 갓복도인 경우)

① 0.9m   ② 1.2m
③ 1.5m   ④ 1.8m

해설 아파트의 복도 폭
① 편(갓)복도인 경우 : 1.2m
② 중(속)복도인 경우 : 1.8m

271. 다음 설명 중 옳은 것은?

① 단지계획에 있어서 적당한 거주밀도를 산정할 때 주택형식은 고려할 필요가 없다.

② 도시생활자의 세대인원 감소는 집합주택의 성립원인이 될 수 없다.

③ 단층형에 비하여 복층형 집합주택은 전용면적비가 크기 때문에 소규모 집합주택에 특히 유리하다.

④ 집합주택의 발코니벽은 비상시에 이웃집과 연락될 수 있는 구조로 하면 좋다.

해설 ① 주거밀도 산정

	인간/토지	건물/토지
기준	1인당 주거면적 (주택의 규모)	건폐율
영향을 주는 요소	인동간격	용적률, 토지 이용률

② 집합주택의 성립요인
　① 도시생활자의 이동
　② 도시 인구밀도의 증가
　③ 세대인원의 감소
　④ 수세대의 주거

③ 복층형은 한 개의 주호가 두 개층으로 나누어 구성되어 있어 독립성이 좋고 전용면적이 증가하나, 소규모($50m^2$ 이하) 주거형식에는 비경제적이다.

■ 환경 및 설비계획

272. 아파트건축에서 엘리베이터 대수산정의 가정조건 중 잘못 기술된 것은?

① 한 층에서 승객을 기다리는 시간을 평균 10초로 한다.

② 엘리베이터는 정원의 100%를 태우는 것으로 한다.

③ 실제의 주행속도는 전속도의 80%로 한다.

④ 2층 이상의 거주자의 30%를 15분간에 일방으로 수송하도록 한다.

해설 정원의 80%를 수송인원으로 본다.

■■■ 단지계획

■ 근린단위

273. 19세기 후반 전원도시(Garden City)이론으로 이후 도시계획 및 단지계획에 큰 영향을 미친 사람은?

① 발터 그로피우스
② 안토니오 산텔리아
③ 토니 가르니에
④ 에베네저 하워드

해설 하워드(Ebenzer Howard)의 "내일의 전원도시"
　도시와 농촌의 관계에서 서로의 장점만을 결합시킨 전원도시계획안을 발표하고 런던교외의 레치워스와 웰인지역에서 실현함

274. 페리(C. A. Perry)의 근린주구에 대한 설명 중 옳지 않은 것은?

① 내부가로망은 단지내의 교통량을 원활히 처리하고 통과교통을 방지

② 경계는 간선도로로 구획

③ 공간적 크기는 주민들이 보행에 의해 상점 및 공공시설 이용이 가능하도록 약 400m로 설정

④ 지구내 상업시설은 지구중심에 집중하여 배치

해설 주민에게 적절한 서비스를 제공하는 1~2개소 이상의 상업지구가 주거지내에 설치하여야 하고, 교통의 결절점이나 인접 근린주구내의 유사지구 부근에 설치되어야 한다.

275. 페리(C. A. Perry)의 근린주구 이론의 기초가 되는 시설이 아닌 것은?

① 초등학교
② 병원
③ 도서관
④ 파출소

해설 근린주구(1,600~2,000호) - 초등학교, 병원, 어린이공원, 도서관, 우체국, 소방서, 동사무소

276. 페리(C. A. Perry)는 근린주구론에서 6가지 항목에 대한 각각의 계획원칙을 제시하였는데, 다음 중 이에 해당하는 항목이 아닌 것은?

① 규모(size)
② 경관(landmark)
③ 경계(boundary)
④ 오픈 스페이스(open space)

해설 페리(C. A. Perry)의 근린주구론 6가지 항목
① 규모(size)
② 경계(boundary)
③ 공지(open space)
④ 공동건축용지(institution)
⑤ 근린점포(shopping disrict)
⑥ 지구내 가로체계(interior streets)

277. 케빈 린치(Kevin Lynch)가 제시한 도시의 형태 및 시각적 환경의 지각을 형성하는 이미지(image) 요소가 아닌 것은?

① 패스(paths)
② 에지(edges)
③ 링케이지(linkages)
④ 랜드마크(land mark)

해설 케빈 린치(Kevin Lynch)의 이미지를 구성하는 요소
① 도로(path) ② 지구(district) ③ 변두리(edge)
④ 목표(land mark) ⑤ 접합점(node)

278. 다음 중 규모가 가장 작은 주택단지의 단위는?

① 인보구
② 근린분구
③ 근린지구
④ 근린주구

해설 인보구(隣保區)는 이웃에 살기 때문이라는 이유만으로 가까운 친분관계를 유지하는 공간적 범위이며, 반경 100m 정도를 기준으로 하는 가장 작은 생활권 단위이다.

279. 다음 설명에 알맞은 주택지의 단위는?

• 어린이놀이터가 중심이 되는 단위이다.
• 아파트의 경우는 3~4층 규모의 1~2동 건축물이 해당된다.

① 근린주구 ② 근린분구
③ 근린지구 ④ 인보구

해설 어린이 관련 근린단위

단위구분	어린이관련 시설규모
인보구	유아놀이터(3~8세 유아 및 아동) 면적 200~300㎡ 정도
근린분구	아동공원(8세 이상의 아동) 면적 2,000㎡
근린주구	어린이공원, 면적 16,000㎡

280. 다음 설명에 알맞은 근린생활권은?

이웃에 살기 때문이라는 이유만으로 가까운 친분이 유지되는 공간적 범위로서, 반경 100~150m 정도를 기준으로 하는 가장 작은 생활권 단위이다.

① 근린주구 ② 근린분구
③ 인보구 ④ 광역지구

281. 근린주구 생활권의 주택지의 단위로서 아파트의 경우 3~4층 건물 1~2동 규모로 어린이놀이터가 중심이 되는 단위는?

① 근린분구 ② 근린주구
③ 주호 ④ 인보구

해설 인보구(隣保區)는 가장 작은 생활권단위로서 어린이놀이터, 구멍가게 등이 있다.

282. 주거단지의 단위를 작은 것부터 큰 순서로 올바르게 나열한 것은?

① 근린분구 – 근린주구 – 인보구
② 근린주구 – 인보구 – 근린분구
③ 인보구 – 근린분구 – 근린주구
④ 근린주구 – 근린분구 – 인보구

해답 276. ② 277. ③ 278. ① 279. ④ 280. ③ 281. ④ 282. ③

[해설] 근린단위 방식
① 인보구(20~40호)
② 근린분구(400~500호)
③ 근린주구(1,600~2,000호)

283. 공동주택에서 근린분구내의 시설이 아닌 것은?

① 어린이공원 ② 탁아소
③ 유치원 ④ 공회당

[해설] 어린이공원 – 근린주구내의 시설

284. 아동공원의 위치를 계획할 때 설치 최소 단위로 옳은 것은?

① 근린주구에 하나를 설치한다.
② 근린분구에 하나를 설치한다.
③ 인보구에 하나를 설치한다.
④ 인보구 4개에 하나를 설치한다.

[해설] 어린이 관련시설의 근린단위방식

단위구분	어린이 관련시설
인보구	유아놀이터
근린분구	아동공원
근린주구	어린이공원

285. 다음 근린주구(近隣住區) 생활권에 대한 설명 중 가장 부적절한 것은?

① 인보구 – 어린이놀이터가 중심
② 인보구 – 15~40호 기준
③ 근린분구 – 400~500호 기준
④ 근린분구 – 초등학교, 우체국 등이 설립

[해설] 초등학교, 우체국 – 근린주구

286. 인구밀도 400인/ha을 적용할 때 초등학교 (24학급×60명) 하나를 필요로 하는 교외주택단지 의 적정 크기는 어느 것인가?

① 10ha ② 25ha
③ 40ha ④ 55ha

[해설] 초등학교 하나를 둘 수 있을 정도의 규모가 필요한 단위는 근린주구이다.
근린주구의 인구수는 8,000~10,000명 정도이므로 인구밀도가 400인/ha이면 8,000~10,000명을 수용 하려면 8,000~10,000명 ÷ 400인/ha = 20~25ha 가 필요하다.

287. 다음 설명 중 옳지 않은 것은?

① 인보구는 어린이놀이터가 중심이 된다.
② 근린분구의 중심시설로는 도서관, 병원 등이 있다.
③ 근린주구는 초등학교가 중심이 된다.
④ 페리(C. A. Perry)의 근린주구 이론에서 중심시설은 교회와 커뮤니티센터이다.

[해설] 도서관, 병원 등은 근린주구의 중심시설에 속한다.

288. 집단지주택에서 일단지주택에 관한 기술 중 옳 지 않은 것은 다음 중 어느 것인가?

① 1단지 주택계획은 관리의 편리상 200호 이하 로 하는 것이 좋다.
② 1단지주택은 도시계획의 일환으로 계획하여야 한다.
③ 단지부지내에 언덕이나 연못 또는 나무가 정지 비용상 주택지로서 부적당하다.
④ 인보구(隣保區)의 총면적에 대한 도로율은 대략 3~7% 정도이다.

[해설] 1단지 주택계획은 근린주구의 규모로서 1,600~ 2,000호 정도의 주호가 적당하다.

■ **주거단지의 계획**

289. 아파트 단지계획에 있어서 주거밀도를 높이는 데 가장 적절한 것은?

① 인동간격을 최대한 줄인다.
② 계단홀형을 택한다.
③ 주거 단위평면의 깊이(측면 폭)를 나비(전면 폭)보다 가능한 한 크게 한다.
④ 지상주차장을 줄이고 지하주차장을 높인다.

290. 집단지주택의 단지계획에 관한 기술 중 틀린 것은?

① 근린주구의 크기는 초등학교 하나를 필요로 하는 인구가 적당하며, 그 면적은 인구밀도에 의해 변화한다.

② 단지계획에 있어서는 공원, 도로, 기타 공용용지와 주택용지의 토지이용률로 거주밀도의 표준을 정한다.

③ 건축면적을 높이고 1호의 규모를 작게 하면 밀도가 상승하여 거주성이 좋아진다.

④ 아동공원은 근린분구에 설치하고, 각 호에서 500m의 거리 정도, 또는 초등학교에 병설한다.

[해설] 1호의 규모를 작게 하면 밀도가 상승하여 과밀이 되므로 거주성이 나빠진다.

291. 다음 주택지의 인구밀도 중 틀린 것은?

① 공단단지 중층아파트(3~4층) – 500인/ha

② 공단단지 테라스 하우스(연립 2층주택) – 300인/ha

③ 보통의 주택지 – 100인/ha

④ 슬럼지구 – 1,500인/ha

[해설] 슬럼지구 – 600인/ha

292. 아파트단지내 주동배치시 고려하여야 할 사항이 아닌 것은?

① 단지내 커뮤니티가 자연스럽게 형성되도록 한다.

② 옥외주차장을 이용하여 충분한 오픈스페이스를 확보한다.

③ 주동 배치계획에서 일조, 풍향, 방화 등에 유의해야 한다.

④ 다양한 배치기법을 통하여 개성적인 생활공간으로서의 옥외공간이 되도록 한다.

[해설] 충분한 오픈스페이스를 확보를 위해 옥외주차장을 두지 않고 지하주차장을 둔다.

293. 집합주택단지의 주동 배치계획에서 외부공간의 역할을 설명한 것이다. 틀린 것은 어느 것인가?

① 일조, 채광, 통풍을 위한 공지

② Privacy 확보를 위해 거리를 갖기 위한 공지

③ 도로나 주변 공해로부터 완충을 위한 공지

④ 거주자가 영역감을 갖기 위한 공지

[해설] 집합주택단지의 배치계획에서 외부공간의 역할은 일조, 채광, 통풍 및 프라이버시, 주변의 공해로부터 완충을 위한 공지이다.

294. 주거단지의 보행자 동선계획시 옳지 않은 것은?

① 대지 주변부의 보행자 전용로와 연결한다.

② 보행도로의 너비는 생활공간으로서 충분히 넓게 한다.

③ 놀이터와 공원과는 별도로 떨어져서 설치하도록 한다.

④ 주거동의 필로티 이용, 스트리트 퍼니처 등 섬세한 배려가 필요하다.

[해설] 어린이놀이터나 공원은 보행용 도로에 인접해서 설치한다.

295. 공동주택단지내 보행자 동선계획시 가장 중점적으로 고려하여야 할 것은?

① 접근의 편의성을 위해 차량동선과 밀접히 접하도록 한다.

② 놀이터나 공원 등이 인접하고 있는 것이 좋다.

③ 상점 등의 편의시설이 보행자동선상에 분산 배치되도록 한다.

④ 목적동선이라도 최단거리의 원칙을 적용시킬 필요가 없다.

[해설] ① 접근의 편의성을 위해 대지주변부의 보행자 전용로와 연결한다.
② 상점 등의 편의시설을 집중적으로 배치한다.
③ 목적동선은 최단거리로 한다.

해답 290. ③ 291. ④ 292. ② 293. ④ 294. ③ 295. ②

296. 주택단지계획에서 보차분리의 형태 중 평면분리에 해당하지 않는 것은?

① T자형
② 루프(Loop)
③ 쿨데삭(Cul-de-Sac)
④ 오버브리지(Overbridge)

[해설] 보차분리
① 평면분리 : 쿨드삭(Cul-de-sac), 루프(Loop), T자형, 열쇠자형
② 입체분리 : 오버브리지, 언더패스, 지상인공지반, 지하가, 다층구조지반

297. 공동주택의 외부공간 구성수법에 있어서 고려할 사항과 관계가 먼 것은?

① 영역성의 확보   ② 프라이버시의 확보
③ 안정성의 확보   ④ 환경상의 조정

[해설] 공동주택의 외부공간 구성수법에 있어서 고려할 사항
① 영역성 ② 프라이버시 ③ 향
④ 독자성 ⑤ 편이성 ⑥ 접근성
⑦ 안정성

298. 공동주택에서 기본적 거주설비를 공동시설화하는 경우에 필요한 것은?

① 급·배수시설   ② 세탁시설
③ 관리시설   ④ 우체국시설

[해설] 1차 공동시설(기본적 주거시설) : 급·배수

299. 공동주택의 공동시설계획에 대한 설명 중 옳지 않은 것은?

① 이용빈도가 높은 건물은 이용거리를 짧게 한다.
② 확장 또는 증설을 위한 용지를 확보한다.
③ 중심을 형성할 수 있는 곳에 설치한다.
④ 간선도로변에 위치시킨다.

[해설] 공동시설은 간선도로변을 피하도록 한다.

300. 아파트단지 내분상 상가배치에 관한 설명 중 적절하지 않은 것은?

① 차량에 의한 접근이 편리한 위치에 배치하여야 한다.
② 단지내 보행동선에 의한 접근이 우선되어야 한다.
③ 단지내 주민편의시설과 인접되거나 복합되는 것이 좋다.
④ 주거부문과 가급적 격리되는 것이 좋다.

[해설] 가급적 주거부문과 인접시켜 동선을 짧게 하는 것이 좋다.

301. 아파트단지내 어린이놀이터계획에 대한 설명 중 옳지 않은 것은?

① 어린이가 안전하게 접근할 수 있어야 한다.
② 어린이가 놀이에 열중할 수 있도록 외부로부터의 시선은 차단되어야 한다.
③ 차량통행이 빈번한 곳은 피하여 배치한다.
④ 이웃한 주거에 소음이 가지 않도록 한다.

[해설] 외부로부터의 시선이 차단되어서는 안된다.

■ **교통계획**

302. 주거단지의 교통계획 착안사항으로 옳지 않은 것은?

① 통행량이 많은 고속도로는 근린주구 단위를 분리시킨다.
② 2차 도로체계는 주도로와 연결되어 쿨드삭(Cul-de-sac)을 이루게 한다.
③ 고밀도지역은 도로체계를 순환시키는 방식으로 배치시킨다.
④ 통과도로는 다른 도로들 보다 명확하게 설정하도록 한다.

[해설] 고밀도지역은 도로체계를 통과시키는 방식으로 배치시킨다.

해답   296. ④   297. ④   298. ①   299. ④   300. ④   301. ②   302. ③

303. 단지계획에 있어서 교통계획의 주요 착안사항 중 틀린 것은?

① 통행량이 많은 고속도로는 근린주구단위를 분리시킨다.

② 근린주구단위 내부로의 자동차 통과진입을 극소화 한다.

③ 2차 도로체계는 주도로와 연결하고 통과도로를 이루게 한다.

④ 단지내의 교통량을 줄이기 위하여 고밀도지역은 진입구 주변에 배치시킨다.

[해설] 2차 도로체계는 주도로와 연결하고 쿨데삭(cul-de-sac)을 이루게 한다.

304. 주택단지내 도로의 형태 중 쿨데삭(cul-de-sac)형에 대한 설명으로 옳지 않은 것은?

① 보차분리가 이루어진다.

② 보행로의 배치가 자유롭다.

③ 주거환경의 쾌적성 및 안전성 확보가 용이하다.

④ 대규모 주택단지에 주로 사용되며, 최대길이는 1km 이하로 한다.

[해설] 쿨데삭(cul-de-sac)의 적정길이는 120m에서 300m까지를 최대로 제안하고 있다.

305. 주거단지의 도로형식에 대한 설명 중 옳지 않은 것은?

① 격자형은 가로망의 형태가 단순·명료하고, 가구 및 획지구성상 택지의 이용 효율이 높다.

② T자형은 도로의 교차방식을 주로 T자 교차로 한 형태로 통행거리는 짧으나 보행자 전용도로와의 병용이 불가능하다는 단점이 있다.

③ 쿨데삭(Cul-de-sac)형은 각 가구와 관계없는 자동차의 진입을 방지할 수 있다는 장점이 있다.

④ 루프(Loop)형은 우회도로가 없는 쿨데삭형의 결점을 개량하여 만든 패턴으로 도로율이 높아지는 단점이 있다.

[해설] T자형은 통행거리가 조금 길게 되고 보행자에 있어서는 불편하기 때문에 보행자 전용도로와의 병용에 유리하다.

306. 주거단지계획시 보행자를 위한 공간계획에 관한 설명 중 옳지 않은 것은?

① 광장 등을 보행자 공간에 포함시켜 다양성을 높인다.

② 보행자가 차도를 걷거나 횡단하는 것이 용이하지 않도록 한다.

③ 커뮤니티의 중앙부에는 유보로(Promenade)를 설치하지 않는다.

④ 보행로에 흥미를 부여하여 질감, 밀도, 조경 및 스케일에 변화를 준다.

[해설] 커뮤니티의 중앙부에는 유보로(Promenade)를 설치한다.

해답 303. ③ 304. ④ 305. ② 306. ③

MEMO

제3장 상업건축

상업건축은 크게 2단원으로 분류할 수 있는데, 제 1단원인 업무시설에서는 사무소건축과 제 2단원인 판매시설에서는 상점건축이 가장 기본이 되는 내용이다. 이외에도 은행, 백화점 · 쇼핑센터가 있는데, 여기에서 은행과 백화점 · 쇼핑센터는 산업기사 범위에 속하지 않으나 최근에는 산업기사에서도 백화점이 출제되고 있으므로 은행과 쇼핑센터를 제외하고는 전체를 정리해 두어야 한다.

건축기사에서는 상점보다는 백화점의 출제 비중이 높으므로 참고해 두기 바란다.

세 부 목 차

Ⅲ. 상업건축 1. 사무소

1 개설
(1) 사무소의 분류   (2) 사무소의 면적구성
(3) 사무소의 크기   (4) 책상배치
(5) 남녀 구성비율

2 배치계획 (1) 대지선정시 조건   (2) 배치계획시 조건

학습방향

개설은 면적구성비에 관한 유효율과 사무원 1인당 연면적과 대실면적에 관한 수치가 가장 중요하다. 사무소건축의 규모는 사무원수에 따라 결정되는데, 1인당 점유면적을 통해 연면적과 대실면적의 규모를 산정할 수 있다. 그 다음으로 사무소의 분류의 내용과 책상배치 표준인 4조 직렬배치에 관한 내용이 있는데 잘 정리해 두어야 한다.

1. 준대여 사무소
2. 유효율
3. 1인당 점유 바닥면적
4. 책상배치의 표준

• 개설

1 사무소의 분류

(1) 소유상

① 전용 : 완전한 자가소유의 사무소(관청은 여기에 속한다.)

② 준전용 : 여러 회사가 모여 관리운영과 소유를 공동으로 하는 사무소

(2) 임대상

① 대여 : 건물의 전부를 임대하는 사무소

② 준대여 : 건물의 주요 부분은 자기전용으로 하고, 나머지는 임대하는 사무소

2 사무소의 면적구성

(1) 유효율(rentable ratio, 렌터블비)

• 유효율 $= \dfrac{\text{대실면적}}{\text{연면적}} \times 100(\%)$

(2) 면적구성비

① 연면적에 대해서는 70~75%

② 기준층에서는 80% 정도

3 사무소의 크기

사무소건축의 규모는 사무원수에 따라 결정된다. 따라서 사무원 1인당 점유바닥면적을 통해 대실면적과 연면적을 산출할 수 있다.

학습POINT

■ **유효율(Rentable ratio, 렌터블비)**

연면적은 유효면적과 공용면적으로 나눌 수 있는데, 여기서 유효면적은 달리 거주면적, 주거면적, 대실면적, 임대면적 전용면적으로 말할 수 있다. 따라서 유효율은 달리 대실률, 임대율, 전용률, 주거율, 거주율로도 말할 수 있다. 유효율이라 하고 달리 렌터블비라고 한 것은 사실 우리말로 표현하면 다르다고 생각할 수 있으나 그 의미는 같다. 렌터블비는 임대율을 말하는데 위에서 설명한데로 우리말은 다르나 그 의미는 유효율과 똑같다.

■ **사무소의 규모(크기)**

일반적으로 사무소의 규모는 사무원수로 나타낸다. 사무원의 1인당 점유바닥면적을 통해서 연면적과 대실면적을 산정할 수 있다.

예) 사무원수가 1,000명인 경우

① 연면적 : 1,000명×8~11m²/인 =8,000~11,000m²

② 대실면적 : 1,000명×5.5~ 6.5m²/인=5,500~6,500m²

• 은행의 경우 그 규모는 은행원수로 나타내고, 병원의 경우 입원환자수, 학교의 경우 학생수, 호텔의 경우 객실수로 그 규모를 나타낸다.

• 1인당 점유 바닥면적의 기준

　① 대실면적 : 6~8m²/인

　　(단, 실제 사무를 볼 수 있는 면적 : 5.5~6.5m²/인)

　② 연면적 : 8~11m²/인

4 책상배치

(1) 4조 직렬(4.15m²/인)

사무능률 및 1인에 대한 책상면적상 적합하여 일반 사무실에서 책상을 배치하는 표준이 된다.

(2) 3조 직렬(4.47m²/인)

4조 직렬보다 기둥간격이 작은 건물에 많이 이용된다.

(3) 2조 직렬(5.28m²/인)

특수한 경우에 사용한다.

5 남녀 구성비율

구 분	남(%)	여(%)
일반 사무관계	65~75	35~25
은행	60~70	40~30
상점	50~60	50~40

• 배치계획

1 대지선정시 조건

임대사무소계획시 가장 중요하게 고려해야 할 것은 대지위치이다.

(1) 도시 상업중심가지역(C·B·D)으로 교통이 편리한 곳 (단, 전용사무소는 도심을 피하는 것이 좋다.)

(2) 도로와의 관계 : 모퉁이 대지 또는 2면 이상 도로에 접한 대지가 좋다.

(3) 도로 폭 : 고층 빌딩인 경우 전면도로 폭 20m 이상

(4) 대지의 형태 : 직사각형에 가까우며, 전면도로에 길게 접한 대지가 좋다.

2 배치계획시 조건

(1) 도시의 경제사정, 도시의 성격, 크기에 따르는 사무소의 규모 등을 검토한다.

(2) 소음공해가 적고, 채광조건이 양호한 곳

(3) 건축법상 유리한 곳

(4) 주차면적을 충분히 확보할 수 있는 곳으로 조망이 좋은 곳

■ 책상배치의 표준
－ 4조 직렬배치

■ 그림. 책상배치

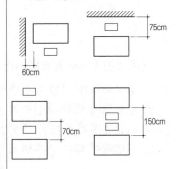

■ C·B·D : Central Business District(상업 중심가 지역)

1 사무소 관리상의 분류 중 틀린 것은?

① 전용 사무소 : 순수한 자기전용 사무소

② 준전용 사무소 : 몇 개의 회사가 모여 하나의 사무소를 건설하여 공동소유하는 것

③ 준대여 사무소 : 건물의 주요부분을 임대하고, 나머지 부분을 자기전용으로 쓰는 것

④ 대여 사무소 : 건물의 전부 또는 대부분을 대여하고, 관리인만을 두는 것

해설 **1**
준대여 사무소는 건물의 주요부분은 자기전용으로 하고, 나머지는 임대하는 사무소이다.

2 사무소건축에서 유효율(rentable ratio)이란?

① 건축면적에 대한 대실면적

② 연면적에 대한 대실면적

③ 기준층면적에 대한 대실면적

④ 연면적에 대한 건축면적

해설 **2**
$$유효율 = \frac{대실면적}{연면적} \times 100(\%)$$

3 사무소건축에 있어서 연면적에 대한 임대면적의 비율로서 가장 적당한 것은?

① 40~50% ② 50~60%

③ 70~75% ④ 80~85%

해설 **3**
유효율(연면적에 대한 임대면적의 비율)은 70~75% 정도이다.

4 다음 중 사무소건축의 연면적이 10,000m²인 경우, 대실면적으로 가장 알맞은 것은?

① 5,000m² ② 7,000m²

③ 8,500m² ④ 9,500m²

해설 **4**
대실면적은 연면적의 70~75% 이므로

대실면적 $= 연면적 \times \dfrac{70\sim75}{100} (m^2)$

$= 10,000 \times \dfrac{70\sim75}{100} = 7,000\sim7,570m^2$

5 사무소 건축설계에서 사무실 크기를 결정하는데 가장 중요한 요소는 다음 중 어느 것인가?

① 내객의 수

② 비품의 수와 크기

③ 사업의 종별

④ 사무원의 수

해설 **5**
사무소건축의 규모는 사무원수에 따라 결정된다. 따라서 사무원 1인당 점유바닥면적을 통해 대실면적과 연면적을 산출할 수 있다.

정답 1. ③ 2. ② 3. ③ 4. ② 5. ④

6 사무소건축에서 1인당 소요 바닥면적의 기준은 어느 것인가?

① 4~7m²
② 8~11m²
③ 12~15m²
④ 16~19m²

7 사무소건축에서 1인당 소요 임대면적은 다음 중 어느 것이 적당한가?

① 2~4m²
② 5~8m²
③ 9~11m²
④ 12~15m²

8 1,000명을 수용하는 사무소건축의 연면적으로 가장 적당한 것은?

① 4,000m²
② 5,500m²
③ 7,000m²
④ 10,000m²

9 사무소건축에서 일반 사무실의 책상배치방법 중 배치의 표준이 되며, 1인당 차지하는 바닥면적이 최소가 되는 것은?

① 4조 직렬배치
② 3조 직렬배치
③ 2조 직렬배치
④ 1조 직렬배치

10 은행계획에서 남녀비율에 적합한 것은?

① 75 : 25
② 65 : 35
③ 50 : 50
④ 80 : 20

11 임대사무실계획에 관한 조건 중 가장 중요한 것은?

① 각실의 프라이버시
② 일조 및 통풍
③ 부지의 위치
④ 미관과 경치

12 사무소 건물계획에 있어서 주요한 검토 항목 중 그 비중이 가장 작은 것은?

① 임대사무실의 경우는 시장조사에 근거하여 건축계획을 세운다.
② 사무실건축물로서 편리한 주변환경인가를 우선 검토한다.
③ 합리적인 근거에 따라 기본 구조계획을 작성한다.
④ 남향이 여러 면에서 유리하므로 남향이 되도록 계획한다.

해 설

해설 **6** 1인당 바닥면적의 기준
① 대실면적당 : 5.5~6.5m²/인
② 연면적당 : 8~11m²/인

해설 **8**
연면적당 1인당 소요 바닥면적은 8~11m² 이므로
1,000명×8~11m²/인=8,000~11,000m²

해설 **9**
4조 직렬(4.15m²/인)배치는 사무능률 및 1인에 대한 책상면적상 적합하여 일반사무실에서 책상을 배치하는 표준이 된다.

해설 **10** 은행의 남녀구성비
① 남 : 60~70%
② 여 : 40~30%

해설 **11**
임대사무소계획시 가장 중요하게 고려해야 할 것은 부지의 위치이다.

해설 **12**
방위에 관한 중요성보다는 전면도로에 접하는 대지의 형태에 따라 계획한다.

정답 6. ② 7. ② 8. ④ 9. ①
10. ② 11. ③ 12. ④

3 평면계획 (1) 평면형

사무소건축에서 거의 빠짐없이 출제된다고 해도 과언이 아닐 정도인 중요한 부분이다. 개실시스템과 개방식배치, 오피스 랜드스케이핑에 관한 내용 전부를 상세하게 학습해야 한다.
1. 개실시스템과 개방식 배치
2. 오피스 랜드스케이핑

1 평면형

(1) 실단위에 의한 분류

① 개실시스템(individual room system)
복도에 의해 각층의 여러 부분으로 들어가는 방식

㉮ 장점
㉠ 독립성과 쾌적성 및 자연채광조건이 좋다.
㉡ 불경기일 때 임대하기가 용이하다.

㉯ 단점
㉠ 공사비가 비교적 높다.
㉡ 방 길이에는 변화를 줄 수 있지만, 연속된 복도때문에 방 깊이에는 변화를 줄 수 없다.

② 개방식 배치(open floor plan)
개방된 큰 방으로 설계하고, 중역들을 위해 분리된 작은 방을 두는 방식

㉮ 장점
㉠ 전면적을 유효하게 이용할 수 있어 공간절약상 유리하다.
㉡ 칸막이벽이 없어서 공사비가 개실시스템보다 저렴하다.
㉢ 방의 길이나 깊이에 변화를 줄 수 있다.

㉯ 단점
㉠ 소음이 크고, 독립성이 떨어진다.
㉡ 자연채광에 인공조명이 필요하다.

③ 오피스 랜드스케이핑(office landscaping)
계급, 서열에 의한 획일적인 배치에 대한 반성으로서 사무의 흐름이나 작업의 성격을 중시하여 능률적으로 배치한 방식

㉮ 개념적 특성
㉠ 배치를 의사전달과 작업흐름의 실제적 패턴에 기초를 둔다.

■ 그림. 개실 시스템

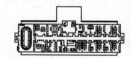

■ 그림. 개방식 시스템

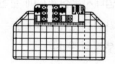

■ 그림. 오피스 랜드스케이핑

ⓛ 일정한 기하학적 패턴에서 탈피한다. 즉 작업장의 집단을 자유롭게 그루핑하여 불규칙한 평면을 유도한다.

ⓒ 실내에 고정, 또는 반고정된 칸막이를 하지 않는다.

ⓔ 칸막이를 제거함으로써 청각적인 문제에 각별한 주의가 요구된다.

ⓗ 특징

ⓖ 장점

ⓐ 커뮤니케이션의 융통성이 있고, 장애요인이 거의 없다.

ⓑ 변화하는 작업의 패턴에 따라 조절이 가능하며, 신속하고 경제적으로 대처할 수 있다.

ⓒ 공간을 절약할 수 있다.

ⓓ 오피스내의 상쾌한 인간관계로 작업의 능률향상에 도움을 준다.

ⓛ 단점

ⓐ 칸막이의 철거로 인한 소음발생 때문에 프라이버시가 결여되기 쉽다.

ⓑ 대형가구 등 소리를 반향시키는 기재의 사용이 어렵다.

ⓟ 오피스 랜드스케이핑의 계획원칙

ⓖ 실질적이고 실제적인 작업패턴의 배치를 한다.

ⓛ 직위나 서열에 의한 배열이 아니라 의사전달과 작업의 흐름에 의해 구성한다.

ⓒ 관계가 밀접한 공간은 인접시키든지 또는 가까운 곳에 배치한다.

ⓔ 작업의 흐름이 1개의 선으로 되는 작업장소로 배치한다.

ⓜ 사람의 흐름이 최단거리가 되게 유도함과 함께 거리와 시간이 최소가 되도록 유도하며, 서로 다른 공간이나 동선의 방해를 주지 않게 유도한다.

ⓗ 칸막이는 합리적으로 최소량의 배치가 되도록 하며, 쉽게 움직일 수 있는 음향 스크린으로 사용할 수 있게 한다.

ⓢ 자리에 앉은 사람은 통로나 출입구가 시계에서 벗어나게 유도한다.

ⓞ 남에게 방해를 주지 않고, 작업장소에 접근할 수 있게 한다.

ⓩ 주통로는 최소 2m 이상, 부통로는 1m 이상, 책상사이의 통로는 0.7m 이상으로 하며, 책상간의 거리는 최소 0.7m를 유지한다.

ⓥ 회의장소 등은 작업장과 5~9m 간격을 유지하며, 직원 누구나 휴식장소까지 가기 위한 30m내의 거리를 확보한다.

ⓚ 바닥은 소음방지와 쾌적성을 위해 카펫을 깐다.

(2) 공용시설상 분류

① 복도가 없는 형 : 소규모

② 중복도형 : 중ㆍ대규모

③ 편복도형 : 중규모

④ 편복도 + 중복도형 : 중규모

⑤ 큰실 블록을 편복도로 연결한 형 : 대규모
⑥ 중복도 방사선형 : 20층 이상 대규모

(3) 복도형에 의한 분류

① 단일지역배치(single zone layout, 편복도식)
　㉮ 복도의 한편에만 실들이 있는 형식으로 고가이다.
　㉯ 자연채광이 잘되고, 경제성보다 건강, 분위기 등의 필요가 더 중요한
　　것에 적당하다.
② 2중지역배치(double zone layout, 중복도식)
　㉮ 중규모 사무실에 가장 적당하다.
　㉯ 주계단과 부계단에서 각실로 들어갈 수 있다.
③ 3중지역배치(triple zone layout, 2중복도식)
　㉮ 방사선형태의 평면형식으로 고층 전용사무실에 주로 사용된다.
　㉯ 교통시설, 위생설비는 건물 내부의 제 3지역 또는 중심지역에 위치하
　　며, 사무실은 외벽을 따라서 배치한다.
　㉰ 사무소 내부지역에 인공조명, 기계환기설비가 필요하다.
　㉱ 경제적이며, 미적, 구조적 견지에서 많은 이점이 있다.
　㉲ 대여사무실을 포함하는 건물에는 부적당하다.

■ 그림. 단일지역배치

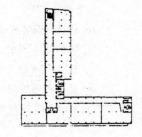

■ 그림. 2중지역배치

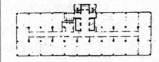

■ 그림. 3중지역배치

1 사무소건축의 실단위계획 중 개실시스템에 관한 설명으로 옳지 않은 것은?

① 공사비가 비교적 낮다.
② 조직구성원간의 커뮤니케이션상의 문제점이 있을 수 있다.
③ 방 길이에는 변화를 줄 수 있으나, 방 깊이에 변화를 줄 수 없다.
④ 독립성과 쾌적성이 좋다.

해설 **1**
공사비가 개방식에 비해 높다.

2 사무소건축의 평면계획에서 개방식 배치에 관한 설명으로 옳지 않은 것은?

① 소음이 크고 독립성이 떨어진다.
② 개인적인 환경조절이 용이하다.
③ 전면적을 유용하게 이용할 수 있어 공간절약상 유리하다.
④ 방의 길이나 깊이에 변화를 줄 수 있다.

해설 **2**
②는 개실시스템에 속한다.

3 오피스 랜드스케이핑의 개념적 특성으로 옳지 않은 것은?

① 배치를 의사전달과 작업흐름의 실제적 패턴에 기초를 둔다.
② 작업장의 집단을 자유롭게 그루핑하여 불규칙한 평면을 유도한다.
③ 실내에 고정, 또는 반고정된 칸막이를 하지 않는다.
④ 칸막이를 제거함으로써 시각적인 문제에 각별한 주의가 요구된다.

해설 **3**
칸막이를 제거함으로써 청각적인 문제에 각별한 주의가 요구된다.

4 다음 중 사무소건축의 규모에 따른 유리한 기준층 평면형이 잘못 짝지어진 것은?

① 소규모 – 복도가 없는 형
② 중·대규모 – 중복도형
③ 20층 이상 고층 – 중복도 방사선형
④ 소규모 – 편복도형

해설 **4**
중규모 – 편복도형

5 사무소건축의 평면계획에 대한 설명 중 옳지 않은 것은?

① 단일지역배치는 자연채광이 잘 되고, 경제성보다 건강, 분위기 등의 필요가 더 중요할 경우 적당하다.
② 단일, 2중 및 3중지역배치는 여러 부분에 출입할 수 있는 복도를 갖는다.
③ 3중지역배치는 수직교통시설이 사무실지역에 위치하게 됨으로써 생겨났다.
④ 2중지역배치는 소규모 크기의 사무소건물에 가장 적합한 방법이다.

해설 **5**
단일지역배치는 소규모 크기의 사무소건물에 가장 적합한 방법이다.

정답 1. ① 2. ② 3. ④ 4. ④ 5. ④

3 평면계획 (2) 코어계획

사무소건축에서 거의 빠짐없이 출제된다고 해도 과언이 아닐 정도로 코어계획은 가장 중요하다. 코어계획에 관한 내용 전부를 상세하게 학습해야 한다.

1. 코어의 역할
2. 코어의 종류에 따른 특성
3. 코어계획시 고려사항

2 코어계획(core plan)

코어란 사무소건물에서 평면, 구조, 설비의 관점에서 건물의 일부분에 어떤 집약된 형태로 존재하는 것을 의미한다.

(1) 코어의 역할

① 평면적 역할 : 공용부분을 한 곳에 집약시킴으로 사무소의 유효면적이 증대된다.
② 구조적 역할 : 주내력적 구조체로 외곽이 내진벽역할을 한다.
③ 설비적 역할 : 설비시설 등을 집약시킴으로써 설비계통의 순환이 좋아지며, 각 층에서의 계통거리가 최단이 되므로 설비비를 절약할 수 있다.

(2) 코어의 종류

① 편심코어형(평단코어형)
　㉮ 바닥면적이 작은 경우에 적합하다.
　㉯ 바닥면적이 커지면 코어외에 피난설비, 설비샤프트 등이 필요하다.
　㉰ 고층일 경우 구조상 불리하다.
② 독립코어형(외코어형)
　㉮ 편심코어형에서 발전된 형으로 특징은 편심코어형과 거의 동일하다.
　㉯ 코어와 관계없이 자유로운 사무실공간을 만들 수 있다.
　㉰ 설비 덕트, 배관을 사무실까지 끌어 들이는데 제약이 있다.
　㉱ 방재상 불리하고, 바닥면적이 커지면 피난시설을 포함한 서브코어가 필요하다.
　㉲ 코어의 접합부 평면이 과대해지지 않도록 계획할 필요가 있다.
　㉳ 사무실부분의 내진벽은 외주부에만 하는 경우가 많다.
　㉴ 코어부분은 그 형태에 맞는 구조형식을 취할 수 있다.
　㉵ 내진구조에는 불리하다.

■ 그림. 코어의 종류

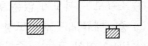

(a) 편심코어형　(b) 독립 코어형

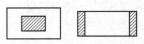

(c) 중심코어형　(d) 양단코어형

③ 중심코어형(중앙코어형)
  ㉮ 바닥면적이 큰 경우에 적합하다.
  ㉯ 고층, 초고층에 적합하고, 외주 프레임을 내력벽으로 하여 중앙코어
     와 일체로 한 내진구조로 만들 수 있다.
  ㉰ 내부공간과 외관이 획일적으로 되기 쉽다.
④ 양단코어형(분리코어형)
  ㉮ 하나의 대공간을 필요로 하는 전용사무소에 적합하다.
  ㉯ 2방향피난에 이상적이며, 방재상 유리하다.
  ㉰ 임대사무소일 경우 같은 층을 분할하여 대여하면 복도가 필요하게 되
     고, 유효율이 떨어진다.

(3) 코어계획시 고려사항
① 계단과 엘리베이터 및 변소는 가능한 한 접근시킨다. (단, 피난용 특별
   계단은 법정거리 한도내에서 가급적 멀리 둔다.)
② 코어내의 공간과 임대사무실 사이의 동선이 간단해야 한다.
③ 코어내 공간의 위치를 명확히 한다.
④ 엘리베이터 홀이 출입구면에 근접해 있지 않도록 한다.
⑤ 엘리베이터는 가급적 중앙에 집중시킨다.
⑥ 코어내 각 공간이 각층마다 공통의 위치에 있어야 한다.
⑦ 잡용실, 급탕실, 더스트 슈트는 가급적 접근시킨다.

(4) 코어내의 각 공간
① 실 : 계단실, 변소, 세면소, 잡용실, 급탕실, 공조실 등
② 샤프트 : 엘리베이터(승용, 화물용), 파이프(급배수배관, 전기, 통신),
   덕트(공조, 배연), 메일 슈트
③ 통로 : 엘리베이터 홀, 복도, 특별피난계단

■ 현관 출입구와 사무실 출입구의
차이점

출입구	현관	사무실
여는방향	밖여닫이	안여닫이
엘리베이터홀	가까이 접근시킴	분리시킴

■ 코어계획시 접근시켜야 할 공간
 ① 계단과 엘리베이터와 변소
 ② 잡용실과 급탕실과 더스트 슈트
 ③ 메일 슈트와 엘리베이터 홀

■ 코어계획시 반드시 분리시켜야
할 공간
 엘리베이터 홀과 사무실 출입구

핵 심 문 제

1 사무소건축에서 코어 시스템(core system)을 채용하는 설명으로 옳지 않은 것은?

① 독립성 확보   ② 구조적 이점

③ 설비비 절약   ④ 유효면적 증가

2 사무소건축의 코어형식 중 편심코어에 대한 설명으로 옳지 않은 것은?

① 바닥면적이 커지면 코어 이외에 피난시설 등이 필요해진다.

② 고층인 경우 구조상 불리할 수 있다.

③ 일반적으로 바닥면적이 별로 크지 않을 경우에 많이 사용된다.

④ 내진구조상 유리하며, 구조코어로서 가장 바람직한 형식이다.

3 사무소건축의 코어형식 중 중심코어형에 대한 설명으로 옳지 않은 것은?

① 바닥면적이 큰 경우에는 사용할 수 없다.

② 구조코어로서 바람직한 형식이다.

③ 외관이 획일적일 수 있다.

④ 대여빌딩으로서 경제적인 계획을 할 수 있다.

4 다음 중 사무소건물의 코어(core)형식에 관한 설명으로 옳지 않은 것은?

① 편심코어형은 일반적으로 소규모 사무소건물에 사용된다.

② 중심코어형은 구조코어로서 바람직한 형식이다.

③ 중심코어형은 바닥면적이 큰 경우에 많이 사용한다.

④ 양측코어형은 방재상 가장 불리한 형식이다.

5 사무실건물에서 코어내 각 공간의 위치관계에 대한 설명 중 옳지 않은 것은?

① 계단과 엘리베이터 및 화장실은 가능한 한 접근시킬 것

② 코어내의 공간과 임대사무실 사이의 동선이 간단할 것

③ 엘리베이터 홀은 출입구문에 인접하여 바싹 접근해 있도록 할 것

④ 엘리베이터는 가급적 중앙에 집중될 것

6 고층건물의 서비스 코어내 들어갈 공간으로서 부적당한 것은?

① 엘리베이터 홀   ② 화장실

③ 공조덕트   ④ 배전실

해 설

[해설] 1 코어의 역할
① 평면적 코어 – 유효면적 증대
② 구조적 코어 – 내진벽
③ 설비적 코어 – 설비비의 절약

[해설] 2
④는 중심코어형의 특징에 속한다.

[해설] 3
중심코어형은 바닥면적이 큰 경우 적합하다.

[해설] 4
양측코어형은 2방향 피난에 이상적으로 방재상 유리하다.

[해설] 5
엘리베이터 홀이 출입구면에 근접해 있지 않도록 한다.

[해설] 6
배전실은 지하실에 둔다.

[정답] 1. ①   2. ④   3. ①   4. ④
5. ③   6. ④

4 단면계획

(1) 층고
(2) 기준층
(3) 기둥간격

학습방향

층고와 기둥간격 그리고 세부계획에 나오는 사무실의 안깊이와 서로 연관성을 가지고 있으므로 3부분을 동시에 잘 이해해야 하며, 층고의 수치와 기둥간격, 그리고 사무실의 안깊이와 층고에 관한 수치가 중요하다. 또한 층고를 낮게 할 경우의 이점에 관한 문제도 잘 출제된다.

1. 층고의 크기
2. 기둥간격 결정요소
3. 내부 기둥간격
4. 층고를 낮게 할 경우의 이점

1 층고

(1) 결정요소

층고와 깊이에 있어서 층고는 사용목적, 채광, 공사비에 의해서 결정되며, 사무실의 깊이는 책상배치, 채광량 등으로 결정되지만 층고에도 관계된다.

(2) 층고의 크기

① 1층 높이
  ㉮ 소규모 건물 : 4m 내외
  ㉯ 은행 및 넓은 상점을 갖는 경우 : 4.5~5m 이상
  ㉰ 고층 건물의 1층에 중 2층을 두는 경우 : 5.5~6.5m 정도
② 기준층 높이 : 3.3~4m
③ 최상층 높이 : 기준층 + 30cm
④ 지하층 높이
  ㉮ 중요한 방을 두지 않는 경우 : 3.5~3.8m
  ㉯ 소규모 난방보일러실 : 4~4.5m
  ㉰ 냉방기계실을 가진 대규모일 경우 : 5~6.5m

(3) 층고를 낮게 할 경우의 이점

① 건축비절감
② 공조의 효과
③ 많은 층수의 확보

학습POINT

■ 층고와 깊이
 • 층고(floor height, 층높이)
① 한층의 바닥면에서 그 바로 위 층까지의 수직높이
② 건물 한층의 높이
 • 깊이
사무실의 안깊이는 내부기둥간격을 말한다.

■ 기준층(typical floor)
여러 층으로 된 각층의 평면이 거의 같을 때 그 표준형의 평면을 이룬 층

■ 최상층
① 사무소 : 기준층 + 30cm
② 아파트 : 기준층 + 10~20cm
③ 창고 : 기준층 + 60~90cm

■ 공조
공기조화의 약자로 실내의 온도, 습도, 기류, 먼지 등의 조건을 실내의 사람 혹은 물품에 대해 기계장치를 써서 가장 좋은 조건, 상태로 유지하는 것을 말한다.

2 기준층

(1) 기준층 평면형태 결정요소

① 구조상 스팬의 한도
② 동선상의 거리
③ 각종 설비 시스템(덕트, 배선, 배관 등)상의 한계
④ 방화구획상 면적
⑤ 자연광에 의한 조명한계
⑥ 대피상 최대 피난거리

(2) 기준층계획

① 기준층은 면적이 클수록 임대율이 올라간다. 그러나 경제적인 설계를 하기 위해서 기둥간격을 적절히 해야 하고, 기준층에서의 동선을 엘리베이터를 중심으로 공용부분과 유기적이면서도 복잡해지지 않도록 복도는 단순하고 짧게 계획한다.
② 대사무실의 기획과 설계에서는 대상 거주자(tenant)의 규모와 수를 설정하며, 엘리베이터계획에서의 출근집중률, 관내인구, 주차장 이용률, 기타 여러 추정, 예측을 근거로 하여 기준층을 결정한다.
③ 현행 법규상의 기준층계획에 관계되는 방화구획, 배연계획, 피난거리 등의 문제를 고려하여야 한다.
④ 스프링클러와 설비요소, 책상의 배치, 칸막이벽의 설치, 지하 주차장의 주차 등을 위하여 모듈에 따라 격자식 계획(grid planning)을 채용한다.

3 기둥간격

(1) 결정요소

① 책상 배치단위
② 채광상 층고에 의한 안깊이
③ 주차 배치단위

(2) 분류

① 내부 기둥간격
  ㉮ 철근콘크리트구조 : 5.0~6.0m
  ㉯ 철골, 철근콘크리트구조 : 6.0~7.0m
  ㉰ 철골구조 : 7.0~9.0m
② 창방향 기둥간격
  ㉮ 기준층 평면결정에 가장 기본적인 요소로 실제 경제적인 책상배열에 따라 결정한다.
  ㉯ 책상배열에 따라 스팬 5.8m가 가장 적절한 기둥간격이다.
  ㉰ 지하 주차장의 기둥간격 : 6.0m 전후(5.8~6.2m 정도)

■ 사무소건축의 모듈요소

① 사무공간단위로서의 계획격자(Planning Grid)
② 설비단위에 의한 서비스격자(Service Grid)
③ 재료, 시공단위에 의한 시공격자(Construction Grid)
④ 기둥에 의한 구조격자(Structural Grid)

■ 방화구획
주요구조부가 내화구조 또는 불연재료로 된 건축물에 있어서 소정의 규정에 따라 내화구조의 바닥, 벽 및 갑종방화문 또는 기준에 적합한 자동방화셔터에 의한 방화용 구획

■ 배연계획
화재발생시 발생하는 연기를 배제하는 것을 말한다.

■ 스프링클러
화재시 자동분무로 물을 뿜는 소화전의 일종

■ 그림. 기둥간격

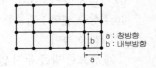

a : 창방향
b : 내부방향

(a) 철근콘크리트구조

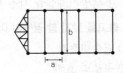

(b) 철골구조

1 사무소 층고계획에서 가장 옳지 않은 것은?

① 1층 층고 : 400cm

② 중 2층을 설치하는 1층의 최저 층고 : 560cm

③ 기준층 층고 : 330~400cm

④ 최상층의 층고 : 기준층과 동일

해설 **1**
최상층의 층고 : 기준층 + 30cm

2 사무소 건축계획에서 층고를 낮게 잡는 이유와 가장 관계가 먼 것은?

① 엘리베이터의 왕복시간을 단축하기 위하여

② 많은 층수를 얻기 위하여

③ 건축공사비를 싸게 하기 위하여

④ 에너지를 절약하기 위하여

해설 **2**
많은 층수를 얻게 되므로 엘리베이터의 정지층수가 많아져 왕복시간이 늘어난다.

3 사무소건축의 기준층 평면형태 결정요소에 대한 설명 중 가장 부적절한 것은?

① 구조상 스팬의 한도

② 방화구획상의 한도

③ 덕트, 배선, 배관 등 설비시스템의 한계

④ 대피상 최소 피난거리

해설 **3**
대피상 최대 피난거리

4 다음 중 초고층 사무소건물의 저층부 활성화방안과 관계가 가장 먼 것은?

① 대중의 손쉬운 접근을 유도한다.

② 사무소로서의 품위를 해치는 행위를 제한한다.

③ 장소적 이미지를 부각시킨다.

④ 다양한 조경적 요소를 도입한다.

5 고층 사무소건축의 기둥경간을 결정하는데 직접요인이 되지 않는 것은?

① 구조상의 스팬의 한도

② 지하주차장의 주차구획 크기

③ 가구 및 집기의 배치

④ 코어의 형식

해설 **5** 사무소건축의 기둥간격 결정요소
① 책상배치단위
② 채광상 층고에 의한 안깊이
③ 지하주차단위

6 철근콘크리트구조의 사무소건물설계시 가장 적당한 기둥간격은 어느 것인가?

① 3~4m   ② 5~6m

③ 7~8m   ④ 8~9m

해설 **6** 기둥간격
① 철근콘크리트 : 5~6m
② 철골 철근콘크리트 : 6~7m
③ 철골구조 : 7~9m

정답 1. ④ 2. ① 3. ④ 4. ②
5. ④ 6. ②

5 세부계획

(1) 사무실
(2) 복도, 계단
(3) 변소

1 사무실

(1) 사무실의 안깊이

① 외측에 면하는 실내(L/H) : 2.0~2.4(H : 층고)

② 채광정측에 면하는 실내(L/H) : 1.5~2.0

(2) 채광계획

① 사무실의 채광면적은 바닥면적의 1/10 정도

② 창의 폭 : 1.0~1.5m

③ 창대의 높이 : 0.75~0.8m (고층인 경우 : 0.85~0.9m)

(3) 출입구

① 크기

㉮ 높이 : 1.8~2.1m

㉯ 폭 : 0.85~1.0m (외여닫이 : 0.75m 이상, 쌍여닫이 : 1.5m 이상)

② 밖여닫이가 원칙이나, 복도면적이 많이 차지하므로 안여닫이로 한다.

2 복도, 계단

(1) 복도 폭

편복도는 2.0m, 중복도는 2.0~2.5m 정도로 한다.

(2) 계단

① 배치조건

㉮ 동선은 간단하고 명료하며, 최단위치에 오게 한다. (주요 계단은 1층 주출입구 근처에 배치한다.)

㉯ 엘리베이터 홀에 근접시킨다.

㉰ 균등하게 배치한다.

㉱ 방화구획내에서는 1개소 이상의 계단을 배치한다.

㉲ 2개소 이상의 계단을 가져야 한다.

학습POINT

■ 사무실의 안깊이

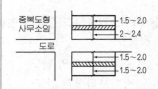

■ 조도와 휘도

① 조도

• 일면상의 점이 받는 빛의 분량

• 광원에서 비쳐진 어떤 면의 밝기, 즉 어떤 면이 받고 있는 입사광속의 면적밀도

② 휘도

• 발광체의 표면밝기를 나타내는 단위

• 발광체 또는 빛을 받고 있는 물체를 어떤 방향에서 볼 때 그 방향에 수직한 단위면적에 대한 광도를 말함

• 단위는 람버트(lambert)이다.

■ 그림. 계단

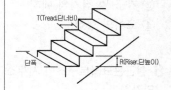

② 표준계단의 설계
㉮ 폭 : 소규모 1.2m 이상
㉯ R + T = 45cm, 20cm 〉 R 〉 15cm, 25cm 〈 T 〈 30cm
(R : 단높이, T : 단너비)

3 변소

(1) 위치
① 각 사무실에서 동선이 짧은 곳일 것
② 계단 및 엘리베이터 홀에 근접시킬 것
③ 각층 공동위치에 둘 것
④ 1개소 또는 2개소에 집중 배치할 것
⑤ 외기에 접할 것(접하지 않을 경우 환기설비가 필요하다.)

(2) 각부의 치수
① 대변소의 칸막이 치수
㉮ 밖여닫이 : 1.2~1.4m
㉯ 안여닫이 : 1.4~1.6m
② 소변기의 간격
㉮ 75cm 이상
㉯ 격판으로 칸을 막을 경우 : 안 치수의 폭 70cm
㉰ 변소가 좁은 경우 : 65cm
㉱ 소변기의 격판높이 : 1.4m, 깊이 : 40~45cm

■ 그림. 소변기의 간격(단위 : mm)
① 벽걸이 소변기

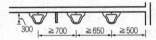

② 스톨

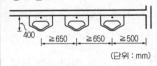

(단위 : mm)

(3) 변기수의 산정

구 분	중 이하의 사무실	중 이상의 사무실
수용인원	15명	17~24명
기준층 바닥면적	180m^2	300m^2
대실면적	120m^2	200m^2

의 각각에 대해 변기수(대 · 소변기 포함) 1개의 비율로 한다.

1 사무실 깊이는 층고의 몇 배 정도가 적당한가? (단, 채광정측에 면하는 실일 경우)

① 0.8~1.0　　　　② 1.2~1.5

③ 1.5~2.0　　　　④ 2.0~2.5

채광정측에 면하는 경우 $\dfrac{L}{H}$: 1.5~2.0

2 사무실의 창 및 출입구계획에 관한 기술 중 적당하지 않은 것은?

① 사무실의 채광면적은 바닥면적의 1/10로 한다.

② 창의 폭은 1~1.5m, 높이는 1.8~2.2m, 창대의 높이는 0.75~0.8m 정도로 한다.

③ 출입구 문의 개폐방법은 안여닫이로 한다.

④ 출입구의 폭은 0.85~1.0m, 높이는 2.1~2.4m 정도로 한다.

출입구의 높이는 1.8~2.1m 정도로 한다.

3 사무소건축의 계단배치시 고려해야 할 사항으로 옳지 않은 것은?

① 동선은 간단 명료하고, 최단거리의 위치에 놓을 것

② 엘리베이터 홀에 근접할 것

③ 동선이 혼잡한 곳에 집중적으로 배치할 것

④ 주요계단은 되도록 1층 주요 출입구 근처에 배치할 것

계단은 한쪽에 치우치지 말고, 균등하게 배치할 것

4 사무소건축의 화장실의 위치에 대한 설명 중 부적당한 것은?

① 각 사무실에서 동선이 간단할 것

② 계단실, 홀 등에 근접시킬 것

③ 집중해 있지 말고 되도록 각 층의 3개소 이상에 분산시킬 것

④ 각층마다 공통의 위치에 있을 것

화장실의 위치는 분산시키지 말고 되도록 각층의 1또는 2개소 이내에 집중해 있을 것

5 사무소건축 화장실의 각종 치수 중 가장 적당한 것은?

① 소변기 상호간 간격 – 80cm

② 안여닫이 대변실의 깊이 – 70cm

③ 세면기 높이 – 100cm

④ 세면기 상호간 간격 – 50cm

① 안여닫이 대변실의 깊이 – 140cm 이상

② 세면기 높이 – 80cm

③ 세면기 상호간의 간격 – 60cm 이상

6 환경 및 설비계획

(1) 엘리베이터
(2) 스모그 타워
(3) 메일슈트
(4) 더스트 슈트
(5) 정보화빌딩
(6) 주차시설

학습방향

엘리베이터에 관한 내용이 잘 출제된다. 여기서 중요한 것은 배치계획시 조건, 대수 결정조건 등이 있다. 이외에 스모그 타워, 메일 슈트의 위치에 관한 내용도 중요하다.

1. 대수산정의 기본
2. 대수약산식
3. 스모그 타워
4. 메일 슈트의 위치
5. 정보화빌딩
6. 주차장의 천장높이
7. 주차방법에 따른 주차 소요면적

1 엘리베이터

(1) 배치계획시 조건

① 주요 출입구 홀에 직면배치할 것
   (단, 사무실 출입문에 가까이 접근하는 것은 금지함)
② 각층의 위치는 되도록 동선이 짧고 간단할 것
③ 외래자에게 잘 알려질 수 있는 위치일 것
④ 한 곳에 집중해서 배치할 것
⑤ 5대 이하는 직선으로 배치하고, 6대 이상은 앨코브 또는 대면배치가 효과적이다.
⑥ 엘리베이터 홀의 최소 넓이는 0.5m²/인이고, 폭은 4m로 한다.

(2) 조닝(zoning)의 목적

건물 전체를 몇 개의 그룹으로 나누어 서비스하는 방식으로 경제성, 수송 시간의 단축, 유효면적의 증가에 그 목적이 있다.

(3) 대수 결정조건

① 대수산정의 기본 : 아침 출근시 5분간의 이용자
② 1일 이용자가 가장 많은 시간 : 오후 0시~1시

(4) 대수 약산식

① 대실면적(유효면적) 2,000m²에 1대 정도
② 연면적 3,000m²에 1대 정도

학습POINT

■ 주요 출입구는 현관을 말한다.

■ 앨코브
큰 공간측면에 개방되며, 부수되어 있는 부분적 작은 후퇴공간

	배 치
직선형	
앨코브형	3.5~4.5m
대면형	3.5~4.5m
대면혼용형	저고 층층 용용 6m 이상

2 스모그 타워

화재에 의해 침입한 연기를 배기하기 위해 비상계단의 전실에 설치한 샤프트이다.

① 화재시 계단실이 굴뚝역할하는 것을 방지한다.

② 스모그 타워에 의한 계단실 연기차단 – 무창의 계단실에 연기가 침입하면 피난이 어려워지므로 전실에 스모그 타워를 두어 여기서 연기를 흡입배출하고 계단실과 전실을 급기가압하여 계단실 – 전실 – 스모그 타워의 공기경로를 만들어 계단실과 전실을 연기로부터 지킨다.

③ 전실의 천장은 가급적 높게 한다.

④ 전실의 창과는 별도로 스모그 타워를 꼭 설치해야 한다.

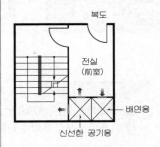

■ 그림. 스모그 타워

3 메일 슈트

엘리베이터 홀에 둔다.

4 더스트 슈트(dust chute)

① 고층건물에 있는 쓰레기를 맨아래층으로 버리게 하는 설비

② 최하부엔 직접 소각로로 통하는 것과 외부로 옮겨 처리하는 것이 있음

③ 악취와 구더기 방지설비가 필요함

■ 메일슈트(mail chute)

① 우편물을 송달하는 운반장치 (통)

② 고층건물의 한 구석에다 파이프처럼 된 긴 통을 설치해 놓고 각 층에서 넣은 우편물을 맨 아래로 내려 보내도록 설비한 상하층 연결관

③ 우편투함

5 정보화빌딩(intelligent building)

고기능 빌딩 혹은 총명한 두뇌를 가진 빌딩으로서 급속히 발전하고 있는 전자기술을 이용하여 오피스공간의 부가가치를 높이고 거주성을 개선한 것(스마트 빌딩)에 정보통신기능을 첨가하여 발전시킨 것이다.

■ 그림. 인텔리젠트빌딩 구성기능

(1) 기능

① 정보통신기능

디지탈 PBX(Private Branch Exchange ; 구내 교환기)나 광섬유를 이용한 고도통신기능

② 사무자동화(OA)기능

빌딩내 구축된 LAN(Local Area Network)에 의해 다양한 OA기기의 네트워크화

③ 건물자동화 시스템(BAS)기능

빌딩관리, 안전시스템, 에너지 절약시스템 등을 자동조절화 하는 기능

④ 시큐리티 시스템

방범과 방화 등을 감지하는 기능

(2) 목적

빌딩의 인텔리젠트화의 궁극적 목적은 사무실내에서 일하는 사람들에게 쾌적한 오피스 환경을 제공함으로써 일을 보다 쉽고 편리하게 할 수 있게 하여 사람들의 지적 생산성을 도모하는 것

6 주차시설

(1) 주차장계획시 고려사항

① 주차장 면적

㉮ 1대당 40~50m² 정도(차도 포함)

㉯ 자동차 1대당 주차면적은 5.5×2.5m를 기본(장애자용 5.5×3.3m)

② 차도 폭

㉮ 왕복 : 5.5m 이상

㉯ 일방통행 : 3.5m 이상

③ 차고의 출입구

㉮ 주차대수가 많을 때는 입구와 출구를 분리한다.

㉯ 출입구의 위치는 도로교통에 지장이 없는 곳에 설치하되 운전자가 식별하기 쉬운 곳에 두거나 안내표지를 설치하여야 한다.

㉰ 출구는 도로에서 2m 이상 후퇴한 곳으로 차로중심 1.4m 높이에서 직각으로 좌우 60° 이상 범위가 보이는 곳

㉱ 도로의 교차점, 또는 모퉁이에서 5m 이상 떨어진 곳

㉲ 공원, 초등학교, 유치원의 출입구로부터 20m 이상 떨어진 곳

④ 경사로의 구배

㉮ 17%(1/6) 이하

㉯ 경사로의 시작과 끝부분은 구배를 1/12 이내로 완화시킨다.

⑤ 지하차고의 기둥간격 : 5.8~6.2m

⑥ 천장높이

㉮ 통로부분 : 2.3m 이상

㉯ 주차장소 : 2.1m 이상

(2) 주차방법

① 평행주차 : 주차 폭이 좁을 때 쓰이는 방법으로 1대당 소요 면적이 가장 크다.(소요 면적 32.8m²)

② 45° 주차 : 데드 스페이스가 많아진다.(소요 면적 32.2m²)

③ 60° 주차 : 직각주차를 하기에는 통로 폭이 좁을 때 쓰이는 형식으로 운전에 편리하다.(소요 면적 29.8m²)

④ 직각주차 : 가장 경제적인 주차방법(소요 면적 27.2m²)

■ 그림. 자동차 출입구 전망도

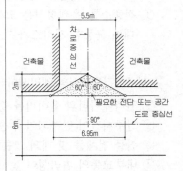

■ 그림. 주차방법

(단위 : mm)

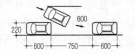

(a) 평행 주차(1대당 32.8m²)

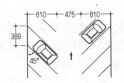

(b) 45° 주차(1대당 32.2m²)

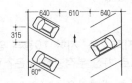

(c) 60° 주차(1대당 29.8m²)

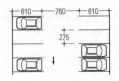

(d) 직각 주차(1대당 27.2m²)

핵 심 문 제

1 사무소건축의 엘리베이터계획에 대한 설명 중 옳지 않은 것은?

① 외래자에게 직접 잘 알려질 수 있는 위치에 배치한다.

② 엘리베이터의 위치는 1개소로 한정하는 것이 운영면에서 효율적이다.

③ 앨코브형 배치는 4대 정도를 한도로 하고, 그 이상일 경우 직렬로 배치하는 것을 고려한다.

④ 전층스톱 운행형식은 고층 사무소에는 부적당하나, 전층 거주자에 대해 균등한 서비스가 가능하다.

2 사무소건축에서의 엘리베이터 조닝에 대한 설명 중 부적당한 것은?

① 엘리베이터의 설비비를 절약할 수 있다.

② 일주시간이 단축되어 수송능력이 향상된다.

③ 건물 전체를 몇 개의 그룹으로 나누어 서비스하는 방식이다.

④ 내부교통의 편리성이 높아져 이용자에게 혼란을 줄 우려가 없다.

3 사무소건축의 엘리베이터 대수계산을 위한 이용자수의 산정기준은?

① 아침출근시 5분간의 이용자수

② 정오의 이용인원의 평균수

③ 오후퇴근시 5분간의 이용자수

④ 하루이용 총인원의 1분간의 평균

4 지상 15층인 사무소건축에서 아침출근시 5분간인 최고 이용자가 150명이고, 1대의 왕복시간(1회)이 3분이라고 할 때 엘리베이터(정원 17명)의 필요 대수는?

① 4대   ② 5대

③ 6대   ④ 7대

5 지하 2층, 지하 10층의 임대사무소를 계획할 때 다음 사항들 중 일반적으로 가장 부적당한 것은? (단, 평면형은 25m×60m의 중복도형)

① 임대면적은 약 13,000m²로 계산한다.

② 엘리베이터는 약 6대를 설치한다.

③ 건물의 높이는 40m 정도이다.

④ 2층 이상의 임대사무소에 수용되는 인원은 3,000~3,500명으로 본다.

해설 1

5대 이하는 직선으로 배치하고, 6대 이상은 앨코브 또는 대면배치가 효과적이다.

해설 2

출발층에 행선표시가 불확실할 경우 이용자가 혼란에 빠질 우려가 있다.

해설 3

엘리베이터 대수산정의 기본 : 아침출근시 5분간의 이용자

해설 4

① 엘리베이터 1대의 5분간의 수송능력

$\frac{5}{3}$ 분×17인=28.3인

② 150인 수송시 필요한 엘리베이터의 대수

150÷28.3인/대=5.3대

* 약 6대가 필요하다.

해설 5

① 연면적은 25m×60m×12층

=18,000m²

대실면적은 연면적의 70~75% 이므로

18,000m²×0.7~0.75

=12,600~13,500m²이다.

② 엘리베이터 대수

연면적 3,000m²에 1대꼴 이므로

18,000m²÷3,000=6대이다.

③ 건물의 높이는 한층의 높이가 3.3~4m 이므로

10층×3.3~4m=33~40m 정도이다.

④ 2층 이상의 임대사무소에 수용되는 인원은

9층×25×60÷8~11m²/인

= 1,688~1,227명 정도이다.

정답 1. ③ 2. ④ 3. ① 4. ③ 5. ④

6 고층건물의 스모그 타워(Smoke tower)에 대한 설명으로 옳은 것은?

① 고층건물의 화재시 연기를 배출시키기 위하여 설치한다.
② 보일러실의 굴뚝의 보조설비이다.
③ 쿨링타워의 보조설비로서 옥상층에 둔다.
④ 주방조리대 상부에 설치하는 냄새, 연기, 수증기 등을 흡출하는 설비이다.

7 사무소건축에서 mail chute(우편 투입함) 위치는 다음 중 어느 위치가 가장 좋은가?

① 계단실
② 현관홀
③ 엘리베이터 홀
④ 관리실

8 인텔리젠트 빌딩(Intelligent Building)의 구성요소가 아닌 것은?

① 빌딩자동화 시스템(Building Automation System)
② 사무자동화 시스템(Office Automation System)
③ 시큐리티 시스템(Security System)
④ 환경의 쾌적성(Amenity)

9 사무소건축의 지하주차장을 다음과 같이 계획하였을 때 적합하지 않은 것은? (단, 주차형식은 직각주차임)

① 경사램프의 구배는 $\frac{1}{8}$로 하였다.
② 차로의 너비를 6m로 하였다.
③ 차고의 기둥간격은 4.5m×7m로 하였다.
④ 주차장내의 동선은 일방통행을 원칙으로 하였다.

10 사무소 지하 주차장계획에서 가장 면적을 작게 하는 주차방법은 어느 것인가?

① 30° 주차
② 45° 주차
③ 60° 주차
④ 직각주차

해 설

해설 **6**
스모그 타워(smoke tower)는 화재에 의해 침입한 연기를 배기하기 위해 비상계단의 전실에 설치한 샤프트이다.

해설 **7**
우편설비로서 메일슈트를 필요로 한다. 메일슈트는 각층의 복도나 넓은 홀에 투입구를 두고, 우편물이 하층의 우편함에 모이도록 하는데 배치는 엘리베이터 홀이 적당하다.

해설 **8** 정보화 빌딩(Intelligent Building)의 구성요소
① 정보통신 시스템
② 사무자동화 시스템
③ 건물자동화 시스템
④ 시큐리티 시스템

해설 **9**
차고의 기둥간격은 5.8m×6.2m

해설 **10** 주차방식에 따른 소요 면적
① 직각주차 : 1대당 27.2m²
② 60° 주차 : 1대당 29.8m²
③ 45° 주차 : 1대당 32.2m²
④ 평행주차 : 1대당 43.1m²

정답 6. ① 7. ③ 8. ④ 9. ③ 10. ④

2. 은행

1 개설 (1) 은행의 규모
2 배치계획 (1) 대지의 형태 (2) 방위
3 평면계획 (1) 공간계획
4 세부계획 (1) 은행실 (2) 금고실 (3) 드라이브 인 뱅크

학습방향

은행은 기사범위에 속하는 것으로 출제빈도가 그리 높지 않다. 여기에서는 은행실에 관한 부분이 중요하며, 드라이브 인 뱅크도 종종 출제된다.

1. 주출입구
2. 객장의 최소 폭
3. 카운터의 높이
4. 영업장의 1인당 점유바닥면적
5. 드라이브 인 창구배치방법 – 1차선과 2차선인 경우

• 개설

1 은행의 규모

(1) 은행의 시설규모

① 결정요인

㉮ 은행원수 ㉯ 내점 고객수 ㉰ 고객 서비스를 위한 규모

㉱ 장래의 예비 스페이스 등

② 연면적 = 은행원수×16~26m²

(2) 은행실면적의 산정

은행실은 영업실과 고객용 로비를 말한다.

① 영업실면적=은행원수×4~5m²

② 고객용 로비면적=고객수×0.13~0.2m²

• 배치계획

1 대지의 형태

대지로서 가장 적합한 것은 정사각형 혹은 직사각형이며, 부정형인 것은 되도록 피한다.

2 방위

방위는 남쪽 또는 동쪽에 면하는 것이 좋고, 동남의 가로 모퉁이가 가장 이상적이다.

학습POINT

• 평면계획

1 공간계획

(1) 은행내부 공간계획시 유의사항
 ① 고객의 공간과 업무공간과의 사이에는 원칙적으로 구분이 없어야 한다.
 ② 고객이 지나는 동선은 되도록 짧게 한다.
 ③ 업무내부의 일의 흐름은 되도록 고객이 알기 어렵게 한다.
 ④ 큰 건물의 경우 고객출입구는 되도록 1개소로 하고, 안으로 열리도록 한다.
 ⑤ 직원 및 내객의 출입구는 따로 설치하여 영업시간에 관계없이 열어 둔다.

(2) 공간구성
 ① 거실부분 - ㉮ 업무실 ㉯ 부속실
 ② 비거실부분 - ㉮ 교통실 ㉯ 수장실 ㉰ 준수장실 ㉱ 설비실 등

• 세부계획

1 은행실
  객장과 영업장으로 구분한다.

(1) 주출입구(현관)
 ① 전실을 두거나 방풍을 위한 칸막이를 설치한다.
 ② 도난방지상 안여닫이(전실을 둘 경우 바깥문은 외여닫이 또는 자재문)로 한다.
 ③ 어린이들의 출입이 많은 곳에는 회전문이 위험하므로 사용하지 않는 것이 좋다.

(2) 객장(고객대기실)
 ① 최소 폭은 3.2m 정도
 ② 고객용 로비 : 영업실의 비율은 2 : 3(1 : 0.8~1.5) 정도로 한다.

(3) 카운터(tellers counter)
 ① 높이 : 100~110cm(영업장 쪽에서는 90~95cm)
 ② 폭 : 60~75cm
 ③ 길이 : 150~180cm

(4) 영업장
 ① 영업장의 넓이는 은행건축의 규모를 결정한다.
 ② 면적 : 은행원 1인당 기준 10m² 기준
 ③ 천장높이 : 5~7m
 ④ 소요 조도 : 책상면상 300~400lux 표준

■ 그림. 카운터

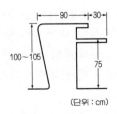

(단위 : cm)

■ 은행의 규모는 은행원수로 나타낸다.

2 금고실

(1) 종류

① 현금고, 증권고 : 일반적으로 금고실이라 하며, 칸막이 격자로 구분하여 사용한다.

② 보호금고 : 고객으로부터 보관물품을 받아 두고, 보관증서를 교부하는 보호예치업무를 위한 금고이다.

③ 대여금고 : 금고실내에 대·소 철제상자를 설치해두고 고객에게 일정금액으로 대여해주는 금고로서, 전실에 비밀실(coupon booth : 넓이 3m² 정도)을 부수해서 설치한다.

(2) 구조

① 철근콘크리트구조(벽, 바닥, 천장)

㉮ 두께 : 30~45cm(큰 규모인 경우 60cm 이상)

㉯ 지름 16~19mm 철근을 15cm 간격으로 이중배근한다.

② 금고문 및 맨홀 문은 문틀 문짝면 사이에 기밀성을 유지해야 한다.

③ 사고에 대비하여 전선케이블을 금고 벽체안에 위치하게 하여 경보장치와 연결한다.

④ 비상전화를 설치한다.

⑤ 비상환기기 혹은 비상구가 별도로 필요한 경우에 한해 공기출입이 용이한 장소에 비상출입구를 설치한다.

⑥ 금고는 밀폐된 공간이기 때문에 환기설비를 한다.

3 드라이브 인 뱅크

(1) 계획시 주의사항

① 드라이브 인 창구에 자동차의 접근이 쉬워야 한다.

② 은행 창구에의 자동차 주차는 교차되거나 평행이 되도록 해야 한다.

③ 드라이브 인 뱅크 입구에는 차단물이 설치되지 않아야 한다.

④ 창구는 운전석 쪽으로 한다.

⑤ 외부에 면할 경우는 비나 바람을 막기 위한 차양시설이 필요하다.

(2) 창구의 소요 설비

① 모든 업무가 드라이브 인 창구 자체에서만 되는 것이 아니므로 별도 영업장과의 긴밀한 연락을 취할 수 있는 시설이 필요하다.

② 자동, 수동식을 겸비하여 서류를 처리할 수 있도록 한다.

③ 쌍방 통화설비를 한다.

④ 한랭시 동결에 대비하여 창구를 청결히 할 수 있는 보온장치를 부착한다.

⑤ 방탄설비를 부착한다.

■ 그림. 대여금고

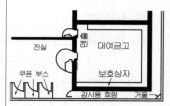

■ 그림. 창구의 배치방법

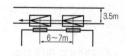

(a) 1차선의 경우

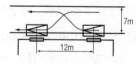

(b) 2차선의 경우

핵심문제

1 은행의 시설규모의 결정요인과 가장 거리가 먼 것은?

① 이용 고객수
② 고객서비스를 위한 시설규모
③ 장래의 예비 스페이스
④ 고객의 이용시간

2 은행의 공간계획으로 옳지 않은 것은?

① 고객이 지나는 동선은 되도록 짧게 한다.
② 업무내부의 일의 흐름은 되도록 고객이 알기 어렵게 한다.
③ 큰 건물의 경우 고객출입구는 되도록 1개소로 하고, 안으로 열리도록 한다.
④ 고객의 공간과 업무공간과의 사이에는 원칙적으로 구분이 있어야 한다.

3 은행의 주출입구에 관한 설명으로 옳지 않은 것은?

① 겨울철의 방풍을 위해 방풍실을 설치하는 것이 좋다.
② 내부출입문은 도난방지상 안여닫이로 하는 것이 좋다.
③ 어린이들의 출입이 많은 곳에서는 회전문을 설치하는 것이 좋다.
④ 이중문을 설치하는 경우 바깥문은 바깥여닫이 또는 자재문으로 하는 것이 좋다.

4 은행영업실의 고객대기실 쪽에서 본 카운터의 적정 높이는?

① 80~90cm
② 90~100cm
③ 100~110cm
④ 110~120cm

5 은행건축에 관한 기술 중 부적당한 것은?

① 일반적으로 출입문은 안여닫이로 함이 타당하다.
② 은행실은 고객대기실과 영업실로 나누어지며, 은행의 주체를 이루는 곳이다.
③ 영업실의 면적은 은행원 1인당 적어도 20m² 이상되어야 한다.
④ 금고실은 고객대기실에서 떨어진 위치에 둔다.

해 설

해설 **1** 은행의 시설규모의 결정요인
① 은행원수
② 내점 고객수
③ 고객 서비스를 위한 규모
④ 장래의 예비 스페이스 등

해설 **2**
고객의 공간과 업무공간과의 사이에는 원칙적으로 구분이 없어야 한다.

해설 **3**
어린이들의 출입이 많은 곳에는 회전문이 위험하므로 사용하지 않는 것이 좋다.

해설 **4**
카운터의 높이는 대기실에서 고객이 취급하기 쉬운 높이가 100~105cm이며, 폭은 60~75cm로 한다.

해설 **5**
영업실의 면적은 은행원 1인당 10m² 기준으로 한다.

정답 1. ④ 2. ④ 3. ③ 4. ③ 5. ③

1 개설

(1) 점외구성
(2) 점내구성

1 점외구성

(1) 상점구성의 방법

① A(주의, Attention) : 주목시킬 수 있는 배려

② I(흥미, Interest) : 공감을 주는 호소력

③ D(욕망, Desire) : 욕구를 일으키는 연상

④ M(기억, Memory) : 인상적인 변화

⑤ A(행동, Action) : 들어가기 쉬운 구성

(2) 퍼사드(facade)와 숍 프론트(shop front)의 조건

① 개성적, 인상적인가?(신선한 감각이 넘치는 표현)

② 그 상점의 업종, 취급상품이 인지될 수 있는가?(시각적 표현)

③ 대중성이 있는가?(생동감과 친밀감)

④ 통행객의 발을 멈추게 하는 효과를 갖는가?

⑤ 매점내로 유도하는 효과가 있는가?

⑥ 셔터를 내렸을 때의 배려가 되어 있는가?

⑦ 경제적인 제약을 무시하고 있지는 않는가?

⑧ 필요 이상의 간판으로 미관을 해치고 있지는 않은가?

(3) 상점가로서 고객을 유도할 수 있는 조건

① 한 가지 용무만이 아니고 몇 가지 일을 상점지역에서 볼 수 있어야 한다.

② 특정상품에 대한 비교와 자유로운 선택을 할 수 있는 곳이라야 한다.

③ 여러 성질의 다른 매력이 조합되어 있는 곳이라야 한다.

④ 번화함, 활기, 참신함 등의 분위기가 그 지역일대에 있어야 한다.

⑤ 오래전부터 사람들의 발길이 그 곳에 오는 습관이 있고 그것이 계속되고 있어야 한다.

⑥ 신개발지역으로 그 곳에서 특유활동이 요구되는 곳이라야 한다.
⑦ 충실한 상점이 밀집되어 있어야 한다.

2 점내구성 - 판매형식

(1) 대면판매

① 장점

㉮ 설명하기가 편리하다.

㉯ 종업원의 정위치를 정하기가 용이하다.

㉰ 포장하기가 편리하다.

② 단점

㉮ 종업원에 의해 통로가 소요되므로 진열면적이 감소된다.

㉯ 진열장이 많아지면 상점의 분위기가 딱딱해진다.

(2) 측면판매

① 장점

㉮ 충동적 구매와 선택이 용이하다.

㉯ 진열면적이 커진다.

㉰ 상품에 대해 친근감이 있다.

② 단점

㉮ 종업원의 정위치를 정하기가 어렵고 불안정하다.

㉯ 상품의 설명, 포장 등이 불편하다.

■ 대면판매와 측면판매의 해당 상점 구분하는 방법
대면판매형식은 파는 상품에 대한 전문가인 종업원을 필요로 하며, 측면판매는 고객의 자유로운 판단에 의해 판매가 이루어진다. 따라서 전문성이 있는 판매는 대면 판매형식이다.

■ 설명이 편리하다는 의미는 전문가의 설명이 필요하다는 것이다.

핵 심 문 제

1 다음 중 상점 정면(facade)구성에 요구되는 상점과 관련되는 5가지 광고요소(AIDMA 법칙)에 속하지 않는 것은?

① Attention(주의) ② Interest(흥미)
③ Design(디자인) ④ Memory(기억)

2 상점건축의 일반적인 퍼사드(facade)계획에 대한 설명 중 옳지 않은 것은?

① 매점내로 유도하는 효과를 가지게 한다.
② 셔터를 내렸을 때의 배려가 되어 있도록 한다.
③ 필요 이상의 간판으로 미관을 해치지 않도록 한다.
④ 외부로부터 상점안이 보이지 않도록 한다.

3 상점건축계획시 상점가로 고객을 유도할 수 있는 조건 중 옳지 않은 것은?

① 한 가지 용무만이 아니고 몇 가지 일을 상점지역에서 볼 수 있어야 한다.
② 신개발지역으로 그 곳에서 보통 활동이 요구되는 곳이라야 한다.
③ 특정상품에 대한 비교와 자유로운 선택을 할 수 있는 곳이라야 한다.
④ 오래전부터 사람들의 발길이 그 곳에 오는 습관이 있고 그것이 계속되고 있어야 한다.

4 상점건축의 판매형식에 대한 설명 중 옳지 않은 것은?

① 측면판매는 충동적인 구매와 선택이 용이하다.
② 측면판매는 판매원이 정위치를 정하기가 용이하며, 즉석에서 포장이 편리하다.
③ 대면판매는 상품을 고객에게 설명하기가 용이하다.
④ 대면판매는 쇼 케이스(show case)가 많아지면 상점의 분위기가 부드럽지 않다.

해 설

해설 **1**
D(욕망, Desire)

해설 **2**
셔터를 내렸을 때의 배려가 되어 있는가?

해설 **3**
신개발지역으로 그 곳에서 특유활동이 요구되는 곳이라야 한다.

해설 **4**
대면판매는 판매원이 정위치를 정하기가 용이하며, 즉석에서 포장이 편리하다.

정답 1. ③ 2. ④ 3. ② 4. ②

3. 상점

2 배치계획

(1) 부지선정시 조건
(2) 상점의 방위

학습방향

 가장 중요한 부분인 상점의 방위에 관한 내용을 살펴보면 배치계획시 고려사항이다. 방위로서 어느 향이냐, 도로의 어느 쪽에 위치하느냐, 또는 개념적으로 어떠한 상점배치가 되어야 하느냐 등으로 설명되어 있으므로 혼동되지 않도록 잘 정리해야 한다.

1. 상점의 방위

1 부지선정시 조건

① 교통이 편리한 곳 ② 사람의 통행이 많고 번화한 곳
③ 눈에 잘 띄는 곳 ④ 2면 이상 도로에 면한 곳
⑤ 부지가 불규칙적이며 구석진 곳을 피할 것

2 상점의 방위

① 부인용품점 : 오후에 그늘이 지지 않는 방향이 좋다.
② 식료품점 : 강한 석양은 상품을 변색시키므로 서측을 피한다.
③ 양복점, 가구점, 서점 : 가급적 도로의 남측이나 서측을 선택하여 일사에 의한 퇴색, 변형, 파손 등을 방지한다.
④ 음식점 : 도로의 남측 또는 좁은 길옆이 좋다.
⑤ 여름용품점 : 도로의 북측을 택하여 남측광선을 취입하는 것이 효과적이다. (겨울용품은 이와 반대)
⑥ 귀금속품점 : 1일 중 태양광선이 직사하지 않는 방향이 좋다.

표 | 상점의 방위(배치)

구 분	개 념	도로에 의한 위치	상점의 방위
부인용품점	오후에 그늘이 지지않는 방향	도로의 북동쪽	남서향
식료품점	햇빛에 의한 파손	도로의 동쪽은 피한다.	서향은 피한다.
양복점, 가구점, 서점	일사에 의한 퇴색, 변형파손	도로의 남서쪽	북동향
여름용품점	남측에서 도입	도로의 북쪽	남향
겨울용품점	추운 이미지	도로의 남쪽	북향
음식점	조용하고 양호한 환경	도로의 남쪽	북향
귀금속점	1일중 태양광선이 직사하지 않는 방향	도로의 남쪽	북향 (균일한 조도)

학습POINT

■ 부인용품은 그 개념이 깨끗함과 밝음, 그리고 화사함을 나타낼 수 있는 것을 기본으로 하기 때문에 햇빛이 온종일 잘드는 장소를 택한다.

■ 균일한 조도의 의미는 실내에서의 작업면상의 밝기가 일정하다는 것이다. 그러나 대부분 균일한 조도를 실내공간의 밝기로 혼동하고 있다. 실내공간의 밝기는 광속 발산도로 나타낸다. 균일한 조도를 필요로 하는 공간은 귀금속점, 미술실, 북측채광 인 정밀기계공장, 방직공장 등이다.

■ 제3장 상업건축 145

핵심문제

해 설

1 상점의 대지선정조건과 가장 거리가 먼 것은?

① 교통이 편리한 곳

② 사람의 눈에 잘 뜨이는 곳

③ 2면 이상 도로에 면한 곳

④ 부지가 불규칙적이고 구석진 곳

해설 **1**

부지가 불규칙적이며, 구석진 곳을 피할 것

2 다음의 각종 상점의 방위에 대한 설명 중 옳지 않은 것은?

① 여름용품점은 도로의 북측을 택하여 남측광선을 취입하는 것이 효과적이다.

② 식료품점은 강한 석양을 피할 수 있는 방위로 한다.

③ 양복점, 가구점, 서점은 가급적 도로의 북측이나 동측을 선택한다.

④ 음식점은 도로의 남측이 좋다.

해설 **2**

양복점, 가구점, 서점은 가급적 도로의 남측이나 서측을 선택한다.

3 다음의 점포계획 중 그 방위가 가장 적절하지 못한 것은?

① 식료품점 – 도로의 서측

② 음식점 – 도로의 북측

③ 여름용품점 – 도로의 북측

④ 양복점, 서점 – 도로의 남측

해설 **3**

음식점 – 도로의 남측 또는 좁은 길옆이 좋다.

4 그림과 같은 건물에서 상점의 배치가 방위상 가장 불합리한 것은?

① 식료품점

② 가구점

③ 부인용품점

④ 여름용품점

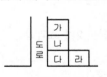

해설 **4**

① 식료품점이 서향을 피하기 위해서는 도로의 동측에 배치해서는 안된다.

② 가구점도 도로의 동측에 배치시 상당히 불리하다.

3 평면계획

(1) 상점의 총면적
(2) 동선계획
(3) 퍼사드

1 상점의 총면적

건축면적 가운데 영업을 목적으로 사용하는 면적

(1) 판매부분

도입공간, 통로공간, 상품전시공간, 서비스공간

(2) 부대(관리)부분

직접적인 영업목적을 달성하기 위한 수단으로 상품관리공간, 점원후생공간, 영업관리공간, 시설관리공간, 주차장 등으로 구성된다.

2 동선계획

상점내의 매장계획에 있어서 동선을 원활하게 하는 것이 가장 중요하다. 따라서 가구 배치계획시에 상점내의 동선은 길고 원활하게 하며, 고객동선은 가능한 한 길게, 종업원동선은 되도록 짧게 하여 보행거리를 적게 하며, 고객동선과 교차되지 않도록 한다.

3 퍼사드(facade)

상점의 전면형태인 점두는 간판, 쇼 윈도우, 출입구, 광고 등을 포함한 점포전체의 얼굴이며, 이 때 진열창은 점두의 의장중심이 된다.

(1) 숍 프론트(shop front)에 의한 분류

① 개방형 : 손님이 잠시 머무르는 곳이나 손님이 많은 곳에 적합하다.(서점, 제과점, 철물점, 지물포)

학습POINT

■ 그림. 숍 프런트에 의한 분류

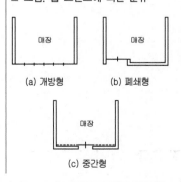

② 폐쇄형 : 손님이 비교적 오래 머무르는 곳이나 손님이 적은 곳에 사용된다.(이발소, 미용원, 보석상, 카메라점, 귀금속상 등)

③ 중간형 : 개방형과 폐쇄형을 겸한 형식으로 가장 많이 이용된다.

(2) 진열창 형태에 의한 분류

① 평형 : 점두의 외면에 출입구를 낸 가장 일반적인 형으로 채광이 좋고 점내를 넓게 사용할 수 있어 유리하다.

② 돌출형 : 점내의 일부를 돌출시킨 형으로 특수도매상에 쓰인다.

③ 만입형 : 점두의 일부를 만입시킨 형으로 점내면적과 자연채광이 감소된다.

④ 홀형

⑤ 다층형 : 2층 또는 그 이상의 층을 연속되게 취급한 형으로 가구점, 양복점에 유리하다.

(3) 진열장 배열기본형

① 굴절배열형 : 양품점, 모자점, 안경점, 문방구 등

② 직렬배열형 : 통로가 직선이므로 고객의 흐름이 빨라 부분별 상품진열이 용이하고, 대량판매형식도 가능하다.(침구점, 실용의복점, 가정전기점, 식기점, 서점 등)

③ 환상배열형 : 수예점, 민예품점 등

④ 복합형 : 부인복지점, 피혁제품점, 서점 등

■ 그림. 진열창의 평면형식

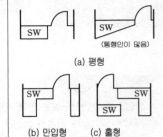

(a) 평형

(b) 만입형　(c) 홀형

■ 그림. 진열장의 배열형식

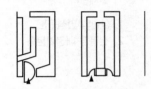

(a) 굴절 배열형　(b) 직렬 배열형

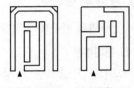

(c) 환상 배열형　(d) 복합형

핵 심 문 제

1 상점건축의 판매부분에 포함되지 않는 것은?

① 상품전시부분   ② 서비스공간

③ 통로공간   ④ 관리공간

해설 **1**
부대(관리)부분 – 관리공간

2 상점건축의 동선계획에 대한 설명 중 틀린 것은?

① 종업원동선은 가능한 한 짧게 하여 소수의 종업원으로도 판매가 능률적이 되도록 계획한다.

② 고객의 동선과 종업원동선은 교차되지 않는 것이 바람직하다.

③ 동선에 변화를 주기 위해 바닥면에 고저차를 두는 것이 좋다.

④ 고객동선은 가능한 길게 하여 다수의 손님을 수용하도록 한다.

해설 **2**
상점건축에서는 바닥면에 고저차를 두어서는 안된다.

3 다음 중 상점내 진열장 배치계획에서 가장 우선적으로 고려되어야 할 사항은?

① 동선의 흐름

② 진열장의 치수

③ 조명의 밝기

④ 천장의 높이

해설 **3**
상점내의 진열장 배치계획에 있어서 가장 우선적으로 고려되어야 할 사항은 동선의 원활한 흐름이다.

4 전면유리로 되어 있어 일반 상점가에 많이 사용되는 숍 프론트(shop front) 형식은?

① 개방형   ② 폐쇄형

③ 혼합형   ④ 분리형

해설 **4**
개방형은 점두 전체가 출입구처럼 트여 있는 것으로 과거부터 가장 많이 사용해 오던 형식이다.

5 상점건축에서 외관의 형태에 의한 분류 중 가장 일반적인 형식으로 채광이 용이하고 점내를 넓게 사용할 수 있어 유리한 형태는?

① 평형   ② 만입형

③ Hall형   ④ 돌출형

해설 **5**
평형은 점두의 외면에 출입구를 낸 가장 일반적인 형으로 채광이 좋고 점내를 넓게 사용할 수 있어 유리하다.

6 상점에서 고객의 흐름이 빠르며 동시에 부분별 상품진열이 용이하고, 대량판매형식도 가능한 형태로 주로 서점 등에서 사용되는 판매배치의 기본형은?

① 굴절배열형   ② 직렬배열형

③ 환상배열형   ④ 복합형

해설 **6**
직렬배열형은 통로가 직선이므로 고객의 흐름이 빨라 부분별 상품진열이 용이하고, 대량판매형식도 가능하다.

정답 1. ④ 2. ③ 3. ① 4. ①
5. ① 6. ②

3. 상점

4 세부계획

(1) 진열창
(2) 진열장
(3) 출입구
(4) 계단

학습방향

상점건축에서 가장 중요하며, 거의 빠짐없이 출제되는 문제로 진열창의 반사(현휘, 눈부심)방지는 주간에는 내부조도가 외부조도보다 낮음으로 일어나고, 야간에는 진열창 내부의 광원인 조명이 원인이 되어 일어난다.

1. 진열창의 반사방지
2. 진열창의 조도

1 진열창(show window)

진열창은 출입구의 위치와 함께 결정되며, 점포입구의 형식, 상품의 종류, 점포 폭의 크기 및 손님을 유치할 수 있는 위치를 중심으로 계획한다.

(1) 계획결정의 요소

① 상점의 위치
② 보도 폭과 교통량
③ 상점의 출입구
④ 상품의 종류와 정도 및 크기
⑤ 진열방법 및 정돈상태

(2) 진열창의 크기

① 창대의 높이 : 0.3~1.2m 정도(보통 0.6~0.9m)
② 유리의 크기 : 높이 2.0~2.5m 정도(그 이상은 비효과적이다)
③ 진열높이 : 스포츠용품, 양화점은 낮게, 시계, 귀금속은 높게 한다.
④ 가장 눈을 끄는 상품은 선 사람의 눈 높이보다 약간 낮게 한다.

(3) 진열창의 흐림(결로)방지

진열창에 외기가 통하도록 하고, 내·외부의 온도차를 적게 한다.

(4) 진열창의 반사방지

① 주간시
  ㉮ 진열창내의 밝기를 외부보다 더 밝게 한다.
  ㉯ 차양을 달므로써 외부에 그늘을 준다.
  ㉰ 유리면을 경사지게 하고 특수한 곡면유리를 사용한다.
  ㉱ 건너편의 건물이 비치는 것을 방지하기 위해 가로수를 심는다.
② 야간시
  ㉮ 광원을 감춘다.
  ㉯ 눈에 입사하는 광속을 적게 한다.

학습POINT

■ 진열창(show window)은 진열유리(높이 2~2.5m)와 진열유리를 받치고 있는 창대(높이 0.3~1.2m)로 구성된다. 따라서 진열창의 전체높이는 최대 3.7m 정도이다.
여기서 실제로 상품진열에 소요되는 높이는 2~2.5m이다. 왜냐하면 일반적으로 고객이 진열창 앞에 약간 떨어져 진열된 상품을 바라볼 때 부담없이 볼 수 있는 높이는 고객의 키보다 약간 큰 높이가 한눈에 들어오기 때문이다.

■ 진열창의 상품 진열높이는 상품의 종류에 따라 다르다.

■ 그림. 쇼 윈도우의 단면형식

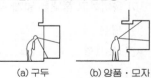

(a) 구두　(b) 양품·모자

(c) 양복·양장　(d) 가구·자동차

(e) 가구 등 배치　(f) 중 2층형

(5) 내부조명

① 전반조명과 국부조명을 사용한다.

② 바닥면상의 조도 : 150lux

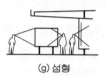

(g) 섬형

2 진열장(show case)

(1) 배치시 고려사항

① 손님쪽에서 상품이 효과적으로 보일 것

② 감시하기 쉽고 또한 손님에게는 감시한다는 인상을 주지 않게 할 것

③ 손님과 종업원의 동선을 원활하게 하여 다수의 손님을 수용하고 소수의 종업원으로 관리하기에 편리하도록 할 것

④ 들어오는 손님과 종업원의 시선이 직접 마주치지 않게 할 것

(2) 진열장의 크기

상점에 따라 각각 다르나 동일상점의 것은 규격을 통일시키는 것이 좋으며, 이동식 구조로 한다.

① 폭 : 0.5~0.6m

② 길이 : 1.5~1.8m

③ 높이 : 0.9~1.1m

3 출입구

크기는 외여닫이인 경우 0.8~0.9m의 넓이 정도

4 계단

① 일반상점에 있어서 2층 이상을 판매장으로 사용하는 경우는 계단의 설치위치와 주계단과 부계단의 관계, 계단의 경사도 등은 고객의 흡인력과 밀접한 관계가 있으며, 상점내의 중요한 장식적 요소가 된다.

② 소규모 상점에 있어서 계단의 경사가 너무 낮을 경우에는 매장면적을 감소시키게 되므로 규모에 알맞는 경사도를 선택해야 한다.

③ 계단위치의 평면형식 : 벽면위치의 계단, 중앙위치의 계단, 나선계단, 중 2층 구조의 계단이 있다.

■ 반사와 현휘

• 반사는 물체가 진열창 유리면에 되비치는 것

• 현휘는 고객의 눈이 부시는 현상으로 눈부심, 글레어(glare)라 한다.

• 일반적으로 반사와 현휘는 그 의미가 다르나 여기에서는 같은 의미로 사용된다.

■ 조명방식

① 직접조명   ② 간접조명

③ 전반조명   ④ 반직접조명

⑤ 반간접조명

■ 국부조명 - 스포트 라이트

■ 진열장의 높이 : 90~110cm

■ 그림. 계단의 평면형식

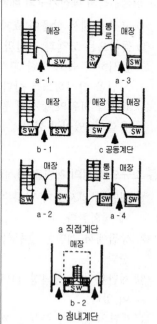

핵 심 문 제

1 상점의 진열창 계획조건 중 관계가 가장 적은 것은?

① 상점의 위치 및 출입구　　② 도로 폭과 교통량
③ 진열방법과 정돈상태　　④ 상품의 종류와 품질

2 상점건축에서 진열창에 대한 기술 중 옳지 않은 것은?

① 진열창의 크기는 상점의 종류, 전면길이 등에 의해 결정된다.
② 주목을 끌 수 있는 상품은 보도에 선 사람의 눈 높이보다 약간 낮게
하는 것이 좋다.
③ 진열창의 바닥높이는 상품의 종류에 따라 다르나 낮게 할수록 유리
하다.
④ 유리의 높이는 2.0~2.5m가 적당하다.

3 쇼 윈도우 유리면의 반사방지법으로 가장 부적당한 것은?

① 외부보다 쇼 윈도우 내부를 어둡게 한다.
② 곡면유리를 사용한다.
③ 유리를 사면으로 설치한다.
④ 차양을 달아 외부에 그늘을 준다.

4 상점건축의 매장가구의 배치계획에서 고려할 사항으로 부적당한 것은?

① 고객 쪽에서 상품이 효과적으로 보이게 한다.
② 들어오는 고객과 직원의 시선이 바로 마주치는 것을 피하도록 한다.
③ 감시하기 쉽고 또한 고객에게 감시받고 있다는 인상을 주어 미연에
도난을 방지하도록 한다.
④ 고객과 직원의 동선이 원활하고, 소수의 직원으로 다수의 고객을 수
용할 수 있어야 한다.

5 소규모 상점의 계단을 설계할 때 고려사항으로 부적절한 것은?

① 계단의 경사도가 낮을수록 고객이 올라가기 쉬우므로 경사도를 낮
게 계획한다.
② 상점에서 계단은 훌륭한 장식요소가 되기 때문에 세심한 주의를 요
한다.
③ 계단위치의 평면형식으로는 벽면위치의 계단, 중앙위치의 계단 등
이 있다.
④ 계단의 뚫리는 부분은 매장의 면적과 관련시켜 고려한다.

해설 1
상품의 종류와 정도 및 크기

해설 2
진열창의 바닥높이는 상품의 종류에
따라 다르나, 주목을 끌 수 있는 상품
은 선 사람의 눈 높이보다 약간 낮게
한다.

해설 3
진열창내의 밝기를 외부보다 더 밝게
한다.

해설 4
감시하기 쉽고 또한 손님에게는 감시
한다는 인상을 주지 않게 할 것

해설 5
계단의 경사도가 낮을 경우 고객이 올
라가기 쉬우나 상점 내부의 면적을 많
이 차지하므로 경사도를 낮게 계획할
수 없다.

정답 1. ④ 2. ③ 3. ① 4. ③ 5. ①

4. 슈퍼마켓

1 개설   (1) 의미
2 배치계획   (1) 배치계획
3 평면계획   (1) 동선 (2) 시설물

학습방향

슈퍼마켓에서는 매장의 통로 폭에 관한 것과 바닥면의 고저차를 두지 않는 것을 원칙으로 하는데 이에 관한 내용이 출제된다.

1. 매장 통로 폭
2. 바닥면 처리

• 개설

1 의미

     종합식품을 셀프 서비스로 판매하는 상점

• 배치계획

1 계획시 조건

     ① 상점배열과 구성은 상품전체를 충분히 돌아볼 수 있도록 한다.
     ② 고객이 많은 쪽을 입구로 하고 항상 넓게, 출구는 좁게 한다.
     ③ 식료품과 비식료품일 경우 배치는 항상 입구근처에는 생활필수품과 식료품을 진열하며, 고객을 많이 끌어 들이도록 유의한다.

• 평면계획

1 동선

     ① 일방통행
     ② 통로의 폭 : 1.5m 이상
     ③ 입구와 출구는 분리할 것
     ④ 동선배치는 대면판매의 장소까지 직선으로 도입하고, 거기서 각 코너로 분산시킬 것

2 시설물

     (1) 체크 아웃 카운터
     (2) 바구니
     (3) 카트(cart, 손수레)

학습POINT

■ 판매시설의 종류에 따른 통로의 최소 폭
① 상점 : 0.9m 이상
② 슈퍼마켓 : 1.5m 이상
③ 백화점 : 1.8m 이상

1 슈퍼마켓에 관한 다음 기술 중 부적당한 것은?

① 매장의 바닥에는 단을 두지 않는다.

② 회계카운터는 peak시를 고려하여 그 수를 결정한다.

③ 매장내의 통로의 폭은 3m 이상으로 한다.

④ 매장벽면의 요철은 가능한 한 피한다.

해설 **1**

통로의 폭은 1.5m 이상으로 하고, 일방통행으로 한다.

2 슈퍼마켓의 매장계획에 관한 설명 중 옳지 않은 것은?

① 매장의 바닥에 고저차를 두는 것은 변화가 있어 효과적이다.

② 상품배열 및 구성은 손님이 전 상품을 충분히 보고 다닐 수 있도록 한다.

③ 통로의 폭은 1.5m 이상이 바람직하다.

④ 매장의 벽면은 요철을 될 수 있는 한 피한다.

해설 **2**

매장의 바닥은 고저차를 두어서는 안 된다.

3 슈퍼마켓(Super-market) 건축계획에 관한 기술 중 가장 올바른 것은?

① 매장바닥은 단차를 두면 단조로운 대공간에 변화감을 주어 효과적이다.

② 입구와 출구의 폭은 같게 하고 가급적 분리시키는 것이 좋다.

③ 체크 카운터의 대수는 1시간당 1대의 처리능력을 슈퍼마켓의 경우 100~200명으로 보고 결정한다.

④ 고객동선은 일방통행이 좋고, 통로 폭은 1.5m 이상이 바람직하다.

해설 **3**

① 판매시설(상점, 슈퍼마켓, 백화점)에서는 매장의 바닥면에 고저차를 두지 않는다.

② 슈퍼마켓은 입구와 출구를 분리하는 것이 좋다.

③ 체크 카운터의 대수는 1시간당 1대의 처리능력을 슈퍼마켓의 경우 500~600명으로 보고 결정한다.

5. 백화점 · 쇼핑센터

1	**개설**	(1) 성격 (2) 면적구성 (3) 규모
2	**배치계획**	(1) 대지의 형태 (2) 대지선정시 조건
3	**평면계획**	(1) 기능 및 분류 (2) 동선
4	**단면계획**	(1) 기둥간격 (2) 층고

학습방향

상점건축에서 기본적인 내용을 열거했기 때문에 백화점의 내용은 오히려 단순하다. 여기서 가장 중요하게 다루는 것은 면적구성에 관한 것으로 면적구성은 연면적을 판매부분과 부대관리부분으로 나누는 것이다.
백화점의 기능 및 분류에 있어서 크게 고객권, 종업원권, 상품권, 판매권으로 분류할 수 있는데, 여기서 특기할 만한 내용은 고객권과 상품권을 분리한다는 것이다.
다음으로 기둥간격에 관한 문제이다.

1. 판매부분 면적비
2. 순수매장 면적비
3. 고객권과 상품권의 분리
4. 기둥간격 결정요소

• 개설

1 성격

보다 많은 고객을 받아 들여 가능한 한 많은 상품을 판매하는 것이 목적이므로 다음 사항에 유의한다.
① 외관은 멀리서도 눈에 띠고 상업적인 가치가 필요하다.
② 도로에서는 점내가 밝고 개방적이어서 항상 신선함과 화려함을 갖추어야 한다.
③ 매장은 2~3년마다 디자인이 갱신될 수 있도록 배려한다.
④ 백화점의 매장 및 많은 접객시설은 많은 사람이 집중하므로 비상시에 피난 및 재해의 범위를 한정한다.

2 면적구성

건축 총면적(영업을 목적으로 사용하는 부분)은 판매부분과 부대부분으로 나누어진다.

(1) 판매부분

판매부분은 연면적의 60~70%(이 중 순수매장면적은 연면적의 50%)이며, 순수매 장면적 50% 중 진열장의 배치면적은 50~70%, 순수통로면적은 30~50% 정도이다.

(2) 부대(관리)부분

판매를 위한 관리부분

■ 순매장면적 구성
① 진열장 배치면적 : 50~70%
② 통로로 쓰이는 면적 : 30~50%

3 규모

(1) 중규모백화점 – 3,000m²

(2) 대규모백화점 – 4,000~10,000m²

(3) 중소백화점 – 1,000~4,000m²

• **배치계획**

1 대지의 형태

① 정방형에 가까운 장방형이 좋다.

② 긴변이 주요 도로에 면하고, 다른 1변 또는 2변이 상당한 폭원이 있는 도로에 면함이 좋다.

2 대지선정시 조건

① 2면 이상 도로와 면할 것

② 역이나 버스 정류장에 가까울 것

③ 사람이 많이 왕래하는 곳일 것

• **평면계획**

1 기능 및 분류

판매를 구성하는 요소로 객, °종업원, 상품이 있어야 하고, 다종다량의 상품으로 여러 층의 고객에 대응해야 한다.

(1) **고객권** : 고객용 출입구, 통로, 계단, 휴게실, 식당 등의 서비스시설 부분으로 대부분 판매권 등 매장에 결합되며, 종업원권과 접하게 된다.

(2) **종업원권** : 종업원의 입구, 통로, 계단, 사무실, 식당 기타 부분으로 고객권과는 별개의 계통으로 독립되고, 매장내에 접하고 있어 매장외에 상품권과 접하게 된다.

(3) **상품권** : 상품의 반입, 보관, 배달을 행하는 계층으로 판매권과 접하며, 고객권과는 절대 분리시킨다.

(4) **판매권** : 백화점의 가장 중요한 부분인 매장이며, 상품을 전시하여 영업하는 장소이다.

2 동선

(1) 고객동선

(2) 종업원동선

(3) 상품동선

■ 그림. 기능도

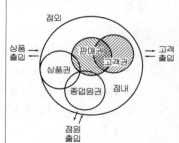

■ 기능배분

① 고객부문 : 쇼 윈도우, 현관, 계단, 엘리베이터, 휴게실, 화장실, 식당, 전람회장, 강당, 매표소, 미용실 등

② 상품부문 : 상품검수, 가격표시, 상품보관, 판매상품배달, 발송부분, 상품운반시설, 관리시설

③ 종업원부문 : 종업원의 출입구, 출퇴근관리시설, 종업원통로, 계단, 엘리베이터, 종업원화장실, 휴게실, 갱의실, 식당, 각종사무실, 응접실, 회의실 등

④ 판매부문 : 상품전시, 진열, 선전, 진열외 상품의 보관시설, 종업원의 고객 상품설명, 대금수령, 포장 등

• 단면계획

1 기둥간격

(1) 결정요소

① 진열장(show case)의 치수와 배치방법

② 지하주차장의 주차방식과 주차 폭

③ 엘리베이터, 에스컬레이터의 배치

(2) 기둥간격 : 보통 6.0×6.0m 정도

2 층고

(1) 각층의 높이

층고는 제한된 높이 가운데 매장별로 유효한 분할이 되어야 한다.

① 1층 : 3.5~5.0m

② 2층 이상 : 3.3~4.0m

③ 지하층 : 3.4~5.0m

(2) 최상층 : 식당 또는 연회장으로 사용되는 경우가 많으므로 층고를 높게 한다.

1 백화점의 순매장면적 중 통로로 쓰이는 부분은 어느 정도가 적당한가?

① 10~20%

② 20~30%

③ 30~50%

④ 50~60%

해설 **1**

순교통에 필요한 면적은 매장면적의 30~50% 정도이다.

2 중층 규모 백화점의 적정크기 면적은?

① 500m²

② 1,000m²

③ 3,000m²

④ 5,000m²

해설 **2**

중규모 백화점– 3,000m²

3 백화점에 요구되는 대지조건과 가장 관계가 먼 것은?

① 역이나 버스정류장에서 가까울 것

② 일조, 통풍이 좋을 것

③ 2면 이상이 도로에 면할 것

④ 사람이 많이 왕래하는 곳일 것

해설 **3**

백화점의 대지조건으로 일조와 통풍과는 무관하다.

4 다음 백화점 건축계획에 있어서 기능배분에 관한 다음 고려사항 중 불합리한 것이 섞인 것은 어느 것인가?

① 객부분 – 엘리베이터, 휴게실, 화장실

② 상품부분 – 상품 검수, 창고, 관리

③ 종업원부분 – 갱의실, 사무실, 종업원 휴게실

④ 판매부분 – 가격표시, 배달부, 발송부, 포장부

해설 **4**

판매부분 – 상품의 전시 진열, 선전, 상품의 스톡(stock)시설, 상품설명, 대금수령, 포장 등의 업무

5 다음 중 백화점 기둥간격의 결정요소와 가장 거리가 먼 것은?

① 지하주차장의 주차방법

② 진열대의 치수와 배열법

③ 엘리베이터의 배치방법

④ 각 층별 매장의 상품구성

해설 **5** 백화점의 기둥간격 결정요소

① 진열장(show case)의 치수와 배치방법

② 지하주차장의 주차방식과 주차 폭

③ 엘리베이터, 에스컬레이터의 배치

정답 1. ③ 2. ③ 3. ② 4. ④ 5. ④

5. 백화점·쇼핑센터

5 세부계획

(1) 매장
(2) 출입구
(3) 변소, 수세기
(4) 종업원시설

학습방향

세부계획에서는 매장계획시 유의사항과 백화점의 통행의 방법에 따른 통로 폭, 출입구수, 변기수산정이 일반적으로 출제되며, 백화점의 진열장 배치방법은 중요하게 자주 출제된다.

1. 일반매장속의 특별매장배치
2. 매장계획시 유의사항
3. 출입구수는 30m에 1개소씩
4. 변기수의 산정
5. 종업원수의 산정
6. 백화점과 상점진열장의 배치형식

1 매장

(1) 종류

① 일반매장 : 자유형식으로 수 층에 걸쳐 동일면적으로 설치한다.
② 특별매장 : 일반매장내에 설치한다.

(2) 매장계획시 유의사항

① 매장내의 교통계통을 정리하는 것이 기본전제이다.
② 매장전체가 전망이 좋고, 알기 쉬울 것
③ 융통성이 높고, 넓게 연속된 판매장공간을 구성할 것
④ 동일층에서는 수평적 레벨차가 없도록 할 것
⑤ 입구, 엘리베이터, 에스컬레이터, 계단 등의 수직동선배치를 기능적으로 하여 점내손님의 움직임에 매장전체에 고르게 이루어지도록 한다.

(3) 통로

① 주 통로는 엘리베이터, 로비, 계단, 에스컬레이터 앞, 현관을 연결하는 통로로 폭은 2.7~3.0m 정도로 한다.
② 객 통로의 폭은 1.8m 이상으로 한다.

(4) 진열장의 배치

① 직교(직각)배치법

가구를 열을 지어 직각배치함으로써 직교하는 통로가 나게 하는 가장 간단한 배치방법으로 판매장의 면적을 최대한으로 이용할 수 있다. 그러나 단조로운 배치이고, 통행량에 따른 폭을 조절하기 어려워 국부적인 혼란을 일으키기 쉽다.

② 사행(사교)배치법

주통로를 직각배치하고, 부통로를 45°경사지게 배치하는 방법으로 좌우

학습POINT

■ 그림. 고객통로의 폭
 (단위 : cm)

(a) 한쪽 통로

(b) 양쪽 통로

(c) 부통로

(d) 주통로

주통로에 가까운 길을 택할 수 있고, 주통로에서 부통로의 상품이 잘보인다. 그러나 이형의 판매대가 많이 필요하다.

③ 방사배치법

판매장의 통로를 방사형을 배치하는 방법으로 일반적으로 적용하기가 곤란한 방식이다.

④ 자유 유동(유선)배치법

통로를 고객의 유동방향에 따라 자유로운 곡선으로 배치하는 방법으로 전시에 변화를 주고 판매장의 특수성을 살릴 수 있다. 그러나 판매대나 유리케이스가 특수한 형태가 필요하므로 비용이 많이 든다.

■ 그림. 진열장의 배치법

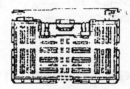

(a) 직교법

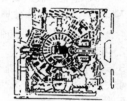

(b) 방사법

2 출입구

(1) 출입구 수

① 도로에 면하여 30m에 1개소씩 설치한다.

② 점내의 엘리베이터 홀, 계단에의 통로, 주요 진열창의 통로를 향하여 출입구를 설치한다.

(2) 크기

점포의 규모, 위치에 따라 다르며, 기둥간격, 스팬에도 관계된다.

(3) 길이

진열창의 깊이와 일치되게 하며, 2중문 또는 개방식으로 한다.

(c) 사교법

3 변소, 수세기

(1) 위치

① 각층의 주계단, 엘리베이터 로비부근에 배치한다.

② 남녀별로 화장실과 전실에 둔다.

(2) 변기수의 산정

(d) 자유 유동법

객용	남자용	대변기, 수세기	매장면적 1,000m² 에 대해서 1개
		소변기	매장면적 700m² 에 대해서 1개
	여자용	변기, 수세기	매장면적 500m² 에 대해서 1개
종업원용	남자용	대변기, 수세기	50명에 대해서 1개
		소변기	40명에 대해서 1개
	여자용	변기, 수세기	30명에 대해서 1개

4 종업원시설

(1) 종업원의 수는 연면적 18~22m²에 대해 1인의 비율로 한다.

(2) 종업원의 남녀의 비는 4 : 6 정도로 한다.

핵 심 문 제

1 백화점 판매장계획에 관한 설명 중 가장 부적당한 것은?

① 특별매장과 일반매장은 각각 층별로 구분 배치하는 것이 이상적이다.

② 판매장통행에 있어 직각배치는 판매장면적을 최대한 이용할 수 있다.

③ 동일 층에서 수평적으로 높이의 차이가 있는 것은 바람직하지 않다.

④ 판매장안의 고객통로의 폭은 1.8m 이상이 요구된다.

2 다음 중 백화점 매장계획에 대한 설명으로 적당하지 못한 것은?

① 매장전체가 전망이 좋고 내용을 알기 쉽게 한다.

② 동일층에서 약간의 수직적 Level 차이를 두어 쇼핑의 지루함이 없게 한다.

③ 융통성이 있고 넓게 연속된 판매장공간을 구성한다.

④ 수직동선배치를 기능적으로 하여 점내손님들의 동선을 고르게 이르도록 한다.

3 백화점에서 주통로의 폭으로 가장 적절한 것은?

① 1.8m ② 2.0m

③ 2.5m ④ 3.0m

4 백화점 평면배치에서 적합하지 않은 것은?

① 직각배치법 ② 유선형 배치법

③ 사행배치법 ④ 굴절배치법

5 백화점의 진열대 배치방법에 대한 설명 중 옳지 않은 것은?

① 직각배치는 매장면적이 최대한으로 이용된다.

② 직각배치는 판매장이 단조로워지기 쉽다.

③ 사행배치는 많은 고객이 판매장 구석까지 가기 쉬운 이점이 있다.

④ 자유유선배치는 매장의 변경 및 이동이 쉬우므로 계획에 있어 간단하다.

6 백화점건축의 세부계획에 관한 다음 사항 중 가장 부적당한 것은?

① 매장면적의 연면적에 대한 비율 : 60~70%

② 고객용 변기수 : 매장면적 2,000m²

③ 매장안의 고객통로의 폭 : 1.8m 이상

④ 종업원수 : 연면적 18~22m²에 대해서 1명

해설 **1**
특별매장은 일반매장내에 설치한다.

해설 **2**
동일 층에서는 수평적 레벨차가 없도록 할 것

해설 **3**
주통로는 엘리베이터, 로비, 계단, 에스컬레이터 앞, 현관을 연결하는 통로로 폭은 2.7~3.0m 정도로 한다.

해설 **4** 백화점과 상점의 진열장 배치형식의 비교

상 점	백화점
굴절배열형	직각(직교)배치법
직렬배열형	사행(사교)배치법
환상배열형	방사선식 배열형
복합형	자유 유선식 배열형

해설 **5**
직각배치는 매장의 변경 및 이동이 쉬우므로 계획에 있어 간단하다.

해설 **6**
변기, 수세기 : 매장면적 500m²에 대해서 1개

정답 1. ① 2. ② 3. ④ 4. ④
5. ④ 6. ②

5. 백화점 · 쇼핑센터

6 환경 및 설비계획 (1) 승강설비 (2) 무창계획

학습방향

백화점에서 에스컬레이터에 관한 문제는 중요하게 출제되고 있는 부분으로 배치위치와 배치형식, 규격과 수송능력에 대해 정리하여야 한다.

1. 에스컬레이터의 설치위치
2. 에스컬레이터의 배치형식
3. 에스컬레이터의 규격과 수송능력

1 승강설비

학습POINT

(1) 엘리베이터

① 최상층 급행용이외에는 보조수단으로 이용된다.
② 크기 : 연면적 2,000~3,000m²에 대해서 15~20인승 1대꼴 정도로 한다.
③ 속도
 ㉮ 저층(4~5 층) : 45~100m/min 정도
 ㉯ 중층(8층) : 110m/min 정도
④ 배치
 ㉮ 가급적 집중배치하며, 6대 이상인 경우 분산배치한다.
 ㉯ 고객용, 화물용, 사무용으로 구분배치한다.

(2) 에스컬레이터

① 백화점에 있어서 가장 적합한 수송기관이며, 엘리베이터에 비해 10배 이상의 용량을 보유하고 있으며, 고객을 기다리게 하지 않는다.
② 특징
 ㉮ 장점
  ㉠ 수송량이 크며, 수송량에 비해 점유면적이 작다.
  ㉡ 수송설비의 종업원이 적다.
  ㉢ 고객이 매장을 여러 각도에서 보면서 오르내린다.
 ㉯ 단점
  ㉠ 점유면적이 크고, 설비비가 고가이다.
  ㉡ 층고, 보의 간격(7~8m 이상) 등의 구조적 고려가 필요하다.

■ 에스컬레이터는 점유면적이 크나, 수송량에 비하면 점유면적이 작다.

③ 규격 및 수송능력

폭(cm)	수송 인원(인/시)	특기 사항
60	4,000	성인 1인
90	6,000	성인 1인, 아동 1인
120	8,000	성인 2인

④ 배치형식

배치 형식의 종류		승객의 시야	점유 면적
직렬식		가장 좋으나, 시선이 한 방향으로 고정되기 쉽다.	가장 크다.
병렬	단속식	양호하다.	크다.
	연속식	일반적이다.	작다.
교차식		나쁘다.	가장 작다.

■ 배치형식

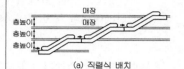

(a) 직렬식 배치

(b) 병렬 단속식 배치   (c) 병렬 연속식 배치

(d) 교차식 배치

⑤ 위치 : 엘리베이터 군(群)과 주출입구의 중간에 위치하는 것이 좋으며, 매장의 중앙에 가까운 곳에 설치하여 매장 전체를 쉽게 볼 수 있게 한다.

2 무창계획

진열면을 늘리거나, 분위기의 조성을 위하여 백화점의 외벽에 창이 없이 계획하는 것을 말한다.

(1) 장점
① 실내의 공기조화 및 냉난방설비에 유리하다.
② 실내의 조도를 균일하게 유지한다.
③ 창으로부터의 역광을 없게 하여 전시에 유리하다.
④ 외주 벽면에 전시품을 전시하는 공간을 갖도록 하여 매장의 공간을 효율적으로 이용한다.

(2) 단점
화재나 정전시에 고객들에게 혼란을 가져온다.

핵심문제

1 백화점의 엘리베이터와 에스컬레이터에 관한 설명 중 적합하지 않은 것은?

① 에스컬레이터를 설치하는 경우 층높이와 보의 간격에 유의한다.

② 에스컬레이터는 엘리베이터에 비해 수송량이 크다.

③ 에스컬레이터는 고객이 판매장을 여러 각도에서 보면서 오르내릴 수 있고 고객을 기다리게 하지 않는다는 이점이 있다.

④ 엘리베이터는 에스컬레이터에 비해 소요면적이 크고 설비비가 높다.

2 백화점의 에스컬레이터 배치형식에 대한 설명 중 옳은 것은?

① 직렬식 배치 – 점유면적이 작고 승객시야가 좋다.

② 병렬식 배치 – 백화점 점내를 내려다보기가 어렵다.

③ 교차식 배치 – 점유면적이 작다.

④ 병렬연속식 배치 – 점유면적이 가장 작다.

3 다음의 백화점 에스컬레이터 배치방식 중 매장에 대한 고객의 시야가 가장 제한되는 방식은?

① 직렬식   ② 병렬단속식

③ 병렬연속식   ④ 교차식

4 백화점 평면계획에 있어서 엘리베이터와 에스컬레이터의 가장 적당한 위치는?

① 고객의 출입구근처에 있어야 좋다.

② 엘리베이터는 주출입구에서 가까운 곳이 좋다.

③ 엘리베이터는 주출입구에서 먼 곳에, 에스컬레이터는 그 중간이 좋다.

④ 에스컬레이터는 매장 가장자리가 좋다.

5 백화점의 계획에서 매장부분의 외관을 무창으로 하는 이유 중 부적당한 것은?

① 창으로부터의 역광이 없게 하여 디스플레이가 유리하게 하기 위해서다.

② 실내의 공기조화 또는 냉방시설에 유리하고 조도를 일정하게 하기 위해서다.

③ 인접건물의 화재시 백화점으로의 인화를 방지하기 위해서다.

④ 외부벽면에 상품을 전시하고 그 옆으로 통로를 만들어 매장에 유리함을 주기 위해서이다.

해 설

해설 1
에스컬레이터는 엘리베이터에 비해 소요면적이 크고, 설비비가 높다.

해설 2
① 직렬식 배치 – 점유면적이 크나 승객의 시야가 좋다.
② 병렬식 배치 – 백화점 점내를 내려다보는 것이 용이하다.
③ 병렬연속식 배치 – 점유면적이 작으나 교차식 배치보다는 크다.

해설 3
교차식 배치는 점유면적이 가장 작으나, 고객의 시야가 가장 제한된다.

해설 4
에스컬레이터는 엘리베이터 군(群)과 주출입구의 중간에 위치하는 것이 좋다.

정답 1. ④ 2. ③ 3. ④ 4. ③ 5. ③

7 기타계획

(1) 쇼핑센터
(2) 터미널 데파트먼트

학습방향

최근에 와서는 백화점 못지 않게 쇼핑센터가 자주 출제되므로 다음과 같은 내용을 중심으로 꼼꼼하게 정리해야 한다.

1. 쇼핑센터의 구성요소 및 특성
2. 몰계획
3. 페데스트리언 지대

1 쇼핑센터

학습POINT

(1) 기능 및 공간의 구성요소

① 핵상점(magnet store, ket tenant) : 핵상점은 쇼핑센터의 핵으로서 고객을 끌어 들이는 기능을 갖고 있으며, 일반적으로 백화점이나 종합 슈퍼마켓이 이에 해당된다.

② 전문점(retail shops) : 주로 단일종류의 상품을 전문적으로 취급하는 상점과 음식점 등의 서비스점으로 구성되며, 전문점의 구성과 레이아웃은 그 쇼핑센터의 특색에 의해 결정된다.

③ 몰(mall)

⑦ 몰은 고객의 주 보행동선으로서 중심상점과 각 전문점에서의 출입이 이루어지는 곳이다. 따라서, 확실한 방향성, 식별성이 요구되며, 고객에게 변화감과 다채로움, 자극과 흥미를 주며 쇼핑을 유쾌하게 할 수 있도록 한다.

■ 몰(mall)
보행자 통로

⑭ 전문점들과 중심상점의 주출입구는 몰에 면하도록 한다.

⑮ 몰에는 자연광을 끌어들여 외부공간과 같은 성격을 갖게 한다. 또한 시간에 따른 공간감의 변화, 인공조명과의 대비효과 등을 얻을 수 있도록 한다.

⑯ 다층 및 각층간의 시야가 개방감이 적극적으로 고려되어야 한다.

⑰ 몰에는 층외로 개방된 오픈 몰(open mall)과 실내공간으로 된 인클로즈드 몰(enclosed mall)이 있다. 일반적으로 공기조화에 의해 쾌적한 실내기후로 유지할 수 있는 인클로즈드 몰이 선호된다.

몰의 폭은 6~12m가 일반적이며, 중심상점들 사이의 몰의 길이는 240m를 초과하지 않아야 하며, 길이 20~30m마다 변화를 주어 단조로운 느낌이 들지 않도록 하는 것이 바람직하다.

④ 코트(court)

몰의 군데 군데에 고객이 머무를 수 있는 비교적 넓은 공간으로서 고객의 휴식처가 되는 동시에 각종 행사의 장이 되기도 한다.

⑤ 주차장

차를 이용하는 고객의 편의와 고객유치를 위해 필수적이며, 주차장의 위치와 규모는 다른 교통수단 및 도로상황과의 관계를 고려하여 결정한다.

(2) 페데스트리언 지대(Pedestrian area)

페데스트리언 지대는 쇼핑센터의 가장 특징적인 요소로서 쇼핑 스트리트로서 넓은 면적을 점용하는 단점이 있으나 고객들은 즐겁게 쇼핑할 수 있다는 장점이 있어 결국 구매력 증가로 그 단점을 커버할 수 있다.

① 페데스트리언 지대는 고객에게 변화감과 다채로움, 자극과 변화와 흥미를 주며, 쇼핑을 유쾌하게 할 뿐만 아니라 휴식할 수 있는 장소를 마련하여 주는데 그 중요성이 있다. 이를 위해서 분수, 연못, 조각품, 조경 등이 구성요소로서 쓰여진다.

② 친근감이 있고 면적상의 크기와 형상 및 비례감이 잘 정리되어 각기 연속된 크고 작은 공간들의 예로서 페데스트리언 지대가 계획되어야 한다.

③ 나무나 관엽식물이 위치하는 낮은 플랜팅 존(planting zone)도 사람들의 유동적인 동선에 방해가 되지 않도록 자연스럽고 세련된 형태로 설계되어야 한다.

④ 페데스트리언 지대의 바닥면에 사용하는 재료는 붉은 벽돌, 타일, 돌 등을 다양하게 주위상황과 조화시켜 계획한다.

(3) 면적구성비

① 핵상점 - 약 50%

② 전문점 - 약 25%

③ 몰, 코트 등 공유공간 - 약 10%

④ 나머지 - 관리시설, 화물처리장, 기계실 등

2 터미널 데파트먼트 스토어(Terminal department store)

철도여행객을 대상으로 하며, 역본래의 업무에 지장이 없는 범위내에서 역사를 입체화하고, 여러 가지 상품 및 음식의 판매 등을 하는 도심의 백화점을 말한다.

■ 터미널 데파트먼트 스토어의 기본계획시 조건

① 역의 공공성과 기업성의 두 가지 특성이 조화가 되도록 한다.

② 역승강객 흐름과 백화점고객의 흐름에 교차가 생기지 않도록 한다. 특히, 역시설에 인접한 백화점은 에스컬레이터, 엘리베이터 등의 수직동선배치에 주의한다.

③ 1층의 매장은 고객의 유치에 가장 좋은 위치이므로 가능한 한 넓게 잡는 것이 바람직하다.

④ 아침의 러시 아워 때나 밤 늦게는 백화점이 폐점되므로 역시설과의 사이에 명확한 구획이 필요하다.

⑤ 승강객, 여객통로 등에서 직접 백화점에 들어갈 수 있는 개·집찰구를 설치하는 것이 효율적이다.

⑥ 상품의 반입, 반출은 역시설안에서는 물론 역앞 광장의 보행자나 자동차의 동선과 교차되지 않도록 출입구의 위치를 설정해야 한다.

1 다음 중 쇼핑센터를 구성하는 주요 요소와 가장 관계가 먼 것은?

① 핵점포   ② 몰(mall)

③ 코트(court)   ④ 터미널(terminal)

2 쇼핑센터의 공간구성 요소인 몰(Mall)계획에 관한 설명 중 틀린 것은?

① 몰은 쇼핑센터의 주요 보행동선으로 쇼핑거리인 동시에 고객의 휴식공간이다.

② 몰에는 층외로 개방된 Open Mall과 닫혀진 실내공간으로 된 Enclosed Mall이 있다.

③ 몰에는 코트(Court)를 설치해 각종 연회, 이벤트 행사 등을 유치하기도 한다.

④ 몰의 활성화를 위해 전문점들과 중심상점의 주출입구는 몰과 면하지 않도록 거리를 두어야 한다.

3 쇼핑센터의 특징적인 요소인 페데스트리언 지대(pedestrian area)에 관한 설명으로 옳지 않은 것은?

① 고객에게 변화감과 다채로움, 자극과 흥미를 제공한다.

② 바닥면의 고저차를 많이 두어 지루함을 주지 않도록 한다.

③ 바닥면에 사용하는 재료는 주위상황과 조화시켜 계획한다.

④ 사람들의 유동적 동선이 방해되지 않는 범위에서 나무나 관엽식물을 둔다.

4 쇼핑센터에서 전체면적에 대한 일반적인 핵점포의 면적비로 가장 적당한 것은?

① 약 50%   ② 약 30%

③ 약 20%   ④ 약 10%

5 터미널 데파트(Terminal Depart)에 관한 설명 중 부적당한 것은?

① 역시설의 부근에 설치하는 엘리베이터, 계단의 위치는 충분히 고려한다.

② 1층의 매장은 역구내 기능에 방해되지 않는 범위에서 크게 잡는다.

③ 승강장, 여객통로 등에서 직접 데파트에 들어갈 수 있는 전용개찰구를 설치하는 것이 좋다.

④ 승객을 유지하기 위해 백화점 고객흐름과 역의 승강객의 흐름을 같이 한다.

해설 **1** 쇼핑센터의 기능 및 공간의 구성요소

① 핵상점   ② 전문점

③ 몰   ④ 코트   ⑤ 주차장

해설 **2**

전문점들과 중심상점의 주출입구는 몰에 면하도록 한다.

해설 **3**

바닥면의 고저차를 두어서는 안된다.

해설 **4** 쇼핑센터의 면적구성비

① 핵점포 : 약 50%

② 전문점 : 25%

③ 몰, 코트 등 공유공간 : 10%

④ 기타 : 15%

해설 **5**

역 승강객 흐름과 백화점 고객의 흐름에 교차가 생기지 않도록 한다.

■■■ 사무소

■ 개설

1. 사무소의 분류 중 세종로 정부종합청사와 같은 행정관청은 어느 분류에 속하는가?

① 대여 사무소   ② 준대여 사무소

③ 준전용 사무소   ④ 전용 사무소

해설 전용 사무소는 완전한 자기소유의 사무소로 관청은 여기에 속한다.

2. 수 개의 회사가 모여 하나의 사무소를 건설하여 공동으로 관리운영되는 사무소의 명칭은?

① 임대 사무소   ② 준전용 사무소

③ 준대 사무소   ④ 전용 사무소

해설 준전용 사무소는 여러 회사가 모여 관리운영과 소유를 공동으로 하는 사무소이다.

3. 사무소건축에서 건물의 주요부분을 자기전용으로 하고, 나머지를 대실하는 형식을 무엇이라고 하는가?

① 전용 사무소   ② 준전용 사무소

③ 준대여 사무소   ④ 대여 사무소

해설 준대여 사무소는 건물의 주요부분은 자기전용으로 하고, 나머지는 임대하는 사무소이다.

4. 사무소건축에서 유효율(rentable ratio)이란 무엇인가?

① 업무공간과 공용공간의 비

② 임대면적과 연면적의 비

③ 연면적과 대지면적의 비

④ 기준층의 바닥면적과 연면적의 비

해설 유효율(rentable ratio)$=\dfrac{\text{대실면적}}{\text{연면적}}\times 100(\%)$

  ① 연면적에 대해서는 70~75%

  ② 기준층에서는 80% 정도

5. 사무소건축에서 렌터블비란 무엇인가?

① 업무공간과 공용공간의 비

② 임대면적과 연면적의 비

③ 건축면적과 대지면적의 비

④ 연면적과 대지면적의 비

해설 유효율(rentable ratio)$=\dfrac{\text{대실면적}}{\text{연면적}}\times 100(\%)$

  ① 연면적에 대해서는 70~75%

  ② 기준층에서는 80% 정도

6. 사무소건축에서 연면적에 대한 임대면적비율로 적당한 것은?

① 50~55%

② 60~65%

③ 70~75%

④ 85~90%

해설 유효율(연면적에 대한 임대면적의 비율)은 연면적에 대해서는 70~75% 정도이다.

7. 사무소계획에서 일반적으로 표준이 되는 렌터블비(rentable ratio)로 가장 알맞은 것은?

① 40~45%

② 50~55%

③ 55~60%

④ 70~75%

해설 유효율(연면적에 대한 임대면적의 비율)은 연면적에 대해서는 70~75% 정도이다.

해답   1. ④   2. ②   3. ③   4. ②   5. ②   6. ③   7. ④

8. 다음 중 일반 임대사무소건축에 있어서 임대면적과 연면적의 비(임대면적/연면적)로 가장 적절한 것은?

① 10%　　　　　　② 25%

③ 50%　　　　　　④ 75%

해설　유효율(연면적에 대한 임대면적의 비율)은 연면적에 대해서는 70~75% 정도이다.

9. 규모가 큰 대여사무소 건축평면에서 공용면적비율로서 적합한 것은?

① 10~15%　　　　② 20~25%

③ 30~35%　　　　④ 40~45%

10. 사무소건축의 기준층에서의 유효율(rentable ratio)로 가장 알맞은 것은?

① 30%　　　　　　② 50%

③ 65%　　　　　　④ 80%

해설　유효율(rentable ratio)은 연면적에 대해서는 70~ 75%, 기준층에서는 80% 정도이다.

11. 제1층이 큰 면적을 갖는 사무소건물에서 계단, 엘리베이터, 로비, 출입구를 위해 필요한 부분은 최소한 몇 %인가?

① 5%　　　　　　② 15%

③ 25%　　　　　　④ 30%

해설　1층이 큰 면적을 갖는 건물에서는 최소 15%가 계단, 엘리베이터, 로비, 출입구를 위해 필요하다. 그리고 85%의 면적을 대여할 수 있다.

12. 대실면적이 6,000m²인 사무소의 연면적은 일반적으로 얼마 정도인가?

① 6,500m²　　　　② 8,500m²

③ 12,000m²　　　④ 13,500m²

해설　대실면적은 연면적의 70~75% 이므로

대실면적=연면적(A)$\times \dfrac{70\sim75}{100}$(m²)

연면적(A)=$6,000\times \dfrac{100}{70\sim75}$=8,000~8,570m²

13. 렌터블 비(rentable ratio)가 75%이고, 대실면적이 6,000m²인 사무소의 연면적은 얼마인가?

① 4,500m²　　　　② 6,000m²

③ 8,000m²　　　　④ 10,500m²

해설　유효율(rentable ratio)

유효율=$\dfrac{대실면적}{연면적}\times100$(%)=70~75%

연면적=$6,000m^2\times \dfrac{100}{75}$=8,000m²

14. 다음 중 임대면적(대실면적) 7,000m²인 사무소의 연면적으로 가장 적당한 것은?

① 10,000m²　　　② 14,000m²

③ 17,000m²　　　④ 20,000m²

해설　임대면적은 연면적의 70~75% 이므로

임대면적=연면적(A)$\times \dfrac{70\sim75}{100}$(m²)

연면적(A)=$7,000\times \dfrac{100}{70\sim75}$=10,000~9,333m²

15. 렌터블(rentable)비가 높다는 말을 설명한 것으로 가장 적절한 것은?

① 서비스를 보다 좋게 할 수 있다.

② 임대료수입을 보다 올릴 수 있다.

③ 코어부분에 대한 면적을 보다 많이 확보할 수 있다.

④ 주차장공간을 보다 많이 확보할 수 있다.

해설　대여사무소에 있어서 렌터블비가 채산성의 지표가 된다.

16. 다음 중 사무소건축의 규모를 결정하는데 가장 주된 요소는?

① 사무용품의 수와 크기

② 업무의 성격

③ 사무원의 수

④ 방문자의 수

해설　사무소건축의 규모는 사무원수에 따라 결정된다. 따라서 사무원 1인당 점유바닥면적을 통해 대실면적과 연면적을 산출할 수 있다.

해답　8. ④　9. ②　10. ④　11. ②　12. ②　13. ③　14. ①　15. ②　16. ③

17. 사무소 건축계획에 있어서 1인당 소요 바닥면적은 다음 중 어느 것이 적당한가?

① 5m²   ② 10m²
③ 20m²   ④ 30m²

18. 수용인원 1,500명인 임대사무소의 건축을 계획하려고 할 경우 적당한 대실면적의 크기는?

① 7,800m²   ② 9,800m²
③ 12,800m²   ④ 13,800m²

해설 대실면적당 1인당 소요바닥면적은 5.5~6.5m²/인이므로 1,500명×5.5~6.5m²/인=8,350~9,750m²

19. 사무실 책상배치 방법 중 책상배치의 표준이 되고 있는 것은?

① 2조 직렬배치   ② 3조 직렬배치
③ 4조 직렬배치   ④ 5조 직렬배치

20. 사무소계획시 한 방향으로 앉게 하는 배치 (single layout)에서 가장 적절한 공간 구성단위로서의 기본모듈은? (단, 책상과 직각인 통로)

① 1.2m   ② 1.5m
③ 1.8m   ④ 2.1m

해설 책상배치의 기본모듈은 1.2m, 1.5m, 1.8m이다.
  ① 싱글 레이아웃(한 방향으로 앉는 배치) : 책상방향에 평행한 배치에 1.5m 모듈, 직각통로일 때 1.8m 모듈
  ② 더블 레이아웃(2중 마주 앉는 배치) : 1.5m 모듈을 채택해서 책상간격을 최저 3.0m 보통 3.2m로 한다.
  ③ 특수한 레이아웃 : 1.2m 모듈

■ 배치계획

21. 임대사무소에서 가장 중요한 사항은 어느 것인가?

① 대지위치   ② 각실의 기밀성
③ 일조 통풍   ④ 미관

22. 사무소 부지선정에 관한 설명 중 옳지 않은 것은?

① 교통이 편리하고 도심상업지역이 좋다.
② L형 대지 또는 2면 이상의 도로에 면함이 좋다.
③ 형상은 직사각형에 가까운 것이 좋다.
④ 고층빌딩인 경우 전면도로는 폭이 5m 이상이어야 한다.

해설 고층빌딩인 경우 전면도로는 폭이 20m 이상이어야 한다.

23. 사무소건축의 계획에서 가장 우선되어야 할 것은?

① 기존 도시경관과 잘 어울리게 계획되어야 한다.
② 대부분 도심지역에 세워지므로 외관의 조형미가 가장 우선되어야 한다.
③ 집무공간이 중심이므로 사무의 능률을 올리도록 계획되어야 한다.
④ 외래 방문객의 이용에 편리하도록 건물의 모든 시설을 갖추어야 한다.

해설 사무소 건축계획시 집무공간이 중심이므로 사무의 능률을 올리도록 우선적으로 계획한다.

■ 평면계획

24. 사무소건축의 실단위계획 중 개실시스템에 대한 설명으로 옳은 것은?

① 전면적을 유용하게 이용할 수 있다.
② 칸막이벽이 없어서 개방식 배치보다 공사비가 저렴하다.
③ 복도가 없어 인공조명과 기계환기가 요구된다.
④ 방 길이에는 변화를 줄 수 있으나, 방 깊이에는 변화를 줄 수 없다.

해설 ① ①, ③는 개방식 배치에 속한다.
  ② 칸막이벽이 있어서 개방식 배치보다 공사비가 비싸다.

25. 사무소건축에 있어서의 개실시스템에 대한 설명 중 옳지 않은 것은?

① 독립성과 쾌적함이 좋고 공사비가 적게 든다.

② 사용불가능한 공간 또는 깊은 구역을 없게 하기 위하여 건물의 폭을 좁게 해야 한다.

③ 복도에 의해 각층의 각 부분으로 들어가는 형식이다.

④ 방 길이에는 변화를 줄 수 있으나, 연속된 긴 복도 때문에 방 깊이에 변화를 주기 어렵다.

[해설] 개실시스템은 개방식 배치에 비해 공사비가 많이 든다.

26. 사무소건축의 실단위계획 중 개방식 배치에 대한 설명으로 옳지 않은 것은?

① 전면적을 유용하게 이용할 수 있다.

② 개실시스템에 비해 공사비가 저렴하다.

③ 자연채광에 보조채광으로서의 인공채광이 필요하다.

④ 개실시스템에 비해 독립성과 쾌적감의 이점이 있다.

[해설] 개방식 배치는 개실시스템에 비해 독립성과 쾌적감이 떨어진다.

27. 사무소 건축계획에서 개방식 배치(open plan)에 관한 설명 중 옳지 않은 것은?

① 전면적을 유용하게 이용할 수 있다.

② 소음이 적고 독립성이 있다.

③ 자연채광에 보조채광으로서의 인공채광이 필요하다.

④ 개실시스템보다 공사비가 저렴하다.

[해설] ②는 개실시스템의 장점에 속한다.

28. 사무소건축의 집무공간에서 개방형 배치계획의 특징 중 옳은 것은?

① 방 깊이에 변화를 줄 수 없다.

② 공사비가 비교적 높다.

③ 공간을 절약할 수 있다.

④ 프라이버시 유지가 쉽다.

[해설] ①, ②, ④는 개실시스템의 특징에 속한다.

29. 사무소건축의 실단위계획에서 개방식 배치의 장점이 아닌 것은?

① 전면적을 유용하게 이용할 수 있다.

② 개실시스템보다 공사비가 저렴하다.

③ 공간을 절약할 수 있다.

④ 프라이버시가 양호하다.

[해설] ④는 개실시스템의 장점에 속한다.

30. 다음 중 사무소건축의 개방식 배치에 관한 설명으로 옳지 않은 것은?

① 독립성과 쾌적성이 좋다.

② 소음이 발생하기 쉽다.

③ 전면적을 유용하게 이용할 수 있다.

④ 방의 길이나 깊이에 변화를 줄 수 있다.

[해설] ①는 개실시스템의 특징에 속한다.

31. 사무소건축의 실단위계획 중 개방식 배치에 대한 설명으로 옳지 않은 것은?

① 전면적을 유용하게 이용할 수 있다.

② 개실시스템보다 공사비가 저렴하다.

③ 오피스 랜드스케이핑은 개방식 배치의 한 형식이다.

④ 독립성과 쾌적감의 이점이 있다.

[해설] ④는 개실시스템의 장점에 속한다.

해답 25. ① 26. ④ 27. ② 28. ③ 29. ④ 30. ① 31. ④

32. 사무소건축의 실단위계획에서 개방식 배치의 장점이 아닌 것은?

① 공간절약   ② 융통성
③ 프라이버시 확보   ④ 친밀한 분위기 조성

[해설] 프라이버시의 확보는 개실시스템에 속한다.

33. 사무소건축의 실단위계획에서 개방식 배치(open plan)에 대한 설명으로 옳지 않은 것은?

① 공간의 이용성이 높다.
② 소음의 우려가 있다.
③ 시설비, 관리비가 많이 든다.
④ 독립성이 부족하다.

[해설] ③는 개실시스템의 단점에 속한다.

34. 사무실건축의 실단위계획에 있어서 개방식 배치(Open Plan)에 관한 기술 중 옳지 않은 것은?

① 공사비가 개실시스템보다 저렴하다.
② 방의 길이나 깊이에 변화를 줄 수 있다.
③ 전면적을 유효하게 이용할 수 있어 공간절약상 유리하다.
④ 비교적 소규모 사무실 임대에 유리한 형식이다.

[해설] ④는 개실시스템에 속한다.

35. 사무소건축의 실단위계획에 대한 설명 중 옳지 않은 것은?

① 개실시스템은 독립성과 쾌적감의 이점이 있다.
② 개실시스템은 연속된 긴 복도로 인해 방 깊이에 변화를 주기가 용이하다.
③ 개방식 배치는 개실시스템보다 공사비가 저렴하다.
④ 개방식 배치는 전면적을 유용하게 이용할 수 있다.

[해설] 개실시스템은 연속된 긴 복도로 인해 방 깊이에 변화를 주기가 어렵다.

36. 사무소건축에서 Open Plan 배치의 일종으로 배치할 때 직위서열보다 의사전달과 작업의 흐름을 중요시하여 배치하는 실단위계획은?

① 아트리움(atrium)
② 2중지역배치(double zone layout)
③ 개실시스템(individual room system)
④ 오피스 랜드스케이핑(office landscaping)

[해설] 오피스 랜드스케이핑은 배치를 의사전달과 작업흐름의 실제적 패턴에 기초를 둔다.

37. 사무소의 실단위계획에서 오피스 랜드스케이핑(Office Landscaping)에 대한 설명으로 옳지 않은 것은?

① 독립성과 쾌적감의 이점이 있다.
② 커뮤니케이션의 융통성이 있다.
③ 소음발생에 대한 대책이 요구된다.
④ 공간의 이용도를 높이고 공사비도 줄일 수가 있다.

[해설] ①는 개실시스템의 이점에 속한다.

38. 오피스 랜드스케이프(office landscape)계획에 대한 설명으로 옳지 않은 것은?

① 외부 조경면적을 최대로 할 수 있다.
② 배치를 의사전달과 작업흐름의 실제적 패턴에 기초를 둔다.
③ 공간을 절약할 수 있다.
④ 커뮤니케이션의 융통성이 있다.

[해설] 오피스 랜드스케이프는 외부 조경면적과는 무관하다.

39. 오피스 랜드스케이프(office landscape)에 관한 설명 중 옳지 않은 것은?

① 커뮤니케이션의 융통성이 있다.
② 개방식 배치의 한 형식이다.
③ 소음발생에 대한 고려가 요구된다.
④ 독립성과 쾌적감의 이점이 있다.

해설 독립성과 쾌적감의 이점이 있는 것은 개실시스템에 속한다.

40. 다음 중 오피스 랜드스케이핑(office landscaping)의 특징으로 옳지 않은 것은?

① 공간이용의 효율성 향상
② 사무능률의 향상
③ 유지관리비의 절감
④ 프라이버시의 확보

해설 오피스 랜드스케이핑은 개방식 배치에 속하므로 프라이버시의 확보가 어렵다.

41. 오피스 랜드스케이프(office landscape)에 관한 설명 중 틀린 것은?

① 작업형태의 변화에 따라 조절이 가능하며 융통성이 있다.
② 공간의 절약이 가능하다.
③ 독립성과 쾌적감이 이점이 있는 반면 공사비 및 유지비가 비교적 고가이다.
④ 배치를 의사전달과 작업흐름의 실제적 패턴에 기초를 둔다.

해설 ③는 개실시스템의 특징에 속한다.

42. 오피스 랜드스케이핑(office landscaping)에 관한 설명 중 옳지 않은 것은?

① 커뮤니케이션의 융통성이 있고 장애요인이 거의 없다.
② 배치는 의사전달과 작업흐름의 실제적 패턴에 기초를 둔다.
③ 실내에 고정된 칸막이나 반고정된 칸막이를 사용하도록 한다.
④ 바닥을 카펫으로 깔고, 천장에 방음장치를 하는 등의 소음대책이 필요하다.

해설 오피스 랜드스케이핑은 실내에 고정, 또는 반고정된 칸막이를 하지 않는다.

43. 오피스 랜드스케이핑(office landscaping)에 관한 기술 중 옳지 않은 것은?

① 창이나 기둥의 방향과 관계없이 실내의 구성이 가능하다.
② 작업의 진행에 효과가 있을 수 있다.
③ 시설비가 많이 든다.
④ 공기조화 등의 설비적인 측면에서는 부적절하다.

해설 오피스 랜드스케이핑은 개방식 배치형식으로 시설비가 적게 든다.

44. 사무소건축에서 오피스 랜드스케이핑의 개념적 특성에 관한 기술 중 틀린 것은?

① 자리에 앉은 사람은 통로나 출입구의 시계에서 벗어나도록 한다.
② 엄격한 그리드를 적용하여 작업의 능률에 도움을 준다.
③ 칸막이의 철거로 인한 소음발생 때문에 프라이버시가 결여되기 쉽다.
④ 재래식 사무실보다는 유효율을 기준으로 할 때 공간이 절약된다.

해설 오피스 랜드스케이핑은 작업장의 집단을 자유롭게 그루핑하여 일정한 기하학적인 패턴에서 탈피하여 불규칙적인 평면을 유도한다.

45. 사무소건축계획 중 오피스 랜드스케이핑에 관한 설명으로 옳지 않은 것은?

① 작업장의 집단을 자유롭게 그루핑하여 불규칙한 평면을 유도한다.
② 개실시스템의 한 형식으로 배치를 의사전달과 작업흐름의 실제적 패턴에 기초를 둔다.
③ 변화하는 작업의 패턴에 따라 조절이 가능하며 신속하고 경제적으로 대처할 수 있다.
④ 대형가구 등 소리를 반향시키는 기재의 사용이 어렵다.

해설 오피스 랜드스케이핑은 개방식 시스템의 한 형식으로 배치를 의사전달과 작업흐름의 실제적 패턴에 기초를 둔다.

해답 40. ④ 41. ③ 42. ③ 43. ③ 44. ② 45. ②

46. 사무소건축에서 오피스 랜드스케이핑(office landscaping)에 대한 설명으로 옳지 않은 것은?

① 공간을 절약할 수 있다.
② 커뮤니케이션의 융통성이 있다.
③ 일정한 기하학적 패턴에서 탈피할 수 있다.
④ 실내에 고정된 칸막이가 있어 독립성이 우수하다.

[해설] 실내에 고정 또는 반고정된 칸막이를 하지 않는다.

47. 사무소건축의 오피스 랜드스케이핑(office landscaping)에 관한 설명으로 옳지 않은 것은?

① 개인적 공간으로의 분할로 독립성 확보가 쉽다.
② 의사전달, 작업흐름의 연결이 용이하다.
③ 공간의 가변성을 필요에 의해 기대할 수 있다.
④ 작업단위에 의한 그룹(Group)배치가 가능하다.

[해설] ①는 개실시스템에 속한다.

48. 다음 중 오피스 랜드스케이프(office landscape)의 특징에 해당되지 않는 것은?

① 공간의 효율적 이용
② 조경면적의 확대
③ 사무능률의 향상
④ 시설비와 유지비 절감

[해설] 오피스 랜드스케이프는 조경면적의 확대와는 무관하다.

49. 오피스 랜드스케이프의 계획원칙 중 부적당한 것은?

① 직위보다 작업흐름 및 정보교환을 우선으로 배치한다.
② 창에서 6m 폭 정도의 외주부는 가급적 빛이 오른쪽에서 비추어지도록 한다.
③ 책상간의 거리는 최소 0.7m 이상을 유지한다.
④ 휴식장소는 30m 이내의 거리에 설치한다.

[해설] 외주부는 가급적 빛이 왼쪽에서 비추어지도록 한다.

50. 사무소건축의 실단위계획에 관한 설명으로 옳은 것은?

① 개실시스템은 독립성과 쾌적감의 이점이 있다.
② 오피스 랜드스케이핑은 개실 시스템의 한 형식이다.
③ 개방식 배치는 소음은 없으나 공사비가 비교적 고가이다.
④ 개실시스템은 방 깊이에는 변화를 줄 수 있으나, 방 길이에는 변화를 줄 수 없다.

[해설] ① 오피스 랜드스케이핑은 개방식 시스템의 한 형식이다.
② 개실시스템는 소음은 없으나, 공사비가 비교적 고가이다.
③ 개실시스템은 방 길이에는 변화를 줄 수 있으나, 방 깊이에는 변화를 줄 수 없다.

51. 사무소건축에 있어서 3중지역배치(Triple zone Layout)의 특징으로 옳지 않은 것은?

① 서비스부분을 중심에 위치하도록 하다.
② 대여사무실 건물에 적합하다.
③ 고층 사무실건축에 전형적인 해결방식이다.
④ 부가적인 인공조명과 기계환기가 필요하다.

[해설] 3중지역배치는 대여사무실을 포함하는 건물에는 적합하지 않으며, 일반적인 특성상 전용사무실이 주(主)인 고층건물에서 사용된다.

52. 사무소건축의 평면형태 중 2중지역배치에 대한 설명으로 옳지 않은 것은?

① 자연채광이 잘되고, 경제성보다 건강, 분위기 등의 필요가 더 요구될 때 가장 적당하다.
② 중규모 크기의 사무소건축에 적당하다.
③ 동서로 노출되도록 방향성을 정한다.
④ 주계단과 부계단에서 각 실로 들어갈 수 있다.

[해설] 단일지역배치는 자연채광이 잘 되고, 경제성보다 건강, 분위기 등의 필요가 더 요구될 때 가장 적당하다.

53. 사무소건축에서 2중지역배치(double zone layout)를 설명한 내용 중 틀린 것은?

① 중규모 크기의 사무소건물에 적당하다.

② 경제성보다 건강, 분위기 등이 더 중요하게 요구되는 건물에 적당하다.

③ 주계단과 부계단에서 각 실로 들어갈 수 있다.

④ 동서로 노출되도록 방향을 정하는 것이 바람직하다.

해설 ②는 단일지역배치에 관한 것이다.

54. 사무소건축의 복도형태에 의한 각종 평면형식에 대한 설명 중 틀린 것은?

① 2중지역배치(중복도식)는 주계단, 부계단을 두어 사용할 수 있고, 유틸리티 코어의 설계에 주의를 요한다.

② 단일지역배치(편복도식)는 채광, 통풍에 불리하다.

③ 3중지역배치(2중복도식)는 방사선형태에 평면형식으로 고층 전용사무실에 주로 사용된다.

④ 3중지역배치(2중복도식)는 경제적이며, 미적, 구조적 견지에서 많은 이점이 있다.

해설 단일지역배치(편복도식)는 채광, 통풍에 유리하다.

55. 사무소건축 평면계획의 각실 분할방법에 대한 설명으로 옳지 않은 것은?

① 크게 복도형식과 코어형식으로 나눌 수 있다.

② 코어형식과 복도형식은 다양하게 조합될 수 있다.

③ 2중지역배치는 복도의 한편에만 실들이 있기 때문에 고가(高價)이다.

④ 3중지역배치는 고층 사무소건축의 전형적인 해결책으로 간주되고 있으며, 사무실은 외벽을 따라 배치된다.

해설 단일지역배치는 복도의 한편에만 실들이 있기 때문에 고가(高價)이다.

56. 사무소건축의 규모에 따라 유리한 기준층 평면형으로 적절하게 짝지어진 사항이 아닌 것은?

① 소규모 – 복도가 없는 형

② 중규모, 대규모 – 중복도형

③ 20층 이상 고층 – 중복도 방사선형

④ 소규모, 중규모 – 편복도형

해설 편복도형은 중규모 사무소건축에 알맞다.

57. 다음 중 고층 사무소에 코어 시스템의 도입효과와 가장 거리가 먼 것은?

① 설비의 집약　　② 구조적인 이점

③ 유효면적의 증가　　④ 독립성의 보장

해설 코어의 역할
① 평면적 코어 – 유효면적 증대
② 구조적 코어 – 내진벽
③ 설비적 코어 – 설비비의 절약

58. 사무소건축에서 Core system을 채용하는 이유로 옳지 않은 것은?

① 사용상의 편리　　② 설비비의 절약

③ 구조적인 이점　　④ 독립성의 보장

해설 코어 시스템은 평면적, 구조적, 설비적 역할을 하며, 독립성의 보장과는 무관하다.

59. 고층 사무소건축에서 코어 플랜(Core Plan)으로 계획할 때의 이점에 대한 기술 중 옳지 않은 것은?

① 고층인 경우 구조적으로 불리하게 된다.

② 사무소의 유효면적률을 높일 수 있다.

③ 설비계통의 순환이 좋아져 각 층에서의 계통거리가 최단거리가 된다.

④ 서비스부분이 각층 균등하고, 정돈된 외관을 갖출 수 있다.

해설 코어플랜의 경우 구조적으로 유리하다.

해답　53. ②　54. ②　55. ③　56. ④　57. ④　58. ④　59. ①

60. 사무소 건축계획에서 코어 시스템(core system)을 채용하는 이유로 가장 부적당한 것은?

① 구조적인 이점　　② 임대면적의 증가
③ 피난상의 유리　　④ 설비계통의 집중

해설 코어 시스템은 피난상 불리하다.

61. 사무소건축의 코어 시스템(Core system)의 특징에 대한 설명으로 옳지 않은 것은?

① 코어(Core)의 외곽이 내력적 구조체 역할을 한다.
② 각 층에서의 설비상의 계통거리가 길게 된다.
③ 사무소의 유효면적률을 높인다.
④ 서비스 부분의 위치가 각 층마다 공통의 위치에 있도록 한다.

해설 각 층에서 설비상의 계통거리가 짧게 된다.

62. 사무소건축의 편심형 코어의 특징이 아닌 것은?

① 바닥면적이 커지면 피난시설을 포함한 서브코어가 필요하다.
② 너무 고층인 것에는 구조상 좋지 않다.
③ 바닥면적이 크지 않은 건물에 적합하다.
④ 외관이 획일적으로 되기 쉽다.

해설 외관적으로 획일화되기 쉬운 코어형은 중심코어형이다.

63. 다음의 설명에 알맞은 사무소건축의 코어형식은?

> 코어가 한쪽으로 치우친 평면형태로 일반적으로 사무실의 기준층 면적이 작은 경우에 많이 적용된다.

① 중심코어형　　② 양측코어형
③ 편코어형　　　④ 외주형

해설 편심코어형은 코어가 한쪽으로 치우친 평면형태로 일반적으로 사무실의 기준층 면적이 작은 경우에 많이 적용된다.

64. 코어플랜(core plan)의 종류에서 편심코어에 대한 설명으로 옳지 않은 것은?

① 외벽에서 코어까지의 거리가 6모듈 이하인 경우 적용이 유리하다.
② 고층인 경우 구조상 불리할 수 있다.
③ 바닥면적이 큰 경우 코어 이외에 별도의 피난시설 및 설비계획이 필요한 경우가 있다.
④ 임대사무실인 경우 가장 경제적인 계획을 할 수 있다.

해설 ④ – 중심코어형

65. 다음 중 구조코어로서 가장 바람직한 형식으로 바닥면적이 큰 경우에 많이 사용되지만, 내부공간과 외관이 모두 획일적으로 되기 쉬운 코어형식은?

① 편코어형　　　② 중심코어형
③ 외코어형　　　④ 양측코어형

해설 중심코어형은 바닥면적이 큰 경우에 적합하다. 그러나 내부공간과 외관이 획일화되기 쉽다.

66. 다음 중 구조코어로서 가장 바람직한 코어형식으로 바닥면적이 큰 고층, 초고층 사무소에 적합한 것은?

① 중심코어형　　② 편심코어형
③ 독립코어형　　④ 양단코어형

해설 중심코어형은 바닥면적이 큰 고층, 초고층에 적합하고, 외주프레임을 내력벽으로 하여 중앙코어와 일체로 한 내진구조를 만들 수 있다.

67. 사무소건축의 코어형식 중 구조코어로서 가장 바람직한 것은?

① 편코어형　　　② 외코어형
③ 양측코어형　　④ 중심코어형

해설 중심코어형은 고층, 초고층에 적합하고, 외주프레임을 내력벽으로 하여 중앙코어와 일체로 한 내진구조를 만들 수 있다.

해답　60. ③　61. ②　62. ④　63. ③　64. ④　65. ②　66. ①　67. ④

68. 사무소건축의 코어형식 중 중심코어(중앙코어)에 대한 설명으로 옳지 않은 것은?

① 고층건물에 적용이 유리하다.

② 내진구조에 적합하다.

③ 바닥면적이 큰 경우에는 적용이 불가능하다.

④ 외관이 획일적으로 되기 쉽다.

[해설] 중심코어형은 바닥면적이 큰 경우에 적합하다.

69. 사무소건축의 코어형식 중 중심코어형에 대한 설명으로 옳은 것은?

① 구조코어로서 바람직한 형식이다.

② 기준층 바닥면적이 작은 경우에 주로 사용된다.

③ 2방향 피난에 이상적인 관계로 방재 및 피난상 유리하다.

④ 편코어형으로부터 발전된 것으로 자유로운 사무공간을 구성할 수 있다.

[해설] ② - 편심코어형
　③ - 양단코어형
　④ - 독립코어형(외코어형)

70. 고층 사무소건축에서 중심코어형식에 관한 기술 중 옳은 것은?

① 일반적으로 바닥면적이 크지 않을 경우 많이 사용한다.

② 구조코어로서 바람직한 형식이다.

③ 바닥면적이 커지면 별도의 피난시설이 필요하다.

④ 너무 고층인 것에는 좋지 않다.

[해설] ①, ③, ④는 편심코어형에 속하는 내용이다.

71. 사무소건축의 코어 플랜(core plan)의 종류에서 중심코어(중앙코어)에 대한 설명으로 적당하지 못한 것은?

① 고층건물에 적용이 유리하다.

② 내진구조에 적합하다.

③ 모듈에 무관하게 계획할 수 있어 일반적으로 많이 적용된다.

④ 사무실공간으로 가장 경제적인 계획이 가능하다.

72. 사무소건축의 코어형식 중 방재상 가장 유리한 것은?

① 편코어형　　　　② 중심코어형
③ 양측코어형　　　④ 외코어형

[해설] 양측(양단)코어형은 2방향으로 분산 피난하므로 방재상 유리하다.

73. 대부분의 사무소건축에 있어서 코어 시스템(core system)을 평면계획에 도입한다. 방재상 가장 유리한 코어형은?

[해설] 양단코어형은 2방향으로 분산 피난하므로 방재상 유리하다.

74. 사무소건축의 코어플랜에 관한 설명 중 옳지 않은 것은?

① 코어의 위치는 사무소건축의 성격이나 평면형, 구조, 설비방식 등에 따라 결정한다.

② 중심코어형은 바닥면적이 큰 경우에 유리하며, 분리코어형은 2방향 피난에 유리하다.

③ 편심코어형은 기준층 바닥면적이 큰 경우에 유리하며, 독립코어형은 고층일 경우 구조적으로 유리하다.

④ 임대사무소에서 가장 경제적인 코어형은 중심코어형이며, 분리코어형은 한 개의 대공간이 필요한 전용사무소에 적합하다.

[해설] 중심코어형은 기준층 바닥면적이 큰 경우에 유리하며, 고층일 경우 구조적으로도 유리하다.

해답　68. ③　69. ①　70. ②　71. ③　72. ③　73. ④　74. ③

75. 사무소건축의 코어플랜에 관한 설명으로 옳지 않은 것은?

① 코어의 위치는 사무소건축의 성격이나 평면형, 구조, 설비방식 등에 따라 결정된다.

② 중심코어형은 바닥면적이 큰 경우에 유리하며, 분리코어형은 2방향 피난에 유리하다.

③ 편심코어형은 기준층 바닥면적이 큰 경우에 유리하며, 독립코어형은 가장 바람직한 형이다.

④ 중심코어형은 외관이 획일적으로 되기 쉽지만, 구조코어로서 가장 바람직한 형이다.

> [해설] 중심코어형은 기준층 바닥면적이 큰 경우에 유리하며, 고층일 경우 구조적으로도 유리하다.

76. 사무소건축의 코어부분에 관한 설명으로 옳지 않은 것은?

① 주내력벽 구조체로 외곽이 내진벽역할을 한다.

② 중심코어형은 구조상 좋지 않으며, 기준층 바닥면적이 작은 경우에 주로 사용된다.

③ 공용부분을 한 곳에 집중시킴으로서 사무소의 유효면적이 증대된다.

④ 교통부분, 설비관련부분, 유틸리티부분 등으로 구분된다.

> [해설] ① 편심코어형은 구조상 좋지 않으며, 기준층 바닥면적이 작은 경우에 주로 사용된다.
> ② 중심코어형은 기준층 바닥면적이 큰 경우에 유리하며, 고층일 경우 구조적으로도 유리하다.

77. 사무소건축의 코어에 대한 설명으로 옳지 않은 것은?

① 주내력벽 구조체로 내진벽역할을 한다.

② 중심코어형은 바닥면적이 작은 경우에 적합하며, 저층 건물에 주로 사용된다.

③ 양단코어형은 2방향 피난에 이상적이며, 방재상 유리하다.

④ 공용부분을 한 곳에 집약시킴으로서 사무소의 유효면적을 증대시키는 역할을 한다.

> [해설] ① 중심코어형은 바닥면적이 큰 경우에 적합하며, 고층, 초고층에 주로 사용하고 외주 프레임을 내력벽으로 하여 중앙코어와 일체로 한 내진구조로 만들 수 있다.
> ② 편심코어형은 바닥면적이 작은 경우에 적합하며, 고층일 경우 구조상 불리하다.

78. 사무소건축의 코어형태에 관한 대한 설명으로 옳지 않은 것은?

① 외코어형은 사무실공간과 간섭이 적다.

② 편심코어형은 일반적으로 소규모 사무소건물에 많이 쓰인다.

③ 중앙코어형은 기준층 바닥면적이 대규모인 경우에 적합하다.

④ 양단코어형은 대여사무소에 주로 사용되며, 방재 및 피난상 불리하다.

> [해설] 양단코어형은 방재 및 피난상 유리하다.

79. 사무소의 코어(core)계획에 대한 설명 중 옳은 것은?

① 편심코어형은 바닥면적이 큰 사무소에서 많이 사용된다.

② 외코어형은 방재상 가장 유리하다.

③ 중심코어형은 구조적으로 바람직한 형이다.

④ 양측코어형은 코어를 잇는 복도가 필요하므로 유효율을 높일 수 있다.

> [해설] ① 중심코어형은 바닥면적이 큰 사무소에서 많이 사용된다.
> ② 양단(양측)코어형은 방재상 가장 유리하다.
> ③ 양측코어형은 코어를 잇는 복도가 필요하므로 유효율이 낮아진다.

---

80. 다음 중 사무소건축의 코어계획에 대한 설명으로 옳지 않은 것은?

① 편심코어형은 기준층 바닥면적이 큰 경우에 적합하며, 2방향 피난에 이상적이다.

② 계단과 엘리베이터 및 화장실은 가능한 한 접근시킨다.

③ 코어내의 각 공간을 각 층마다 공통의 위치에 있도록 한다.

④ 엘리베이터 홀이 출입구에 바싹 접근해 있지 않도록 한다.

해설 중심코어형은 기준층 바닥면적이 큰 경우에 적합하며, 양단코어형은 2방향 피난에 이상적이다.

81. 다음의 사무소건축의 코어에 대한 설명 중 계획 원론적인 입장에서 볼 때 가장 적절치 않은 것은?

① 계단과 엘리베이터, 화장실은 가능한 접근시킬 것

② 코어내의 공간과 임대사무실 사이의 동선은 간단할 것

③ 코어내의 각 공간이 각 층마다 공통의 위치에 있을 것

④ 피난용 특별계단 상호간은 법정거리내에서 가급적 가까이 둘 것

해설 피난용 특별계단은 법정거리 한도내에서 가급적 멀리 둔다.

82. 다음의 고층 임대사무소건축의 코어계획에 관한 설명 중 틀린 것은?

① 엘리베이터의 직렬배치는 4대 이하로 한다.

② 코어내의 각 공간은 상하로 동일한 위치에 오도록 한다.

③ 화장실은 외래자에게 잘 알려질 수 없는 곳에 위치시키도록 한다.

④ 엘리베이터 홀과 계단실은 가능한 한 근접시킨다.

해설 화장실은 외래자에게 잘 알려질 수 있는 위치로 하며, 코어내 공간의 위치를 명확히 한다.

83. 사무소건축의 코어에 관한 설명으로 적당하지 않은 것은?

① 코어는 구조내력벽으로 이용할 수 있다.

② 코어내의 각 공간이 각층마다 공통의 위치에 있게 한다.

③ 건물내의 설비시설을 집중시킬 수 있다.

④ 대규모 건물의 코어는 보행거리를 평균화하기 위해 한쪽으로 편중하는 것이 좋다.

해설 대규모 건물의 코어는 중앙에 위치하는 중심코어형이 적합하다.

84. 사무소건축의 코어(Core)내 각 공간의 위치관계에 대한 설명으로 옳지 않은 것은?

① 계단, 엘리베이터, 화장실은 가능한 한 근접시킨다.

② 엘리베이터는 가급적 중앙에 집중시킨다.

③ 코어(Core)내에 각 공간이 각층마다 공통의 위치에 있게 한다.

④ 코어내의 공간과 임대사무실 사이의 동선은 외래자에게 잘 알려지지 않도록 복잡하게 한다.

해설 코어내의 공간과 임대사무실 사이의 동선이 간단해야 한다.

85. 사무소건축에서 코어내 각 공간의 위치관계를 설명한 것 중 틀린 것은?

① 계단, 엘리베이터 및 화장실은 가능한 한 접근시킬 것

② 코어내 공간과 임대사무실 사이의 동선은 간단할 것

③ 엘리베이터 홀과 출입구는 가급적 근접시킬 것

④ 코어내의 각 공간은 각층마다 공통의 위치에 있을 것

해설 사무소건축의 코어계획시 엘리베이터 홀과 출입구는 가급적 분리시킨다.

해답 80. ① 81. ④ 82. ③ 83. ④ 84. ④ 85. ③

86. 사무소건축의 코어(Core)계획에 대한 설명 중 옳지 않은 것은?

① 엘리베이터 홀은 출입구문에 가급적 바짝 근접시켜 동선을 짧게 한다.

② 피난용 특별계단 상호간의 거리는 법정거리내에서 가급적 멀리한다.

③ 코어내의 각 공간이 각층마다 공통의 위치에 있도록 한다.

④ 코어내의 동선과 임대사무실 사이의 동선은 간단히 한다.

[해설] 엘리베이터 홀은 출입구에 바짝 접근해 있지 않도록 한다.

87. 사무소건축의 코어에 대한 설명 중 옳지 않은 것은?

① 코어내의 공간과 임대사무실 사이의 동선은 간단하게 한다.

② 엘리베이터는 가급적 중앙에 집중시켜 배치한다.

③ 코어내의 각 공간이 각층마다 동일한 위치에 있지 않도록 한다.

④ 계단과 엘리베이터 및 화장실은 가능한 한 접근시켜 배치한다.

[해설] 코어내의 각 공간이 각층마다 동일한 위치에 있도록 한다.

88. 사무소건축의 코어(Core)내 각 공간의 위치관계에 대한 설명으로 틀린 것은?

① 계단, 엘리베이터, 화장실은 가능한 한 근접시킨다.

② 엘리베이터는 가급적 중앙에 집중시킨다.

③ 코어(Core)내에 각 공간이 각층마다 공통의 위치에 있게 한다.

④ 홀이나 통로에서 내부가 보이도록 한다.

[해설] 홀이나 통로에서 내부가 보이지 않도록 한다.

89. 코어 시스템(core system)계획에 관한 설명으로서 적합하지 않은 것은?

① 계단실도 코어공간에 포함된다.

② 잡용실과 급탕실은 가급적 중앙에 집중 배치한다.

③ 엘리베이터(elevator)는 가급적 중앙에 집중 배치한다.

④ 코어내의 각 공간은 각층마다 상하 다른 위치에 둔다.

[해설] 코어내의 각 공간은 각층마다 상하 동일한 위치에 둔다.

90. 사무소건축의 코어내 각 공간의 위치관계에 대한 설명으로 부적당한 것은?

① 계단과 엘리베이터 및 화장실은 가능한 한 근접되도록 한다.

② 코어내의 공간과 임대사무실 사이의 동선이 간단하게 되도록 한다.

③ 엘리베이터는 가급적 중앙에 집중되도록 한다.

④ 잡용실과 급탕실은 가급적 분리되도록 한다.

[해설] 잡용실, 급탕실, 더스트 슈트는 가급적 접근시킨다.

91. 다음 중 사무소 코어내의 각 공간의 위치관계에 대한 설명 중 틀린 것은?

① 코어내의 공간과 임대사무실 사이의 동선은 간단하고 길지 않도록 한다.

② 엘리베이터는 가급적 중앙에 집중배치하고, 엘리베이터 홀이 출입구문에 바짝 접근해 있지 않도록 한다.

③ 화장실은 그 위치가 외래자에게 잘 알려질 수 없도록 하고, 잡용실과 급탕실은 서로 접근시키지 않도록 한다.

④ 코어내의 공간의 위치가 명확해야 하며, 각층마다 공통의 위치에 있도록 한다.

[해설] 화장실은 그 위치가 외래자에게 잘 알려질 수 있도록 하고, 분산시키지 말고 각층 1개소 또는 2개소에 집중하여 설치하는 것이 좋으며, 잡용실, 급탕실, 더스트 슈트는 가급적 접근시킨다.

해답   86. ①   87. ③   88. ④   89. ④   90. ④   91. ③

92. 고층 사무소건축에서 코어부분에 꼭 설치하지 않아도 되는 것은?

① 비상계단
② 급탕실
③ 전기실
④ 덕트 스페이스(duct space)

[해설] 전기실은 지하실에 둔다.

93. 사무소건축의 코어(core)안에서 가급적 접근시켜야 할 공간으로서 관계가 먼 것은?

① 잡용실과 급탕실
② 승강기 홀과 출입문
③ 계단과 승강기 및 변소
④ 파이프와 쓰레기 및 우편물의 수직통로

[해설] 엘리베이터 홀이 출입구에 바싹 접근해 있지 않도록 한다.

94. 사무소건축의 코어(core)안에 위치할 수 있는 공간이 아닌 것은?

① 계단실   ② 공조실
③ 굴뚝   ④ 관리실

[해설] 관리실은 1층 공간에 둔다.

95. 사무소건축의 코어(core)내에 포함되지 않는 공간은?

① 복도   ② 엘리베이터 홀
③ 공조실   ④ 화장실

[해설] 코어내 공간에 통로로서 복도도 포함된다.

96. 고층 사무소건축의 코어내에 위치하게 될 공간으로 적절치 않은 것은?

① 엘리베이터 홀   ② 공조실
③ 화장실   ④ 방재센터

[해설] 방재센터는 방화상 안전하고 외부로부터의 출입이 용이한 곳으로 한다.

97. 사무실 코어(core)설계에서 방재설비와 관계가 있는 것은?

① 엘리베이터(elevator)
② 더스트 슈트(dust chute)
③ 에어 메일 슈트(air mail chute)
④ 스모그 타워(smoke tower)

[해설] 스모그 타워는 비상계단내 전실에 설치하는 배연구로 비상계단내 침투한 연기를 밖으로 빼내는 역할을 하는 방재설비이다.

98. 지하층에 설치하는 것이 적절하지 못한 것은 다음 중 어느 것인가?

① 보일러실   ② 변전실
③ 축전지실   ④ 전화교환실

[해설] 전화교환실의 위치는 1층 또는 2층에 둔다.

■ 단면계획

99. 사무소 기준층 층고의 결정요인과 가장 관계가 먼 것은?

① 엘리베이터 크기
② 채광
③ 공기조화(Air Conditioning)
④ 사무실의 깊이

[해설] 층고와 깊이에 있어서 층고는 사용목적, 채광, 공사비에 의해서 결정되며, 사무실의 깊이는 책상배치, 채광량 등으로 결정되지만 층고에도 관계된다.

100. 다음 중 사무소건축에서 기준층 층고의 결정요소와 가장 거리가 먼 것은?

① 채광률
② 사용목적
③ 공조시스템
④ 엘리베이터의 설치대수

[해설] 사무소건축의 층고는 사용목적, 채광, 공사비에 의해서 결정되며, 공조시스템과도 관련된다.

해답   92. ③   93. ②   94. ④   95. ①   96. ④   97. ④   98. ④   99. ①   100. ④

101. 사무소건축의 기준층 층고결정시 검토사항 중 적합치 않은 것은?

① 사무실의 깊이와 사용목적
② 채광조건
③ 냉난방 및 공사비
④ 엘리베이터의 승차거리

102. 다음 중 고층 사무소건물의 층고를 결정하는데 가장 영향이 큰 것은?

① 천장내 설비공간의 크기
② 엘리베이터의 대수
③ 기둥의 크기
④ 피난계단의 형태

해설 층고와 깊이에 있어서 층고는 사용목적, 채광, 공사비에 의해서 결정되며, 사무실의 깊이는 책상배치, 채광량 등으로 결정되지만 층고에도 관계된다.

103. 사무소건축의 기준층계획에 관한 설명 중 옳지 않은 것은?

① 다른 평면계획에 우선하여 계획되어야 한다.
② 기준층의 높이는 3.3~3.5m 정도로 하여도 좋다.
③ 사무실을 중심으로 하는 집무공간을 기준층으로 한다.
④ 기준층을 코어시스템으로 하는 경우 복도면적이 증가하므로 렌터블비(rentable ratio)가 감소된다.

해설 기준층을 코어시스템으로 하는 경우 복도면적이 감소하므로 렌터블비(rentable ratio)가 증가된다.

104. 사무소건축의 기준층계획에 관한 기술 중 부적당한 것은?

① 다른 평면계획에 우선하여 계획되어야 한다.
② 사무실을 중심으로 하는 집무공간을 기준층으로 한다.
③ 코어시스템으로 한 기준층은 유효율(Rentable area)이 불리하다.

④ 기준층 높이는 3.3~3.5m 정도가 적당하다.

해설 유효율을 최대한 높이기 위해 코어형 평면계획을 한다.

105. 사무소건축의 층고계획으로 가장 부적절한 것은?

① 1층 층고 : 400cm
② 기준층 층고 : 360cm
③ 최상층의 층고 : 기준층과 동일
④ 중 2층을 설치하는 1층의 층고 : 600cm

해설 최상층의 층고 : 기준층 + 30cm

106. 일반적으로 대규모 사무소건축에 있어서 다음 중 층높이를 가장 높게 계획하는 층은 어느 층인가? (단, 중 2층 없음)

① 1층
② 기준층
③ 최상층
④ 지하층

해설 ① 1층
  • 소규모 건물 : 4.0m
  • 은행, 영업실, 넓은 상점인 경우 : 4.5~5.0m
② 기준층 : 3.3~4.0m
③ 최상층 : 기준층 + 30cm
④ 지하층(대규모) : 5.0~6.5m

107. 사무소건축에서 지하층에 소규모의 냉난방기계실의 경우 층고를 얼마 정도로 하는 것이 좋은가?

① 3.3~3.5m
② 3.5~3.8m
③ 4.0~4.5m
④ 5.0~6.5m

해설 지하층
① 중요한 실이 없는 경우 : 3.5~3.8m
② 통상 난방보일러실인 경우
  • 소규모 : 4.0~4.5m
  • 대규모 : 5.0~6.5m

해답 101. ④ 102. ① 103. ④ 104. ③ 105. ③ 106. ④ 107. ③

108. 다음 중 고층 사무소건축에서 층고를 낮게 잡는 이유와 가장 거리가 먼 것은?

① 실내 공기조화의 효율을 높이기 위하여
② 층고가 높을수록 공사비가 높아지므로
③ 제한된 건물높이 한도내에서 가능한 한 많은 층수를 얻기 위하여
④ 엘리베이터의 왕복시간을 단축시킴으로서 서비스의 효율을 높이기 위하여

해설 엘리베이터 정지층수가 많아지므로 왕복시간이 길어지며, 운영상 비경제적이다.

109. 다음 중 고층 사무소건축에서 층고를 낮게 하는 이유와 가장 관계가 먼 것은?

① 공사비를 낮춘다.
② 보다 넓은 설비공간을 얻는다.
③ 실내의 공기조화 효율을 높인다.
④ 제한된 건물 높이에서 가급적 많은 수의 층을 얻는다.

해설 층고를 낮게 할 경우의 이점
① 건축비 절감 ② 공조의 효과 ③ 많은 층수의 확보

110. 고층 사무소건물의 기준층 평면형태를 한정하는 요소 중 틀린 것은?

① 구조상 스팬의 한도
② 도시의 경관배려
③ 동선상의 거리
④ 자연광에 의한 조명한계

해설 기준층 평면형을 한정하는 요소
① 구조상 스팬의 한도
② 동선상의 거리
③ 덕트, 배선, 배관 등 설비시스템상의 한계
④ 방화구획상의 면적
⑤ 자연광에 의한 조명한계
⑥ 대피상 최대 피난거리

111. 다음 중 사무소건축에서 기준층의 평면을 한정하는 사항과 가장 관계가 먼 것은?

① 사무실내의 작업능률
② 구조상 스팬의 한도
③ 덕트, 배선, 배관 등 설비시스템상의 한계
④ 동선상의 거리

112. 고층 사무소건축의 기준층 평면형태를 한정시키는 요소와 가장 관계가 먼 것은?

① 구조상 스팬의 한도
② 덕트, 배관, 배선 등 설비시스템상의 한계
③ 방화구획상의 면적
④ 오피스 랜드스케이핑에 의한 가구배치

113. 다음 중 사무소건축의 기준층 평면형태에 영향을 미치는 요소와 가장 관계가 먼 것은?

① 구조상 스팬의 한도
② 덕트, 배선, 배관 등 설비시스템상의 한계
③ 자연광에 의한 조명한계
④ 지하주차장의 주차간격

114. 다음 중 사무소건축에서 기준층의 평면형태를 결정하는 요인과 가장 관계가 먼 것은?

① 기둥의 간격   ② 방화구획
③ 내화구조   ④ 피난거리

115. 사무실 기준층 평면형을 좌우하는 중요사항이 아닌 것은?

① 채광조건
② 공용시설
③ 비상시설
④ 엘리베이터 대수

해설 기준층 평면형 결정은 채광, 공용시설, 기둥간격, 비상설비 등을 고려하여야 한다.

해답 108. ④ 109. ② 110. ② 111. ① 112. ④ 113. ④ 114. ③ 115. ④

116. 초고층 사무소건물에 대한 설명으로 옳지 않은 것은?

① 대규모 교통수요에 대한 대책이 요구된다.
② 일조장애, 경관의 차단 등의 우려가 있다.
③ 설비관계의 집약으로 방재(防災)에 유리하다.
④ 도시의 스카이라인에 변화를 줄 수 있다.

해설 초고층 사무소건물은 설비관계의 집약으로 방재(防災)에 불리하다.

117. 고층사무소 건물의 장점이 아닌 것은?

① 건물의 고층화에 따라 공원, 녹지를 부지내에 충분히 둘 수 있다.
② 전망이 좋고 맑은 공기를 얻을 수 있다.
③ 설비관계의 집약으로 방재(防災)에 대해 안전하다.
④ 적절한 계획으로 도시의 스카이라인에 변화를 줄 수 있다.

해설 방재(防災)에 대해 불안전하다.

118. 최근 고층 사무소건축에서 그림과 같은 저층부분(A)을 설치하는 이점으로 옳지 않은 것은?

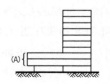

① 대지의 효율적인 이용
② 대지의 개방성이나 공공성의 확보
③ 사무실 이외의 복합기능 부여
④ 고층동에 대한 스케일감의 완화

해설 **저층부분을 설치하는 이점**
 ① 대지의 효율적인 이용
 ② 사무실 이외의 기능을 충당
 ③ 옥상정원의 이용
 ④ 고층동에 대한 스케일감의 완화

119. 그림과 같은 사무소건축에서 저층부분(A)을 설치하는 이점이 될 수 없는 것은?

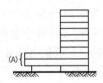

① 옥상정원의 이용
② 사무실 이외의 기능을 충당
③ 부지의 효과적인 이용
④ 랜드마크(land mark)적인 역할

해설 ④는 고층부분에 해당된다.

120. 사무소의 실내 폭(창에서 내부 벽까지의 거리)이 자연채광과 환기조건 및 책상배치 등의 요소를 고려할 때 가장 기능적인 치수는 어느 것인가?

① 9m   ② 6m
③ 12m   ④ 15m

121. 사무소건축에 관한 기술 중 틀린 것은 다음 어느 것인가?

① 기준층 평면형 결정은 채광, 공용시설, 기둥간격, 비상설비 등을 고려하여야 한다.
② 사무소건축의 부지로서는 집약적으로 일군의 관청 또는 사무소건물이 있는 비지니스센터가 유리하다.
③ 창방향 기둥간격은 그 기준층의 평면결정의 기본 요소로서 실질상 경제적인 책상배열에 따라 결정한다.
④ 기둥간격은 철근콘크리트일 때 7~8m가 적당하며, 책상배열에도 합리적이다.

해설 기둥간격은 철근콘크리트일 때 5~6m 정도가 적당하다.

122. 사무소 건축계획에서 부적당한 형식은?

해설 중간기둥을 칸막이벽의 위치에 두는 것이 바람직하며, ②의 경우 실내에 기둥을 두는 불편을 갖게 된다.

123. 사무소 건축계획을 할 때 기본적 모듈 (Module)이 일정함이 중요하다. 다음 각 사항 중이 모듈에 영향을 제일 적게 받는 것은 어느 것인가?

① 구조계획 　　　　② 외부의장계획
③ 주차방식계획 　　④ 작업단위계획

해설 모듈러 시스템(modular system)
바닥, 벽, 천장 등을 구성하는 각 부재의 크기를 기준단위로 한 모듈을 계획의 보조단위로 삼아 치수체계를 통합한 것을 모듈러 시스템이라 하며, 의장, 구조, 공법, 가구 등의 배치에 종합적인 조정을 하며, 한 모듈의 실의 크기, 부재의 크기가 정해진다.

124. 고층 건축물에 사용되는 금속 커튼월의 특성 중옳지 않은 것은?

① 공장생산에 적합하다.
② 유구조의 건축물에도 비교적 간단한 방법으로설치할 수 있다.
③ 빗물처리는 매우 간단하다.
④ 설치작업은 비교적 신속할 수 있다.

해설 유구조의 건축물은 층간변위에 의한 외벽의 파손과탈락의 우려가 크므로 설치하기가 어렵다.

125. 초고층빌딩 건축계획의 풍횡압(風鐄壓)에 대한구조적인 고려사항으로서 가장 적합하지 않은 것은?

① 벨트 트러스(belt truss)
② 트러스 튜브(truss tube)

③ 강구조(rigid frame)
④ 포스트와 린텔(post and lintel)

해설 ① 강구조 : 라멘구조
② 포스트와 린텔 : 가구식 구조

126. 건축설계시 그리드 플래닝(grid planning)을 채용하는 전형적인 건물은?

① 학교 　　　　② 기숙사
③ 공동주택 　　④ 사무소

해설 모듈(module)
평면계획에 있어서 기준층 평면계획시 필요로 하는 주요 체크 포인트를 종합하여 일정의 질서있는 계획을 정한 시스템으로 하는 그리드 플래닝이 있다. 이러한 기준이 되는 치수는 모듈의 결정이 극히 중요하다.

127. 다음의 사무소건축에 관한 설명 중 틀린 것은?

① 준대여 사무소는 건물의 주요부분을 자기전용으로 하고, 나머지를 대실하는 형태이다.
② 사무소건축의 관리상 분류에 있어서 정부종합청사는 준전용 사무소 성격을 띤다.
③ 사무소의 층고와 깊이는 사용목적, 채광, 공사비 등에 의해 결정된다.
④ 복도형식 중 2중지역배치는 중규모 크기의 사무소 건물에 적합하다.

해설 사무소건축의 관리상 분류에 있어서 정부종합청사는 전용 사무소 성격을 띤다.

■ **세부계획**

128. 사무실의 층고(H), 깊이(L)의 표준은 얼마인가?

① $L/H = 1.5$ 　　　② $L/H = 2.0$
③ $L/H = 3.0$ 　　　④ $L/H = 4.0$

해설 사무실의 층고(H)에 의한 안깊이(L)
① 외측에 면하는 실내인 경우 : 2~2.4
② 채광정측에 면하는 경우 : 1.5~2

해답　122. ②　123. ④　124. ②　125. ④　126. ④　127. ②　128. ②

129. 사무실내의 책상배치의 유형 중 좌우대향형에 대한 설명으로 옳은 것은?

① 4개의 책상이 맞물려 십자를 이루도록 배치하는 형식으로 그룹작업을 요하는 업무에 적합하다.

② 대향형과 동향형의 양쪽 특성을 절충한 형태로 커뮤니케이션의 형성에 불리하다.

③ 낮은 칸막이로 한사람의 작업활동을 위한 공간이 주어지는 형태로 독립성을 요하는 전문직에 적합한 배치이다.

④ 책상이 서로 마주보도록 하는 배치로 면적효율은 좋으나 대면시선에 의해 프라이버시가 침해당하기 쉽다.

[해설] ① – 십자형, ③ – 자유형, ④ – 대향형

130. 다음 그림과 같은 사무실내의 통로로서 한 사람이 다닐 수 있는 가장 경제적인 폭(d)은 얼마인가?

① 450mm
② 600mm
③ 900mm
④ 1,000mm

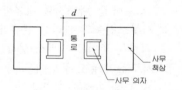

131. 사무실내의 책상배치상태이다. 부적당한 것은?

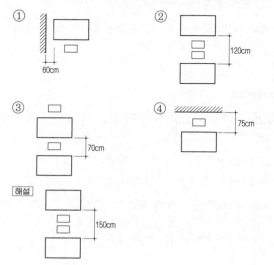

132. 책상배치에 따른 사무소의 평면계획에 있어서 3개의 책상이 나란히 배치될 때의 격자치수는?

① 6.6m
② 6.9m
③ 7.2m
④ 7.5m

[해설] **책상배치에 따른 사무소의 평면계획**

① 2개의 책상이 나란히 배치된다면 그 방을 위한 필요한 안목깊이 5.61m, 격자치수는 5.99m이다.

② 3개의 책상이 나란히 배치된다면 그 방을 위한 필요한 안목깊이 7.1m, 격자치수는 7.49m이다.

133. 사무소건축의 사무실의 채광면적 중 옳은 것은 어느 것인가?

① 바닥면적의 1/5 이상
② 바닥면적의 1/12 이상
③ 바닥면적의 1/7 이상
④ 바닥면적의 1/10 이상

[해설] 사무실의 채광면적은 바닥면적의 1/10을 표준으로 한다.

134. 철근 콘크리트구조 사무소건축의 계획에 관한 기술 중 적합하지 않은 것은?

① 사무실의 깊이는 채광상 층고의 3배 정도가 적당하다.

② 기둥은 2방향 동일간격으로 배열하는 것이 좋다.

③ 사무실의 출입구문은 안여닫이로 한다.

④ 엘리베이터와 계단은 가급적 근접시킨다.

[해설] ① 사무실의 안깊이는 채광상 층고의 2배 정도가 적당하다.

② 사무실의 출입문은 밖여닫이가 원칙이나 복도면적이 커지게 되므로 안여닫이로 한다.

135. 사무소의 화장실 위치가 틀린 것은?

① 각 사무실에서 동선이 간단할 것
② 계단실, 엘리베이터 홀에 근접할 것
③ 각층마다 분산 배치할 것
④ 가능하면 외기에 접하는 위치로 할 것

136. 사무소건축의 화장실계획에 대한 설명 중 옳지 않은 것은?

① 각층마다 공통의 위치에 배치한다.

② 복도에서 변기가 보이지 않도록 한다.

③ 분산시키지 말고 되도록 각 층의 1 또는 2개소 에 집중시키는 것이 좋다.

④ 화장실은 건물내부자를 위한 것이므로 외래자 에게 잘 알려질 수 없는 위치에 배치한다.

해설 화장실은 외래자에게도 잘 알려질 수 있는 위치에 배치한다.

137. 사무소건축의 화장실계획에 대한 설명 중 옳지 않은 것은?

① 계단실, 엘리베이터 홀에 근접할 것

② 각층마다 공통의 위치에 둘 것

③ 가능한 중정 또는 외기에 둘 것

④ 사무실 출입문과 화장실 출입문이 서로 마주치 지 않도록 배치할 것

해설 사무실 출입문과 엘리베이터 홀이 서로 마주치지 않 도록 배치할 것

■ **환경 및 설비계획**

138. 사무소건축에 사용되는 아트리움에 대한 설명 중 옳지 않은 것은?

① 공간적으로는 중간영역으로서 매개와 결절점 의 기능을 수용한다.

② 도심내의 오피스와 가로 사이에서 도시민을 위 한 휴식과 커뮤니케이션 장소로 활용된다.

③ 외부환경에 오픈되어 있어 에너지 절약의 효과 는 기대할 수 없다.

④ 건축물에 조형적 · 상징적 독자성(identity)을 부여한다.

해설 아트리움(atrium)의 역할

① 아트리움의 공간적인 특성에 따른 문화적, 경제적, 기능적 이익제공

② 건물 내부의 시각적인 감동과 신선감제공

③ 아트리움의 공간을 통한 환경조절기능과 에너지절약 효과

139. 사무소건축의 엘리베이터 배치계획에 대한 설 명 중 옳은 것은?

① 직렬로 배치할 경우 4대 정도를 한도로 한다.

② 대면배치의 경우 대면거리를 2.0m 이하로 한 다.

③ 임대사무소의 경우 분산 배치하는 것이 좋다.

④ 대수산정은 30분간 건물에 출입하는 인원수를 기준으로 한다.

해설 ① 대면배치의 경우 대면거리를 4.0m로 한다.

② 임대사무소의 경우 한곳에 집중 배치하는 것이 좋다.

③ 대수산정은 5분간 건물에 출입하는 인원수를 기준으 로 한다.

140. 사무소건축의 엘리베이터에 대한 설명 중 옳지 않은 것은?

① 되도록 한 곳에 집중해서 배치한다.

② 외래자에게 직접 잘 알려질 수 있는 위치에 배 치한다.

③ 승강기의 배열은 단거리 보행으로 모든 승강기 에 접근할 수 있도록 한다.

④ Hall 넓이는 승강자 1인당 $0.2m^2$ 정도로 하는 것이 가장 좋다.

해설 홀의 넓이는 승강자 1인당 점유면적을 $0.5 \sim 0.6m^2$ 로 한다.

141. 사무소건축의 엘리베이터에 대한 설명 중 옳지 않은 것은?

① 주요 출입구나 홀에 직접 면해서 배치한다.
② 외래자에게 직접 알려질 수 있는 위치에 배치한다.
③ 승강기의 배열은 단거리 보행으로 모든 승강기에 접근할 수 있도록 한다.
④ Hall 넓이는 승강자 1인당 0.2m² 정도로 하는 것이 가장 좋다.

[해설] 엘리베이터 홀의 최소 넓이는 0.5~0.6m²/인이고, 폭은 4m 정도로 한다.

142. 사무소건축의 엘리베이터 배치계획에 대한 설명 중 옳지 않은 것은?

① 주요 출입구 홀에 직접 면해서 배치하는 것이 좋다.
② 각층의 위치는 되도록 동선이 짧고 단순하게 계획하는 것이 좋다.
③ 승강기의 출발층은 1개소로 한정하는 것이 운영면에서 효율적이다.
④ 엘리베이터를 직선형으로 배치할 경우 6대 이하로 하는 것이 원칙이다.

[해설] 4대 이하는 직선으로 배치하고, 6대 이상은 앨코브 또는 대면배치가 효과적이다.

143. 사무소건축의 엘리베이터 배치계획으로 옳지 않은 것은?

① 주요 출입구, 홀에 직접 면해서 배치할 것
② 외래자에게 직접 잘 알려질 수 있는 위치일 것
③ 엘리베이터 홀은 출입구문에 바짝 접근해 있을 것
④ 계단과 엘리베이터는 가능한 한 접근시킬 것

[해설] 엘리베이터 홀에 사무실의 출입문을 바짝 접근시키는 것은 피한다.

144. 사무소건축의 엘리베이터계획에 대한 설명 중 옳지 않은 것은?

① 외래자에게 직접 잘 알려질 수 있는 위치에 배치한다.
② 대수산정은 1일 평균 사용인원을 기준으로 산정한다.
③ 가능한 한 1곳에 집중하여 배치한다.
④ 출입구에 바짝 접근해 있지 않도록 한다.

[해설] 엘리베이터 대수산정을 위해 이용자수는 아침 출근시간 5분간의 이용자수를 기준으로 산정한다.

145. 승강기배치에 관한 설명 중 옳지 않은 것은?

① 승강기를 직렬로 배치할 경우 4대를 한도로 한다.
② 승강기가 5대 이상일 때는 알코브형 배치를 고려한다.
③ 알코브형 배치는 8대 정도를 한도로 하고, 그 이상일 경우 군별로 분할하는 것을 고려한다.
④ 승강기의 출발층은 승강기의 효율적 운행을 위하여 여러 개소로 분산시키는 것이 좋다.

[해설] 승강기배치시 되도록 한 곳에 집중해서 배치할 것

146. 사무소 건축계획에서 엘리베이터 홀의 1인당 점유면적으로 타당한 것은?

① 0.4m²   ② 0.6m²
③ 0.9m²   ④ 1.2m²

[해설] 엘리베이터 홀의 최소 넓이는 0.5~0.6m²/인이고, 폭은 4m 정도로 한다.

147. 사무소건축에서 엘리베이터 조닝에 대한 설명으로 옳지 않은 것은?

① 일주시간이 단축되어 수송능력이 향상된다.
② 조닝수가 증가하면 승강로의 연면적이 줄어든다.
③ 고층부의 고속 엘리베이터는 고속성을 발휘할 수 있다.
④ 건물 이용상의 제약이 없으며, 건물내 교통의 편리성이 많아진다.

해답   141. ④   142. ④   143. ③   144. ②   145. ④   146. ②   147. ④

[해설] 건물내 이용상의 제약이 생기며, 건물내 교통의 편리성이 적어진다.

148. 사무소건축에서 엘리베이터의 조닝(zoning)에 관한 설명으로 옳지 않은 것은?

① 일주시간이 증가한다.
② 유효면적이 증가한다.
③ 엘리베이터의 설비비가 감소한다.
④ 이용자가 혼란에 빠질 우려가 있다.

[해설] 일주시간이 감소한다.

149. 사무소건축의 Elevator zoning에 있어서 장점이라 볼 수 없는 것은?

① Zoning을 많이 할수록 1 zone의 거주인구가 적어진다.
② 일주시간이 단축되어 서비스가 좋아진다.
③ 고속 승강기의 고속성을 유효하게 발휘할 수 있다.
④ 승강기의 설비비를 절약할 수 있다.

[해설] 존(zone)의 수가 증가함에 따라 가격지수가 내려가고 샤프트의 연면적도 작게 되어 경제적인 효과가 크게 된다. 경제적인 효과를 높이기 위해 존을 많이 할수록 1존의 거주인구가 적어지고 테넌트(tenant)의 규모도 제약을 받는다.

150. 100층 이상의 초고층 사무소건축에서 엘리베이터 효율을 향상시키기 위해 적용되는 방법으로 적당한 것은?

① 스카이 로비 시스템(sky lobby system)
② 컨벤셔널 시스템(conventional system)
③ 더블데크 시스템(doble deck system)
④ 로컬 엘리베이터 시스템(local elevator system)

[해설] 스카이 로비 방식(sky-lobby system)은 초고층 사무소건축에 채용하는 방식으로 큰 존을 설정하여 그 속에 세분한 조닝시스템을 채용하는 방식이다.

151. 사무소건축에서 엘리베이터 대수산정시 기준이 되는 것은?

① 출근시간대의 수송인원
② 퇴근시간대의 수송인원
③ 점심시간 직전의 수송인원
④ 점심시간 직후의 수송인원

[해설] 엘리베이터 대수산정의 기본 : 아침 출근시 5분간의 이용자

152. 지상 15층인 사무소건축물에서 아침 출근시간에 엘리베이터 이용자의 5분간의 최대인수가 200인이고, 1대의 1회 왕복시간이 2분이라고 할 때 정원 17인승 엘리베이터의 필요 대수는 얼마인가? (단, 엘리베이터의 정원은 17인이나 평균 수송인원은 16인으로 한다.)

① 3대   ② 4대
③ 5대   ④ 6대

[해설] ① 엘리베이터 1대의 5분간의 수송능력
    5/2분×16인=40인
② 200인 수송시 필요한 엘리베이터의 대수
    200인÷40인/대=5대

153. 사무소건축에서 엘리베이터 대수산정과 가장 관계가 먼 것은?

① 건물의 성격   ② 층고
③ 대실면적   ④ 건물의 위치

154. 노크스의 계산식에 의한 사무소의 엘리베이터 대수산정의 가정조건으로 부적당한 것은?

① 2층 이상 거주자 전부의 30%를 15분간에 한쪽 방향으로 수송한다.
② 실제 주행속도는 정규속도의 80%로 본다.
③ 엘리베이터가 1층에서 손님을 태우기 위한 시간을 10초로 한다.
④ 엘리베이터는 정원의 90%가 타는 것으로 본다.

[해설] 정원의 80%가 탑승하는 것으로 본다.

해답   148. ①   149. ①   150. ①   151. ①   152. ③   153. ④   154. ④

155. 30층 대형 규모의 사무소건축물 시공시 엘리베이터의 설치계획 중 부적합한 것은?

① 엘리베이터 대수산정을 위해 이용자수는 아침 출근시간을 기점으로 하였다.
② 출근시간 5분간의 수송인원을 대상으로 계산하였다.
③ 5분간 처리인원이란 전체 수용인원의 70%이다.
④ 저층용과 고층용 두 그룹으로 형성시켰다.

156. 유효면적이 4.000m²인 사무소건축의 엘리베이터 대수약산으로 적당한 것은?

① 1대
② 2대
③ 3대
④ 4대

[해설] 엘리베이터 대수약산식
① 유효면적 2,000m²당 엘리베이터 1대 정도
② 연면적 3,000m²당 엘리베이터 1대 정도
∴ 유효면적 4,000m² ÷2,000m²/대 = 2대

157. 사무소건축에 관한 기술 중 옳은 것은?

① 엘리베이터 홀(elevator hall)과 주출입구는 바짝 접근시키는 것이 좋다.
② 엘리베이터(elevator)는 특별한 사정이 없는 한 분산하여 여러 개소에 설치하는 것이 좋다.
③ 변소는 분산하지 말고 각층 1개소 또는 2개소에 집중하여 설치하는 것이 좋다.
④ 급탕 및 소제용 설비실은 되도록 건물의 외곽에 설치하는 것이 좋다.

[해설] ① 엘리베이터 홀에 사무실의 출입문을 바짝 접근시키는 것은 피한다.
② 엘리베이터는 코어 중앙에 집중 배치한다.
③ 급탕 및 소제용실은 코어내 공간에 설치한다.

158. 다음의 사무소건축에 관한 설명 중 옳지 않은 것은?

① 유효율이란 연면적에 대한 대실면적의 비율을 말한다.
② 엘리베이터는 분산 배치하는 것이 수직교통을 원활하게 한다.
③ 실단위계획에서 개실형식은 프라이버시가 좋고 주위환경조절이 용이하다.
④ 실단위계획에서 오픈플랜형식은 통로가 최소화되어 공간낭비가 적다.

[해설] 엘리베이터는 한 곳에 집중해서 배치할 것

159. 고층 사무소건축에 있어서 스모그 타워 (smoke tower)에 관한 기술 중 적합하지 않은 것은 어느 것인가 ?

① 스모그 타워는 배연을 목적으로 한다.
② 스모그 타워는 계단실 전실에 둔다.
③ 스모그 타워는 복도로 출입하는 곳에 둔다.
④ 스모그 타워는 전실에 외부에 면한 창이 있어도 설치해야 한다.

[해설] 스모그 타워는 비상계단내 전실에 둔다.

160. 고층 사무소건물의 특별계단에 있어서 전실(前室 : 부속실)의 계획상 부적당한 것은?

① 전실의 일부가 가능한 한 외기에 면하는 것이 좋다.
② 전실에는 스모그 타워와 급기시설이 필요하다.
③ 전실의 천장은 가급적 높게 한다.
④ 전실에 있어서 배연구는 계단실 가까이에, 급기구는 복도쪽에 가깝게 둔다.

[해설] 배연구 - 복도쪽 가까이, 급기구 - 계단쪽 가까이 설치한다.

161. 고층 사무소건축의 방재계획의 기본적 사항을 나열한 것 중 옳지 않은 것은?

① 화재발생이 어려운 구조, 마감재를 사용한다.

② 안전하고 알기 쉬운 피난경로를 1방향으로 확보한다.

③ 방화구획을 적절히 한다.

④ 화재를 조기 발견하여 초기소화나 피난 유도대책을 세운다.

[해설] 피난경로를 2방향으로 확보한다.

162. 건축물의 방재계획 내용으로 옳지 않은 것은?

① 재난발생시에 대비하여 일정시간 안전한 건축공간을 확보하여야 한다.

② 재난시 안전히 피할 수 있는 통로와 설비를 확보하여야 한다.

③ 소화나 구출활동이 신속히 펼쳐질 수 있는 설비를 확보하여야 한다.

④ 신속한 대피를 위하여 각 층에서 한 방향으로만의 피난통로를 확보하여야 한다.

[해설] 신속한 대피를 위하여 각 층에서 2방향으로 피난통로를 확보하여야 한다.

163. 고층건축의 중앙방재실(防災室)계획에 관한 기술 중 틀린 것은 어느 것인가?

① 위치는 방화상 안전하고 외부로부터의 출입이 용이한 곳으로 한다.

② 중앙방재실은 경비, 보안 및 건물관리기능을 겸해서는 안된다.

③ 비상용 엘리베이터와의 연락장치를 설치한다.

④ 배연(排煙)설비의 작용에 관한 표시장치를 갖춘다.

[해설] 중앙방재실은 경비, 보안 및 건물관리기능을 겸한다.

164. 고층 사무소건축에서 화재시 대처해야 할 사항에 대한 기술 중 가장 부적당한 것은?

① 피난을 위한 유도표식을 많이 만든다.

② 엘리베이터의 정원을 늘려서 피난을 순조롭게 한다.

③ 중앙방재실의 위치는 방화상 안전하고 외부로부터의 출입이 용이한 곳에 둔다.

④ 건물 밖으로의 출구 폭의 합계를 넓게 취하는 것이 바람직하다.

[해설] 엘리베이터의 정원을 줄인다.

165. 고층 사무소건축에 관한 기술 중 적합하지 않은 것은?

① 층고를 낮게 할 경우, 건축비를 절감시킬 수 있다.

② 외장재는 경량재가 좋다.

③ 고층화할 경우, 토지이용률이 높아진다.

④ 승강기는 이용하기 편하도록 여러 곳에 분산하는 것이 좋다.

[해설] 승강기는 이용하기 편하도록 한 곳에 집중 배치한다.

166. 사무소건축에 대한 설명 중 옳지 않은 것은?

① 오피스 랜드스케이핑은 개방식 배치의 한 형식이다.

② 아트리움은 공간적으로는 중간영역으로서 매개와 결절점의 기능을 수용한다.

③ 수용인원수에 의한 면적산출시 기준이 되는 1인당 소요바닥면적은 $9 \sim 11m^2$ 정도이다.

④ 층고는 기준층에서는 $330 \sim 400cm$ 정도로 하고, 최상층에서는 기준층보다 30cm 정도 작게 한다.

[해설] 최상층에서는 기준층보다 30cm 정도 높게 한다.

167. 사무소 건축계획에 관한 사항 중 틀린 것은?

① 사무소건축의 공간구성은 실(room), 복도(corridor), 코어(core)로 구분된다.

② 대여 사무소의 임대비율은 70~75%가 적당하다.

③ 배연탑은 피난계단과 분리, 설치한다.

④ 사무실 칸막이벽은 간단히 변경될 수 있는 구조로서 모듈에 맞춰 설치한다.

[해설] 스모그 타워(배연탑)은 피난계단내 전실에 설치한다.

168. 사무소건축에 있어서 메일 슈트(mail chute)의 위치는 다음 중 어느 곳이 가장 적당한가?

① 승강기 홀   ② 계단실

③ 현관 홀   ④ 관리실

[해설] 메일 슈트는 엘리베이터 홀에 둔다.

169. 대규모 사무소 건축설계에 관한 기술 중 옳지 않은 것은?

① 승강기의 출발은 1개소로 한정하여 집중 배치하는 것이 운영면에서 효율적이다.

② 계단은 엘리베이터 홀에 되도록 가깝게 배치한다.

③ 화장실은 각층마다 공통의 위치에 두지 않고 분산 배치하여 사용에 편리하도록 한다.

④ 코어내의 공간과 임대사무실 사이의 동선을 간단하게 한다.

[해설] 화장실은 각층 공동위치에 두며, 분산시키지 말고 1개소 또는 2개소에 집중 배치한다.

170. 대규모 사무소 건축설계에 관한 기술 중 가장 옳지 않은 것은?

① 승강기의 출발층은 1개소로 한정하는 것이 운영면에서 효율적이다.

② 계단은 엘리베이터 홀에 되도록 가깝게 배치한다.

③ 화장실은 가능한 한 분산 배치하여 사용에 편리하도록 한다.

④ 메일 슈트(mail shute)는 엘리베이터 홀에 배치한다.

[해설] 화장실은 분산하지 말고 각층 1개소 또는 2개소에 집중하여 설치하는 것이 좋다.

171. 사무소건축물의 인텔리젠트화와 거리가 먼 것은?

① 건축물내 실내환경관리의 자동화

② 건물의 대형화

③ 렌터블비의 증대

④ 사무공간의 쾌적성

[해설] 사무소건축물의 인텔리젠트화는 오히려 렌터블비(유효율)를 감소시킬 수 있다.

172. 인텔리젠트빌딩 정의의 개념과 거리가 먼 것은?

① B · A(Building Automation)

② O · A(Office Automation)

③ Tele-communication

④ Tele-worker

[해설] 정보화 빌딩(Intelligent Building)의 기능

  ① 정보통신(TC ; Tele-communnication) 시스템

  ② 사무자동화(OA ; Office Automation) 시스템

  ③ 건물자동화(BA ; Building Automation) 시스템

  ④ 시큐리티(Security)시스템

173. 정보화 빌딩(Intelligent Building)의 기본 기능 중 가장 관계가 먼 것은?

① 정보통신 시스템

② 사무자동화 시스템

③ 빌딩자동화 시스템

④ 건축기술 시스템

[해설] 정보화 빌딩(Intelligent Building)의 기능

  ① 정보통신기능   ② 사무자동화기능

  ③ 건물자동화기능   ④ 시큐리티 시스템

174. 사무소 지하층에 주차장을 설치한 경우 자동차 출입구의 경사도는 다음 중 어느 것이 적당한가?

① 17% ② 20%
③ 25% ④ 27%

[해설] ① 자동차용 경사로의 구배 : 1/6(17%) 이하
② 층 높이는 보 밑에서 2.1m 이상이 필요하다.

175. 약 200대의 승용차가 주차되는 지하주차장계획에 관한 다음 기술 중 적합하지 않은 것은?

① 자동차의 진행방향은 일방통행이 되게 하는 것이 좋다.
② 배기계통은 지상층과 분리해서 독립적으로 설치한다.
③ 경사로의 구배는 1/8 이면 족하다.
④ 층 높이는 보 밑 3m 이상 필요하다.

[해설] ① 자동차용 경사로의 구배 : 1/6 이하(17%)
② 층 높이는 보 밑에서 2.1m 이상이 필요하다.

176. 주차형식 중 1대당 점유면적이 가장 작은 것은?

① 직각주차 ② 60° 주차
③ 45° 주차 ④ 평행주차

[해설] 직각주차 : 가장 경제적인 주차방법
(소요 면적 27.2m²)

■■■ 은행

177. 은행건축에 관한 설명 중 부적당한 것은?

① 드라이브 인 뱅크(Drive in Bank)계획시 창구는 운전석 쪽으로 한다.
② 출입구는 바깥문은 자재문이 많고, 안쪽문은 도난방지상 반드시 밖여닫이로 한다.
③ 영업실의 면적은 은행원수에 따라 결정되며, 1인당 4~6m²를 기준으로 한다.
④ 부지의 형태는 장방형에 이상적이고, 방위상 동남향 가로 모퉁이가 가장 이상적이다.

[해설] 출입구는 바깥문은 자재문이 많고, 안쪽문은 안여 닫이로 한다.

178. 은행의 건축계획에 대한 설명 중 옳지 않은 것은?

① 고객이 지나는 동선은 되도록 짧게 한다.
② 큰 건물의 경우에도 고객출입구는 되도록 1개소로 한다.
③ 업무내부의 일의 흐름은 되도록 고객이 알기 어렵게 한다.
④ 고객의 공간과 업무공간 사이에는 시선을 차단시키는 구조벽체나 기둥 등을 설치하여 원칙적으로 구분이 있도록 한다.

[해설] 고객의 공간과 업무공간과의 사이에는 원칙적으로 구분이 없어야 한다.

179. 은행의 내부공간계획에 대한 설명 중 옳지 않은 것은?

① 고객의 공간과 업무공간과의 사이에는 원칙적으로 구분이 없어야 한다.
② 고객이 지나는 동선은 되도록 짧아야 한다.
③ 업무내부의 일의 흐름은 되도록 고객이 알기 어렵게 한다.
④ 큰 건물의 경우에 고객출입구는 되도록 2~3개소로 한정하고 안으로 열리도록 한다.

[해설] 큰 건물의 경우 고객출입구는 되도록 1개소로 하고, 안으로 열리도록 한다.

180. 은행건축에 대한 설명으로 옳은 것은?

① 직원과 고객의 출입구는 보안관계상 별도로 설치하지 않는다,
② 고객의 대기공간과 영업공간의 면적비율은 2 : 8 정도로 하는 것이 가장 바람직하다.
③ 은행내부의 동선계획시 고객의 목적과 관계없이 하나의 동선으로 고객을 유도하는 것이 바람직하다.

해답 174. ① 175. ④ 176. ① 177. ② 178. ④ 179. ④ 180. ④

④ 대규모의 은행일 경우에도 고객의 출입구는 되도록 1개소로 하고, 안여닫이로 하는 것이 보편적이다.

해설 ① 직원 및 내객의 출입구는 따로 설치하여 영업시간에 관계없이 열어둔다.
② 고객의 대기공간 : 영업공간의 비율은 2 : 3(1 : 0.8~1.5) 정도로 한다.
③ 고객동선과 은행원동선이 교차되지 않도록 하며, 고객이 지나는 동선은 되도록 짧게 한다.

181. 은행의 건축계획에 관한 기술 중 옳지 않은 것은?

① 고객공간과 일반 업무공간과는 구분을 확실히 하여 업무의 효율을 높인다.
② 보호금고는 동선적으로 고객의 출입이 자유로워야 하므로 고객대기실 가까운 곳에 두어야 한다.
③ 야간금고의 투입구는 고객의 사용에 편리하도록 건물의 외벽에 설치한다.
④ 은행카운터의 높이는 고객대기실에서 100~105cm 정도가 좋다.

해설 고객공간과 일반 업무공간과의 사이에는 원칙적으로 구분이 없어야 한다.

182. 은행건축계획에 관한 설명 중 옳은 것은?

① 은행실이란 은행건축의 주체를 이루는 곳이며, 객장과 영업장으로 나누어진다.
② 금고실은 도난감시상 안전한 위치에 있어야 하기 때문에 영업장의 구석보다는 한가운데 있는 것이 좋다.
③ 야간금고는 주출입문 근처에 두지 않도록 한다.
④ 일반적으로 출입문은 안여닫이로 하며, 어린이들의 출입이 많은 지역에서는 회전문을 사용한다.

해설 ① 일반적인 경우 금고는 건물 측벽이나 뒷쪽 벽을 따라서 위치하도록 하며, 될 수 있는 한 건물의 한쪽 구석을 이용하도록 한다.

② 야간금고는 가능한 한 주출입문 근처에 위치하도록 한다.
③ 어린이들의 출입이 많은 지역에서는 회전문이 위험하므로 사용하지 않는 것이 좋다.

183. 은행건축계획에 관한 사항에서 가장 적당한 것은?

① 은행실을 구성하는 고객용 로비와 영업실의 면적비는 1(고객용 로비) : 0.8~1.5(영업실)이다.
② 주출입구는 보온을 위해 방풍실을 두는 것이 좋으며, 출입문은 바깥 여닫이문으로 함이 타당하다.
③ 영업실은 인공조명의 균일화된 조도로 업무능률의 향상을 목표로 하고 있기 때문에 외벽에 큰 창을 만들지 않는다.
④ 임대금고는 일반적으로 일반금고실과 같이 고객의 출입을 제한할 수 있는 위치에 설치한다.

해설 ① 주출입구는 안여닫이로 한다.
② 영업실은 외벽에 큰 창을 설치한다.
③ 임대금고의 위치는 고객이 쉽게 출입할 수 있는 위치에 둔다.

184. 은행의 주출입구(방풍실부)로서 가장 적합한 것은?

①
②
③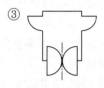
④

해설 은행의 주출입구는 도난방지상 안여닫이(전실을 둘 경우 바깥문은 외여닫이 또는 자재문)로 한다.

185. 다음의 은행건축에 관한 설명 중 틀린 것은?

① 드라이브 인 뱅크의 창구는 운전석 쪽으로 한다.
② 고객실에서 영업 카운터의 높이는 100~110cm 정도로 하는 것이 좋다.
③ 영업카운터의 폭은 60~75cm 정도로 한다.
④ 주출입구는 도난방지상 안여닫이로 하지 않으며, 밖여닫이나 자재문으로 하는 것이 바람직하다.

[해설] 주출입구는 도난방지상 안여닫이로 한다.

186. 다음의 은행건축에 대한 설명 중 옳지 않은 것은?

① 은행의 주체는 은행실(영업실+손님대기실)이므로, 전면도로의 보행인 동선을 고려하여 주현관의 위치를 결정한다.
② 각 실의 배치는 은행실을 중심으로 계획하고, 고객의 동선과 행원의 동선이 교차되지 않도록 유의한다.
③ 겨울철 기온이 낮은 우리나라에서는 열보호를 위해 현관에 전실을 두지 않는 것이 좋다.
④ 일반적으로 현관 출입문은 도난방지상 안여닫이로 하는 것이 타당하다.

[해설] 겨울철 기온이 낮은 우리나라에서는 열보호를 위해 현관에 전실을 두는 것이 좋다.

187. 은행건축계획에 대한 설명 중 옳지 않은 것은?

① 고객의 동선은 주로 창구위치에 따라 결정된다.
② 출입구에 전실을 둘 경우 전실의 외부 문은 안여닫이문, 내부 문은 밖여닫이문이나 회전문으로 하는 것이 좋다.
③ 영업카운터는 고객과 은행원의 업무기능이 함께 이루어지는 공간으로 인간공학적인 배려가 요구된다.
④ 자동화 서비스공간은 객장의 일반 고객동선과 분리하여 설치하는 것이 일반적이다.

[해설] 주출입구(현관)는 도난방지상 안여닫이(전실을 둘 경우 바깥문은 외여닫이 또는 자재문)로 한다.

188. 은행건축에 관한 설명 중 가장 부적당한 것은?

① 일반적으로 주출입구는 도난방지상 안여닫이로 한다.
② 영업장의 넓이는 은행건축의 규모를 결정한다.
③ 영업대의 높이는 고객대기실에서 100~110cm가 적당하다.
④ 어린이의 출입이 많은 곳에는 회전문을 설치하는 것이 좋다.

[해설] 어린이들의 출입이 많은 곳에는 회전문이 위험하므로 사용하지 않는 것이 좋다.

189. 은행건축계획에 관한 설명 중 부적당한 것은?

① 일반적으로 출입문은 도난방지상 안여닫이로 함이 타당하다.
② 어린이들의 출입이 많은 곳에서는 회전문을 설치하는 것이 좋다.
③ 고객이 지나는 동선은 되도록 짧게 한다.
④ 고객의 공간과 업무공간과의 사이에는 원칙적으로 구분이 없어야 한다.

[해설] 어린이들의 출입이 많은 곳에는 회전문이 위험하므로 사용하지 않는 것이 좋다.

190. 은행건축의 배치계획에 대한 설명 중 옳지 않은 것은?

① 아이들이 많은 지역에서는 주출입구를 회전문으로 하지 않는 것이 좋다.
② 야간금고는 가능한 한 주출입구 근처에 위치하도록 하며, 조명시설이 완비되도록 한다.
③ 고객이 지나는 동선은 되도록 짧게 한다.
④ 경비 및 관리의 능률상 은행내 출입은 주출입구 하나로 집약시키고, 별도의 출입구는 설치하지 않는다.

해답 185. ④ 186. ③ 187. ② 188. ④ 189. ② 190. ④

[해설] 경비 및 관리의 능률상 은행내 출입은 주출입구 하나로 집약시키나, 직원 및 내객의 출입구는 따로 설치하여 영업에 관계없이 열어둔다.

191. 은행건축의 세부계획 사항 중 옳지 않은 것은?

① 주출입구는 안여닫이문으로 한다.
② 객장의 최소 폭은 4.5m이다.
③ 영업용 카운터의 높이는 100~110cm, 폭은 60~80cm로 한다.
④ 영업장의 면적은 은행원 1인당 10m²이고, 천장고는 5~7m로 한다.

[해설] 객장의 최소 폭 – 3.2m

192. 은행 영업장 1창구의 카운터에 대한 다음 치수 중 옳은 것은? (단, 단위 cm)

　　높이　폭　길이　　　　높이　폭　길이
① 85 × 60 ×120　　② 90 × 65 ×150
③ 110×75×160　　④ 115×75×130

[해설] 카운터 (tellers counter)
　① 높이 : 100~110cm (영업장 쪽에서 90~95cm)
　② 폭 : 60~75cm
　③ 길이 : 150~180cm

193. 은행건축의 계획에 관한 다음 설명 중 부적당한 것은?

① 은행실은 은행건축의 주체를 이루는 곳으로 기둥수가 적고 넓은 실이 요구된다.
② 영업대의 높이는 고객 대기실에서 140~145cm가 가장 적당하다.
③ 영업실은 고객을 직접 상대하는 업무외에는 고객과의 직접적인 접촉을 피하도록 계획한다.
④ 정문출입구에 전실을 둘 경우에 바깥문은 밖여닫이, 또는 자재문으로 하기도 한다.

[해설] 영업대의 높이는 고객 대기실에서 고객이 취급하기 쉬운 높이가 100~105cm이며, 폭은 60~75cm로 한다.

194. 은행건축의 설계에 관한 다음 설명 중 부적당한 것은?

① 고객대기실은 넓고 안락하게 하며, 최소 폭은 3.2m 이상으로 한다.
② 영업대의 높이는 고객대기실에서 80~90cm가 적당하다.
③ 영업실의 면적은 은행원 1인당 4~5m²를 기준으로 한다.
④ 정문출입문의 2중문 중 바깥문은 외여닫이로 한다.

[해설] 영업대의 높이 : 100~110cm(영업장 쪽에서는 90~95cm)

195. 은행건축계획에 대한 기술 중 옳은 것은?

① 금고는 보안 도난방지상 2~3개소로 분산시키는 것이 좋다.
② 영업실면적은 은행원수에 따라 결정한다.
③ 가로모퉁이에 위치한 은행계획에서 주출입구는 모퉁이를 피하여 계획한다.
④ 고객실에서 영업카운터의 높이는 75~80cm 정도가 적당하다.

[해설] ① 금고실을 지하실에 배치하는 것이 도난방지상, 방재상 안전하다.
　② 주출입구는 동남의 가로모퉁이가 가장 이상적이다.
　③ 고객실에서 영업카운터의 높이 – 100~110cm

196. 은행의 건축계획에 대한 설명 중 옳지 않은 것은?

① 영업실의 면적은 은행원 1인당 3m²를 기준으로 한다.
② 출입구에 전실을 둘 경우에 바깥문은 밖여닫이 또는 자재문으로 하기도 한다.
③ 은행실은 은행건축의 주체를 이루는 곳으로 기둥수가 적고 넓은 실이 요구된다.
④ 야간금고는 가능한 한 주출입문 근처에 위치하도록 하며, 조명시설이 완비되도록 한다.

[해설] 영업실의 면적은 은행원 1인당 10m² 기준으로 한다.

해답　191. ②　192. ②　193. ②　194. ②　195. ②　196. ①

197. 은행건축에 관한 사항 중 부적당한 것은?

① 금고실 구조체는 벽, 바닥, 천장 모두 R.C조로 두께 30~45cm가 표준이다.

② 영업실의 면적은 은행원 1인당 10m²를 기준으로 한다.

③ 영업실의 조도는 책상위 100~200lux를 표준으로 한다.

④ 임대금고의 비밀실 넓이는 3m² 정도가 보통이다.

[해설] 영업실의 조도는 책상위 300~400lux를 표준으로 한다.

198. 은행건축에 대한 다음 설명 중 부적당한 것은 어느 것인가?

① 보호금고는 동선적으로 객 대기실과 분리하고 별도의 독립 출입구와 연결할 수 있는 위치에 두는 것이 좋다.

② 객대기실 출입문은 안여닫이문으로 한다.

③ Unit방식은 한사람 혹은 극소수의 인원으로 카운터를 담당하게 하여 고객을 맞아 현금출납까지를 전부 처리하는 운영방식이다.

④ 야간금고의 투입구는 고객의 사용에 편리하도록 건물의 외벽에 설치한다.

[해설] 보호금고(대여금고)의 위치는 일반적으로 손님대기실에서 출입할 수 있는 곳으로 영업실내의 손님대기실에서 가까운 곳이 좋다.

199. 은행에 관한 기술 중 틀린 것은?

① 드라이브 인 뱅크의 창구는 운전석 쪽으로 한다.

② 은행영업실 카운터의 높이는 105cm로 한다.

③ 야간금고는 은행이 폐점한 뒤 또는 휴일 등에 고객금전을 보관시킬 수 있는 설비이다.

④ 임대금고에서 비밀실은 임대금고실내에 배치한다.

[해설] 대여금고실에 부수해서 비밀실(coupon booth)은 전실의 일부에 설치하며, 넓이는 3m² 정도가 보통이다.

200. 은행건축의 배치계획을 위한 다음 고려 중 부적당한 것은?

① 경비 및 관리의 능률상 은행내 출입은 주출입구 하나로 집약시킨다.

② 이웃 대지와 인접할 경우 방화, 채광, 도난에 대한 예비계획이 필요하다.

③ 야간금고의 설치를 고려한다.

④ 드라이브 인 뱅크의 1차선 통로 폭을 최소 3m로 한다.

[해설] 1차선인 경우의 통로 폭은 3.5m 정도이다.

201. 드라이브 인 뱅크(drive in bank)의 계획시 참고사항 중 옳지 않은 것은?

① 주위에 충분한 주차시설을 두어야 한다.

② 너무 복잡한 중심부 도로가에 있음은 교통혼잡 때문에 좋지 않다.

③ 쌍방통화설비를 해야 한다.

④ 모든 업무는 드라이브 인 창구에서만 처리한다.

[해설] 모든 업무가 드라이브 인 창구 자체에서만 되는 것이 아니므로 별도 영업장과의 긴밀한 연락을 취할 수 있는 시설이 필요하다.

202. 은행지점 건축평면계획에서 부적당한 것은?

① 응접실 : 객장에 근접한 위치

② 서고 : 2층 또는 중2층

③ 숙직실 : 통용문(通用門)측

④ 지점장실 : 영업장에 근접한 위치

[해설] 일반적으로 서고는 지하실에 위치하며, 벽은 내력벽으로 하고, 금고는 그 상층에 위치하게 한다.

■■■ 상점

■ 개설

203. 상점건축에서 퍼사드 구성에 요구되는 상점과 관련된 5가지 광고요소로 옳지 않은 것은?

① 주의(Attention)　　② 배치(Layout)
③ 기억(Memory)　　④ 욕망(Desire)

[해설] 상점구성의 방법 – 퍼사드 구성에 요구되는 상점과 관련된 5가지 광고요소
① 주의(attention)　　② 흥미(interest)
③ 욕망(desire)　　④ 기억(memory)
⑤ 행동(action)

204. 다음 중 상점건축의 정면(facade)구성에 요구되는 5가지 광고요소에 속하지 않는 것은?

① 행동(Action)　　② 기억(Memory)
③ 동의(Agreement)　　④ 주의(Attention)

[해설] 흥미(Interest), 욕망(Desire)

205. 다음 중 상점 입면구성에 요구되는 5가지 광고요소(AIDMA법칙)에 속하지 않는 것은?

① 주의(Attention)　　② 전시(Display)
③ 흥미(Interest)　　④ 기억(Memory)

[해설] 욕망(Desire), 행동(Action)

206. 상점의 정면(facade)구성에 요구되는 5가지 광고요소(AIDMA법칙)에 속하지 않는 것은?

① 주의(Attention)　　② 행동(Action)
③ 결정(Decision)　　④ 기억(Memory)

[해설] 욕망(Desire)

207. 상점의 정면(facade)구성에 요구되는 상점과 관련되는 5가지 광고요소(AIDMA 법칙)에 속하지 않는 것은?

① 흥미(Interest)　　② 주의(Attention)
③ 기억(Memory)　　④ 장식(Decoration)

[해설] 욕망(Desire)

208. 상점건축의 입면구성시 필요로 하는 광고요소에 해당하지 않는 것은?

① 주의(attention)　　② 기억(memory)
③ 욕망(desire)　　④ 경제(economic)

[해설] 흥미(interest), 행동(action)

209. 상점의 숍 프론트(shop front) 디자인에 있어서 고려사항이 아닌 것은 어느 것인가?

① 개성적이고 인상적인 표현
② 취급상품을 알릴 수 있는 시각적 표현
③ 경제적인 제약의 배제
④ 상점내에 고객을 유도하는 효과

[해설] 경제적인 제약의 배제를 해서는 안된다.

210. 상점계획에서 퍼사드(facade)와 숍 프론트(shop front)의 계획요소와 거리가 먼 것은?

① 전면도로의 크기
② 인상적이고 개성적인 디자인
③ 대중성
④ 상점내로의 유인성

[해설] 퍼사드와 숍 프론트의 조건
① 개성적, 인상적
② 시각적 표현
③ 대중성
④ 통행객의 발을 멈추게 하는 효과
⑤ 매점내로 유도하는 효과
⑥ 셔터를 내렸을 때의 배려
⑦ 경제적인 제약
⑧ 필요 이상의 간판

211. 상건축에서 퍼사드(facade)와 숍 프론트(shop front)의 조건이 아닌 것은?

① 해당 상점의 업종이 인지될 수 있도록 한다.
② 상점내로 유도하는 효과가 있어야 한다.
③ 셔터는 폐점 후 방범만을 목적으로 하기 때문에 시각적인 고려는 할 필요가 없다.
④ 대중적 호감을 고려한다.

[해설] 셔터를 내렸을 때의 배려가 되어 있는가?

해답　203. ②　204. ③　205. ②　206. ③　207. ④　208. ④　209. ③　210. ①　211. ③

212. 고객이 들어가기 쉬운 상점의 조건 중 틀린 것은?

① 상품이나 진열설비를 해치는 자극적인 색채를 사용하지 않는다.
② 곡면 혹은 경사면 유리를 설치하여 밖의 영상 유입을 막는다.
③ 해가리개를 설치하여 길 쪽은 밝게, 점내는 어둡게 한다.
④ 보도에서 자연스럽게 유도될 수 있도록 평탄하게 한다.

[해설] 점내를 보도면보다 밝게 한다.

213. 상점의 판매형식 중 대면판매에 대한 설명으로 옳은 것은?

① 측면판매에 비하여 충동적 구매와 선택이 용이하다.
② 측면판매에 비하여 진열면적이 커진다.
③ 측면판매에 비하여 포장하기가 편리하다.
④ 측면판매에 비하여 판매원의 정위치를 정하기 어렵다.

[해설] ①, ②, ④는 측면판매에 대한 설명이다.

214. 상점의 판매형식 중 대면판매에 대한 설명으로 옳지 않은 것은?

① 포장, 계산이 편리하다.
② 상품에 대한 설명을 하기에 편리하다.
③ 판매원이 정위치를 정하기가 용이하다.
④ 진열면적이 커져 상품의 구매와 선택이 용이하다.

[해설] ④는 측면판매형식에 속한다.

215. 상점의 판매형식 중 대면판매에 대한 설명으로 옳은 것은?

① 상품의 선택과 충동적 구매가 쉽다.
② 진열면적이 커서 상품에 친근감이 있다.
③ 판매원의 위치가 정확하고 포장이 편리하다.

④ 양복, 침구, 서적, 운동용구점에 일반적으로 사용한다.

[해설] ①, ②, ④는 측면판매에 속한다.

216. 상점건축에서 대면판매의 특징으로 옳은 것은?

① 진열면적이 커지고 상품에 친근감이 간다.
② 판매원의 정위치를 정하기 어렵고 불안정하다.
③ 일반적으로 시계, 귀금속상점 등에 사용된다.
④ 상품의 설명이나 포장이 불편하다.

[해설] ①, ②, ④는 측면판매의 특징에 속한다.

217. 상점의 판매형식 중 대면판매에 관한 설명으로 옳은 것은?

① 측면판매에 비하여 진열면적이 커진다.
② 측면판매에 비하여 포장하기가 편리하다.
③ 측면판매에 비하여 충동적 구매와 선택이 용이하다.
④ 측면판매에 비하여 판매원의 정위치를 정하기 어렵다.

[해설] ①, ③, ④ – 측면판매

218. 상점의 판매형식 중 대면판매에 대한 설명으로 옳지 않은 것은?

① 상품의 설명을 하기에 편리하다.
② 판매원의 정위치를 정하기가 용이하다.
③ 판매원에 의해 통로가 소요되므로 진열면적이 감소된다.
④ 충동적 구매와 선택이 용이하다.

[해설] ④는 측면판매의 특징에 속한다.

219. 상점건축에서 대면판매형식이 갖는 장점은?

① 상품의 충동적 구매와 선택이 용이하다.
② 판매원이 설명을 하기에 편리하다.
③ 진열면적이 커진다.
④ 상품에 대한 친근감이 높다.

[해설] ①, ③, ④ – 측면판매의 특징

해답   212. ③   213. ③   214. ④   215. ③   216. ③   217. ②   218. ④   219. ②

220. 다음 점포 중에서 대면판매형식에 속하지 않는 것은?

① 시계점　　　　　② 안경점
③ 양복점　　　　　④ 화장품점

[해설] 대면판매형식은 전문성이 있는 상품판매에 쓰인다.

221. 상점의 판매방식 중 측면판매에 관한 설명으로 옳지 않은 것은?

① 고객과 종업원이 진열상품을 같은 방향으로 보며 판매하는 방식이다.
② 충동적 구매와 선택이 용이하다.
③ 판매원의 정위치를 정하기 어렵고 불안정하다.
④ 진열면적이 감소하고 상품에 친근감이 간다.

[해설] 측면판매는 진열면적이 커지며, 상품에 대해 친근감이 있다.

222. 상점의 판매형식 중 측면판매에 대한 설명으로 옳은 것은?

① 상품이 손에 잡혀서 충동적 구매와 선택이 용이하다.
② 포장대를 가릴 수 있고 포장 등이 편리하다.
③ 판매원이 정위치를 정하기가 용이하다.
④ 대면판매에 비해 진열면적이 작다.

[해설] ① ②, ③는 대면판매의 특징에 속한다.
　　② 대면판매에 비해 진열면적이 커진다.

223. 상점의 판매형식에 대한 설명 중 옳지 않은 것은?

① 대면판매는 진열면적이 감소된다는 단점이 있다.
② 측면판매는 판매원의 정위치를 정하기 어렵고 불안정하다.
③ 측면판매는 상품의 설명이나 포장 등이 불편하다는 단점이 있다.
④ 대면판매는 상품이 손에 잡혀서 충동적 구매와 선택이 용이하다.

[해설] 측면판매는 충동적 구매와 선택이 용이하다.

224. 충동적인 구매 및 계획적인 구매상품의 상점 각 부분면적 배분에서 가장 심한 차이를 나타내는 부분은?

① 도입부분　　　　② 통로부분
③ 전시부분　　　　④ 서비스부분

[해설] 충동적인 구매는 측면판매형식에 속하며, 계획적인 구매상품의 상점은 대면판매형식에 속하는데, 측면판매형식은 대면판매형식에 비해 전시부분인 진열면적이 커 여기에서 심한 차이를 나타낸다.

225. 상점건축에서 고객의 구매방법에 의해서 분류한 것 중 적합하지 않은 것은?

① 정밀한 검사 후 사게 되는 상점
② 간단한 흥정으로 사게 되는 상점
③ 흥정할 필요가 없는 상점
④ 물건이 없이 서류상이나 견본으로 흥정하는 상점

[해설] 상품의 구매방법
　① 고객이 상품을 만져 보고 구매여부를 정하는 상점
　② 상점에 들어가서 마음에 드는 것이 있다면 가볍게 사는 상점
　③ 신경을 쓰지 않고 필요한 것을 사는 상점

■ 배치계획

226. 다음 중 상점의 대지선정조건과 가장 관계가 먼 것은?

① 사람의 통행이 많고 변화한 곳
② 부지가 불규칙적이며 구석진 곳
③ 2면 이상 도로에 면한 곳
④ 교통이 편리한 곳

[해설] 부지가 불규칙적이고, 구석진 곳은 피할 것

227. 각 상점의 방위에 대한 설명 중 틀린 것은?

① 식료품점은 강한 석양을 피하는 장소가 적당하다.
② 양복점, 서점, 가구점의 방위는 변색방지를 위해서 북향이나 동향이 적당하다.
③ 음식점은 양지바른 쪽이 좋다.

④ 부인용품은 오후에 그늘이 지는 곳이 적당하
다.

해설 부인용품은 오후에 그늘이 지지 않는 방향이 좋다.

228. 다음의 각종 상점의 방위에 대한 설명 중 옳지
않은 것은?

① 음식점 : 도로의 남측에 위치하는 것이 좋다.
② 식료품점 : 강한 석양은 상품을 변색시키므로
서향을 피한다.
③ 서점 : 가급적 도로의 북측이나 동측을 선택한
다.
④ 부인용품점 : 오후에 그늘이 지지 않는 방향으
로 하는 것이 좋다.

해설 서점 : 가급적 도로의 남측이나 서측을 선택한다.

229. 상점 건축계획에서 평면계획상 방위로서 옳지
않은 것은?

① 부인용품점 – 오후에 그늘이 지지 않는 방향으
로 하는 것이 좋다.
② 음식점 – 도로의 남측으로 하는 것이 좋다.
③ 식료품점 – 강한 석양은 상품을 변색시키므로
특별히 유의하는 것이 좋다.
④ 가구점, 서점, 양복점 – 가급적 도로의 북측이
나 동측을 선택하되 일사에 의한 퇴색, 변형,
파손방지에 유의하는 것이 좋다.

해설 양복점, 가구점, 서점은 가급적 도로의 남측이나 서
측을 선택하여 일사에 의한 퇴색, 변형, 파손 등을 방지
한다.

230. 상점의 종류에 대한 방위개념을 설명한 것 중
옳은 것은?

① 양복점, 서점 – 도로의 남측이나 서측을 택한다.
② 식료품점 – 도로의 동측이 가장 이상적이다.
③ 부인용품점 – 오후에 그늘이 지는 방향이 좋
다.
④ 음식점 – 도로의 북측을 택한다.

해설 ① 식료품점 – 도로의 동측(서향)은 가급적 피한다.
② 부인용품 – 오후에 그늘이 지지 않는 방향이 좋다.
③ 음식점 – 도로의 남측을 택한다.

231. 양복점이나 가구, 서점은 도로의 어느 쪽에 위
치하는 것이 바람직한가?

① 동   ② 서
③ 남   ④ 북

해설 양복점, 가구점, 서점은 도로의 남측(북향)과 도로
의 서측(동향)이 좋으나, 가장 일조시간이 짧은 도로의
남측이 가장 바람직하다.

232. 상점 건축계획에서 업종에 대한 방위설정으로
가장 부적당한 것은?

① 부인용품점 – 오후에 그늘이 지지 않는 방향으
로 하는 것이 좋다.
② 음식점 – 음식물이 부패하기 쉬우므로 도로의
남측에 위치하는 것은 좋지 않다.
③ 양복점, 가구점, 서점 – 일사에 의한 퇴색, 변
색, 파손에 유의하여 도로의 남측에 설치하는
것이 바람직하다.
④ 여름용품점 – 도로의 북측을 택하고 남측광선
을 취한다.

해설 음식점 – 음식물이 부패하기 쉬우므로 도로의 동측
(서향)에 위치하는 것은 좋지 않다.

233. 상점계획에 관한 설명 중 가장 적당하지 않은
것은?

① 음식점은 남향의 양지바른 곳이 좋다.
② 여름용품은 도로의 북쪽에 두는 것이 좋다.
③ 양품점, 가구점, 서점은 도로의 서쪽에 위치하
는 것이 좋다.
④ 부인점은 오후에 그늘이 지지 않는 방향이 좋
다.

해설 음식점은 도로의 남측으로 하는 것이 좋다.

234. 다음 그림에서 방위를 고려한 음식점의 위치로 가장 알맞은 곳은?

① ①
② ②
③ ③
④ ④

[해설] 음식점은 도로의 남측(북향)을 택한다.

235. 다음의 상점의 방위에 관한 설명 중 옳지 않은 것은?

① 음식점은 도로의 남측이 좋다.
② 식료품점은 석양에 의한 상품변질을 피하도록 한다.
③ 서점은 가급적 도로의 남측이나 서측을 선택하되, 일사에 의한 퇴색, 변형, 파손방지에 유의한다.
④ 여름용품점은 도로의 남측을 택하여 북측광선을 받도록 한다.

[해설] 여름용품점은 도로의 북측을 택하여 남측광선을 받도록 한다.

236. 각 상점의 방위에 대한 설명 중 가장 부적당한 것은?

① 부인용품은 오후에 그늘이 지지 않는 방향이 좋다.
② 식료품점은 강한 석양을 피할 수 있는 방향이 좋다.
③ 여름용품점은 도로의 남측을 택하고, 북측광선을 취한다.
④ 음식점은 도로의 남측이 좋다.

[해설] 여름용품은 도로의 북측을 택하고, 남측광선을 취한다.

■ 평면계획

237. 상점의 공간을 판매공간, 부대공간, 퍼사드공간으로 구분할 경우, 다음 중 판매공간에 해당하지 않는 것은?

① 통로공간   ② 서비스공간
③ 상품전시공간   ④ 상품관리공간

[해설] 상품관리공간 – 부대공간

238. 상점의 동선계획에 대한 설명 중 옳지 않은 것은?

① 고객동선은 직원동선과 명확하게 구분, 분리하는 것이 좋다.
② 직원동선은 되도록 짧게 하여 보행 및 서비스 거리를 최대한 줄이도록 계획한다.
③ 상품의 내용안내를 위해 고객출입구와 상품반출, 반입출입구가 일치하도록 한다.
④ 피난에 관련된 동선은 고객이 쉽게 인지하도록 위치설정 및 접근성을 고려하여 계획한다.

[해설] 고객의 동선과 상품의 동선은 교차하는 것을 반드시 피해야 한다.

239. 상점건축의 매장내 진열장(show case)을 배치계획할 때 가장 먼저 고려할 사항은 어느 것인가?

① 상품의 진열   ② 고객동선의 원활
③ 진열장의 수   ④ 조명관계

[해설] 상점내의 매장계획에 있어서 고객동선을 원활하게 하는 것이 가장 중요하다.

240. 다음 중 상점내의 진열케이스 배치계획에 있어서 가장 고려하여야 할 사항은?

① 동선   ② 조명의 조도
③ 천장의 높이   ④ 바닥면의 질감

[해설] 상점내의 매장계획에 있어서 고객동선을 원활하게 하는 것이 가장 중요하다.

241. 동선계획시 유의할 사항이 아닌 것은 어느 것인가?

① 이용빈도를 고려   ② 각 동선의 분리
③ 수직동선의 고려   ④ 방위관계 고려

[해설] (1) 동선의 3요소 - 속도, 빈도, 하중
(2) 동선계획시 고려사항
① 이용빈도 ② 동선의 분리 ③ 수직동선의 고려

242. 실내공간의 동선계획에 대한 설명 중 옳지 않은 것은?

① 동선의 빈도가 크면 가능한 한 직선적인 동선 처리를 한다.
② 모든 실내공간의 동선은 특히 상점의 고객동선은 짧게 처리하는 것이 좋다.
③ 주택의 경우 가사노동의 동선은 되도록 남쪽에 오도록 하고 짧게 하는 것이 좋다.
④ 주택에서 개인, 사회, 가사노동권의 3개 동선은 서로 분리되어 간섭이 없어야 한다.

[해설] 상점의 고객동선은 가능한 한 길게 처리하는 것이 좋다.

243. 다음의 상점계획에 대한 설명 중 옳지 않은 것은?

① 고객의 동선은 가능한 짧게 하여 고객에게 편의를 준다.
② 종업원 동선은 고객의 동선과 교차되지 않도록 한다.
③ 내부계단설계시 올라간다는 부담을 덜 들게 계획하는 것이 중요하다.
④ 소규모의 건물에서 계단의 경사가 너무 낮은 것은 매장면적을 감소시킨다.

[해설] 고객동선은 가능한 한 길게, 종업원동선은 가능한 한 짧게 한다.

244. 상점계획에 대한 설명 중 옳지 않은 것은?

① 고객의 동선은 일반적으로 짧을수록 좋다.

② 점원의 동선과 고객의 동선은 서로 교차되지 않는 것이 바람직하다.
③ 대면판매형식은 일반적으로 시계, 귀금속, 의약품 상점 등에서 쓰여진다.
④ 진열케이스, 진열대, 진열장 등이 입구에서 안을 향하여 직선적으로 구성된 평면배치는 주로 침구코너, 식기코너, 서점 등에서 사용된다.

[해설] 고객동선은 가능한 한 길게, 종업원동선은 가능한 한 짧게 한다.

245. 상점건축의 계획에 관한 사항 중 옳지 않은 것은?

① AIDMA법칙은 상점 정면구성과 관련된다.
② 상점의 바닥면은 미끄러지거나 요철, 소음이 없이 걷기 쉬워야 한다.
③ 고객이동의 편리를 위해 고객동선은 가능한 한 짧게 한다.
④ 상점의 총면적이란 일반적으로 건축면적 가운데 영업을 목적으로 사용되는 면적을 말한다.

[해설] 고객동선은 가능한 한 길게, 종업원 동선은 가능한 한 짧게 한다.

246. 상점의 쇼 윈도우에 대한 설명 중 옳지 않은 것은?

① 상점의 전면이 넓지 않을 경우 일반적으로 쇼 윈도우와 출입구는 비대칭적으로 처리하는 것이 좋다.
② 평형은 일반적으로 많이 사용되는 기본형으로 상점내의 면적을 넓게 사용할 수 있다.
③ 곡면형은 곡면유리를 사용하여 쇼 윈도우의 구성에 변화를 주어 일단 형태감에서 통행인의 시선을 자연스럽게 유도할 수 있다.
④ 경사형은 유리면을 경사지게 처리하여 단조로움이 적게 되지만 유리면의 눈부심이 크다.

[해설] 경사형은 유리면을 경사지게 처리하여 유리면의 눈부심이 적어진다.

해답   241. ④   242. ②   243. ①   244. ①   245. ③   246. ④

247. 상점의 숍 프론트(shop front) 분류 중 외부와의 관계에 의한 분류라고 보기 어려운 것은?

① 개방형　　　　　　② 중2층형
③ 폐쇄형　　　　　　④ 혼합형

[해설] 중2층형은 진열창 형태에 의한 분류에 속한다.

248. 일반 상점가나 시장 또는 일용품의 상점에 가장 많이 사용되는 숍 프론트(shop front) 형식은?

① 혼합형　　　　　　② 분리형
③ 폐쇄형　　　　　　④ 개방형

[해설] 개방형은 점두 전체가 출입구처럼 트여 있는 것으로 과거부터 가장 많이 사용해 오던 형식으로 손님이 잠시 머무르는 곳이나 손님이 많은 곳에 적합하다.

249. 다음 중 상점의 숍 프론트(Shop Front) 구성형식을 개방형으로 할 경우 가장 적합한 상점은?

① 서점　　　　　　　② 이발소
③ 귀금속점　　　　　④ 카메라점

[해설] 개방형 : 서점, 제과점, 철물점, 지물포

250. 퍼사드의 외관형식을 개방형으로 할 경우 가장 적합한 상점은?

① 서점
② 이발소
③ 귀금속점
④ 카메라점

[해설] 개방형 : 서점, 제과점, 철물점, 지물포

251. 퍼사드계획에 있어 보석상, 귀금속 상점 등 고객이 비교적 오래 머물러 있는 경우나 고객의 이용이 비교적 많지 않은 상점에 가장 적합한 형식은?

① 개방형　　　　　　② 폐쇄형
③ 중간형　　　　　　④ 혼합형

[해설] 폐쇄형 - 이발소, 미용원, 보석상, 카메라점, 귀금속상 등

252. 상점의 점두형식을 폐쇄형으로 계획할 수 있는 것은?

① 지물포　　　　　　② 미용원
③ 서점　　　　　　　④ 철물점

[해설] 개방형 - 서점, 제과점, 철물점, 지물포

253. 다음 중 상점의 퍼사드형식을 폐쇄형으로 할 경우 가장 적합한 상점은?

① 빵집
② 귀금속상점
③ 서점
④ 지물포

[해설] 개방형 - 서점, 제과점, 철물점, 지물포

254. 다음 상점 중 점두가 폐쇄형에 속하지 않는 것은?

① 미장원
② 서점
③ 카메라점
④ 보석상

[해설] 서점 - 개방형

255. 상점의 외관형태에 관한 기술 중 부적당한 것은?

① 홀형은 만입형의 만입부를 더욱 넓게 계획하고, 그 주위에 진열장을 설치함으로써 홀을 형성하는 형식으로 상점안의 면적이 작아진다.
② 돌출형은 종래에 많이 사용된 형식으로 특수 도매상 등에 쓰인다.
③ 평형은 가장 일반적인 형식으로 채광이 용이하고 상점 내부를 넓게 사용할 수 있다.
④ 만입형은 점두의 일부를 상점안으로 후퇴시킨 것으로 자연채광에 효과적인 방법이다.

[해설] 만입형은 점두의 일부를 상점안으로 후퇴시킨 것으로 자연채광이 감소되고, 점내면적도 줄어든다.

해답　247. ②　248. ④　249. ①　250. ①　251. ②　252. ②　253. ②　254. ②　255. ④

256. 상점의 쇼 윈도우(Show Window)형식에 관한 설명 중 부적당한 것은?

① 평형 – 가장 일반적인 형식이며, 점내를 넓게 사용할 수 있다.
② 만입형 – 점내면적은 감소하지만 자연채광에 유리하다.
③ 홀형 – 만입형의 만입부를 더욱 넓게 잡은 형식이다.
④ 다층형 – 큰 도로나 광장에 면할 경우 효과적이다.

[해설] 만입형은 자연채광이 감소되어 불리해진다.

257. 상점건축에 관한 사항 중 옳지 않은 것은?

① 부지는 사람의 눈에 잘 띄고, 불규칙적이며 구석진 곳은 피한다.
② 진열창은 상점의 종류, 부지조건에 따라 크기가 좌우된다.
③ 돌출형은 종래에 많이 사용된 형식으로 일반소매상 등에 적합하다.
④ 가구의 배치는 들어오는 손님과 종업원의 시선이 직접 마주치지 않게 한다.

[해설] 평형은 종래에 많이 사용된 형식으로 일반소매상 등에 적합하다.

258. 그림과 같은 쇼 윈도우(Show Window)의 단면형식은 다음 중 어느 것을 전시하는데 적합한가?

① 양품, 모자
② 양복, 양장
③ 장신구
④ 가구

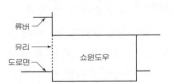

259. 다음과 같은 특징을 갖는 상점 평면배치의 기본형은?

> 진열케이스, 진열대, 진열장 등이 입구에서 안을 향하여 직선적으로 구성된 형식으로, 통로가 직선이므로 고객의 흐름이 빠르다.

① 사행배치형
② 굴절배열형
③ 환상배열형
④ 직렬배열형

[해설] 직렬배열형 : 통로가 직선이므로 고객의 흐름이 빨라 부분별 상품진열이 용이하고, 대량판매형식도 가능하다.(침구점, 실용의복점, 가정전기점, 식기점, 서점 등)

260. 다음 설명에 알맞은 상점 진열대의 배치방법은?

> • 통로가 직선이므로 고객의 흐름이 빠르다.
> • 대량판매형식이 가능하다.
> • 서점, 가정 전기코너 등에 사용된다.

① 굴절배열형　　　② 직렬배열형
③ 환상배열형　　　④ 복합형

261. 상점건축의 평면배치에서 직렬배열형으로 적합하지 않은 것은?

① 침구점　　　② 실용의복점
③ 서점　　　　④ 수예점

[해설] 수예점 – 환상배열형

262. 다음 그림은 상점건축의 평면배치상 어떤 형식에 속하는가?

① 굴절배열형
② 직렬배열형
③ 환상배열형
④ 복합형

[해설] 환상배열형은 중앙에 케이스, 또는 대 등에 의한 직선 또는 곡선에 의한 환상부분을 설치하여 이 속에 레지스터러, 포장대 등을 놓는 형식이다.

263. 상점건축에서 진열장배열로서 부적합한 것은?

① 복합형
② 굴절배열형
③ 환상배열형
④ 사행배치형

[해설] 사행배치형 - 백화점의 진열장 배치형식

264. 상점건축을 고려할 때 고려할 사항으로서 옳지 않은 것은?

① 상점건축의 매장내 진열장을 배치할 때 원활한 고객동선을 우선적으로 고려해야 한다.
② 혼합형 숍 프론트(shop front)형식은 일반 상점가나 시장 또는 일용상품의 상점에 가장 많이 사용된다.
③ 상점의 평면배치방법 중 직렬배열형은 고객의 흐름이 가장 빠르고, 부문별 진열이 가장 용이한 형식이다.
④ 상점의 판매형식 중 측면판매형식은 판매원의 위치를 정하기 어렵고, 상품의 설명이나 포장 등이 불편하다.

[해설] 일반 상점가나 시장 또는 일용상품의 상점에 가장 많이 사용되는 숍 프론트형식은 개방형이다.

■ 세부계획

265. 진열창 유리의 흐림방지를 하기 위한 방법은?

① 진열대밑에 난방장치를 하여 내외의 온도차를 적게 한다.
② 진열창내의 밝기를 인공적으로 높게 한다.
③ 차양을 달아 외부에 그늘을 준다.
④ 곡면유리를 사용한다.

[해설] 진열창의 흐림현상은 결로에 의해 일어나는 것으로 환기 또는 창대밑에 난방장치를 하여 내외부의 온도차를 적게 하여 방지한다.

266. 다음 중 상점 쇼 윈도우 유리면의 반사방지방법과 가장 관계가 먼 것은?

① 해가리개로 일사를 방지한다.
② 대향하는 건물을 밝은 벽면으로 한다.
③ 점내를 밝게 한다.
④ 곡면유리를 설치한다.

[해설] 대향하는 건물을 밝은 벽면으로 할 경우 되비치는 현상이 일어난다.

267. 상점내에서 조명에 의한 반사 글레어(Reflected glare)를 방지하기 위한 대책으로 옳지 않은 것은?

① 젖빛 유리구를 사용한다.
② 간접조명방식을 채택한다.
③ 반사면의 정반사율을 높게 한다.
④ 광도가 낮은 배광기구를 이용한다.

[해설] 반사면의 정반사율을 낮게 한다.

268. 상점 진열창의 눈부심(glare)을 방지하는 것으로서 옳지 않은 것은?

① 눈에 입사하는 광속을 크게 한다.
② 차양을 달아서 외부에 그늘을 주어 내부보다 어둡게 한다.
③ 특수한 곡면유리를 사용한다.
④ 유리면을 경사지게 하여 반사각을 조정한다.

[해설] 눈에 입사하는 광속을 적게 한다.

269. 다음 중 쇼 윈도우의 눈부심을 방지하기 위한 대책과 가장 관계가 먼 것은?

① 외부측에 차양을 설치하여 그늘을 만들어 준다.
② 쇼 윈도우의 유리면을 경사지게 한다.
③ 특수 곡면유리를 사용한다.
④ 쇼 윈도우 외부를 내부보다 밝게 한다.

[해설] 쇼 윈도우 내부를 외부보다 밝게 한다.

해답 263. ④   264. ②   265. ①   266. ②   267. ③   268. ①   269. ④

270. 상점건축의 쇼 윈도우계획시 유리면의 반사방지를 위한 대책 중 잘못된 것은?

① 곡면유리를 사용해서 밖의 영상이 객의 시야에 들어오지 않게 한다.

② 유리를 사면으로 설치하여 밖의 영상이 객의 시야에 들어오지 않게 한다.

③ 쇼 윈도우안의 조도를 외부조도보다 낮게 한다.

④ 해가리개로 일사를 막는다.

[해설] 쇼 윈도우안의 조도를 외부조도보다 높게 한다.

271. 상점건축에 쇼 윈도우 유리면의 현휘를 방지하는 방법과 가장 관계가 먼 것은?

① 곡면유리를 사용한다.

② 쇼 윈도우의 유리를 경사지게 한다.

③ 쇼 윈도우안의 조도를 어둡게 한다.

④ 차양을 붙인다.

[해설] 쇼 윈도우안의 조도를 외부의 조도보다 더 밝게 한다.

272. 상점에 있어서 진열창(show-window)의 반사를 방지하기 위한 조치로 가장 적합하지 않은 것은?

① 진열창내의 밝기를 외부보다 낮게 한다.

② 차양을 달아 진열창 외부에 그늘을 준다.

③ 진열창의 유리면을 경사지게 한다.

④ 곡면유리를 사용한다.

[해설] 진열창내의 밝기를 외부보다 높게 한다.

273. 상점건축에서 쇼 윈도우(Show window)의 반사를 방지하는 방법으로 옳지 않은 것은?

① 해가리개를 설치한다.

② 내부를 외부보다 어둡게 한다.

③ 곡면유리를 사용한다.

④ 유리를 경사지게 설치한다.

[해설] 진열창의 조도를 외부조도보다 높게 한다.

274. 상점 진열창(Show window)의 반사방지를 위한 대책과 가장 거리가 먼 것은?

① 창에 외기를 통하지 않도록 한다.

② 진열창 내부밝기를 외부보다 밝게 한다.

③ 차양을 설치하여 진열창 외부에 그늘을 만들어 준다.

④ 유리면을 경사지게 하거나 특수한 경우 곡면유리를 사용한다.

275. 상점건축의 진열창(show window)계획시 반사방지를 위한 대책으로 옳지 않은 것은?

① 특수한 곡면유리를 사용하여 외부의 영상이 객의 시야에 들어 오지 않게 한다.

② 차양을 설치하여 외부에 그늘을 준다.

③ 평유리는 경사지게 설치한다.

④ 진열창안의 조도를 외부, 즉 손님이 서 있는 쪽보다 어둡게 한다.

[해설] 진열창안의 조도를 외부, 즉 손님이 서 있는 쪽보다 밝게 한다.

276. 다음 중 상점건축에서 쇼 윈도우 유리면의 반사를 방지하는 방법과 가장 관계가 먼 것은?

① 쇼 윈도우 내부밝기를 외부보다 높인다.

② 차양을 제거하여 외부에 그늘을 없앤다.

③ 곡면유리를 사용한다.

④ 유리를 사면으로 설치한다.

[해설] 차양을 설치하여 외부에 그늘을 준다.

277. 다음 중 쇼 윈도우(show-window)의 현휘 방지방법으로 적당하지 않은 것은?

① 해가리개(차양)로 일사를 막는다.

② 유리를 사면으로 설치한다.

③ 해가리개의 접는 장치에 의해 실내를 어둡게 한다.

④ 곡면유리를 사용한다.

[해설] 해가리개의 접는 장치에 의해 실외를 어둡게 한다.

해답   270. ③   271. ③   272. ①   273. ②   274. ①   275. ④   276. ②   277. ③

278. 쇼 윈도우의 내부와 외부가 어느 정도 이상의 차이일 때 현휘가 일어나는가?

① 내부조도가 외부의 10~30배일 때
② 내부조도가 외부의 50~80배일 때
③ 외부조도가 내부의 10~30배일 때
④ 외부조도가 내부의 50~80배일 때

279. 상점건축의 쇼 윈도우에 대한 기술 중 옳지 않은 것은?

① 쇼 윈도우의 규모는 상품의 종류, 형상, 크기 및 상점의 종류, 전면길이, 대지조건 등에 따라 결정된다.
② 다층형의 쇼 윈도우는 입체적. 시각적으로 일체감이 있어야 하며, 상점에 대한 규모나 이미지가 강한 인상이 느껴지도록 계획한다.
③ 쇼 윈도우의 바닥높이는 상품의 종류에 관계없이 낮게 할수록 좋다.
④ 쇼 윈도우 유리면의 반사방지를 위해 쇼 윈도우의 내부조도를 외부보다 높게 하는 방법을 사용할 수 있다.

[해설] ① 진열바닥의 높이는 상품의 종류에 따라 다르게 한다.
② 진열창의 바닥높이는 스포츠용품 · 양화점 등은 낮게, 시계 · 귀금속점은 높게 한다.

280. 상점건축의 진열창계획에 대한 설명 중 옳은 것은?

① 밝은 조도를 얻기 위하여 광원을 노출한다.
② 내부조명은 전반조명만 사용하는 것을 원칙으로 한다.
③ 진열창의 내부조도를 외부보다 낮게 하여 눈부심을 방지한다.
④ 외부에 면하는 진열창의 유리로 페어 글라스를 사용하는 경우 결로방지에 효과가 있다.

[해설] ① 광원이 직접 눈에 보이지 않도록 주의한다.
② 조명은 우선 점포 전체의 밝기를 내는 전체조명과 주력상품만을 위주하는 국부조명으로 한다.

③ 진열창의 내부조도를 외부보다 높게 하여 눈부심을 방지한다.

281. 상점건축의 바닥면 조도의 최저 기준은?

① 120럭스
② 150럭스
③ 180럭스
④ 200럭스

[해설] 바닥면의 조도는 150럭스가 최저 표준인데, 전구나 색광에 따라 밝기와 분위기가 달라진다.

282. 상점내부의 기본조명에 필요한 조명기구수를 구하는데 관계없는 사항은?

① 평균조도
② 실면적
③ 쇼케이스 수
④ 램프광속

[해설] 조명기구수(N) 계산

$$N = \frac{E \cdot A \cdot D}{F \cdot U} = \frac{E \cdot A}{F \cdot U \cdot M}$$

F : 사용광원 1개의 광속(lm)
D : 감광보상률
E : 작업면의 평균조도(lx)
A : 방의 면적(m²)
U : 조명률
M : 유지율(보수율)

283. 상점계획에 관한 설명 중 옳지 않은 것은?

① 고객동선과 상품동선이 교차되는 것을 피하도록 한다.
② 쇼 윈도우 유리면의 눈부심을 방지하기 위하여 쇼 윈도우안의 밝기를 낮게 한다.
③ 쇼 윈도우의 바닥높이는 상품이 큰 경우에는 낮게, 작은 경우에는 높게 하는 것이 일반적이다.
④ 대면판매형식은 판매원이 통로를 차지하여 진열면적이 감소된다.

[해설] 쇼 윈도우 유리면의 눈부심을 방지하기 위하여 쇼 윈도우안의 밝기를 높게 한다.

284. 상점계획에 대한 설명 중 옳지 않은 것은?

① 쇼 윈도우는 간판, 입구, 퍼사드(facade), 광고 등을 포함하며, 점포전체의 얼굴이다.

② 쇼 윈도우의 크기는 상점의 종류, 전면길이 및 부지조건에 따라 다르다.

③ 상점바닥면은 보도면에서 자유스럽게 유도될 수 있도록 계획한다.

④ 고객동선은 가능한 한 길게, 종업원의 동선은 가능한 한 짧게 한다.

해설 퍼사드는 간판, 쇼 윈도우, 입구, 광고 등을 포함한 점포전체의 얼굴이다.

285. 상점계획에 관한 설명 중 부적당한 것은?

① 대면판매형식은 진열면적이 증가한다.

② 퍼사드(facade)는 대중성, 유인성이 있어야 한다.

③ 종업원과 손님의 동선은 교차되지 않는 것이 바람직하다.

④ 매장의 바닥은 요철이 없게 한다.

해설 진열면적이 증가하는 것은 측면판매형식이다.

286. 다음의 상점계획에 대한 설명 중 옳지 않은 것은?

① 종업원 동선은 고객의 동선과 교차되는 것이 바람직하고, 가급적 보행거리를 길게 한다.

② 상점의 총면적이란 일반적으로 건축면적 가운데 영업을 목적으로 사용되는 면적을 말한다.

③ 고객의 동선은 원활하게 하면서 가급적 길게 하는 것이 좋다.

④ 쇼 윈도우의 바닥높이는 상품의 종류에 따라 높낮이를 결정하게 된다.

해설 종업원 동선은 고객의 동선과 분리시키는 것이 바람직하고, 가급적 보행거리를 짧게 한다.

287. 상점건축의 진열장배치에 관한 설명 중 옳은 것은?

① 도난을 방지하기 위하여 손님에게 감시한다는 인상을 주도록 계획한다.

② 들어오는 손님과 종업원의 시선이 정면으로 마주치도록 계획한다.

③ 동선이 원활하여 다수의 손님을 수용하고 다수의 종업원으로 관리하게 한다.

④ 손님 쪽에서 상품이 효과적으로 보이도록 계획한다.

해설 ① 감시하기 쉽고 또한 손님에게는 감시한다는 인상을 주지 않게 할 것
② 들어오는 손님과 종업원의 시선이 직접 마주치지 않게 할 것
③ 손님과 종업원의 동선을 원활하게 하여 다수의 손님을 수용하고 소수의 종업원으로 관리하기에 편리하도록 할 것

288. 상점의 진열장(show case) 배치시 고려사항으로 옳지 않은 것은?

① 상점에 들어오는 손님과 종업원의 시선이 직접 마주치도록 한다.

② 손님쪽에서 상품이 효과적으로 보이도록 한다.

③ 감시하기 쉬우나 손님에게는 감시한다는 인상을 주지 않도록 한다.

④ 소수의 종업원으로 다수의 손님을 관리하기에 편리하도록 한다.

해설 상점에 들어오는 손님과 종업원의 시선이 직접 마주치지 않도록 한다.

289. 상점건축물의 매장가구 배치상 고려해야 할 점이 아닌 것은?

① 손님쪽에서 상품이 효과적으로 보이도록 한다.

② 감시하기 쉽고 손님에게 감시한다는 인상을 주지 않게 한다.

③ 동선이 원활하여 다수의 손님을 수용하고 소수의 종업원으로 관리하게 한다.

④ 들어오는 손님과 종업원의 시선이 직접 마주치게 하여 친근감을 갖게 한다.

해답   284. ①   285. ①   286. ①   287. ④   288. ①   289. ④

[해설] 들어오는 손님과 종업원의 시선이 직접 마주치지 않게 한다.

290. 상점의 매장계획에 관한 설명 중 옳지 않은 것은?

① 고객 쪽에서 상품이 효과적으로 보이게 한다.
② 들어오는 고객과 직원의 시선이 바로 마주치도록 한다.
③ 고객을 감시하기 쉬우며, 고객에게 감시받고 있다는 인상을 주지 않도록 한다.
④ 고객과 직원 동선이 원활하고, 소수의 종업원으로 다수의 고객을 수용할 수 있도록 한다.

[해설] 들어오는 손님과 종업원의 시선이 직접 마주치지 않게 한다.

291. 상점계획에 관한 기술 중 부적당한 것은?

① 점내의 상품이 통행인으로부터 잘 보이게 한다.
② 점내의 손님동선은 되도록 짧게 한다.
③ 점원의 동선은 짧고 능률적이 될 수 있도록 한다.
④ 점원과 손님의 동선은 가급적 분리시킨다.

[해설] 점내의 손님동선은 되도록 길게 한다.

292. 상점내 입식 카운터의 높이로 가장 적당한 것은?

① 70~90cm   ② 90~110cm
③ 110~130cm   ④ 130~150cm

[해설] 진열장(카운터)의 크기는 각각 다르나 동일 상점의 것은 규격을 통일하는 것이 좋다.
  ① 폭 : 0.5~0.6m
  ② 길이 : 1.5~1.8m
  ③ 높이 : 0.9~1.1m

293. 상점의 매장계획에 대한 기술 중 적합하지 않은 것은?

① 쇼 케이스(show case)의 높이는 90cm 내지 110cm로 하는 것이 좋다.

② 고객의 통로 폭은 75cm 내지 140cm로 하는 것이 좋다.
③ 가구의 배치는 들어오는 손님과 종업원의 시선이 직접 마주치지 않게 한다.
④ 고객의 동선은 원활하게 하면서 가급적 길게 하는 것이 좋다.

[해설] 고객의 통로 폭은 최소 90cm 이상으로 한다.

294. 판매장의 조명방법에 대한 설명 중 틀린 것은?

① 직접조명은 조명효율이 좋고 조도가 낮아서 쾌적감을 준다.
② 간접조명은 그림자를 만들지 않아 좋지만 단독으로 사용할 경우 상품을 강조하는데 효과적이지 못하다.
③ 반간접조명은 루버가 있는 형광등이 사용되며, 광선의 부드러운 감이 좋다.
④ 국부조명은 상품전시를 대상으로 하여 스포트라이트가 사용된다.

[해설] 직접조명은 조명효율과 조도가 높아지나 현휘에 의한 불쾌감을 유발하기 쉽다.

295. 상점건축에서 정방형에 가까운 평면이었을 경우 계단의 위치로 가장 적당한 것은 다음 그림 중 어느 것인가?

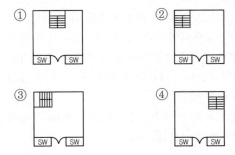

[해설] 상점의 깊이가 깊을 때는 측벽을 따라 계단을 설치하고, 정방형에 가까운 평면에 있어서는 중앙에 설치하여 유효한 액센트를 주는 것도 좋다.

296. 다음의 상점 바닥면 계획에 관한 설명 중 옳지 않은 것은?

① 미끄러지거나 요철이 없도록 한다.
② 외부에서 자연스럽게 유도될 수 있도록 한다.
③ 소음발생이 적은 바닥재를 사용한다.
④ 상품이나 진열설비와 무관하게 자극적인 색채로 한다.

[해설] 바닥면 배색은 자극적인 색채보다는 차분한 색채로 처리한다.

297. 상점계획에 관한 기술 중 부적당한 것은?

① 점내의 상품이 통행인으로부터 잘 보이게 한다.
② 점내의 손님동선은 되도록 짧게 한다.
③ 쇼 케이스에서의 점원의 동선은 짧고 능률적이어야 한다.
④ 점원과 손님의 동선은 가급적이면 분리시킨다.

[해설] 점내의 손님동선은 되도록 길게 한다.

298. 상점 건축계획에 관한 기술 중 부적당한 것은?

① 쇼 윈도우는 상품에 따라 다르다.
② 상품진열에 따른 동선을 고려한다.
③ 일조를 가장 우선적으로 처리한다.
④ 외관은 호소력을 발휘할 수 있게 한다.

[해설] 상점건축과 일조와는 무관하다.

299. 다음의 상점계획에 관한 설명 중 틀린 것은?

① 종업원의 동선은 고객의 동선과 교차되지 않게 하는 것이 바람직하며, 가급적 보행거리를 길게 한다.
② 소규모 상점에 있어서 계단의 경사가 너무 낮을 경우에는 매장면적이 감소되므로 규모에 알맞은 경사도를 선택할 필요가 있다.
③ 조명방법은 국부조명과 전체조명 두 가지를 같이 사용한다.

④ 쇼 윈도우의 바닥높이는 운동용구, 구두 등의 경우는 낮아도 되지만, 시계, 귀금속 등의 경우는 높아야 한다.

[해설] 종업원의 동선은 가능한 짧게, 고객의 동선은 가능한 보행거리를 길게 한다.

300. 다음의 상점계획에 관한 설명 중 옳지 않은 것은?

① 상점내 고객의 동선은 짧게, 종업원의 동선은 길게 계획한다.
② 국부조명은 배열을 바꾸는 경우를 고려하여 자유롭게 수량, 방향, 위치를 변경할 수 있도록 한다.
③ 고객의 동선과 종업원의 동선이 만나는 곳에 카운터 케이스를 놓는다.
④ 상점의 총면적이란 일반적으로 건축면적 가운데 영업을 목적으로 사용되는 면적을 말한다.

[해설] 종업원의 동선은 가능한 한 짧게, 고객의 동선은 가능한 한 길게 한다.

301. 상점계획에 고려해야 할 사항으로서 옳지 않은 것은?

① 바닥면적 200m² 이하의 일반 상점은 가능하면 2층 이상으로 하지 않는다.
② 계단에서는 실내의 상품이 잘 보이게 한다.
③ 손님이 편안한 마음으로 상품을 선택할 수 있게 한다.
④ 손님은 일반적으로 내려가기보다는 올라가는 것을 좋아한다.

[해설] 손님은 일반적으로 내려가는 것을 좋아한다.

해답   296. ④   297. ②   298. ③   299. ①   300. ①   301. ④

302. 판매시설에서 상품의 수취순서로서 적당한 것은?

① 수취주차장 – 하치하역장 – 상품검사장 – 상품 집배실 – 매장
② 수취주차장 – 상품검사장 – 하차하역장 – 상품 집배실 – 매장
③ 수취주차장 – 상품집배실 – 상품검사실 – 하차 하역장 – 매장
④ 수취주차장 – 하차하역장 – 상품집배실 – 상품 검사장 – 매장

해설 상품관계시설
① 상품의 수취순서
수취주차장 → 하치하역장 → 수취실카운터(수취실 사무실) → 상품검사실(가격표시실, 상품창고) → 상품집배실 → 매장
② 상품발송순서
매장 → 배달 주문접수 → 집배사무실 → 종별분류실 → 자가배달 분류실(청부탁송 분류실) → 발송하적 → 배송주차장

■■■ 슈퍼마켓

303. 슈퍼마켓 건축평면계획에 있어서 동선처리방법으로 부적당한 것은?

① 일방통행으로 한다.
② 입구와 출구를 분리한다.
③ 통로를 2.0m 이상으로 한다.
④ 동선배치는 대면판매의 장소까지 직선으로 도입한다.

해설 통로의 폭 : 1.5m 이상

304. 슈퍼마켓의 매장에 관한 기술에서 부적당한 것은?

① 매장은 한눈으로 볼 수 있도록 배치한다.
② 진열케이스의 배치는 이동할 수 없도록 고정시킨다.
③ 매장의 구성을 결정하는 것은 주요 통로의 결정에 따른다.

④ 매장바닥에 고저차를 두는 것은 부적당하다.

해설 진열장배치시 변화에 쉽게 대응할 수 있도록 이동식 구조로 한다.

305. 셀프 서비스상점에 관한 기술로서 옳지 않은 것은?

① 진열한 상품량에 비하여 매장면적이 커진다.
② 상대적으로 많은 인력이 소요된다.
③ 주로 식품점에 적합하다.
④ 매장의 입구와 출구를 구분한다.

해설 슈퍼마켓(super market)은 종합식품을 셀프 서비스방식으로 판매하는 것으로 점원(종업원)의 수가 적게 소요된다.

306. 슈퍼마켓의 매장에 관한 기술에서 부적당한 것은?

① 매장의 바닥에 고저차를 두는 것은 변화가 있어 효과적이다.
② 매장은 한눈으로 볼 수 있게 배치한다.
③ 진열케이스의 배치는 수시로 바꿀 수 있도록 고려한다.
④ 매장의 벽면은 凹凸을 될 수 있는 한 피한다.

해설 판매시설(상점, 슈퍼마켓, 백화점)에서는 매장의 바닥면에 고저차를 두지 않는다.

307. 상점건축에 대한 설명 중 틀린 것은?

① 매장바닥은 고저차를 두어 안정감 있게 계획한다.
② 슈퍼마켓은 입구와 출구를 분리하는 것이 좋다.
③ 상점은 고객동선을 가능한 한 길게 하여 많은 손님을 수용할 수 있도록 한다.
④ 슈퍼마켓에서의 상품배치는 입구근처에서는 주로 생활필수품을 배치한다.

해설 판매시설인 상점의 매장바닥은 고저차를 두어서는 안된다.

해답 302. ① 303. ③ 304. ② 305. ② 306. ① 307. ①

■■■ **백화점**

■ **개설**

308. 백화점의 건축계획에 관한 다음 설명 중 옳지 않은 것은?

① 매장은 지하층에도 둘 수 있다.
② 모퉁이에는 쇼 윈도우를 설치하는 것이 효율성이 높다.
③ 피난층 또는 지상으로 통하는 피난계단을 2개소 이상 설치한다.
④ 통로의 면적을 순매장면적의 20%로 해야 적당하다.

해설 통로의 면적을 순매장면적의 30~50%로 해야 적당하다.

■ **배치계획**

309. 백화점의 대지조건으로 가장 중요하지 않은 것은?

① 일조와 통풍이 좋을 것
② 2면 이상 도로와 면할 것
③ 역이나 버스정류장에 가까울 것
④ 사람이 많이 왕래하는 곳일 것

■ **평면계획**

310. 백화점의 기능을 고객권, 종업원권, 상품권, 판매권으로 분류할 때 평면계획상 서로의 관계가 가장 적은 것은?

① 고객권과 종업원권
② 종업원권과 판매권
③ 상품권과 판매권
④ 상품권과 고객권

해설 상품권은 판매권과 접하며, 고객권과는 절대 분리시킨다.

311. 백화점 기능의 4영역에 포함되지 않는 것은?

① 고객권   ② 상품권
③ 점원권(종업원권)   ④ 영업권

해설 백화점의 기능 및 분류
　　① 고객권 ② 종업원권 ③ 상품권 ④ 판매권

■ **단면계획**

312. 다음 중 백화점 모듈결정요인과 가장 거리가 먼 것은?

① 지하주차장의 주차방식과 주차 폭
② 에스컬레이터의 유무
③ 엘리베이터의 배치방식
④ 화장실의 크기

해설 백화점의 기둥간격 결정요소
　　① 진열장(show case)의 치수와 배치방법
　　② 지하주차장의 주차방식과 주차 폭
　　③ 엘리베이터, 에스컬레이터의 배치

313. 다음 중 백화점의 모듈결정요인과 가장 거리가 먼 것은?

① 지하주차장의 주차방식과 주차 폭
② 에스컬레이터의 유무
③ 매장 진열장의 배치와 치수
④ 화장실의 크기

해설 백화점의 모듈결정요인과 화장실의 크기와는 무관하다.

314. 백화점 스팬(Span)의 결정요인과 가장 관계가 먼 것은?

① 매장 진열장의 배치방식과 치수
② 엘리베이터, 에스컬레이터의 유무와 배치
③ 지하주차장의 주차방식과 주차 폭
④ 공조실의 폭과 위치

해설 백화점의 기둥간격 결정요소
　　① 진열장의 배치 ② 에스컬레이터 ③ 지하주차장

해답　308. ④　309. ①　310. ④　311. ④　312. ④　313. ④　314. ④

■ **세부계획**

315. 백화점 세부계획 중 맞지 않는 것은?

① 기둥간격은 판매대의 배치변동으로 직사각형이 정방형보다 편리하다.

② 기준층의 기둥간격설정은 판매대 치수, 주위 통로 폭의 치수에 의해서 결정된다.

③ 판매장의 천장높이는 1층 4.0~4.5m, 상층부 3.0~3.5m가 적당하다.

④ 진열장배치는 직각배치형식이 일반적으로 많이 쓰여지고 있다.

해설 기둥간격은 판매대의 배치변동으로 정방형이 직사각형보다 편리하다.

316. 다음 백화점의 매장계획에 관한 기술 중 부적당한 것은?

① 기둥간격의 결정은 계단, 엘리베이터와 관련된 층고계획과 밀접한 관계가 있다.

② 매장의 통로 폭은 전시형식, 매장의 종류에 따라 결정되어야 한다.

③ 판매대의 경사배치는 고객이 매장의 구석까지 유도하기 쉬운 배치방법이다.

④ 판매대는 매장의 손쉬운 변경을 고려하여 규격화된 것을 사용하는 것이 보통이다.

해설 백화점의 기둥간격은 판매대 치수, 주위통로 폭의 치수에 의해서 결정된다.

317. 백화점건축의 기본계획에 관한 기술 중 옳지 않은 것은?

① 매장면적의 연면적에 대한 비율은 60~70% 정도로 한다.

② 객용 엘리베이터는 안 넓이보다 안 깊이를 크게 하는 것이 좋다.

③ 매장의 바닥은 고저차가 없게 한다.

④ 기둥간격은 대지의 형태에 따라 결정한다.

해설 백화점의 기둥간격은 대지의 형태와는 무관하다.

318. 백화점 매장계획에 대한 설명으로 적당하지 못한 것은?

① 동일층에서는 수직적 레벨차이를 두지 않는다.

② 수직적 동선은 효율적으로 배치하여 점내 고객 동선을 최대한 짧게 구성하여 편의를 도모한다.

③ 공간은 융통성있고 넓게 연속된 판매장으로 구성한다.

④ 매장 전체가 전망이 좋고 알기 쉬워야 한다.

해설 고객동선은 가능한 한 길게 한다.

319. 백화점 건축계획에 관한 사항 중 옳지 않은 것은?

① 특별매장과 일반매장은 각각 층별로 구분 배치하는 것이 이상적이다.

② 출입구는 도로에 면하여 30m에 1개소 설치하는 것이 좋고, 모퉁이는 피한다.

③ 엘리베이터보다 에스컬레이터를 설치하는 것이 상층 매장을 활용하는데 유리하다.

④ 고객을 유인하기 위하여 전시장, 연예장 등을 갖추는 것이 효과적이다.

해설 일반매장에 한시적으로 특별매장을 설치한다.

320. 백화점 매장의 동선계획에 관한 사항 중 틀린 것은?

① 매장내의 주통로는 3.3m 이상, 부통로는 2.6m 이상으로 한다.

② 순수교통에 필요한 면적은 매장면적의 20~30%를 차지한다.

③ 양측통로는 최소 1.9m 이상, 편측통로는 1.4m 이상으로 한다.

④ 주통로, 에스컬레이터 앞, 현관과 이들을 연결하는 부분의 폭은 2.7~3.0m 정도로 한다.

해설 순교통에 필요한 면적은 매장면적의 30~50%

321. 백화점계획에 관한 설명 중 옳지 않는 것은?

① 순매장면적은 연면적의 절반 정도이다.

② 계단은 중앙부로 집중시키기 보다는 사방으로 분산 배치한다.

③ 엘리베이터는 손님의 수용인원을 늘리기 위해 엘리베이터 세로 폭이 깊은 것을 채택하는 것이 좋다

④ 통로의 면적은 상품의 종류에 의해 결정하는 것이 바람직하다

해설 매장의 통로 폭은 상하교통과 관련, 진열형식외에 매장의 종류에 따라 결정되어야 된다.

322. 백화점 평면배치에서 적합하지 않은 것은?

① 굴절배치법　　　② 사행배치법
③ 유선형 배치법　　④ 직각배치법

해설 ① - 상점의 진열장 배치형식

323. 백화점 매장의 배치유형 중 직각배치형에 대한 설명으로 옳지 않은 것은?

① 판매장 면적을 최대한으로 이용할 수 있다.

② 판매대의 설치가 간단하고 경제적이다.

③ 고객의 통행량에 따라 부분적으로 통로 폭을 조절하기 어렵다.

④ 매장의 획일성에서 탈피하여 자유로운 구성이 용이하다.

해설 ④는 자유유선식배치에 속한다.

324. 백화점 판매장의 진열장 배치유형 중 직각형 배치에 관한 설명으로 옳지 않은 것은?

① 진열장의 규격화가 가능하다.

② 매장면적의 이용률이 다른 유형에 비해 낮다.

③ 고객의 통행량에 따라 통로 폭을 조절하기가 어렵다.

④ 획일적인 진열장배치로 매장공간이 지루해질 가능성이 높다.

해설 직각(직교)형 배치는 매장면적의 이용률이 다른 유형에 비해 높다.

325. 많은 고객이 판매장 구석까지 가기 쉬운 이점이 있으며, 이형의 진열장이 많이 필요한 백화점의 진열장 배치방식은?

① 자유유선배치

② 직각배치

③ 방사배치

④ 사행배치

해설 사행(사교)배치법은 좌우 주통로에 가까운 길을 택할 수 있고 주통로에서 부통로의 상품이 잘보인다. 그러나 이형의 판매대가 많이 필요하다.

326. 고객이 매장구석까지 가기 쉬운 백화점의 매장 배치방식은?

① 자유유선배치

② 직각배치

③ 방사배치

④ 사행배치

해설 고객이 매장구석까지 가기 쉬운 백화점의 매장배치 방식은 사행배치이다.

327. 백화점 매장의 가구배치 및 고객용 통로의 배치형식에 대한 설명 중 올바르지 않은 것은?

① 직각배치는 경제적이나 단조로운 느낌을 줄 수 있다.

② 사행배치는 매장의 구석까지 가기 어려운 단점이 있다.

③ 자유유선형 배치는 매장의 변경 및 이동이 곤란하다.

④ 직각배치는 고객의 통행량에 따라 통로 폭을 조절하기 어려워 국부적인 혼란을 일으키기가 쉽다.

해설 사행배치는 매장의 구석까지 가기 쉽다.

해답　321. ④　322. ①　323. ④　324. ②　325. ④　326. ④　327. ②

328. 백화점의 진열장 배치기법에 대한 설명 중 옳지 않은 것은?

① 직교(직각)배치법은 판매장의 면적을 최대한으로 이용할 수 있다.

② 사행(사교)배치법은 이형의 진열장이 많이 필요하다.

③ 방사배치법은 매장내 시각적. 공간적 핵심이 되는 부분은 없지만 현재 가장 많이 적용하는 기법이다.

④ 자유유동(유선)배치법은 판매장의 특수성을 살릴 수 있다.

해설 방사배치법은 판매장 중심에서 방사형으로 통로를 두고 배치하는 방법으로 적용하기가 곤란한 방식이다.

329. 백화점의 진열장 배치에 대한 설명으로 옳지 않은 것은?

① 직각배치는 매장면적을 최대한으로 이용할 수 있다.

② 사행배치는 많은 고객이 판매장 구석까지 가기 쉬운 이점이 있다.

③ 자유유선배치는 판매대의 이동 및 변경이 자유롭다.

④ 방사배치법은 판매장 중심에서 방사형 통로를 두고 배치한다.

해설 매대의 이동 및 변경이 자유로운 진열장 배치형식은 직교배치이다.

330. 백화점 진열장배치에 대한 설명 중 옳지 않은 것은?

① 직각배치방식은 판매장면적이 최대한으로 이용되고 간단하다.

② 사행배치는 주통로 이외의 제2통로를 상하교통계를 향해서 45° 사선으로 배치한 것이다.

③ 사행배치는 많은 고객이 판매장 구석까지 가기 쉬운 이점이 있으나 이형의 진열장이 필요하다.

④ 자유유선 배치방식은 획일성을 탈피할 수 있으며, 변화와 개성을 추구할 수 있고 시설비가 적게 든다.

해설 자유유선 배치방식은 시설비가 많이 든다.

331. 백화점의 각부계획에 대한 설명 중 부적당한 것은?

① 가구배치법 중 방사법이 많이 사용되고 있다.

② 출입구는 모퉁이를 피하도록 한다.

③ 매장은 동일층에서 수평적으로 높이의 차가 없도록 한다.

④ 중소백화점에서 엘리베이터는 출입구 정면의 반대쪽에 설치하는 것이 좋다.

해설 가구배치법 중 방사법은 거의 사용되지 않는다.

332. 백화점 매장면적이 500m²인 경우 몇 명 정도의 종업원이 알맞은가?

① 10명   ② 15명

③ 20명   ④ 25명

해설 백화점의 종업원수는 연면적 18~22m²에 대해 1인 정도의 비율로 필요하므로 500m²÷약 20m²/인=25명 정도

■ **환경 및 설비계획**

333. 백화점에서 에스컬레이터를 설치하는 이유에 해당하지 않는 것은?

① 엘리베이터에 비해 수송능력이 월등히 크기 때문이다.

② 매장을 바라보며 이동하기 때문에 전시효과가 있다.

③ 엘리베이터의 설치비에 비해 경제적이기 때문이다.

④ 수송능력에 비해 종업원수가 적어도 된다.

해설 에스컬레이터는 엘리베이터에 비해 고가이다.

해답   328. ③   329. ③   330. ④   331. ①   332. ④   333. ③

334. 백화점계획에서 에스컬레이터에 관한 기술 중 틀린 것은?

① 엘리베이터에 비해 수송력에 대한 점유면적이 크다.
② 설비비가 고가이고, 보간격도 7~8m 이상이어야 한다.
③ 수송량이 엘리베이터보다 훨씬 많다.
④ 위치는 엘리베이터 열(列)과 출입구와의 중간쯤에 둔다.

해설 에스컬레이터는 엘리베이터에 비해 수송력에 대한 점유면적이 작다.

335. 백화점에 설치하는 에스컬레이터에 관한 설명으로 옳지 않은 것은?

① 수송량에 비해 점유면적이 작다.
② 설치시 층고 및 보의 간격에 영향을 받는다.
③ 비상계단으로 사용할 수 있어 방재계획에 유리하다.
④ 교차식 배치는 연속적으로 승강이 가능한 형식이다.

해설 에스컬레이터는 상하층이 오픈되어 있어 방재계획상 불리하다.

336. 그림과 같은 백화점에 있어서 에스컬레이터를 이용하는 승객의 시야를 좋게 하는 배치법은?

① 교차식 배치
② 직렬식 배치
③ 병렬단속식 배치
④ 병렬연속식 배치

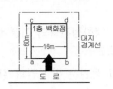

해설 에스컬레이터의 배치형식

배치 형식의 종류		승객의 시야	점유 면적
직렬식		가장 좋으나, 시선이 한 방향으로 고정되기 쉽다.	가장 크다.
병렬	단속식	양호하다.	크다.
	연속식	일반적이다.	작다.
교차식		나쁘다.	가장 작다.

337. 다음 중 일반적으로 백화점 건축에서 에스컬레이터를 이용하는 승객의 시야가 가장 좋은 배치법은?

① 교차식 배치　　　② 직렬식 배치
③ 병렬단속식 배치　④ 병렬연속식 배치

해설 고객의 시야가 가장 좋은 배치방식은 직렬식이고, 고객의 시야가 가장 나쁜 배치방식은 교차식이다.

338. 그림과 같은 에스컬레이터(escalator) 배치방식의 명칭은 다음 중 어느 것인가?

① 직렬식 배치
② 병렬단속식 배치
③ 병렬연속식 배치
④ 교차식 배치

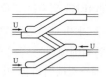

해설 병렬연속식 배치는 백화점내를 내려다 보기가 용이하나, 많은 공간이 필요하다.

339. 백화점의 에스컬레이터 배치에 관한 기술 중 틀린 것은?

① 교차식 배치는 점유면적이 작다.
② 직렬식 배치는 점유면적이 크나 승객의 시야가 좋다.
③ 병렬연속식 배치는 점유면적이 가장 작다.
④ 병렬단속식 배치는 백화점내를 내려다보기가 용이하다.

해설 교차식 배치는 점유면적이 가장 작다.

340. 점유면적이 다른 유형에 비해 작으며, 연속적으로 승강이 가능한 에스컬레이터 배치유형은?

① 교차식 배치
② 직렬식 배치
③ 병렬단속식 배치
④ 병렬연속식 배치

해설 교차식 배치는 다른 유형에 비해 점유면적이 가장 작으며 연속적으로 승강이 가능하다.

해답　334. ①　335. ③　336. ②　337. ②　338. ③　339. ③　340. ①

341. 백화점의 에스컬레이터의 배치형식에서 점내의 점유면적이 가장 작은 것은?

① 직렬식 배치
② 병렬단속식 배치
③ 병렬연속식 배치
④ 교차식 배치

[해설] 직렬식 배치는 점유면적이 가장 크고, 교차식 배치는 점유면적이 가장 작다.

342. 백화점 평면계획에 있어서 엘리베이터와 에스컬레이터의 위치는 다음 중 어느 것이 가장 좋은가?

① 두 가지 모두 고객출입구 근처에 있어야 좋다.
② 엘리베이터는 주출입구에서 가장 가까운 곳에, 에스컬레이터는 먼 곳이 좋다.
③ 엘리베이터는 주출입구에서 먼 곳에, 에스컬레이터는 그 중간이 좋다.
④ 두 가지 모두 주출입구에서 가장 깊숙한 곳이 좋다.

[해설] 에스컬레이터는 엘리베이터 군(群)과 주출입구의 중간에 위치하는 것이 좋으며, 엘리베이터는 주출입구에서 먼 곳에 위치하게 한다.

343. 다음 백화점의 평면계획 내용 중 적합하지 않은 것은?

① 백화점의 기준층에 있어 외관창을 가급적 작게 계획한다.
② 백화점 진열장의 조명은 가급적 휘도가 낮도록 계획한다.
③ 백화점의 고객권은 상품권의 동선과 가능한 한 분리시킨다.
④ 엘리베이터, 에스컬레이터 등 수직동선설비는 고객출입구에 근접시켜 동선의 원활한 연결이 가능하게 한다.

[해설] 에스컬레이터는 매장의 중앙에 배치하고, 엘리베이터는 고객 출입구로부터 가급적 멀리 배치한다.

344. 백화점 건축계획에 대한 설명 중 옳지 않은 것은?

① 일반적으로 기둥간격이 클수록 매장배치가 용이하고 매장이 개방되어 보인다.
② 매장의 고객동선은 너무 단순하거나 혼잡하지 않게 하여 고객을 분산시킨다.
③ 백화점의 색채계획은 중채도의 색을 위주로 한 배색으로 시각적인 혼란감을 억제하는 것이 좋다.
④ 엘리베이터, 에스컬레이터 등 수직동선설비는 고객출입구 부근에 집중시켜 동선의 원활한 연결이 가능하게 한다.

[해설] 에스컬레이터는 매장의 중앙에 배치하고, 엘리베이터는 고객출입구로부터 가급적 멀리 배치한다.

345. 백화점건축의 기본계획에 관한 설명 중 옳지 않은 것은?

① 특수매장은 일반매장내에 함께 배치하는 것이 이상적이다.
② 출입구는 모퉁이를 피하고 장내 주요통로의 직선적 위치에 설정한다.
③ 에스컬레이터의 배치는 직렬식으로 하는 것이 시야가 넓고 점유면적이 작게 든다.
④ 백화점의 판매장은 바닥면적을 13,000m²로 할 경우, 전체 건물면적은 20,000m²가 적당하다.

[해설] 에스컬레이터의 직렬식배치는 점유면적을 크게 차지한다.

346. 백화점건축의 기본계획에 관한 설명 중 부적당한 것은?

① 고객권은 판매권과 결합하며 종업원권, 상품권과 접한다.
② 매장면적은 전체면적의 50%, 유효면적에 대하여는 60~70% 정도로 한다.
③ 입구는 모퉁이를 피하고, 점내 주요 통로의 직선적 위치에 설정한다.
④ 에스컬레이터는 엘리베이터와 출입구의 중간, 매장의 중앙에 가까운 장소에 배치한다.

[해설] 고객권은 상품권과 절대 분리시킨다.

해답   341. ④   342. ③   343. ④   344. ④   345. ③   346. ①

347. 백화점 매장부분의 퍼사드(facade)를 무창으로 계획하는 이유를 설명한 것 중 옳지 않은 것은?

① 건물내 공기조화, 난방설비에 유리하다.
② 조도가 균일하다.
③ 외관의 특성을 주기 위해서다.
④ 창에 의한 역광으로 전시에 불리하기 때문이다.

[해설] 백화점의 무창계획은 진열면을 늘리거나, 분위기의 조성을 위하여 백화점의 외벽에 창이 없이 계획하는 것으로 외관의 특성을 주기 위함과는 무관하다.

348. 다음 중 자연채광이 별로 문제되지 않는(고려사항이 되지 않는) 것은 어느 것인가?

① 사무소 사무실
② 학교 교실
③ 병원 병실
④ 백화점 매장

[해설] 백화점 매장 – 인공조명과 기계환기

349. 백화점계획에 대한 설명으로 옳지 않은 것은?

① 수평동선계획시 백화점내에 진입한 고객들을 매장내부 구석까지 유도할 수 있도록 한다.
② 백화점의 속성상 각 상점이 외부의 채광으로부터 영향이 크므로 일조권 확보 계획을 우선시 한다.
③ 2면도로의 경우 main 도로측에 보행자출입구 sub 도로측에는 차량 및 종업원 출입구를 계획한다.
④ 통로계획서 고객을 분산시킬 수 있으며, 단조롭거나 상대적으로 혼잡하지 않은 세밀한 계획이 필요하다.

[해설] 백화점의 무창계획은 진열면을 늘리거나, 분위기의 조성을 위하여 백화점의 외벽에 창이 없이 계획하는 것을 말하며, 일조권 확보와는 무관하다.

350. 백화점의 방재계획에서 설계원칙으로 중요하지 않은 것은?

① 판매장내에 보이드(void)부분을 설치하지 않는다.
② 공간에 방향성을 주고 공간을 완전분할한다.
③ 상층에 이를수록 인원수를 줄이고, 인력에 의한 피난을 줄인다.
④ 동선관계에 있어 계단을 출입구의 맞은 편에 둔다.

[해설] 백화점의 방재계획
  ① 공간의 방향성을 주고 공간을 완전히 분할한다.
  ② 판매장내에 보이드를 설치하지 않는다.
  ③ 상층에 이를수록 인원수를 줄이고 인력에 의한 피난을 고려한다.

■■■ 쇼핑센터

351. 다음 중 일반적인 쇼핑센터의 입지조건으로 적당하지 않은 곳은?

① 신흥공업지역
② 교외지역으로 교통의 중심지
③ 도심의 중심상업지역
④ 신도시 주변지역

352. 다음 중 쇼핑센터를 구성하는 주요 요소로 볼 수 없는 것은?

① 핵점포   ② 몰(mall)
③ 코트(court)   ④ 터미널(terminal)

[해설] 쇼핑센터의 기능 및 공간의 구성요소
  ① 핵상점 ② 전문점 ③ 몰 ④ 코트 ⑤ 주차장

353. 쇼핑센터를 구성하는 주요 요소가 아닌 것은?

① 핵점포
② 몰(Mall)
③ 페데스트리언 지대(pedestrian area)
④ 터미널(Terminal)

해답 347. ③   348. ④   349. ②   350. ④   351. ①   352. ④   353. ④

해설 쇼핑센터의 기능 및 공간의 구성요소
① 핵상점(핵점포)
② 전문점
③ 몰, 페데스트리언 지대(pedestrian area)
④ 코트
⑤ 주차장
＊페데스트리언 지대(pedestrian area)는 몰에 속하는 보행자 공간으로서 쇼핑센터의 구성요소에 속한다.

354. 쇼핑센터의 공간구성에서 페데스트리언 지대(Pedestrian area)의 일부로서 고객을 각 상점에 유도하는 보행자 동선인 동시에 고객의 휴식처로서 기능을 갖고 있는 곳을 무엇이라 하는가?

① 몰(Mall)
② 코트(Court)
③ 핵상점(Magnet store)
④ 허브(Hub)

해설 몰은 쇼핑센터내의 주요 보행동선으로 쇼핑거리인 동시에 고객의 휴식공간이다.

355. 쇼핑센터의 몰(mall)의 계획에 대한 설명으로 옳지 않은 것은?

① 전문점들과 중심상점의 주출입구는 몰에 면하도록 한다.
② 중심상점들 사이의 몰의 길이는 150m를 초과하지 않아야 하며, 길이 40~50m 마다 변화를 주는 것이 바람직하다.
③ 몰에는 자연광을 끌어들여 외부공간과 같은 성격을 갖게 한다.
④ 다층으로 계획할 경우, 다층 및 각층간의 시야의 개방감이 적극적으로 고려되어야 한다.

해설 핵상점들간의 몰의 길이는 240m를 초과하지 않아야 하며, 길이 20~30m마다 변화를 준다.

356. 쇼핑센터의 몰(Mall)에 관한 설명으로 옳지 않은 것은?

① 확실한 방향성과 식별성이 요구된다.

② 전문점과 핵상점의 주출입구는 몰에 면하도록 한다.
③ 몰은 고객의 주보행동선으로써 중심상점과 각 전문점에서의 출입이 이루어지는 곳이다.
④ 일반적으로 공기조화에 의해 쾌적한 실내기후를 유지할 수 있는 오픈 몰(open mall)이 선호된다.

해설 일반적으로 공기조화에 의해 쾌적한 실내기후를 유지할 수 있는 인클로즈드 몰(enclosed mall)이 선호된다.

357. 쇼핑센터의 몰(mall)에 대한 설명 중 틀린 것은?

① 전문점과 핵상점의 주출입구가 몰에 면하도록 한다.
② 폭 6~12m, 길이 240m 이내로 하며, 40~60m 마다 변화를 준다.
③ 자연광을 유입하여 외부공간의 성격을 부여한다.
④ 각종 회합이나 연회를 베푸는 장소로 사용된다.

해설 몰의 폭은 6~12m가 일반적이며, 핵상점들 사이의 몰의 길이는 240m를 초과하지 않아야 하며, 길이 20~30m마다 변화를 주어 단조로운 느낌이 들지 않도록 하는 것이 바람직하다.

358. 쇼핑센터의 몰(mall)에 관한 계획으로 틀린 것은?

① 몰은 쇼핑센터내의 주요 보행동선으로 쇼핑거리인 동시에 고객의 휴식공간이다.
② 몰에는 층외로 개방된 open mall과 실내공간으로 된 enclosed mall이 있다.
③ 몰에는 코트(court)를 설치해 각종 연회, 이벤트행사 등을 유치하기도 한다.
④ 몰의 길이는 핵상점들간에 20~30m마다 다양한 변화를 줌으로서 300m 이상도 가능하다.

해설 몰의 폭은 6~12m가 일반적이며, 핵상점들간의 몰의 길이는 240m를 초과하지 않아야 하며, 길이 20~30m마다 변화를 준다.

359. 쇼핑센터의 가장 특징적인 요소로서의 페데스트리언 지대(pedestrian area)에 관한 설명으로 옳지 않은 것은?

① 고객에게 변화감과 다채로움, 자극과 흥미를 제공한다.

② 바닥면의 고저, 천장 및 층 높이를 다양하게 구성하도록 한다.

③ 바닥면에 사용하는 재료는 붉은 벽돌, 타일, 돌 등을 사용한다.

④ 사람들의 유동적 동선이 방해되지 않는 범위에서 나무나 관엽식물을 둔다

[해설] 바닥면의 고저차를 두어서는 안된다.

360. 쇼핑센터계획에 대한 설명 중 옳지 않은 것은?

① 몰에는 확실한 방향성과 식별성이 요구된다.

② 전문점들과 중심상점의 주출입구는 몰에 면하지 않도록 한다.

③ 페데스트리언 지대의 휴식공간을 마련한다.

④ 센터의 특성 및 몰구성의 특색에 따라 결정하는 것이 좋다.

[해설] 전문점들과 중심상점의 주출입구는 몰에 면하도록 한다.

361. 쇼핑센터계획에 대한 설명 중 옳지 않은 것은?

① 전문점들과 중심상점의 주출입구는 몰에 면하지 않도록 한다.

② 페데스트리언 지대(pedestrian area)의 구성을 통해 구매의욕을 도모하고 휴식공간을 마련한다.

③ 몰(mall)에는 확실한 방향성과 식별성이 요구된다.

④ 2차적 고객유도를 위해 은행, 우체국, 미장원 등 소규모 편익시설을 포함시킨다.

[해설] 전문점과 핵상점의 주출입구가 몰에 면하도록 한다.

362. 다음 쇼핑센터의 계획상 부적당하게 고려되고 있는 것은 어느 것인가?

① 10~15분이 소요되는 운전거리를 유치거리로 본다.

② 페데스트리언 몰(pedestrian mall)의 구성을 통해 자극과 변화 구매의욕을 도모하고 휴식공간을 마련한다.

③ 상점가에서는 가급적 보행거리를 단속시키지 않는다.

④ 2차적 고객유도를 위해 은행, 우체국, 이발소 등 소규모 편익시설을 포함시킨다.

[해설] 상점가에서는 각 상점과의 보행거리를 최대한으로 만든다. 이는 각 상점들의 전면폭을 길게 하는 것이 효과적이기 때문이다.

■■■ **터미널 데파트먼트**

363. 터미널 백화점의 평면계획에 대한 설명 중 옳지 않은 것은?

① 1층의 매장은 될 수 있는 한 크게 잡는 것이 바람직하다.

② 역 승강객과 백화점 손님의 흐름이 교차되는 것을 피한다.

③ 역부근에 설치하는 엘리베이터의 위치를 충분히 고려한다.

④ 승강장, 여객통로 등에서 데파트에 들어 갈 수 있는 전용 개찰구는 설치할 필요가 없다.

[해설] 승강장, 여객통로 등에서 직접 백화점에 들어갈 수 있는 개·집찰구를 설치하는 것이 효율적이다.

해답 359. ② 360. ② 361. ① 362. ③ 363. ④

MEMO

제 4 장 교육시설

출제경향분석

교육시설은 학교와 도서관으로 나누어지는데, 학교에서는 학교의 규모는 학생수로 나타낸다. 학생 1인당 점유 바닥면적을 통해 교지면적과 교사면적, 교실면적을 정리하는 것이 우선이고, 그 다음 학교의 운영방식을 정리하는 것이 중요하다 할 수 있다. 도서관에서는 출납 시스템과 서고, 열람실에 관한 내용이 중요하다. 물론 이외의 내용도 잘 정리해야 하겠으나 위에서 말한 부분은 가장 핵심이 된다

세 부 목 차

1 배치계획

(1) 교지계획
(2) 교사계획

학습방향

배치계획에서는 교지와 교사계획에 관한 내용을 열거할 수 있는데, 교지계획과 교사계획에 나와 있는 학생 1인당 교지면적과 교사면적에 관한 수치를 잘 정리해야 한다. 교사계획에서는 교사배치형식이 가장 중요하다.

1. 교지면적당 1인당 점유바닥면적(초등학교)
2. 교사면적당 1인당 점유바닥면적(전체)
3. 교사배치형식 – 폐쇄형과 분산병렬형의 비교

1 교지계획

학습POINT

(1) 교지선정상 주의할 점

① 학생의 통학지역내 중심이 될 수 있는 곳이 좋다.
② 간선도로 및 번화가의 소음으로부터 격리되어야 한다
③ 학교의 규모에 따른 장래의 확장면적을 고려해야 한다.
④ 의도하는 학교환경을 구성하는데 필요한 부지형과 지형을 택한다.
⑤ 필요한 일조 및 여름철 통풍이 좋은 곳이어야 한다.
⑥ 도시의 서비스시설 등을 활용할 수 있는 곳이어야 한다
⑦ 기타 법규적 제한을 받지 않는 곳이어야 한다.

(2) 교지의 형태와 면적

① 교지의 형태 : 정형에 가까운 직사각형이 유리하며, 이 때 장변과 단변의 비는 4 : 3 정도로 한다.
② 교지면적 : 학교의 규모에 따른 학생 1인당 점유면적은 표 1과 같다.

표1 | 학생 1인당 교지의 점유면적

학교의 종류	규모 학교시설	학생 1인당 점유면적
초등학교	12학급 이하	20m²
	13학급 이상	15m²
중학교	학생수 480명 이하	30m²
	학생수 481명 이상	25m²
고등학교	보통과, 상업과, 가정에 관한 학과를 둔 학교	70m²
	농업, 수산, 공업에 관한 학과를 둔 학교	110m²
대학교		60m²

■ 학습요령

학교의 규모는 학생수로 나타낸다. 그러므로 학생 1인당 점유바닥면적을 통하여 교지면적과 교사면적과 교실면적을 산정할 수 있다.

학교건축에 관한 학습을 쉽게 하려면 우선 먼저 학교건축의 전반에 걸쳐 표에 나와 있는 학생 1인당 교지의 점유면적과 교사의 점유면적과 교실의 점유면적을 순서적으로 그에 해당하는 수치를 정리해 두는 것이 좋다.

그리고 이어서 강당의 소요 면적과 급식실, 식당의 크기, 변소, 수세장의 소요 변기수, 복도 폭에 관한 수치 등을 정리해두면 학교건축에 관한 학습내용을 절반정도 정리했다고 할 수 있다.

2 교사계획

(1) 교사의 배치형

① 폐쇄형 : 운동장을 남쪽에 확보하여 부지의 북쪽에서 건축하기 시작해서 ㄴ
자형에서 ㅁ자형으로 완결지어 가는 종래의 일반적인 형이다.

　㉮ 장점 : 부지의 효율적인 이용이 가능하다.

　㉯ 단점

　　㉠ 화재 및 비상시에 불리하다.

　　㉡ 일조, 통풍 등 환경조건이 불균등하다.

　　㉢ 운동장에서 교실에의 소음이 크다.

　　㉣ 교사주변에 활용되지 않는 부분이 많다.

② 분산병렬형 : 일종의 핑거 플랜(finger plan)이다.

　㉮ 장점

　　㉠ 일조, 통풍 등 교실의 환경조건이 균등하다.

　　㉡ 구조계획이 간단하고 규격형의 이용이 편리하다.

　　㉢ 각 건물사이에 놀이터와 정원이 생겨 생활환경이 좋아진다.

　㉯ 단점

　　㉠ 넓은 부지가 필요하다.

　　㉡ 편복도로 할 경우 복도면적이 커지고 길어지며, 단조로워 유기적인
구성을 취하기가 어렵다.

(2) 교사의 면적

표2 | 학생 1인당 교사의 점유면적

구　　분	1인당 소요면적(m²)
초등학교	3.3~4.0
중학교	5.5~7.0
고등학교	7.0~8.0
대학교	16

(3) 단층교사와 다층교사

① 단층교사의 이점

　㉮ 학습활동을 실외에 연장할 수가 있다.

　㉯ 계단을 오르내릴 필요가 없으므로 재해시 피난상 유리하다.

　㉰ 채광 및 환기에 유리하다.

　㉱ 개개의 교실에서 밖으로 직접 출입할 수 있으므로 복도가 혼잡하지
않다.

　㉲ 소음이 큰 작업, 화학약품의 악취 등을 격리시키기 좋다.

　㉳ 내진, 내풍구조가 용이하다.

② 다층교사의 이점

　㉮ 전기, 급배수, 난방 등의 배선, 배관을 집약할 수 있다.

　㉯ 치밀한 평면계획을 할 수가 있다.

　㉰ 부지의 이용률이 높다.

■ 교사의 방위
　정남, 남남동, 남남서

■ 그림. 교사의 배치형

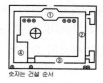

숫자는 건설 순서

(a) 폐쇄형

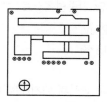

(b) 분산 병렬형

■ 폐쇄형과 분산병렬형의 비교

비교 내용	폐쇄형	분 산 병 렬 형
부지	효율적인 이용	넓은 부지 필요
교사 주변	비활용	놀이터와 정원으로 활용
환경 조건	불균등	균등
구조 계획	복잡 (유기적 구성)	간단 (규격화)
동선	짧다	길어진다.
소음	크다	적다.
비상시 피난	불리하다	유리하다.

■ 집합형

① 교육구조에 따른 유기적 구성이
가능하다.

② 동선이 짧아 학생의 이동이 유
리하다

③ 물리적 환경이 좋다.

④ 시설물을 지역사회에서 이용하
게 하는 다목적계획이 가능하
다.

■ 교사면적기준은 초등학교와 중고
등학교, 대학교로 나누어지는데,
이 때 학생 1인당 소요 면적은 초
4m², 중고 8m², 대 16m²로 2배
정도씩 차이를 보이고 있는 것으
로 기억하면 쉽다.

핵 심 문 제

1 초등학교의 부지로서 부적당한 것은 다음 중 어느 것인가?

① 일조 및 배수가 좋은 곳
② 통학권의 중심에 가까운 곳
③ 유해가스 및 매연 등을 내는 공장이 부근에 없는 곳
④ 상업지역의 중심에 가까운 곳

2 학생수 1,320명을 수용하는 초등학교의 교지면적을 결정하는데 필요한 1인당 기준면적으로 적당한 것은? (단, 1학급 학생수는 55명으로 한다.)

① 25m²   ② 20m²
③ 15m²   ④ 10m²

3 학교 교사의 배치계획 중 폐쇄형에 대한 설명으로 옳지 않은 것은?

① 화재 및 비상시에 불리하다.
② 일조 · 통풍 등 환경조건이 불균등하다.
③ 일종의 핑거 플랜으로 구조계획이 간단하다.
④ 교사주변에 활용되지 않은 부분이 많은 결점이 있다.

4 학교의 배치형식 중 분산병렬형에 대한 설명으로 옳지 않은 것은?

① 구조계획이 복잡하고, 규격형의 이용이 어렵다.
② 편복도로 할 경우 복도면적이 너무 크고 단조로워 유기적인 구성을 취하기가 어렵다.
③ 일종의 핑거 플랜(finger plan)이다.
④ 일조 · 통풍 등 교실의 환경조건을 균등하게 할 수 있다.

5 학교 교사의 1인당 소요면적(m²)으로 알맞지 않은 것은?

① 초등학교 : 2~3   ② 중학교 : 5.5~7
③ 고등학교 : 7~8   ④ 대학교 : 16 이상

6 학교건축에서 단층교사와 다층교사에 대한 설명 중 옳지 않은 것은?

① 단층교사는 채광 및 환기가 유리하며, 학습활동을 실외에 연장할 수가 있다.
② 다층교사는 전기, 급배수, 난방 등의 배선 · 배관을 집약할 수 있으며, 부지의 이용률이 높다.
③ 단층교사는 재해시 피난상 불리하지만, 치밀한 평면계획을 할 수가 있다.
④ 단층교사는 내진 · 내풍구조가 용이하다.

해 설

해설 1
간선도로 및 번화가의 소음으로부터 격리되어야 한다.

해설 2 초등학교의 교지면적
① 12학급 이하인 경우 : 20m²/인
② 13학급 이상인 경우 : 15m²/인
1,320명 ÷ 55명/학급 = 24학급
24학급 이상인 경우 학생 1인당 교지 점유면적은 15m²/인이다.

해설 3
③는 분산병렬형에 속한다.

해설 4
분산병렬형은 구조계획이 간단하고, 규격형의 이용도 편리하다.

해설 5
초등학교 : 3.3~4.0m²/인

해설 6
다층교사는 재해시 피난상 불리하지만, 치밀한 평면계획을 할 수가 있다.

정답 1. ④ 2. ③ 3. ③ 4. ①
5. ① 6. ③

2 평면계획

(1) 학교의 운영방식
(2) 이용률과 순수율
(3) 블록플랜 결정조건
(4) 확장성과 융통성

1 학교 운영방식

(1) 종합교실형(U형)

교실수는 학급수와 일치하며, 각 학급은 자기교실에서 모든 학습을 한다. 초등학교의 저학년에 가장 적합하며, 외국에서는 1개 교실에 1~2개의 변소를 가지고 있다.

① 장점

학생의 이동이 전혀 없고, 각 학급마다 가정적인 분위기를 만들 수 있다.

② 단점

시설의 정도가 낮은 경우에는 가장 빈약한 예가 되며, 특히, 초등학교의 고학년에는 무리가 있다.

(2) 일반교실 + 특별교실형(U·V형)

일반교실은 각 학급에 하나씩 배당하고, 그 밖에 특별교실을 갖는다. 우리나라 학교의 70%를 차지하고 있으며, 가장 일반적인 형이다.

① 장점

전용의 학급교실이 주어지기 때문에 홈룸활동 및 학생의 소지품을 두는 데 안정된다.

② 단점

교실의 이용률은 낮아진다. 따라서, 시설수준을 높일수록 비경제적이다.

(3) 교과(특별)교실형(V형)

모든 교실이 특정교과를 위해 만들어지고, 일반교실이 없는 형으로 학생들은 교과목이 바뀔 때마다 해당 교과교실을 찾아 수업을 듣는 방식이다.

① 장점

㉮ 교실의 순수율이 가장 높다.(교육의 질을 높일 수 있다.)

㉯ 시설의 이용률이 높다.

② 단점

　㉮ 교실의 이용률이 가장 낮다.(운영상 비경제적이다.)

　㉯ 학생의 이동이 심하다.(이동시 동선의 혼란방지와 소지품 보관장소가 필요하다.)

(4) E형(U·V과 V형의 중간)

일반교실수는 학급수보다 적고, 특별교실의 순수율은 반드시 100 %가 되지 않는다.

① 장점

　이용률을 상당히 높일 수 있으므로 경제적이다.

② 단점

　㉮ 학생의 이동이 비교적 많다.

　㉯ 학생이 생활하는 장소가 안정되지 않고 많은 경우에는 혼란이 온다.

(5) 플래툰형(platoon type, P형)

각 학급을 2분단으로 나누어 한 쪽이 일반교실을 사용할 때, 다른 한쪽은 특별교실을 사용한다. 미국의 초등학교에서 과밀화 해결을 위해 실시한 것이다.

① 장점

　E형 정도로 이용률을 높이면서 동시에 학생의 이동을 정리할 수 있다. 교과담임제와 학급담임제를 병용할 수 있다.

② 단점

　교사수가 부족할 때나 적당한 시설물이 없으면 설치하지 못하며, 시간을 배당하는데 상당한 노력이 든다.

(6) 달톤형(D형)

학급과 학년을 없애고 학생들은 각자의 능력에 따라서 교과를 선택하고 일정한 교과가 끝나면 졸업을 한다.

① 교육방법에 기본적인 목적이 있으므로 시설면에서 장·단점을 말할 수는 없다. 하나의 교과에 출석하는 학생수가 일정하지 않기 때문에 크고 작은 여러 가지의 교실을 설치해야 한다.

② 우리나라의 사설학원, 야간 외국어학원, 직업학교, 입시학원에 적합하다.

(7) 개방학교(Open school)

학급단위의 수업을 부정하고 개인의 능력, 자질에 따라 편성하며, 경우에 따라서는 무학년제를 실시하여 보다 변화무쌍한 학급활동을 할 수 있게 한 것

운영방식	교실		시설 이용률	동선의 혼란
	이용률	폐쇄형		
U(A)형	가장 높다 ①	가장 낮다 ④	낮다 ④	없다
U·V형	②	③	③	약간 있다
E형 (U·V형과 V형의 중간)	③	②	②	크다
V형	가장 낮다 ④	가장 높다 ①	높다 ①	가장 크다

■ 개방학교(open plan shool)

종래의 학습방법에서 탈피하여 고정된 학습방법을 허물고 학년제로써 개방한다는 계획방법으로 전체 교사동 크기는 500m² 정도가 적당함

① 운영방식

　㉮ 2~6학급까지 일괄해서 맡는 방식

　㉯ 2인 이상 교사가 협력하여 팀 티칭(team teaching ; 공동 책임수업제)방식

② 교실의 특성

　㉮ 공간의 개방화, 대형화, 가변화

　㉯ 인공조명, 공기조화설비의 필요

　㉰ 바닥 카펫설치 – 흡음효과, 좌식생활공간의 연속감

　㉱ 책상, 의자의 감소

　㉲ 칸막이, 칠판, 스크린, 자료장 등은 이동식으로 함

2 이용률과 순수율

(1) 이용률 $= \dfrac{\text{교실이 사용되고 있는 시간}}{\text{1주간의 평균 수업시간}} \times 100(\%)$

(2) 순수율 $= \dfrac{\text{일정한 교과를 위해 사용되는 시간}}{\text{그 교실이 사용되고 있는 시간}} \times 100(\%)$

3 블록 플랜(block plan) 결정조건

(1) 학년단위로 정리한다.

① 초등학교 저학년

㉮ 1층에 있게 하여 교문에 근접시킨다.

㉯ 첫 공동생활에 들어가므로 다른 접촉과 되도록 적게 하는 것이 좋고, 출입구는 따로 한다.

㉰ 많은 급우들과의 접촉은 큰 부담이 되므로 A(U)형이 이상적이며, 이 경우 각 교실은 독립되고 다른 것과의 관계가 적다.

㉱ 단층이 좋으며, 배치형으로는 1열로 서 있는 것보다 중정을 중심으로 둘러싸인 형, 특히 차폐되어 고립된 것이 좋다.

② 초등학교 고학년 : U · V형의 학교의 운영방식이 이상적이다.

(2) 교실배치

① 일반교실의 양 끝에 특별교실을 붙이는 형은 별로 좋지 못하고, 일반교실과 특별교실을 분리하는 것이 좋다.

② 특별교실군은 교과내용에 대한 융통성, 보편성, 학생의 이동시 소음방지를 검토해야 한다.

(3) 실내체육관의 배치는 학생이 이용하기 쉬운 곳에 배치하여 지역주민들의 이용도 고려한다.

(4) 관리실의 배치는 전체의 중심위치로 학생의 동선을 차단해서는 안된다.

■ 특별교실군

보통(일반)교실	교과내용에 대한 보편성, 융통성
특별(교과)교실	교과내용에 대한 특수성 강조
특별교실군	특별교실이 집단화(Block)될 경우 교과내용에 대한 보편성과 융통성이 일어나고 학생의 이동도 줄어든다.

4 확장성과 융통성

융통성이 요구되는 원인과 해결방법은 표와 같다.

표 | 확장성과 융통성

원　　　인	해결 방법
확장에 대한 융통성	칸막이의 변경(건식 구조)
광범위한 교과내용이 변화하는데 대응할 수 있는 융통성	융통성있는 교실의 배치
학교 운영방식이 변화하는데 대응할 수 있는 융통성	공간의 다목적성

■ 확장성은 인구집중 및 자연증가로 인한 학생수가 늘어나는 것에 대비하며, 한계는 최대 1,000명 정도이고, 이상적으로는 600~700명 정도, 또한 교과내용의 변화가 확장을 요구한다.

핵심문제

1 학교 건축계획에서 종합교실형(activity type)에 대한 기술 중 옳지 않은 것은?

① 교실의 이용률을 높일 수 있다.
② 교실의 순수율을 높일 수 있다.
③ 초등학교 저학년에 대하여 가장 적당한 형이다.
④ 각 학급마다 가정적인 분위기를 만들 수 있다.

2 다음의 학교 운영방식 중 한국의 중·고등학교에 가장 많이 채택하고 있는 것은?

① 플래툰형(P형)
② 달톤형(D형)
③ 교과교실형(V형)
④ 일반교실 및 특별교실형(U·V형)

3 학교 운영방식 중 교과교실형에 대한 설명으로 옳지 않은 것은?

① 학생들의 이동이 심하다.
② 일반교실이 없다.
③ 초등학교 저학년에 대해 가장 권장되는 형식이다.
④ 시설의 정도가 높다.

4 학교 운영방식 중 전 학급을 2분단으로 하고, 한 분단이 일반교실을 사용할 때, 다른 분단을 특별교실을 사용하는 방식은?

① 종합교실형(U형)
② 일반교실, 특별교실형(U·V형)
③ 플래툰형(P형)
④ 달톤형(D형)

5 학교 운영방식의 종류 중 학급, 학생구분을 없애고 학생들은 각자의 능력에 맞게 교과를 선택하고 일정한 교과가 끝나면 졸업하는 방식은?

① 달톤형(dalton type)
② 플래툰형(platoon type)
③ 종합교실형(usual type)
④ 교과교실형(department system)

6 오픈플랜 스쿨(open plan school)에 대한 설명으로 거리가 가장 먼 것은?

① 오픈스쿨은 아동이나 학생을 학력 등의 정도에 따라서 몇 사람씩으로 하여 몇 개의 그룹으로 나누고, 각 그룹에 각기 몇 사람의 교원이 적절한 지도를 하는 개인별 또는 팀티칭이 전제된다.

② 자연채광과 자연통풍에 크게 의존한다.

③ 평면형은 가변식 벽구조(movable partition)로 하여 융통성을 갖도록 한다.

④ 바닥마감재는 흡음성 및 활동성을 고려하여 부드러운 재료가 좋다.

7 주당 평균 40시간을 수업하는 어느 학교에서 음악실에서의 수업이 총 20시간이며, 이 중 15시간은 음악시간으로 나머지 5시간은 학급토론시간으로 사용되었다면, 이 교실의 이용률과 순수율은?

① 이용률 37.5%, 순수율 75%

② 이용률 50%, 순수율 75%

③ 이용률 75%, 순수율 37.5%

④ 이용률 75%, 순수율 50%

8 초등학교건축의 블록플랜(Block Plan)에 관한 설명으로 옳지 않은 것은?

① 학년단위를 원칙으로 한다.

② 동 학년의 학급은 균일한 환경조건으로 한다.

③ 저학년은 2층 이상에 배치하여 고학년과의 접촉을 배제한다.

④ 동 학년의 학급은 근접만을 목적으로 할 것이 아니라 동일한 층에 모으는 고려가 필요하다.

9 학교건축계획시 고려되는 융통성의 해결수단과 가장 관계가 먼 것은?

① 방사이 벽(Partition)의 이동

② 각 교실의 특수화

③ 교실배치의 융통성

④ 공간의 다목적성

해 설

해설 **6**
오픈플랜 스쿨은 인공조명과 공기조화설비가 필요함

해설 **7** 이용률과 순수율
① 이용률
$$= \frac{\text{교실이 사용되고 있는 시간}}{\text{1주간의 평균 수업시간}} \times 100(\%)$$
$$= \frac{20}{40} \text{시간} \times 100(\%) = 50\%$$
② 순수율
$$= \frac{\text{일정한 교과를 위해 사용되는 시간}}{\text{그 교실이 사용되고 있는 시간}} \times 100(\%)$$
$$= \frac{15}{20} \text{시간} \times 100(\%) = 75\%$$

해설 **8**
초등학교 저학년은 가급적 1층에 배치한다.

해설 **9** 학교건축의 융통성의 해결수단
① 칸막이의 변경
② 융통성 있는 교실배치
③ 공간의 다목적성

정답 6. ② 7. ② 8. ③ 9. ②

3 세부계획

(1) 교실 (2) 강당 (3) 체육관
(4) 위생시설 (5) 복도·계단

학습방향

교실은 일반교실과 특별교실로 분류할 수 있는데, 여기에서는 일반교실을 중심으로 내용을 다루고 있다. 일반교실을 배치할 때 통상적인 평면형은 편복도형, 중복도형이 있는데, 이 평면형들은 학생이동시 소음이 크므로 이를 해결하기 위한 특수한 교실배치형으로 엘보 에세스형과 클러스터형을 제시하고 있다.

1. 클러스터형
2. 강당의 소요 면적
3. 복도 폭

1 교실

(1) 특수한 배치방식

① 엘보 에세스(elbow access)형 : 복도를 교실에서 떨어지게 하는 형식

㉮ 장점

㉠ 학습의 순수율이 높다.

㉡ 실내환경이 균일하다.

㉢ 일조, 통풍이 양호하다.

㉣ 학년마다 놀이터조성이 유리하다.

㉤ 지관별로 개성있는 계획을 할 수 있다.

㉯ 단점

㉠ 학생의 배치가 불명확하다.

㉡ 실의 개성을 살리기가 어렵다.

㉢ 각과의 통합이 곤란하다.

㉣ 복도의 면적이 늘어난다.

㉤ 소음이 크다.

② 클러스터(cluster)형 : 여러 개의 교실을 소단위별(grouping)로 분리하여 배치한 것

㉮ 장점

㉠ 각 교실이 외부와 접하는 면이 많다.

㉡ 교실간 방해가 적다.

㉢ 학년단위 또는 교실단위의 독립성이 크다.

㉣ 마스터플랜의 융통성이 커서 시각적으로 보기가 좋다.

㉯ 단점

㉠ 넓은 부지가 필요하다.

학습POINT

■ 그림. 엘보우 에세스형

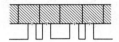

■ 그림. 클러스터형

■ 클러스터형

클러스터는 어떤 한단위가 여러개 모여 보다 큰 한단위가 되면서 차차 그 범위를 넓혀간다는 뜻으로 도시계획이나 건축의 구성, 지역개발계획 등에서 많이 쓰인다.

– 클러스터 시스템 : 학교건축에서 교실을 소단위로 분할하는 것

– 클러스터 피어 : 서로 떼를 지으면서 이루어진 많은 작은 기둥

– 클러스터 : 전기설비의 옥내배선에서 2개 이상의 코드를 접속할 때 쓰이는 접속기

ⓛ 관리부와 동선이 길다.
　　　ⓒ 운영비가 많이 든다.

(2) 배치계획시 주의사항

① 교실의 크기 : 7.5×9m(저학년은 9×9m) 정도가 적당하다.
② 창대의 높이 : 초등학교 80cm, 중학교 85cm가 적당하고, 단층교실에서는 이보다 낮게 한다.
③ 출입구 : 각 교실마다 2개소에 설치하며, 여는 방향은 밖여닫이로 한다.
④ 교실의 채광 : 일조시간이 긴 방위를 택한다.
　㉮ 교실을 향해 좌측채광이 원칙이며, 칠판의 현휘를 막기 위해서 정면의 벽에 접해 1m 정도의 측면벽을 남긴다.
　㉯ 채광창의 유리면적은 실면적의 1/10 이상으로 한다.
　㉰ 조명은 실내에 음영이 생기지 않게 칠판의 조도가 책상면의 조도보다 높아야 한다.(최저 100lux 이상)
⑤ 색채계획
　㉮ 저학년은 난색계통, 고학년이 되면 남녀의 색감이 차이가 나지만 대체로 사고력의 증진을 위해 중성색이나 한색계통이 좋다. 그 외에 음악, 미술교실 등 창작적이고 학습활동을 위한 교실은 난색계통이 좋다.
　㉯ 반자는 교실내의 음향이 조절될 수 있도록 설계되어야 하며, 교실내 조도분포를 위해 80% 이상의 반사율을 확보하기 위해서는 백색에 가까운 색으로 마감하여야 한다.(반사율 - 반자는 80~85%. 벽은 50~60%, 바닥은 15~30% 정도로 한다.)

(3) 특별교실

① 자연과학교실 : 실험에 따른 유독가스를 막기 위해서 드래프트 체임버 (draft chamber)을 설치한다.
② 미술실 : 균일한 조도를 얻기 위해서 북측채광을 사입한다.
③ 생물교실 : 남면 1층에 두고, 사육장, 교재원과의 연락이 용이하도록 하고, 직접 옥외에서 출입할 수 있도록 한다.
④ 음악교실 : 적당한 잔향을 갖도록 하기 위해서 반사재와 흡음재를 적절이 사용한다.
⑤ 지학교실 : 장기간 계속되는 기상관측을 고려하여 교정 가까이에 둔다.
⑥ 도서실 : 개가식으로 하며, 학교의 모든 곳으로부터 편리한 위치로 정한다. 적어도 한 학급이 들어갈 수 있는 실과 동시에 개인 또는 그룹이 이용하는 작은 실이 필요하다.

(4) 교실면적의 기준

학생 1인당 교실의 점유 바닥면적은 표 1과 같다.

■ 특별교실계획시 요점
　① 화학실 – 드래프트 챔버설치
　② 미술실 – 북측채광
　③ 생물교실 – 남면1층
　④ 음악실 – 잔향(반사재와 흡음재의 사용)
　⑤ 지학교실 – 교정 가까이에 배치
　⑥ 도서실 – 교정의 중심적 위치

■ 다목적 교실
　① 전문적인 스페이스가 아닌 대, 중, 소집단의 다종다양한 활동을 전개할 수 있고, 시설의 효율적인 이용을 도모하는 스페이스이다.
　② 사용은 집회, 플레이룸 식당통로, 로비나 라운지로서의 커먼 스페이스 등이다.
　③ 다양하고 탄력있는 집단에 대응하는 학습의 장으로서 다목적과 다양성을 가진 스페이스로서 여러 가지 목적에 맞는 융통성 있는 공간으로서의 성격을 갖는다.
　④ 좁은 학교에서 휴식공간이나 특별교실의 일부로 사용할 수 있다.

표1 | 학생 1인당 교실 점유면적(단위 : m²/인)

교실의 종류	점유 바닥면적	교실의 종류	점유 바닥면적
보통교실	1.4 이상	공작교실	2.5 이상
사회교실	1.6	가사실	2.4
자연교실	2.4	재봉실	2.1
음악교실	1.9	도서관	1.8
미술교실	1.9	체육관	4.0

■ 교실의 점유면적 순서
보통교실(1.4) – 사회교실(1.6) – 도서관(1.8) – 음악, 미술교실(1.9) – 재봉실(2.1) – 가사실, 자연교실(2.4) – 공작교실(2.5) – 체육관(4.0)

2 강당

표2 | 학생 1인당 강당의 소요면적

구 분	소요면적
초등학교	0.4m²/인
중학교	0.5m²/인
고등학교	0.6m²/인

3 체육관

(1) 크기 : 농구코트를 둘 수 있을 정도

① 최소 400m²(코트 12.8×22.5m)

② 보통 500m²(코트 15.2×28.6m)

(2) 천장높이 : 6m 이상

(3) 바닥마감 : 목재 마루판 2중 깔기

(4) 징두리벽의 높이 : 각종 운동기구를 설치할 수 있도록 2.5~2.7m 정도로 한다.

(5) 샤워 수 : 체육학급 3~4를 1개로 표준한다.

4 위생시설

(1) 급식실 · 식당

식당의 크기는 학생 1인당 0.7~1.0m²로 한다.

(2) 변소 · 수세장

① 변소

㉠ 수세식(제거식일 경우 교실과 별도의 장소에 설치함)

㉡ 보통교실로부터 35m 이내, 그 외에는 50m 이내의 거리에 설치한다.

표3 | 소요 변기수(학생 100명당)

구분	소변기	대변기
남자	4	2
여자		5

■ 학생 50명당 소요 변기수는 남자 소변기 2, 대변기 1이다.

② 수세장

　㉮ 4학급당 1개소 정도로 분산하여 설치한다.

　㉯ 급수전과 청소, 회화, 서도용을 겸하며, 식수용을 겸하는 것을 피한다.

③ 식수장 : 학생 75~100명당 수도꼭지 1개가 필요하다.

5 복도 · 계단

(1) 복도

① 편복도 : 1.8m 이상

② 중복도 : 2.4m 이상

(2) 계단

① 위치

　㉮ 각층의 학생이 균일하게 이용할 수 있는 위치

　㉯ 각층의 계단위치는 상하 동일한 위치

　㉰ 계단에 접하여 옥외작업장과 기타 공지에 출입하기 쉬운 장소에 위치하게 한다.

② 보행거리

계단의 최대 유효 이용거리는 50m이고, 유사시 3분 이내에 사람 전부가 건물밖으로 피난할 만한 갯수가 있어야 한다.

　㉮ 내화구조인 경우 : 50m 이내

　㉯ 비내화구조인 경우 : 30m 이내

핵 심 문 제

1 교실의 배치형식 중에서 엘보형(elbow access)에 관한 설명으로 적당하지 못한 것은?

① 학습의 순수율이 높다.
② 일조, 통풍 등 실내환경이 균일하다.
③ 복도의 면적이 절약된다.
④ 분관별로 특색있는 계획을 할 수 있다.

2 학교 건축계획에 있어서 블록플랜(block plan)을 할 때 클러스터형(cluster system)이란?

① 교실을 2~3개소마다 정리하여 독립시켜 배치하는 작업
② 복도를 따라 교실을 배치하는 방법
③ 복도를 교실과 분리시키는 방법
④ 일반교실과 특별교실을 섞어 배치시키는 방법

3 학교의 배치방식 중 클러스터형(cluster type)에 관한 기술 중에서 가장 부적당한 것은?

① 교실을 소단위로 분리하여 설치하는 방식을 말한다.
② 각 학급의 전용의 홀로 구성된다.
③ 전체 배치에 융통성을 발휘할 수 있다.
④ 복도의 면적이 커지며, 소음의 발생이 크다.

4 초등학교건축의 교실환경계획에 관한 설명 중 적당하지 않은 것은?

① 교실의 색채는 저학년의 경우 난색계통, 고학년은 대체로 사고력의 증진을 위해 중성색이나 한색계통의 배색이 좋다.
② 채광창 유리의 면적은 교실면적의 1/4 정도가 적당하다.
③ 교실채광은 일조시간이 긴 방위를 택하고, 1방향 채광일 때는 깊은 곳까지 고른 조도가 얻어질 수 있도록 한다.
④ 책상면의 조도는 교실의 칠판면의 조도보다 더 밝아야 한다.

5 학교의 특별교실계획에 대한 설명 중 옳지 않은 것은?

① 음악교실은 적당한 잔향시간을 갖도록 계획한다.
② 자연과학교실은 실험에 따른 유독가스의 처리에 주의한다.
③ 미술교실은 균일한 조도를 얻을 수 있도록 남측채광을 사입한다.
④ 가사 실습실은 후드와 같은 장치를 설치하여, 배기시설에 유의한다.

6 다음 학교건축에 있어서 각 교실면적에 관한 내용 중 틀린 것은?

① 보통교실 : 1.4m²/인   ② 음악실 : 1.9m²/인

③ 요리실습실 : 2.4m²/인   ④ 도서실 : 4m²/인

7 학교의 강당계획에 관한 사항 중 옳지 않은 것은?

① 강당 겸 체육관은 커뮤니티의 시설로서 자주 이용될 수 있도록 고려하여야 한다.

② 강당 및 체육관으로 겸용하게 될 경우 체육관 목적으로 치중하는 것이 좋다.

③ 체육관의 크기는 배구코트의 크기를 표준으로 한다.

④ 강당은 반드시 전교생을 수용할 수 있도록 크기를 결정하지는 않는다.

8 의자식 초등학교 강당의 바닥면적이 180m²(연단, 부속실 포함하지 않음)일 때 다음 중 가장 알맞은 수용인원은?

① 350명   ② 450명

③ 550명   ④ 650명

9 학교 강당 및 체육관계획에 대한 설명 중 옳은 것은?

① 강당은 반드시 전교생 전원을 수용할 수 있도록 크기를 결정한다.

② 강당을 체육관과 겸용할 경우에는 일반적으로 체육관 목적으로 치중하는 것이 좋다.

③ 강당의 진입계획에서 학교 외부로부터의 동선을 별도로 고려할 필요는 없다.

④ 체육관은 표준으로는 배구코트를 둘 수 있는 크기가 필요하다.

10 학교건축의 다목적 교실에 대한 설명으로 가장 옳지 않은 것은?

① 대, 중, 소집단의 다종다양한 활동이 가능하다.

② 집회, 플레이룸, 식당, 로비 및 라운지 등의 커먼 스페이스이다.

③ 각종 설비환경의 설치에 있어 경제적이다.

④ 좁은 학교에서 휴식공간이나 특별교실의 일부로 사용 가능하다.

11 학교의 위생시설에 대한 세부계획 중 부적당한 것은?

① 보건실의 베드(bed)의 수는 20학급인 경우 남자용 2개, 여자용 4개가 필요하다.

② 변소는 수세식으로 할 때에는 보통교실로부터 35m 이내에 설치한다.

③ 수세장은 8학급에 1개소 정도 분산 배치한다.

④ 식수장의 수도꼭지는 학생 75~100명당 1개씩이 필요하다.

4 기타계획　　(1) 유치원

교육시설에서 학교와 도서관 위주로 문제가 출제되는데, 유치원도 간간히 출제되므로 아래 3가지 내용을 바탕으로 정리하길 바란다.
1. 유치원계획시 유의사항
2. 교사의 평면형
3. 변소와 수세장의 요점

1 유치원

학습POINT

(1) 유치원계획시 유의사항

① 유치원의 시설은 유아생활에 속하는 것이기 때문에 유아본위로 생각해서 안치수 및 비탈치수 등에 주의한다.

② 유아의 풍부한 상상력을 자극할 수 있도록 평면계획에서 단조로운 것을 피해 여러 가지 앨코브를 고려하며, 입면 및 색채계획도 통일성을 해치지 않는 범위내에서 보다 다양한 구성이 되도록 힘쓴다.

③ 유아의 생활범위를 확대하기 위해 옥내와 옥외의 일체화를 도모한다.(즉, 교실의 연장부분으로서 옥외공간을 계획한다.)

④ 유아는 사회성이 없으므로 생활습관의 형성을 위한 시설설비면을 특별히 고려해야 하며, 이러한 시설설비는 학습교재와 같다는 것을 항상 염두에 두고 계획을 해야 한다.

(2) 교사의 평면형

① 1실형 : 컴팩트에 맞춘 플랜으로 기능적으로 좋지만 독립성이 떨어진다.

② 일자형 : 각 교실은 채광이 잘되고 밝지만 한 줄로 병렬되어 단조로워지며, 또한 정원변화가 결여되어 건물과 뜰이 일체가 어렵다.

③ L자형 : 관리실에서 교실, 유희실을 바라볼 수 있는 장점이 있다.

④ 중정형 : 중앙에 중정을 잡고 건물 자체에 변화를 주면 동시에 채광도 좋게 할 수가 있지만 중정이 놀이터가 될 경우 소음문제가 야기된다.

⑤ 독립형 : 각 실 독립으로 자유스럽고 여유있는 플랜이다.

⑥ 십자형 : 불필요한 공간없이 기능적이고 활동적이지만 정적인 분위기가 결여되기 쉽다.

■ 그림. 교사의 평면형

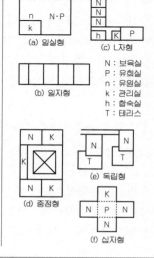

N : 보육실
P : 유희실
n : 유원실
k : 관리실
h : 합숙실
T : 테라스

(a) 일실형
(b) 일자형
(c) L자형
(d) 중정형
(e) 독립형
(f) 십자형

(3) 유아용 변소와 세면장

① 변소

　㉮ 위치는 교실에서 가장 가까운 곳으로 늘 지켜보면서 지도할 수 있는 곳에 둔다.

　㉯ 변기수는 원아 10명당 1개씩 설치한다.

　㉰ 변소는 되도록 수세식으로 하되, 바닥마감은 가정적인 느낌이 나도록 플로어링으로 한다. 교실과의 단차를 없애며 변소 출입시 문은 필요 없다.

　㉱ 대변소의 문은 유아에게 충분히 격리된 침착성을 길러준다. 문의 높이가 교사가 들여다 볼 수 있도록 1~1.2m로 하고 열쇠는 달지 않는다.

　㉲ 세면기는 출구근처에 설치하여 손을 깨끗이 하는 습관을 길러준다.

　㉳ 한 어린이가 세면기에 면해서 사용하는 너비는 60cm 이상 필요하며, 근처에는 각각의 타올걸이, 컵, 칫솔 등을 두는 선반과 거울을 설치한다.

② 세면장

　㉮ 따로 설치할 경우 되도록 교실 한구석에 유리 스크린으로 막아 직접 출입할 수 있는 곳에 둔다.

　㉯ 세면, 음료수 이외에는 사용하지 않도록 한다.

　㉰ 5명마다 1개의 세면기를 설치하되, 밝고 청결하며, 충분한 넓이의 장소가 필요하다.

■ 변기수 - 원아 10명당 1개씩
　세면기수 - 5명마다 1개씩
　변소의 문높이 - 1~1.2m
　세면기 사용너비 - 원아 1인당
　　　　　　　　　 60cm 정도

핵 심 문 제

1 교사 1인이 통제하기에 가장 적당한 유치원 원아수는?

① 5~10인
② 10~15인
③ 15~20인
④ 20~30인

1학급당 인원수는 15~20명 정도가 좋다. 그러나 제반 여건상 20~30명을 계획의 기준단위로 한다.

2 유치원계획시 유의사항 중 틀린 것은?

① 유치원의 시설은 유아본위로 생각해서 안치수 및 비탈치수 등에 주의한다.
② 평·입면계획시 단조로움을 피하고 다양한 구성이 되도록 한다.
③ 유아의 생활범위를 옥내로 한정하여 옥내시설계획에 전념한다.
④ 생활습관형성을 위한 시설설비면을 특별히 고려해야 한다.

해설 2
유아의 생활범위를 확대하기 위해 옥내와 옥외의 일체화를 도모한다. (즉, 교실의 연장부분으로서 옥외공간을 계획한다.)

3 유치원 교사의 평면형 중 불필요한 공간없이 기능적이고 활동적이지만 정적인 분위기가 결여되어 있는 형식은?

① 일자형
② L자형
③ 중정형
④ 십자형

해설 3
십자형은 불필요한 공간없이 기능적이고 활동적이지만 정적인 분위기가 결여되기 쉽다.

4 유치원계획시 유아용 변소와 세면장에 대한 설명 중 틀린 것은?

① 변기수는 원아 10명당 1개씩 설치한다.
② 문의 높이는 교사가 들어다 볼 수 있도록 100~120cm로 한다.
③ 한 어린이가 세면기에 면해서 사용하는 너비는 90cm 이상 필요하다.
④ 유아용 화장실의 크기는 80cm×97.5cm 정도이다.

해설 4
한 어린이가 세면기에 면해서 사용하는 너비는 60cm 이상 필요하다.

정답 1. ③ 2. ③ 3. ④ 4. ③

2. 도서관

1 **개설**   (1) 도서관의 종류 (2) 도서관의 규모
2 **배치계획**   (1) 대지계획   (2) 배치계획
3 **평면계획**   (1) 도서관의 기능 (2) 출납시스템

학습방향

도서관에서 주요한 부분은 출납시스템, 열람실과 서고에 관한 것이다.
출납시스템은 자유개가식, 안전개가식, 반개가식, 폐가식이 있는데, 출납시스템과 특성에 관한 문제가 출제되고 있다.

1. 출납시스템

• 개설

1 도서관의 종류

(1) 공공도서관

일반 공중의 교양, 조사연구, 레크리에이션에 이용되는 것을 목적으로 하는 가장 일반적인 도서관

(2) 대학도서관

초·중·고등학교 및 대학도서관

(3) 전문도서관

기업체, 연구기관, 관공서에서 분야별 전문적 자료를 수집, 업무상 편익도모를 목적으로 하는 도서관

(4) 국회도서관

(5) 특수도서관

맹인, 병원, 형무소, 선원 등 특수한 환경에 처한 사람을 대상으로 하는 도서관

2 도서관의 규모

도서관의 규모는 서고의 수장능력으로 나타낸다.

(1) 결정요인

① 도서관의 종류
② 소요실 구성방법
③ 열람실의 규모
④ 서고면적
⑤ 직원수
⑥ 작업내용에 따른 사무 및 관리시설

학습POINT

(2) 구성부분 및 면적비

① 목록 대출실 : 10%

② 열람공간 : 35%

③ 수장공간 : 25%

④ 관리부분 : 7%

⑤ 공용공간 : 8%

⑥ 기타(현관, 계단, 화장실, 기계실, 전기실 등을 포함) : 15%

• 배치계획

1 대지계획

(1) 대지선정시 고려사항

① 지역사회의 중심적 위치로 이용하기 편리한 장소

② 환경이 양호하고 채광, 통풍이 좋은 곳

③ 조용하고 교통이 편리한 곳

④ 장래의 확장을 고려하여 충분한 공지를 확보할 수 있는 곳

⑤ 재해가 없고, 어린이의 이용을 위해 쉽게 접근할 수 있는 곳

⑥ 주차면적의 확보가 가능한 곳

(2) 증축예정지

① 도서관의 신축시에는 대지선정과 배치단계에서부터 장래의 성장에 따른 증축가능한 공간을 확보할 필요가 있다.

② 도서관의 평면구성과 연관되어 고려되어야 장래에 증축되는 부분과의 기능적 긴밀성이 유지될 수 있다.

2 배치계획

(1) 배치계획시 고려사항

① 기능별로 동선을 분리한다.

② 공중의 접근이 쉬운 친근한 장소로 한다.

③ 지방도서관에는 자전거, 오토바이 등의 보관장소가 현관근처에 필요하며, 필로티를 이용하는 방법도 고려한다.

④ 서고의 증축공간을 반드시 확보해 둔다.

⑤ 도서관의 성격을 종합해서 결정한다.

⑥ 열람부분과 서고와의 관계가 중요하며, 직원수에 따라 조절한다.

⑦ 장래의 확장계획은 건축적으로 적어도 50% 이상의 확장에 순응할 수 있어야 한다.

(2) 출입구의 배치

① 이용자측과 직원, 자료의 출입구는 가능한 별도로 계획한다.

② 대지조건과 도서관의 내부기능의 관계를 검토하여 결정한다.

③ 집회공간의 출입구에 대해서도 전용출입구를 설정해 주는 것이 바람직하다.

④ 출입구의 배치장소에 따라 건물내부의 공간배치가 좌우되므로 대지조건과 도서관의 내부기능의 관계를 충분히 검토하여 결정해야 한다.

• 평면계획

1 도서관의 기능

(1) 자료의 획득과 보존

(2) 참고봉사

　① 레퍼런스 서비스(reference service) : 관원이 이용자의 연구상의 의문, 질문에 대한 적절한 자료를 알려 주고 제공함으로서 그 해결을 돕는 서비스

　② 북모빌 방식(book mobile system) : 이동도서관

(3) 자료대출

(4) 정리사무

(5) 기타

　① 시청각활동

　② 집회 및 PR

　③ 복사서비스

　④ 상호협력

2 출납시스템

(1) 자유개가식(free open system)

　① 형식 : 열람자 자신이 서가에서 책을 꺼내어 책을 고르고 그대로 검열을 받지 않고 열람하는 형식으로 보통 1실형이고, 10,000권 이하의 서적 보관과 열람에 적당하다.

　② 특징

　　㉮ 장점

　　　㉠ 책 내용파악 및 선택이 자유롭고 용이하다.

　　　㉡ 책의 목록이 없어 간편하다.

　　　㉢ 책선택시 대출기록 제출이 없어 분위기가 좋다.

　　㉯ 단점

　　　㉠ 서가의 정리가 잘 안되면 혼란스럽게 된다.

　　　㉡ 책의 마모, 망실이 된다.

■ 도서관의 출납시스템은 크게 개가식과 폐가식으로 분류할 수 있는데, 여기서 개가식은 다시 자유개가식, 안전개가식, 반개가식으로 나누어진다. 열람실과 서고가 한공간에 있는 경우 개가식, 분리된 경우 폐가식이라 한다.

■ 그림. 출납시스템

(a) 자유 개가식

(2) 안전개가식(safe quarded open access)

① 형식 : 자유개가식과 반개가식의 장점을 취한 것으로서 열람자가 책을 직접 서가에서 꺼내지만 관원의 검열을 받고 기록을 남긴 후 열람하는 형식이다.

② 특징

㉮ 출납시스템이 필요치 않아 혼잡하지 않다.

㉯ 도서열람의 체크시설이 필요하다.

㉰ 서가열람이 가능하여 책을 직접 뽑을 수 있다.

㉱ 감시가 필요하지 않다.

(b) 안전 개가식

(3) 반개가식(semi open access)

① 형식 : 열람자는 직접 서가에 면하여 책의 체제나 표지정도는 볼 수 있으나 내용을 보려면 관원에게 요구하여 대출기록을 남긴 후 열람하는 형식으로서 신간서적안내에 채용되며, 다량의 도서에는 부적당하다.

② 특징

㉮ 출납시설이 필요하다.

㉯ 서가의 열람이나 감시가 불필요하다.

(c) 반개가식

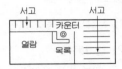

(d) 서가 · 폐가 병용식

(4) 폐가식(closed access)

① 형식 : 열람자는 책의 목록에 의해 책을 선택하여 관원에게 대출기록을 제출한후 대출받는 형식으로 서고와 열람실이 분리되어 있다.

② 특징

㉮ 장점

㉠ 도서의 유지관리가 양호하다.

㉡ 감시할 필요가 없다.

㉯ 단점

㉠ 희망한 내용이 아닐 수 있다.

㉡ 대출절차가 복잡하고 관원의 작업량이 많다.

(e) 폐가식

핵 심 문 제

1 생산업체의 기술자가 최신의 기술자료를 얻으려 한다면 다음 중 어느 부류의 도서관을 이용하는 것이 가장 효과적인가?

① 공공도서관　　　　　　② 대학도서관
③ 국회도서관　　　　　　④ 전문도서관

2 다음의 도서관 건축계획에 대한 설명 중 옳지 않은 것은?

① 대지조건과 도서관의 내부기능의 관계를 검토하여 출입구의 배치장소를 결정한다.
② 증축예정지는 기능적 긴밀성의 유지를 위해 도서관의 평면구성보다는 단면구성을 고려하여 계획한다.
③ 도서관의 신축시에는 대지선정과 배치단계에서부터 장래의 성장에 따른 증축가능한 공간을 확보할 필요가 있다.
④ 도서관의 각 구성요소의 조합에 따른 평면형식 중 서고식의 경우, 서고와 열람실은 제각기 독립된 방향의 확장을 고려한다.

3 다음은 도서관 건축계획에 주요한 사항이다. 다른 종류의 건축계획에서보다 상대적으로 그 중요도가 가장 큰 내용은?

① 관내시설과 인근의 유사시설과의 상호관계 검토
② 시설물의 운영목적, 내용, 방법의 구체적 분석
③ 도서관의 내용의 성장에 따른 증축고려
④ 건설기금과 경상비에 대한 검토

4 도서관 출입구의 배치에 대한 설명 중 옳지 않은 것은?

① 출입구의 배치장소에 따라 건물내부의 공간배치가 좌우된다.
② 이용자측과 직원, 자료의 출입구를 가능한 한 별도로 계획한다.
③ 이용자의 계층을 구분해서 출입구를 별도로 설정하는 것이 바람직하다.
④ 집회공간의 출입구는 이용자 출입구와 공용으로 하는 것이 바람직하다.

5 도서관 출납시스템(system)에 대한 설명 중 옳지 않은 것은?

① 자유개가식은 대출수속이 간편하며 책 내용파악 및 선택이 자유롭다.
② 자유개가식은 서가의 정리가 잘 안되면 혼란스럽게 된다.
③ 폐가식은 규모가 큰 도서관의 독립된 서고의 경우에 채용한다.
④ 폐가식은 서가나 열람실에서 감시가 필요하나 대출절차가 간단하여 관원의 작업량이 적다.

해 설

해설 1
전문도서관은 기업체, 연구기관, 관공서 등에 있어서 주로 전문적인 자료를 수집해서 업무상 편의를 도모하는 도서관

해설 2
증축예정지는 도서관의 평면구성과 연관되어 고려되어야 장래에 증축되는 부분과의 기능적 긴밀성이 유지될 수 있다.

해설 3
도서관계획에 있어서 규모와 성장의 문제는 가장 중요하다. 이에 따라 장래 20년 정도의 성장을 고려해서 건축적으로 적어도 50% 이상의 확장 또는 변화에 순응할 수 있도록 유연성 있는 평면을 계획해야 한다.

해설 4
집회공간의 출입구에 대해서도 전용 출입구를 설정해 주는 것이 바람직하다.

해설 5
④ – 자유개가식

정답 1. ④ 2. ② 3. ③ 4. ④ 5. ④

4 세부계획

(1) 열람실
(2) 서고

학습방향

세부계획에서는 열람실과 서고가 있는데, 우선 성인과 아동의 1인당 점유 바닥면적, 그리고 도서관의 규모는 수장능력으로 나타내는데 서고와 서가, 서고공간당 몇 권정도의 도서를 수납할 수 있는지를 묻는 문제이다.

1. 열람실의 1인당 점유바닥면적
2. 서고의 수장능력

1 열람실

(1) 일반열람실

① 일반인과 학생들의 이용률은 7 : 3 정도이고, 일반인과 학생용 열람실을 분리한다.

② 크기

㉮ 성인 1인당 1.5~2.0m², 아동 1인당 1.1m² 정도(1석당 평균면적은 1.8m² 전후)

㉯ 실 전체로서는 1석 평균 2.0~2.5m²의 바닥면적이 필요하다.

(2) 특별열람실

• 개인연구실

㉮ 캐럴(carrel) : 서고내에 설치하는 소연구실

㉯ 1인당 1.4~4.0m²의 면적이 필요함

(3) 아동열람실

① 성인과 구별하여 열람실을 설치하며, 현관출입도 되도록 분리시킨다.

② 열람은 자유개가식으로 하고, 획일적인 책상배치를 피하여 자유롭게 열람할 수 있도록 가구를 배치한다.

③ 실의 크기는 아동 1인당 1.2~1.5m²를 기준으로 한다.

2 서고

(1) 서고계획시 고려사항

① 서고의 형식은 평면계획상 가장 중요한 요소로 폐가식과 개가식이 있는데, 규모가 큰 도서관의 경우는 폐가식으로 하고, 규모가 작은 도서관의 경우는 개가식을 채용한다.

학습POINT

■ 열람실의 크기

분류		다인용	개인용
일반 열람실	성인	1.5~2.0m²	2.5~3.5m²
	아동	1.1m²	1.2~1.5m²
특별열람실 (캐럴)			1.4~4.0m²

■ 그림. 성인용 열람실

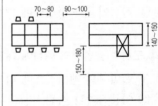

(a) 열람석 1인당 바닥면적 22~28m²

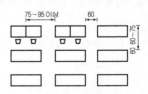

(b) 열람석 1인당 바닥면적 3m²

---

② 서고의 목적은 도서를 수장, 보존하는데 있으므로 방화, 방습, 유해가
   스 제거에 중점을 두며, 이 때 공조설비를 갖춘다.
③ 공간에 합리적으로 도서를 수장해서 출납관리상 편리하게 한다.
④ 도서증가에 따른 장래의 확장을 고려한다.
⑤ 서고의 높이는 2.3m 전후로 한다.
⑥ 서고실은 모듈러 플래닝(modular planning)이 가능하다.

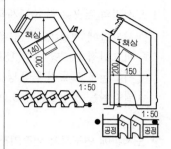

■ 그림. 캐럴

(2) 서고의 위치

① 건물의 후부에 독립된 위치
② 열람실의 내부나 주위
③ 지하실 등

(3) 수용능력

① 서고 1m²당 : 150~250권(평균 200권/m²)
② 서가 1단 : 25~30권 정도
③ 서고공간 1m³당 : 약 66권 정도

(4) 서가(書架)의 배열

① 평행 직선형이 보통이며, 불규칙한 배열은 손실이 많다.
② 통로 폭 : 0.75~1.0m(서가 사이를 열람자가 이용할 경우에는 1.4m
   정도)

(5) 자료보존상의 고려사항

① 철저한 관리 및 점검 등
② 온도 16℃, 습도 63% 이하
③ 자료 자체가 내구적(소독, 제본, 수리에 편리)이어야 한다.
④ 내화, 내진 등을 고려한 건물과 서가가 재해에 대해 안전해야 한다.
⑤ 도서보존을 위해 어두운 편이 좋고, 인공조명(조도는 50~100lux, 직
   접 복사열을 피한다.)과 기계환기로 방진, 방온, 방습과 함께 세균의 침
   입을 막는다.

핵 심 문 제

1 도서관의 열람실 및 서고계획에 관한 내용 중 옳지 않은 것은?

① 서고안에 캐럴(Carrel)을 둘 수도 있다.
② 서고면적 1m²당 보통 150~250권의 수장능력이 있다.
③ 서고실은 모듈러 플래닝(Modular Planning)이 가능하다.
④ 열람실은 성인 1인당 3.0~3.5m²가 적당하다.

해설 1
열람실은 성인 1인당 1.5~2.0m²가 적당하다

2 도서관에 연구자가 일정기간 자료를 점유하여 이용하거나 연구하기 위해서는 독립적인 개실이 바람직한데, 이러한 독립적인 개실이나 객석을 일반적으로 무엇이라 하는가?

① 캐럴(carrel)
② 계원석(information desk)
③ 레퍼런스 서비스(reference service)
④ 북 모빌(book mobile)

해설 2
① 캐럴(carrel) – 도서관에 있어서 개인 전용공간(소연구실)
② 레퍼런스 서비스(reference service) – 도서지도
③ 자동차 문고(book movile) – 자동차를 이용한 이동식 도서관

3 도서열람실의 1인당 점유면적은 통로를 포함할 때 어느 정도가 가장 적당한가?

① 1.5m²   ② 2.5m²
③ 3.5m²   ④ 4.5m²

해설 3
열람실의 열람자 1인당 바닥면적은 여러 외국의 예에서는 통로의 면적을 포함하여 2.2~2.8m²로서 책상의 크기와 형식에 따라 1인당 최고 4.0m²에 까지 이른다.

4 도서관의 서고계획에 대한 기술 중 옳지 않은 것은?

① 책선반 1단에는 길이 1m당 20~30권 정도이며, 평균 25권으로 산정한다.
② 서고면적 1m²당 150~250권 정도이며, 평균 200권으로 산정한다.
③ 서고공간 1m³당 약 50권 정도로 산정한다.
④ 채광, 조명에 유의하고 직사광선의 방지를 고려한다.

해설 4
서고공간 1m³당 : 약 66권 정도

5 다음 중 도서관에서 20만권을 수장할 서고의 면적으로 가장 알맞은 것은?

① 300m²   ② 500m²
③ 700m²   ④ 1,000m²

해설 5
서고의 수장능력 – 150~250권/m²
(평균 200권/m²)
200,000권÷150~250권/m²
=1,300~800m²

6 도서관 건축계획에 관한 설명으로 옳지 않은 것은?

① 아동열람실은 폐가식이 적당하다.
② 서고는 증축할 여지를 남기도록 계획한다.
③ 서고는 대부분 자연채광 대신 인공조명을 사용한다.
④ 서고내 서가의 배열은 평행직선식으로 하는 것이 일반적이다.

해설 6
아동열람실은 자유개가식이 적당하다.

정답 1. ④ 2. ① 3. ② 4. ③
5. ④ 6. ①

■■■ 학교

■ 배치계획

1. 교지계획에 관한 설명 중 옳지 않은 것은?

① 단변, 장변의 비가 3 : 4 정도가 가장 좋은 교지의 형이다.

② 초등학교 1인당 교지면적은 30m²이다.

③ 규모에 따른 장래의 확장성을 고려해야 한다.

④ 교지는 일조가 좋아야 하고, 교사에 의하여 운동장에 그늘이 지지 않아야 한다.

해설 초등학교 1인당 교지면적은 12학급 이하인 경우 20m², 13학급 이상인 경우 15m²이다.

2. 학교 건축계획에 관한 기술 중 가장 적합한 것은 어느 것인가?

① 교지선정에 있어 되도록 간선도로에 접해 학생의 통학에 편리하도록 한다.

② 교지는 자연의 기복을 이용하며, 건물은 운동장보다 약간 낮은 것이 좋다.

③ 교지의 형태는 정방형이 좋으나, 장방형일 경우는 4 : 5가 바람직하다.

④ 일조, 통풍 등 환경조건이 좋은 분산병렬형 (finger plan)이 바람직하다.

해설 ① 교지선정에 있어 되도록 간선도로에 접하지 않도록 한다.
② 교지는 자연의 기복을 이용하며, 건물은 운동장보다 약간 높게 하는 것이 좋다.
③ 교지의 형태는 정방형이 좋으나, 장방형일 경우는 4 : 3 정도가 바람직하다.

3. 학교의 교사배치형식 중 폐쇄형에 관한 설명으로 옳은 것은?

① 부지의 효율적 활용이 불가능하다.

② 운동장에서 교실에의 소음이 크다.

③ 일조, 통풍 등 교실의 환경조건이 균등하다.

④ 구조계획이 간단하고 규격형의 이용이 편리하다.

해설 ①, ③, ④는 분산병렬형에 속한다.

4. 학교의 교사배치형식 중 폐쇄형에 관한 설명으로 옳지 않은 것은?

① 일종의 핑거 플랜으로 구조계획이 간단하고, 규격형의 이용도 편리하다.

② 별도의 피난통로를 만들지 않으면 화재 및 비상시 불리하다.

③ 교사주변에 활용되지 않은 부분이 많은 결점이 있다.

④ 일조, 통풍 등의 환경적 조건이 불리하다.

해설 분산병렬형은 일종의 핑거 플랜으로 구조계획이 간단하고, 규격형의 이용도 편리하다.

5. 학교의 교사 배치형식 중 폐쇄형에 관한 다음의 내용 중 맞지 않는 것은?

① 교사주변의 공지활용도가 높기 때문에 활용되지 않는 부분이 거의 없다.

② 별도의 피난통로를 만들지 않으면 화재 및 비상시에 불리하다.

③ 부지를 효율적으로 활용하면서 건축할 수 있다.

④ 일조, 통풍 등의 환경적 조건이 불리하다.

해설 폐쇄형은 교사주변이 잘 활용되지 않는다.

해답   1. ②   2. ④   3. ②   4. ①   5. ①

6. 학교의 배치형태 중 폐쇄형의 단점이 아닌 것은?

① 일조, 통풍 등 환경조건이 불균등하다.

② 상당히 넓은 부지를 필요로 한다.

③ 교사주변에 활용되지 않는 부분이 많다.

④ 운동장에서의 소음이 크다.

해설 ②는 분산병렬형에 속한다.

7. 학교건축의 배치계획 중 분산병렬형에 대한 설명으로 옳지 않은 것은?

① 일종의 핑거 플랜이다.

② 일조·통풍 등 교실의 환경조건이 불균등이다.

③ 구조계획이 간단하고 규격형의 이용도 편리하다.

④ 상당히 넓은 부지를 필요로 한다.

해설 분산병렬형은 일조, 통풍 등 교실의 환경조건이 균등하다.

8. 학교건축의 배치계획 중 분산병렬형 배치계획에 대한 설명으로 부적당한 것은?

① 일조, 통풍 등 교실의 환경조건이 균등하다.

② 놀이터 및 정원이 생긴다.

③ 부지를 최대한 효율적으로 사용할 수 있다.

④ 구조계획이 간단하고 시공이 용이하다.

해설 ③는 폐쇄형에 속한다.

9. 학교의 배치형식 중 분산병렬형에 대한 설명으로 옳지 않은 것은?

① 구조계획이 복잡하고, 규격형의 이용이 어렵다.

② 편복도로 할 경우 복도면적이 너무 크고 단조로워 유기적인 구성을 취하기가 어렵다.

③ 일종의 핑거 플랜(finger plan)이다.

④ 일조·통풍 등 교실의 환경조건을 균등하게 할 수 있다.

해설 분산병렬형은 구조계획이 간단하고, 규격형의 이용도 편리하다.

10. 학교건축의 교사 배치계획에서 분산병렬형에 대한 설명으로 옳지 않은 것은?

① 각 교실의 환경조건이 불균등하며 좋지 않다.

② 편복도형으로 할 경우 유기적인 구성을 취하기가 어렵다.

③ 각 건물 사이에 놀이터 및 정원을 만들 수 있다.

④ 넓은 부지를 필요로 한다.

해설 ①는 폐쇄형에 속한다.

11. 다음 설명에 알맞은 학교 교사(校舍)의 배치형식은?

- 일종의 핑거 플랜이다.
- 일조, 통풍 등 교실의 환경조건이 균등하다.
- 구조계획이 간단하고 규격형의 이용도 편리하다.

① 폐쇄형   ② 분산병렬형

③ 집합형   ④ 종합계획형

12. 학교건축의 배치계획에서 분산병렬형(finger plan)의 장점에 관한 기술 중 틀린 것은?

① 부지를 최대한 효율적으로 이용할 수 있다.

② 놀이터 및 정원이 생긴다.

③ 구조계획이 간단하고 시공하기가 쉽다.

④ 각 교실은 일조, 통풍 등 환경조건이 균등하게 된다.

해설 ①는 폐쇄형에 속한다.

13. 학교건축의 배치계획에서 분산병렬형(일종의 finger plan)의 이점에 관한 기술 중 옳지 않은 것은?

① 각 교실은 일조, 통풍 등 환경조건이 균등하게 된다.

② 편복도사용시 유기적인 구성을 취하기 쉽다.

③ 구조계획이 간단하고, 규격형의 이용이 편리하다.

④ 각 건물사이 놀이터와 정원이 생겨 생활환경이 좋아진다.

해답   6. ②   7. ②   8. ③   9. ①   10. ①   11. ②   12. ①   13. ②

[해설] 유기적인 구성을 취하기가 쉬운 배치형은 폐쇄형이다.

14. 학교의 배치형에 있어서 분산병렬형의 특징이 아닌 것은?

① 일조, 통풍 등의 교실 환경조건이 균등하다.

② 복도면적을 많이 차지하지 않고, 유기적인 구성을 취할 수 있다.

③ 구조계획이 간단하다.

④ 각 건물사이에 놀이터와 정원이 생겨 생활환경이 좋아진다.

[해설] 분산병렬형은 복도의 길이가 길어지며, 유기적인 구성을 취할 수가 없다.

15. 학교의 배치계획에서 분산병렬형에 대한 설명으로 옳지 않은 것은?

① 일조, 통풍 등 교실의 환경조건이 균등하다.

② 편복도로 할 경우 유기적인 구성을 할 수 있다.

③ 구조계획이 간단하고, 규격형의 이용도 편리하다.

④ 상당히 넓은 부지를 필요로 한다.

[해설] 분산병렬형은 편복도로 할 경우 복도의 길이가 길어지고 복도면적이 커지며, 폐쇄형은 유기적인 구성을 할 수 있다.

16. 학교 배치계획에서 분산병렬형(finger plan)의 특성에 해당되지 않는 것은?

① 교실 환경조건이 불균등해진다.

② 생활환경이 좋아진다.

③ 넓은 부지를 필요로 한다.

④ 편복도로 할 경우 유기적인 구성을 하기 어렵다.

[해설] 분산병렬형은 교실 환경조건이 균등하다.

17. 교사의 배치방법 중 분산병렬형에 관한 설명으로 옳지 않은 것은?

① 넓은 부지를 필요로 하지 않는다.

② 구조계획이 간단하다.

③ 놀이터와 정원이 생긴다.

④ 교실의 환경조건이 균등해진다.

[해설] ①는 폐쇄형에 속한다.

18. 학교건축에서 핑거플랜(finger plan)을 맞게 설명한 것은?

① 화재, 비상시에 불리하다.

② 일조, 통풍 등 환경조건이 균등하다.

③ 부지를 효율적으로 이용할 수 있다.

④ 교사를 교지의 1단에서 시작할 때 최대 규모를 전제로 한 유기적 구성으로 계획을 한다.

[해설] ①, ③, ④ – 폐쇄형의 특징

19. 학교 배치형별 특징을 설명한 것 중 틀린 것은?

① 폐쇄형은 일조, 통풍 등 환경조건이 불균등하다.

② 분산병렬형은 넓은 부지를 필요로 한다.

③ 집합형은 물리적 환경이 나쁘다.

④ 분산병렬형은 구조계획이 간단하고 규격형의 이용도 편리하다.

[해설] 집합형은 물리적 환경이 좋다.

20. 학교의 배치계획에 관한 설명으로 옳지 않은 것은?

① 분산병렬형은 넓은 교지가 필요하다.

② 폐쇄형은 운동장에서 교실에의 소음이 크다.

③ 폐쇄형은 대지의 이용률은 높일 수 있으나 화재 및 비상시 불리하다.

④ 분산병렬형은 일조, 통풍 등 환경조건이 좋으나 구조계획이 복잡하다.

[해설] 분산병렬형은 일조, 통풍 등 교실의 환경조건이 균등하며, 구조계획이 간단하고 규격형의 이용이 편리하다.

해답 14. ② 15. ② 16. ① 17. ① 18. ② 19. ③ 20. ④

21. 초등학교 교사계획에 대한 설명 중 옳지 않은 것은?

① 분산병렬형은 일종의 핑거 플랜이다.
② 대지조건과 경제조건이 허용하는 한 저층화하여야 한다.
③ 분산병렬형은 일조·통풍 등 교실의 환경조건이 균등하다.
④ 폐쇄형은 화재 및 비상시 피난상 유리하며 구조계획이 간단하다.

[해설] 분산병렬형은 화재 및 비상시 피난상 유리하며 구조계획이 간단하다.

22. 학교 교사의 배치계획에 관한 설명 중 옳지 않은 것은?

① 분산병렬형은 일조. 통풍 등 교실의 환경조건이 불균등하고 교사주변에 활용되지 않은 부분이 많다.
② 집합형은 동선이 짧아 학생이동이 유리하며, 물리적 환경이 좋다.
③ 폐쇄형은 화재 및 비상시에 피난상 불리하다.
④ 분산병렬형은 일종의 핑거 플랜으로 구조계획이 간단하고 규격형의 이용도 편리하다.

[해설] 폐쇄형은 일조. 통풍 등 교실의 환경조건이 불균등하고, 교사주변에 활용되지 않은 부분이 많다.

23. 학교의 배치계획에 관한 설명으로 옳지 않은 것은?

① 폐쇄형은 대지의 이용률은 높일 수 있으나, 화재 및 비상시 불리하다.
② 폐쇄형은 운동장에서 교실에의 소음이 크다.
③ 분산병렬형은 일조, 통풍 등 환경조건은 좋으나, 구조계획이 복잡하다.
④ 분산병렬형은 넓은 교지가 필요하다.

[해설] 분산병렬형은 구조계획이 간단하다.

24. 학교 건축계획에 관한 설명 중 옳은 것은?

① 부지선정에 있어 되도록이면 간선도로에 접해 학생의 통학에 편리하도록 한다.
② 교사의 배치형태 중 분산병렬형은 일조·통풍 등 교실의 환경조건이 불균등하다는 단점이 있다.
③ 학교주변의 놀이터나 공원 등과 격리시켜 학교시설의 이용을 최대화하는 것이 좋다.
④ 초등학교 교사는 대지조건과 경제조건이 허용하는 한 저층화하는 것이 좋다.

[해설] ① 교지의 위치는 학생의 통학지역내 중심이 될 수 있는 곳으로 간선도로 및 번화가의 소음으로부터 격리되어야 한다.
② 교사의 배치형태 중 폐쇄형은 일조·통풍 등 교실의 환경조건이 불균등하다는 단점이 있다.
③ 학교주변의 놀이터나 공원을 인접시켜 학교교육이 이곳으로 연장되도록 하고, 부족한 놀이시설을 공원이나 놀이터로 보완되도록 배려한다.

25. 학교 건축계획에서 1,500명 정도의 초등학교를 설치할 경우 교사면적으로 가장 적당한 것은 다음 중 어느 것인가?

① 8,000m²
② 7,000m²
③ 6,000m²
④ 4,500m²

[해설] 1,500명 × 3.3~4.0m²/인 = 4,590~6,000m²

26. 학교건축에서 단층교사에 대한 설명 중 옳지 않은 것은?

① 재해시 피난이 유리하다.
② 학습활동을 실외에 연장할 수 있다.
③ 개개의 교실에서 밖으로 직접 출입할 수 있으므로 복도가 혼잡하지 않다.
④ 부지의 이용률이 높으며, 설비의 배선, 배관을 집약할 수 있다.

[해설] ④는 다층교사의 이점에 속한다.

해답 21. ④ 22. ① 23. ③ 24. ④ 25. ③ 26. ④

27. 학교건물에서 단층교사의 장점이 아닌 것은?

① 계단이 필요없으므로 재해시 피난상 유리하다.
② 학습활동을 실외에 연장할 수 있다.
③ 채광, 환기에 유리하고 내진, 내풍구조가 용이하다.
④ 설비 등을 집약할 수 있어서 치밀한 평면계획이 가능하다.

해설 ④는 다층교사의 장점에 속한다.

28. 다음의 단층교사에 대한 설명 중 옳지 않은 것은?

① 학습활동을 실외에 연장할 수 있다.
② 재해시 피난상 유리하다.
③ 부지의 이용률이 높다.
④ 채광 및 환기가 유리하다.

해설 ③는 다층교사의 이점에 속한다.

29. 학교건축에서 단층교사에 대한 설명으로 옳지 않은 것은?

① 구조계획이 단순하다.
② 화재 및 재해시 피난이 용이하다.
③ 대지의 이용률이 높으며, 효율적인 공간이용이 가능하다.
④ 외부에서 교실로의 직접 출입이 가능하므로 학습활동의 실외연장이 가능하다.

해설 ③는 다층교사의 이점에 속한다.

30. 학교건축에서 단층교사의 이점이 아닌 것은?

① 재해시 피난상 유리하다.
② 채광 및 환기에 유리하다.
③ 학습활동을 실외에 연장할 수가 있다.
④ 전기, 급배수, 난방 등을 위한 배선·배관의 집약이 용이하다.

해설 ④는 다층교사의 이점에 속한다.

31. 학교건축에서 단층교사의 이점이 아닌 것은?

① 학습활동을 실외에 연장할 수가 있다.
② 재해시 피난상 유리하다.
③ 치밀한 평면계획을 할 수가 있다.
④ 내진·내풍구조가 용이하다.

해설 ③는 다층교사의 이점에 속한다.

32. 초등학교 단층교사가 2층 이상의 교사에 비해 갖는 이점으로 부적당한 것은 다음 중 어느 것인가?

① 학습활동을 실외에 연장시킬 수 있다.
② 채광 및 환기가 유리하다.
③ 부지의 이용률이 높다.
④ 계단을 오르내릴 필요가 없으므로 재해발생시 피난상 유리하다.

해설 ③는 다층교사의 이점에 속한다.

33. 학교건축에서 단층교사와 다층교사의 이점을 설명한 것 중 다층교사의 이점이라 생각되는 것은?

① 치밀한 평면계획을 할 수 있다.
② 학습활동을 실외에 쉽게 연장할 수 있다.
③ 채광 및 환기가 적합하다
④ 내진, 내풍구조가 유리하다.

해설 ②, ③, ④ - 단층교사의 이점

■ **평면계획**

34. 다음 중 일반교실의 이용률이 가장 높은 것은?

① U형(종합교실형)
② V형(교과교실형)
③ P형(플래툰형)
④ U+V형(일반교실+특별교실형)

해설 이용률이 가장 높은 것은 U형이고, 그 다음으로는 U+V형, P형순이며, V형은 이용률은 가장 낮으나, 순수율이 가장 높다.

35. 학교 운영방식 중 종합교실형에 관한 설명으로 옳지 않은 것은?

① 교실의 이용률을 높일 수 있다.
② 교실의 순수율을 높일 수 있다.
③ 초등학교 저학년에 대하여 가장 적당한 형이다.
④ 학생의 이동을 최소한으로 할 수 있고, 학급마다 가정적인 분위기를 만들 수 있다.

해설 종합교실형은 교실의 순수율은 가장 낮아진다.

36. 다음과 같은 특징을 갖는 학교 운영방식은?

- 초등학교 저학년에 대해 가장 권장할 만한 형이다.
- 교실의 수는 학급수와 일치하며, 각 학급은 스스로의 교실안에는 모든 교과를 행한다.

① 종합교실형   ② 교과교실형
③ 플래툰형   ④ 달톤형

해설 초등학교 ① 저학년 : U(A)형
             ② 고학년 : U · V형

37. 다음 중 초등학교 저학년에 대해 가장 권장할 만한 학교 운영방식은?

① 종합교실형(U형)
② 일반교실, 특별교실형(U+V형)
③ 교과교실형(V형)
④ 플래툰형(P형)

해설 초등학교 ① 저학년 : U(A)형
             ② 고학년 : U · V형

38. 다음 중 초등학교 저학년에 가장 적당한 학교 운영방식은?

① 일반교실, 특별교실형(U+V형)
② 교과교실형(V형)
③ 종합교실형(U형)
④ 플래툰형(P형)

해설 초등학교 ① 저학년 : U(A)형
             ② 고학년 : U · V형

39. 초등학교 저학년에 대해 가장 권장되는 학교 운영방식은?

① 종합교실형   ② 교과교실형
③ 플래툰형   ④ 달톤형

해설 학교 운영방식 중 초등학교 저학년인 경우 종합교실형(U형), 고학년인 경우 일반교실+특별교실형(U+V형)이 적합하다.

40. 다음의 학교 운영방식에 대한 설명 중 옳지 않은 것은?

① 초등학교 고학년에는 일반교실 및 특별교실형(U · V형)이 일반적이다.
② 일반교실 및 특별교실형(U · V형)은 학생의 이동이 없어 안정적이다.
③ 교과교실형(V형)은 모든 교실이 특정교과 때문에 만들어진다.
④ 플래툰형(P형)은 교사의 수와 적당한 시설이 없으면 실시가 곤란하다.

해설 학생의 이동이 없는 안정적인 학교 운영방식은 종합교실형(U형)이다.

41. 초등학교 고학년은 학교 운영방식 중 어떤 방식이 가장 일반적인가?

① A형   ② V형
③ U · V형   ④ P형

해설 초등학교 ① 저학년 : U(A)형
             ② 고학년 : U · V형

42. 우리나라에서 현재 가장 많이 채택하고 있는 교과 운영방식은?

① E형   ② U+V형
③ V형   ④ P형

해설 U · V형(일반교실+특별교실형)은 일반교실은 학급당 하나씩 배당되고, 나머지 특별교실을 갖는 형으로 초등학교 고학년에 적합하며, 우리나라의 학교 운영방식 중 70% 정도를 차지하고 있다.

해답   35. ②   36. ①   37. ①   38. ③   39. ①   40. ②   41. ③   42. ②

43. 학교 운영방식 중 교과교실형에 대한 설명으로 옳지 않은 것은?

① 교실의 순수율이 높다.
② 시간표 짜기와 담당교사수를 맞추기가 용이하다.
③ 학생소지품을 두는 곳을 별도로 만들 필요가 있다.
④ 학생들의 동선계획에 많은 고려가 필요하다.

[해설] 종합교실형은 시간표 짜기와 담당교사수를 맞추기가 용이하다.

44. 다음의 학교운영방식 중 아래의 설명에 가장 적합한 방식은?

> 1. 전체가 교과교실군으로 구성되어 있다.
> 2. 전체동선의 편리한 위치에 Locker를 둘 필요가 있다.
> 3. 교과교실군의 관계는 규칙적이 아닌 이동이 있을 것으로 충분히 고려한 통로가 필요하다.

① U형   ② U · V형
③ V형   ④ E형

[해설] V(교과교실)형은 모든 교실이 특정교과를 위해 만들어지고 일반교실은 없다. 따라서, 수업시간이 바뀔 때마다 학생들이 교실을 찾아 이동해야 하므로 이동에 따른 동선의 혼란문제와 이동에 대비한 소지품을 보관할 수 있는 로커가 필요하다.

45. 학교 운영방식 중 교과교실형(V형)에 대한 설명으로 옳지 않은 것은?

① 학생 개인물품의 보관장소에 대한 고려가 요구된다.
② 학생의 동선처리에 주의하여야 한다.
③ 각 교과전문의 교실이 주어지므로 시설의 질이 높아진다.
④ 일반교실수가 학급수에 비해 적다.

[해설] 교과교실형(V형)은 일반교실이 없다.

46. 학교 운영방식 중 교과교실형(V형)에 대한 설명으로 옳은 것은?

① 교실수는 학급수에 일치한다.
② 일반교실이 각 학급에 하나씩 배당되고 그 외에 특별교실을 갖는다.
③ 모든 교실이 특정한 교과를 위해 만들어진다.
④ 능력에 따라 학급 또는 학년을 편성하는 방법이다.

[해설] ① – U형, ② – U+V형, ④ – 달톤형

47. 학교 운영방식 중 교과교실형(V형)에 해당되지 않는 것은?

① 일반교실은 없다.
② 순수율이 높고 시설의 정도가 높다.
③ 학급 · 학년을 없애고 학생들은 각자의 능력에 따라서 교과를 골라 이수한다.
④ 이동에 대한 동선에 주의하지 않으면 안된다.

[해설] ③는 달톤형이다.

48. 학교의 운영방식 중 일반교실이 필요하지 않은 것은?

① 종합교실형(Activity type)
② 교과교실형(Department type)
③ 플래툰형(platoon type)
④ 달톤형(Dalton type)

[해설] 교과교실형은 교과(특별)교실만 필요하다.

49. 다음의 설명에 알맞은 학교 운영방식은?

> • 전학급을 2분단으로 하고, 한쪽이 일반교실을 사용할 때 다른 분단은 특별교실을 사용한다.
> • 교사의 수와 적당한 시설이 없으면 실시가 곤란하다.

① 교과교실형(department system)
② 플래툰형(platoon type)
③ 달톤형(dalton type)
④ 개방학교(open school)

해답   43. ②   44. ③   45. ④   46. ③   47. ③   48. ②   49. ②

50. 학교 운영방식에서 플래툰형(Platoon type)이란?

① 전학급을 양분하여 한쪽이 일반교실을 사용할 때, 다른 한편은 특별교실을 사용한다.
② 교실의 수는 학급수와 일치하고, 각 학급은 자기 교실내에서 모든 교과를 행한다.
③ 일반교실이 각 학급에 하나씩 배당되고, 그 외에 특별교실을 가진다.
④ 모든 교실이 특정한 교과를 위해 만들어지고, 일반교실은 없다.

해설 ② – 종합교실(U)형
③ – 일반교실 + 특별교실(U · V)형
④ – 교과교실(V)형

51. 학교 건축계획에서 그림과 같은 평면유형을 갖는 학교 운영방식은?

① 달톤형
② 플래툰형
③ 교과교실형
④ 종합교실형

보통교실군
중앙로커 ◀
도서 | 관리
시청
음악 | 옥내운동장
이과 | 기술 | 가정 | 미술

해설 플래툰형(P형)이란 전 학급을 양분하여 한쪽이 일반교실을 사용할 때, 다른 한편은 특별교실을 사용한다.

52. 전학급을 2분단으로 하고, 한쪽이 일반교실을 사용할 때 다른 분단은 특별교실을 사용하는 형태의 학교 운영방식은?

① 종합교실형(U형)　② 교과교실형(V형)
③ 플래툰형(P형)　④ 달톤형(D형)

53. 학교시설에서 일반교실수는 학급수의 반으로 하고 나머지는 특별교실화하여 교실의 순수율과 질을 높일 수 있도록 한 학교 형식은?

① 일반교실과 특별교실형(U+V형)
② 특별 교과교실형(V형)
③ 플래툰형(P형)
④ 달톤형(D형)

54. 학교 운영방식 중 플래툰형에 대한 설명으로 옳은 것은?

① 모든 교실이 특정교과를 위해 만들어지고, 일반교실은 없다.
② 전학급을 양분화하여 한 쪽이 일반교실을 사용할 때, 다른 편은 특별교실을 사용한다
③ 학급과 학년을 없애고 학생들은 각자의 능력에 따라서 교과선택을 한다.
④ 교실의 수는 학급수와 일치하며, 각 학급은 스스로의 교실 안에서 모든 교과를 행한다.

해설 ① – 교과교실형, ③ – 달톤형, ④ – 종합교실형

55. 학교 운영방식 중 플래툰형(Platoon type)의 특성으로 부적당한 것은?

① 교과담임제와 학급담임제가 병용된다.
② 교사의 수와 적당한 시설이 없으면 실시가 곤란하다.
③ 동선계획과 시간표작성이 용이하다.
④ 전학급을 2개의 집단으로 나누어 한쪽이 일반교실을 사용할 때 다른 쪽은 특별교실을 사용한다.

해설 플래툰형(Platoon type)은 시간을 할당하는데 상당한 노력이 든다.

56. 학교 운영방식의 종류 중 학급, 학생 구분을 없애고 학생들은 각자의 능력에 맞게 교과를 선택하고 일정한 교과가 끝나면 졸업하는 방식은?

① 플래툰형(platoon type)
② 달톤형(dalton type)
③ 교과교실형(department system)
④ 종합교실형(usual type)

57. 오픈플랜 스쿨(Open Plan School)을 설명한 것으로 옳지 않은 것은?

① 자연채광과 자연통풍에 크게 의존한다.
② 칠판, 수납장 등의 가구는 이동식이 많다.

해답　50. ①　51. ②　52. ③　53. ③　54. ②　55. ③　56. ②　57. ①

③ 바닥마감재는 흡음성 및 활동성을 고려하여 부드러운 것이 좋다.

④ 평면형은 가변식 벽구조(movable partition)로 하여 융통성을 갖도록 한다.

[해설] 인공조명과 공기조화설비가 필요함

58. 학교건축계획에서 팀 티칭(team teaching)과 가장 관련이 깊은 것은?

① 오픈스쿨 ② 종합교실형
③ 플래툰형 ④ 특별교실형

59. 오픈스쿨(Open school) 운영방식의 특성에 관한 설명 중 옳지 않은 것은?

① 다양한 학습에 대처할 수 있는 개방적이고 융통성 있는 공간계획이 필요하다.

② 학급단위의 수업을 부정하고 개인의 능력과 자질에 따라 편성한다.

③ 교사가 타 운영방식에 비해 적게 필요하다.

④ 저학년이나 유치원 등에 적용시켜 보거나 전체 학급 중 일부분에 채용 가능하다.

[해설] 오픈스쿨은 교사가 타 운영방식에 비해 많이 필요하다.

60. 오픈스쿨(Open School) 운영방식의 특성에 관한 설명 중 옳지 않은 것은?

① 다양한 학습에 대처할 수 있는 개방적이고 융통성 있는 공간계획이 필요하다.

② 기존의 학급단위를 무시하고 개인의 능력과 자질에 따라 무학년제로 하여 보다 다양한 학습활동을 유도한다.

③ 교사가 타 운영방식에 비해 적게 필요하다.

④ 학생의 능력에 따라 그룹을 이루어 학습을 전개한다.

[해설] 오픈스쿨은 타 운영방식에 비해 교사수가 많이 필요하다.

61. 오픈플랜스쿨(open plan school)을 설명한 것 중 옳지 않은 것은?

① 고정 간막이벽을 두지 않는다.

② 칠판, 자료장 등을 이동식으로 한다.

③ 인공조명을 줄이고 자연채광을 거의 이용한다.

④ 책상, 의자수는 수용 학생수보다 적어도 된다.

[해설] 오픈스쿨은 인공조명과 공기조화가 필요하다.

62. 학교 운영방식에 관한 설명 중 옳지 않은 것은?

① 종합교실형(U형)은 교실수와 학급수가 일치하며, 초등학교 고학년 이상에 적당한 방식이다.

② 교과교실형(V형)은 모든 교실이 특정교과 때문에 만들어지며, 일반교실은 없다.

③ 플래툰형(P형)은 각 학급을 2분단(일반교실, 특별교실)으로 나누어 운영하는 방식으로, 충분한 교사수와 적당한 시설이 요구된다.

④ 달톤형(D형)은 학급과 학년을 없애고 학생들의 능력에 따라 교과목을 선택하는 방식이다.

[해설] 종합교실형(U형)은 초등학교 저학년에 적당한 방식이다.

63. 학교건축에 관한 다음 사항 중 가장 옳지 않은 것은?

① 교과교실형(V형)은 순수율은 높으나 동선계획에 유의해야 한다.

② 미래지향적으로 융통성(flexibility)이 고려된 학교건축을 위해서는 소위 건식공법(dry construction)의 채용이 바람직하다.

③ 종합교실형(U형)은 동선계획상 가장 무리가 없으나, 순수율 및 이용률이 낮은게 흠이다.

④ 교실 마감재의 반사율은 천장 – 벽 – 바닥의 순이다.

[해설] 종합교실형(U형)은 이용률이 가장 높고 순수율은 낮아진다.

해답 58. ① 59. ③ 60. ③ 61. ③ 62. ① 63. ③

64. 다음 초등학교의 교실건축을 위한 고려 중 가장 적당히 않은 것은?

① 저학년의 경우 학습은 일반교실내에서 완결됨으로 한다.

② 플래툰형이나 달톤형에서 학생의 개인락카는 교실내에 두는 것을 고려치 않아도 된다.

③ 종합교실형은 교실의 기능적 순수율을 가장 높일 수 있는 형식이다.

④ 저학년의 교실은 지상 제 1층에 배치한다.

[해설] 종합교실형은 교실의 경제적 이용률을 가장 높일 수 있는 형식이고, 교과교실형은 교실의 기능적 순수율을 가장 높일 수 있는 형식이다.

65. 초등학교의 교실조직에 대한 설명 중 옳지 않은 것은?

① 플래툰형은 전학급을 2분단으로 나누고, 한쪽이 일반교실을 사용할 때 다른 분단은 특별교실을 사용한다.

② 교과교실형은 모든 교실이 특정교과 때문에 만들어지며 일반교실은 없다.

③ 교과교실, 특별교실 병용형은 전체 면적의 이용률이 높아진다.

④ 종합교실형은 초등학교 저학년에 대하여 가장 적당한 형이다.

[해설] 일반교실+특별교실형(U · V형)은 특별교실을 확충하면 일반교실의 이용률은 낮아진다.

66. 다음의 학교 운영방식에 관한 설명 중 옳지 않은 것은?

① 종합교실형(U형)은 각 학급마다 가정적인 분위기를 만들 수 있다.

② 교과교실형(V형)은 초등학교 저학년에 대해 가장 권장되는 방식이다.

③ 플래툰형(P형)은 미국의 초등학교에서 과밀을 해소하기 위해 실시한 것이다.

④ 달톤형(D형)은 학급, 학년을 없애고 학생들은 각자의 능력에 따라 교과를 선택하고 일정한 교과를 끝내면 졸업하는 방식이다.

[해설] 종합교실형(U형)은 초등학교 저학년에 대해 가장 권장되는 방식이다.

67. 다음 학교 운영방식의 종류 중 틀린 것은?

① 종합교실형은 교실수와 학급수가 일치하며, 각 학급은 스스로의 교실안에서 모든 교과를 행한다.

② 교과교실형은 특정교과를 위하여 만들어지며, 일반교실도 있다.

③ 플래툰형은 전 학급을 2분단으로 나누어 한쪽이 일반교실을 이용하고 다른 분단은 특별교실을 사용한다.

④ 달톤형은 각자의 능력에 따라 교과를 선택한다.

[해설] 교과교실형은 일반교실은 없다.

68. 다음 학교 운영방식에 관한 기술 중 가장 부적당한 것은?

① P형 : 교사의 수가 많아야 하며 시설이 좋아야 한다.

② V형 : 각 교과의 순수율이 높고 안정된 수업분위기가 가능하다.

③ U+V형 : 특별교실이 많을수록 일반교실은 이용률이 떨어진다.

④ U형 : 초등학교 저학년에 적합하며 고학년에서는 무리가 있다.

[해설] V형(교과교실형)은 각 교과의 순수율이 높으나 학생의 이동이 심하여 안정된 수업분위기를 기대하기 힘들다.

69. 학교 운영방식에 관한 설명으로 옳지 않은 것은?

① 종합교실형은 학생의 이동이 없고 초등학교 저학년에 적합하다.

② 플래툰(platoon)형은 교사의 전체면적이 절감되지만 이용률이 낮다.

③ 일반교실, 특별교실형은 각 학급마다 일반교실을 하나씩 배당하고 그 외에 특별교실을 갖는다.

해답   64. ③   65. ③   66. ②   67. ②   68. ②   69. ②

④ 교과교실형은 각 교과에 순수율이 높은 교실이 되지만 학생의 이동이 심하다.

해설 플래툰형은 전체면적이 늘어나며 이용률이 높아진다.

70. 학교 운영방식에 대한 설명 중 옳은 것은?

① 종합교실형(U형)은 중학교 저학년에 적합하다.
② 일반교실 특별교실형(U+V형)은 교실의 수가 학급수와 일치한다.
③ 교과교실형(V형)은 각 학급에 일반교실이 하나씩 주어지며, 그 외에 특별교실을 갖는다.
④ 플래툰형(P형)은 교사의 수가 부족하거나 적당한 시설이 없으면 실시가 곤란하다.

해설 ① 종합교실형(U형)은 초등학교 저학년에 적합하며, 교실의 수가 학급수와 일치한다.
② 일반교실 특별교실형(U+V형)은 각 학급에 일반교실이 하나씩 주어지며, 그외에 특별교실을 갖는다.
③ 교과교실형(V형)은 모든 교실이 특정교과를 위해 만들어지고, 일반교실은 없다.

71. 학교건축에 대한 기술 중 부적당한 것은?

① 능력에 맞게 교과를 선택하고 그 과정이 끝나면 졸업하는 운영방식은 플래툰(Platoon)형이다.
② 교실을 소단위마다 분리한 것을 클러스터 시스템(Cluster System)이라 한다.
③ 초등학교 저학년인 경우 가능한 한 1층에 교실을 배치한다.
④ 관리부분의 배치는 학생들의 동선을 피하고 중앙에 가까운 위치가 좋다.

해설 달톤형은 능력에 맞게 교과를 선택하고 그 과정이 끝나면 졸업하는 운영방식이다.

72. 다음의 학교 운영방식에 대한 설명 중 옳지 않은 것은?

① 종합교실형 : 학생의 이동이 없어 학급에서 안정적인 분위기를 가질 수 있다.

② 교과교실형 : 일반교실은 각 학년에 하나씩 할당되고, 그 외에 특별교실을 갖는다.
③ 달톤형 : 학급, 학생의 구분이 없으며, 학생들은 각자의 능력에 맞게 교과를 선택한다.
④ 플래툰형 : 교사의 수와 적당한 시설이 없으면 실시가 곤란하다.

해설 ① 교과교실형(V형)은 모든 교실이 특정 교과를 위해 만들어지고 일반교실은 없다.
② 일반교실+특별교실형(U · V형)은 일반교실은 학급당 하나씩 배당되고, 나머지 특별교실을 갖는 형으로 초등학교 고학년에 적합하며, 우리나라의 학교 운영방식 중 70% 정도를 차지하고 있다.

73. 학교 운영방식에 관한 설명 중 옳지 않은 것은?

① U형 : 초등학교 저학년에 적합하며, 보통 한 교실에 1~2개의 화장실을 가지고 있다.
② P형 : 교사의 수와 적당한 시설이 없으면 실시가 곤란하다.
③ U+V형 : 특별교실이 많을수록 일반교실의 이용률이 떨어진다.
④ V형 : 각 교과의 순수율이 높고 학생의 이동이 적다.

해설 교과교실형인 V형은 학생의 이동이 가장 심하다.

74. 학교 운영방식에 관한 설명으로 옳지 않은 것은?

① 일반 및 특별교실형은 우리나라 대부분의 중학교에서 적용되고 있는 방식이다.
② 교과교실형은 학년 및 학급을 편성하지 않고 능력별로 수업을 진행하는 방식이다.
③ 플래툰형은 모든 시설의 효율적인 이용을 도모한 유형으로 교과교실형보다 이동이 적다.
④ 종합교실형은 하나의 교실에서 모든 교과수업을 행하는 방식으로 초등학교 저학년에 적합하다.

해설 달톤형은 학년 및 학급을 편성하지 않고 능력별로 수업을 진행하는 방식이다.

해답   70. ④   71. ①   72. ②   73. ④   74. ②

75. 다음의 학교 운영방식에 대한 설명 중 옳지 않은 것은?

① 종합교실형 – 학생의 이동이 없으며, 초등학교 저학년에 대해 가장 권장할 만한 형이다.

② 달톤형 – 학급, 학생 구분을 없애고 학생들은 각자의 능력에 맞게 교과를 선택하고 일정한 교과가 끝나면 졸업한다.

③ 교과교실형 – 일반교실은 각 학년에 하나씩 할당되고, 그 외에 특별교실을 가진다.

④ 플래툰형 – 교사의 수와 적당한 시설이 없으면 실시가 곤란하다.

해설 일반교실+교과교실형(U·V형)은 일반교실이 각 학급에 하나씩 할당되고, 그외에 특별교실이 있는 형이다.

76. 학교 운영방식에 대한 설명 중 옳지 않은 것은?

① 종합교실형(U형)은 초등학교 저학년에 적합하다.

② 일반교실·특별교실형(U+V형)은 일반교실이 각 학급에 하나씩 할당되고, 그외에 특별교실을 갖는다.

③ 플래툰형(P형)은 모든 교실이 특별교실로만 구성되어 있으며, 학생의 이동이 많다.

④ 달톤형(D형)은 하나의 교과에 출석하는 학생 수가 정해져 있지 않다.

해설 모든 교실이 특별교실로만 구성되어 있으며, 학생의 이동이 많은 학교 운영방식은 교과교실이다.

77. 다음은 학교의 운영방식에 대한 것이다. 이 중 옳지 않은 것은?

① 종합교실형(A)은 학생의 이동이 전혀 없고, 학급마다 가정적인 분위기를 만들 수 있다.

② 교과교실형(V)은 각 교과에 순수율이 높고 학생의 이동이 심하다.

③ 플래툰(Platoon, P)형은 교사의 수가 많지 않아도 되고, 교사의 시간배당도 어렵지 않다.

④ 달톤형은 학급·학년을 없애고 학생들이 각자의 능력에 따라서 교과를 택하는 형식이다.

해설 플래툰(Platoon, P)형은 교사의 수가 많아야 하고, 학급수가 늘어나므로 시간배당하는데도 힘이 든다.

78. 초등학교의 운영방식에 관한 기술 중 부적당한 것은?

① 교과교실형(V형)은 학생의 이동률이 심한 것이 단점이다.

② 플래툰형(P형)은 교사의 수와 적당한 시설이 없으면 실시가 곤란하다.

③ 달톤형(D형)은 우리나라에서는 입시학원이나 사설 외국어학원에서 사용하고 있다.

④ 종합교실형(A형)은 특히 초등학교 고학년에 가장 적합하다.

해설 종합교실형(A형)은 초등학교 저학년에 가장 적합하다.

79. 각급학교 교실형태의 설명으로서 맞지 않는 것은?

① U·V형(일반교실, 특별교실 병용형)은 전체면적의 이용률이 낮아진다.

② P형(Platoon형)은 전체면적은 절감되지만 이용률이 낮다.

③ A형(종합교실형)은 초등학교 저학년에 적합하며 가정적 분위기를 만들 수 있다.

④ V형(교과교실형)은 각 교과의 순수율은 높일 수 있으나 학생의 이동이 심하다.

해설 P형(Platoon형)은 전체면적은 늘어나지만 이용률이 높아진다.

80. 학교 운영방식에 대한 설명 중 부적당한 것은?

① U형은 초등학교 저학년에 적합한 형이다.

② U·V형은 일반교실이 각 학급에 하나씩 할당되고 특별교실이 있는 형이다.

해답 75. ③ 76. ③ 77. ③ 78. ④ 79. ② 80. ③

③ P형은 특별교실로만 구성되어 있으며, 따라서 학생의 이동이 많다.

④ D형은 능력형으로 학원이나 직업학교에 주로 인용하고 있다.

해설 V형은 특별교실로만 구성되어 있으며, 따라서 학생의 이동이 많다.

81. 학교 운영방식에 관한 기술 중 옳지 않은 것은?

① 종합교실형은 초등학교 고학년에 적합한 형식이다.

② 플래툰형은 각 학급을 2분단으로 나누어 운영하는 방식이다.

③ 교과교실형은 모든 교실이 특정교과 때문에 만들어지며, 일반교실은 없다.

④ 달톤형은 학생의 구분을 없애고 학생들의 능력에 맞게 선택하여 운영하는 방식이다.

해설 종합교실형은 초등학교 저학년의 학교 운영방식에 적합하다.

82. 1주간의 평균 수업시간이 30시간인 어느 학교의 설계제도교실이 사용되는 시간은 24시간이다. 그 중 6시간은 다른 과목을 위해 사용된다. 설계제도교실의 이용률과 순수율은 각각 얼마인가?

① 이용률 80%, 순수율 25%

② 이용률 80%, 순수율 75%

③ 이용률 60%, 순수율 25%

④ 이용률 60%, 순수율 75%

해설 교실의 이용률과 순수율

① 이용률 $= \dfrac{\text{교실이 사용되고 있는 시간}}{\text{1주간의 평균 수업시간}} \times 100(\%)$

$= \dfrac{24}{30}$ 시간 $\times 100(\%) = 80\%$

② 순수율 $= \dfrac{\text{일정한 교과를 위해 사용되는 시간}}{\text{그 교실이 사용되고 있는 시간}} \times 100(\%)$

$= \dfrac{24 - 6}{24}$ 시간 $\times 100(\%) = 75\%$

83. 어느 학교의 1주간의 평균 수업시간이 40시간인데, 제도교실이 사용되는 시간은 20시간이다. 그 중 4시간은 다른 과목을 위해 사용된다. 제도교실의 이용률과 순수율은 각각 얼마인가?

① 이용률 50%, 순수율 20%

② 이용률 50%, 순수율 80%

③ 이용률 20%, 순수율 50%

④ 이용률 80%, 순수율 50%

해설 이용률과 순수율

① 이용률 $= \dfrac{\text{교실이 사용되고 있는 시간}}{\text{1주간의 평균 수업시간}} \times 100(\%)$

$= \dfrac{20}{40}$ 시간 $\times 100(\%) = 50\%$

② 순수율 $= \dfrac{\text{일정한 교과를 위해 사용되는 시간}}{\text{그 교실이 사용되고 있는 시간}} \times 100(\%)$

$= \dfrac{20 - 4}{20}$ 시간 $\times 100(\%) = 80\%$

84. 어느 학교의 1주간의 평균 수업시간은 50시간인데, 설계제도에 사용되는 시간은 25시간이다. 설계제도실에 사용되는 시간 중 5시간은 구조강의를 위해 사용된다면 설계제도실의 이용률과 순수율은 얼마인가?

① 이용률 20%, 순수율 50%

② 이용률 50%, 순수율 20%

③ 이용률 50%, 순수율 80%

④ 이용률 80%, 순수율 50%

해설 이용률과 순수율

① 이용률 $= \dfrac{\text{교실이 사용되고 있는 시간}}{\text{1주간의 평균 수업시간}} \times 100(\%)$

$= \dfrac{25}{50}$ 시간 $\times 100(\%) = 50\%$

② 순수율 $= \dfrac{\text{일정한 교과를 위해 사용되는 시간}}{\text{그 교실이 사용되고 있는 시간}} \times 100(\%)$

$= \dfrac{20 - 5}{24}$ 시간 $\times 100(\%) = 80\%$

85. 어느 학교의 1주간 평균수업시간이 36시간이고 그 중 미술교실이 사용되는 시간이 18시간이며, 그 중 6시간이 영어수업에 사용된다. 미술교실의 이용률과 순수율은?

① 이용률 50%, 순수율 67%

② 이용률 50%, 순수율 33%

③ 이용률 67%, 순수율 50%

④ 이용률 67%, 순수율 33%

[해설] 이용률과 순수율

① 이용률 = $\dfrac{\text{교실이 사용되고 있는 시간}}{\text{1주간의 평균 수업시간}} \times 100(\%)$

$= \dfrac{18\text{시간}}{36\text{시간}} \times 100(\%) = 50\%$

② 순수율 = $\dfrac{\text{일정한 교과를 위해 사용되는 시간}}{\text{그 교실이 사용되고 있는 시간}} \times 100(\%)$

$= \dfrac{18 - 6\text{시간}}{18\text{시간}} \times 100(\%) = 67\%$

86. 1주간의 평균 수업시간이 35시간인 어느 학교에서 제도실이 사용되는 시간이 1주에 28시간이며, 이 중 10시간은 구조강의를 위해 사용된다면, 제도실의 이용률과 순수율은 각각 얼마인가?

① 이용률 : 51%, 순수율 : 40%

② 이용률 : 80%, 순수율 : 29%

③ 이용률 : 80%, 순수율 : 51%

④ 이용률 : 80%, 순수율 : 64%

[해설] 이용률과 순수율

① 이용률 = $\dfrac{\text{교실이 사용되고 있는 시간}}{\text{1주간의 평균 수업시간}} \times 100(\%)$

$= \dfrac{28\text{시간}}{35\text{시간}} \times 100(\%) = 80\%$

② 순수율 = $\dfrac{\text{일정한 교과를 위해 사용되는 시간}}{\text{그 교실이 사용되고 있는 시간}} \times 100(\%)$

$= \dfrac{28 - 10\text{시간}}{28\text{시간}} \times 100(\%) = 64\%$

87. 어느 학교의 1주간 평균 수업시간은 40시간인데 미술교실이 사용되는 시간은 20시간이다. 그 중 4시간은 영어수업을 위해 사용될 때, 미술교실의 이용률과 순수율은 얼마인가?

① 이용률 50%, 순수율 20%

② 이용률 50%, 순수율 80%

③ 이용률 20%, 순수율 50%

④ 이용률 80%, 순수율 50%

[해설] 이용률과 순수율

① 이용률 = $\dfrac{\text{교실이 사용되고 있는 시간}}{\text{1주간의 평균 수업시간}} \times 100(\%)$

$= \dfrac{20\text{시간}}{40\text{시간}} \times 100(\%) = 50\%$

② 순수율 = $\dfrac{\text{일정한 교과를 위해 사용되는 시간}}{\text{그 교실이 사용되고 있는 시간}} \times 100(\%)$

$= \dfrac{20 - 4\text{시간}}{20\text{시간}} \times 100(\%) = 80\%$

88. 음악실이 주당 28시간 사용되고 있는 중학교에서 1주간의 평균 수업시간은? (단, 음악실의 이용률은 80%이다.)

① 22시간   ② 23시간

③ 34시간   ④ 35시간

[해설] 이용률 = $\dfrac{\text{교실이 사용되고 있는 시간}}{\text{1주간의 평균 수업시간}} \times 100(\%)$

1주간의 평균 수업시간 = $\dfrac{28}{x} \times 100 = 80\%$

$\therefore x = 35\text{시간}$

89. 미술실이 주당 26시간 사용되고 있는 중학교에서 1주간의 평균 수업시간은? (단, 미술실의 이용률은 80%임)

① 32시간   ② 34시간

③ 36시간   ④ 38시간

[해설] 이용률 = $\dfrac{\text{교실이 사용되고 있는 시간}}{\text{1주간의 평균 수업시간}} \times 100(\%)$

$= \dfrac{28}{x} \times 100 = 80\%$

1주간의 평균 수업시간$(x) = \dfrac{28}{0.8}$ $\therefore x = 32.5\text{시간}$

해답   85. ①   86. ④   87. ②   88. ④   89. ①

90. 초등학교 건축계획에 대한 설명 중 옳지 않은 것은?

① 동 학년의 학급은 될 수 있으면 동일한 층에 모으는 고려가 필요하다.

② 저학년은 될 수 있으면 1층에 있게 하며, 교문에 접근시킨다.

③ 저학년의 배치형으로는 1열로 서 있는 것보다 마당을 둘러싸는 형이 좋다.

④ 저학년에서는 교과교실형의 학교 운영방식이 바람직하다.

해설 저학년에서는 종합교실형의 학교 운영방식이 바람직하다.

91. 학교건축의 블록플랜(block plan)에 관한 기술 중 옳지 않은 것은?

① 초등학교의 배치계획은 학년단위로 근접시키거나 동일층에 둔다.

② 초등학교의 경우 저학년과 고학년은 분리 배치한다.

③ 관리부분은 학생들의 동선을 피하고, 중앙에 가까운 곳에 둔다.

④ 초등학교 저학년은 2층 이상에 배치하여 전망을 좋게 한다.

해설 초등학교 저학년은 가급적 1층에 배치한다.

92. 학교의 블록플랜(block plan)에 관한 다음 설명 중 옳지 않은 것은?

① 초등학교의 경우 저학년과 고학년은 분리 배치한다.

② 초등학교 저학년은 2층 이상에 배치하여 전망이 좋게 한다.

③ 클러스터 시스템(cluster system)은 교실을 소단위마다 분리한다.

④ 초등학교 및 중학교의 배치계획은 학년단위로 정리한다.

해설 초등학교 저학년은 가급적 1층에 배치한다.

93. 학교건축의 블록플랜(Block Plan)에 대한 사항 중 옳지 않은 것은?

① 동일학년의 교실은 분산 배치하는 것이 좋다.

② 모든 교실이 직접 외부와 연락되게 하는게 이상적이다.

③ 초등학교 저학년은 가급적 1층에 있게 한다.

④ 관리부분의 배치는 전체의 중심이 좋다.

해설 동일학년의 교실은 집중 배치하는 것이 좋다.

94. 다음 중 학교의 계획에 관한 설명으로 옳지 않은 것은?

① 실내체육관의 배치는 학생이 이용하기 쉬운 곳에 배치하며, 지역주민들의 이용도 고려한다.

② 초등학교 고학년의 경우 일반교실, 특별교실형(U+V형)의 운영방식이 일반적이다.

③ 동 학년의 학급은 될 수 있으면 균일한 조건으로 하여야 하기 때문에 동일한 층에 모으는 고려가 필요하다.

④ 초등학교 저학년의 경우 될 수 있으면 2층 이상에 있게 하며, 교문과 근접되지 않게 하여야 한다.

해설 초등학교 저학년은 가급적 1층에 배치한다.

95. 학교 블록플랜(block plan)의 다음 사항 중 맞지 않는 것은?

① 초등학교의 경우 저학년과 고학년은 분리 배치한다.

② 학생의 이동시 소음을 고려하여 엘보(elbow)시스템을 취한다.

③ 학년단위로 구성되게 한다.

④ 특별교실은 그 이용도가 높은 저학년 교실에 인접시킨다.

해설 특별교실은 고학년 교실에 인접시키거나 각자가 요구하는 크기와 형을 갖추어야 되고, 일반교실에 접속시키게 되면 무리가 생기기 쉬우므로 분명하게 특별교실과 일반교실을 분리시키는 것이 좋다.

해답   90. ④   91. ④   92. ②   93. ①   94. ④   95. ④

96. 학교건축에 있어서 블록플랜결정에 관한 기술 중 틀린 것은 다음 어느 것인가?

① 옥외운동장은 특별교실의 하나로 생각하여 결정한다.

② 같은 학년의 학급은 교과내용이 거의 같으므로 같은 층에 두는 것이 좋다.

③ 초등학교에 있어서는 출입구를 저학년, 고학년 공용으로 이용토록 한다.

④ 특별교실은 일반교실에 접속시키게 되면 여러 가지로 무리가 생긴다.

[해설] 저학년과 고학년의 출입구는 별도로 둔다.

97. 학교 블록플랜에서 고려되어야 할 사항으로 틀린 것은?

① 학교시설을 기능별로 그루핑하면서 기능간의 동선을 검토한다.

② 초등학교 고학년은 cluster plan으로 하는 것이 이상적이다.

③ 초등학교의 고학년과 저학년은 분리시킨다.

④ 초등학교 시설계획은 순수율만은 극대화시켜 계획한다.

[해설] 초등학교 시설계획시 이용률을 고려한다.

98. 초등학교에 대한 기술 중 적합하지 않은 것은?

① 동일학년의 학급은 가급적 동일 층에 배치할 수 있도록 계획한다.

② 저학년의 학급일수록 지면에 가까이에 배치할 수 있도록 계획한다.

③ 저학년에서는 플래툰형(P형)의 방식으로 운영하도록 계획하는 것이 가장 바람직하다.

④ 초급학년의 경우 학급상호의 관계를 될 수 있는 대로 고립시켜 놓는다.

[해설] 저학년에서는 종합교실형(U형)의 방식으로 운영하도록 계획하는 것이 가장 바람직하다.

99. 초등학교계획에 관한 설명 중 옳지 않은 것은?

① 저학년의 학교 운영방식은 종합교실형보다는 교과교실형이 바람직하다.

② 저학년은 될 수 있으면 1층에 있게 하며, 교문에 근접시킨다.

③ 고학년의 학교 운영방식은 일반교실, 특별교실형(U · V형)이 일반적으로 사용된다.

④ 동 학년의 학급은 될 수 있으면 동일한 층에 모으는 고려가 필요하다.

[해설] 저학년의 학교 운영방식은 종합교실형이 바람직하다.

100. 초등학교 건축계획에 관한 설명 중 옳은 것은?

① 저학년에서는 달톤형의 학교 운영방식이 가장 적합하다.

② 저학년의 배치형은 1열로 서 있는 것보다 중정을 중심으로 둘러싸인 형이 좋다.

③ 동일한 층에 저학년부터 고학년까지의 각 학년의 학급이 균등히 혼합되도록 배치하는 것이 좋다.

④ 저학년 교실은 될 수 있으면 1층에 위치하지 않도록 하며, 교문과 근접하지 않도록 한다.

[해설] ① 초등학교의 운영방식
- 저학년 : 종합교실(U)형
- 고학년 : 일반교실 · 특별교실(U · V)형
② 초등학교의 경우 저학년과 고학년은 분리 배치한다.
③ 초등학교 저학년은 가급적 1층에 배치한다.

101. 초등학교 교실배치에 관한 설명 중 옳지 않는 것은?

① 동 학년의 교실은 집약 배치한다.

② 저학년은 되도록 1층에 두도록 한다.

③ 1, 2학년은 출입구를 별도로 만들어 주는 것이 좋다.

④ 저학년에서 평면형은 주위에 개방되어 일렬로 나란히 잇댄 것이 가장 이상적이다.

해답 96. ③ 97. ④ 98. ③ 99. ① 100. ② 101. ④

해설 저학년의 배치형은 1열로 서 있는 것보다 중정을 중심으로 둘러싸인 형이 좋다.

102. 학교건축계획의 블록플랜(block plan)에 관한 사항으로 옳지 않은 것은?

① 초등학교의 배치계획은 학년단위로 근접시키거나 동일층에 둔다.
② 실내체육관의 위치나 입구는 지역주민의 이용도 고려하여 계획한다.
③ 학생의 배치가 명확하여 이동소음이 적은 엘보(elbow) 시스템은 복도면적이 작게 든다.
④ 특별교실의 블록플랜은 교과내용에 대한 융통성, 보편성을 고려하고, 특히 학생이동시 발생하는 소음문제를 해결해야 한다.

해설 엘보시스템은 이동시 소음이 크며, 복도면적이 크게 든다.

103. 학교건축에 관한 설명 중 잘못된 것은?

① 저학년과 고학년은 정신적, 육체적인 차이로 오는 마찰을 막기 위해 구획하여 준다.
② 초등학교 저학년에서는 종합교실형(U형)의 학교 운영방식이 장려된다.
③ 단층교사는 옥외 학습활동과 연결이 좋으므로 저학년보다 체육활동이 많은 고학년에 알맞다.
④ 다층교사는 설비를 집약시키기 쉽고, 부지 이용률을 높일 수 있다.

해설 단층교사는 저학년에 알맞다.

104. 교과교실형에서 인문사회계 교실의 이용률을 낮출 경우 고려할 사항이 아닌 것은?

① 교실의 융통성(融通性)
② 규모의 확장성(擴張性)
③ 기능의 다목적성(多目的性)
④ 교과교실의 전용성(專用性)

해설 교과교실의 전용성은 순수율과 관계된다.

105. 학교건축계획에서 가장 바람직한 사항은?

① 고층화와 고밀화
② 확장성과 융통성
③ 교실의 세분화
④ 건폐율과 용적률

해설 학교건축의 확장성과 융통성

106. 다음 중 학교건축에서 특별교실의 block plan에 대한 조건으로 거리가 먼 것은?

① 학생의 이동
② 교과내용에 대한 특수성
③ 소음방지
④ 교과내용에 대한 융통성

해설 특별교실군을 취급하는 방법
① 교과내용에 대한 융통성, 보편성
② 학생의 이동
③ 소음방지

107. 초등학교 건축계획에서 융통성의 요구를 해결할 수 있는 효율적 방안이 되는 것은?

① 내력벽 구조로 한다.
② 공간을 다목적으로 사용한다.
③ 각 교실을 특수화한다.
④ 교지를 충분히 확보한다.

해설 학교건축의 융통성
① 칸막이의 이동
② 특별교실군
③ 공간의 다목적성

108. 학교건축에 요구되는 융통성과 가장 거리가 먼 것은?

① 한계 이상의 학생수의 증가에 대응하는 융통성
② 지역사회의 이용에 의한 융통성
③ 광범위한 교과내용의 변화에 대응하는 융통성
④ 학교 운영방식의 변화에 대응하는 융통성

109. 학교 건축계획에서 공간의 융통성의 요구를 해결할 수 있는 효율적 방안으로 가장 적합한 것은?

① 내력벽 구조로 한다.

② 공간을 다목적으로 사용한다.

③ 각 교실을 특수화 한다.

④ 교지를 충분히 확보한다.

[해설] 학교건축의 융통성

① 칸막이의 이동 ② 특별교실군 ③ 공간의 다목적성

■ 세부계획

110. 교실의 배치형식 중에서 엘보 에세스(elbow access)형에 관한 설명으로 적당하지 못한 것은?

① 학습의 순수율이 높다.

② 일조, 통풍 등 실내환경이 균일하다.

③ 복도의 면적이 절약된다.

④ 소음이 크다.

[해설] 엘보 에세스형은 복도면적이 커진다.

111. 다음 중 학교건축에서 클러스터형에 대한 설명으로 가장 알맞은 것은?

① 홀형식에 따라 접근하는 방식으로 교실을 소단위로 분할하여 배치하는 형

② 복도와 교실을 분리시키는 형

③ 남측에 교실, 북측에 복도를 두는 형

④ 복도를 따라 교실을 배치하는 형

[해설] 클러스터형(cluster system)은 여러 개의 교실을 소단위별(grouping)로 분리하여 배치한 것을 말한다.

112. 학교건축에서 교실을 2~3개의 소단위로 분리시킨 것을 무엇이라고 하는가?

① 클러스터 시스템 　② 엘보 에세스

③ 플래툰 타입 　④ 폐쇄형

[해설] ① 엘보 에세스형 – 교실로부터 복도를 떨어지게 배치하여 연결통로를 통해 교실에 접근하는 형식

② 플래툰형 – 학교 운영방식 중의 하나

③ 폐쇄형 – 교사배치형 중의 하나

113. 학교 건축계획에 있어서 block plan을 할 때 클러스터(cluster)형이란?

① 교실을 2~3개소마다 정리하여 독립을 시켜 배치하는 방법

② 일반교실의 양끝에 특별교실을 배치하는 방법

③ 교실을 일렬로 길게 배치하는 방법

④ 복도를 교실과 분리시키는 것

[해설] ① 클러스터형 – 교실을 소단위로 그루핑하여 분할하여 배치하는 형식

② 엘보 에세스형 – 복도를 교실에서 떨어지게 배치하여 복도에서 교실로 접근시 연결통로를 통하여 ㄱ자형으로 꺾어서 접근하는 형식

114. 학교건축에서 Cluster Plan에 관한 다음 설명 중 옳지 않은 것은?

① 토지가 적게 요구됨

② 교실을 소단위로 분리하여 독립시키는 방법

③ 유지비가 높아짐

④ 교실간에 소음 등의 방해가 적어짐

[해설] 클러스터형은 넓은 교지를 필요로 한다.

115. 교실의 배치형식 중에서 클러스터형에 관한 설명이 옳지 않은 것은?

① 각 교실이 외부에 접하는 면적이 많다.

② 교실간의 방해가 적다.

③ 좁은 대지에서도 가능하다.

④ 관리부의 동선이 길어진다.

[해설] 클러스터형은 넓은 교지를 필요로 한다.

116. 학교건축에서 교실의 채광 및 조명에 대한 설명으로 부적당한 것은?

① 1방향채광일 경우 반사광보다는 직사광을 이용하도록 한다.

② 일반적으로 교실에 비치는 빛은 칠판을 향해 있을 때 좌측에서 들어오는 것이 원칙이다.

③ 칠판면의 조도가 책상면의 조도보다 높아야 한다.

④ 교실채광은 일조시간이 긴 방위를 택한다.

해답　109. ②　110. ③　111. ①　112. ①　113. ①　114. ①　115. ③　116. ①

117. 초등학교 교사의 출입구에 관한 설명 중 옳지 않은 것은?

① 비상구는 중정으로 통하게 배치하는 것이 좋다.
② 강당, 체육관의 출입구는 피난에 적합하여야 한다.
③ 교실의 출입구는 일반적으로 두 곳을 둔다.
④ 강당의 출입구는 일반인의 이용도 생각해서 배치한다.

해설 비상구는 중정으로 통하게 배치하는 것은 피한다.

118. 학교건축에서 블록플랜에 관한 내용으로 옳지 않은 것은?

① 초등학교는 학년단위로 배치하는 것이 기본적인 원칙이다.
② 클러스터형이란 복도를 따라 교실을 배치하는 형식이다.
③ 관리부분의 배치는 전체의 중심이 되는 곳이 좋다.
④ 초등학교 저학년은 될 수 있으면 1층에 있게 하며, 교문에 접근시킨다.

해설 클러스터형은 교실을 소단위로 그루핑하여 분할하여 배치하는 형식

119. 학교건축의 유닛플랜 중 오픈플랜형의 환경적 특성 및 유의점으로서 옳지 않은 것은?

① 톱라이트를 설치함으로써 양호한 조도분포가 얻어진다.
② 인공조명과의 조화를 도모한다.
③ 교실의 면적이 크고, 옆 창의 주광조명에만 의존하는 것은 불가능에 가깝다.
④ 가동칸막이를 사용하지 않으므로 차음성에 대한 고려가 필요하지 않다.

해설 오픈플랜형은 가동칸막이를 사용하므로 차음성에 대한 고려가 필요하다.

120. 학교건축에서 교과별 교실계획기준으로 적합하지 않은 것은?

① 생물교실은 옥외사육장이나 교재원(教材園)과의 연계가 필요하다.
② 음악교실계획시에는 타 교과활동에 영향을 미치지 않도록 배치할 필요가 있다.
③ 미술실은 일조가 양호한 남측이나 실 깊숙히 빛이 들어오는 서향이 좋다.
④ 실험실습관련 교실들은 교실에 인접하여 준비실을 부속시킬 필요가 있다.

해설 미술교실은 북측채광을 이용한다.

121. 학교의 음악교실계획에 대한 설명 중 옳지 않은 것은?

① 실은 밝게 하는 것이 음악적으로 좋은 분위기가 될 수 있다.
② 옥내운동장이나 공작실과 가까이 배치하여 유기적인 연결을 꾀한다.
③ 강당과 연락이 쉬운 위치가 좋다.
④ 적당한 잔향시간을 가질 수 있도록 한다.

해설 ① 음악교실은 시청각실과 밀접한 관계가 있으므로 유기적인 연결을 꾀하도록 한다.
② 옥내운동장이나 공작실 등의 소음을 내는 실과는 가까이 하지 않는다.

122. 중·고등학교계획에 있어서 특별교실군의 계획방침을 정하는 방법으로서 옳지 않은 것은?

① 학년구분에 관계없이 전학년의 균등한 동선거리에 그룹핑하여 둔다.
② 음악실과 시청각실의 유기적인 관계를 고려한다.
③ 화학실험실은 가급적 1층에 배치하되, 드래프트 챔버(draft chamber)를 중심으로 고정실험대를 갖춘다.
④ 미술교실은 채광효율이 가장 좋은 남향채광으로 하고 복도를 북측에 둔다.

해설 미술교실은 균일한 조도를 얻기 위해서 북측채광을 사입한다.

해답 117. ① 118. ② 119. ④ 120. ③ 121. ② 122. ④

123. 특별교실의 계획에 대한 다음 설명 중 부적당한 것은?

① 가사실습실은 배기시설에 유의하고, 바닥은 청소가 용이하도록 내수적이고 보온적이어야 한다.

② 음악교실은 적당한 잔향시간을 갖게 하기 위하여 흡음재를 사용하지 않도록 한다.

③ 생물교실은 남면 1층에 두고 직접 옥외로의 출입이 편리하도록 한다.

④ 화학실험실에는 반드시 trap chamber를 설치하도록 한다.

[해설] 음악교실은 적당한 잔향을 갖게 하기 위하여 반사재와 흡음재를 적절히 사용한다.

124. 다음 중 학교내의 도서관 위치로 가장 알맞은 곳은?

① 학습군의 중심지로서 학생들의 이용이 편리한 곳

② 학교행정부서에 근접한 곳으로서 관리운영이 편리한 곳

③ 교문 부근으로서 외부인들의 이용에 편리한 곳

④ 학습군에서 떨어져서 조용한 곳

[해설] 도서관의 위치는 학교 학습활동이 중심이 될 수 있어야 하고, 학생이 각 교실로부터 행동거리, 각 교과와 관련을 고려하고 전교생이 이용하기에 편리한 위치라야 한다.

125. 보통교실에 있어서 학생 1인당 최소 바닥면적은?

① 0.8m²   ② 1.4m²

③ 2.0m²   ④ 2.6m²

126. 다음 초등학교의 각종 교실에 있어서 학생 1인에 대한 바닥면적이 큰 것으로부터 작은 것의 순서로 기술한 것은 어느 것인가?

① 보통교실 – 이과교실 – 음악교실

② 음악교실 – 이과교실 – 보통교실

③ 이과교실 – 음악교실 – 보통교실

④ 보통교실 – 음악교실 – 이과교실

[해설] 1인당 점유바닥면적

① 이과교실 : 2.4m²/인 ② 음악교실 : 1.9m²/인

③ 보통교실 : 1.4m²/인

127. 중학교 체육관 면적계획시 학생 1인당 면적으로 가장 적당한 것은?

① 2m²   ② 4m²

③ 6m²   ④ 8m²

128. 중·고등학교 강당겸 체육관에서 농구코트가 가능한 최소 표준치는 다음 중 어느 것이 적당한가? (단, 단위는 m이다.)

① 15×21   ② 16×31

③ 15×10   ④ 18×36

[해설] 최소 400m² 정도

129. 1,200명을 수용할 수 있는 초등학교의 강당에서 학생을 수용하는 부분의 면적으로 적당한 것은?

① 480m²   ② 500m²

③ 600m²   ④ 720m²

[해설] 초등학교 강당의 학생 1인당 점유바닥면적은 0.4m²/인이므로 1,200×0.4m²/인=480m²이다.

130. 학교시설을 지역사회에 개방할 경우 가장 바람직한 공간은?

① 컴퓨터실   ② 과학실

③ 강당   ④ 미술실

[해설] 강당의 위치는 지역주민의 이용을 고려하여 외부와의 연락이 좋은 곳에 배치한다.

해답   123. ②   124. ①   125. ②   126. ③   127. ②   128. ②   129. ①   130. ③

131. 학교 체육관계획에서 틀리게 설명된 항목은?

① 표준으로 농구코트를 둘 수 있는 크기가 필요하다.

② 천장의 높이는 6m 이상으로 한다.

③ 체육관을 강당으로 겸용하게 계획해도 된다.

④ 창을 크게 하여야 하므로 징두리벽은 2m 이하로 한다.

해설 체육관의 징두리벽의 높이는 2.5~2.7m 정도로 한다.

132. 학교의 실내체육관계획에 대한 설명 중 옳지 않은 것은?

① 강당과 겸하더라도 체육관의 목적에 치중한다.

② 표준적으로 농구코트를 둘 수 있는 크기가 필요하다.

③ 체육관의 바닥은 목재 마루판을 2중으로 깐다.

④ 창은 실외측에 철망을 붙인다.

해설 창은 실내측에 철망을 붙이고 천창을 둔다.

133. 학교 체육관설계에 대한 기술 중 옳지 않은 것은?

① 실은 동서로 길고, 채광은 남쪽 뿐 아니라 천장을 이용하면 좋다.

② 천장은 반자를 만들지 말고 지붕틀을 그대로 노출시킨다.

③ 마루널은 실의 길이방향으로 깐다.

④ 주벽에는 높이 2m까지 널판을 댄다.

해설 주벽에는 높이 2.5~2.7m까지 널판을 댄다.

134. 18학급 규모의 중학교 체육관계획에 대한 기술 중 적당하지 않은 것은?

① 농구코트를 둘 수 있는 크기로 하고, 천장높이는 4m 이상으로 한다.

② 바닥면적은 450m² 정도로 하고, 마루널은 2중으로 깔아 준다.

③ 갱의실, 샤워실, 변소 등은 남녀별로 갖추고, 운동기구실, 교사실 등을 둔다.

④ 창은 운동기구 취급관계상 2.5m 이상에 설치한다.

해설 체육관의 천장높이는 6m 이상으로 한다.

135. 체육관 구기장 1면으로 계획할 때 제일 큰 것은?

① 농구코트 ② 테니스코트
③ 배구코트 ④ 송구코트

해설 체육관은 표준적으로 농구코트를 둘 수 있는 크기가 필요하다.

136. 초등학교의 강당 및 실내체육관계획에 대한 설명 중 옳지 않은 것은?

① 강당과 체육관을 겸용하게 되면 시설비나 부지면적을 절약할 수 있다.

② 체육관은 농구코트를 둘 수 있는 크기가 필요하다.

③ 강당과 체육관을 겸용할 경우에는 체육관을 주체로 계획한다.

④ 강당과 반드시 전원을 수용할 수 있도록 크기를 결정한다.

해설 강당은 일반적으로 전교생의 집회, 행사를 하는 장소로서 이 행사는 자주 있는 것이 아니므로 반드시 전원을 수용할 수 있도록 크기를 결정하지는 않는다.

137. 학교 강당 및 체육관계획에 대한 설명 중 옳은 것은?

① 강당은 반드시 전교생 전원을 수용할 수 있도록 크기를 결정한다.

② 강당을 체육관과 겸용할 경우에는 일반적으로 체육관 목적으로 치중하는 것이 좋다.

③ 강당의 진입계획에서 학교 외부로부터의 동선을 별도로 고려할 필요는 없다.

④ 체육관은 표준으로는 배구코트를 둘 수 있는 크기가 필요하다.

138. 학교건축에 있어서 강당 및 실내체육관계획시 틀린 점은?

① 실내체육관과 강당을 겸용할 경우 강당전용으로 계획한다.
② 커뮤니티시설로 자주 이용될 수 있도록 고려한다.
③ 외관계획시 강당은 폐쇄적이고, 실내체육관은 개방적인 성격을 띤다.
④ 강당 및 실내체육관 계획시 음향설비에 대한 고려가 매우 중요하다.

해설 사용빈도가 높은 실내체육관 위주로 계획한다.

139. 학교시설의 강당 및 실내체육관계획에 대한 설명 중 옳지 않은 것은?

① 강당 겸 체육관인 경우 커뮤니티시설로서 이용될 수 있도록 고려하여야 한다.
② 실내체육관의 크기는 농구코트를 기준으로 한다.
③ 강당 겸 체육관인 경우 강당으로서의 목적에 치중하여 계획하는 것이 바람직하다.
④ 강당의 크기는 반드시 전원을 수용할 수 있도록 할 필요는 없다.

해설 실내체육관은 강당이 있을 경우 체육관 전용으로 하는 것이 당연하다. 그러나 겸용할 경우에는 체육관을 주체로 생각할 것이며, 이용빈도에서 보아도 강당에서의 이용은 적다.

140. 학교의 실내체육관계획에 대한 설명 중 옳지 않은 것은?

① 강당과 겸하더라도 체육관의 목적에 치중한다.
② 표준적으로 농구코트를 둘 수 있는 크기가 필요하다
③ 채광을 위해 장축을 동서방향으로 계획하는 것이 좋다.
④ 벽면에 창문을 설치할 경우 실외측에 철망을 붙이고 천창보다는 측창으로 계획하는 것이 좋다.

해설 벽면에 창문을 설치할 경우 실내측에 철망을 붙이고 천창을 둔다.

141. 초등학교 건축계획에 대한 기술 중 가장 부적당한 것은?

① 고학년과 저학년은 분리하여 그루핑한다.
② 운동장의 장축을 동서방향으로 배치한다.
③ 일반교실의 채광면적은 그 교실 바닥면적의 1/10 정도로 한다.
④ 교실출입구는 2개로 한다.

해설 운동장의 장축 : 남북방향

142. 학교건축계획에 관한 설명 중 옳지 않은 것은?

① 강당의 위치는 외부와의 연락이 좋은 곳으로 한다.
② 교사의 배치형식 중 분산병렬형 배치는 동선이 길고 건물간의 연결을 필요로 한다.
③ 교사의 배치형식 중 폐쇄형은 일조·통풍 등 환경조건이 불균등하다는 단점이 있다.
④ 체육관은 배구코트를 둘 수 있는 크기가 필요하며, 천장의 높이는 최소 4.5m 이상으로 한다.

해설 체육관은 농구코트를 둘 수 있는 크기가 필요하며, 천장의 높이는 최소 6m 이상으로 한다.

143. 학교건축계획에 관한 설명 중 옳지 않은 것은?

① 초등학교 교사는 고층화하지 않는 것이 좋다.

② 관리부분은 학생들의 동선을 피하고 중앙에 가까운 위치가 좋다.

③ 교장실은 관리자실의 위치와 별도로 운동장이 내다보이는 위치에 계획함이 바람직하다.

④ 체육관의 크기는 농구코트를 둘 수 있는 크기가 필요하며, 최대 350m² 이하로 한다.

[해설] 체육관의 크기는 농구코트를 둘 수 있는 크기가 필요하며, 최소 400m², 보통 500m² 정도로 한다.

144. 학교건축의 세부계획에 대한 설명 중 가장 부적당한 것은?

① 미술실은 반드시 북측채광을 고집할 필요는 없고 고른 조도를 얻을 수 있으면 된다.

② 초등학교 강당의 학생 1인당 소요면적은 0.4m² 정도이다.

③ 시청각관계제실은 일반교실, 특별교실 등에 가까운 것이 좋으며, 관리부문과도 인접하여 배치한다.

④ 체육관은 배구코트를 둘 수 있는 크기가 필요하며, 그러기 위해서는 최소 300m²의 면적이 요구된다.

[해설] 체육관은 농구코트를 둘 수 있는 크기가 필요하며, 그러기 위해서는 최소 400m²의 면적이 요구된다.

145. 학교건축에 관한 설명 중 옳지 않은 것은?

① 강당과 체육관을 겸용할 경우 체육관 목적에 치중하여 계획하는 것이 좋다.

② 체육관은 표준적으로 배구코트를 둘 수 있는 크기가 필요하다.

③ 다목적 교실은 여러 가지 목적에 맞는 융통성 있는 공간으로서의 성격을 갖는다.

④ 일반적으로 교실채광은 칠판을 향해 좌측채광을 원칙으로 한다.

[해설] 체육관은 표준적으로 농구코트를 둘 수 있는 크기가 필요하다.

146. 학교건축에 관한 기술 중에서 가장 부적당한 것은?

① 일반교실의 크기는 일반적으로 7.5×9.0m 정도가 적당하다.

② 체육관은 일반적으로 배구코트를 둘 수 있는 크기가 필요하다.

③ 식당의 크기는 학생 1인당 0.7~1.0m² 정도로 한다.

④ 남자 소변기는 학생 100명당 4개 정도로 한다.

[해설] 체육관은 일반적으로 농구코트를 둘 수 있는 크기가 필요하다.

147. 한 층의 교실수가 10개인 4층의 중학교건물에서 계단의 위치를 결정하는 적당한 방법이 아닌 것은?

① 각층 계단의 위치는 상하로 동일한 위치일 것

② 각층의 학생이 균일하게 이용할 수 있는 위치일 것

③ 옥외체육장 및 기타 출입구와의 연결이 쉬운 곳일 것

④ 소음처리 관계상 교실군에서 격리된 위치일 것

[해설] ④는 복도로부터 소음을 방지하기 위한 엘보 에세스형에 관한 것이다.

148. 초등학교 교사계획에서 가장 부적당한 것은?

① 보통교실의 채광 및 통풍은 양면에서 하면 좋다.

② 보통교실의 면적은 66m² 정도로 한다.

③ 교실의 출입구는 2개소로 한다.

④ 폭 1.5m의 중복도식으로 한다.

[해설] 복도폭
① 중복도인 경우 : 2.4m 이상
② 편복도인 경우 : 1.8m 이상

해답 143. ④ 144. ④ 145. ② 146. ② 147. ④ 148. ④

149. 학교 강당의 조도는 다음 중 어느 것이 적당한가?

① 50lux ② 80lux
③ 100lux ④ 250lux

[해설] 각실의 조도
① 제도실, 미술실, 재봉실 : 200lux
② 보통교실의 책상, 칠판면, 도서실, 실험실, 체육관 등 : 120lux
③ 강당, 집회실, 식당 : 100lux
④ 복도, 계단, 변소 : 40lux

150. 학교 교실의 채광계획으로 실내의 밝기를 균일하게 하는 대책으로 사용된 것 중 부적당한 것은?

① Louver ② Top Light
③ 확산 glass ④ Spot Light

[해설] 실내의 밝기를 균일하게 하는 구체적인 대책
① 차양 ② 확산글라스 ③ 간접 빛 ④ 루버
⑤ 고측광(high side light) ⑥ 천창(top light)
⑦ 글라스블록을 두는 방법이 있다.

151. 학교 건축계획시 고려하여야 할 사항으로 적합하지 않은 것은?

① 교과내용의 변화에 적응할 수 있어야 한다.
② 교실의 융통성이 확보되어야 한다.
③ 지역인의 접근 가능성이 차단되어야 한다.
④ 학교 운영방식의 변화에 대응할 수 있어야 한다.

[해설] 지역주민의 이용을 고려한다.

152. 학교계획에 관한 설명 중 옳지 않은 것은?

① 종합교실형은 초등학교 저학년에 가장 적당하다.
② 교과교실형은 학생의 이동이 많으므로 동선처리에 주의하여야 한다.
③ 초등학교 저학년은 되도록 1층에 두는 것이 좋다.
④ 교실의 문이 여닫이문일 경우 안여닫이로 하여야 한다.

[해설] 교실의 문이 여닫이문일 경우 밖여닫이로 하여야 한다.

153. 학교 건축계획에 관한 기술 중 옳지 않은 것은?

① 교실의 문은 밖여닫이로 하고, 편복도일 경우 폭은 1.2m 이상으로 한다.
② 미술교실 방위는 북쪽 또는 남북 2방향광선이 이상적이다.
③ 특별교실군은 교과내용에 대한 융통성과 보편성을 고려하여 배치한다.
④ 클러스터 플랜(cluster plan)이란 교실단위, 학년단위의 독립성이 크다.

[해설] 편복도의 폭 - 1.8m 이상

154. 초등학교의 면적계획에 대한 기술 중 부적당한 것은?

① 800명을 수용할 수 있는 강당 소요면적은 320m²이다.
② 20학급일 때 교지면적은 1인당 15m²이다.
③ 600명을 수용할 수 있는 급식실면적은 60m²이다.
④ 2,000명을 수용할 수 있는 교사의 면적은 16,000m²이다.

[해설] 초등학교의 교사면적은 학생 1인당 3.3~4.0m² 이므로 2,000명×4m²/인=8,000m²이다.

155. 초등학교의 면적계획에 대한 기술 중 부적당한 것은?

① 교사면적은 1인당 16m² 이하이다.
② 10학급일 때 교지면적은 1인당 20m²이다.
③ 식당의 면적은 1인당 0.7~1.0m²이다.
④ 강당면적은 1인당 0.4m²이다.

[해설] 교사면적은 학생 1인당 3.3~4.0m²

156. 학교 건축계획에 관한 기술 중 옳지 않은 것은?

① 화학교실에는 트랩 챔버의 설치가 필요하다.

② 50명을 수용하는 도서실은 90m² 정도 이상이 필요하다

③ 운동장과 교사 사이에는 완충공간을 배치하는 것이 좋다

④ 특별교실은 저학년 학급교실과 근접 배치하는 것이 좋다.

[해설] 특별교실은 저학년 교실과 분리해서 배치한다.

157. 다음의 학교 건축계획에 대한 설명 중 옳지 않은 것은?

① 음악교실은 적당한 잔향을 갖도록 하기 위해서 실내벽면에 흡음재만을 사용한다.

② 강당 겸 체육관은 체육관으로서 사용빈도가 높으므로 체육관 위주로 계획한다.

③ 초등학교의 경우 도서실은 개가식으로 하며, 학교의 모든 곳으로부터 편리한 위치로 정한다.

④ 미술실은 균일한 조도를 얻기 위해서 북측채광을 사입하는 것이 좋다.

[해설] 음악교실은 적당한 잔향을 갖도록 반사재를 사용하고, 반향을 막기 위해서 흡음벽재를 사용한다.

158. 의자높이와 학생의 신장과의 관계를 나타낸 것으로 적절한 것은? (단, 의자높이를 Y, 신장을 H라 함)

① $Y=1/3H$ ② $Y=1/4H$

③ $Y=2/5H$ ④ $Y=2/7H$

[해설] ① 책상의 높이 : 67~70cm
② 의자
  • 성인 남자인 경우 : 43cm
  • 일반적인 경우 : 신장×1/4 − 1cm로 앉은 면의 높이를 산출한다.

159. 초등학교 건축계획에 관한 사항 중 맞는 것은?

① 고학년교실은 종합교실형으로 계획하는 것이 가장 좋다.

② 계단의 단 높이는 18cm 이하, 단 너비는 25cm 이상으로 하는 것이 좋다.

③ 교지부근의 소음이 120dB(A) 이하여야 하며 그 이상일 경우 방지대책을 세워야 한다.

④ 교실에서 피난층 또는 지상으로 통하는 직통계단에 이르는 보행거리가 30m 이하가 되도록 한다.

[해설] ① 초등학교 저학년교실은 종합교실형으로 계획하는 것이 가장 좋다.
② 계단의 단 높이는 16cm 이하, 단 너비는 26cm 이상으로 하는 것이 좋다.
③ 교지의 위치는 학생의 통학지역내 중심이 될 수 있는 곳으로 간선도로 및 번화가의 소음으로부터 격리되어야 한다.

160. 초등학교 건축계획에 관련된 사항 중 적절한 것은?

① 저학년교실은 달톤형이 적합하며, 옥외공간과 연결하는 것이 좋다.

② 시청각관계실은 각 교과에 널리 이용되기 때문에 일반교실, 특별교실 등에 가까운 것이 좋다.

③ 교사를 위한 공간은 사무의 능률을 높이기 위해 크게 하나의 공간으로 하는 것이 바람직하다.

④ 도서실은 폐가식으로 하며, 학교의 모든 곳으로부터 편리한 위치에 배치하는 것이 좋다.

[해설] ① 저학년교실은 종합교실형이 적합하다.
② 교사를 위한 공간은 사무의 능률을 높이기 위해 크게 하나의 공간보다는 여러 개의 개인단위공간으로 하는 것이 바람직하다.
③ 도서실은 자유개가식으로 하며, 학교의 모든 곳으로부터 편리한 위치에 배치하는 것이 좋다.

161. 다음 조합 중 옳은 것은 어느 것인가?

1. 아파트	㉠ 클러스터 시스템
2. 사무소	㉡ 스모그 타워
3. 화학실험실	㉢ 메조넷
4. 교실군	㉣ 트랩 챔버

① 1 - ㉢, 2 - ㉣, 3 - ㉡, 4 - ㉠
② 1 - ㉣, 2 - ㉡, 3 - ㉢, 4 - ㉠
③ 1 - ㉢, 2 - ㉡, 3 - ㉣, 4 - ㉠
④ 1 - ㉣, 2 - ㉠, 3 - ㉢, 4 - ㉡

해설 ① 클러스터 시스템 : 2~3개의 교실을 그룹핑한 교실군
② 스모그 타워(smoke tower) : 사무소 건물내의 비상계단의 전실에 설치하는 배연구로 화재시 연기를 배출할 목적으로 설치한다.
③ 메조넷(maisonnette) : 복층형 아파트
④ 트랩 챔버(trap chamber) : 화학실험실에 설치하여 유해가스가 다른 실로 침입하는 것을 방지하기 위함이다.

■■■도서관

■개설

162. 도서관의 장서규모산정에 필요한 사항으로 가장 적당하지 않은 것은?

① 대출책수
② 구입책수
③ 장서수
④ 직원수

해설 도서관의 규모산정(결정요인)
① 도서관의 종류
② 소요실 구성방법
③ 열람실의 규모
④ 서고면적
⑤ 직원수
⑥ 작업내용에 따른 사무 및 관리시설

163. 지상 3~4층 규모인 소도시의 시립도서관으로서 관리기능상 적합하지 않은 평면구성은?

해설 도서관의 규모는 서고의 수장능력으로 나타내는데, 도서관의 규모가 소규모라 할 수 있는 것은 서고의 크기가 작다는 것이다. 따라서, ②는 서고가 분산되어 있으므로 서고가 크다는 것을 말하므로 ②는 대규모 도서관에 해당된다고 볼 수 있다.

■ 배치계획

164. 도서관 건축계획에서 장래증축을 반드시 고려해야 할 부분은?

① 서고
② 열람실
③ 사무실
④ 캐럴

해설 장래의 확장계획은 건축적으로 적어도 50% 이상의 확장에 순응할 수 있어야 한다.(서가가 65~70% 정도 찰 경우에는 기존 시설의 확충을 고려한다.)

165. 도서관 건축계획에서 장래에 증축을 반드시 고려해야 할 부분은 다음 중 어느 것인가?

① 서고
② 대출실
③ 사무실
④ 휴게실

해설 서고는 도서증가에 따른 장래의 확장을 고려한다.

■평면계획

166. 도서관의 출납시스템 중 자유개가식에 대한 설명으로 옳은 것은?

① 도서의 유지관리가 용이하다.
② 책의 내용파악 및 선택이 자유롭다.

③ 대출절차가 복잡하고 관원의 작업량이 많다.

④ 열람자는 직접 서가에 면하여 책의 체제나 표지정도는 볼 수 있으나 내용은 볼 수 없다.

해설 ①, ③ – 폐가식, ④ – 반개가식

167. 도서관 출납시스템 형식 중 자유개가식에 대한 설명으로 옳은 것은?

① 서고와 열람실이 분리되어 있다.

② 도서열람의 체크시설이 필요하다.

③ 책의 내용파악 및 선택이 자유롭다.

④ 대출절차가 복잡하고 관원의 작업량이 많다.

해설 ① – 폐가식
　 ② – 안전개가식
　 ④ – 반개가식

168. 도서관 출납시스템의 유형 중 열람자 자신이 서가에서 책을 꺼내어 책을 고르고 그대로 검열을 받지 않고 열람하는 형식은?

① 자유개가식　　　　② 안전개가식
③ 반개가식　　　　　④ 폐가식

해설 자유개가식은 보통 1실형이고, 10,000권 이하의 서적보관과 열람에 적당하다.

169. 도서관의 자유개가식에 관한 사항 중 틀린 것은 다음 어느 것인가?

① 보통 1실형이고, 서가의 위치는 열람실의 벽을 따라 두고 장서는 50,000권 이하로 한다.

② 자유로이 책의 내용을 보고 필요한 책을 정확히 고를 수 있다.

③ 책을 선택할 때 대출기록의 제출이 없어 분위기가 좋은 장점이 있다.

④ 서가의 정리가 안되면 도리어 혼란하고 책의 마모, 망실되는 결점이 있다.

해설 자유개가식은 보통 1실형이고, 10,000권 이하의 서적보관과 열람에 적당하다.

170. 열람자가 책을 직접 서가에서 뽑지만 관원의 검열을 받고 대출의 기록을 남긴 후 열람하는 방식은?

① 자유개가식　　　　② 안전개가식
③ 반개가식　　　　　④ 폐가식

해설 안전개가식은 자유개가식과 반개가식의 장점을 취한 것이다.

171. 도서관의 출납시스템 중 열람자는 직접 서가에 면하여 책의 체제나 표지정도는 볼 수 있으나 내용을 보려면 관원에게 요구하여 대출기록을 남긴 후 열람하는 형식은?

① 폐가식　　　　　　② 안전개가식
③ 자유개가식　　　　④ 반개가식

해설 반개가식은 신간서적안내에 채용되며, 다량의 도서에는 부적당하다.

172. 도서관의 출납시스템 중 폐가식에 대한 설명으로 틀린 것은?

① 서고와 열람실이 분리되어 있다.

② 규모가 큰 도서관의 독립된 서고의 경우에 많이 채용된다.

③ 도서의 유지관리가 좋아 책의 망실이 적다.

④ 대출절차가 간단하여 관원의 작업량이 적다.

해설 폐가식은 대출절차가 복잡하고, 관원의 작업량이 많다.

173. 도서관의 실 중에서 개가식 서가로 부적당한 것은?

① 참고도서실
② 시청각 자료실
③ 아동도서실
④ 정기간행물 자료실

174. 도서관 출납시스템에 대한 설명 중 옳지 않은 것은?

① 자유개가식은 대출수속이 간편하다.
② 자유개가식은 소규모 아동열람에 편리하다.
③ 폐가식은 열람실에서 감시가 필요하다.
④ 폐가식은 대출절차가 복잡하다.

[해설] 열람실에서 감시가 필요한 것은 자유개가식이다.

175. 도서관 출납시스템(system)에 대한 설명 중 옳지 않은 것은?

① 자유개가식은 대출수속이 간편하며 책 내용파악 및 선택이 자유롭다.
② 자유개가식은 서가의 정리가 잘 안되면 혼란스럽게 된다.
③ 폐가식은 규모가 큰 도서관의 독립된 서고의 경우에 채용한다.
④ 폐가식은 서가나 열람실에서 감시가 필요하나 대출절차가 간단하여 관원의 작업량이 적다.

[해설] ④ – 자유개가식

176. 도서관의 출납시스템에 관한 설명 중 옳지 않은 것은?

① 자유개가식은 대출수속이 가장 간편하며, 소규모 아동열람에 편리하다.
② 자유개가식은 책이 상하기 쉽고, 배가순서가 뒤바뀌기가 쉽다.
③ 폐가식은 수속이 번거롭고, 책의 내용을 알고 청구해야 한다.
④ 폐가식은 큰 서고의 방재설비가 쉬우나 서가, 열람실에서 감시가 필요하다.

[해설] 폐가식은 서고, 열람실에서 감시가 불필요하다.

177. 도서관 출납시스템에 대한 설명 중 옳지 않은 것은?

① 반개가식은 출납시설이 필요하다.
② 폐가식은 대출절차가 복잡하고 관원의 작업량이 많다.
③ 자유개가식은 책의 내용파악 및 선택이 자유롭고 용이하다.
④ 안전개가식은 서가열람이 불가능하여 대출한 책이 희망한 내용이 아닐 수 있다.

[해설] 폐가식은 서가열람이 불가능하여 대출한 책이 희망한 내용이 아닐 수 있다.

178. 도서관에 관한 다음 기술 중 부적당한 것은?

① 열람실은 다른 방향으로의 통로가 되지 않도록 한다.
② 신문열람실은 입구부근을 피하여 조용한 곳에 둔다.
③ 아동열람실은 개가식이 좋다.
④ 폐가식은 관리하기가 편리하다.

[해설] 신문, 잡지열람실은 입구, 홀에 두어 체크하지 않고 자유로이 들어가 볼 수 있게 한다.

179. 도서관에 관한 다음 기술 중 부적당한 것은?

① 열람실은 다른 방식으로의 통로가 되지 않도록 한다.
② 폐가식 출납시스템은 대출절차가 필요없이 이용에 편리하다.
③ 아동열람실은 개가식이 좋다.
④ 서고내에 설치하는 소규모의 개인연구실을 캐럴이라고 한다.

[해설] 대출절차가 필요없이 이용에 편리한 출납시스템은 자유개가식이다.

180. 도서관의 건축계획으로 적당하지 않은 것은 어느 것인가?

① 서고는 증축을 고려하여 계획한다.

② 아동열람실은 자유개가식으로 하고, 실의 크기는 아동 1인당 1.2~1.5m² 정도이다.

③ 서고는 150~250권/m²이다.

④ 열람실은 성인 1인당 2.5~3.5m²이다.

[해설] 열람실은 성인 1인당 1.5~2.0m² 이다.

181. 도서관의 서고계획에 대한 기술 중 옳지 않은 것은?

① 책선반 1단에는 길이 1m당 20~30권 정도이며, 평균 25권으로 산정한다.

② 서고면적 1m²당 150~250권 정도이며, 평균 200권으로 산정한다.

③ 서고공간 1m³당 약 50권 정도로 산정한다.

④ 채광, 조명에 유의하고 직사광선의 방지를 고려한다.

[해설] 서고공간 1m³당 : 약 66권 정도

182. 도서관의 서고계획에 관한 다음 기술 중에서 가장 부적당한 것은 어느 것인가?

① 서고안은 밝은 것보다 다소 어두운 것이 도서 보관상 유리하다.

② 서고안에 캐럴(carrel)을 둘 수 있다.

③ 도서의 수장능력은 보통 200~250권/m² 정도이다.

④ 일반열람실과 동일한 층고로 하는 것이 이상적이다.

[해설] 층고
① 일반열람실 – 열람실의 크기와 수용 인원수에 따라 층고를 달리한다.
② 서고 – 일정한 높이로 규격화 한다.(모듈러 플래닝)

183. 도서관설계에 채용되는 Modular Planning에 대한 설명으로 옳지 않은 것은?

① 도서관의 모듈계획은 건물의 치수를 기둥간격의 배수가 되게 하는 방법이다.

② 계단, 승강기, 덕트, 파이프 등의 스페이스는 모듈을 이용하여 가능한 한 분산 배치시켜 증축이나 개조가 용이하도록 한다.

③ 모듈러 플랜을 적용할 경우는 열람실과 서고를 융합할 수가 있다.

④ 도서관의 천장높이는 서가의 호환성을 고려하여 일정하게 하는 것이 좋다.

[해설] 계단, 승강기, 덕트, 파이프 등의 스페이스는 모듈을 이용하여 가능한 한 집중 배치시킨다.

184. 도서관의 서고계획에 대한 설명 중 옳지 않은 것은?

① 개가식인 경우 모듈러 플래닝(Modular Planning)에 의하여 위치를 고정시킨다.

② 도서의 수장보존에 목적이 있으므로 방화, 방습에 중점을 둔다.

③ 대도서관에서는 도서를 서고에 보관하여 도서실에 두지 않는 폐가식이 채용된다.

④ 도서가 증가함에 따른 장래의 확충을 고려해야 한다.

[해설] 모듈러 플래닝(Modular Planning)에 의해서 서고의 위치를 고정시키지 않는다.

185. 도서관계획에 관한 다음 설명 중 옳지 않은 것은?

① 서고의 층높이는 일반적으로 2.3~2.5m 정도로도 가능하다.

② 아동열람실은 자유개가식이 좋다.

③ 도서관 이용자에게 가장 바람직한 열람제도는 개가식이다.

④ 도서관 서고의 위치는 modular system에 의하여 위치를 고정시킨다.

[해설] 서고의 위치는 모듈러 시스템에 의하여 위치를 고정시키지 않는다.

186. 도서관계획에 관한 사항 중 옳은 것은?

① 캐럴은 열람자의 도서접근을 용이하도록 도서 가까이 설치한 개인연구용 열람실이다.
② 단독식 서가서고는 장서능률이 높아 대단위 서고에 적당하다.
③ 적층식 서가서고는 평면계획상 유연성이 있다.
④ 반개가식 열람은 목록카드에 의해 자료를 찾고 직원의 수속을 받은 다음 책을 받아서 열람한다.

[해설] ① 단독식 서가서고는 건축물의 각층 바닥에 서가를 놓은 것으로 서가는 고정식이 아니기 때문에 평면계획상 유연성이 있으며, 모듈러 코디네이션을 채택하는 경우에는 각 면적에 조화를 둘 수 있다.
② 적층식 서가서고는 대단위의 서고처럼 건축물의 한쪽을 최하층에서 최상층까지 차지할 수 있는 경우 특수구조로 사용할 수 있으며, 내진, 내화적인 면에서 다소 고려할 필요가 있다.
③ 폐가식 열람은 목록카드에 의해 자료를 찾고 직원의 수속을 받은 다음 책을 받아서 열람한다.

187. 도서관 건축계획에 대한 설명 중 적당하지 않은 것은?

① 열람실내의 개인전용의 연구를 위한 소열람실을 캐럴(carrel)이라 한다.
② 10만권을 수장할 수 있는 서고면적은 능률적인 작업용량으로서 100~200m²이다.
③ 이용자측과 직원, 자료의 출입구를 가능한 별도로 계획하는 것이 바람직하다.
④ 서고를 평면의 중앙에 배치하는 형식은 장서수의 증가에 대응하기 어려운 결점이 있다.

[해설] 서고의 수장능력 – 150~250권/m²(평균 200권/m²)
10만권÷150~250권/m²=400~600m²

188. 다음 공공도서관을 계획하기 위한 고려 사항 중 가장 부적당한 것은?

① 서고의 바닥면적은 1m²당 200책 정도로 계산한다.
② 캐럴(carrel)은 서고내부에 두어도 좋다.
③ 서고의 내부는 무창으로 하고, 인공조명과 기계환기에 의한다.
④ 서고의 천장높이를 5m 정도로 하여 수장능력을 크게 한다.

[해설] ② 캐럴 : 서고내 소연구실
④ 서고
• 서가의 높이 : 2.1m 전후
• 서고의 천장높이 : 2.3m 정도

189. 다음 중 도서관의 서고면적 1m²당 능률적인 작업용량으로서의 수용권수로 가장 알맞은 것은?

① 100권　　　　　② 200권
③ 300권　　　　　④ 400권

[해설] 서고의 수장능력 – 150~250권/m²(평균 200권/m²)

190. 도서관에서 10만권을 수장할 서고의 면적으로 적합한 것은?

① 300m²　　　　　② 500m²
③ 700m²　　　　　④ 900m²

[해설] 150~250권/m²(평균 200권/m²)
10만권÷150~250권/m²=400~600m²

191. 다음 중 공공도서관에서 능률적인 작업용량을 고려할 경우, 200,000권의 책을 수장하는 서고의 바닥면적으로 가장 적당한 것은?

① 1,000m²　　　　　② 600m²
③ 500m²　　　　　④ 400m²

[해설] 200,000권÷150~250권/m²=1,300~800m²

해답　186. ①　187. ②　188. ④　189. ②　190. ②　191. ①

192. 다음 중 도서관에서 장서가 50만권인 경우 가장 적정한 서고의 면적은?

① 1,000~1,500m²
② 2,000~2,500m²
③ 3,500~4,000m²
④ 4,500~5,000m²

해설 서고의 수장능력은 150~250권/m²(평균 200권/m²) 이므로 서고의 적정면적은
500,000권÷150~250권/m²=2,000~3,000m² 이다.

193. 다음 중 도서관에서 장서가 50만권일 경우 능률적인 작업용량으로서 가장 적정한 서고의 면적은?

① 1,500m²
② 2,500m²
③ 4,000m²
④ 4,500m²

해설 서고의 수장능력은 150~250권/m²(평균 200권/m²) 이므로 서고의 적정면적은
500,000권÷150~250권/m²=2,000~3,000m²이다.

194. 공공도서관에 있어서 성인 100명 수용의 열람실과 장서 40,000권의 서고를 계획할 때 바닥면적으로 가장 적합한 것은?

① 열람실 100m², 서고 350m²
② 열람실 130m², 서고 300m²
③ 열람실 200m², 서고 200m²
④ 열람실 300m², 서고 150m²

해설 ① 열람실 1인당 소요 바닥면적(m²/인)은 성인인 경우 1.5~2.0m²(1석당 평균 2.0~3.5m²) 이므로
100명×1.5~2.0m²/인=150~200m²
② 서고는 150~250권/m²(평균 200권/m²)이므로
40,000권÷200권/m²=200m²

195. 아래 그림에서 폐가식 서가의 올바른 기준 치수는?

① a=100~150cm
b=120~180cm
② a=120~180cm
b=100~120cm
③ a=90~150cm
b=135~150cm
④ a=150~200cm
b=165~200cm

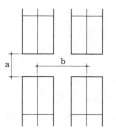

해설

	a	b	b′
개가식의 경우	150~200	165~200	120~155
폐가식의 경우	90~150	125~150	80~105
주통로의 경우	180~200	180~200	155~175

196. 도서관의 서고에 대한 계획조건 중 옳지 않은 것은?

① 개가식 서고통로는 폐쇄식 서고의 통로보다 커야 한다.
② 서고내의 온도는 15℃, 습도 63% 이하가 좋다.
③ 서고의 채광과 통풍을 원활히 할 수 있는 넓은 창호가 되어야 한다.
④ 서고의 층고는 열람실의 층고와 달리 별도 계획도 할 수 있다.

해설 서고내의 채광유입시 책이 변색하기 쉬우므로 자연채광은 차단해야 한다.

197. 다음 도서관의 각실 중 특수한 공기조화설비를 해야 되는 부서는?

① 참고열람실
② 서고
③ 정리실
④ 복사실

해설 서고계획시 유의사항
① 공조
② 조명
③ 보존방법
④ 방화
⑤ 감시 및 운영방법

198. 도서관평면의 모듈결정시 고려해야 할 사항이 아닌 것은?

① 서가배치　　　　② 열람석배치
③ 동선　　　　　　④ 구조방식

199. 도서관 서고의 모듈을 결정하는 관계 요인 중 관계없는 것은?

① 서가와 서가의 중심거리
② 서가 한 개의 길이
③ 일렬 서가의 수
④ 폐가식 및 개가식의 유형

200. 도서관계획 기준 중 잘못된 것은?

① 서고의 층고 : 2.3m
② 서고공간 : 1m³당 평균 200권
③ 열람실의 조도 : 600Lux
④ 마이크로 필름실 : 수장면적 2m²당 평균 800 릴 수장

해설 ① 1m³당 평균 66권 ② 1m²당 평균 200권

201. 도서관의 세부 건축계획에 대한 설명 중 가장 부적당한 것은?

① 서고의 수장능력은 능률적인 작업용량으로서 서고면적 1m²당 350~450권, 평균 400권이다.
② 안전개가식 출납시스템에서는 도서열람의 체크시설이 필요하다.
③ 캐럴은 개인연구용 열람실로서 서고의 내부에 설치하여도 무관하다.
④ 열람실의 서가는 도서의 선택 및 열람의 용이성에, 서고내에 있는 서가는 정리, 수납에 중점을 둔다.

해설 서고의 수장능력은 능률적인 작업용량으로서 서고면적 1m²당 150~250권, 평균 200권이다.

202. 도서관계획에 관한 내용 중 옳지 않은 것은?

① 폐가식 일반서고의 소요면적은 200권당 1m²로 본다.
② 자유열람실의 소요면적은 이용자 1명당 2m²가 적당하다.
③ 단독서가식 서고에서 Moduler system에 의해 정확한 위치를 고정하는 것이 좋다.
④ 열람실은 내외의 소음에서 격리하고 자연채광은 가급적 피한다.

해설 서고의 위치는 모듈러 시스템에 의하여 위치를 고정시키지 않는다.

203. 도서관 건축계획에 관한 기술 중 가장 부적당한 것은 어느 것인가?

① 참고열람실을 일반열람실과 구분하여 목록실, 출납실에 가깝게 배치시킨다.
② Book mobile 관계실은 작업실, 서고, 차고의 위치를 고려하여 계획한다.
③ 목록실은 안정된 분위기를 고려하여 복잡한 출납실에서 격리시킨다.
④ 서고는 방화, 방습에 중점을 두고 계획하여야 한다.

해설 목록실은 출납실 가까이에 배치한다.

204. 도서관 건축계획에 관한 기술 중 가장 부적당한 것은?

① 열람실의 바닥, 천장재는 흡음성이 높은 재료를 사용한다.
② 서고는 가급적 공기조화설비를 갖춤과 동시에 반드시 장래증축을 고려한다.
③ 폐가식인 일반열람실의 서고는 전문분야별로 나누어 열람실 주변에 분산 배치하는 것이 관리상 편리하다.
④ 어린이용 열람실은 될 수 있는 대로 1층에 배치함과 동시에 출입구를 별도로 만든다.

205. 도서관의 공간계획 중 옳지 않은 것은?

① 열람실 및 참고실이 가장 많은 면적을 차지한다.

② 소규모 도서의 경우 안전개가식을 이용할 수 있다.

③ 서고내 기후는 온도 20℃ 이하, 습도 40% 이상이 되도록 한다.

④ 소규모 도서관에서는 목록실을 서가에 배치하기도 한다.

해설 소규모 도서의 경우 자유개가식을 이용한다.

206. 도서관계획에 관한 설명 중 옳지 않은 것은?

① 서고의 수장능력 기준은 능률적인 작업용량으로서 서고면적 1m² 당 150~250권 정도이다.

② 일반적으로 열람실의 크기는 도서관의 봉사계획에 의해서 정해진다.

③ 서고의 창호는 채광과 통풍을 원활히 할 수 있도록 크게 계획한다.

④ 열람실은 서고에 가깝게 위치하는 것이 바람직하다.

해설 서고의 내부는 무창으로 하고, 인공조명과 기계환기에 의한다.

207. 학교 도서관계획에 대한 설명 중 옳지 않은 것은?

① 서고계획은 장래의 확장을 고려해야 한다.

② 아동열람실은 자유개가식이 바람직하다.

③ 학교가 소규모일 경우에도 열람실, 토론실, 정리실 등을 독립 설치해야 한다.

④ 학교 학습활동의 중심이 될 수 있는 위치가 좋다.

해설 학교도서관은 열람실, 토론실, 정리실 및 신문열람 코너 등으로 구성되고, 학교의 규모가 작은 경우에는 이러한 실을 각각 독립하여 설치하지 않고, 1실의 열람실을 겸용한다.

208. 다층 도서관 시설 중 제 1층에 수용될 기능으로서 가장 먼 것은 어느 것인가?

① 대출실   ② 공개서가

③ 목록실   ④ 자유열람실

해설 1층에 배치하여야 할 실
① 대출실(대출 부문)
② 서고입구(도서부문)
③ 공개서가
④ 열람용 목록실
⑤ 참고실
⑥ 청소년실

209. 다음 용어 중 도서관건축과 관계가 없는 것은 어느 것인가?

① green room

② open stack

③ reference room

④ carrel

해설 ① 그린 룸(green room) - 출연자 대기실(극장건축)
② open stack - 개가식 열람
③ reference room - 참고도서실
④ carrel - 도서관에 있어서 개인 전용공간(소연구실)

해답 205. ② 206. ③ 207. ③ 208. ④ 209. ①

MEMO

세 부 목 차

1) 공 장
2) 창 고

1 개설 (1) 건축형식상의 분류
2 배치계획 (1) 부지선정시 조건 (2) 배치계획시 조건
(3) 공장의 건축형식
3 평면계획 (1) 레이아웃   (2) 레이아웃의 형식

학습방향

공장건축의 개설에서는, 건축형식, 배치계획에서는 부지선정시 조건이 출제되며, 평면계획에서는 레이아웃은 생명과도 같은 것으로 레이아웃에 관한 내용이 출제빈도가 높다.

1. 건축형식
2. 부지선정시 조건
3. 레이아웃의 형식(종류)

• 개설

1 건축형식상 분류

(1) 분관식(pavilion type)
① 건축형식, 구조를 각각 다르게 할 수 있다.
② 공장의 신설, 확장이 용이하다.
③ 배수, 물홈통설치가 용이하다.
④ 통풍, 채광이 좋다.
⑤ 공장건설을 병행할 수 있으므로 조기완성이 가능하다.
⑥ 화학공장, 일반기계 조립공장, 중층공장의 경우에 알맞다.

(2) 집중식(block type)
① 공간의 효율이 좋다.
② 내부배치 변경에 탄력성이 있다.
③ 운반이 용이하고 흐름이 단순하다.
④ 건축비가 저렴하다.
⑤ 단층건물이 많으며, 평지붕 무창공장에 적합하다.

• 배치계획

1 부지선정시 조건
① 국토계획, 도시계획상으로 적합할 것
② 교통이 편리할 것
③ 노동력의 공급과 원료의 공급이 쉽고 풍부할 것
④ 잔류물, 폐수처리가 쉬울 것
⑤ 동력원을 이용할 수 있는 곳
⑥ 유사공업의 집단지이고, 관련 공장과의 편리한 점이 있을 것

학습POINT

■ 공장 녹지계획의 효용성
① 생산 및 노동환경의 보존 : 종업원의 심리적인 측면이나 정신적인 측면에서의 효용, 근로의욕의 증대, 휴양 및 운동, 노동환경의 안전성 확보 등
② 공해 및 재해방지의 완화 : 방풍, 방화, 방설, 기상완화작용, 공해 및 재해파급의 완충기능 등
③ 상품 이미지의 향상과 선전 : 청결하고 정비된 환경조성, 상품에의 신뢰감 부여, 친근감의 유도 등
④ 조경이나 미화성 : 자연적 또는 인공적 경관의 창조
⑤ 지역사회와의 조화 : 지역사회의 환경개선 향상에 기여한다.

⑦ 재료 또는 기후작업에 대해 기후풍토가 적합할 것

⑧ 지반이 양호하고 습윤하지 않으며, 배수가 편리할 것

⑨ 평탄한 지형으로 정지비용이 적게 드는 지형으로 지가가 저렴해서 토지 공급이 용이할 것

■ 공장의 지형은 평지형으로 한다.

2 배치계획시 조건

① 각 건물의 배치는 공장작업내용을 충분히 검토한 후 결정하는 것이 바람직하다.

② 장래계획, 확장계획을 충분히 고려해서 배치계획한다.

③ 이상적으로 부지내의 종합계획을 하고, 그 일부로서 현계획을 한다.

④ 원료 및 제품을 운반하는 방법, 작업동선을 고려한다.

⑤ 동력의 종류에 따라 배치하는 계통을 합리화한다.

⑥ 생산, 관리, 연구, 후생 등의 각 부분별 시설을 명쾌하게 나누고 결합시킨다.

⑦ 견학자동선을 고려한다.

⑧ 대공장에서 여러 종류의 작업이 포함하는 경우 가장 중요한 작업에 대하여 가장 유리한 위치에 배치한다.

■ 생산, 관리, 연구는 유기적으로 결합시키고, 후생과는 명쾌하게 나눈다.

• 평면계획

공장설계시 평면계획에서 가장 중요한 것은 동선의 정리이다.

1 레이아웃(layout)

(1) 공장사이의 여러 부분, 작업장내의 기계설비, 작업자의 작업구역, 자재나 제품을 두는 곳 등 상호 위치관계를 가리키는 곳을 말한다.

(2) 장래 공장규모의 변화에 대응한 융통성이 있어야 한다.

(3) 공장 생산성이 미치는 영향이 크고, 공장 배치계획, 평면계획시 레이아웃을 건축적으로 종합한 것이 되어야 한다.

2 레이아웃의 형식

(1) 제품중심의 레이아웃(연속작업식)

① 생산에 필요한 모든 공정, 기계 기구를 제품의 흐름에 따라 배치하는 방식이다.

② 대량생산 가능, 생산성이 높음, 공정시간의 시간적, 수량적 밸런스가 좋고, 상품의 연속성이 가능하게 흐를 경우 성립한다.

■ 공장건축의 레이아웃

레이아웃(lay out)은 배치를 의미하나 단순한 배치의 의미가 아니라 공간내 배치시 요구되는 조건을 완벽하게 충족시켜 줄 수 있는 것을 말한다.

이 레이아웃은 사무소건축의 오피스 랜드스케이핑에서 나오며, 상점건축에서도 레이아웃을 다룬다. 그러나 레이아웃을 가장 중요하게 다루는 분야는 공장건축이다.

그 종류로는 제품중심의 레이아웃, 공정중심의 레이아웃, 고정식 레이아웃, 혼성식 레이아웃이 있는데, 여기에서 가장 중요한 것은 제품중심과 공정중심의 레이아웃으로 이 두 가지는 서로 반대되는 레이아웃이다.

비교 내용	제품 중심	공정중심
대상 및 생산성	단종 대량생산 (생산성 높음)	주문-다종 소량생산 (생산성 낮음)
예상 생산	가능	불가능
표준화	가능	행해지기 어려움
일명	연속 작업식	기계설비 중심

(2) 공정중심의 레이아웃(기계설비중심)

　① 동일 종류의 공정, 즉, 기계로 그 기능이 동일한 것, 혹은 유사한 것을 하나의 그룹으로 집합시키는 방식으로 일명 기능식 레이아웃이다.

　② 다종 소량생산으로 예상생산이 불가능한 경우, 표준화가 행해지기 어려운 경우에 채용한다.

　③ 생산성이 낮으나, 주문공장생산에 적합하다.

(3) 고정식 레이아웃

　① 주가 되는 재료나 조립부품이 고정된 장소에 사람이나 기계는 그 장소에 이동해가서 작업이 행해지는 방식이다.

　② 제품이 크고 수가 극히 적을 경우(선박, 건축)

(4) 혼성식 레이아웃

　위의 방식이 혼성된 형식

핵심문제

1 공장건축형식 중 파빌리온 타입(pavillon type)에 대한 설명으로 틀린 것은?

① 통풍, 채광이 좋다.
② 공장의 신설과 확장이 용이하다.
③ 공간효율이 좋고, 건축비가 저렴하다.
④ 공장건설을 병행할 수 있으므로 조기완성이 가능하다.

2 공장건축에서 블록타입(block type)에 대한 설명으로 틀린 것은?

① 내부배치 변경에 탄력성이 있다.
② 건축비가 저렴하다.
③ 비교적 공간효율이 높다.
④ 확장성이 높다.

3 공장 녹지계획의 효용성과 관계가 없는 것은?

① 피로경감
② 공해방지
③ 작업의욕의 향상
④ 원료수급과 저장의 원활

4 공장건축의 경제성 높은 입지조건이 아닌 것은?

① 교통, 노동력의 공급이 유리한 곳
② 자재의 취득이 편리한 곳
③ 여러 종류의 공업이 집합하여 있는 곳
④ 지반은 견고하고 습윤하지 않는 곳

5 공장건축의 부지조건 및 배치계획에 관한 기술 중 옳지 않은 것은?

① 원료의 공급과 인력확보가 쉽고 수송교통이 유리한 곳이 좋다.
② 지가(地價)가 싸고 정지하는데 비용이 적게 드는 아늑한 분지형이 좋다.
③ 생산, 관리, 연구, 후생시설을 분명하게 나누고, 유기적으로 결합시키는 것이 좋다.
④ 가장 주요한 작업은 가장 유리한 위치에 두는 것이 좋다.

해설

해설 **1**
집중식은 공간의 효율이 좋고, 건축비가 저렴하다.

해설 **2**
분관식은 공장의 신설, 확장이 비교적 용이하다.

해설 **3** 공장 녹지계획의 효용성
① 생산 및 노동환경의 보존
② 공해 및 재해방지의 완화
③ 상품 이미지의 향상과 선전
④ 조경이나 미화성
⑤ 지역사회와의 조화

해설 **4**
유사공업의 집단지이고, 관련 공장과의 편리한 점이 있을 것.

해설 **5**
평탄한 지형으로 정지비용이 적게 드는 지형으로 지가가 저렴해서 토지공급이 용이할 것

정답 1. ③ 2. ④ 3. ④ 4. ③ 5. ②

6 공장 배치계획에 관한 설명으로 옳지 않은 것은?

① 장래의 확장계획을 고려한다.

② 견학자를 위한 동선을 고려한다.

③ 중요한 작업은 공정상 유리한 위치에 둔다.

④ 생산, 관리, 연구, 후생 등의 시설은 집중 배치시킨다.

7 다음 중 공장건축의 평면계획에서 가장 중요한 사항은?

① 작업장내의 기계설비　　② 생산공정에 따른 레이아웃

③ 작업자의 작업구역　　④ 위생 및 후생관계시설

8 다음의 공장건축의 레이아웃(Lay out)에 관한 설명 중 옳지 않은 것은?

① 레이아웃이란 공장건축의 평면요소간의 위치관계를 결정하는 것을 말한다.

② 고정식 레이아웃은 조선소와 같이 제품이 크고 수량이 적은 경우에 행해진다.

③ 중화학공업, 시멘트공업 등 장치공업 등은 시설의 융통성이 크기 때문에 신설시 장래성에 대한 고려가 필요없다.

④ 제품중심의 레이아웃은 대량생산에 유리하며 생산성이 높다.

9 대량생산에 유리하고 생산성이 높은 공장의 레이아웃(layout)형식으로 적합한 것은?

① 제품중심의 레이아웃　　② 공정중심의 레이아웃

③ 고정식 레이아웃　　④ 혼성식 레이아웃

10 다음 중 소량생산으로 예상생산이 불가능한 경우 표준화가 곤란한 경우에 알맞은 공장건축의 레이아웃 방식은?

① 제품중심 레이아웃　　② 혼성식 레이아웃

③ 고정식 레이아웃　　④ 공정중심 레이아웃

11 공장건축의 레이아웃(layout)에 대한 설명 중 옳지 않은 것은?

① 고정식 레이아웃은 기능이 동일하거나 유사한 공정, 기계를 집합하여 배치하는 방식이다.

② 레이아웃은 장래 공장규모의 변화에 대응한 융통성이 있어야 한다.

③ 제품중심의 레이아웃은 대량생산에 유리하며 생산성이 높다.

④ 표준화가 어려운 경우에 적합한 형식은 공정중심의 레이아웃이다.

해 설

해설 **6**
생산, 관리, 연구, 후생 등의 각 부분별 시설을 명쾌하게 나누고, 유기적으로 결합시킬 것

해설 **7**
공장설계시 평면계획에서 가장 중요한 사항은 생산공정에 따른 레이아웃시 동선의 정리이다.

해설 **8**
중화학공업, 시멘트공업 등 장치공업은 규모가 크고 연속작업이며, 고정도가 높아 레이아웃의 변경이 거의 불가능하며, 융통성이 적다.

해설 **9**
제품중심의 레이아웃은 대량생산에 유리하고, 생산성이 높은 공장의 레이아웃형식이다

해설 **10**
공정중심의 레이아웃은 다품종 소량생산이나 주문생산, 제품을 표준화하기 어려울 때 채용하는 공장의 레이아웃(layout)에 적합하다.

해설 **11**
공정중심 레이아웃은 기능이 동일하거나 유사한 공정, 기계를 집합하여 고정배치하는 방식이며, 고정식 레이아웃은 제품이 크고, 생산수량이 극히 적은 경우에 적합한 레이아웃형식이다.

정답　6. ④　7. ②　8. ③　9. ①
　　　10. ④　11. ①

4 구조계획
(1) 구조형식 (2) 공장의 형태
(3) 지붕형식상의 분류

5 환경 및 설비계획
(1) 변기수산정 (2) 채광 및 조명
(3) 무창공장

학습방향

공장건축에서 지붕형식상의 분류와 무창공장에 관한 내용은 앞서 열거한 레이아웃과 함께 자주 출제되고 있는 부분이다. 지붕형식상의 분류 중 톱날지붕은 북측채광으로 하루 종일 균일한 조도를 유지할 수 있다는 내용이 중요하다.

1. 톱날지붕
2. 무창공장

• 구조계획

1 구조형식

(1) 목구조

(2) 철근콘크리트구조

① P·S 콘크리트구조 : 경제적 스팬이 길고 크며(15m 정도), 공장생산이 가능하며, 공장의 공기도 단축되는 등의 이점이 있다.

② 쉘구조·절판구조 : 철근콘크리트구조보다 길고, 큰 스팬의 지붕을 만드는데 가능하며, 특이한 외관을 만들 수 있으며, 의장도 여러 가지 실례가 있다.

(3) 철골구조 : 길고 큰 스팬이 경제적으로 가능하기 때문에 대규모인 단층공장이나 처마의 높이가 높은 때, 크레인을 설치할 때 가장 많이 이용된다.

(4) 철골 철근콘크리트구조 : 철근콘크리트구조보다 구조면에서 강력하며, 스팬, 층수도 크게 할 수 있고, 보다 고층으로 하는데 가능하다.

2 공장의 형태

(1) 단층 : 기계, 조선공장

(2) 중층 : 제지, 제분, 방직공장

(3) 단층, 중층 병용 : 양조, 방적공장

(4) 특수구조 : 제분, 시멘트

3 지붕형식상의 분류

(1) 평지붕 : 중층식 건물의 최상층

(2) 뾰족지붕 : 동일면에 천창을 내는 방법으로 어느 정도 직사광선을 허용하는 결점이 있다.

학습POINT

■ 스팬(span)
① 큰보(girder), 작은보(beam), 바닥판(slab), 보 등의 부재등 지점과 지점사이의 간격
② 경간의 지점간 수평거리

■ 단층(單層) : 단 하나의 층으로 된 건물

■ 중층(重層) : 2층 이상의 여러 층으로 된 건물

■ 프리스트레스트 콘크리트 (prestressed concrete)
외력에 대해 발생하는 부재내의 응력에 대응하여 미리 부재내에 응력을 넣어 줌으로서 외력에 대응하도록 하는 원리로 만든 콘크리트(약칭 ps 콘크리트)

■ 쉘구조(shell structure)
곡면 바닥판의 역학적 특징을 써서 하중을 지지하는 구조물

■ 그림. 공장의 형태

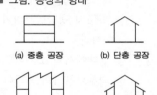

(a) 중층 공장   (b) 단층 공장

(c) 갤러리를 갖는 공장   (d) 중기계 제조 공장

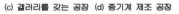

(3) 솟을지붕 : 채광, 환기에 적합하다.

(4) 톱날지붕 : 공장 특유의 지붕형태로 채광창이 북향으로 종일 변함없는 조도를 가진 약한 광선을 받아 들여 작업능률에 지장이 없도록 한다.

(5) 샤렌구조 : 기둥이 적게 소요되는 장점이 있다.

• 환경 및 설비계획

1 변기수 산정

(1) 남자용 대변기 : 25~30인에 1대

(2) 남자용 소변기 : 20~25인에 1대

(3) 여자용 변기 : 10~15인에 1대

2 채광 및 조명계획

(1) 유의사항

① 충분한 채광이 될 것

② 적당한 채광방법을 택할 것

③ 자연채광과 인공조명의 조절

(2) 자연채광

① 가능한 한 창을 크게 낼 것

② 광선을 부드럽게 확산시키는 젖빛유리, 프리즘유리를 사용한다.

③ 빛의 반사에 의한 벽의 색채에 유의한다.

(3) 측면창에 의한 채광

① 개구부를 가능한 한 크게 낸다.

② 창의 유효면적을 넓이기 위해 스틸새시를 사용한다.

③ 창유리는 빛을 확산시켜 줄 수 있는 것을 사용한다.

④ 동일 패턴의 창을 반복하는 것이 좋다.

3 **무창공장**

① 창을 설치할 필요가 없으므로 건설비가 싸게 든다.

② 실내의 조도는 자연채광에 의하지 않고, 인공조명을 통하여 조절하게 되므로 균일하게 할 수 있다.

③ 공조시 냉난방부하가 적게 걸리므로 비용이 적게 들며, 운전하기가 용이하다.

④ 실내에서의 소음이 크다.

⑤ 외부로부터의 자극이 적어 작업능률이 향상된다.

■ 그림. 지붕의 형태

(a) 뾰족 지붕

(b) 솟을 지붕

(c) 톱날 지붕

(D) 샤렌 지붕

■ 공장의 지붕형식상의 분류에 있어서 솟을지붕은 일종의 모니터 루프로 환기효과가 좋다. 또한 톱날지붕은 채광창을 북쪽으로 두어 하루종일 균일한 조도를 유지할 수 있는 북측채광으로서 매우 중요한 부분이다.

■ 샤렌(schalen)

① 곡면슬라브를 말함

② 뼈대의 종류에 따른 구조물 종류의 하나

■ 환기계획

① 자연환기의 경우에는 채광형식과 관련하여 건물형태를 결정하는 매우 중요한 요소가 된다.

② 환기의 표준으로는 1시간에 6~7회 정도의 환기를 하도록 한다.

③ 국부환기를 유효하게 활용하는 것이 경제적이다.

■ 무창방직공장

정밀작업을 하는 장소에서는 균일한 조도가 요구된다. 따라서 자연채광시 북측채광을 이용한다. 그러나 채광을 무창으로 하여 인공적으로 균일한 조도를 조절할 수 있다. 이와 같은 공장을 무창공장이라 한다. 이 무창공장의 특성은 교재의 내용과 같으며, 이러한 공장들은 정밀기계작업을 하는 곳과 방직공장 등이 있다.

핵 심 문 제

1 공장건축의 구조계획에서 PS 콘크리트구조의 경제 스팬은?

① 6m

② 9m

③ 15m

④ 20m

2 공장건축형식에서 적합하지 않은 것은?

① 제분공장 – 중층

② 제약공장 – 단층

③ 주물공장 – 단층

④ 제과공장 – 중층

3 다음의 공장의 지붕형태에 대한 설명 중 옳지 않은 것은?

① 평지붕은 대개 중층식 건물의 최상층에 쓰인다.

② 톱날지붕은 기둥이 적게 소요되기 때문에 기계배치의 융통성이 좋다.

③ 뾰족지붕은 직사광선을 어느 정도 허용하는 결점이 있다.

④ 솟음지붕은 채광, 환기에 적합하다.

4 다음 중 공장건축에서 톱날지붕을 채택하는 이유로 가장 알맞은 것은?

① 균일한 조도를 얻을 수 있다.

② 기둥이 많이 소요되지 않는다.

③ 소음이 완화된다.

④ 온도와 습도조절이 용이하다.

5 남자 300명과 여자 150명을 수용하는 공장의 작업장에서 대변기와 소변기의 수로 가장 적당한 것은?

① 남자 대변기 10개, 소변기 10개, 여자 대변기 10개

② 남자 대변기 10개, 소변기 15개, 여자 대변기 10개

③ 남자 대변기 15개, 소변기 10개, 여자 대변기 15개

④ 남자 대변기 15개, 소변기 15개, 여자 대변기 15개

해설 **1** PS 콘크리트구조

미리 콘크리트에 압축력을 주어서 하중을 받을 때 휨모멘트가 작용해도 콘크리트에 인장력이 생기지 않게 한 것으로 콘크리트의 큰 내압력을 충분히 활용한 구조로 경제적 스팬이 길고 크며(15m 정도) 공장생산이 가능하며 현장공기가 단축되는 이점이 있다.

해설 **2**

제약공장 – 중층

해설 **3**

톱날지붕은 기둥이 많이 소요되며, 샤렌구조는 기둥이 적게 소요되기 때문에 기계배치의 융통성이 좋다.

해설 **4**

톱날지붕으로 할 경우 채광창을 북측에 두어 자연채광상 균일한 조도를 유지하게 한다.

해설 **5** 변기수의 산정

① 남자가 300명이므로

대변기수=300÷25~30인/개

=10~12개

소변기수=300÷20~25인/개

=12~15개

② 여자가 150명이므로

대변기수=150÷10~15인/개

=10~15개

6 공장건축에서 효율적인 자연채광 유입을 위해 고려해야 할 사항으로 옳지 않은 것은?

① 가능한 동일패턴의 창을 반복하는 것이 좋다.
② 빛을 차단하는 젖빛유리나 프리즘유리는 사용하지 않는다.
③ 벽면 및 색채계획시 빛의 반사에 대한 면밀한 검토가 필요하다.
④ 공장은 대부분 기계류를 취급하므로 가능한 한 창을 크게 설치하는 것이 효율적이다.

7 공장건축에서 자연채광에 관한 유의사항 중 잘못된 것은?

① 기계류를 취급하므로 가능한 한 창을 크게 낼 것
② 톱날지붕의 채광방법을 이용하여 천창은 북향으로 해 항상 일정한 광선을 얻도록 할 것
③ 광선을 부드럽게 할 수 있는 젖빛유리나 프리즘유리를 사용하는 것은 생산조명의 원칙에 적합치 않다.
④ 빛의 반사에 대한 벽 및 색채 고려가 필요하다.

8 공장건축의 측면창설계시 유의해야 할 사항 중 틀린 것은?

① 개구부를 가능한 크게 한다.
② 창의 유효면적을 넓히기 위해 스틸새시를 사용한다.
③ 창유리는 빛을 확산시켜 줄 수 있는 것을 사용한다.
④ 의장적 요소로서의 창은 가능한 한 다양한 패턴을 사용한다.

9 공장계획에 있어서 운반계획시 우선 고려해야 할 사항이 아닌 것은?

① 운반속도와 하중
② 운반대상
③ 운반방향
④ 운반시간과 빈도

10 공장건축 중 무창공장에 대한 설명으로 옳지 않은 것은?

① 온·습도의 조절이 유창공장에 비해 어렵다.
② 방적공장 등에서 무창공장형식이 사용된다.
③ 공장내 조도가 일정해진다.
④ 외부로부터 자극이 적으나 오히려 실내발생 소음은 커진다.

해설 **6**
광선을 부드럽게 확산시키는 젖빛유리, 프리즘유리를 사용한다.

해설 **7**
광선을 부드럽게 확산시키는 젖빛유리, 프리즘유리를 사용한다.

해설 **8**
창은 동일 패턴을 사용한다.

해설 **9** 운반계획의 고려사항
① 운반방식
② 운반대상
③ 운반방향
④ 운반시간과 빈도

해설 **10**
온·습도의 조절이 유창공장에 비해 쉽다.

1 하역장형식
2 창고계획

학습방향

창고에 관한 내용은 최근에 들어 와서는 거의 출제되지 않고 있으나, 몇 가지 중요한 부분을 정리한다면 하역장과 창고에 관한 것이다. 창고에서는 바닥높이와 천장높이에 관한 내용이 중요하다.

1. 창고면적의 결정조건
2. 창고의 바닥높이
3. 창고의 천장높이

1 하역장형식

(1) 외주하역장식

① 외주는 수·육운이 편리하다.

② 채광조건이 좋은 장소에서 포장을 고칠 수 있다.

③ 해안부두 등 대규모 창고에 적당하다.

(2) 중앙하역장식

① 각 창고가 모두 하역장까지의 거리가 평준화 되므로 짐의 처리, 판매가 비교적 빠르다.

② 일기에 관계없이 하역할 수 있으나, 채광상 불리하다.

(3) 분산하역장식 : 소규모 창고에 채용된다.

(4) 무인하역장식

① 수용면적이 가장 크고 직접 화물을 창고내에 반입할 때 기계의 수량도 비교적 많이 필요하다.

② 일고일기(一庫一基)가 고장일 때 가장 불편하다.

2 창고계획

(1) 단층창고와 다층창고

① 단층창고

㉮ 지가가 낮고 부지가 넓은 경우 단층인 것이 가장 기능적이다.

㉯ 화물의 출입이 편리하고 바닥의 내력도 강하므로 건물내의 높이가 허용하는 한도안에서 적하가 가능하다.

② 다층창고

㉮ 지가가 높은 부지, 협소한 부지의 경우에 이용된다.

학습POINT

■ 그림. 하역장형식

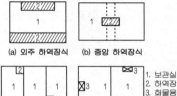

(a) 외주 하역장식　(b) 중앙 하역장식

(c) 분산 하역장식　(d) 무인 하역장식

1. 보관실
2. 하역장
3. 화물용 엘리베이터

⑭ 화물의 출입은 필연적으로 기계설비를 이용하지 않으면 안된다.

⑮ 다층창고의 층높이는 대체로 3.65m가 적당하다.

⑯ 최상층의 경우는 방염, 환기 등을 위한 설치관계로 층높이가 다소 높아지는 경우가 있다.

(2) 면적의 결정조건

① 화물의 성질 : 일반화물, 특수화물

② 화물의 대소 : 포장이 큰 것과 잡화종류와 같이 변화가 심한 것

③ 화물의 다소 : 대량화물이 일시에 들어 오는 것과 소량씩 출입하는 것

④ 화물의 빈도 : 입·출고가 빈번한 것과 비교적 장기보관을 요하는 것

(3) 바닥높이

① 지반면에서 20~30cm 정도 높게 한다.

② 바닥면은 실의 중앙부에서 5~15cm를 높여 바닥전체에 구배를 두어 바닥면을 수세할 때 필요한 배수구배로 한다.

(4) 천장높이

① 주요 화물의 적하고에 하역작업에 필요한 여유 60~90cm를 더한 것

② 최상층은 기준층보다 0.3~0.6m 더 높게 한다. (복사열방지)

■ 창고건축의 핵심사항

① 창고의 바닥높이 : 지반면에서 20~30cm 정도 높게(바닥면은 실의 중앙부에서 5~15cm 정도 높게)

② 창고의 천장높이 : 적하고 +60~90cm

③ 최상층 : 기준층+30~60cm

④ 무량판식 구조 : 보가 없는 구조로 천장높이를 높게 할 수 있다.

⑤ 철근콘크리트구조의 기둥간격 : 5~7m

1 창고의 평면형식에서 기후조건에 관계없이 하역할 수 있으나 채광에 난점을 가져오는 것은?

① 외주하역장식
② 중앙하역장식
③ 분산하역장식
④ 무인하역장식

2 공장의 창고건축에 대한 설명 중 가장 옳지 않은 것은?

① 단층창고의 출입문은 보통 크게 내는 것이 좋으며, 통상적으로 기둥 사이의 전체길이를 문으로 한다.
② 다층창고에서 화물의 출입은 기계설비를 이용한다.
③ 단층창고의 경우 구조, 재료가 허용하는 한 스팬을 넓게 하는 것이 좋다.
④ 다층창고는 지가가 높고, 협소한 부지의 경우에는 적용할 수 없다.

해설 **2**
다층창고는 지가가 높고 협소한 부지의 경우에 이용된다.

3 창고의 크기를 결정하는데 필요한 기본 조건이 아닌 것은?

① 화물의 성질
② 화물의 대소
③ 화물의 적재순서
④ 화물의 빈도

해설 **3** 창고면적의 결정조건
① 화물의 성질
② 화물의 대소
③ 화물의 다소
④ 화물의 빈도

4 다음 창고의 세부계획에 관한 설명 중 가장 옳지 않은 것은?

① 천장높이는 하역작업에 필요한 여유 60~90cm를 더한 것을 천장높이로 한다.
② 바닥의 높이는 지반면에서 40~50cm를 높이는 것이 좋다.
③ 최상층은 복사열을 방지하기 위해 기준층보다 0.3~0.6m 높게 한다.
④ 보통으로 창은 고정창을 한다.

해설 **4**
창고 바닥의 높이는 지반면에서 20~30cm정도 높게 하며, 바닥면은 실외 중앙부에서 5~15cm 정도 높여 바닥 전체에 구배를 둔다.

5 창고건축에 무량판식 구조를 많이 채택하는 주된 이유는?

① 구조상 유리하다.
② 내부공간이 유리하게 이용된다.
③ 내화상 유리하다.
④ 채광환기에 유리하다.

해설 **5** 무량판식(無梁板式, flat slab) 구조
평바닥판 구조로 건축 등의 바닥 또는 지붕구조로서 보가 없고 슬라브로만으로 된 바닥을 기둥으로 받치는 철근 콘크리트 슬라브로 보가 없으므로 내부공간의 크기가 유리해진다.

정답 1. ② 2. ④ 3. ③ 4. ② 5. ②

■■■ 공장

■ 개설

1. 공장건축의 건물형식 중에서 분관식과 집중식에 관한 설명 중 부적당한 것은?

① 분관식은 대지가 부정형이나 고저차가 있을 때 유리하다.

② 집중식은 대지가 평탄하거나 정형일 때 유리하며, 일반기계 조립공장 등에 유리하다.

③ 분관식은 공장확장의 빈도가 클 때에 적합하며, 건설기간의 단축이 가능하다

④ 집중식은 내부배치에 탄력성이 있고 건축비가 저렴하나, 공간의 효율이 나쁘다.

해설 집중식은 공간의 효율이 좋다.

2. 공장건축에서 파빌리온 타입(pavilion type)에 대한 설명으로 틀린 것은?

① 통풍채광이 좋다.

② 공장의 신설과 확장이 용이하다.

③ 건축비가 저렴하다.

④ 화학공장 등에 유리하다.

해설 집중식은 건축비가 저렴하다.

3. 공장건축의 형식 중 파빌리언 타입(pavilion type)에 대한 설명으로 가장 부적당한 것은?

① 각각의 건물에 대한 건축형식 및 구조를 각기 다르게 할 수 없다.

② 통풍 및 채광이 양호하다.

③ 각 동의 건설을 병행할 수 있으므로 조기완성이 가능하다.

④ 공장의 신설, 확장이 비교적 용이하다.

해설 분관식(pavilion type)은 건축형식, 구조를 각각 다르게 할 수 있다.

4. 공장건축의 형식 중 파빌리온형(Pavilion type)에 대한 설명으로 옳은 것은?

① 공장의 신설, 확장이 비교적 용이하다.

② 배수, 물홈통설치가 어렵다.

③ 통풍, 채광이 좋지 않다.

④ 일반기계 조립공장, 단층건물이 많으며, 평지붕 무창공장에 적합하다.

해설 ②, ③, ④는 집중식에 속한다.

5. 공장건축의 형식 중 파빌리온형(Pavilion type)에 대한 설명으로 옳지 않은 것은?

① 공장의 신설, 확장이 비교적 용이하다.

② 건축형식, 구조를 각기 다르게 할 수 있다.

③ 공장건설을 병행할 수 있으므로 조기완성이 가능하다.

④ 단층공장에 적용되며, 중층공장의 경우에는 적용할 수 없다.

해설 파빌리온형(Pavilion type)은 화학공장, 일반기계 조립공장 중층공장의 경우에 알맞다.

6. 공장건축의 형식 중 파빌리온 타입에 대한 설명으로 옳지 않은 것은?

① 통풍, 채광이 좋다.

② 공장의 신설, 확장이 비교적 용이하다.

③ 건축형식, 구조를 각기 다르게 할 수 없다.

④ 각 동의 건설을 병행할 수 있으므로 조기완성이 가능하다.

해설 분관식(pavilion type)은 건축형식, 구조를 각각 다르게 할 수 있다.

해답 1. ④ 2. ③ 3. ① 4. ① 5. ④ 6. ③

7. 공장건축의 형식 중 분관식(Pavlilion type)에 대한 설명으로 옳지 않은 것은?

① 통풍, 채광에 불리하다.
② 배수, 물홈통설치가 용이하다.
③ 공장의 신설, 확장이 비교적 용이하다.
④ 건물마다 건축형식, 구조를 각기 다르게 할 수 있다.

[해설] 분관식은 통풍, 채광이 좋다.

8. 공장 녹지계획의 효용성과 관계가 없는 것은?

① 생산 및 노동환경의 보전
② 공해 및 재해방지의 완화
③ 상품 이미지의 향상과 선전
④ 원료수급 및 저장의 원활

[해설] 공장 녹지계획의 효용성
 ① 생산 및 노동환경의 보존
 ② 공해 및 재해방지의 완화
 ③ 상품 이미지의 향상과 선전
 ④ 조경이나 미화성
 ⑤ 지역사회와의 조화

■ **배치계획**

9. 공장 부지선정에 관한 사항 중 옳지 않은 것은?

① 국토계획, 도시계획상으로 적합하고, 교통이 편리한 곳
② 노동력의 공급이 쉽고, 원료의 공급이 풍부할 것
③ 지형은 관계없고, 지가가 저렴하고 매수하기 쉬울 것
④ 지반이 양호 습윤하지 않고, 배수가 편리한 곳

[해설] 평탄한 지형으로 정지비용이 적게 드는 지형일 것

10. 공장건축의 입지조건으로서 다음 사항 중 가장 관계가 없는 것은?

① 평탄한 지형
② 관광단지와 인접된 곳
③ 자재를 얻기 쉬운 곳
④ 용수를 얻기 쉬운 곳

11. 공장건축의 입지조건 선정시 경제성을 높이기에 적합하지 않은 사항은?

① 교통, 노동력의 공급이 유리한 곳
② 같은 종류의 공업집합 또는 자재취득이 편리한 곳
③ 교통이 조용한 곳
④ 지반은 견고하고 습윤하지 않은 곳

[해설] 교통이 편리한 곳

12. 공장의 부지결정시 그 중요도에서 가장 거리가 먼 것은?

① 원료의 공급이 쉽고 풍부할 것
② 교통이 편리할 것
③ 지반이 습윤하지 않고 배수가 편리할 것
④ 노동력이 풍부한 인구 밀집지역일 것

[해설] 인구 밀집지역은 피해야 한다.

13. 공장의 조건에 관한 기술 중 부적당한 것은?

① 유사공업의 집단지이고, 관련공장과의 편리한 점이 있어야 한다.
② 원료의 공급이 쉽고 풍부해야 한다.
③ 확장에 따르는 작업공정은 확장할 때 결정하는 것이 좋다.
④ 공장계획에서 동력에 관한 내용도 중요하다.

[해설] 확장에 따르는 작업공정은 부지내의 종합계획시 미리 결정하는 것이 좋다.

14. 공장건축의 부지조건 및 배치계획에 관한 기술 중 옳지 않은 것은?

① 원료의 공급과 인력확보가 쉽고, 수송교통이 유리한 곳이 좋다.

② 지가(地價)가 싸고 정지하는데 비용이 적게 드는 아늑한 분지형이 좋다.

③ 생산, 관리, 연구, 후생시설을 분명하게 나누고, 유기적으로 결합시키는 것이 좋다.

④ 가장 주요한 작업은 가장 유리한 위치에 두는 것이 좋다.

[해설] 평탄한 지형으로 정지비용이 적게 드는 지형으로 지가가 저렴해서 토지공급이 용이할 것

15. 공장계획에 관한 기술로서 옳지 않은 것은?

① 수운은 육운에 비하여 싸므로 충분히 고려하는 것이 좋다.

② 위치는 원료공급 및 노동력조달이 가까운 곳이 좋다.

③ 큰기계의 설치는 건물기초에 튼튼하게 연결시킨다.

④ 공장에는 대체로 작업환경상 습도공급이 가장 아쉽다.

[해설] 큰기계의 설치는 별도의 기초를 둔다.

16. 공장계획에 관한 기술 중 옳지 않은 것은?

① 생산, 관리, 후생 등 각 부분의 시설을 한 곳에 집약시킨다.

② 가장 중요한 작업은 작업공정상 가장 유리한 곳에 위치시킨다.

③ 공장계획에서 동력계획이 우선 결정되어야 한다.

④ 장래의 확장성을 충분히 고려한다.

[해설] 공장건축계획에 있어서 생산, 관리, 연구, 후생시설을 분명하게 나누고 유기적으로 결합시킨다.

17. 공장 배치계획에서 고려할 사항 중 옳지 않은 것은?

① 장래의 확장계획 고려

② 견학자를 위한 동선 고려

③ 중요한 작업은 공정상 유리한 위치에 둠

④ 생산, 관리, 연구, 위생 등의 시설은 집중배치

[해설] 생산, 관리, 연구, 후생 등의 각 부분별 시설을 명쾌하게 나누고, 유기적으로 결합시킨다.

■ **평면계획**

18. 공장건축에 대한 기술 중 부적당한 것은?

① 중량이 있는 제품의 경우에는 크레인(crane)을 이용하기 때문에 단층건물이 좋다.

② 장래의 증축, 확장을 충분히 고려해야 한다.

③ 채광, 환기에 적합한 지붕의 형식은 솟을지붕이다.

④ 시멘트, 중화학공업 등은 레이아웃(Layout)의 변경이 가능하여 융통성이 크다.

[해설] 중화학공업, 시멘트공업 등 장치공업은 규모가 크고 연속작업이며, 고정도가 높아 레이아웃의 변경이 거의 불가능하며, 융통성이 적다.

19. 공장의 레이아웃(layout) 계획에 대한 설명 중 부적당한 것은?

① 공장건축에 있어서 이용자의 심리적인 요구를 고려하여 내부환경을 결정하는 것을 의미한다.

② 작업장내의 기계설비, 작업자의 작업구역, 자재나 제품 두는 곳 등에 대한 상호관계의 검토가 필요하다.

③ 고정식 레이아웃은 조선소와 같이 제품이 크고 수량이 적은 경우에 행해진다.

④ 레이아웃은 공장규모의 변화에 대응할 수 있도록 충분한 융통성을 부여하여야 한다.

[해설] 레이아웃(lay-out)은 공장사이의 여러 부분, 작업장내의 기계설비, 작업자의 작업구역, 자재나 제품을 두는 곳 등 상호 위치관계를 가리키는 곳을 말한다.

해답 14. ② 15. ③ 16. ① 17. ④ 18. ④ 19. ①

20. 공장건축의 레이아웃(layout)에 관한 설명 중 옳지 않은 것은?

① 공장의 생산성에 큰 영향을 미친다.
② 중화학공업 등 장치공업은 레이아웃의 유연성이 크다.
③ 제품중심의 레이아웃은 대량생산에 유리하며 생산성이 높다.
④ 공정중심의 레이아웃은 다품종 소량생산이나 주문생산의 경우와 표준화가 어려운 경우에 적합하다.

[해설] 중화학공업 등 장치공업은 규모가 크므로 레이아웃의 유연성이 낮다.

21. 공장건축의 레이아웃계획에 관한 설명 중 옳지 않은 것은?

① 다품종 소량생산이나 주문생산 위주의 공장에는 공정중심의 레이아웃이 적합하다.
② 레이아웃계획은 작업장내의 기계설비배치에 관한 것으로 공장 규모변화에 따른 융통성은 고려대상이 아니다.
③ 고정식 레이아웃은 조선소와 같이 제품이 크고 수량이 적을 경우에 적용된다.
④ 플랜트 레이아웃은 공장건축의 기본설계와 병행하여 이루어진다.

[해설] 장래 공장규모의 변화에 대응한 융통성이 있어야 한다.

22. 공장건축의 레이아웃에 대한 기술 중 부적당한 것은?

① 레이아웃이란 평면요소간의 위치관계를 결정하는 것을 말한다.
② 이동식 레이아웃방식은 제품이 크고, 수가 많을 때 사용한다.
③ 장래의 변화에 대처해야 하고 융통성을 가져야 한다.

④ 공정과 기계는 제품의 흐름에 따라 배치해야 한다.

[해설] ① 이동식 레이아웃방식은 제품이 작고, 수가 많을 때 사용한다.
② 고정식 레이아웃방식은 제품이 크고, 수가 적을 때 사용한다.

23. 공장건축의 레이아웃(Layout)에 관한 기술 중 부적당한 것은?

① 레이아웃이란 공장건축의 평면요소간의 위치관계를 결정하는 것을 말한다.
② 레이아웃은 장래성을 고려하여 융통성을 가져야 한다.
③ 중화학공업, 시멘트공업 등 장치공업(裝置工業) 등으로 불리우는 공장의 레이아웃은 융통성을 크게 할 수 있다.
④ 생산공정간의 시간적, 수량적인 균형을 이루기 쉽다.

[해설] 중화학공업, 시멘트공업 등 장치공업은 기설 레이아웃의 변경이 거의 불가능하다.

24. 공장건축계획에 관한 설명 중 옳지 않은 것은?

① 플랜트 레이아웃(plant layout)은 공장건축의 기본설계와 병행한다.
② 우수한 공장건축 설계는 우수한 플랜트 레이아웃을 전제로 하여 생긴다.
③ 플랜트 레이아웃은 공장의 생산능률과 관계가 깊으므로 건축가의 협력이 필요하다.
④ 주문생산형이나 대량생산형의 플랜트 레이아웃은 기본적으로 같다.

[해설] 주문생산형은 공정중심의 레이아웃이고, 대량생산은 제품중심의 레이아웃으로 성격이 기본적으로 다르다.

해답 20. ② 21. ② 22. ② 23. ③ 24. ④

25. 다음 설명에 알맞은 공장건축의 레이아웃 (layout) 형식은?

> • 생산에 필요한 모든 공정, 기계기구를 제품의 흐름에 따라 배치한다.
> • 대량생산에 유리하며 생산성이 높다.

① 공정중심의 레이아웃
② 기계설비중심의 레이아웃
③ 고정식 레이아웃
④ 제품중심의 레이아웃

26. 공장건축에서 제품중심 레이아웃(Layout)의 특징이 아닌 것은?

① 생산 공정간의 시간적, 수량적인 균형을 이루기 쉽다.
② 제품의 흐름에 따라 기계를 배치한다.
③ 대량생산이 가능하고 생산성이 높다.
④ 크기가 다른 주문생산품 공장에 적합하다.

[해설] ④ – 공정중심의 레이아웃

27. 공장건축에서 제품중심의 레이아웃에 관한 기술로 적당치 않은 것은?

① 대량생산이 가능하고 생산성이 높다.
② 생산에 필요한 공정간의 시간적, 수량적 균형을 이룰 수 있다.
③ 표준화가 행해지기 어려운 경우에 채용되며, 주문생산품 공정에 적합하다.
④ 생산에 필요한 공정, 기계종류를 작업의 흐름에 따라 배치한다.

[해설] ③는 공정중심 레이아웃에 속한다.

28. 공장건축에서 장치공업(석유, 시멘트) 가정 전기제품의 조립 등에서 볼 수 있고, 생산성이 높은 레이아웃(Layout)의 형식은?

① 제품중심의 레이아웃
② 공정중심의 레이아웃

③ 고정식 레이아웃
④ 혼성식 레이아웃

29. 연속작업식 레이아웃(laydut)이라고도 하며, 대량생산에 유리하고 생산성이 높은 공장건축의 레이아웃 형식은?

① 제품중심의 레이아웃
② 공정중심의 레이아웃
③ 고정식 레이아웃
④ 혼성식 레이아웃

[해설] 제품중심의 레이아웃은 대량생산에 유리하고, 생산성이 높은 공장의 레이아웃 형식이다.

30. 공장 건축계획의 plant layout 배치에 의해 대량생산이 가능한 것은?

① 제품중심의 layout
② 공정중심의 layout
③ 고정식 layout
④ 혼성식 layout

31. 공장건축의 레이아웃형식 중 기능식 레이아웃으로서, 기능이 동일하거나 유사한 공정 또는 기계를 집합하여 배치하는 방식으로 다품종 소량생산이나 주문생산의 경우와 표준화가 어려운 경우에 적합한 형식은?

① 제품중심의 레이아웃
② 공정중심의 레이아웃
③ 고정식 레이아웃
④ 혼성식 레이아웃

32. 공장의 작업장 Layout의 계획시 다품종 소량생산이나 주문생산의 경우와 표준화가 행해지기 어려운 경우 채용되는 형식으로 가장 적합한 것은?

① 제품 중심의 Layout
② 고정식 Layout
③ 공정 중심의 Layout
④ 혼성식 Layout

해답   25. ④   26. ④   27. ③   28. ①   29. ①   30. ①   31. ②   32. ③

33. 공장건축의 레이아웃형식 중 다품종 소량생산이나 주문생산에 가장 적합한 것은?

① 제품중심의 레이아웃
② 공정중심의 레이아웃
③ 고정식 레이아웃
④ 혼성식 레이아웃

[해설] 공정중심의 레이아웃(기계설비 중심)은 동일 종류의 공정 즉, 기계로 그 기능이 동일한 것, 혹은 유사한 것을 하나의 그룹으로 집합시키는 방식으로 일명 기능식 레이아웃이다.

34. 다음 설명에 알맞은 공장건축의 레이아웃 형식은?

• 다종의 소량생산의 경우나 표준화가 이루어지기 어려운 경우에 채용된다.
• 생산성이 낮으나 주문생산품 공장에 적합하다.

① 제품중심 레이아웃   ② 공정중심 레이아웃
③ 고정식 레이아웃   ④ 혼성식 레이아웃

35. 공장건축의 레이아웃 형식 중 고정식 레이아웃에 관한 설명으로 옳은 것은?

① 표준화가 어려운 경우에 적합하다.
② 대량생산에 유리하며, 생산성이 높다.
③ 조선소와 같이 제품이 크고 수량이 적은 경우에 적합하다.
④ 생산에 필요한 모든 공정, 기계 · 기구를 제품의 흐름에 따라 배치한다.

[해설] ① – 공정중심의 레이아웃
②, ④ – 제품중심의 레이아웃

36. 공장건축의 레이아웃형식 중 사람이나 기계가 이동하여 작업하는 방식으로 조선소와 같이 제품이 크고, 수량이 적은 경우에 사용되는 것은?

① 제품중심의 레이아웃   ② 공정중심의 레이아웃
③ 고정식 레이아웃   ④ 혼성식 레이아웃

37. 다음 중 공장건축의 레이아웃(Lay out)형식과 적합한 생산제품의 연결이 가장 부적당한 것은?

① 제품중심의 레이아웃 – 가정전기제품
② 공정중심의 레이아웃 – 주문생산품
③ 고정식 레이아웃 – 소규모제품
④ 혼성식 레이아웃 – 가정전기 및 주문생산품

[해설] 고정식 레이아웃 – 대규모제품

38. 공장건축의 작업장 레이아웃에 관한 설명 중 부적당한 것은?

① 고정식 레이아웃은 선박, 건축 등에 적용된다.
② 제품중심 레이아웃은 전기제품 등의 생산시스템에 적당하다.
③ 공정중심 레이아웃은 주문품생산에 적합하며, 공정간의 시간적, 수량적 생산균형을 이룰 수 있다.
④ 시멘트공업, 중화학공업 등 장치공업은 레이아웃의 융통성이 없는 연속작업과 고정도가 높은 방식으로 구성되어 있다.

[해설] 공정간의 시간적, 수량적 생산균형을 이룰 수 있는 것은 제품중심 레이아웃이다.

39. 공장계획에 관한 설명 중 옳지 않은 것은?

① 공정중심의 레이아웃은 다종 소량생산으로 표준화가 되기 어려운 경우에 채용한다.
② 선박 등과 같이 제품이 크고, 수가 적은 경우 고정식 레이아웃이 유리하다.
③ 플랜트 레이아웃은 공장건축의 기본설계와 병행한다.
④ 주문생산과 대량생산의 플랜트 레이아웃은 기본적으로 같다.

[해설] 주문생산은 공정중심의 레이아웃에 속하고, 대량생산은 제품중심의 레이아웃에 속하므로 플랜트 레이아웃은 서로 반대이다.

해답   33. ②   34. ②   35. ③   36. ③   37. ③   38. ③   39. ④

40. 공장건축의 작업장 레이아웃(lay out)에 관한 설명 중 옳지 않은 것은?

① 고정식 레이아웃은 선박 등에 적용된다.
② 제품중심의 레이아웃은 생산에 필요한 모든 공정, 기계기구를 제품의 흐름에 따라 배치하는 방식이다.
③ 공정중심의 레이아웃은 대량생산에 적합하며, 공정간의 시간적, 수량적 생산균형을 이룰 수 있다.
④ 고정식 레이아웃은 주가 되는 재료나 조립부품을 고정된 장소에 두고, 사람이나 기계가 그 장소로 이동해가서 작업을 행하는 방식이다.

해설 ③는 제품중심의 레이아웃에 속한다.

41. 공장건축의 레이아웃(layout)형식에 관한 설명 중 옳지 않은 것은?

① 공장의 생산성에 큰 영향을 미친다.
② 중화학공업 등 장치공업은 레이아웃의 유연성이 크다.
③ 제품중심의 레이아웃은 대량생산에 유리하며, 생산성이 높다.
④ 공정중심의 레이아웃은 다품종 소량생산이나 주문생산의 경우와 표준화가 어려운 경우에 적합하다.

해설 중화학공업 등 장치공업은 규모가 크므로 레이아웃의 유연성이 낮다.

42. 공장 건축계획에 관한 설명 중 옳지 않은 것은?

① 평면계획시 관리부분과 생산공정부분을 구분하고 동선이 혼란되지 않게 한다.
② 공장건축의 형식에서 집중식(Block Type)은 건축비가 저렴하고, 공간효율도 좋다.
③ 공정중심의 레이아웃은 소종다량생산(小種多量生産)이나 표준화가 쉬운 경우에 적합하다.
④ 공장작업장의 지붕형식으로 균일한 조도를 얻기 위해 톱날지붕을 도입하는 경우가 있다.

해설 공정중심 레이아웃은 다종소량생산으로 표준화가 어려운 경우에 적합하다.

43. 공장건축계획에 관한 기술로 옳지 않은 것은?

① 공장 부지선정은 노동력의 공급이 쉽고, 원료의 공급이 용이한 곳에 정한다.
② 공장건축의 형식에서 집중식(Block Type)은 건축비가 저렴하고, 공간효율도 좋다.
③ 레이아웃형식 중 공정중심의 레이아웃은 소종다량생산(小種多量生産)으로 표준화가 행하기 쉬운 경우이다.
④ 공장작업장의 지붕형식으로 균일한 조도를 얻기 위해 톱날지붕을 도입하는 경우가 있다.

해설 공정중심의 레이아웃은 다종소량생산으로 표준화가 행해지기 어렵다.

44. 공장 건축계획에 대한 설명 중 옳지 않은 것은?

① 계획시부터 증축에 대한 고려를 해야 한다.
② 평면은 가능한 요철이 없는 형이 바람직하다.
③ 파빌리온형(pavillion type)의 공장형식은 통풍, 채광이 좋지 않다.
④ 공장건축의 레이아웃 중 고정식 레이아웃은 조선소와 같이 제품이 크고 수량이 적은 경우에 행해진다.

해설 파빌리온형(pavillion type)의 공장형식은 통풍, 채광이 좋다.

■ **구조계획**

45. 공장건축 중 중층공장에 이용되고 내화, 내풍, 내구의 구조로서 비교적 경제적인 구조체는 다음 중 어느 것인가?

① 철근콘크리트구조
② PS콘크리트 구조
③ 쉘구조
④ 철골구조

해답 40. ③ 41. ② 42. ③ 43. ③ 44. ③ 45. ①

46. 단층공장에 주로 이용되며, 지내력이 약한 지반이나 스팬(span)이 긴 경우에 유리한 구조체는 다음 중 어느 것인가?

① 철골구조
② PS콘크리트구조
③ 철근콘크리트구조
④ 쉘(shell)구조

[해설] 철골구조는 길고 큰 스팬이 경제적으로 가능하기 때문에 대규모인 단층공장이나 처마의 높이가 높을 때, 크레인을 설치할 때 가장 많이 이용된다.

47. 공장건축에서 중층공장과 기밀형공장에 적당한 구조는?

① 목구조
② 철골구조
③ 철근콘크리트구조
④ 철골 철근콘크리트구조

48. 주물공장에 사용되는 바닥은 다음 어느 재료 바닥이 좋은가?

① 흙바닥
② 콘크리트바닥
③ 벽돌바닥
④ 아스팔트바닥

[해설] 공장의 바닥구조
① 흙바닥
② 콘크리트 바닥
③ 나무바닥
④ 콘크리트위 나무바닥
⑤ 콘크리트 위 나무벽돌바닥
⑥ 벽돌바닥
⑦ 아스팔트바닥

49. 공장계획에 관한 기술 중 옳지 않은 것은?

① 공장계획에서 가장 최초에 결정해야 할 문제는 동력계획이다.
② 단층인 공장은 철골조가 적당하고, 중층인 경우에는 철근콘크리트가 적합하다.
③ 제분공장은 보통 중층형식이고, 식품 제약공장 등은 단층형식이다.
④ 유사공업의 집단지이고, 관련공장과의 편리한 점이 있으면 좋다.

[해설] 식품 제약공장 등은 중층형식이다.

50. 공장건축의 지붕형에 대한 기술 중 옳지 않은 것은?

① 뾰족지붕 – 직사광선을 어느 정도 허용하는 결점이 있다.
② 솟을지붕 – 채광, 환기에 적합한 방법이다.
③ 톱날지붕 – 북향의 채광창으로 하루 종일 변함없는 조도를 유지할 수 있다.
④ 샤렌지붕 – 기둥이 많이 소요되는 단점이 있다.

[해설] 샤렌구조 : 기둥이 적게 소요되는 장점이 있다.

51. 다음 그림의 단면형식 중 중기계 생산공장으로 채택하기에 가장 적합한 것은 어느 것인가? (단, 단위 그림의 스케일은 모두 같으며, 종단면의 형상이다.)

52. 기계공장에서 지붕의 형식을 톱날지붕으로 하는 가장 주된 이유는?

① 실내의 주광조도를 일정하게 하기 위하여
② 빗물의 배수를 충분히 하기 위하여
③ 소음을 적게 하기 위하여
④ 온도를 일정하게 유지하기 위하여

[해설] 톱날지붕을 사용하는 이유는 북측채광을 이용하여 항상 균일한 실내조도를 얻기 위함이다.

53. 다음 중 기계공장의 지붕을 톱날형으로 하는 이유로 가장 적당한 것은?

① 빗물처리가 용이하다.
② 모양이 좋다.
③ 소음이 줄어든다.
④ 균일한 조도를 얻을 수 있다.

해답 46. ①   47. ③   48. ①   49. ③   50. ④   51. ②   52. ①   53. ④

[해설] 톱날지붕으로 할 경우 채광창을 북측에 두어 자연채광상 균일한 조도를 유지하게 한다.

54. 기계공장의 지붕형식을 톱날지붕으로 채택한 이유 중 가장 옳은 것은?

① 균일한 실내조도를 얻기 위해서
② 온습도를 조절하기 위해서
③ 진동에 견디게 하기 위해서
④ 소음을 방지하기 위해서

55. 공장건축의 지붕형태에 대한 설명 중 옳지 않은 것은?

① 뾰족지붕은 어느 정도 직사광선을 허용하는 단점이 있다.
② 솟을지붕은 채광 및 환기에 적합하다.
③ 톱날지붕은 채광창을 서향으로 한 경우 하루 종일 변함없는 조도가 제공된다.
④ 샤렌구조에 의한 지붕은 기둥이 적게 소요되는 장점이 있다.

[해설] 톱날지붕은 채광창을 북향으로 한 경우 하루종일 변함없는 조도가 제공된다.

56. 공장건축의 지붕형태에 대한 설명 중 옳지 않은 것은?

① 뾰족지붕 : 직사광선을 어느 정도 허용하는 결점이 있다.
② 톱날지붕 : 채광창을 북향으로 하면 하루 종일 변함없는 조도를 유지한다.
③ 솟을지붕 : 채광·환기에 적합한 방법이다.
④ 샤렌지붕 : 기둥이 많이 소요되는 단점이 있다.

[해설] 톱날지붕은 기둥이 많이 소요되는 단점이 있고, 샤렌지붕은 기둥이 적게 소요되는 장점이 있다.

57. 공장지붕의 종류 중 채광 및 환기에 적합한 것으로 채광창의 경사에 따라 채광이 조절되며, 상부창의 개폐에 의해 환기량이 조절되는 것은?

① 평지붕
② 솟을지붕
③ 뾰족지붕
④ 샤렌지붕

[해설] 솟을지붕은 채광, 환기에 적합하다.

58. 다음 공장지붕 중에서 자연환기에 가장 알맞는 지붕은?

① 뾰족지붕
② 톱날지붕
③ 요철지붕
④ 솟을지붕

[해설] 솟을지붕은 채광, 환기에 적합하다.

59. 다음 중 공장건축에서 채광과 환기에 가장 적합한 지붕형태는?

① 평지붕
② 뾰족지붕
③ 톱날지붕
④ 솟을지붕

[해설] 솟을지붕은 채광, 환기에 적합하다.

60. 다음은 천장 환기구의 단면모양이다. 배기효과가 가장 좋은 것은?

① ②

③ ④

[해설] 모니터 루프(monitor roof)란 채광이나 환기를 목적으로 보통 지붕보다 더 높게 설치한 지붕을 말한다.

61. 모니터(monitor)에 의한 환기방법은 어느 건축에 많이 사용되는가?

① 음식점
② 사무소
③ 병원
④ 공장

[해설] 모니터(monitor) : 공장의 자연환기를 촉진시키기 위해 만든 환기기(換氣器)로 지붕위에 연속으로 돌출한 채광, 통풍용의 작은 지붕

해답 54. ① 55. ③ 56. ④ 57. ② 58. ④ 59. ④ 60. ④ 61. ④

62. 기계공장의 지붕형식으로 톱날지붕을 채용하는 가장 주된 이유는?

① 실내소음을 감소시키기 위해
② 실내조도를 일정하게 하기 위해
③ 우수처리를 용이하게 하기 위해
④ 실내온도, 습도를 일정하게 하기 위해

63. 다음 설명에 알맞은 공장건축의 지붕형식은?

- 공장 특유의 지붕형태이다.
- 채광창을 북향으로 함으로써 하루 종일 변화없이 실내조도를 유지할 수 있다.
- 기둥이 많이 소요되는 단점이 있다.

① 톱날지붕
② 뾰족지붕
③ 평지붕
④ 샤렌지붕

64. 다음 중 기계공장의 지붕을 톱날형으로 채택하는 가장 주된 이유는?

① 우수처리를 용이하게 하기 위하여
② 기둥의 수를 줄여 기계배치의 융통성을 확보하기 위하여
③ 소음을 적게 하기 위하여
④ 실내의 주광조도를 일정하게 하기 위하여

[해설] 톱날지붕으로 할 경우 채광창을 북측에 두어 자연채광상 균일한 조도를 유지하게 한다.

65. 공장의 자연채광에 있어서 하루종일 조도의 변화가 가장 적은 것은?

① 동쪽창
② 서쪽창
③ 남쪽창
④ 북쪽창

■ **환경 및 설비계획**

66. 남자 300명과 여자 150명을 수용하는 공장의 작업장에서 대변기와 소변기수로 적당한 것은?

① 대변기 20, 소변기 15 ② 대변기 15, 소변기 10
③ 대변기 12, 소변기 9   ④ 대변기 11, 소변기 6

[해설] 변기수의 산정
  ① 남자가 300명이므로
    대변기수=300÷25~30인/개=10~12개
    소변기수=300÷20~25인/개=12~15개
  ② 여자가 150명이므로
    대변기수=150÷10~15인/개=10~15개
  ∴ 따라서 전체 변기수는 대변기 20~27개, 소변기 12~15개가 필요하다.

67. 다음 중 공장계획조건으로 타당하지 못한 것은?

① 식당의 소요면적은 종업원 1인당 $0.5m^2$로 한다.
② 갱의실은 남녀별로 구분하여 1인당 $0.55m^2$를 표준으로 한다.
③ 대공장에서는 진료소 이상의 의료시설이 있어야 한다.
④ 작업장에서 남자용 대변기는 25~30명에 1개를 설치한다.

[해설] 식당의 소요면적은 종업원 1인당 $1.0m^2$로 한다.

68. 공장건축에서 자연채광에 관한 유의사항 중 잘못된 것은?

① 기계류를 취급하므로 가능한 한 창을 크게 낼 것
② 톱날지붕의 채광방법을 이용하여 천창은 북향으로 해 항상 일정한 광선을 얻도록 할 것
③ 광선을 부드럽게 할 수 있는 젖빛유리나 프리즘유리를 사용하는 것은 생산조명의 원칙에 적합치 않다.
④ 빛의 반사에 대한 벽 및 색채 고려가 필요하다.

[해설] 광선을 부드럽게 확산시키는 젖빛유리, 프리즘유리를 사용한다.

해답 62. ② 63. ① 64. ④ 65. ④ 66. ① 67. ① 68. ③

69. 공장계획에 관한 기술 중 옳지 않은 것은?

① 자연광보다는 인공조명이 피로가 적다.
② 장래의 증축, 확장을 고려해야 한다.
③ 솟음지붕은 채광, 환기에 적합한 방법이다.
④ 자연채광시 빛의 반사에 대한 벽 및 색채에 유의해야 한다.

[해설] 자연광이 인공조명보다 피로가 적다.

70. 직물공장 건축계획시 가장 면밀히 검토해야 할 사항은?

① 음향   ② 채광
③ 방화   ④ 일조

71. 공장건축에서 환경계획을 하는데 시환경(視還境)을 조절할 때 눈의 피로감에 대한 원인으로 볼 수 없는 것은?

① 계속적으로 응시할 때
② 균일한 조도일 때
③ 자극이 강한 색을 볼 때
④ 명도의 contrast가 너무 강한 것을 볼 때

[해설] 피로감에 대한 고려
　(1) 눈의 피로는 신경의 피로에 직결되므로 시환경을 조절하여야 한다.
　(2) 눈이 피로해지는 원인
　　① 눈부심의 반짝거림
　　② 계속적인 응시
　　③ 편중된 자극에 장시간 노출되었을 때
　　④ 명암이 빈번하게 반복될 때
　　⑭ 자극이 강한 색을 볼 때
　　⑭ 명도의 콘트라스트가 너무 강한 것을 볼 때
　　㉔ 명도의 차이가 없는 것을 분별하려고 할 때

72. 공장의 색채계획에 있어서 기능적 사용에 부적합한 것은?

① 작업환경을 개선시킬 수 있다.
② 작업장내의 소음을 저하시킬 수 있다.
③ 작업능률을 향상시킬 수 있다.

④ 재해로부터 방지될 수 있다.

[해설] 색채의 기능적인 사용
　① 작업환경의 개선 ② 피로의 경감 ③ 재해의 방지 ④ 작업의욕을 높이고, 작업능률의 향상 등을 도모함

73. 공장 건축계획에 관한 기술 중 옳지 않은 것은?

① 단조로운 작업을 반복하는 경우는 변화있는 색채계획을 한다.
② 솟음지붕 형태의 지붕은 채광 및 환기에 적합한 방법이다.
③ 건축, 선박 등의 생산을 위한 작업장은 공정중심 레이아웃형식이 적당하다.
④ 중량이 있는 제품의 경우에는 크레인을 이용하기 때문에 단층건물이 좋다.

[해설] 건축, 선박 등의 생산을 위한 작업장은 고정식 레이아웃이 적당하다.

74. 공장건축의 환경계획 중 옳지 않은 것은?

① 실내의 조명은 자연광선보다는 인공조명을 될 수 있는대로 사용하도록 한다.
② 조명계획시 적정조도, 조도분포, 조도의 시간적 변동의 유무 등을 고려한다.
③ 채광형식은 공장의 형태를 결정하는 중요한 요소이면서 냉난방, 환기계획과 관련이 있다.
④ 환기방법은 공장의 종류, 작업조건 등에 따라 결정한다.

[해설] 주간조명으로 자연채광이 경제적이며, 보건상 유리하다.

75. 기계공장에서 인공조명을 할 때 그다지 중요하지 않은 조건은 다음 중 어느 것인가?

① 필요한 광도를 내도록 한다.
② 주광색에 가깝게 한다.
③ 현휘가 생기지 않도록 한다.
④ 열이 생기지 않도록 한다.

76. 공장을 설계하는 경우 주의사항 가운데 적절하지 않은 것은?

① 작업면에 조명도가 균등하도록 한다.

② 먼지나 쓰레기 또는 유독가스가 발생하는 곳에서는 특히 환기에 주의한다.

③ 바닥은 작업의 종류에 따라 적절한 마무리재료를 선택한다.

④ 작업원에게 일광이 직접 비치도록 한다.

해설 일광을 실내에 도입하면 조도의 시간적 변동과 현휘가 발생함과 아울러 냉방에도 불리하게 된다. 이것을 피하기 위해서는 방위의 고려와 루버의 연구가 필요하며, 인공조명에 의존한다.

77. 공장계획에 관한 사항 중 옳지 않은 것은?

① 1시간에 6~7회 정도의 환기를 하도록 한다.

② 광선이 부드럽게 확산되는 젖빛유리를 사용한다.

③ 톱날지붕의 천창은 남향으로 하여 항상 햇볕이 들도록 한다.

④ 창의 유효면적을 넓히기 위해 스틸 새시(steel sash)를 사용한다.

해설 톱날지붕의 채광창은 북향으로 하여 항상 균일한 조도를 유지하도록 한다.

78. 공장건축에 관한 설명 중 옳은 것은?

① 자연환기방식의 경우 환기방법은 채광형식과 관련하여 건물형태를 결정하는 매우 중요한 요소가 된다.

② 재료반입과 제품반출동선은 동일하게 하고, 물품동선과 사람동선은 별도로 하는 것이 바람직하다.

③ 외부인동선과 작업원동선은 동일하게 하고, 견학자는 생산과 교차하지 않는 동선을 확보하도록 한다.

④ 계획시부터 장래증축을 고려하는 것이 필요하며, 평면형은 가능한 요철이 많은 것이 유리하다.

해설 ① 재료반입과 제품반출동선은 별도로 하는 것이 바람직하다.

② 외부인동선과 작업원동선은 교차하지 않는 동선을 확보하도록 한다.

③ 평면형은 요철이 많으면 불리하다.

79. 환기에 대한 설명 중 옳은 것은?

① 실내외의 온도차가 적을수록 환기량은 많아진다.

② 일반적으로 목조주택이 콘크리트주택보다 환기량이 적다.

③ 한쪽 벽에 큰창을 설치하는 것보다 그것의 반 크기의 창을 서로 마주치는 벽쪽에 설치하는 것이 환기계획상 유효하다.

④ 실외의 풍속이 적을수록 환기량은 많아진다.

해설 ① 실내외의 온도차가 클수록 환기량이 많아진다.

② 목조주택이 콘크리트주택보다 환기량이 많다.

③ 실외의 풍속이 클수록 환기량이 많아진다.

80. 다음 중 방적공장을 무창공장으로 설계하는 이유와 가장 거리가 먼 것은?

① 온·습도 조정의 유지비가 싸다.

② 조도를 일정하게 하는데 유리하다.

③ 유창공장에 비하여 건설비가 싸다.

④ 공장내의 소음을 저하시킨다.

해설 공장내의 소음을 증가시킨다.

81. 다음 중 무창공장에 대한 설명으로 옳지 않은 것은?

① 작업 중 실내에서 발생하는 소음이 저하된다.

② 유창공장에 비하여 건설비가 싸다.

③ 인공조명으로 균일한 조도를 얻을 수 있다.

④ 온·습도조정의 유지비가 적게 든다.

해설 작업 중 실내에서 발생하는 소음이 증가된다.

해답   76. ④   77. ③   78. ①   79. ③   80. ④   81. ①

82. 일반적으로 방적공장들은 무창공장으로 설계되는데 그 이유 중 틀린 것은?

① 온습도를 균일하게 유지할 수 있다.

② 조도를 일정하게 하는데 유리하다.

③ 유창공장에 비하여 건설비가 싸다.

④ 공장내에서 발생하는 소음을 외부로 확산시킨다.

[해설] 공장내에서 발생하는 소음이 외부로 확산되지 않으나 실내에서의 소음이 크다.

83. 방적공장계획에서 무창공장이 채용되고 있는데, 이 무창공장의 특징에 대한 설명으로 옳지 않은 것은?

① 외부에서의 소음의 침입이 없으므로 내부에서는 소음을 거의 느끼지 못한다.

② 작업면의 조도를 균일화할 수 있다.

③ 온습도 조정용의 동력소비량이 적다.

④ 공장의 배치계획을 할 때 방위에 좌우되는 일이 적다

[해설] 실내에서의 소음이 커진다.

84. 방적공장계획에서 무창공장이 채용되고 있는데 이 무창공장의 특징에 대한 설명으로 옳지 않은 것은?

① 내부에서는 소음을 거의 느끼지 못한다.

② 작업면의 조도를 균일화할 수 있다.

③ 온습도 조정용의 동력소비량이 적다.

④ 공장의 배치계획을 할 때 방위에 좌우되는 일이 적다.

[해설] 무창공장은 실내에서의 소음이 커지는 단점이 있다.

85. 무창 방적공장에 관한 설명으로 옳지 않은 것은?

① 방위에 무관하게 배치계획할 수 있다.

② 실내소음이 실외로 잘 배출되지 않는다.

③ 온도와 습도조정에 비용에 적게 든다.

④ 외부환경의 영향을 많이 받는다.

[해설] 외부환경의 영향을 받지 않는다.

86. 온습도를 조절하는 방적공장에서 채택하는 창문의 형식은 다음 중 어느 것이 적당한가?

① 오르내리창   ② 고정창

③ 회전창   ④ 미세기창

[해설] 온습도 조정을 필요로 하는 방적공장은 무창공장 또는 창을 설치할 경우 고정창으로 한다.

87. 공장계획에 있어서 그 처리방법 중 가장 고려하여야 할 것은?

① 오수   ② 악취

③ 매연   ④ 소음

88. 가솔린을 다량으로 사용하는 공장에 기계환기를 할 경우 배기구의 적당한 위치는?

① 바닥면 가까운 벽면

② 처마 밑

③ 지붕

④ 지붕 꼭대기

[해설] 가솔린은 공기중에 확산시키지 않고 신속히 실외로 배출하는 것이 바람직하며, 비중이 공기에 비해 무겁기 때문에 바닥에 남게 되어 폭발할 위험이 있다.

89. 실내공기를 오염시키는 물질 가운데 부유입자와 에어졸을 일정량 이하로 억제하여 유해가스, 금속이온 등이 그 실의 사용목적에 따라 관리되고 있는 실은?

① 린넨룸   ② 클린룸

③ 팬트리   ④ 드라이 에어리어

[해설] ① 린넨룸 : 호텔 객실 내부에서 사용하는 물건을 보관하는 실

③ 팬트리 : 식당과 부엌에서 사용하는 식기, 식품을 보관하는 실

④ 드라이 에어리어 : 지하실의 채광, 통풍, 방온, 방습 등을 목적으로 바깥쪽 벽에 따라 판 공간(구멍)

해답   82. ④   83. ①   84. ①   85. ④   86. ②   87. ③   88. ①   89. ②

90. 방직공장에서 기계환기를 할 때 배기구와 취기구의 위치는?

① 양쪽을 호흡선 아래에 둔다.

② 양쪽을 호흡선 정도에 둔다.

③ 배기구는 호흡선 위에, 취기구는 호흡선 밑에 둔다.

④ 배기구는 호흡선 밑에, 취기구는 호흡선 위에 둔다.

[해설] 방직공장에서는 미세한 먼지가 발생하므로 하향환기를 한다.

91. 공장건축의 일반 설비사항으로 가장 거리가 먼 것은?

① 조명은 위치를 자유롭게 할 수 있는 인공조명을 주로 사용하는 것이 좋다.

② 환기의 표준으로는 1시간에 6회 내지 7회 정도가 좋으며, 환기방법으로는 자연환기와 기계환기가 있다.

③ 강공업(鋼工業)에 속하는 작업장에는 그 자체가 난방이 되어 난방시설이 필요하지 않다.

④ 욕실설비는 중층공장의 경우에는 1층에 배치하는 것이 좋다.

[해설] 공장내의 조명은 자연채광과 인공조명을 사용한다.

92. 다음 조합 중 옳은 것은?

① 주택지의 교통계획	㉠ 드래프트 챔버(draft chamber)
② 학교의 화학실험실	㉡ 호이스트(hoist)
③ 공장의 운반설비	㉢ 쿨데삭(Cul-de-sac)
④ 사무소의 배연설비	㉣ 스모그 타워(smoke tower)

① ① - ㉢, ② - ㉣, ③ - ㉡, ④ - ㉠

② ① - ㉡, ② - ㉢, ③ - ㉢, ④ - ㉠

③ ① - ㉡, ② - ㉠, ③ - ㉢, ④ - ㉣

④ ① - ㉢, ② - ㉠, ③ - ㉡, ④ - ㉣

[해설] ① 드래프트 챔버(draft chamber) : 화학실에서 발생하는 유해가스 배기구

② 호이스트(hoist) : 화물을 수직으로 감아 올리는데 쓰이는 기계

③ 쿨데삭(Cul-de-sac) : 막다른 길

④ 스모그 타워(smoke tower) : 비상계단내 전실에 설치된 배연구

93. 다음 조합 중 가장 중요한 것은?

① 주택 - 조망   ② 상점 - 일조

③ 사무소 - 채광   ④ 공장 - 동선

[해설] ① 주택 - 일조

② 상점 - 동선

④ 공장 - 레이아웃

■■■ 창고

94. 공장의 창고건축에 대한 설명 중 가장 옳지 않은 것은?

① 단층창고의 출입문은 보통 크게 내는 것이 좋으며, 통상적으로 기둥 사이의 전체 길이를 문으로 한다.

② 다층창고의 층높이는 대체로 3.65m 정도가 적당하다.

③ 단층창고의 경우 구조, 재료가 허용하는 한 스팬을 넓게 한다.

④ 다층창고는 지가가 낮고, 부지가 넓은 경우에 주로 이용된다.

[해설] 지가가 낮고, 부지가 넓은 경우에 주로 이용되는 것은 단층창고이다.

95. 창고건축계획시 고려해야 할 사항 중 가장 적합하지 않은 것은?

① 평면계획시 하역장의 면적은 75~80%로 한다.

② 천창은 직사광선에 불리하므로 창의 위치를 낮게 둔다.

③ 창에는 직사광선에 의한 화물의 변질에 대비하여 차광설비가 필요하다.

④ 바닥의 높이는 지반면에서 20~30cm 높이는 것이 좋다.

해답   90. ④   91. ①   92. ④   93. ③   94. ④   95. ②

96. 창고계획에 대한 설명 중 옳지 않은 것은?

① 창고내에는 가급적 독립기둥이 서지 않도록 스팬을 크게 한다.

② 샤렌구조는 장스팬을 얻는데 적당하므로 창고에 많이 사용된다.

③ 창고의 바닥은 지반에서 약간 높이고, 중앙부는 주변보다 5~15cm 정도 낮추어 구배를 둔다.

④ 창고의 개구부나 틈새는 밀폐할 수 있도록 해야 한다.

해설 ① 단층창고의 경우는 스팬을 넓게 하기 위하여 철골구조가 많이 쓰인다.

② 샤렌구조는 장스팬을 얻는데 적합하다.

③ 창고의 바닥은 지반면에서 20~30cm 정도 높게 하고, 바닥면은 실의 중앙부에서 5~15cm를 높여 바닥 전체에 구배를 두어 바닥면을 수세할 때 필요한 배수구배로 한다.

97. 공장건축물 계획시 창고 및 저장장의 규모는 공장의 종류 및 규모에 따라 일정치 않으나 일반적으로 전작업장 면적에 대하여 얼마를 표준으로 하는가?

① 1/5
② 1/10
③ 1/15
④ 1/20

해설 창고 및 저장장의 규모는 공장의 종류에 따라 일정하지 않으나, 표준으로서는 전 작업장 면적의 1/10 정도로 한다.

98. 창고 및 공장건축의 기술 중에서 가장 부적당한 것은?

① 레이아웃이란 작업장내의 기계설비, 작업자의 작업영역, 자재나 제품을 두는 장소 등 상호의 위치관계를 가르키는 말이다.

② 공장 지붕형식 중에서 톱날형식을 취하는 이유는 작업장내의 일정한 조도를 얻기 위한 것이다.

③ 창고의 바닥높이는 지반면에서 30cm 이상으로 하는 것이 이상적이다.

④ 지붕형식상 샤렌식 지붕은 기둥이 많이 드는 단점이 있다.

해설 지붕형식상 샤렌식 지붕은 기둥이 적게 드는 장점이 있다.

제**6**장 숙박시설

출제경향분석

숙박시설은 건축기사 범위에만 해당하는 부분으로 호텔과 레스토랑으로 나누어지는데, 지금까지는 호텔에서만 출제되어 오고 있다. 거의 1문제씩 빠짐없이 출제가 되는데, 기본계획에서는 호텔의 종류가, 평면계획에서는 호텔의 기능이, 세부계획에서는 객실부분이 주로 출제된다.

세 부 목 차

1) 호 텔
2) 레스토랑

1 개설 (1) 호텔의 종류
2 배치계획 (1) 대지선정시 조건
(2) 배치계획시 조건

학습방향

호텔은 건축기사에만 출제된다. 호텔에서 가장 중요한 부분은 호텔의 종류, 호텔의 기능, 그리고 객실이다. 이와 함께 다른 부분들로 출제가 되므로 꼼꼼하게 잘 정리하여야 한다. 이 부분에서는 호텔의 종류를 판단하는 문제로 크게 도시에 있는 시티호텔과 도시밖에 있는 리조트호텔로 나눌 수 있으며, 기타 숙박시설로서 모텔과 유스 호스텔을 들 수 있다.

1. 호텔의 종류 및 특성
2. 유스 호스텔

· 개설

1 호텔의 종류

(1) 시티 호텔(city hotel)

도시의 시가지에 위치하여 일반 여행객의 단기체제나 도시의 사회적, 연회 등의 장소로 이용할 수 있는 호텔

① 커머셜 호텔(commercial hotel)

일반 여행자용 호텔로서 비지니스를 주체로 한 것으로 편리와 능률이 중요한 요소이다. 외래객에게 개방(집회, 연회)하므로 교통이 편리한 도시중심지에 위치하며, 부지는 제한되어 있으므로 주로 고층화한다.

② 레지던셜 호텔(residential hotel)

상업상의 여행자나 관광객 등이 단기체제하는 여행자용 호텔로서 커머셜 호텔보다 규모가 작고, 설비는 고급이며, 도심을 피하여 안정된 곳에 위치한다.

③ 아파트먼트 호텔(apartment hotel)

장기간 체제하는데 적합한 호텔로서 부엌과 셀프 서비스시설을 갖추는 것이 일반적이다.

④ 터미널 호텔(terminal hotel)

㉮ 철도역 호텔(station hotel)

㉯ 부두 호텔(harbor hotel)

㉰ 공항 호텔(airport hotel)

(2) 리조트 호텔(resort hotel)

피서, 피한을 위주로 하여 관광객이나 휴양객에게 많이 이용되는 숙박시설

학습POINT

① 클럽 하우스(club house) : 스포츠 및 레져시설을 위주로 이용되는 시설

② 산장 호텔(mountain hotel)

③ 온천 호텔(hot spring hotel)

④ 스키 호텔(ski hotel)

⑤ 스포츠 호텔(sport hotel)

⑥ 해변 호텔(beach hotel)

(3) 기타

① 모텔(motel) : 모터리스트의 호텔(motorist hotel)이라는 뜻으로서 자동차 여행자를 위한 숙박시설로 자동차 도로변, 도시근교에 많이 위치한다.

② 유스호스텔(Youth hostel) : 청소년 국제활동을 위한 장소로 서로 환경이 다른 청소년이 우호적 분위기 가운데서 사용할 수 있는 숙박시설

• 배치계획

1 대지선정시 조건

(1) 시티 호텔(city hotel)

① 교통이 편리할 것

② 환경이 양호하고 쾌청할 것

③ 자동차 접근(approach)이 양호하고, 주차설비가 충분할 것

④ 근처호텔과의 경영상의 경쟁과 제휴를 고려할 것

(2) 리조트 호텔

① 수질이 좋고, 수량이 풍부한 곳

② 자연재해의 위험이 없고, 계절풍에 대한 대비가 있을 것

③ 식료품이나 린넨류의 구입이 쉬울 것

④ 조망이 좋은 곳

⑤ 관광지의 정경을 충분히 이용할 수 있는 곳

2 배치계획

(1) 배치계획시 조건

① 여러 계통의 접근체계와 고객의 자동차동선을 고려한 교통계획이 중요하다.

주접근도 - 주현관 - 주차장의 3각관계가 대지내에서 원만히 순환되도록 한다.

■ 클럽하우스
공통된 목적을 가진 사람들이 모이는 회관

■ 유스호스텔의 건축기준
① 주요구조부는 내화 또는 불연재 구조로 한다.
② 4대 이상 8대 이하의 침대를 준비하고, 침실은 총수의 반수 이상으로 하고, 1실 20대를 초과하지 않는다.(보통 6베드를 기준으로 한다.)
③ 침실은 입구에서 남녀로 구분한다.
④ 수용인원에 대비한 로커를 설치한다.
⑤ 집회실을 만들고 150m²를 초과하는 집회실은 2실로 구분할 수 있게 한다.
⑥ 1인당 0.5m² 이상의 식당을 설치하고, 자취를 할 수 있게 적당한 너비의 조리실을 설치한다.
⑦ 15인 이하를 기준으로 1개의 온수 샤워시설을 샤워실에 설치한다.

■ 린넨(linen)
린넨의 의미는 속 것으로 우리가 흔히 말하는 런닝셔츠의 런닝이 린넨을 말한다.
속에 입는다는 의미로 과거에는 란닝구라는 일본식 발음을 해왔다. 따라서 호텔건축에서의 린넨룸은 호텔객실 내부에서 사용하는 물건 등을 보관하는 실을 말하며, 리조트 호텔의 대지선정조건에서 말하는 린넨류의 구입이 쉬워야 한다는 여기서의 린넨류는 주로 간단히 사용하는 물품종류를 말한다. 일상적으로 사용하는 간단한 물품들을 현지에서 사게 되는데 이러한 물품을 린넨류라 할 수 있다.

② 객실과 연회손님의 접근을 분리하며, 관리서비스의 교통은 별도로 취급한다.

③ 연회장, 욕실, 상업시설의 공공부분, 객실부분을 조닝(zoning)한다.

④ 객실부는 주변으로부터 충분한 프라이버시를 고려한다. 특히 리조트 호텔은 조망이 객실의 방위를 결정하게 한다.

(2) 호텔의 종류별 배치계획

① 시티 호텔 : 시가지에 세워지는 호텔은 부지가 제약되므로 복도면적을 작게 하고, 고층화에 적합한 평면형이 지향되고 있다.

② 아파트먼트 호텔 : 리조트 호텔과 시티 호텔의 중간적인 배치방법으로 특히 주거성을 생각하여 통풍, 채광이 좋은 평면형의 계획이 요망된다.

③ 리조트 호텔 : 관광지에 세워지는 리조트 호텔은 복도면적이 다소 많다고 해도조망, 쾌적함을 위주로 하여 장래증축이 가능한 구조와 하층에는 자유로운 형의 적당한 레크리에이션 시설을 배치하는 것이 좋다.

1 다음 중 시티 호텔(city hotel)에 속하지 않는 것은?

① 커머셜 호텔(commercial hotel)

② 터미널 호텔(terminal hotel)

③ 클럽 하우스(club house)

④ 아파트먼트 호텔(apartment hotel)

2 교통 및 상업의 중심지인 도시에 위치하여 일반관광객 외에 상업, 사무 등 각종 비즈니스를 위한 여행자를 대상으로 하며, 일반적으로 호텔경영내용의 주체를 식사료에 비중을 두고 있는 것은?

① 커머셜 호텔(Commercial hotel)

② 레지던셜 호텔(Residential hotel)

③ 아파트먼트 호텔(Apartment hotel)

④ 터미널 호텔(Terminal hotel)

3 다음의 호텔에 대한 설명 중 옳지 않은 것은?

① 아파트먼트 호텔은 장기간 체제하는데 적합한 호텔로서 각 객실에는 주방설비를 갖추고 있다.

② 커머셜 호텔은 스포츠시설을 위주로 이용되는 숙박시설을 갖추고 있다.

③ 터미널 호텔은 교통기관의 발착지점에 위치한다.

④ 리조트 호텔은 조망 및 주변경관의 조건이 좋은 곳에 위치하는 것이 좋다.

4 다음 중 시티 호텔(city hotel)계획에서 크게 고려하지 않아도 되는 것은?

① 연회장

② 레스토랑

③ 발코니

④ 주차장

5 호텔건축의 배치계획에 대한 다음 설명 중 옳지 않은 것은?

① 여러 계통의 접근체계와 고객의 자동차동선을 고려한 교통계획이 중요하다.

② 고객동선은 가능한 한 주접근로와 주차장과의 관계가 대지내에서 순환되도록 한다.

③ 리조트 호텔은 복도면적이 다소 많더라도 거주성이 좋은 평면으로 계획한다.

④ 시티 호텔은 복도면적을 작게 하고 고층화에 적합한 평면형이 요구된다.

1. 호텔

3 평면계획

(1) 호텔의 기능
(2) 각실의 면적구성비
(3) 동선계획
(4) 기준층계획

학습방향

평면계획에서 호텔의 기능에 따른 소요실이 어디에 속한가를 판단하는 문제와 연면적에 대한 숙박부분의 면적비가 가장 큰 호텔이 무엇인지 묻는 문제가 주로 출제된다.

1. 호텔의 기능
2. 호텔의 종류에 따른 면적구성비

---

1 호텔의 기능

호텔건축에서 가장 중요한 부분으로 각 부분에 대한 주요실들은 다음과 같다.

(1) 숙박부분

호텔의 가장 중요한 부분으로 이에 의해 호텔의 형이 결정된다. 객실은 쾌적성과 개성을 필요로 하며, 필요에 따라서 변화를 주어 호텔의 특성을 살린다.

(2) 관리부분

호텔이라는 유기체의 생리적 작용이 이루어지는 곳(경영서비스의 중추기능)으로서 각부마다 신속하고 긴밀한 관계를 갖게 한다. 특히 프론트 오피스는 기계화설비가 필요하다.

(3) 공공부분

공용성을 주체로 한 것으로 호텔 전체의 매개공간역할을 한다. 일반적으로 1층과 지하층에 두며, 숙박부분과는 계단, 엘리베이터 등으로 연락한다.

(4) 요리부분

식당과의 관계, 외부로부터 재료반입, 그 부분이 조잡해지는 것을 고려하여 위치를 정한다. 관리사무실과의 연락이 쉽게 될 수 있도록 통로를 설치한다.

학습POINT

■ 호텔의 기능
① 숙박부분 – 객실, 린넨실, 보이실
② 관리부분 – 프론트 오피스, 클로크룸
③ 공공부분 – 식당
④ 요리부분 – 부엌, 배선실
⑤ 설비부분 – 보일러실, 전기실
⑥ 대실부분 – 클럽실

기 능	소 요 실 명
관리부분 (managing part)	프론트 오피스, 클로크룸, 지배인실, 사무실, 공작실, 창고, 복도, 변소, 전화 교환실
숙박부분 (lodging part)	객실, 보이실, 메이드실, 린넨실, 트렁크룸
공용(사교)부분 (public space)	현관 · 홀, 로비, 라운지, 식당, 연회장, 오락실, 바, 다방, 무도장, 그릴, 담화실, 독서실, 진열장, 이 · 미용실, 엘리베이터, 계단, 정원
요리관계부분	배선실, 부엌, 식기실, 창고, 냉장고
설비관계부분	보일러실, 전기실, 기계실, 세탁실, 창고
대실	상점, 창고, 대사무소, 클럽실

■ 호텔의 각 부분의 면적비율

호텔의 각 부분에 대한 면적비율을 살펴보면 객관성이 결여된 것을 볼 수 있다.

호텔의 종류별로 그 비율이 정리되지 않아 혼동을 주게 되므로 주의하기 바란다.

여기서 일반적으로 정리할 수 있는 것은 호텔 연면적에 대한 숙박부분의 면적비가 가장 큰 것은 커머셜 호텔이고, 공용부분의 면적비가 가장 큰 것은 아파트먼트호텔이다.

2 각실의 면적구성비

구 분 \ 종 류	리조트 호텔	커머셜 호텔	아파트먼트 호텔
규모(객실 1에 대한 연면적)	$40{\sim}19m^2$	$28{\sim}50m^2$	$70{\sim}100m^2$
숙박부 면적비(연면적에 대한)	41~56%	49~73%	32~48%
공용면적비(연면적에 대한)	22~38%	11~30%	35~58%
관리부 면적비(연면적에 대한)	6.5~9.3%		
설비면적비(연면적에 대한)	약 5.2%		
로비면적(객실 1에 대한)	$3{\sim}6.2m^2$	$1.9{\sim}3.2m^2$	$5.3{\sim}8.5m^2$

3 동선계획

(1) 동선의 분류

① 고객동선 – 숙박객, 연회객, 일반 외래객

② 서비스동선 – 종업원, 식품, 물품, 쓰레기

③ 정보계통 동선 – 컴퓨터시스템 등

(2) 동선계획상 요점

① 고객동선과 서비스동선이 교차되지 않도록 출입구가 분리되어야 한다.

② 숙박고객과 연회고객의 출입구도 분리한다.

③ 고객동선은 명료하고 유연한 흐름이 되도록 한다.

④ 숙박객이 프런트를 통하지 않고 직접 주차장으로 갈 수 있는 동선은 없도록 한다.

⑤ 종업원 출입구와 물품의 반출입구는 1개소로 하여 관리상의 효율을 도모한다.

⑥ 최상층에 레스토랑을 설치하는 방안은 엘리베이터계획에도 영향을 주므로 기본계획시 결정한다.

4 기준층계획

기준층은 호텔의 객실이 있는 대표적인 층을 말한다.

(1) 고려사항

① 기준층의 평면은 규격과 구조적인 해결을 통해 호텔 전체를 통일시켜야 한다. 이와 같이 호텔설계는 기준층계획부터 시작된다.

② 기준층의 객실수는 기준층의 면적이나 기둥간격의 구조적인 문제에 영향을 받는다. 〔스팬=(최소의 욕실 폭 + 객실입구 통로폭 + 반침폭)× 2배〕

③ 기준층의 평면형은 편복도와 중앙복도로 한쪽면 또는 양면으로 객실을 배치한다.

④ 객실의 크기와 종류는 건물의 단부와 층으로 차이를 둔다.

⑤ 동일 기준층에 필요한 것으로는 서비스실, 배선실, 엘리베이터, 계단실 등이 있다.

(2) 기준층의 평면형

① H형 또는 ㅁ자형 평면

예전에 자주 사용하던 타입으로 거주성은 그다지 바람직하지 못하나 한정된 체적속에 외기접면을 최대로 할 수 있다.

② T자, Y자 또는+자형 평면

객실층의 동선상이 짧은 장점이 있으나 계단이 많이 요구된다. T자형과 Y자형 평면에서는 3개의 계단실이 요구되면 경제적인 평면에 속한다. Y형은 공공공간에서 구조시스템에 유의한다.

③ 편복도를 갖는 ㅡ자형의 단순한 평면

가장 많이 쓰이는 평면이다.

④ 사각이나 원과 같은 단순한 타입

증축이 불가능한 단점이 있다.

⑤ 중복도형의 단순한 평면

고층이 될 때 건물의 폭을 크게 하기 위해 사용하는 타입이다.

■ 기준층의 평면형

타입	평면형 예
H형 더블H형	
T자, Y자, 십자형	
일자형	
사각이나 원의 단순형	
중복도형	
복합형	

1 다음의 호텔건축에 대한 설명 중 옳지 않은 것은?

① 호텔의 공공부분은 호텔 전체의 매개공간역할을 한다.

② 호텔의 관리부분에 의해 호텔의 외형이 결정된다.

③ 호텔의 숙박부분은 호텔의 가장 중요한 부분으로 객실은 쾌적성과 개성을 필요로 한다.

④ 호텔의 공공부분 중 수익성부분은 일반적으로 1층과 지하층에 두는 경우가 많다.

해설 1
숙박부분은 호텔의 가장 중요한 부분으로 이에 의해 호텔의 형이 결정된다.

2 호텔의 각 기능별 부분과 그 소요실에 관한 내용 중 옳지 않은 것은?

① 숙박부분 : 객실, 공동욕실, 트렁크실

② 공공부분 : 로비, 라운지, 나이트클럽, 오락실, 상점

③ 관리부분 : 지배인실, 사무실, 보이실, 린넨실, 홀

④ 요리부분 : 배선실, 주방, 식기실, 냉동실, 식품고

해설 2
린넨실 – 숙박부분

3 다음 중 호텔의 성격상 연면적에 대한 숙박면적의 비가 가장 큰 것은?

① 리조트 호텔　　　　　② 커머셜 호텔

③ 레지던셜 호텔　　　　④ 클럽 하우스

해설 3
① 연면적에 대한 숙박부분의 면적비가 가장 큰 호텔 – 커머셜 호텔

② 연면적에 대한 공용면적의 면적비가 가장 큰 호텔 – 리조트 호텔, 아파트먼트호텔

4 호텔의 동선계획에 대한 설명 중 옳지 않은 것은?

① 고객동선과 서비스동선이 교차되지 않도록 한다.

② 숙박고객과 연회고객의 출입구는 별도로 분리하지 않는 것이 좋다.

③ 숙박고객이 프론트를 통하지 않고 직접 주차장으로 가는 동선은 관리상 피하도록 한다.

④ 최상층에 레스토랑을 둘 것인가 하는 문제는 엘리베이터 계획에도 영향을 미치므로 기본계획시에 결정하는 것이 좋다.

해설 4
숙박고객과 연회고객의 출입구는 분리한다.

5 호텔건축의 기준층계획에 대한 설명 중 옳지 않은 것은?

① 기준층은 호텔에서 객실이 있는 대표적인 층을 말한다.

② 동일 기준층에 필요한 것으로는 서비스실, 배선실 등이 있다.

③ 기준층의 객실수는 기준층의 면적이나 기둥간격의 구조적인 문제에 영향을 받는다.

④ H형 또는 ㅁ자형 평면은 거주성이 좋아 일반적으로 가장 많이 사용되는 형식이다.

해설 5
H형 또는 ㅁ자형 평면은 예전에 자주 사용하던 타입으로 거주성은 그다지 바람직하지 못하나 한정된 체적속에 외기접면을 최대로 할 수 있다.

정답 1.② 2.③ 3.② 4.② 5.④

4 세부계획

(1) 현관·홀, 로비, 라운지
(2) 프론트 데스크, 지배인실
(3) 객실 (4) 식당·부엌 (5) 연회장
(6) 종업원 관계제실 (7) 기타

학습방향

세부계획에서는 객실을 중심으로 나머지 부분들이 출제되어 오고 있다.

1. 객실의 크기와 형
2. 각 실별 점유바닥면적
3. 린넨룸

1 현관·홀, 로비, 라운지

(1) 현관·홀(vestibule, hall)

고객의 최초 도착장소로서 프론트 데스크와의 접속이 원활해야 하며, 기능적으로 로비와 라운지에 연속된다.

(2) 로비(lobby)

① 객동선의 중심지로 현관에 도착하는 객이 먼저 들어가게 되면 예약이나 식사 및 사교를 위해서 이 공간이 이용된다.

② 프론트 오피스에 용이하게 연속될 수 있는 위치로 엘리베이터, 계단에 의해 객실로 통하고 식당, 오락실에 용이하게 갈 수 있는 장소이다.

③ 공용부분의 중심이 되어 휴식, 면회, 담화, 독서 등 다목적으로 사용되는 공간이다.

(3) 라운지(lounge)

넓은 복도이며, 현관·홀, 계단 등에 접하여 응접용, 대화용, 담화용 등을 위하여 칸막이가 없는 공간이다.

2 프론트 오피스, 지배인실

(1) 프론트 오피스

프론트 오피스는 호텔의 중심부로 합리화와 기계화, 각종 최신 통신설비를 통하여 업무의 신속화 및 능률화를 올릴 수 있도록 한다.

① 안내계
② 객실계
③ 회계계

학습POINT

(2) 지배인실

외래객이 알기 쉽도록 하며, 누구에게나 방해됨이 없이 자유롭게 출입하고 대화할 수 있는 위치에 두며, 후문으로 통하게 한다.

3 객실

(1) 크기

표1 | 객실의 크기

구 분	실 폭	실깊이	층높이	출입문 폭
1인용실	2~3.6m	3~6m	3.3~3.5m	0.85~0.9m
2인용실	4.5~6m	5~6.5m		

표2 | 객실의 종류별 크기

실의 종류	싱글	더블	트윈	스위트	욕실의 최소 크기
1실의 평균 면적 (m²)	18.55	22.414	30.43	45.89	1.5~3.0

(2) 객실의 형

가로, 세로의 비, 욕실, 벽장의 위치에 의해서 침대의 배치를 검토하여 결정한다.

① 일반적인 형

$\dfrac{b}{a}$=0.8~1.6

② 평면형의 결정조건 : 침대의 위치, 욕실, 변소의 위치에 의해 결정된다.

4 식당 · 부엌

(1) 식당

① 면적구성비 : 식당과 주방의 관계에서 식당이 차지하는 면적은 70~80% 정도이다.

② 크기

㉮ 1석당 면적 : 1.1~1.5m²/석

㉯ 1평당 수용인원 : 2.0~2.5인/평

(2) 주방

① 능률적이고 경제적, 위생적이어야 한다.

② 면적 : 조리실 등의 주요 부분은 식당면적의 25~35% 정도가 적당하다.

■ 실폭

욕실 최소 폭 + 출입문 폭 + 반침 깊이

■ 그림. 객실의 형

5 연회장

(1) 대연회장 : 1.3m²/인

(2) 중·소 연회장 : 1.5~2.5m²/인

(3) 회의실 : 1.8m²/인

6 종업원 관계제실

(1) 종업원 수 : 객실수의 2.5배 정도의 인원

(2) 종업원의 숙박시설 : 종업원의 1/3 정도의 규모

(3) 보이실(boy room), 룸서비스(room service)

　① 숙박시설이 있는 각층 코어에 인접하여 둔다.

　② 객실 150 베드(bed)당 리프트 1개를 설치하며, 25~30실당 1대씩 추가설치함

(4) 린넨실(linen room) : 숙박객의 세탁물 보관 또는 객실내부에서 사용하는 물건들을 보관하는 실이다.

(5) 트렁크 룸(trunk room) : 숙박객의 짐을 보관하는 장소로 화물용 엘리베이터가 필요하다.

7 기타

(1) 복도의 폭

　① 중복도인 경우 : 1.5m 이상

　② 편복도인 경우 : 1.2m 이상

(2) 변소

　① 공용부분의 층에서는 60m 이내마다 설치한다.

　② 종업원의 변소는 따로 설치하여 고객과의 혼용을 방지한다.

　③ 공통용 변기수는 25인에 대해 1개의 비율로 설치한다.

　(대 : 소 : 여 = 1 : 2 : 1)

1 호텔의 퍼블릭 스페이스(public space)계획에 대한 설명 중 가장 부적절한 것은?

① 프론트 오피스는 기계화된 설비보다는 많은 사람을 고용함으로서 고객의 편의와 능률을 높여야 한다.
② 프론트 데스크 후방에 프론트 오피스를 연속시킨다.
③ 로비는 개방성과 다른 공간과의 연계성이 중요하다.
④ 주식당은 외래객이 편리하게 이용할 수 있도록 출입구를 별도로 설치한다.

2 커머셜 호텔(commercial hotel)의 2인용 일반객실 단위면적으로서 실의 유효 폭 a와 실깊이 b를 b/a 치수관계 비율로서 나타낼 때 가장 표준적인 것은 다음 중 어느 것인가?

① 0.4~0.8
② 0.8~1.6
③ 1.6~2.0
④ 2.5~3.0

3 호텔 객실의 평면계획에서 침대 및 가구의 배치에 영향을 끼치는 요인과 가장 거리가 먼 것은?

① 객실의 층수
② 실 폭과 실 길이의 비
③ 욕실의 위치
④ 반침의 위치

4 호텔에 있어서 린넨실(linen room)의 용도에 대하여 옳게 설명한 것은?

① 화물 엘리베이터나 덤웨이터를 설치하여 이용하는 장소이다.
② 휴식 및 숙직용 베드를 설치하고 싱크를 설치하는 종업원 휴게실이다.
③ 객실의 예비침구 및 숙박객의 세탁물을 수납하는 장소이다.
④ 숙박객의 도난방지를 위하여 설치해 놓은 장소이다.

5 호텔건축의 화장실계획에 관한 기술 중 옳지 않은 것은?

① 공동용 화장실은 남녀를 구분하고 전실을 두어야 한다.
② 퍼브릭 스페이스(public space)층에는 30m 이내의 거리마다 공동용 화장실을 두어야 한다.
③ 객실층에는 공동용 화장실이 불필요하고, 서비스 스테이션이 있는 곳에는 전용변소를 둔다.
④ 공동용 변기수는 1개당 25명에 해당하며, 대 : 소 : 여의 비는 2 : 4 : 2로 나눈다.

해설 **1**
프론트 오피스는 호텔운영의 중심부로서 인체의 두뇌에 비유할 수 있는 호텔운영의 중추가 된다. 프론트 데스크는 호텔경영의 합리화와 사무의 기계화, 각종 통신설비의 도입으로 각종 업무의 연결을 신속히 하며, 작업능률을 올려서 인건비를 절약하여야 한다.

해설 **2**
$$\frac{b}{a} = 0.8 \sim 1.6$$

해설 **3**
객실의 평면형은 종횡비(실 폭과 실 길이의 비)와 욕실 반침의 위치에 따라 결정되며, 객실의 단위 폭은 최소 욕실 폭 + 객실의 출입구 폭 + 반침깊이로 결정된다.

해설 **5**
변소는 공용부분의 층에서는 60m 이내마다 설치한다.

정답 1. ① 2. ② 3. ① 4. ③ 5. ②

2. 레스토랑

1 레스토랑의 종류　**2** 서비스의 방법 및 특성
3 공간구성　**4** 동선계획

> ### 학습방향
>
> 레스토랑에 관한 문제는 건축기사범위로서 거의 출제가 되지 않는 부분이다. 그러나 완전한 시험대비를 위해서 학습해 두는 것이 좋으리라 생각된다. 레스토랑에 관해서 많은 내용이 있으나 출제 가능성이 높은 부분만을 정리하였다.
>
> 1. 그릴
> 2. 카페테리어

1 레스토랑의 종류

(1) 식사를 주로 하는 음식점

① 레스토랑(restaurant)
② 런치 룸(lunch room)
③ 그릴(grill)
④ 카페테리어(cafeteria)
⑤ 뷔페(buffet)
⑥ 스넥 바(snack bar)
⑦ 샌드위치 숍(sandwich shop)
⑧ 드라이브 인 레스토랑(drive in restaurant)
⑨ 한식점
⑩ 화식점

(2) 가벼운 음식을 주로 하는 음식점

① 다방
② 베이커리(bakery)
③ 캔디 스토어(candy store)
④ 프루츠 파알러(fruits parlour)
⑤ 드럭 스토어(drug store)

(3) 주류를 주로 하는 음식점

① 바(bar)
② 안방술집
③ 비어 홀(beer hall)
④ 카페(cafe)
⑤ 스탠드(stand)

학습POINT

■ 의미
① 레스토랑(restaurant) : 넓은 의미로 서양식 식당을 말하며, 본격적 레스토랑은 테이블 서비스를 주로 하며, 호텔의 식당과 같이 정한 시각에 정식을 손님에게 제공하는 것을 원칙으로 한다.
② 런치 룸(lunch room) : 레스토랑을 실용화한 것으로 주로 경식을 내는 음식점이다.
③ 그릴(grill) : 불고기, 생선구이 등 특징 있는 일품요리를 내는 음식점인데, 카운터 서비스가 주체이다.
④ 카페테리어(cafeteria) : 레스토랑의 변형으로 간단한 식사를 하려는 사람들의 요구에 따라 발달되어 셀프 서비스(self service)를 한다.
⑤ 뷔페(buffet) : 음식 진열장에 차려진 메뉴에 따라 각자 취향에 맞는 음식을 선택하는 셀프 서비스 레스토랑
⑥ 스넥 바(snack bar) : 간단한 식사를 할 수 있게 되어 있는 카운터 서비스 또는 셀프 서비스 레스토랑

---

(4) 사교를 주로 하는 음식점

　① 캬바레(cabaret)

　② 나이트 클럽(night club)

　③ 댄스 홀(dance hall)

2 서비스의 방법 및 특성

(1) 테이블 서비스 레스토랑

　① 웨이터가 요리상을 방으로 옮기는 시스템으로 옛날부터 있는 형식이다.

　② 조용하고 쾌적한 분위기가 되므로 이러한 방법을 좋아하는 손님이 대체적으로 많다. 따라서 서비스는 신속하지 않아도 정중하게 취급할 수 있도록 세심한 주의가 필요하다.

　③ 인건비, 유지비, 손님의 순환률도 다른 형식보다 비경제적이므로 손님도 고급이고 가격도 높다.

　④ 평면계획은 손님, 웨이터, 요리 등의 각 동선의 혼란함은 물론, 손님이 흐르는 교차를 피하고 요리식기를 내리는 곳, 출구는 따로 하며, 서비스 루트에는 되도록 바닥의 고저가 없어야 한다.

(2) 카운터 서비스 레스토랑

　① 카운터 앞에서 웨이터없이 서비스로 식사를 하는 형식이다.

　② 서비스가 신속하고, 또 면적의 이용률이 높고, 어떠한 부지에도 자유로이 배치할 수 있으며, 손님의 순환률도 좋다.

　③ 결점으로서는 시끄럽고 안정하지 못하다.

　④ 항상 손님이 오는 음식점이나 일시적으로 혼잡한 음식점, 혹은 사무실 등에서 점심식사시간에 식사를 하려는 손님이 오는 곳에서는 적당하지만 테이블 서비스로 혼용하는 편이 융통성이 있어서 좋다.

　⑤ 부지가 좁은 곳에서는 1층을 카운터 서비스로 하고, 2층을 테이블 서비스로 하는 것도 적절한 방법이다.

　⑥ 카운터의 길이는 손님을 12인 이상 앉는 것을 한도로 하고, 의자는 바닥에 고정하든가 아래를 무겁게 해서 넘어지거나 배열이 난잡하지 않게 하는 것이 좋다.

　⑦ 런치룸, 스넥 바는 카운터 서비스 레스토랑이다.

(3) 셀프 서비스 레스토랑(self service restaurant)

　① 손님자신이 서비스를 하는 형식으로 학교 식당, 사무실건물의 지하 식당 등 형식을 가리지 않고 신속하고 식사를 자유로 선택하는 효율이 좋고, 가격이 싼 것이 특징이다.

　② 손님자신이 서비스하는 것이므로, 손님의 동선계획이 중요하다.

　③ 손님의 동선내에 음료수 겸 세면기가 비치된다.

④ 카페테리어는 셀프 서비스 레스토랑이다.

⑤ 동선도 : 입구 – 쟁반, 식기 준비 – 서비스 카운터 – 계산대 – 식탁 – 출구

3 공간구성

레스토랑의 공간은 영업부분, 조리부분, 관리부분으로 구성된다.

표 | 레스토랑의 제실

기 능	면적비율	소 요 실 명
영업부분	50~85%	현관, 로비, 클로크, 프론트 오피스, 라운지, 런치 룸, 바, 칵테일 라운지, 다방, 화장실, 주식당, 그릴룸, 특별실, 연회장, 집회실
관리부분	2~30%	종업원실, 종업원 화장실, 사무실, 사용인 출입구, 지배인실, 전기실, 기계실, 보일러실
조리부분	5~50%	부엌, 배선실, 창고, 냉장고

4 동선

(1) 분류

① 고객동선 : 종업원의 서비스동선과 교차되지 않도록 한다. 음식점의 규모에 따라 다르지만 주통로는 900~1,200mm, 부통로는 600~900mm, 최종 통로는 400~600mm가 필요하다.

② 서비스동선 : 주방과 객석을 왕래하는 종업원의 동선으로 가능한 한 짧게 단축시킨다.

③ 식품동선 : 식품의 반입과 쓰레기의 산출을 위한 동선이다.

(2) 동선계획시 고려사항

① 손님의 동선과 웨이터, 부엌관계의 동선이 혼란하지 않아야 한다.

② 배선실(pantry), 식당간의 종업원의 동선은 손님의 동선과 관계없이 바닥의 고저차가 없게 하고, 요리의 출구, 식기의 회수를 별도로 하여 종업원의 동선을 단순화한다.

③ 주방관계의 동선과 손님의 동선은 완전격리시킨다.

④ 연회장, 집회장이 있을 경우에는 그 전용의 클로크룸, 대합실, 서비스 팬트리를 두는 것이 좋다.

⑤ 화장실은 식당에서 직접 통하지 않고, 로비나 라운지 등에서 연락하게 한다.

⑥ 최근에는 로비, 라운지, 다방, 식당 등을 따로 별실로 하지 않고, 개방적으로 취급하여 글라스 스크린이나 간단한 칸막이, 화분 등으로 구획하는 경향이 있으며, 바에는 별실로 하는 것이 좋다.

1 셀프 서비스(self service)가 주가 되는 형식의 음식점은 어느 것인가?

① 슈퍼스토어(superstore)
② 카페테리아(cafeteria)
③ 그릴(grill)
④ 레스토랑(restaurant)

2 레스토랑의 평면계획으로 옳지 않은 것은?

① 화장실은 로비에서 연결되도록 한다.
② 손님의 동선과 부엌의 동선이 교차하지 않도록 한다.
③ 요리의 출구와 식기회수동선과는 일치하는 것이 좋다.
④ 서비스동선에서는 바닥의 고저차가 없어야 한다.

3 다음은 셀프 서비스(self-service) 레스토랑 객의 동선순서이다. 옳게 기술한 것은 다음 중 어느 것인가?

① 입구 – 쟁반, 식기 준비 – 계산대 – 식탁 · 서비스 카운터 – 출구
② 입구 – 계산대 – 쟁반, 식기 준비 – 서비스 카운터 – 식탁 – 출구
③ 입구 – 쟁반, 식기 준비 – 서비스 카운터 – 계산대 – 식탁 – 출구
④ 입구 – 계산대 – 서비스 카운터 – 쟁반, 식기 준비 – 식탁 – 출구

4 식당 객석의 식탁배치 중 1인당 소요면적이 가장 작은 것은?

①
②
③
④

해설 1
카페테리아(cafeteria)는 레스토랑의 변형으로 간단한 식사를 하려는 사람들의 요구에 따라 발달된 셀프 서비스를 한다.

해설 2
요리의 출구와 식기의 회수를 별도로 하여 종업원의 동선을 단순화한다.

해설 3
동선도 : 입구 – 쟁반, 식기 준비 – 서비스 카운터 – 계산대 – 식탁 – 출구

해설 4 식탁의 배치
① 평행배치($5.324m^2$)
② 대각배치($3.315m^2$)
③ 사방탁자배치($2.73m^2$)

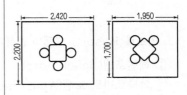

ⓐ 평행 배치   ⓑ 대각 배치

ⓒ 사방탁자 배치

■■■ 호텔
■ 개설

1. 사업상, 사무상의 여행자, 관광객, 단기체재자 등의 일반여행자를 대상으로 한 호텔을 무엇이라고 하는가?

① 커머셜 호텔(Commercial hotel)
② 레지던셜 호텔(Residential hotel)
③ 아파트먼트 호텔(Apartment hotel)
④ 터미널 호텔(Terminal hotel)

[해설] 레지던셜 호텔은 비즈니스 여행자, 관광객, 단기체제자 등의 일반여행자를 대상으로 한 최고의 스위트와 호화로운 설비를 하고 있다.

2. 다음 호텔의 명칭 중 리조트 호텔의 종류가 아닌 것은?

① beach hotel
② club house
③ habor hotel
④ mountain hotel

[해설] habor hotel(부두호텔)은 터미널 호텔로서 시티 호텔에 속한다.

3. 리조트(Resort) 호텔의 종류가 아닌 것은?

① 해변호텔(Beach hotel)
② 아파트먼트 호텔(Apartment hotel)
③ 산장호텔(Mountion hotel)
④ 클럽 하우스(Club house)

[해설] ② – 시티 호텔

4. 호텔에 관한 설명으로 옳지 않은 것은?

① 시티 호텔은 일반적으로 고밀도의 고층형이다.
② 터미널 호텔에는 공항호텔, 부두호텔, 철도역 호텔 등이 있다.
③ 리조트 호텔의 건축형식은 주변조건에 따라 자유롭게 이루어진다.
④ 커머셜 호텔은 여행자의 장기간 체재에 적합한 호텔로서 각 객실에는 주방설비를 갖추고 있다.

[해설] 아파트먼트 호텔은 여행자의 장기간 체재에 적합한 호텔로서 각 객실에는 주방설비를 갖추고 있다.

5. 다음 숙박시설에 관한 설명 중 옳지 않은 것은?

① 모텔 : 저렴한 요금으로 청소년을 숙박시키는 간이호텔
② 커머셜 호텔 : 상업상의 여행자용 호텔
③ 아파트먼트 호텔 : 장기체재용 호텔
④ 리조트 호텔 : 관광지나 휴양지의 호텔

[해설] 모텔(motel)은 모터리스트의 호텔이라는 뜻의 자동차 여행자를 위한 숙박시설로 자동차 도로변, 도시근교에 많이 위치한다.

6. 다음의 숙박시설에 관한 설명 중 부적당한 것은?

① Youth hostel : 저렴한 요금으로 규율있게 일반청소년을 숙박시키기 위한 시설
② Commercial hotel : 일반여행자용으로서 편리와 능률을 위주로 계획된 도심지 호텔의 일종이다.
③ Apartment hotel : 장기체재할 수 있도록 욕실, 부엌 등이 설비된 호텔이다.
④ Motel : 자동차이용이 편리한 도심지에 많이 설치되는 호텔이다.

[해설] 모텔은 자동차여행자용 호텔로서 도심지와는 무관한 곳에 위치한다.

해답 1. ② 2. ③ 3. ② 4. ④ 5. ① 6. ④

7. 시티 호텔(city hotel)에 관한 설명 중 부적당한 것은?

① 시설을 고급화한다.
② 교통이 편리하고 주차시설이 완벽하다.
③ 되도록 복도면적을 줄여 객실을 늘리고 고층화한다.
④ commercial hotel, terminal hotel, apartment hotel, youth hostel 등이 이에 속한다.

해설 유스 호스텔(youth hostel)은 국제적인 청소년의 활동을 위한 장소로서 서로 환경이 다른 청소년이 우호적 분위기 가운데 화합할 수 있는 간이숙박시설이다.

8. 호텔건축에 관한 기술 중 옳지 않은 것은?

① 시티 호텔은 복도면적이 증대하더라도 조망 및 환경을 쾌적하게 한다.
② 유스 호스텔은 국제청소년활동을 위한 시설로서 인종, 계급의 차별없이 수용하도록 되어야 한다.
③ 숙박부분은 개인의 기밀성을 위하여 전부 상층에 두고, 공용·공중성의 것은 1층 또는 지하층에 둔다.
④ 주식당은 호텔의 사교장 중심이 되는 곳으로 외래자에게도 편리하게 이용될 수 있게 한다.

해설 리조트 호텔은 복도면적이 증대하더라도 조망 및 환경을 쾌적하게 한다.

9. 호텔계획에 관한 설명 중 적당하지 않은 것은?

① 다른 건축물에 근접하는 것을 피해야 한다.
② 리조트 호텔은 복도면적이 다소 많다고 해도 조망이나 쾌적함을 위주로 설계한다.
③ 리조트 호텔은 관광지의 성격을 충분히 이용할 수 있는 곳이 좋다.
④ 시티 호텔은 복도면적을 크게 해야 하며, 고층화에는 적합하지 않다.

해설 시티 호텔은 주로 고층화 하여 공용부분인 복도면적을 최대로 줄이고, 유효면적(객실)을 증대시켜야 한다.

10. 호텔의 기본계획조건으로 가장 관계가 먼 것은 어느 것인가?

① 장래의 증축을 고려할 것
② 레크리에이션 시설은 가급적 하층부에 둘 것
③ 리조트 호텔(resort hotel)은 서비스면적이 많아져도 쾌적함을 위주로 할 것
④ 시티 호텔(city hotel)은 수직교통의 단축을 위해 전체를 저층으로 구성할 것

해설 시티 호텔은 부지조건이 제한되어 있으므로 건물을 고층화한다.

■ **배치계획**

11. 다음은 호텔구성의 4가지 구성요소이다. 각 항에 적합하지 않은 것은 어느 것인가?

① 숙박부분 : 객실, 린넨실, 룸서비스, 식당
② 공공부분 : 로비, 라운지, 나이트클럽, 오락실, 상점
③ 관리부분 : 지배인실, 사무실, 전화교환실, 창고
④ 요리부분 : 배선실, 주방, 식기실, 냉동실, 식품고

해설 공공부분 – 식당

12. 일반적으로 호텔의 소요실 중 클로크룸(Cloak room)은 기능상 어느 부분에 속하는가?

① 관리부분   ② 공공부분
③ 숙박부분   ④ 대실부분

해설 클로크룸(cloak room)은 호텔의 연회장 출입시 휴대품을 보관하는 장소로서 관리부분에 속한다.

13. 호텔의 소요실명 중 퍼블릭 스페이스(public space)에 속하지 않는 것은?

① 진열장   ② 라운지
③ 클럽실   ④ 오락실

해설 클럽실 – 대실

14. 호텔의 각실에 대하여 가장 관계있는 것끼리 바르게 연결된 것은?

> A. 트렁크실(trunk room) 1. 숙박관계부분
> B. 클로크실(cloak room) 2. 퍼블릭 스페이스(public space)
> C. 로비(lobby) 3. 관리관계부분
> D. 팬트리(pantry) 4. 요리관계부분

① A − 1, B − 4, C − 2, D − 3
② A − 2, B − 1, C − 3, D − 4
③ A − 3, B − 4, C − 1, D − 2
④ A − 1, B − 3, C − 2, D − 4

15. 호텔건축의 기능적 분류는 세부분으로 나누어지는데, 이들은 공간적으로 분명한 조닝체계에 의하여 계획되어야 한다. 다음 중 호텔건축의 기능적 분류의 세부분에 속하지 않는 것은?

① 관리부분
② 공공부분
③ 숙박부분
④ 설비부분

[해설] 호텔의 기능은 관리부분, 숙박부분, 공공부분, 요리관계부분, 설비관계부분, 대실부분으로 나누어지나, 공간적으로 분명한 조닝체계가 필요한 주요 3부분은 관리부분, 숙박부분, 공공부분이다.

16. 호텔의 건축적 형식으로서 외관의 형태결정요인으로 가장 크게 작용하는 부분은 다음 중 어느 것인가?

① 관리부분
② 공공부분
③ 숙박부분
④ 설비부분

[해설] 숙박부분은 호텔에서 가장 중요한 블록으로 이에 따라 호텔형이 결정된다.

17. 다음 호텔계획에 관한 설명 중 옳지 않은 것은?

① 로비(Lobby)는 퍼블릭 스페이스(public space)의 중심이 되도록 계획한다.
② 일반적으로 호텔의 형태는 숙박부분계획에 의해 영향을 받는다.
③ 로비(Lobby)는 라운지(Lounge)와 구별하여 계획한다.
④ 공공부분, 사교부분은 일반적으로 저층에 배치하는 것이 이용성에 좋다.

[해설] 라운지는 넓은 복도로서 현관·홀, 로비, 계단 등과 접하여 응접용, 대화용, 담화용 등을 위하여 칸막이가 없는 공간이다.

18. 호텔건축의 기능에 대한 사항 중 옳지 않은 것은?

① 숙박관계부분은 가장 중요한 블록으로 이에 따라 호텔형이 결정된다.
② 호텔의 퍼플릭 스페이스는 1층이나 지하층에 위치시킨다.
③ 관리부분은 가능한 한 지하층에 위치시킨다.
④ 보이실·린넨실·트렁크룸 등은 각층마다 있도록 한다.

[해설] 관리부분은 1층에 위치시킨다.

19. 호텔기능에 관한 설명 중 부적당한 것은?

① 숙박시설이 개인의 기밀성을 요구한다면 사교부분은 공공성이 있어야 한다.
② 아파트먼트 호텔의 유니트에 주방이 부속되어 있으므로 호텔 자체의 식당과 주방은 필요하지 않다.
③ 숙박부분에 의해 호텔의 형이 결정된다.
④ 숙박부분과 연회부분의 동선은 분리해야 한다.

[해설] 객실내의 주방과 무관하게 별도로 호텔 자체의 식당을 둔다.

해답 14. ④ 15. ④ 16. ③ 17. ③ 18. ③ 19. ②

20. 호텔의 건축계획에 관한 설명 중 옳지 않은 것은?

① 주식당(main dining room)은 숙박객 및 외래객을 대상으로 하며, 외래객이 편리하게 이용할 수 있도록 출입구를 별도로 설치한다.

② 기준층의 객실수는 기준층의 면적이나 기둥간격의 구조적인 문제에 영향을 받는다.

③ 로비는 퍼블릭 스페이스의 중심으로 휴식, 면회, 담화, 독서 등 다목적으로 사용되는 공간이다.

④ 객실의 크기는 대지나 건물의 형태에 영향을 받지 않는다.

[해설] 객실의 크기는 대지나 건물의 형태에 직접적인 영향을 많이 받는다고 할 수 있다.

■ **평면계획**

21. 현대호텔 건축계획에 관한 설명으로 옳은 것은?

① 일반적으로 호텔건축의 형태는 공공(public)부분에 의하여 결정된다.

② 연회장의 출입은 명확한 동선을 위해 호텔 주출입구 및 로비를 통하도록 하는 것이 좋다.

③ 커머셜(Commercial) 호텔의 기준층 평면계획은 복도의 면적을 가능한 한 작게 해도 좋다.

④ 호텔 기준층에 있어서 층당 객실수는 엘리베이터가 설치되지 않을 경우 평균 39실 정도가 알맞다.

[해설] ① 호텔건축의 형태는 숙박부분에 의해 결정된다.
② 숙박부분과 연회부분의 동선은 분리해야 한다.
③ 호텔 기준층에 있어서 층당 객실수는 엘리베이터가 설치되지 않을 경우 평균 19실 정도가 알맞다.

22. 호텔의 부문별 면적 중 관리부분이 차지하는 배분은?

① 10~20%   ② 20~30%
③ 30~40%   ④ 40~50%

[해설] 관리부분의 면적구성비 : 6.5~ 9.3%

23. 시티 호텔의 공공부분 혹은 사교부분은 전체 면적의 몇 %를 넘지 않는 것이 정상인가?

① 15%   ② 20%
③ 30%   ④ 40%

[해설] 시티 호텔의 연면적에 대한 공공부분의 면적비 : 11~30%

24. 객실 200개 규모의 시가지 호텔의 연면적으로 가장 적절한 것은?

① 8,000~10,000m²
② 11,000~13,000m²
③ 14,000~15,000m²
④ 16,000~18,000m²

[해설] 200개×40~50m²/bed=8,000~10,000m²

25. 다음 중 연면적에 대한 숙박관계부분의 비율이 가장 큰 호텔은?

① 리조트 호텔   ② 클럽 하우스
③ 커머셜 호텔   ④ 레지던셜 호텔

[해설] ① 연면적에 대한 숙박부분의 면적비가 가장 큰 호텔 : 커머셜 호텔
② 연면적에 대한 숙박부분의 면적비가 가장 작은 호텔 : 아파트먼트 호텔

26. 다음 호텔 중에서 연면적에 비해서 숙박면적의 비가 가장 큰 것은?

① 커머셜 호텔(commercial hotel)
② 레지던셜 호텔(residential hotel)
③ 클럽 하우스(club house)
④ 리조트 호텔(resort hotel)

[해설] ① 연면적에 대한 숙박부분의 면적비가 가장 큰 호텔 : 커머셜 호텔
② 연면적에 대한 숙박부분의 면적비가 가장 작은 호텔 : 아파트먼트 호텔

해답   20. ④   21. ③   22. ①   23. ③   24. ①   25. ③   26. ①

27. 호텔 연면적에 대한 숙박면적비가 가장 작은 것은?

① 커머셜 호텔(commercial hotel)
② 아파트먼트 호텔(apartment hotel)
③ 리조트 호텔(resort hotel)
④ 터미널 호텔(terminal hotel)

28. 호텔계획에 대한 설명 중 옳은 것은?

① 호텔의 동선에서 물품동선과 고객동선은 교차시키는 것이 좋다.
② 프론트 오피스는 수평동선이 수직동선으로 전이되는 공간이다.
③ 현관은 퍼블릭 스페이스의 중심으로 로비, 라운지와 분리하지 않고 통합시킨다.
④ 주식당은 숙박객 및 외래객을 대상으로 하며, 외래객이 편리하게 이용할 수 있도록 출입구를 별도로 설치하는 것이 좋다.

해설 ① 물품동선과 고객동선은 분리시키는 것이 좋다.
② 로비는 수평동선이 수직동선으로 전이되는 공간이다.
③ 현관은 호텔의 외부 접객장소로서 로비, 라운지와 분리한다.

■ 세부계획

29. 다음 그림은 일반적인 대규모 시티 호텔의 로비 중심부분의 공간개념도이다. 각 공간요소의 명칭이 가장 잘 조화된 항은?

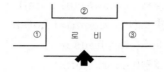

	1	2	3
①	주식당,	린넨실,	라운지
②	프론트 데스크,	엘리베이터,	나이트클럽
③	연회장,	엘리베이터,	나이트클럽
④	프론트 데스크,	룸 서비스,	무도장

30. 호텔의 실 크기의 표준으로 적당하지 않은 것은?

① 1인용(single room) : 15~22m²
② 2인용(double room, twin room) : 22~32m²
③ 스위트 더블 : 32~45m²
④ 욕실 : 6~8m²

해설 욕실 : 1.5~3.0m²

31. 호텔계획에 관한 다음 기술 중 부적당한 것은?

① single room으로 계획할시 경영상 1실당 연바닥면적을 15m² 이하로 억제한다.
② commercial hotel의 1실당 바닥면적은 resort hotel 보다 작다.
③ commercial hotel의 수용인원 1인당 객실면적은 resort hotel 보다 작다.
④ commercial hotel의 고층 객실동의 기준층은 2인의 종업원으로 서비스하는 경우 객실수는 30~35실이 적당하다.

해설 싱글 룸의 연바닥면적 : 18.55m²

32. 호텔 단위평면에서의 b/a의 값 중 가장 빈도가 많은 것은?

① 0.5
② 1.2
③ 1.8
④ 2.0

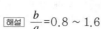

해설 $\dfrac{b}{a}$=0.8 ~ 1.6

33. 호텔 객실의 평면계획에서 침대 및 가구의 배치에 영향을 끼치는 요인과 가장 거리가 먼 것은?

① 객실의 층수
② 실 폭과 실 길이의 비
③ 욕실의 위치
④ 반침의 위치

해설 객실의 평면형은 종횡비(실 폭과 실 길이의 비)와 욕실 반침의 위치에 따라 결정되며, 객실의 단위 폭은 최소 욕실 폭 + 객실의 출입구 폭 + 반침깊이로 결정된다.

34. 다음은 호텔의 계획 중 일반객실의 단위 폭을 정하고자 하는 방침이다. 가장 적합한 조합은? (단, 2인용실 기준)

① 최소 욕실 폭 + 객실입구 폭 + 반침깊이 = 4.5m
② 최소 욕실 폭 + 침대의 폭 + 화장대깊이 = 6.0m
③ 침대길이 + 반침깊이 + 응접세트 폭 = 3.0m
④ 침대 폭 + 화장대 폭 + 반침깊이 = 2.5m

해설 객실의 평면형은 종횡비(실 폭과 실 길이의 비)와 욕실 반침의 위치에 따라 결정되며, 객실의 단위 폭은 최소 욕실 폭 + 객실의 출입구 폭 + 반침깊이로 결정된다.

35. 호텔의 있어서 린넨 룸(linen room)의 용도는?

① 주방의 식품고
② 룸 보이의 대기실
③ 숙박비를 계산하는 곳
④ 객실의 시트, 수건, 비누 등을 넣어 두는 곳

해설 ① 팬트리(pantry) : 주방의 식기, 식품을 저장하는 실
② 보이실(boy room) : 룸 보이의 대기실
③ 프론트 오피스(front office) : 숙박비를 계산하는 회계계와 객실계, 안내계로 구성되어 있다.

36. 호텔건축에서 린넨실에 대한 용도는?

① 관리부분과 접객부분이 분리되는 곳이다.
② 숙박객의 세탁물이나 침대카바 등을 보관하는 장소이다.
③ 화물엘리베이터가 있으며 각층의 화물을 보관하는 장소이다.
④ 각 층의 종업원을 위한 휴식공간이다.

해설 린넨실(linen room) : 숙박객이 객실내부에서 사용하는 각종 용품류를 보관하는 실로서 숙박객의 세탁물도 보관한다.

37. 호텔의 세부계획에 대한 설명 중 틀린 것은?

① 보이실과 서비스실은 숙박시설이 있는 각층의 코어에 인접하여 둔다.
② 일반적으로 호텔의 부분별 면적 중 관리부분이 차지하는 비율은 30~40% 정도이다.
③ 퍼블릭 스페이스 층에는 60m 이내마다 공동 화장실을 설치한다.
④ 지배인실은 자유롭게 출입할 수 있고 대화할 수 있는 위치에 두도록 한다.

해설 호텔의 연면적에 대한 관리부분의 면적비는 6.5~9.3%이다.

38. 최근 나타나고 있는 호텔건축의 복합화 경향이 아닌 것은?

① 지역 재개발빌딩과의 복합화
② 터미널(공항, 역 또는 버스 터미널)과의 복합화
③ 공공 서비스시설(관공서 또는 병원)과의 복합화
④ 산업시설(도시형 공장 또는 창고)과의 복합화

해설 최근의 호텔건축의 복합화 과정 중에서 특이할 만한 사항은 재개발빌딩을 리모델링(remodeling)이나 리노베이션(renovation)하여 낙후시설을 고급화하여 호텔의 수익성을 높이고 있다. 터미널과 호텔의 복합화는 터미널호텔, 병원과의 복합화는 호스피텔(hospitel)이란 개념이 등장하여 건축계획적 측면을 고려하고 있으며, 아직까지 산업시설과의 복합화과정은 호텔 본연의 목적인 사업 수익성의 타당성 조사(feasibility study)가 이루어지지 않고 있다.

MEMO

제 7 장   의 료 시 설

의료시설은 건축기사 범위에만 해당되며, 주로 병원에서만 출제되어 오고 있다. 병원의 내용 중에서 가장 핵심이 되는 부분은 병원의 주요구성, 분관식과 집중식, 수술실 계획, 병동부의 1간호단위 등이다. 사실상 병원은 어려운 내용들이 많이 있다고 생각되어지지만 우선 이 어려운 내용을 간단하고 쉽게 정리함으로써 단계적으로 어렵고 많은 분량의 내용을 쉽게 이해할 수 있다.

세 부 목 차

1) 병 원

1 개설　　(1) 건축형식　　(2) 병원의 규모
2 평면계획　(1) 병원의 구성　(2) 동선계획

병원건축은 건축기사 범위에만 속하며, 거의 빠짐없이 출제된다. 중요한 내용을 간단하게 열거해 보면 건축형식, 병원의 구성, 수술실, 간호단위, 병실 등이다. 우선 먼저 내용에 들어가기 앞서서 평면계획에 나와있는 병원의 5대 구성을 잘 이해해야 한다. 외래진료부, 중앙진료부, 병동부에 속하는 각 실에 대한 구분이 명확해야 어렵고 복잡한 병원건축의 내용을 쉽게 이해할 수 있다.
이 부분에서는 병원의 건축형식과 병원의 구성, 그리고 병원의 규모를 나타내는 병상수에 대한 연면적, 병동면적, 병실 면적에 관한 수치가 중요하다.
1. 분관식과 집중식의 비교
2. 병원의 구성
3. 병상 1개에 대한 연면적, 병동면적, 병실면적
4. 연면적에 대한 병동부의 면적구성비 : 약 30~40%

• 개설

1 건축형식

(1) 분관식(pavilion type ; 분동식)

① 배치형식 : 평면분산식으로 각 건물은 3층 이하의 저층 건물로 외래진료부, 중앙(부속)진료부, 병동부를 각각 별동으로 하여 분산시키고 복도로 연결시키는 형식

② 특성

㉮ 각 병실을 남향으로 할 수 있어 일조, 통풍조건이 좋아진다.

㉯ 넓은 부지가 필요하며, 설비가 분산적이고 보행거리가 멀어진다.

㉰ 내부환자는 주로 경사로를 이용한 보행 또는 들것으로 운반한다.

(2) 집중식(block type ; 개형식, 집약식)

① 배치형식 : 외래진료부, 중앙(부속)진료부, 병동부를 합쳐서 한 건물로 하고, 특히 병동부의 병동은 고층으로 하여 환자를 운송하는 형식

② 특성

㉮ 일조, 통풍 등의 조건이 불리해지며, 각 병실의 환경이 균일하지 못하다.

㉯ 관리가 편리하고 설비 등의 시설비가 적게 든다.

(3) 다익형

최근 의료수요의 변화, 진료기술 및 설비의 진보와 변화에 따라 병원 각부의 증·개축이 필요하게 되어 출현하게 된 형식

학습POINT

■ 그림. 건축형식

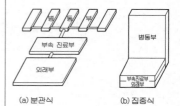

(a) 분관식　　　(b) 집중식

■ 분관식과 집중식의 비교

비교내용	분관식	집중식
배치형식	저층평면분산식(별동)	고층집약식
환경조건	양호(균등)	불량(불균등)
부지의 이용도	비경제적(넓은부지)	경제적(좁은부지)
설비시설	분산적	집중적
관리상	불편함	편리함
보행거리	멀다	짧다
적용대상	특수병원	도심 대규모 현대병원

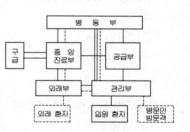

2 병원의 규모

병원의 규모는 병상수를 통해 산정한다.

(1) 병상 1개에 대한 각 면적의 표준

① 건축연면적(외래, 간호원 숙사 포함) : 43~66m²/bed

② 병동면적 : 20~27m²/bed

③ 병실면적 : 10~13m²/bed

(2) 병원의 면적구성 비율

① 병동부 : 30~40%

② 중앙진료부 : 15~20%

③ 외래진료부 : 10~14%

④ 관리부 : 8~10%

⑤ 서비스부 : 20~25%

■ 환자 1인당 100~150평의 대지 면적이 필요하며, 100% 확장가능한 대지를 확보해야 함과 아울러 주차면적도 확보해야 한다.

• **평면계획**

1 병원의 구성

(1) **외래진료부** : 내과, 외과, 안과, 이비인후과, 부인과, 피부비뇨과, 치과 등으로 매일왕복 출입환자를 취급하는 곳

(2) **중앙(부속)진료부** : X선과, 물리요법부, 검사부, 수술부, 산과부, 약국, 주사실 등 기타 입원환자와 외래환자를 다같이 취급하는 곳

(3) **병동부** : 장기치료 입원환자를 취급하는 곳

(4) **관리부** : 입·퇴원환자들의 수속사무를 위시하여 원장실 등의 사무실을 배치하다.

(5) **서비스부(공급부)** : 급식 및 배선

■ 그림. 병원의 주요부 구성도

2 동선계획

(1) 제1입구 : 외래부 출입구로서 병원전체의 주출입구 역할을 한다.

(2) 제2입구 : 병동부 출입구로서 입원환자 및 방문객의 출입구가 된다.

(3) 제3입구 : 구급차 및 사체의 출입구로서 되도록 사람 눈에 띄지 않게 출입하도록 한다.

(4) 제4입구 : 창고, 기계실, 세탁실, 취사장, 창고 등의 보급을 위한 출입구이다.

핵심문제

1 병원 건축형식 중 분관식에 대한 설명으로 옳은 것은?

① 관리가 편리하고 동선이 짧게 된다.

② 대지가 협소할 경우에 주로 이용된다.

③ 급수, 난방 등의 배관길이가 짧게 된다.

④ 각 병실마다 고르게 일조를 얻을 수 있다.

2 병원건축에 있어서 파빌리온 타입(pavilion type)이 블록 타입(block type)보다 유리한 점은 어느 것인가?

① 관리상 편리하다.

② 대지면적의 효율성이 높다.

③ 위생, 난방, 기계설비에 경제적이다.

④ 각실의 채광을 균등히 할 수 있다.

3 병상수 200Bed를 둘 때 일반 종합병원의 건축연면적으로 알맞는 것은?

① 5,000m²　　　　　　② 10,000m²

③ 15,000m²　　　　　　④ 20,000m²

4 종합병원에서 면적배분이 가장 큰 부분은?

① 병동부　　　　　　② 외래부

③ 중앙진료부　　　　　　④ 관리부

5 병원건축계획에서 그 기능을 크게 세 가지로 분류한다면 해당되지 않는 것은 다음 중 어느 것인가?

① 부속진료부　　　　　　② 병동부

③ 외래부　　　　　　④ 응급부

6 종합병원에서는 크게 4종류의 주요 출입구를 두게 되는데 그 설명으로 옳지 않은 것은?

① 외래부분 출입구는 출입이 가장 많으나 장시간 체재하지 않으므로 주출입구는 아니다.

② 병동부 출입구는 입원환자 및 방문객의 주출입구가 된다.

③ 구급차 및 사체의 출입구는 가장 눈에 띄지 않도록 배려한다.

④ 병원 종업원과 보급을 위한 출입구는 환자 및 방문객의 출입구와는 분리되어야 한다.

해설 **1**
①, ②, ③ - 집중식(block type)

해설 **2**
파빌리온 타입은 분관식으로 각 병실을 남향으로 할 수 있어 일조, 통풍조건이 균등하다.

해설 **3**
1병상당 건축연면적은 43~66m²이므로
∴ 병상수 200bed×43~66m²/bed
　= 8,600~13,200m²

해설 **4**
병동부 : 30~40%

해설 **5** 병원의 구성
① 병동부
② 중앙(부속)진료부
③ 외래진료부
④ 공급부
⑤ 관리부

해설 **6**
제1입구는 외래부 출입구로서 병원 전체의 주출입구 역할을 한다.

정답 1. ④　2. ④　3. ②　4. ①
5. ④　6. ①

1. 병원

3 세부계획

(1) 외래진료부
(2) 중앙(부속)진료부

학습방향

병원의 3대 구성요소는 외래진료부, 중앙(부속)진료부, 병동부이다.
외래진료부는 특별하게 중요하게 다루어지는 것은 없다. 일반적으로 진료방식에 대한 이해와 외래환자수에 대해 정리하면 된다. 중앙진료부에서는 수술실에 관한 내용이 가장 중요하며, 자주 출제된다.

1. 외래환자수
2. 외래환자 1인당 과별 이용 환자수가 가장 많은 순서
3. 수술실

1 외래진료부

(1) 진료방식의 분류

① 오픈 시스템(open system)

종합병원 근처의 일반 개업의사는 종합병원에 등록되어 있어서 종합병원 내의 큰 시설을 이용할 수 있고, 자신의 환자를 종합병원 진찰실에서 예약된 장소와 시간에 행할 수 있으며, 입원시킬 수 있는 제도

② 클로즈드 시스템(closed system)

대규모의 각종 과를 필요로 하고 환자가 매일 병원에 출입하는 형식

㉠ 계획상의 요점

　㉠ 환자의 이용에 편리한 위치로 한 장소에 모우고, 환자에게 친근감을 주도록 한다.

　㉡ 외래진료, 간단한 처치, 소검사 등을 주로 하고, 특수시설을 요하는 의료시설, 검사시설은 원칙적으로 중앙진료부에 둔다.

　㉢ 약국, 중앙주사실, 회계 등은 정면출입구 근처에 둔다.

　㉣ 동선은 체계화 하고, 대기공간을 통로공간과 분리해서 대기실을 독립적으로 배치하면서 프라이버시를 확보하도록 한다.

　㉤ 장래확장, 용도변경 등에 대응할 수 있는 기본적인 방향을 수립한다.

　㉥ 외래규모산정시 환자수는 병원의 입지조건에도 관계가 있으나, 보통 병상수의 2~3배의 환자를 1일 환자수로 예상한다.

　㉦ 외래진료실은 1실당 1일 최대 30~35인 정도 진료하는 것으로 본다.

　㉧ 의료사업부는 의료, 신병 상담 등을 하는 곳으로 외래에 두는 것이 좋다.

　㉨ 실의 깊이

학습POINT

■ 약국과 중앙주사실은 중앙진료부에 속하나 외래진료부에서 가장 많이 이용하므로 외래진료부에 가장 가까운 곳에 배치한다.

■ 외래환자가 많은 순서
내과 – 이비인후과 – 정형외과 – 산부인과 – 소아과

■ 중앙소독재료부(supply center)

■ 병원의 수술실의 공조방식으로는 중앙식보다 개별식으로 한다.

■ 가연성 마취가스의 폭발을 방지하기 위해 도전바닥으로 하고, 감전에 의한 쇼크를 피하기 위해 수술실 주위의 전기배선은 비접지회로로 한다.

ⓐ 이비인후과, 치과 : 4.5m ⓑ 기타 : 약 5.5m 정도
ⓒ 창대높이 : 0.75~0.9m
ⓚ 천장높이 : 2.7m

(2) 각과의 구성

① 내과 : 진료검사에 시간이 걸리므로 소진료실을 다수 설치한다.

② 외과 : 진찰실과 처치실로 구분하며, 소수술실과 기부스실을 인접하여 설치하는 것이 좋다. 또한 외과계통의 각과는 1실에 여러 환자를 볼 수 있도록 대실로 한다.

③ 소아과 : 부모가 동반하므로 충분한 넓이가 필요하며, 면역성이 떨어지므로 전염우려가 있는 환자를 위한 격리실을 별도로 인접하여 설치한다.

④ 정형외과 : 최하층에 두며, 미끄러질 염려가 있는 바닥마무리(리놀륨)와 경사로 등도 피한다.

⑤ 부인과 : 내진실을 설치하여 외부에서 보이지 않도록 커튼, 칸막이벽으로 차단한다.

⑥ 피부비뇨기과 : 피부과와 비뇨기과로 나누어 진찰, 처치실을 두며, 비뇨기과에는 검뇨실과 인접하여 채뇨할 수 있도록 변소를 인접시킨다. 또한 방광경실을 별도로 설치하며, 환자출입은 눈에 띄지 않도록 유의한다.

⑦ 이비인후과 : 남쪽광선을 차단하고 북측채광을 하되, 소수술후 휴양하는 침대와 청력검사용 방음실을 둔다.

⑧ 안과 : 진료, 처치, 검사, 암실을 설치하며, 검안을 위해 5m 정도의 거리를 확보해야 한다.

⑨ 치과 : 진료실, 기공실, 휴게실을 설치하며, 이 때 진료실은 북쪽이 좋으며, 기공실은 별도의 배기설비를 해야 한다.(X선 기계 : 1m×1m)

2 중앙진료부

(1) 계획상 요점

① 병동부와 외래진료부의 관계를 충분히 고려하여 위치를 정한다.

② 환자와 물건의 동선은 교차되지 않도록 한다.

③ 환자의 동선은 이동하기 쉬운 저층에 설치한다.

④ 중앙진료부는 외래진료부와 병동부의 중간위치가 좋으며, 특히 수술실, 물리치료실, 분만실 등은 통과교통이 되지 않도록 한다.

⑤ 약국은 외래진료부, 현관과의 연락이 좋은 곳에 설치한다.

⑥ 병원전체에서 중앙진료부가 차지하는 면적은 연면적의 15~20% 정도이다.

(2) 구성

① 약국 : 보통 외래환자들이 이용하기 쉬운 장소로 출입구 부근이 좋다.

② 수술실

㉮ 위치

㉠ 타부분의 통과교통이 없는 건물의 익단부로 격리된 위치

㉡ 중앙 소독공급부와 수직 또는 수평적으로 근접된 부분

㉢ 병동 및 응급부에서 환자수송이 용이한 곳

㉯ 계획상의 요점

㉠ 규모 : 100병상에 대하여 2실(1실은 대수술실)로 하고, 50병상 증가시 1실씩 증가한다.(1실 1일 2회 사용시 100병상당 2실, 1일 1실 3회 사용시 100병상당 1.5실)

㉡ 실온 : 26.6℃, 습도 : 55% 이상

㉢ 공조설비시는 공기는 재순환시키지 않는다.

㉣ 벽재료 : 녹색계 타일(적색의 식별이 용이하게 된다.)

㉤ 바닥재료 : 폭발성 마취약 사용의 경우가 많으므로 전기스위치 등 모든 전기기구는 스파크 방지장치가 붙은 것을 사용하며, 전기도체성 타일을 사용한다.(불침투질 재료)

㉥ 크기

ⓐ 대수술실 : 6×6m ⓑ 소수술실 : 4.5×4.5m

㉦ 출입구 : 쌍여닫이로 1.5m 전후의 폭으로 하고, 손잡이는 팔꿈치 조작식으로 한다.

㉧ 천장높이 : 3.5m 정도

㉨ 안과수술실 : 암막장치가 필요하다.

㉩ 방위 : 전혀 무관하고, 인공조명(무영등)으로 하여 직사광선을 피하고 밝기가 일정하게 한다.

③ 중앙소독재료부 : 각종기구 포장, 비품, 의료재료 등을 저장해 두었다가 요구시 수술실에 공급하는 장소로 수술실 부근에 둔다.

④ 분만부 : 20병동 이하의 산과 병상수에 대해 1실을 둔다.

⑤ X-레이실 : 각 병동에 가깝고, 외래진료부나 구급부 등으로부터 편리한 장소에 위치하게 한다.

⑥ 물리요법부 : 외래환자가 많으므로 외래이용에 편리한 위치에 둔다.

⑦ 검사부 : 병동과 외래진료부에서 가까운 곳으로 북향이 좋고, 오물소각로에 가깝게 둔다.

⑧ 혈액은행

⑨ 의료사업부 : 의료 신변상담 등을 하는 곳으로 외래진료부의 일부에 두는 것이 좋으며, 상담실 등이 필요하다.

⑩ 구급(응급)부 : 병원 후면의 1층에 위치하여 구급차가 출입할 수 있도록 플랫홈을 설치한다.

⑪ 육아부 : 산과의 중앙에 배치하며, 분만실과는 격리시킨다.

■ 그림. 무영등

병원의 수술실에서 사용하는 그림자가 생기지 않는 조명등

1 Closed system의 외래진료부계획에 대한 설명으로 부적당한 것은?

① 환자의 이용이 편리하도록 2층 이하에 두도록 한다.

② 내과계통은 소진료실을 다수 설치한다.

③ 중앙주사실, 약국은 정면출입구에서 멀리 떨어진 곳에 둔다.

④ 외과계통의 각과는 1실에서 여러 환자를 돌볼 수 있도록 크게 한다.

해설 **1**

중앙주사실, 약국은 정면출입구 가까이에 둔다.

2 종합병원의 외래진료부에 관한 설명 중 옳지 않은 것은?

① 내과는 진료검사에 시간이 걸리므로 소진료실을 다수 설치한다.

② 정형외과는 보행이 편리한 곳에 두고, 미끄러질 염려가 있는 바닥마무리와 경사로를 피한다.

③ 외과는 1실에서 여러 환자를 볼 수 있도록 대실로 한다.

④ 안과는 진료실, 기공실, 검사실, 암실을 설치하며, 검안을 위해 3m 정도 거리를 확보한다.

해설 **2**

안과는 진료, 처치, 검사, 암실을 설치하며, 검안을 위해 5m 정도의 거리를 확보해야 한다.

3 병원의 대수술실에 관한 설명에서 가장 부적당한 것은?

① 타 부분의 통과교통이 없는 장소이어야 한다.

② 공기조화는 다른 병실과는 별도계통으로 하여 수술실만을 독립하여 조정할 수 있게 한다.

③ 자연채광을 충분히 할 수 있도록 남측에 큰 창을 설계하는 것이 좋다.

④ 인공조명은 음영이 생기지 않는 조명으로 해야 한다.

해설 **3**

수술실은 방위와는 전혀 무관하다.

4 병원의 공조설계시 가장 중요도가 높은 곳은?

① 간호사 대기소　　　② 병실

③ 환자 식당　　　　　④ 수술실

해설 **4**

공조시 공기는 절대 재순환시키지 않으며, 감염에 신경을 가장 많이 써야 될 곳은 수술실이다.

5 병원의 평면계획에 있어 구급동선은 어디에 연결되어야 하는가?

① 병동부　　　　　　② 외래부

③ 중앙진료부　　　　④ 서비스부

해설 **5**

구급부는 중앙(부속)진료부에 둔다.

3 세부계획

(3) 병동부
(4) 급식 및 배선

병동부는 입원환자가 수용된 공간이므로 입원환자를 돌보는 간호단위에 대한 내용이 중요하다. 이와 함께 병실계획에 관한 내용도 잘 정리해두어야 한다.

1. 1간호단위
2. 병동부의 면적구성비
3. 병실계획시 유의사항

3 병동부

(1) 계획상 요점

① 건물을 평면적으로 넓히는 것을 피하고, 특히 병동부을 고층화하여 간호와 서비스에 있어서 능률화를 도모한다.

② 병동부는 병원연면적의 약 40%를 차지한다.

③ 병동부와 관계있는 사람들의 통과교통이 생기지 않도록 계획한다.

④ 간호상 환자를 관찰하기 쉽고, 환자의 프라이버시가 확보될 수 있도록 한다.

⑤ 외래부, 중앙진료부와 근접하도록 하여 환자의 동선을 줄이고 문병의 빈번함을 감안하여 편의를 도모한다.

⑥ 간호원이 간호업무에 전념할 수 있도록 조리, 세탁, 조제, 수술실, 검사실, X선실, 기타 특수시설을 두지 않는다.

(2) 구성 : 병실, 의원실, 간호원 대기실, 면회실 등으로 구성된다.

(3) 간호단위(nurse unit)

① 간호단위의 분류
병동부의 관리상 간호단위는 다음 같이 나눈다.
㉮ 일반간호단위(내과, 외과 혼합 등), 산과, 소아, 노인 등의 간호단위
㉯ 특별간호단위(결핵, 전염병, 정신병 등)
㉰ 총실(경환자)과 개실(중환자)
㉱ 남·녀별

② 간호단위의 구성
1간호단위 : 1조(8~10명)의 간호원이 간호하기에 적절한 병상수로 25베드가 이상적이며, 보통 30~40베드이다.

③ 간호원 대기실(nurses station)
㉮ 설치위치 : 각 간호단위 또는 층별, 동별로 설치하며, 간호작업에 편리한

■ 건물을 평면적으로 넓히는 것은 분관식이고, 병동부를 고층화하는 것은 집중식인데, 관리상 집중식이 효율적이다.

■ 간호원 대기실의 부속시설
① 간호사 호출벨 및 인터폰설비
② 카운터 및 서랍
③ 약품장 및 자물쇠장치가 된 마약장
④ 싱크, 주사기 등의 소독설비용 전열장치, 시계, 에어 슈트(의무기록실과 차트운송)
⑤ 환자체온표, 전화, 기타

수직통로 가까운 곳으로 외부인의 출입도 감시할 수 있게 한다.

㉯ 간호원의 보행거리 : 보행거리는 24m 이내로 환자를 돌보기 쉽도록 병실군의 중앙에 위치하게 한다.

(4) 병실

① 크기

㉮ 1인용실 : 10m² 이상

㉯ 2인용실 : 12.6m² 이상(1인에 대해 6.3m² 이상)

② 병실계획시 유의사항

㉮ 병실의 천장은 환자의 시선이 늘 닿는 곳으로 조도가 높고 반사율이 큰 마감재료는 피한다.

㉯ 병실의 조명은 형광등이 반드시 좋은 것은 아니다.

㉰ 병실출입문은 안여닫이로 하고, 문지방은 두지 않는다.

㉱ 외여닫이문으로 폭은 1.1m 이상으로 한다.

㉲ 창면적은 바닥면적의 1/3~1/4 정도로 하며, 창대의 높이는 90cm 이하로 하여 외부전망이 가능하도록 한다.

㉳ 환자마다 머리후면에 개별조명시설을 하고, 직사광선을 피할 수 있도록 실 중앙에 전등을 달지 않는다.

③ 병실의 구분

총실과 개실의 그룹별로 층구성을 하며, 병상수의 비율은 4 : 1 혹은 3 : 1로 한다.

④ 특수병실

㉮ I.C.U(Intensive Care Unit) : 중증환자를 수용하여 24시간 집중적인 간호와 치료를 행하는 간호단위

㉯ C.C.U(Coronary Care Unit) : 심근, 협심증환자를 대상으로 집중치료를 행하는 간호단위

(5) 복도의 폭(건축법상)

① 중복도인 경우 : 1.8m 이상

② 편복도인 경우 : 1.2m 이상

3 급식 및 배선

(1) 중앙배선방식

환자 각 개인의 식사를 주(主)주방에서 준비하는 방식으로 리프트 등을 이용하여 각 간호원실에 부설된 배선실을 통하여 각 환자에게 전하는 방식

(2) 병동배선방식

전기난방장치가 된 식사 운반차에 여러 환자의 음식을 싣고 입원실 문전에서 환자에 대한 배선을 하여 따뜻한 식사를 즉시 환자에게 전하는 방식

■ ① 간호단위가 큰 순서
  내과 · 외과 · 혼합 〉 정신과 〉 산과 · 소아과 순이다.
② 간호단위에서 담당하는 병상수

분류	병상수
내과계, 외과계 · 혼합	40~45
산과	30
정신과	40~50
소아과	30

■ 총실(Cubicle system)
병실내에 보통 천장에 닿지 않는 가벼운 커튼이나 칸막이로 나누어 병상을 여러개 배치하는 형식
① 장점
  ㉮ 간호나 급식서비스가 용이하며, 실의 개방감이 있다.
  ㉯ 북향부분도 실의 환경이 균등하게 되며, 공간을 유효하게 사용할 수 있다.
② 단점 : 독립성이 떨어지며, 실내의 공기가 오염될 가능성이 크고, 시끄럽다.

■ 경사로의 기울기는 1/20 이하

■ P.P.C(Progressive Patient Care : 간호단위 구성)
① 집중간호
  (Intensive Care Unit)
② 보통간호
  (Intermidate Care Unit)
③ 자가간호(Self Care Unit)
④ 장기간호
  (Long-term Care Unit)

핵 심 문 제

1 병원건축계획에 관한 기술 중 가장 부적당한 것은?

① 도심부에 병원건축을 계획할 경우 블록타입(block type)보다는 파빌리온 타입(pavillion type)이 유리하다.

② 중앙진료부는 외래부와 병동부의 중간에 위치하는 편이 좋다.

③ 병동부의 전체면적에 대한 비율은 40% 정도가 적당하다.

④ 심근, 협심증환자를 대상으로 집중치료하는 간호단위를 C.C.U (Coronary Care Unit)라 한다.

해설 **1**
도심부에 병원건축을 계획할 경우 집중식(block type)이 유리하다.

2 병원의 간호사 대기소에 관한 설명 중 (　　)안에 가장 알맞은 내용은?

> 1개의 간호사 대기소에서 관리할 수 있는 병상수는 (　①　)개 이하로 하며 간호사의 보행거리는 (　②　)m 이내가 되도록 한다.

① ① 10~20 ② 40
② ① 20~30 ② 40
③ ① 30~40 ② 24
④ ① 40~50 ② 24

해설 **2**
1간호단위는 30~40베드 정도이고, 간호원의 보행거리는 24m 이내로 한다.

3 종합병원계획에 대한 설명 중 옳지 않은 것은?

① 수술부는 외래와 병동중간에 위치시킨다.

② 수술실의 바닥은 전기도체성 마감을 사용하는 것이 좋다.

③ 간호사 대기실은 각 간호단위 또는 각층 및 동별로 설치한다.

④ 평면계획시 모듈을 적용하여 각 병실을 모두 동일한 크기로 하는 것이 좋다.

해설 **3**
병실의 종류는 1인실, 2인실, 4인실, 6인실 등으로 배분하며, 병실의 면적은 10~13m²/bed 정도로 계획하는 것이 보통이다.

4 병원설계에서 다음 설명 중 옳지 않은 것은 어느 것인가?

① 병실출입문은 안쪽으로 여는 것이 좋다.

② 병실의 출입구에는 문지방을 두어서는 안된다.

③ 병실의 조명은 형광등이 반드시 좋지는 않다.

④ 병실의 천장은 반사율이 크며 단조로운 것이 필요하다.

해설 **4**
병실의 천장은 환자의 시선이 늘 닿는 곳으로 조도가 높고 반사율이 큰 마감재료는 피한다.

5 병원계획의 관련사항으로서 부적절한 치수는 어느 것인가?

① 중앙복도의 폭 - 2.4m

② 병실출입구의 폭(외여닫이) - 1.1m

③ 경사로 - 기울기 1/20 이하

④ 수술실 - 실내온도 18℃, 습도 55%

해설 **5**
수술실의 온도 26.6℃, 습도 55% 이상

정답 1. ① 2. ③ 3. ④ 4. ④ 5. ④

■■■ 병원

■ 개설

1. 병원건축의 형식 중 분관식에 대한 설명으로 옳지 않은 것은?

① 동선이 길어진다.
② 채광 및 통풍이 좋다.
③ 대지면적에 제약이 있는 경우에 주로 적용된다.
④ 환자는 주로 경사로를 이용한 보행 또는 들것으로 운반된다.

해설 ③는 집중식에 속한다.

2. 병원건축의 형식 중 분관식(pavilion type)에 관한 설명으로 옳은 것은?

① 고층 집약형의 형태이다.
② 각 병실의 채광 및 통풍조건이 우수하다.
③ 환자의 이동은 주로 엘리베이터를 이용한다.
④ 외래부, 부속진료부는 저층부에, 병동은 고층부에 배치한다.

해설 ①, ③, ④ – 집중식

3. 병원 건축형식 중 분관식에 대한 설명으로 옳은 것은?

① 각 병실마다 고르게 일조를 얻을 수 있다.
② 급수, 난방 등의 배관길이가 짧게 된다.
③ 관리가 편리하고 동선이 짧게 된다.
④ 대지가 협소해도 가능하다.

해설 ②, ③, ④ – 집중식(block type)

4. 종합병원의 건축형식 중 분관식(pavilion type)에 대한 설명으로 옳지 않은 것은?

① 평면분산식이다.
② 채광 및 통풍조건이 좋다.
③ 일반적으로 3층 이하의 저층 건물로 구성된다.
④ 재난시 환자의 피난이 어려우며 공사비가 높다.

해설 ④ – 집중식

5. 병동배치에서 집중식의 장점을 열거한 내용 중 옳지 않은 것은?

① 각 병실의 일조와 통풍이 유리하다.
② 고층화가 용이하다.
③ 난방, 급배수의 길이가 짧다.
④ 의사, 사무원의 보행거리가 단축된다.

해설 ① – 분관식

6. 병원건축의 병동배치에서 분관식(pavilion type)이 집중식(block type)보다 좋은 점은?

① 각종 설비시설의 배관길이가 짧아진다.
② 각 병실의 일조와 통풍이 유리하다.
③ 비교적 작은 대지에도 건축할 수 있다.
④ 이용자들의 동선이 짧아진다.

해설 ①, ③, ④ – 집중식의 특징

7. 병원건축의 병동배치형식 중 집중식(Block type)에 대한 설명으로 옳지 않은 것은?

① 재난시 환자의 피난이 용이하다.
② 공조설비가 필요하게 되어 설비비가 높다.
③ 대지를 효과적으로 이용할 수 있다.
④ 병동에서의 조망을 확보할 수 있다.

해설 ①는 분관식의 특징에 속한다.

해답 1. ③ 2. ② 3. ① 4. ④ 5. ① 6. ② 7. ①

8. 병원건축의 배치형식에서 집중식(Block type)에 대한 설명으로 적당하지 않은 것은?

① 전체적으로 통풍과 일조가 유리하다.
② 시설 및 설비를 집중시킬 수 있어 관리비, 설비비가 절약된다.
③ 고층이 되기 쉽다.
④ 최근 많이 적용되고 있는 형태이다.

해설 ①는 분관식에 속한다.

9. 다음 중 병원건축에 있어서 단일 고층건물형식의 유리한 점이 아닌 것은?

① 각 병실을 남향으로 할 수 있어 일조, 통풍조건이 좋아진다.
② 업무의 효율화가 가능하다.
③ 낮은 건폐율로 주변 공지확보에 유리하다.
④ 병동의 관리가 용이하다.

해설 단일 고층건물형식은 집중식을 말하며, 각 병실을 남향으로 할 수 있어 일조, 통풍조건이 좋아지는 것은 분관식이다.

10. 병상수 300베드를 두는 종합병원의 연바닥면적으로서 다음 중 가장 근사한 것은?

① 12,000m²   ② 8,000m²
③ 4,000m²   ④ 1,000m²

해설 1병상당 건축연면적은 43~66m² 이므로
∴ 300베드×43~66m²=12,900~19,800m²

■ **평면계획**

11. 다음 중규모 종합병원에서의 기능 개념도이다. A, B, C, D, E 각 부분의 명칭이 가장 잘 배합된 항은?

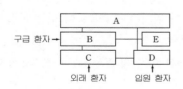

	A	B	C	D	E
①	병동부	서비스부	중앙진료부	외래부	관리부
②	중앙진료부	병동부	외래부	서비스부	관리부
③	병동부	중앙진료부	외래부	관리부	서비스부
④	관리부	병동부	중앙진료부	외래부	서비스부

해설 병원의 구성
① 병동부
② 중앙(부속)진료부
③ 외래진료부
④ 공급부
⑤ 관리부

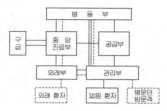

■ **세부계획**

12. 종합병원에서 클로즈드 시스템(closed system)의 외래진료부계획에 대한 설명으로 부적당한 것은?

① 환자의 이용이 편리하도록 2층 이하에 두도록 한다.
② 내과계통은 소진료실을 다수 설치한다.
③ 중앙주사실, 약국은 정면출입구에서 멀리 떨어진 곳에 둔다.
④ 실내환경에 대한 배려로서 환자의 심리고통을 덜 줄 수 있는 환경심리적 요인을 반영시킨다.

해설 중앙주사실, 약국은 정면출입구 근처에 둔다.

13. 종합병원의 외래진료부를 클로즈드 시스템으로 계획할 경우 고려할 사항에 대한 설명 중 가장 부적절한 것은?

① 1층에 두는 것이 좋다.
② 약국, 회계 등은 정면출입구 근처에 설치한다.
③ 진료분야별로 분산시키는 것이 좋다.
④ 부속진료시설을 인접하게 한다.

해설 외래진료부는 환자들의 이용에 편리한 위치에 집중하여 둔다.

해답 8. ①   9. ①   10. ①   11. ③   12. ③   13. ③

14. 병원 외래부의 계획에서 옳지 않은 것은?

① 외래부는 환자들의 이용에 편리한 위치에 집중하여 두고, 환자들에게 친밀감을 줄 수 있는 분위기를 조성하도록 노력해야 한다.

② 외래부는 보통 외래진찰실, 간단한 처치실, 소검사실 등을 주로 하며, 특수설비를 필요로 하는 진료시설, 검사시설 등은 원칙적으로 중앙진료부에 설치하여 중앙화 한다.

③ 외래부의 외래환자는 그 입지조건에도 관계가 있으나, 보통 병상수의 4~5배의 환자를 1일 환자수로 예상한다.

④ 외래진료부와 약국은 밀접한 관계가 있으므로 동선적으로 밀접하게 설치하도록 한다.

[해설] 외래환자수는 보통 병상수의 2~3배를 1일 환자수로 예상한다.

15. 종합병원건축의 클로즈드 시스템의 외래진료부 계획상 요점 중 적당하지 않은 것은?

① 환자의 이용이 편리하도록 1층 또는 2층 이하에 둔다.

② 중앙주사실, 회계, 약국 등은 정면출입구 근처에 설치한다.

③ 외과계통 각과는 소진료실을 다수 설치하도록 한다.

④ 전체 병원에 대한 외래부의 면적비율은 10~15% 정도로 한다.

[해설] ① 외과계통 : 각과는 1실에 여러 환자를 돌볼 수 있도록 대실로 한다.
② 내과계통 : 진료검사에 시간이 걸리므로 소진료실을 다수 설치한다.

16. 중앙진료부의 위치로 가장 적합한 곳은?

① 외래진료부
② 관리부와 병동부 사이
③ 병동부와 관리부 사이
④ 병동부와 외래진료부 사이

[해설] 중앙진료부는 외래진료부와 병동부의 중간위치가 좋다.

17. 병원의 수술부에 관한 설명 중 옳지 않은 것은?

① 수술부의 위치는 외래부와 관리부 중간에 위치하게 하는 것이 가장 바람직하다.

② 수술실의 실내벽체는 녹색계통으로 마감을 한다.

③ 수술실의 바닥마감은 전기도체성 마감을 사용하는 것이 좋다.

④ 수술실 출입문 손잡이는 팔꿈치 조작식 또는 자동문으로 하는 것이 좋다.

[해설] 수술부의 위치는 외래부와 중앙진료부의 중간에 위치하게 하는 것이 가장 바람직하다.

18. 병원건축의 외과 수술실계획에 관한 설명 중 옳지 않은 것은?

① 수술실 바닥은 전기도체성 마감으로 한다.
② 외래와 병동 중간부분에 위치하도록 한다.
③ 사용이 편리하도록 통과교통로에 인접시켜 설치한다.
④ 실내 벽재료는 녹색계통으로 마감을 한다.

[해설] 수술실은 중앙진료부의 통과교통이 없는 익단부로 격리된 위치에 두며, 병동과 응급부에서 환자수송이 용이한 곳에 둔다.

19. 종합병원의 수술실계획에 관한 설명으로 옳지 않은 것은?

① 실내의 온도 26.6℃, 습도 55% 이상으로 한다.
② 출입구는 110cm 이상으로 하고, 자동문으로 설치하는 것이 좋다.
③ 수술실에 대한 기계실을 별도로 고려해야 한다.
④ 수술실의 위치는 통과교통이 없는 독립된 곳에 설치한다.

[해설] 수술실의 출입문의 폭은 150cm 전후의 쌍여닫이로 한다.

20. 병원의 대수술실에 관한 기술에서 가장 부적당한 것은?

① 복도측에는 직접 출입구·창문 기타 개구부를 두지 않는다.

② 바닥·벽에는 소독 및 청소에 편리한 타일을 사용한다.

③ 자연채광을 얻을 수 있도록 남면에 큰 창을 설치한다.

④ 인공조명은 음영이 생기지 않는 조명으로 한다.

21. 병원의 수술실계획에 관한 다음의 설명 중 부적당한 것은?

① 겨울의 온도와 관계 습도는 각각 26.6℃와 55% 이상이 유지될 것

② 무균조작을 행하므로 통과교통이 없는 건물의 익단부에 배치할 것

③ 출입구는 110cm 이상으로 하고, 자동문으로 설치하는 것이 좋다.

④ 벽의 색채는 담녹색이 좋으며, 벽콘센트는 1.5m 이상 높이에 설치한다.

해설 출입구는 1.5m 폭인 안여닫이로 하고, 손잡이는 팔꿈치 조작식 또는 자동문으로 한다.

22. 다음 중 병원의 수술부와 직접 관계가 없는 실은?

① 세척실   ② 회복실

③ 갱의실   ④ 처치실

해설 처치실은 병동부에 속하는 시설로서 환자에 따라서 처치실까지 데려와서 치료를 하기도 하고, 기타 치료준비를 하는 실이며 싱크대, 작업대 등의 설비를 한다.

23. 무영등은 다음 중 어느 것에 사용되는가?

① 중기제작공장   ② 호텔 비상구

③ 극장 비상구   ④ 수술실

해설 무영등 : 병원의 수술실에서 사용하는 그림자가 생기지 않는 조명등

24. 다음은 병원의 중앙진료부이다. 이 중 외래쪽에 가장 가까워야 할 순서에 맞게 적은 것은?

① 임상검사실 – 주사실 – 약국 – X선실

② X선실 – 약국 – 임상검사실 – 주사실

③ 약국 – 주사실 – X선실 – 임상검사실

④ 주사실 – 약국 – X선실 – 임상검사실

해설 약국은 외래부 현관과 연락이 좋은 가장 가까운 곳에 위치해야 하며, 주사실도 이용하기 편리한 장소에 오도록 한다.

25. 병원건축의 각 부분에 대한 다음의 조합 중 가장 관계가 없는 것은?

① 외래진료부 – 약국

② 구급부 – 물리치료실

③ 분만부 – 병동

④ 수술부 – 중환자실

해설 구급부 – 중앙(부속)진료부

26. 병원건축계획에 대한 기술 중 부적당한 것은?

① 수술실은 통과교통이 적은 위치에 둔다.

② 약국창구는 외래부, 출입구 가까이에 둔다.

③ 병동계획은 간호단위를 기준으로 한다.

④ 검사실은 병동에서 되도록 먼 거리에 둔다.

해설 검사실은 병동부와 외래부의 중앙에 오게 한다.

27. 종합병원건축에 있어서 가급적 1층에 설치하는 것이 요망되는 것은 어느 것인가?

① 물리치료실

② 방사선 심부치료실

③ 분만실

④ 수술실

해설 외래환자의 이용이 많은 물리치료실은 외래환자의 출입이 편리한 1층에 설치한다.

28. 다음 중 의사 및 간호사의 수술부에서의 동선으로 가장 적합한 것은?

① 급한 환자일 경우 별도의 실을 경유하지 않고 수술실로 직접 간다.
② 세면실만을 거쳐 수술실로 간다.
③ 갱의실에서 세면실을 거쳐 수술실로 간다.
④ 갱의실, 세면실, 마취실을 차례로 거쳐 수술실로 간다.

29. 중앙진료시설과 병원시설의 기능관계에서 옳지 않은 것은 어느 것인가?

① 외과병동 – 수술부 – 검사실
② 병동부 – 서플라이 센터(supply center) – 외래부
③ 수술부 – 코발트(cobalt) 조사치료실 – 외래부
④ 병동부 – 임상검사부 – 외래부

30. 종합병원에 관한 기술 중 틀린 것은?

① 병동부의 면적은 병원 연면적의 60~70% 정도이다.
② 종합병원의 연면적은 1베드당 30~60m² 정도이다.
③ 수술실 1실에 대한 병동부는 50~100베드이다.
④ 병실(개실)의 바닥면적은 적어도 6.3m²/인이 필요하다

해설 병동부의 면적은 병원 연면적의 30~40% 정도이다.

31. 일반적인 종합병원에서 간호단위의 구성기준을 정함에 있어 가장 적당한 것은?

① 10~20bad, 간호부 보행거리 15m 이내
② 40~50bad, 간호부 보행거리 12m 이내
③ 20~30bad, 간호부 보행거리 36m 이내
④ 30~40bad, 간호부 보행거리 24m 이내

32. 다음의 종합병원계획에 관한 설명 중 가장 부적당한 것은?

① 간호사 대기소는 간호사가 환자를 돌보기 쉽도록 병실군의 한쪽 끝에 위치시킨다.
② 병실의 천장은 반사율이 큰 마감재료는 피한다.
③ I.C.U에는 집중적인 간호력과 고도의 의료설비를 갖추도록 한다.
④ 결핵병동은 원칙적으로 종합병원에 포함시키지 않는다.

해설 간호원 대기실은 간호작업에 편리한 수직통로로 가까운 곳으로 외인의 출입도 감시할 수 있게 한다.

33. 병원건축계획에 관한 설명으로 옳지 않은 것은?

① 병실출입구는 침대가 통과할 수 있는 폭이어야 한다.
② 간호단위의 구성시 간호사의 보행거리는 24m 이내가 되도록 한다.
③ 1개의 간호사 대기소에서 관리할 수 있는 병상 수는 30~40개 이하로 한다.
④ 병원의 환자용 계단에 대체하여 설치하는 경사로의 경사는 최대 1/6 이하로 한다.

해설 경사로의 경사는 최대 1/20 이하로 한다.

34. 병원의 간호원 대기실에 필요한 설비 중 불필요한 것은 다음 중 어느 것인가?

① 카운터   ② 마약장
③ 소독용 전열장치   ④ 암막장치

해설 간호원 대기소에 필요한 설비
　① 간호원 호출부자 및 인터폰설비
　② 카운터 및 설합
　③ 약품장 및 자물쇠 장치가 된 마약장
　④ 싱크, 주사기 등의 소독설비용 전열장치, 시계, 뉴머틱 튜브
　⑤ 환자체온표, 전화, 기타

35. 병원의 간호사 대기소에 관한 설명 중 옳지 않은 것은?

① 계단이나 엘리베이터 홀 등에 가능한 한 인접시켜 외부인의 출입을 감시할 수 있도록 한다.

② 병실군의 한쪽 끝에 위치시켜 복도의 상황을 쉽게 알 수 있도록 한다.

③ 1개의 간호사 대기소에서 관리할 수 있는 병상수는 30~40개 이하로 한다.

④ 간호사 대기소에서 병실군까지 보행하는 거리를 24m 이내가 되도록 한다.

해설 각 간호단위 또는 층별, 동별로 설치하며, 간호작업에 편리한 수직통로 가까운 곳으로 외부인의 출입도 감시할 수 있게 한다.

36. 다음 중 병원건축에서 간호단위의 병상수가 과다한 경우 나타나는 문제점과 가장 관계가 먼 것은?

① 환자 보호자들에 의한 간호가 불가능해진다.

② 전체 환자의 상태를 파악하기 어려워진다.

③ 간호사들의 동선이 길어진다.

④ 병실 간호능력이 저하된다.

해설 간호단위의 병상수가 과다한 경우 간호사들의 간호가 어려워진다.

37. 병원건축에서 병실계획 중 잘못된 것은?

① 병실의 창면적은 바닥면적의 1/3~1/4 정도가 적당하다.

② 창대의 높이는 90cm 이하로 한다.

③ 병실출입구는 쌍여닫이로 한다.

④ 침대의 방향은 환자의 눈이 창과 직면하지 않도록 한다.

해설 병실출입구는 외여닫이문으로 폭은 1.1m 이상으로 한다.

38. 단위실 출입구의 폭을 85cm로 했을 경우 가장 협소한 경우는?

① 사무실

② 병실

③ 호텔 객실

④ 주택의 부엌

해설 병실출입구의 크기 : 1.1m 이상

39. 종합병원의 건축계획에 관한 설명으로 옳지 않은 것은?

① 간호사의 보행거리는 24m 이내가 되도록 한다.

② 수술부문은 타부분의 통과교통이 없는 곳에 위치시키도록 한다.

③ 병동배치방식 중 분관식(pavilion type)은 동선이 짧게 되는 이점이 있다.

④ 일반적으로 병원건축의 모든 시설규모는 입원환자의 병상수에 의해 결정된다.

해설 병동배치방식 중 분관식(pavilion type)은 동선이 길게 되는 단점이 있다.

40. 종합병원의 건축계획에 관한 설명으로 옳지 않은 것은?

① 병동부의 1간호단위는 보통 30~40bed 정도이다.

② 수술부문은 타부분의 통과교통이 없는 곳에 위치시키도록 한다.

③ 병동배치방식 중 분관식(pavilion type)은 동선이 짧게 되는 이점이 있다.

④ 일반적으로 병원건축의 모든 시설규모는 입원환자의 병상수에 의해 결정된다.

해설 분관식은 넓은 부지가 필요하며, 설비가 분산적이고 보행거리가 멀어져 동선이 길어지며, 유지관리상 불리하다.

해답 35. ② 36. ① 37. ③ 38. ② 39. ③ 40. ③

41. 병원계획에 관한 설명 중 옳지 않은 것은?

① 수술부의 위치는 타 부분의 통과교통이 없는 장소이어야 한다.

② 건축형식 중 분관식은 일조, 통풍조건이 좋지 않으며, 각 병실의 환경이 균일하지 못한 단점이다.

③ 병실의 창문높이는 90cm 이하로 하여 환자가 병상에서 외부를 전망할 수 있게 하는 것이 좋다.

④ 병원의 규모는 병상수를 통해 산정된다.

해설 건축형식 중 집중식은 일조, 통풍조건이 좋지 않으며, 각 병실의 환경이 균일하지 못한 단점이다.

42. 종합병원의 건축계획에 관한 기술 중 가장 부적당한 것은?

① 병동부의 1간호단위는 30~40bed를 표준으로 한다.

② 수술부분은 어떤 진료부분보다도 외과계통 병동부의 동선을 중요시하여 설치한다.

③ 병동배치방식 중 분관식(pavilion type)은 동선이 짧게 되는 잇점이 있다.

④ 전연면적 중 병동부가 차지하는 면적은 약 35~50%이다.

해설 집중식이 동선이 짧다.

43. 종합병원 건축계획에 대한 설명 중 옳지 않은 것은?

① 우리나라의 일반적인 외래진료방식은 오픈 시스템이며, 대규모의 각종 과를 필요로 한다.

② 1개의 간호사 대기소에서 관리할 수 있는 병상수는 30~40개 이하로 한다.

③ 병실의 창문높이는 90cm 이하로 하여 환자가 병상에서 외부를 전망할 수 있게 하는 것이 좋다.

④ 수술실의 바닥마감은 전기도체성 마감을 사용하는 것이 좋다.

해설 우리나라의 일반적인 외래진료방식은 클로즈드 시스템이며, 대규모의 각종 과를 필요로 하고 환자가 매일 병원에 출입하는 형식이다.

44. 종합병원의 건축계획에 대한 설명 중 옳지 않은 것은?

① 부속진료부는 외래환자 및 입원환자 모두가 이용하는 곳이다.

② 집중식 병원건축에서 부속진료부와 외래부는 주로 건물의 저층부에 구성된다.

③ 간호사 대기소는 각 간호단위 또는 각층 및 동별로 설치한다.

④ 외래진료부의 운영방식에 있어서 미국의 경우는 대개 클로즈드 시스템인데 비하여, 우리나라는 오픈 시스템이다.

해설 외래진료부의 운영방식에 있어서 미국의 경우는 대개 오픈 시스템인데 비하여, 우리나라는 클로즈드 시스템이다.

45. 병원계획에 관한 설명 중 옳지 않은 것은?

① 수술부는 가급적 외과 병동과는 동일한 층으로 하되, 일반적으로 중앙진료부의 최상층 또는 1층에 두는 수가 많다.

② 중앙진료부는 외래진료부와 병동부의 중간인 곳이 좋다.

③ 종합병원에 있어 배수는 하수도의 종류에 불구하고 모두 정화조를 통하여 배수한다.

④ 병원의 연면적 중 병동부가 차지하는 면적은 약 30~40% 정도이다.

해설 수술부는 중앙진료부의 통과교통이 없는 익단부로 격리된 위치에 두며, 병동과 응급부에서 환자수송이 용이한 곳에 둔다.

해답 41. ② 42. ③ 43. ① 44. ④ 45. ①

46. 종합병실의 병동 각부에 대한 계획 중 부적당한 것은?

① 수술실은 밝기를 충분히 고려하여 남측에 채광창을 설치한다.

② 간호원 대기소에서 입원실 및 복도를 감시할 수 있도록 한다.

③ 창유리 등은 강화유리를 사용하는 것이 좋으며, 너무 밝지 않도록 한다.

④ 병원 전체에서 중앙진료실이 차지하는 면적은 15~20% 정도이다.

47. 종합병원의 병동 각부계획에 대한 설명 중 가장 부적당한 것은?

① 수술실은 밝기를 충분히 고려하여 남측에 채광창을 설치한다.

② 간호사 대기소에서 입원실 및 복도를 감시할 수 있도록 한다.

③ 병실의 창문높이는 90cm 이하로 하여 환자가 병상에서 외부를 전망할 수 있게 하는 것이 좋다.

④ 클로즈드 시스템의 외래진료부는 환자의 이용이 편리하도록 1층 또는 2층 이하에 둔다.

해설 수술실에는 창을 두지 않으며, 인공조명(무영등)으로 조도를 균일하게 한다.

48. 일반 종합병원의 계획에 있어서 옳지 않은 것은?

① 병동부는 면적상 전체면적의 약 1/3을 차지한다.

② 병실의 바닥면적은 1인용의 경우 10m² 이상으로 계획한다.

③ X-선부는 각 병동부에 가깝고, 외래진료부로부터 편리한 위치에 둔다.

④ 수술부는 사용빈도가 많으므로 다른 부분과 긴밀한 위치가 좋다.

해설 수술부는 무균조작을 행하는 공간이므로 건물의 익단부나 격리된 위치가 좋다.

49. 다음은 종합병원계획에 관한 사항 중 옳지 않은 것은?

① 안과는 실의 한 쪽 길이가 최소 6m가 필요하다.(시력검사)

② 병동부의 전체면적에 대한 비율은 30~40%가 적당하다.

③ 산부인과 진료실은 내진실과 진찰실로 조합하여 몇 개의 유니트를 만든다.

④ 외과수술실은 동선편리를 위해 통과교통로(복도)에 인접 설치한다.

해설 수술실, 물리치료실, 분만실 등은 통과교통이 되지 않는 중앙진료부의 한 쪽 위치에 오게 한다.

50. 종합병원의 평면계획에 있어서 적합하지 않은 것은 어느 것인가?

① 응급출입구는 일반외래와 분리시켜 정면 현관의 정반대쪽에 설치하는 것이 바람직하다.

② 이중복도형 병동은 간호가 신속히 이루어 질 수 있으므로 병실 간호능력이 향상된다.

③ 중앙소독실은 중앙진료부에 둔다.

④ 클로즈드 시스템의 외래진료부는 환자의 이용이 편리하도록 1층 또는 2층 이하에 둔다.

해설 응급부는 입원환자의 눈에 잘 띄지 않고 차의 접근이 용이한 위치로 별도의 입구를 설치한다.

51. 병원건축계획에 관한 설명 중 옳지 않은 것은?

① 수술부는 복도에 다른 통과교통이 없는 위치에 배치하는 것이 좋다.

② 1개의 간호사 대기소에서 관리할 수 있는 병상 수는 30~40개 이하로 한다.

③ 수술실 실내의 벽은 녹색계통의 마감을 하여 적색의 식별이 용이하게 한다.

④ 응급부의 위치는 병원의 중앙출입구에 포함시켜 계획되어야 한다.

해설 응급부는 중앙진료부에 접근하게 하며, 병원 후면의 1층에 위치하여 구급차가 출입할 수 있도록 플랫폼을 설치한다.

해답   46. ①   47. ①   48. ④   49. ④   50. ①   51. ④

52. 종합병원계획에 관한 기술 중 가장 부적당한 것은?

① 중앙공급실은 병원 전체의 의료품을 소독·지급하는 곳이므로 병동 가까이에 계획한다.
② 외래부는 외부로부터의 연결이 잘되는 곳에 위치토록 계획한다.
③ I.C.U에는 집중적인 간호력과 고도의 의료설비를 갖추도록 한다.
④ 수술실은 통과교통을 피한 장소에 두고 직접 복도로부터 사람의 출입이 없도록 계획한다.

[해설] 중앙공급실은 병원 전체의 의료품을 소독·지급하는 곳이므로 수술실 가까이에 계획한다.

53. 다음의 병원계획에 관한 설명 중 옳지 못한 것은?

① 수술실앞에 통로, 홀 등을 설치하지 않는다.
② 입원환자와 외래환자의 출입구는 분리시킨다.
③ 병실출입구는 외여닫이로 하되, 1.15m 이상으로 한다.
④ 종합병원의 간호단위는 50병상 정도이다.

[해설] 종합병원의 간호단위는 30~40병상 정도이다.

54. 종합병원계획에 대한 설명 중 옳지 않은 것은?

① 전체적으로 바닥의 단 차이를 가능한 줄이는 것이 좋다.
② 수술부는 타 부분의 통과교통이 없는 장소에 배치한다.
③ 일반적으로 병동부가 차지하는 면적은 병원전체에서 25~35% 정도이다.
④ 외래진료부의 구성단위는 간호단위를 기본단위로 한다.

[해설] 병동부의 구성단위는 간호단위를 기본단위로 한다.

55. 종합병원의 건축계획 방침 중 옳지 않은 것은?

① 결핵병동은 원칙적으로는 일반종합병원에 포함시키지 않는다.
② 수술부의 위치는 외래부와 병동사이에 둔다.
③ 부속진료부에는 방사선부, 수술부, 분만부, 물리치료부가 포함된다.
④ 외래진료부의 구성단위는 간호단위를 기본단위로 한다.

[해설] 간호단위를 기본단위로 하는 곳은 병동부이다.

56. 종합병원계획에 관한 다음의 기술 중 가장 부적당한 것은?

① 병실의 바닥면적은 1인실은 $10m^2$ 이상, 2인실 이상은 $12.6m^2$/bed 이상으로 한다.
② 간호단위구성에서 간호부의 보행거리는 24m 정도가 되도록 한다.
③ 환자 1인당 대지면적은 $10{\sim}20m^2$가 필요하다.
④ 간호단위의 병상수는 30~40병상 이하로 한다.

[해설] 환자 1인당 대지면적은 $43{\sim}66m^2$가 필요하다.

57. 병원의 건축계획에 관한 설명 중 옳지 않은 것은?

① 분관식(Pavillion type)은 유럽에서 발달된 형태로 치료와 의사본위적 병원형식이다.
② 집합식(Block type)은 병원의 기능을 집약적으로 편성하므로 관리가 쉽고 기능이 양호하다.
③ 종합병원실의 큐비클 시스템(Cubicle system)은 간호, 급식, 서비스 등이 용이하고 공간을 유용하게 사용할 수 있다.
④ 병실의 출입문은 환자의 독립성 보호를 위하여 안에서 잠글 수 있도록 하며, 폭은 90cm 이상 보통 110cm로 한다.

[해설] 병실의 출입문은 밖에서 잠글 수 있도록 하는 것이 좋으며, 폭은 110cm 이상으로 한다.

58. 다음의 병원건축계획에 관한 기술 중 가장 부적당한 것은?

① 1개의 간호사 대기소에서 관리할 수 있는 병상 수는 30~40개 이하로 한다.

② 병실 출입구는 침대가 통과할 수 있는 폭이어야 한다.

③ 간호단위의 구성시 간호사의 보행거리는 24m 이내가 되도록 한다.

④ 병원의 환자용 계단에 대체하여 설치하는 경사로의 경사는 최대 1/6 이하로 한다.

[해설] 경사로의 경사는 최대 1/20 이하로 한다.

59. 다음 종합병원 건축계획에 관련된 사항 중 옳지 않은 것은?

① 외래진료부는 건강진단으로 질병의 예방, 조기 발견 그리고 건강증진을 도모하는 기능을 가지고 있다.

② 응급부는 입원수속 전의 중환자에 대한 신속하고 적절한 처치 및 검사조치를 행한다.

③ 수술부는 중앙진료부에 속한다.

④ 관리부는 외래 및 중앙진료부의 진료활동을 수행하는데 필요한 공급과 관리업무를 수행한다.

[해설] ④는 서플라이센터(supply center)에 대한 설명이다.

60. 고층병원의 엘리베이터계획에 관한 기술 중 특별히 고려할 필요가 없는 것은?

① 병상수 1,000개 정도의 병원이면 침대용 엘리베이터는 2대로서 충분하다.

② 일반 승용 엘리베이터는 주로 의사들의 이용에 중점을 두고 대수를 산정한다.

③ 침대용 엘리베이터의 속도는 45m/분 이하로 한다.

④ 침대용 엘리베이터의 로비와 승용 엘리베이터의 로비는 약간 분리해서 설치토록 한다.

[해설] 승용 엘리베이터는 주로 방문객이나 외래환자들의 이용에 중점을 두고 대수를 산정한다.

해답 58. ④ 59. ④ 60. ②

MEMO

제8장 문 화 시 설

출제경향분석

문화시설은 건축기사 범위에만 해당되는 부분으로 크게 관람시설과 전시시설로 나눌 수 있다. 관람시설은 극장과 영화관, 전시시설은 미술관과 박물관이 있는데, 관람시설에서는 극장을 중심으로, 전시시설에서는 미술관을 중심으로 출제되고 있다.

극장에서는 극장의 평면형, 가시거리의 설정, 좌석의 한도, 객석의 크기 등이 중요한 내용이고, 미술관에서는 전시실의 순로형식과 채광방식이 중요한 내용으로 자주 출제되는 부분이다.

세 부 목 차

1) 극장 · 영화관
2) 미술관

1 평면계획

(1) 극장의 평면형
(2) 극장평면의 구성

극장건축은 건축기사시험에만 출제된다. 전체적으로 중요한 부분만 열거해 보면 극장의 평면형, 객석, 무대의 평면과 단면에 나오는 용어 등이다. 이 부분에서는 무대와 객석과의 배치에 의한 극장의 평면형 특성을 잘 판단해야 한다.

1. 오픈 스테이지형의 장 · 단점
2. 애리너형의 장 · 단점
3. 프로시니엄형의 장 · 단점

1 극장의 평면형

(1) 오픈 스테이지(open stage)형

무대를 중심으로 객석이 동일공간에 있는 형

① 특성

㉠ 무대와 객석이 동일공간에 있는 것으로 관객석에 의해서 무대의 대부분을 둘러싸고 많은 사람들은 시각거리내에 수용된다.

㉡ 배우는 관객석 사이나 무대아래로부터 출입한다.

㉢ 연기자와 관객 사이의 친밀감을 한층 더 높일 수 있다.

② 종류

㉠ 관객이 210°로 둘러 싼 형(그리스극장형식)

㉡ 관객이 180°로 둘러 싼 형(로마극장형식)

㉢ 관객이 90°로 둘러 싼 형(부채꼴)

㉣ 앤드 스테이지(end stage) : 각도가 없는 관객석을 가진 형

(2) 애리너(arena, central stage)형

관객이 360° 둘러싼 형

① 가까운 거리에서 관람하게 되며, 가장 많은 관객을 수용할 수 있다.

② 무대배경은 주로 낮은 가구로 구성되며, 배경을 만들지 않으므로 경제적이다.

(3) 프로시니엄(proscenium, 픽쳐 프레임 스테이지)형

프로시니엄벽에 의해 연기공간이 분리되어 관객이 프로시니엄 아치의 개구부를 통해서 무대를 보는 형식

① 어떤 배경이라도 창출이 가능하다.

② 관객에게 장치, 광원을 보이지 않고도 여러 가지의 장면을 연출할 수 있다.

■ 극장의 평면형
이 부분은 극장건축에서 가장 중요하다. 일반적으로 무대를 중심으로 오픈 스테이지형, 애리너형, 프로시니엄형으로 분류하여 그 특성을 잘 정리하여야 한다.

■ 그림. 극장의 평면형
① 오픈 스테이지형

② 애리너형

③ 프로시니엄형

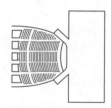

③ 스테이지에 가깝게 많은 관객을 넣는 것은 곤란하다.

④ 무대전면의 오케스트라 박스(orchestra box) 등을 이용해서 에이프런 스테이지로 사용하는 것도 좋은 방법이다.

⑤ 배경은 한 폭의 그림과 같은 느낌을 준다.

⑥ 연기자가 제한된 방향으로만 관객을 대하게 된다.

⑦ 강연, 음악회, 독주, 연극공연에 가장 좋으며, 일반극장의 대부분이 여기에 속한다.

(4) 가변형 무대(adaptable stage)

필요에 따라 무대의 객석이 변화될 수 있는 형으로 하나의 극장내에 몇 개의 다른 형태로 무대를 만들 수 있게 구성된 형식이다.

① 상연종목, 출연방법에 가장 적합한 공간을 구성시키려는 생각에서 발생한 것이다.

② 최소한의 비용으로 극장표현에 대한 최대한의 선택가능성을 부여한다.

③ 대학연구소 등의 실험적 요소가 있는 공간에 많이 이용된다.

2 극장평면의 구성

극장평면의 구성의 기본은 연극을 상연하는 무대와 이것을 관람하는 관람석을 축으로 연결하여 이에 부수되는 여러 기능의 실을 구성하여 배치하는 것이다.

(1) 현관

(2) 매표소

(3) 로비

(4) 휴대품 보관소

(5) 라운지

(6) 화장실

■ 애리너(arena)
• 원형극장에서 경기를 하는 중앙 부분
• 중앙무대형의 극장
• 무대의 위치가 객석에 둘러싸인 중앙에 위치하여 연기자가 관객을 최대한 접근하도록 하는 형식

■ 프로시니엄(proscenium)
무대와 객석사이를 구분하는 양쪽 벽의 위에 아치로 된 부분

1 보기의 설명에 맞는 극장의 평면형은 다음 중 어느 것인가?

┌─│ 보기 │─────────────────────────────────┐
│ 1. 관객이 부분적으로 연기자를 둘러싸고 있는 형태이다. │
│ 2. 배우는 관객석 사이나 무대 아래로부터 출입한다. │
│ 3. 관객이 연기자에 좀 더 근접하여 관람할 수 있다. │
└───┘

① 오픈 스테이지형　　　　② 애리너형
③ 프로시니엄형　　　　　④ 가변형

2 극장건축의 평면형식 중 애리너(Arena)형의 특성으로 바르지 못한 것은?

① 가까운 거리에서 관람하면서 가장 많은 관객을 수용할 수 있다.
② 무대의 배경을 많이 만들어야 하므로 비경제적이다.
③ 무대의 장치나 소품은 주로 낮은 기구들로 구성된다.
④ 객석과 무대가 하나의 공간에 있으므로 양자의 일체감을 높여 긴장
　감이 높은 연극공간을 형성한다.

3 극장의 평면형 중 프로시니엄형에 대한 설명으로 옳지 않은 것은?

① 강연, 콘서트, 독주, 연극공연 등에 적합하다.
② 연기자가 일정한 방향으로만 관객을 대하게 된다.
③ 무대의 배경을 만들지 않으므로 경제성이 있다.
④ Picture frame stage라고도 불린다.

4 극장의 각 평면형식에 대한 설명 중 잘못된 것은?

① 프로시니엄은 객석 수용능력에 있어서 제한을 받는다.
② 오픈스테이지 형은 무대장치를 꾸미는데 어려움이 있다.
③ 애리너형은 최소한의 비용으로 극장표현에 대한 최대한의 선택가능
　성을 부여한다.
④ 가변형 무대는 필요에 따라서 무대와 객석을 변화시킬 수 있다.

5 극장의 평면형에 관한 설명 중 옳은 것은?

① 프로시니엄형은 강연, 콘서트, 독주, 연극 공연 등에 적합하다.
② 오픈 스테이지형은 가까운 거리에서 관람하면서 가장 많은 관객을
　수용할 수 있다.
③ 애리너형은 연기자와 관객의 접촉면이 한 면으로 한정되어 있다.
④ 가변형은 센트럴 스테이지형이라고도 하며, 극장표현에 대한 선택
　가능성이 없다.

해설 **5**
① 애리너형은 가까운 거리에서 관
　람하면서 가장 많은 관객을 수용
　할 수 있다.
② 프로시니엄형은 연기자와 관객의
　접촉면이 한 면으로 한정되어 있
　다.
③ 애리너형은 센트럴 스테이지형이
　라고도 하며, 극장표현에 대한 선
　택가능성이 없다.

2 세부계획 (1) 관객석

학습방향

극장건축 중에서 가장 중요한 부분은 관객석에 관한 내용이다. 우선 가시거리의 설정에 제 1차 허용한도, 제 2차 허용한도의 거리가 중요하고, 무대의 최전열 좌석과의 거리, 객석의 크기, 좌석의 배열 등이 중요하므로 수치와 내용을 잘 정리해 두어야 한다.

1. 가시거리 – A구역, B구역, C구역, 제 1차 허용한도, 제 2차 허용한도
2. 좌석의 한도
3. 객석의 크기 – 연면적의 약 50% 정도, 1인당 점유 바닥면적
4. 좌석의 배열
5. 객석의 음향계획상 요점

1 관객석

(1) 평면형

부채형, 우절형이 많이 쓰여지고 있으며, 시각적, 음향적으로 우수한 형이다.

(2) 가시거리의 설정

① A구역 : 배우의 표정이나 동작을 상세히 감상할 수 있는 시선거리의 생리적 한도는 15m이다.(인형극이나 아동극)

② B구역 : 실제의 극장건축에서는 될 수 있는 한 수용을 많이 하려는 생각에서 22m까지를 1차 허용한도로 정한다.(국악, 신극, 실내악)

③ C구역 : 배우의 일반적인 동작만 보이면 감상하는데는 별 지장이 없으므로 이를 제 2차 허용한도라 하고, 35m까지 둘 수 있다. (연극, 그랜드 오페라, 발레, 뮤지컬, 심포니 오케스트라)

※ 무대예술의 감상에 있어서 배우상호간, 배우와 배경과의 관계때문에 수평편각의 허용도는 중심선에서 60°의 범위로 한다.

(3) 좌석의 한도

① 최전열의 좌석이 스크린에 가까이 할 수 있는 한도

㉠ 평면상 : A ≤ 90°, B ≤ 60°

㉡ 단면상 : C ≤ 30°, D ≤ 15°

② 스크린과 객석의 거리

㉠ 최소 : 스크린 폭의 1.2~1.5배

㉡ 최대 : 스크린 폭의 4~6배(30m) 정도

㉢ 뒷벽의 객석의 폭 : 스크린 폭의 2.5~3.5배

학습POINT

■ 그림. 관람석의 평면형

(a) 부채형   (b) 우절형

■ 그림. 관객석의 한계

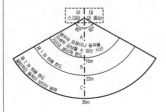

■ 그림. 좌석의 한도

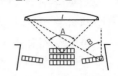

(a) 평면상 최전열좌석의 한도

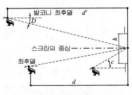

(b) 단면상 최전열좌석의 한도

(4) 객석의 크기

① 건축연면적의 약 50% 정도

② 1인당 바닥면적 : 0.5~0.6m² 정도

(5) 좌석의 배열

① 무대의 중심 또는 스크린의 중심을 중심으로 하는 원호의 배열이 이 상적이며, 수용인원을 증가시키고 시공을 용이하게 하기 위해서는 동일 반지름, 또는 그에 내접하는 접선에 의한 배열이 일반적이다.

② 객석의 바닥구배를 작게 하면서도 무대방향을 보기 쉽게 하기 위하여 무대의 중심을 향해서 바로 앞줄에 앉은 사람의 머리가 오지 않도록 좌석을 엇갈리게 배열하는 방법이 있다.

③ 객석의 세로통로는 무대를 중심으로 하는 방사선상이 좋다.

④ 객석 의자의 크기

㉮ 폭 : 45cm 이상

㉯ 전후의 간격

㉠ 횡렬 6석 이하 : 80cm 이상

㉡ 횡렬 7석 이상 : 85cm 이상

⑤ 통로의 폭

㉮ 세로통로의 폭 : 80cm 이상, 편측통로의 폭 : 60~100cm

㉯ 가로통로의 폭 : 100cm 이상

⑥ 구배 : 1/10(1/12) 정도

(6) 관객석의 음향계획

① 일반계획

㉮ 객석의 형이 원형이나 타원형일 경우 음이 집중되거나 불균등한 분포를 보이며, 에코가 형성되어 불리하게 되므로 확산작용을 하도록 하여 개선한다.

㉯ 오디토리움 양쪽의 벽은 무대의 음을 반사에 의해 객석 뒷부분까지 이르도록 보강해주는 역할을 한다. 측면벽의 경사도는 1/20 정도로 한다.

② 오디토리움(객석부 공간)의 음향계획

㉮ 객석부 공간의 앞면 경사천장은 객석 뒤쪽에 도달하는 음을 보강하도록 계획한다.

㉯ 발코니 하부는 깊이가 개구부 높이의 2배 이상으로 깊어지면 충분한 양의 음이 발코니 하부의 뒤쪽 객석까지 이르지 못하게 되므로 바람직하지 않다.

㉰ 발코니 앞면의 핸드레일 부분은 일반적으로 넓은 폭으로 된 큰 곡률반경의 오목면인 경우 에코가 생기게 된다. 그러므로 그 면은 확산작용을 하도록 계획하든가 높은 흡음성이 있는 재료를 사용하여 반사율이 생기지 않도록 한다.

■ 그림. 객석의 치수(단위 : cm)

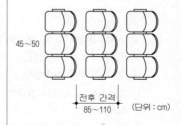

45~50

전후 간격
85~110

(단위 : cm)

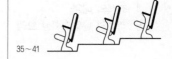

35~41

■ 소음방지를 유의사항

① 객석내의 소음은 30~35dB 이하로 한다.

② 출입구는 밀폐하고, 도로면을 피한다.(가능한 한 2중문으로 한다.)

③ 창은 2중으로 하고, 지붕과 천장은 차음구조로 한다.

④ 영사실은 천장에 반드시 흡음재를 사용한다.

⑤ 공기의 난류에 의한 소음을 방지하기 위하여 덕트를 유선화한다.

■ 음의 전달계획

① 직접음과 1차 반사음 사이의 경로차는 17m 이내

② 천장은 음을 객석에 고루 분산시키는 형일 것

③ 발코니의 길이는 객석길이의 1/3 이내일 것

④ 발코니의 저면 및 후면은 특히 흡음에 유의할 것

⑤ 잔향시간을 조절할 것

핵 심 문 제

1 다음의 극장계획에 대한 설명 중 (   ) 안에 알맞은 내용은?

> 연극 등을 감상하는 경우 연기자의 표정을 읽을 수 있는 가시한계는 15m 정도이다. 그러나 실제적으로 극장에서는 잘 보여야 되는 동시에 많은 관객을 수용해야 하므로 (   )m 까지를 제1차 허용한도로 한다.

① 22
② 27
③ 30
④ 35

실제의 극장건축에서는 될 수 있는 한 수용을 많이 하려는 생각에서 22m 까지를 1차 허용한도로 정하며, 국악이나 신극, 실내악 등은 이 범위내에 객석을 둘 수 있다.

2 극장 관객석에서 무대중심을 볼 수 있는 2차 허용한계는 얼마인가?

① 15m
② 22m
③ 35m
④ 40m

해설 **2** 평면형의 한계
① 1차 허용한도 – 22m
② 2차 허용한도 – 35m

3 극장의 관람석은 건축연면적의 몇 %이며, 1인당 얼마의 바닥면적으로 계산하는가?

① 40%, 0.3~0.4m²
② 50%, 0.5~0.6m²
③ 60%, 0.7~0.8m²
④ 70%, 0.7~0.8m²

해설 **3** 관객석의 크기
① 건축 연면적의 약 50%정도
② 1인당 점유 바닥면적은 0.5~0.6m² 정도

4 극장의 객석계획에 관한 설명 중 옳지 않은 것은?

① 연극 등을 감상하는 경우 연기자의 표정을 읽을 수 있는 가시한계는 15m 정도이다.
② 객석의 세로통로는 무대를 중심으로 하는 방사선상이 좋다.
③ 좌석을 엇갈리게 배열(stagger seats)하는 방법은 객석의 바닥구배가 완만할 경우에는 사용할 수 없으며, 통로 폭이 좁아지는 단점이 있다.
④ 객석은 무대의 중심 또는 스크린의 중심을 중심으로 하는 원호의 배열이 이상적이다.

해설 **4**
객석의 바닥구배를 작게 하면서도 무대방향을 보기 쉽게 하기 위하여 무대의 중심을 향해서 바로 앞줄에 앉은 사람의 머리가 오지 않도록 좌석을 엇갈리게 배열하는 방법이 있다.

5 극장 객석의 음향계획에 대한 설명 중 옳은 것은?

① 객석내 소음은 40~50dB 이하로 한다.
② 영사실 천장에는 반드시 방음재를 사용한다.
③ 발코니의 길이는 객석길이의 최대 1/2 이내로 한다.
④ 객석부 공간의 앞면 경사천장은 객석 뒤쪽에 도달하는 음을 보강하도록 계획한다.

해설 **5**
① 객석내의 소음은 30~35dB 이하로 한다.
② 영사실은 천장에 반드시 흡음재를 사용한다.
③ 발코니의 길이는 객석길이의 1/3 이내일 것

정답 1. ① 2. ③ 3. ② 4. ③ 5. ④

2 세부계획　　(2) 무대

학습방향

무대의 구성은 평면적인 것과 단면적인 것으로 나누어 그 내용을 살펴볼 수 있는데, 각 부분에 따른 명칭과 크기에 관한 결정조건을 판단하는 문제가 출제된다.
1. 무대의 폭과 깊이 및 상부공간의 높이
2. 기타 – 용어의 의미

2 무대

(1) 무대의 평면

① 커튼라인(curtain line) : 프로시니엄 아치의 바로 뒤에 처진 막
② 에이프런 스테이지(apron stage, 앞무대) : 막을 경계로 하여 바깥부분. 즉, 객석쪽으로 나온 부분의 무대
③ 사이드 스테이지(side stage, 측면무대) : 객석의 측면벽을 따라 돌출한 부분
④ 액팅 에리어(acting area, 연기부분무대) : 앞무대에 대해서 커튼라인 안쪽 무대
⑤ 무대의 폭과 깊이
　　무대의 폭은 프로시니엄 아치 폭의 2배 정도로 하고, 무대의 깊이는 프로시니엄 아치 폭 정도 이상으로 한다.

(2) 무대의 단면

① 플라이 로프트(fly loft, 무대상부의 공간) : 이상적인 높이는 프로시니엄 높이의 4배 정도
　㉮ 그리드 아이언(grid iron, 격자철판)
　　무대의 천장밑에 위치하는 곳에 철골로 촘촘히 깔아 바닥을 이루게 한 것으로 여기에 배경이나 조명기구, 연기자 또는 음향반사판 등을 매어 달 수 있게 한 장치(잔교는 프로시니엄 아치 뒤에 설치하는 1m 정도의 발코니형 발판으로 조명 조작이나 눈, 비 등의 연출을 위해 사용된다.)
　㉯ 플라이 갤러리(fly gallery)
　　그리드 아이언에 올라가는 계단과 연결되게 무대주위의 벽에 6~9m 높이로 설치되는 좁은 통로
　㉰ 록 레일(lock rail) : 와이어 로프를 한 곳에 모아서 조정하는 장소

학습POINT

■ 그림. 무대의 평면형

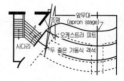

(a) 앞무대(apron stage)의 예

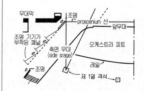

(b) 측면 무대(side stage)의 예

■ 그림. 무대의 단면형

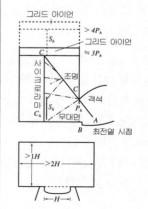

② 프로시니엄 아치(proscenium arch)
  ㉮ 관람석과 무대사이에 격벽이 설치되고 이 격벽의 개구부를 통해 극을 관람하게 된다. 이 개구부의 틀을 프로시니엄 아치라 한다.
  ㉯ 역할
    ㉠ 그림에 있어서 액자와 같이 관객의 눈을 무대로 쏠리게 하는 시각적 효과
    ㉡ 조명기구나 막을 막아 후면무대를 가리는 역할
③ 무대배경
  ㉮ 사이클로라마(cyclorama) : 무대의 제일 뒤에 설치되는 무대배경용의 벽으로 호리존트(horizont)라 한다.
  ㉯ 배경제작실
    ㉠ 위치는 무대에 가까울수록 편리하나, 제작중의 소음을 고려해서 차음설비가 필요하다.
    ㉡ 배경제작실의 넓이는 규모에 따라 다르나 5m × 7m 내외이고, 천장의 높이는 6m 이상인 경우가 많다.
    ㉢ 배경제작실에는 배경의 반출입 관계상 외부의 출입구는 물론 내부의 천장높이를 충분히 고려할 필요가 있다.

(3) 무대의 바닥부분
  ① 활주이동무대
    무대자체를 활주이동시켜 무대를 전환시키는 것
    ㉮ 전후로 활주이동하는 왜건형식 : 연기부분의 대부분을 차지하는 왜건에 무대장치의 전부를 올려놓고, 앞무대에서 무대 뒤쪽으로 활주이동시키는 형식으로 무대의 양쪽이 좁고 깊이가 깊은 경우에 채용되는 방식이다.
    ㉯ 좌우로 활주이동시키는 왜건형식 : 연기부분의 대부분을 차지하는 왜건에 무대배경을 설치하고, 양쪽의 왜건창고를 좌우로 이동시켜 전환사용하는데 전후로도 이동가능한 형식이다.
  ② 회전무대
    ㉮ 고정식 회전무대 : 무대 바닥밑에 설치하며, 구조는 철골조로 모터를 동력으로 한다.
    ㉯ 이동식 회전무대 : 무대 바닥위에 설치하는 것으로, 무대위 임의의 장소에서 특수한 연출상의 효과를 위해서 쓰여진다.
    ㉰ 복합식 회전무대 : 2개 이상의 회전체로 구성되어 2중, 3중 회전무대가 있다.
    ㉱ 궁형 왕복활주무대 : 부채꼴의 무대를 3등분하여 궁형으로 왕복운동 시키면서 전환시킨다.

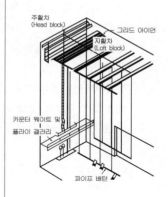
■ 그림. 무대상부 기구설명도

■ 호리존트(horizont)
사이클로라마로 주무대를 둘러싼 벽면 또는 막면을 말한다.
설치 이유는 ① 무한히 펼쳐지는 천공의 효과를 얻는다. ② 무대의 뒤, 옆 및 위를 가리는 역할을 한다. ③ 프로젝터에 의하여 영상을 투사한다.

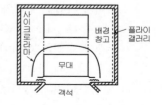
■ 그림. 전후로 활주이동시키는 왜건형식

■ 그림. 좌우로 활주이동시키는 왜건형식

③ 플로어 트랩(floor trap)

무대에는 연기자의 등장과 퇴장이 임의의 장소에서 이루어질 수 있도록 무대와 트랩 룸 사이를 계단이나 사다리로 오르내릴 수 있는 플로어 트랩이 필요하다.

④ 승강무대

무대바닥의 일부 또는 전부를 오르내리게 하여 연기자의 출입, 무대 배경의 이동, 무대장치의 입체적인 구성 등에 이용된다.

㉮ 트랩 엘리베이터(trap elevator) : 승강과 높이를 자유로이 조절할 수 있다.

㉯ 테이블 엘리베이터(table elevator) : 콘서트, 코러스 등에 편리하다.

㉰ 플래토 엘리베이터(plateau elevator) : 트랩 룸에서 무대배경의 전 세트를 올려놓고 한번에 올라오거나 내려갈 수 있다.

(4) 후무대 관련실

① 의상실(dressing room)

㉮ 실의 크기가 1인당 최소 4~5m²이 필요하다.

㉯ 위치는 가능하면 무대근처가 좋고, 또 같은 층에 있는 것이 이상적이다.

㉰ 그린 룸이 있는 경우 무대와 동일한 층에 배치할 필요는 없다.

② 그린 룸(green room, 출연대기실)

무대와 가깝고 무대와 같은 층에 두고, 크기는 30m² 이상으로 한다.

③ 앤티룸(anti room)

무대와 출연자 대기실 사이에 있는 조그만 방으로 출연자들이 출연 바로 직전에 기다리는 공간이다.

④ 프롬프터 박스(prompter box, 대사박스)

무대중앙에 설치하여 프롬프터가 들어가는 박스로서 객석 쪽은 둘러싸고 무대측만이 개방되어 이곳에서 대사를 불러 주며, 기타 연기의 주의환기를 하는 곳이다.

핵 심 문 제

1 극장의 무대계획에 대한 설명 중 옳지 않은 것은?

① 무대의 폭은 적어도 프로시니엄 아치 폭의 2배, 깊이는 프로시니엄 아치 폭 이상이어야 한다.

② 프로시니엄 아치의 바로 뒤에는 막이 쳐지는데, 이 막의 위치를 커튼 라인이라고 한다.

③ 프로시니엄 아치는 일반적으로 장방형이며, 종횡의 비율은 황금비가 많다.

④ 좌우로 활주이동시키는 왜건형식은 무대의 양쪽이 좁고 깊이가 깊은 경우에 채용되는 방식이다.

2 극장건축에서 프로시니엄 아치에 관한 설명 중 옳지 않은 것은?

① 프로시니엄 아치는 무대와 사이클로라마 사이에 설치한다.

② 프로시니엄 아치는 관객의 눈을 무대에 집중시키는 시각적 효과가 있다.

③ 프로시니엄 부분은 화재시를 대비해 개구부에 방화막을 설치한다.

④ 프로시니엄 아치는 조명기구나 막을 두어 후면의 무대를 가리는 역할을 한다.

3 극장계획에 있어서 일반적인 프로시니엄 아치형식의 무대를 위해 무대전환방식이 아닌 것은?

① 이동무대(wagon stage)

② 회전무대(revolving stage)

③ 승강무대(lift stage)

④ 애리너 스테이지(arena stage)

4 극장건축의 관련제실에 대한 설명 중 옳지 않은 것은?

① 앤티 룸(anti room)은 출연자들이 출연 바로 직전에 기다리는 공간이다.

② 의상실은 실의 크기가 1인당 최소 8~9m²이 필요하며, 그린 룸이 있는 경우 무대와 동일한 층에 배치하여야 한다.

③ 배경제작실의 위치는 무대에 가까울수록 편리하며, 제작 중의 소음을 고려하여 차음설비가 요구된다.

④ 그린 룸(green room)은 출연자 대기실을 말하며, 주로 무대 가까운 곳에 배치한다.

해설 1
전후로 활주이동하는 왜건형식은 무대의 양쪽이 좁고 깊이가 깊은 경우에 채용되는 방식이다.

해설 2
사이클로라마는 무대의 가장 뒤쪽에 설치되는 무대 배경용 벽이다.

해설 3
애리너 스테이지 – 극장의 평면형의 한 종류

해설 4
의상실은 실의 크기가 1인당 최소 4~5m²이 필요하다.

1. ④ 2. ① 3. ④ 4. ②

■ 제8장 문화시설 367

3 영화관

(1) 객석 바닥면적
(2) 용적
(3) 스크린의 위치
(4) 영사실

영화관에서 스크린을 잘 보기 위한 영사각에 대한 내용이 중요하다.

1. 영사각
2. 스크린과 최전열 좌석과의 거리

1 객석 바닥면적

관객 1인당 객석 바닥면적은 1객석당 종·횡통로를 포함해서 $0.5m^2$ 정도로 한다.

2 용적(객석당)

(1) 영화관 : $4\sim5m^3$

(2) 음악홀 : $5\sim9m^3$

(3) 공회당 다목적홀 : $5\sim7m^3$

3 스크린의 위치

(1) 최전열 객석에서 스크린 폭의 최소 1.5배 이상

(2) 보통 최전열 객석으로부터 6m 이상

(3) 무대 바닥면에서 50~100cm의 높이

(4) 뒷벽면과의 거리는 1.5m 이상

4 영사실

(1) 영사실 출입구의 폭은 70cm 이상, 높이는 175cm 이상, 개폐방법은 외여닫이로 하고, 자폐방화문을 단다.

(2) 영사실과 스크린과의 관계는 영사각이 $0°$가 되는 것이 최적이나, 최소 평균 $15°$ 이내로 한다.

학습POINT

핵 심 문 제

1 영화관 평면계획에서 다음 그림의 A와 B의 값으로서 가장 적합한 것은?

① A ≤ 90°, B ≤ 60°

② A ≤ 90°, B ≤ 90°

③ A ≤ 100°, B ≤ 90°

④ A ≤ 120°, B ≤ 60°

스크린

∠A ∠B

객석의 최전열

2 다음의 3,000명을 수용하는 영화관을 계획하기 위한 설계방침 중 옳지 않은 것은?

① 영사실과 스크린의 수평 영사각도 30° 이내

② 맨앞줄 객석으로부터 스크린까지의 최소 거리 7m

③ 최전열 객석관람자의 앙각 25° 이하

④ 와이드 스크린일 때 최전열 중심에서 스크린 폭을 보는 평면각도 90° 이하

3 다음 중 영화관의 영사실과 영사막의 관계에서 영사각으로 가장 알맞은 것은?

① 0°

② 17°

③ 22°

④ 90°

4 다음 중 영화관의 관람석으로의 출입구의 수 및 배치를 결정하는 가장 중요한 조건은?

① 환기

② 방음

③ 피난

④ 관객교대에 필요한 시간

5 회중석의 수용인원이 1,000명 이상인 경우의 교회평면 그림에서 좌석 중심각 A와 가청거리 B의 값으로 가장 적합한 것은?

① A ≤ 120°, B = 23m

② A ≤ 120°, B = 25m

③ A ≤ 90°, B = 25m

④ A ≤ 90°, B = 23m

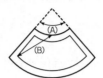

(A)

(B)

계단

23m

그림. 부채꼴형

2. 미술관

1 평면계획

(1) 기본기능
(2) 동선계획
(3) 전시공간의 평면형태

학습방향

전시시설인 미술관에서는 전시실의 순로형식이 가장 중요하며, 그 외에 전시실의 크기, 전시실의 채광방식이 중요하다. 이 부분은 일반적인 내용으로 동선을 중심으로 출제되어 오고 있으며, 최근에는 전시공간의 평면형태가 일부 출제되고 있다.

1 기본기능

(1) **전시 · 교육** : 전람, 교육, 교육, 영사, 공연, 보급
(2) **정리 · 보관** : 수법, 수리제작, 소품수집, 정리
(3) **조사 · 연구** : 연구, 실험, 촬영, 자료발표, 집회
(4) **휴식 · 오락** : 대기, 휴식, 음료, 식사, 오락

2 동선계획

(1) 동선계획시 유의사항

① 전시공간의 동선계획은 규모, 위치조건, 공간구성요소의 조건이나 배치에 따라 결정된다.
② 전시실 전관의 주동선방향이 정해지면 개개의 전시실은 입구에서 출구까지 연속적인 동선으로 교차의 역순을 피해야 한다.
③ 전시공간의 연속성을 통하여 동선을 자유스럽게 유도하고, 작품과 긴밀하게 교감할 수 있도록 한다.
④ 전시공간내 인간의 지각은 작품과 공간지각측면에서 이루어지므로 전시공간은 보다 간명하게 구성하여 공간에 내재된 동선체계를 쉽게 지각할 수 있도록 한다.

(2) 동선계획의 기본원리

① 관람객의 흐름을 의도하는 대로 유도할 수 있는 레이아웃이 되어야 한다.
② 관람객의 흐름이 막힘이 없어야 한다.
③ 관람객을 피로하지 않게 해야 한다.
④ 좌우, 전후를 다 볼 수 있게 한다.
⑤ 독립전시, 벽면전시에 따른 동선체계의 변화를 준다.
⑥ 변화있는 동선의 부분처리와 이용방법의 도입을 고려한다.

학습POINT

■ 대지선정시 조건
① 대중이 용이하게 갈 수 있는 위치
② 매연, 먼지, 소음, 방재로부터의 피해가 없을 것
③ 일상생활과 밀접한 장소
④ 도심지구와 주거지역의 중간적 지역

(3) 입구 및 출구

① 일반 관람객용과 서비스용으로 분리한다.
② 오디토리움 전용입구나 단체용 입구를 예비로 설치하되, 현관내에서는 입구와 출구를 별도로 한다.
③ 상설전시장과 특별전시장은 입구를 별도로 한다.

3 전시공간의 평면형태

(1) 부채꼴형

① 관람자에게 많은 선택의 가능성을 제시하고 빠른 판단을 요구한다.
② 많은 선택을 자유로이 할 수 있으나 관람자는 혼동을 일으켜 감상의 욕을 저하시킨다.
③ 관람자에게 과중한 심리적 부담을 주지 않는 소규모 전시관에 적합하다.

(2) 직사각형

일반적으로 사용되는 형태로 공간형태가 단순하고 분명한 성격을 지니고 있기 때문에 지각이 쉽고 명쾌하며, 변화있는 전시계획이 시도될 수 있다.

(3) 원형

① 고정된 축이 없어 안정된 상태에서 지각하기 어렵다.
② 배경이 동적 관람자의 주의를 집중하기 어렵고, 위치파악도 어려워 방향감각을 잃어버리기 쉽다.
③ 중앙에 핵이 되는 전시물을 중심으로 주변에 그와 관련되거나 유사한 성격의 전시물을 전시함으로써 공간이 주는 불확실성을 극복할 수 있다.

(4) 자유로운형

① 형태가 복잡하여 한눈에 전체를 파악하기 힘들므로 규모가 큰 전시공간에는 부적당하고, 전체적인 조망이 가능한 한정된 공간에 적합하다.
② 모서리 부분에 예각이 생기는 것을 가능한 피하고, 너무 빈번히 벽면이 꺾이지 않도록 한다.

(5) 작은 실의 조합

관람자가 자유로이 둘러볼 수 있도록 공간의 형태에 의한 동선의 유도가 필요하며, 한 전시실의 규모는 작품을 고려한 시선계획하에 결정되지 아니하면 자칫 동선이 흐트러지기 쉽다.

■ 그림. 전시공간의 평면형태

(a) 부채꼴형

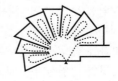

(b) 직사각형

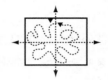

(c) 원형

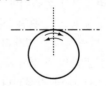

(d) 자유형

(e) 작은실의 조합

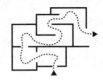

핵심문제

1 현대적 개념으로 부상하고 있는 미술관의 기능적 역할은?

① 수집기능   ② 보관기능

③ 전시기능   ④ 교육기능

2 미술관의 건축계획에 관한 설명 중 부적당한 것은?

① 대지는 도심 가까이 교통이 편리한 곳을 선정하되, 매연, 소음, 방재에 안전한 장소를 선정한다.

② 진열실의 조명 및 채광은 항상 적당한 조도로서 균일하여야 하며, 방향성이 나타나는 점광원을 사용할 경우도 고려한다.

③ 회화를 감상할 위치는 화면대각선의 1~1.5배의 거리가 이상적이다.

④ 특정의 진열실만을 보고 가는 관람자가 없도록 모든 진열실을 거쳐서 출구로 나가도록 한다.

3 미술관 관람객동선에 대한 설명 중 적절하지 못한 것은?

① 승강이 어려운 장애자를 고려하여 바닥레벨이 자주 바뀌는 것은 좋지 않다.

② 관리목적상 현관내에서 입구와 출구를 별도로 두지 않는다.

③ 일방통행으로 관람하는 것이 원칙이며, 단조롭지 않도록 독립전시와 벽면전시를 병행하여 변화를 준다.

④ 전시공간의 동선계획은 규모, 위치조건, 공간구성요소의 조건이나 배치에 따라 결정된다.

4 미술관의 전시실계획에 관한 설명 중 옳지 않은 것은?

① 채광 및 조명은 인공조명을 배제하고, 자연채광을 위주로 계획한다.

② 관람객의 동선상 적당한 위치에 간단한 휴식이나 기분전환을 위한 장소를 설치하는 것이 좋다.

③ 전시실의 평면형태 중 부채꼴형은 규모가 큰 경우 한 눈에 전체를 파악하는 것이 어렵다.

④ 전시실의 평면형태 중 자유형은 미로와 같은 복잡한 공간을 피하기 위해 일부 강제적인 동선이 사용된다.

해설 1
미술관은 전시를 교차점으로 하여 관객을 위한 시설과 운영관리를 위한 시설 접촉관계를 말한다.

해설 2
전시실의 순회동선은 관람자가 가벼운 기분으로 전시경로를 따라 순회할 수 있는 배실계획이 되어야 한다. 모든 전시실을 통과하여야만 출구로 갈 수 있는 식의 계획은 바람직하지 못하다.

해설 3
현관내에서는 입구와 출구를 별도로 한다.

해설 4
조명설계는 인공조명과 자연채광을 종합해서 고려한다.

정답 1. ③   2. ④   3. ②   4. ①

2 세부계획

(1) 전시실
(2) 수장고

세부계획에서는 전시실과 수장고의 두 가지 내용을 다루는데, 여기서는 전시실에 관한 내용이 가장 중요하다. 전시실의 크기와 특수전시기법은 간간히 출제되고 있으며, 전시실의 순회형식은 자주 출제되며, 가장 중요한 부분이다. 전시실의 순로형식 중 연속순로형식은 소규모 전시실에 적합하며, 중앙홀형식은 중앙홀이 좁으면 동선의 혼란을 가져 오기 쉽고, 또한 장래의 확장이 어렵다는 내용이 요점이다.

1. 전시실의 크기
2. 전시실의 순회형식
3. 특수한 전시기법

1 전시실

(1) 전시실의 크기

① 마그너스(Magnus)안

㉮ 천장높이 : 전시실 폭의 5/7

㉯ 벽면의 진열범위 : 바닥에서 1.25~4.7m까지(실 폭이 11m일 경우)

㉰ 천창의 폭 : 전시실 폭의 1/3~1/2

㉱ 벽면의 최고 조도위치 : 천장에서 5.3m의 밑점까지(실 폭이 11m일 경우)

② 티드(Tiede)안

㉮ 회화높이의 중심에서 수평선과 실의 중심선과의 교차점을 중심으로 원을 그렸을 때 바닥에서 0.95m의 벽면에서부터 회화 전시면으로 하고, 이에 대한 45° 선과 교차점을 천창과 천장높이로 한다.

㉯ 실 폭과 실 길이는 자연채광의 경우 창상단의 높이와의 관계로 정해진다.

③ 기타

㉮ 실 길이 : 폭의 1.5~2배 정도

㉠ 소형 : 1.8m 이상 ㉡ 대형 : 6.0m 이상

㉯ 시각은 45° 이내 떨어져 관람하는 것이 보통이다.

㉰ 실 폭은 5.5m가 최소, 큰 전시실에서는 최소 6m 이상(평균 8m), 다수의 관객이 통행할 때는 2m 이내의 통로여유가 필요하다.

(2) 전시실의 순회(순로)형식

① 연속 순회(순로)형식

구형 또는 다각형의 각 전시실을 연속적으로 연결하는 형식

㉮ 단순하고 공간이 절약된다.

■ 그림. 전시실의 크기(티드안)

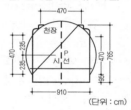

(단위 : cm)

■ 그림. 전시실의 순로형식

① 연속순로형식

② 갤러리 및 코리도형식

③ 중앙홀형식

ⓝ 소규모 전시실에 적합하다.

ⓓ 전시벽면을 많이 만들 수 있다.

ⓔ 많은 실을 순서별로 통해야 하고, 1실을 닫으면 전체 동선이 막히게 된다.

② 갤러리(gallery) 및 코리도(corridor)형식

연속된 전시실의 한쪽 복도에 의해서 각 실을 배치한 형식

ⓐ 각 실에 직접 들어갈 수 있는 점이 유리하며, 필요시에 자유로이 독립적으로 폐쇄할 수가 있다.

ⓑ 복도자체도 전시공간으로 이용이 가능하다.

③ 중앙홀형식

중심부에 하나의 큰 홀을 두고 그 주위에 각 전시실을 배치하여 자유로이 출입하는 형식

ⓐ 과거에 많이 사용한 평면으로 중앙홀에 높은 천창을 설치하여 고창으로부터 채광하는 방식이 많았다.

ⓑ 부지의 이용률이 높은 지점에 건립할 수 있으며, 중앙홀이 크면 동선의 혼란은 없으나 장래의 확장에 많은 무리가 따른다.

(3) 특수전시기법

① 파노라마(panorama)전시

연속적인 주제를 선적(線的)으로 관계성 깊게 표현하기 위하여 전경으로 펼쳐지도록 연출하여 맥락이 중요시될 때 사용되는 표현수단이다. 벽면전시(벽화, 사진, 그래픽, 영상 등)와 입체물이 병행되는 것이 일반적인 유형으로 넓은 시야의 실경(實景)을 보는 듯한 감각을 주는 전시기법

② 디오라마(diorama)전시

하나의 사실 또는 주제의 시간상황을 고정시켜 연출하는 것으로 현장에 임한 듯한 느낌을 가지고 관찰할 수 있는 전시기법

③ 아일랜드(island)형 전시

벽이나 천장을 직접 이용하지 않고 전시물 또는 전시장치를 배치함으로써 전시공간을 만들어 내는 기법(대형 전시물이거나 아주 소형일 경우 유리하며, 주로 집합시켜 군배치함)

④ 하모니카(harmonica)전시

전시평면이 하모니카 흡입구처럼 동일한 공간으로 연속되어 배치되는 전시기법으로 동일종류의 전시물을 반복전시한 경우 유리하다.

⑤ 영상전시

② 수장고

수장고는 자료의 수납 및 보호기능을 충분히 고려하여야 하며, 선반, 서랍, 회화걸이 등 자료의 형태에 따라 수납장치를 시설한다. 수장고는 온습도 조정을 해야 하며, 특히 습도를 고려하여 내장은 목재로 마감하는 것이 좋다.

■ 그림. 특수전시기법

① 파노라마전시

② 디오라마전시

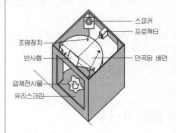

③ 아일랜드전시

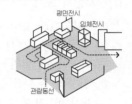

④ 하모니카전시

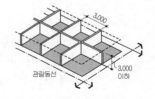

■ 수장고계획시 고려사항

① 가능하면 외기의 온도, 습도의 변화에서 오는 영향을 받지 않는 곳을 선택한다.

② 출입구는 1개소를 원칙으로 하며, 자료운반용 대차가 지나갈 수 있도록 턱을 만들지 않도록 한다.

③ 자료의 하중을 감안하여 필요한 적재하중을 고려해야 한다.

④ 수장고는 보관에 필요한 자연광선을 차단하고 인공조명으로 조절한다.

⑤ 증축을 고려해야 하며, 전시면적의 50% 이상을 환산하여 설정한다.

1 전시실의 제한 중 가장 틀린 것은?

① 최근 천장고는 3.6~4.0m 정도로 한다.

② 실 폭은 최소 6m 이상 평균 8m이다.

③ 실 길이와 폭은 동일하게 산출한다.

④ 보통 바닥에서 0.95m 벽면을 회화 전시면으로 이용한다.

해설 **1**
실 길이는 실 폭의 1.5~2배 정도로 한다.

2 미술관의 연속순로형식에 대한 설명 중 옳은 것은?

① 많은 실을 순서별로 통하여야 하는 불편이 있으나, 공간절약의 이점이 있다.

② 중심부에 하나의 큰 홀을 두고 그 주위에 각 전시실을 배치하여 자유로이 출입하는 형식이다.

③ 평면적인 형식으로 2, 3개층의 입체적인 방법은 불가능하다.

④ 각 실을 필요시에는 자유로이 독립적으로 폐쇄할 수 있다.

해설 **2**
② – 중앙홀형
④ – 갤러리 및 코리도형

3 미술관 전시실의 순회형식 중 갤러리 및 코리도형식에 관한 설명 중 옳지 않은 것은?

① 연속된 전시실의 한쪽 복도에 의해서 각 실을 배치한 형식이다.

② 많은 실을 순서별로 통하여야 한다.

③ 각 실에 직접 들어갈 수 있다.

④ 필요시에는 자유로이 독립적으로 실을 폐쇄할 수 있다.

해설 **3**
②는 연속순로형식에 속한다.

4 미술관의 주체는 전시실의 순로형식이다. 다음 중 부지의 이용률이 높은 지점에 건립할 수 있으나, 장래의 확장에 많은 무리를 가지고 있는 전시실의 순로형식은?

① 갤러리 및 코리도(복도)형식   ② 연속순로형식

③ 중앙홀형식   ④ 실연속순회형식

해설 **4**
중앙홀형식은 장래의 확장에 많은 무리가 따른다.

5 전시공간의 특수전시기법 중 하나의 사실 또는 주제의 시간상황을 고정시켜 연출하는 것으로 현장에 임한 듯한 느낌을 가지고 관찰할 수 있는 전시기법은?

① 알코브 전시   ② 아일랜드 전시

③ 디오라마 전시   ④ 하모니카 전시

해설 **5**
디오라마(diorama)전시는 하나의 사실 또는 주제의 시간상황을 고정시켜 연출하는 것으로 현장에 임한 듯한 느낌을 가지고 관찰할 수 있는 전시기법이다.

3 채광과 조명계획
(1) 전시실의 채광
(2) 전시실의 조명계획

학습방향

조명과 채광계획은 가장 중요하며, 출제빈도가 높다.
1. 전시실의 채광방식
2. 전시실의 조명계획

1 전시실의 채광(자연채광법)

(1) 정광창형식(top light)
① 천장의 중앙에 천창을 설계하는 방법으로 전시실의 중앙부는 가장 밝게 하여 전시벽면에 조도를 균등하게 한다.
② 조각 등의 전시실에는 적당하지만, 유리 케이스내의 공예품 전시물에 대해서는 적합하지 못하다.

(2) 측광창형식(side light)
① 측면창에 광선을 들이는 방법으로 소규모 전시실 외에는 부적합하다.
② 광선의 확산, 광량의 조절, 열절연설비를 병용하는 것이 좋다.

(3) 고측광창형식(clearstory)
① 천장부근에 채광하며 측광창형식과 정광창형식의 절충식이다.
② 전시실 벽면이 관람자 부근의 조도보다 낮다.

(4) 정측광창형식(top side light)
① 관람자가 서 있는 상부에 천창을 불투명하게 하여 측벽에 가깝게 채광창을 설치하는 방법이다.
② 관람자의 위치는 어둡고 전시벽면의 조도가 밝은 이상적인 형이다.
③ 측광창의 광선이 약할 우려가 있다.

2 전시실의 조명계획

(1) 기준
① 광원에 의한 현휘를 방지할 것
② 전시물은 항상 적당한 조도로서 균등한 조명일 것
③ 실내의 조도 및 휘도분포가 적당할 것
④ 관람객의 그림자가 전시물위에 생기지 않도록 할 것

⑤ 화면 또는 케이스의 유리면에 다른 영상(제 2반사)이 생기지 않게
  할 것
⑥ 대상에 따라 필요한 점광원(방향성을 나타냄)을 고려할 것
⑦ 광색이 적당하고 변화가 없을 것

(2) 전시물에 대한 전시광원의 위치

① 자연채광시 벽면진열은 천창, 책상위 진열은 측창, 독립물체의 전
  시는 고측창방식을 취한다.
② 전시물과 최량의 각도는 15~45° 이내에 광원의 위치를 결정한다.
③ 실내조명은 눈부심, 반사를 일으키지 않도록 확산광이 되도록 한
  다.
④ 시점의 위치는 성인 1.5m를 기준으로 화면의 대각선에 1~1.5배를
  이상적 거리간격으로 잡는다.
⑤ 조각류의 작품은 보조조명시설을 한다.
⑥ 케이스내 전시물의 유리면에 의한 영상을 없이하게 하여야 하며,
  케이스내 휘도를 다른 것보다 크게 하거나 케이스 내부조명으로 해
  결한다.
⑦ 인공조명 사용시 관객에게 광원을 감추어 보이지 않고, 눈부심을
  없애는 방향으로 투사하는 것이 원칙이다.

(3) 시각계획

① 시야는 약 40° 각도를 갖는 범위의 사물을 지각하는데 익숙하다.
② 수직적인 시야는 위아래로 각각 27° 잡는다.

■ 그림. 광원의 위치

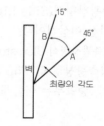

■ 그림. 관람자와 거리에 따른 벽
  면의 크기

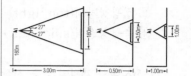

1 미술관의 창에 의한 자연채광형식에 대한 설명 중 옳지 않은 것은?

① 정광창형식(Top Light) : 천장의 중앙에 천창을 설계하는 방법으로 반사장해가 일어나기 쉽다.

② 측광창형식(Side Light) : 대규모의 전시실에 좋으며, 채광방식 중 가장 이상적이다.

③ 고측광창형식(Clerestory) : 측광식, 정광식을 절충한 간단한 방법이다.

④ 정측광창형식 (Top Side Light Monitor) : 관람자가 서있는 위치, 중앙부는 어둡게 하고 전시벽면은 조도를 충분히 할 수 있다.

측광창형식(Side Light)은 소규모의 전시실에 좋으며, 채광방식 중 가장 부적합하다.

2 대규모 미술관의 채광방식으로 가장 적당치 않은 것은?

① 정측광창방식(top side light monitor)

② 고측광창방식(clerestory)

③ 정광창방식(top light)

④ 측광창방식(side light)

미술관의 채광방식 중 측광창방식은 채광상 가장 불리하다.

3 전시실의 채광방식 중 천장에 가까운 측면에서 채광하는 방법으로 다음 그림과 같은 모습을 보이기도 하는 것은?

① 고측광형식(Clerestory)

② 정광창형식(Top light)

③ 측광창형식(Side light)

④ 정측광창형식(Top side light)

고측광창형식은 측면벽의 높은 부분에서 빛을 실내로 유입시키다.

① 고측광창   ② 정측광창

4 미술관 전시실의 조명 및 채광계획에 관한 설명으로 옳지 않은 것은?

① 인공조명을 주로 하고, 자연채광은 전혀 고려하지 아니한다.

② 광원이 현휘를 주지 않도록 한다.

③ 관객의 그림자가 전시물상에 나타나지 않도록 한다.

④ 광색이 적당하고 변화가 없게 한다.

조명설계는 인공조명과 자연채광을 종합해서 고려한다.

5 전시물에 대한 광원의 위치선정상 적당하지 않는 것은?

① 벽면전시물에 대한 광원의 위치는 눈부심방지를 위해 15~45°의 범위에 둔다.

② 관람객의 위치는 화면의 1~1.5배 거리에서 눈높이 1.5m를 기준으로 한다.

③ 자연채광시 벽면진열은 천창, 책상위 진열은 측창, 독립물체는 측창 방식을 취한다.

④ 조명의 광원은 감추고 눈부심이 생기지 않는 방법으로 투사한다.

자연채광시 벽면진열은 천창, 책상위 진열은 측창, 독립물체의 전시는 고측창 방식을 취한다.

■■■ **극장 · 영화관**
■ **평면계획**

1. 애리너형 극장에 대한 설명으로 옳지 않은 것은?

① 연기자가 일정한 방향으로만 관객을 대하므로 강연, 콘서트, 독주, 연극 공연에 가장 좋은 형식이다.
② 가까운 거리에서 관람하면서 많은 관객을 수용할 수 있다.
③ 무대의 배경을 만들지 않으므로 경제성이 있다.
④ 무대의 장치나 소품은 주로 낮은 기구들로 구성한다.

해설 ① - 프로시니엄형

2. 극장의 평면형 중 애리너(arena)형에 대한 설명으로 옳은 것은?

① picture frame stage라고도 불리운다.
② 연기자가 한 쪽 방향으로만 관객을 대하게 된다.
③ 가까운 거리에서 관람하면서 가장 많은 관객을 수용할 수 있다.
④ 배경은 한 폭의 그림과 같은 느낌을 주게 되어 전체적인 통일의 효과를 얻는데 가장 좋은 형태이다.

해설 ①, ②, ④ - 프로시니엄(proscenium, 픽쳐 프레임 스테이지)형

3. 극장의 평면형식 중 애리너형에 대한 설명으로 옳지 않은 것은?

① 가까운 거리에서 관람하면서 가장 많은 관객을 수용할 수 있다.
② 무대의 배경을 만들지 않으므로 경제성이 있다.
③ 무대의 장치나 소품은 주로 낮은 가구들로 구성된다.

④ 연기는 한정된 액자속에서 나타나는 구성화의 느낌을 준다.

해설 ④ - 프로시니엄형

4. 애리너(Arena)형 극장의 특성이 아닌 것은?

① 강연, 콘서트, 독주, 연주 등에 좋다.
② 가까운 거리에서 관람하면서 가장 많은 관객수용이 가능하다.
③ 배경을 만들지 않으므로 경제적이다.
④ 무대배경은 주로 낮은 가구들로 구성한다.

해설 ① - 프로시니엄형

5. 극장의 평면형태 중 가까운 거리에서 관람하면서 가장 많은 관객을 수용할 수 있는 형으로 central stage형이라고도 불리우는 것은?

① 애리너(arena)형
② 프로시니엄(proscenium)형
③ 오픈 스테이지(open stage)형
④ 가변형 무대(adaptable stage)

해설 애리너형은 무대를 관객석이 360° 둘러싼 형으로 센트럴 스테이지(central stage)형 이라고도 한다.

6. 극장의 평면형에 관한 설명으로 옳지 않은 것은?

① 프로시니엄형은 강연, 콘서트, 독주 등에 적합하다.
② 애리너형에서 무대의 장치나 소품은 주로 낮은 기구들로 구성된다.
③ 애리너형은 가까운 거리에서 관람하면서 가장 많은 관객을 수용할 수 있다.
④ 오픈 스테이지형은 연기자와 관객의 접촉면이 1면으로 한정되어 있어 많은 관람석을 두려면 거리가 멀어져 객석 수용능력에 있어서 제한을 받는다.

해답 1. ① 2. ③ 3. ④ 4. ① 5. ① 6. ④

[해설] 프로시니엄형은 연기자와 관객의 접촉면이 1면으로 한정되어 있어 많은 관람석을 두려면 거리가 멀어져 객석 수용능력에 있어서 제한을 받는다.

7. 극장건축에서 무대와 관객석의 관계위치에 따른 평면형의 종류에 속하지 않는 것은?

① 프로시니엄형(procenium type)
② 박스형(box type)
③ 오픈 스테이지형(open stage type)
④ 애리너형(arena type)

[해설] 극장의 평면형 – 오픈 스테이지형, 애리너형, 프로시니엄형

8. 극장 평면형식의 종류가 아닌 것은?

① 애리너형(Arena type)
② 프로시니엄형(Proscenium type)
③ 오픈 스테이지형(Open stage type)
④ 코리도형(corridor type)

[해설] 코리도형 – 복도형으로 아파트의 평면형식

■ **세부계획**

9. 연극을 감상하는 경우 배우의 표정이나 동작을 상세히 감상할 수 있는 시각한계는?

① 3m
② 5m
③ 10m
④ 15m

[해설] 배우의 표정이나 동작을 상세히 감상할 수 있는 시선거리의 생리적 한도는 15m이다.

10. 다음의 객석의 가시거리에 대한 설명 중 ( )안에 알맞은 내용은?

연극 등을 감상하는 경우 연기자의 표정을 읽을 수 있는 가시한계는 (①) 정도이다. 그러나 실제적으로 극장에서는 잘 보여야 하는 동시에 많은 관객을 수용해야하므로 (②)까지를 제1차 허용한도로 한다.

① ① 10m, ② 22m
② ① 15m, ② 22m
③ ① 10m, ② 25m
④ ① 15m, ② 25m

[해설] 관객석의 가시거리
① A구역 : 배우의 표정이나 동작을 상세히 감상할 수 있는 시선거리의 생리적 한도는 15m이다.(인형극이나 아동극)
② B구역 : 실제의 극장건축에서는 될 수 있는 한 수용을 많이 하려는 생각에서 22m까지를 1차 허용한도로 정한다.(국악, 신극, 실내악)

11. 극장 건축계획에서 연기자의 표정을 읽을 수 있는 가시한계를 초과하여, 잘 보여야 되는 동시에 많은 관객을 수용할 수 있는 1차 허용한도는?

① 10m
② 15m
③ 22m
④ 35m

[해설] 가시거리의 한계
① 1차 허용한도 – 22m
② 2차 허용한도 – 35m

12. 극장에서 잘 보여야 하는 동시에 많은 관객을 수용하기 위한 시거리의 1차 허용한계 및 연기자의 일반적 동작을 어느 정도 감상할 수 있는 2차 허용한계는 각각 얼마인가?

① 15m, 22m
② 22m, 35m
③ 35m, 42m
④ 42m, 52m

[해설] 가시거리의 한계
① 1차 허용한계 – 22m
② 2차 허용한계 – 35m

13. 정원 200명인 소규모 극장의 관람석 크기로 적절한 것은?

① 60~80m²
② 100~120m²
③ 140~160m²
④ 190~210m²

[해설] 200명×0.5~0.6m²/인=100~120m²

14. 수용인원 1,500명의 공연장 객석의 바닥면적 중 옳은 것은?

① 750m²

② 900m²

③ 1,200m²

④ 1,500m²

해설 1,500명×0.5m²/인=750m²

15. 극장, 영화관에 관한 설명 중 가장 부적당한 것은?

① 관람석은 건축연면적의 약 80~90% 정도로 한다.

② 최후열 객석의 폭은 스크린 폭의 2.5~3.5배가 좋다.

③ 관람석 바닥면적은 1인당 0.5m² 정도가 적당하다.

④ 스크린과 객석의 거리는 스크린 폭의 1.5~2.5배를 최소로 한다.

해설 관람석은 건축연면적의 약 50% 정도로 한다.

16. 공연장 객석계획에 대한 설명 중 옳은 것은?

① 객석과 객석의 전후간격은 60~80m가 가장 이상적이다.

② 관객이 객석에서 무대를 볼 때 적당한 수평시각의 허용한도는 90°이다.

③ 객석의 가시거리의 한계에서 배우의 일반적인 동작만이 보이는 2차 허용거리는 22m이다.

④ 관객의 눈과 무대위의 점을 연결하는 가시선을 가리지 않도록 객석의 단면결정을 해야 한다.

해설 ① 객석과 객석의 전후간격은 85~110cm 정도
② 무대예술의 감상에 있어서 배우상호간, 배우와 배경과의 관계때문에 수평편각의 허용도는 중심선에서 60°의 범위로 한다.
③ 2차 허용한도 – 35m

17. 다음의 극장계획에 관한 설명 중 옳지 않은 것은?

① 연극 등을 감상하는 경우 연기자의 표정을 읽을 수 있는 가시한계는 15m 정도이다.

② 객석의 크기는 1인당 점유면적을 0.6m² 정도로 하여 산정할 수 있다.

③ 관객의 눈과 무대위의 점을 연결하는 가시선이 쾌적한 상태로 이루어지도록 한다.

④ 객석의 의자의 폭은 최소 35cm 이상으로 한다.

해설 객석의 의자의 폭은 최소 45cm 이상으로 한다.

18. 다음은 객석부분 설계조건이다. 틀린 것은?

① 1인당 점유는 (폭) 45~50cm×85~110cm (간격)이다.

② 바닥두께는 각 좌석에서의 가시선에 의하여 결정된다.

③ 음향재료는 객석내는 전부가 흡음재를 사용하여 반향을 방지한다.

④ 의자 전후가 110cm인 경우는 종통로는 없을 수 있다.

해설 연단 가까이는 반사재, 객석부분과 극장 끝부분에는 흡음재를 사용한다.

19. 극장계획에 대한 설명 중 옳은 것은?

① 강당의 평면형은 일반적으로 원형이 바람직하다.

② 음악당의 최적 잔향시간은 1초 미만이다.

③ 객석의 의자는 흡음력이 적은 것을 사용한다.

④ 극장의 1석당 객석부분의 실용적은 5~7m³로 한다.

해설 ① 극장의 평면형은 일반적으로 부채형, 우절형으로서 시각적으로나 음향적으로 우수한 형이다.
② 음악당의 최적 잔향시간은 1초 이상이다.
③ 객석의 의자는 흡음력이 큰 것을 사용한다.

해답   14. ①   15. ①   16. ④   17. ④   18. ③   19. ④

20. 극장의 음향계획에 관한 설명으로 옳지 않은 것은?

① 잔향을 조절하기 위해 무대 앞, 전면부의 벽에는 흡음재를, 객석 및 뒷벽에는 반사재를 사용한다.

② 객석의 평면이 원형이나 타원형일 경우 잔향을 일으킬 우려가 있다.

③ 객석부 공간의 앞면 경사천장은 객석 뒤쪽에 도달하는 음을 보강하도록 계획한다.

④ 천장과 측벽은 음원으로부터 음이 특히 멀리 앉은 관객에게 보강이 되어 잘 들리도록 경사면이 적절히 설계되어야 한다.

[해설] 잔향을 조절하기 위해 무대 앞, 전면부의 벽에는 반사재를, 객석 및 뒷벽에는 흡음재를 사용한다.

21. 극장건축의 음향계획 수립상 옳지 않은 항목은?

① 무대에 가까운 벽은 반사재로 하고 멀어짐에 따라서 흡음재의 벽을 배치하는 것이 원칙이다.

② 음향계획에 있어서 발코니의 계획은 될 수 있는 한 피하는 것이 좋다.

③ 오디토리움 양쪽의 벽은 무대의 음을 반사에 의해 객석 뒷부분까지 이르도록 보강해 주는 역할을 한다.

④ 음의 반복 반사현상을 피하기 위해 가급적 원형에 가까운 평면형으로 계획한다.

[해설] 객석의 형이 원형이나 타원형일 경우 음이 집중되거나 불균등한 분포를 보이며, 에코가 형성되어 불리하게 되므로 확산작용을 하도록 하여 개선한다.

22. 극장건축 음향계획에 대한 내용 중 틀린 것은?

① 객석의 소음은 30~35dB 이하가 되도록 설계되어야 한다.

② 발코니의 길이는 객석길이의 1/3 이하가 되어야 한다.

③ 영사실 천장은 반사재를 사용한다.

④ 발코니의 뒷면, 바닥은 흡음재를 사용한다.

[해설] 영사실 천장은 흡음재를 사용한다.

23. 음향설계적 측면을 고려한 관객석 계획 중 틀린 항목은?

① 미국의 누드슨(Knudsen)과 해리스(Harris)에 의하면 2,000석의 수용인원을 갖는 극장에 1객석당 4.95m³의 용적이 필요하다.

② 객석의 형이 원형일 경우 확산작용을 하도록 계획하면 음향조건이 크게 개선된다.

③ 발코니 하부의 깊이를 개구부 높이의 2배 이상으로 하여 음을 흡수할 수 있도록 한다.

④ 천장이나 벽은 무대에서 멀리 떨어진 객석에 적당한 반사음을 보내는 역할을 하여야 한다.

[해설] 발코니 하부는 깊이가 개구부 높이의 2배 이상으로 깊어지면 충분한 양의 음이 발코니 하부의 뒤쪽 객석까지 이르지 못하게 되므로 바람직하지 않다.

24. 극장 음향계획에 관한 사항 중 옳은 것은?

① 오디토리움 양 측면벽은 반사재를 사용한다.

② 오디토리움 천장에는 흡음재를 사용한다.

③ 발코니 하부 뒷벽에 반사재를 사용한다.

④ 오디토리움 뒤쪽벽면과 천장면 사이에는 경사면을 피한다.

[해설] ① 오디토리움 천장에는 반사재를 사용한다.
② 극장의 음향계획시 발코니 하부 뒷면벽에는 흡음재를 사용한다.
③ 오디토리움 뒤쪽 벽면과 천장면 사이에는 경사면을 둔다.

25. 극장의 음향계획에 대한 설명 중 옳지 않은 것은?

① 무대근처에는 음의 반사재를 취한다.

② 불필요한 음은 적당히 감쇠시키고 필요한 음의 청취에 방해가 되지 않게 한다.

③ 반사율의 집중이 없도록 한다.

④ 천장계획에 있어서 돔형은 음원의 위치 여하를 막론하고 음을 확산시키므로 바람직하다.

해답   20. ①   21. ④   22. ③   23. ③   24. ①   25. ④

[해설] 음의 초점과 대사가 들리지 않는 좌석은 돔형 천장을 갖는 실에서 많이 발생하므로 부적당하다.

26. 오디토리움의 음향계획에서 에코형성을 줄이기 위한 방법으로 옳은 것은?

① 객석의 형을 원형이나 타원형으로 한다.
② 천장과 뒷쪽 벽면과의 사이에 경사면을 둔다.
③ 발코니 앞면의 핸드레일을 큰 곡률반경의 오목형으로 한다.
④ 무대에 가까운 양쪽, 측면벽에 흡음재를 사용한다.

[해설] ① 객석의 형이 원형이나 타원형일 경우 음이 집중되거나 불균등한 분포를 보이며, 에코가 형성되어 불리하게 되므로 확산작용을 하도록 하여 개선한다.
② 무대에 가까운 양쪽, 측면벽에 반사재를 사용한다.
③ 발코니 앞면의 핸드레일 부분은 일반적으로 넓은 폭으로 된 큰 곡률반경의 오목면인 경우 에코가 생기게 된다.

27. 다음 중 극장의 음향계획에서 극장 측면벽에 사용되는 재료에 대한 설명으로 가장 알맞은 것은?

① 무대쪽 벽은 반사재, 객석쪽 벽은 흡음재
② 무대쪽 벽은 흡음재, 객석쪽 벽은 반사재
③ 모두 반사재
④ 모두 흡음재

[해설] 무대 가까이는 반사재를 사용하고, 객석 먼 곳인 뒷면벽 쪽에는 흡음재를 사용한다.

28. 극장의 음향설계를 위해 반사재를 사용할 곳이 정확하게 표시된 항목은?

① ①, ②, ③
② ①, ②, ⑦
③ ③, ④, ⑥
④ ④, ⑤, ⑦

[해설] 음을 명료하게 듣기 위해서는 직접음과 반사음의 경로차가 17m(1/20초) 이하이어야 한다. 따라서 극장의 앞면(천장, 벽부분)은 반사재를 이용하고 뒷면, 발코니 밑부분의 3차, 4차 반사음을 흡음시켜야 한다.(반사재 – ①, ②, ⑤, ⑦ 흡음재 – ③, ④, ⑥)

29. 극장의 무대계획에 관한 설명으로 옳지 않은 것은?

① 에이프런 스테이지는 막을 경계로 하여 객석쪽으로 나온 부분의 무대이다.
② 사이클로라마의 높이는 프로시니엄 높이의 3배 정도로 한다.
③ 무대 상부공간(fly loft)의 높이는 프로시니엄 높이의 4배 이상으로 한다.
④ 무대의 깊이는 프로시니엄 아치 폭보다 작게 한다.

[해설] 무대의 깊이는 프로시니엄 아치 폭 정도 이상으로 한다.

30. 극장건축의 무대구성에서 옳지 않은 것은?

① 무대의 폭은 프로시니엄(proscenium) 아치 폭의 2배, 깊이는 같거나 그 이상의 크기로 한다.
② 이상적인 플라이 로프트(fly loft)의 높이는 프로시니엄의 4배 이상이다.
③ 사이클로라마(cyclorama)의 높이는 프로시니엄의 높이와 같아도 무방하다.
④ 막을 경계로 관람석 쪽으로 나온 무대를 에이프런 스테이지(apron stage)라고 한다.

[해설] 사이클로라마의 높이는 프로시니엄 높이보다 커야 한다.

해답 26. ② 27. ① 28. ② 29. ④ 30. ③

31. 극장건축의 무대구성에 있어서 틀린 것은?

① 사이클로라마의 높이는 프로시니엄 높이의 3배로 한다.

② 무대의 폭은 프로시니엄 아치 폭의 3배가 적당하다.

③ 플라이 로프트의 높이는 프로시니엄의 4배 이상으로 한다.

④ 막을 경계로 관람석 쪽으로 나온 무대를 에이프론 스테이지라 한다.

[해설] 무대의 폭은 프로시니엄의 아치 폭의 2배, 깊이는 같거나 그 이상의 크기로 한다.

32. 극장의 무대구성에 관한 설명으로 틀린 것은?

① 사이클로라마의 높이는 프로시니엄 높이의 3배 가량이 적당하다.

② 무대의 깊이는 최소 프로시니엄 아치 폭의 두 배 이상이어야 한다.

③ 플라이 로프트(무대 상부공간)는 프로시니엄의 네 배 이상이어야 한다.

④ 무대 폭은 프로시니엄아치 폭의 두 배 이상이어야 한다.

[해설] 무대의 깊이는 최소 프로시니엄 아치 폭 또는 그 이상으로 한다.

33. 공연장(연극, 오페라 정도의 공연) 무대의 제원 중 틀린 것은? (단, PW : 프로시니엄의 폭, PH : 프로시니엄의 높이)

① 무대 폭은 2PW 이상

② 무대깊이는 2PW 이상

③ 그리드 아이언까지의 무대높이는 3PH

④ 전체 무대높이는 4PH 이상

[해설] 무대의 깊이 - PW 이상

34. 극장무대에서 플라이 로프트(무대 상부공간)의 높이는 프로시니엄(proscenium) 높이의 몇 배 이상이 적당한가?

① 1.5　　　　　　② 2

③ 3　　　　　　④ 4

[해설] 플라이 로프트(fly loft, 무대 상부공간)의 이상적인 높이는 프로시니엄 높이의 4배 정도

35. 극장무대의 사이클로라마(cyclorama) 높이를 결정하는데 관계가 없는 것은?

① 프로시니엄(Proscenium)

② 매스킹 보더(masking border)

③ 티이서(Teaser)

④ 플라이 갤러리(fly gallery)

[해설] 사이클로라마의 높이를 결정하는데 프로시니엄 아치, 매스킹 보더, 티이서의 위치에 따라 정해지고 플라이 갤러리와는 무관하다.

36. 극장의 무대에 관한 기술 중 틀린 것은?

① 무대막을 받들기 위한 구조로 그리드 아이언(grid iron)이 있다.

② 무대 상부공간을 플라이 로프트(fly loft)라 한다.

③ 무대장치를 보관하는 공간을 플라이 갤러리(fly gallery)라 한다.

④ 무대 제일 뒤에 설치하는 무대배경용 벽을 사이클로라마(cyclorama)라 한다.

[해설] 플라이 갤러리는 그리드 아이언에 올라가는 계단과 연결되므로 무대 주위의 벽에 6~9m 높이로 설치되는 좁은 통로를 말한다.

37. 극장의 무대에 관한 기술 중 틀린 것은?

① 그리드 아이언(Grid iron)은 무대막을 받들기 위한 구조이다.

② 플라이 로프트(Fly loft)는 무대상부의 공간이다.

해답　31. ②　32. ②　33. ②　34. ④　35. ④　36. ③　37. ③

③ 플라이 갤러리(Fly gallery)는 무대장치를 보관하는 곳이다.
④ 그린 룸(Green room)은 연기자 대기실이다.

해설 플라이 갤러리는 그리드 아이언에 올라가는 계단과 연결되게 무대주위의 벽에 설치되는 좁은 통로를 말한다.

38. 극장건축에서 플라이 로프트(fly loft)는 어느 것을 말하는가?

① 무대의 상부공간
② 무대배경을 오르내리게 하는 장치
③ 그리드 아이언(grid iron)의 구조
④ 무대의 일부바닥을 오르내리게 하는 장치

해설 무대의 상부공간을 플라이 로프트(fly loft)라 한다.

39. 극장 무대 주위의 벽에 6~9m 높이로 설치되는 좁은 통로를 의미하는 것은?

① 그린룸　　　　　② 록 레일
③ 플라이 갤러리　　④ 슬라이딩 스테이지

해설 플라이 갤러리는 그리드 아이언에 올라가는 계단과 연결되게 무대주위의 벽에 6~9m 높이로 설치되는 좁은 통로(폭 : 1.2~2.0m 정도)이다.

40. 무대주위의 벽에 6~9m 높이로 설치되는 좁은 통로를 무엇이라고 하는가?

① 그린룸　　　　　② 호리존트
③ 플라이 갤러리　　④ 슬라이딩 스테이지

해설 플라이 갤러리는 그리드 아이언에 올라가는 계단과 연결되게 무대주위의 벽에 6~9m 높이로 설치되는 좁은 통로(폭 : 1.2~2.0m 정도)이다.

41. 극장의 무대계획에 대한 설명 중 옳지 않은 것은?

① 무대의 폭은 적어도 프로시니엄 아치 폭의 2배, 깊이는 아치 폭 이상이어야 한다.
② 무대 상부공간의 높이는 대체로 프로시니엄 아치 높이의 3배이다.
③ 프로시니엄 아치는 일반적으로 장방형이며, 종횡의 비율은 황금비가 많다.
④ 무대의 양쪽이 좁고 깊이가 깊은 경우에 좌우로 이동한 활주 이동무대를 택한다.

해설 무대의 양쪽이 좁고 깊이가 깊은 경우에 채용되는 방식은 전후로 활주 이동하는 왜건형식이다.

42. 극장 무대부계획에 대한 설명 중 적절하지 못한 것은?

① 사이클로라마는 무대의 제일 뒤에 설치되는 무대배경용의 벽을 말한다.
② 그리드 아이언 위에는 사람이 다닐 만한 공간을 확보해야 한다.
③ 플로어 트랩은 프로시니엄 아치 뒤에 설치하는 발판으로 조명조작이나 눈, 비 등의 연출을 위해 사용된다.
④ 무대의 깊이는 프로시니엄 아치 폭 이상의 크기가 필요하다.

해설 무대에는 연기자의 등장과 퇴장이 임의의 장소에서 이루어질 수 있도록 무대와 트랩 룸 사이를 계단이나 사다리로 오르내릴 수 있는 플로어 트랩이 필요하다.

43. 극장의 프로시니엄(proscenium)과 가장 가까운 위치에 있는 시설물은 다음 중 어느 것인가?

① 티이서(teaser)
② 사이클로라마(cyclorama)
③ 플라이 갤러리(fly gallery)
④ 그리드 아이언(grid iron)

해설 티이서는 극장 전무대 아치의 상부를 가로 질러 윗쪽으로 설치한 수평인 커튼으로 무대지붕의 이면(裏面)의 은폐에 사용하며, 무대양측을 따라서 있는 막과 함께 사용한다.

해답　38. ①　39. ③　40. ③　41. ④　42. ③　43. ①

44. 극장계획에서 연극자가 쓰지 않는 공간은 다음 중 어느 것인가?

① 후면무대(back stage)
② 프로시니엄(proscenium)
③ 오케스트라 피트(orchestra pit)
④ 전 무대(apron stage)

해설 프로시니엄 – 관람석과 무대사이에 격벽이 설치되고, 이 격벽의 개구부를 통해서 극을 관람하게 됨

45. 무대도구 제작실(배경제작실)에 대한 다음 설명 중 가장 틀린 것은?

① 무대에 가까울수록 편리하다.
② 넓이는 5×7m 이상이다.
③ 차음설비가 필요하다.
④ 천장높이 및 반출입구의 높이는 6m 이상으로 한다.

해설 배경제작실의 넓이는 규모에 따라 다르나 5m×7m 내외이고, 천장의 높이는 6m 이상인 경우가 많다.

46. 다음의 극장에 관한 용어의 설명 중 옳지 않은 것은?

① 그린 룸(green room) – 배경제작실로 위치는 무대에 가까울수록 편리하다.
② 앤티 룸(anti room) – 출연자들이 출연 바로 직전에 대기하는 공간이다.
③ 플라이 갤러리(fly gallery) – 무대주위의 벽에 6~9m 높이로 설치되는 좁은 통로이다.
④ 프롬프터 박스(prompter box) – 객석 쪽에서 보이지 않게 설치된 대사를 불러 주는 곳이다.

해설 그린 룸(green room)은 출연대기실로 무대와 가깝고 무대와 같은 층에 두고, 크기는 30m² 이상으로 한다.

47. 극장건축에서 그린 룸(green room)의 역할로 가장 알맞은 것은?

① 배경제작실   ② 의상실
③ 관리관계실   ④ 출연대기실

해설 그린 룸(green room)은 출연대기실이다.

48. 극장에서 그린 룸(green room)이란 무엇을 뜻하는가?

① 온실
② 출연대기실
③ 연주실
④ 분장실

해설 그린 룸(green room)은 출연대기실로 주로 무대 가까운 곳에 두며, 크기는 30m²로 한다.

49. 다음의 극장건축에 관련된 용어에 대한 설명 중 옳지 않은 것은?

① 그리드 아이언(grid iron) : 무대 천장밑에 설치한 것으로 배경이나 조명기구 등이 매달린다.
② 플라이 갤러리(fly gallery) : 무대주위의 벽에 설치되는 좁은 통로이다.
③ 사이클로라마(cyclorama) : 무대의 제일 뒤에 설치되는 무대배경용 벽이다.
④ 그린 룸(green room) : 무대와 출연자 대기실 사이에 있는 조그만 방으로 출연자들이 출연 바로 직전에 기다리는 공간이다.

해설 ① 그린 룸(green room)은 출연자 대기실이다.
② 앤티 룸(anti room)은 무대와 출연자 대기실 사이에 있는 조그만 방으로 출연자들이 출연 바로 직전에 기다리는 공간이다.

50. 출입구의 여닫이문에서 열리는 방향표시로서 틀린 것은 어느 것인가?

① 복도에서 사무실
② 창고에서 복도
③ 복도에서 영화관의 객석
④ 복도에서 호텔 객실

해설 영화관 객석에서 복도쪽으로 여는 밖여닫이로 한다.

해답   44. ②   45. ②   46. ①   47. ④   48. ②   49. ④   50. ③

51. 다음 중 극장무대의 각 부분 명칭과 관계없는 것은?

① 팬트리(pantry)
② 프로시니엄(proscenium)
③ 사이클로라마(cyclorama)
④ 그리드아이언(grid iron)

[해설] 팬트리(pantry)는 식당과 부엌에서 사용하는 식기, 식품류 등을 보관하는 실이다.

52. 다음 용어 중 극장건축과 가장 거리가 먼 것은?

① 캐럴(carrel)
② 그린 룸(green room)
③ 그리드아이언(gridiron)
④ 사이클로라마(cyclorama)

[해설] 캐럴(carrel) : 도서관의 서고내 소연구실

53. 다음 중 극장건축과 관계가 없는 것은?

① 그린 룸(green room)
② 사이클로라마(cyclorama)
③ 플라이 갤러리(fly gallery)
④ 캐럴(carrel)

[해설] 캐럴(carrel) : 도서관의 서고내 소연구실

54. 다음 중 극장무대의 각부 명칭과 관계가 없는 것은?

① 팬트리(pantry)
② 앞 무대(apron stage)
③ 사이클로라마(cyclorama)
④ 커튼 라인(curtain line)

[해설] 팬트리(pantry)는 식당과 부엌에서 사용하는 식기, 식품류 등을 보관하는 실이다.

55. 다음 용어 중 극장계획과 관련이 없는 것은?

① 큐비클 시스템(Cubicle System)
② 프롬프터 박스(Prompter Box)
③ 오픈 스테이지(Open stage)
④ 그리드아이언(gridiron)

[해설] 큐비클 시스템(Cubicle System) - 병실의 한 종류인 총실

■ 영화관

56. 영화관의 스크린설치에 있어서 객석의 최전열과의 시각관계를 나타낸 그림이다. 맞는 것은?

① ∠A = 100° ∠B = 70°
② ∠A = 90° ∠B = 60°
③ ∠A = 80° ∠B = 50°
④ ∠A = 70° ∠B = 40°

[해설] 최전열 좌석이 스크린에 근접할 수 있는 한도
① 최전열 중앙 좌석의 각도 ∠A = 90°
② 최전열 좌우 끝 좌석의 각도 ∠B = 60°

57. 영화관계획에서 관람석 맨앞줄과 스크린의 연결하는 평면상의 각도는?

① ≤ 30°   ② ≤ 45°
③ ≤ 60°   ④ ≤ 90°

58. 영화관에서 영사실의 중심과 스크린 중심을 연결한 선이 수평선과 이루는 각도로서 가장 적당한 것은?

① 0°~12°   ② 15°~20°
③ 20°~25°   ④ 25°~30°

[해설] 영사실과 스크린과의 관계는 영사각이 0°가 되는 것이 최적이나, 최소 평균 15° 이내로 한다.

해답   51. ①   52. ①   53. ④   54. ①   55. ①   56. ②   57. ④   58. ①

59. 건축물의 종류와 공간형식과의 조합 중 틀린 것은?

① 공동주택 – 메조넷형
② 극장 – 캐럴
③ 학교 – 클러스터형
④ 병원 – 큐비클 시스템

[해설] 캐럴(특수 열람실에 속하는 소연구실) – 도서관의 서고내 둔다.

■■■ 미술관

■ 평면계획

60. 다음 중 박물관의 기본기능이 아닌 것은?

① 전시, 교육   ② 정리, 보관
③ 조사, 연구   ④ 감정, 홍보

[해설] 박물관의 기능
  ① 자료를 수집·정리하여 보존·관리하는 수집·보존
  ② 자료의 가치를 조사하여 전시방법을 연구하는 조사·연구
  ③ 자료를 공개하여 대중들을 교육시키는 교육·보급 (전시)

61. 미술관계획에서 적합하지 않은 것은?

① 건물의 조형, 예술성이 강조되어야 한다.
② 조명, 온도, 습도 등 건축설비에 유의한다.
③ 일반관람객의 동선과 서비스동선은 분리시킨다.
④ 관람자동선을 입구에서 분산시킨다.

[해설] 전시실 전관의 주동선방향이 정해지면 개개의 전시실은 입구에서 출구까지 연속적인 동선으로 교차의 역순을 피해야 한다.

62. 미술관설계시 대공간(Major Space)을 두는 의미와 관계가 먼 것은?

① 중앙에 위치하여 전시관람동선을 도와준다.
② 그 미술관을 돋보이게 하기 위함이다.
③ 아트리움(Atrium)으로 처리하기도 한다.
④ 2, 3개층으로 오픈(open)시킨다.

■ 세부계획

63. 전시를 위한 건축물(미술관, 박물관)계획 사항 중 부적합한 것은?

① 전시실의 순회형식에서 중앙홀식은 필요한 전시실을 직접 들어갈 수 있어 좋다.
② 전시품, 수납, 수리, 기록부분의 동선은 전시실동선과 분리함이 원칙이다.
③ 전시실 폭은 최소 8m가 되어야 한다.
④ 전시실의 채광이 자연채광일 때 천장높이는 전시품의 종류에 따른 시각에 의해 결정된다.

[해설] 전시실 폭은 5.5m가 최소, 큰 전시실에서는 최소 6m 이상(평균 8m)

64. 다음과 같은 특징을 갖는 미술관 전시실의 순회형식은?

> • 각 전시실이 연속적으로 동선을 형성하고 있으며, 단순함과 공간절약의 의미에서 이점을 갖고 있다.
> • 많은 실을 순서별로 통하여야 하는 불편이 있다.
> • 1실을 폐문시켰을 때는 전체 동선이 막히게 된다.

① 연속순로형식   ② 갤러리형식
③ 중앙홀형식   ④ 코리도형식

65. 다음 미술관 전시실계획에 관한 설명 중 연속순로형식에 해당하는 것은?

① 각 실에 직접 들어갈 수 있고 필요시에는 부분적으로 폐쇄할 수 있다.
② 단순하고 공간절약의 장점이 있으나, 여러 실을 순서별로 통해야 하는 불편이 있다.
③ 중앙에 큰 홀을 두어 동선의 혼란을 줄이고, 높은 천장을 설치할 수 있다.
④ 연속된 전시실의 한쪽으로 복도를 두어 각 실을 배치할 수 있다.

[해설] ①, ④ – 갤러리 및 코리도형식, ③ – 중앙홀형식

해답   59. ②   60. ④   61. ④   62. ②   63. ③   64. ①   65. ②

66. 전시실의 동선계획에서 연속순회형식의 특성이 아닌 것은?

① 관내 전부를 보려고 하는 공중에게 좋다.
② 사용하지 않는 전시실을 폐쇄할 수 있다.
③ 전시실이 연속되므로 단조롭다.
④ 벽면을 많이 만들 수 있다.

해설 ② - 갤러리 및 코리도형식

67. 전시실의 순회형식 중 많은 실을 순서별로 통하여야 하는 불편이 있어 대규모의 미술관계획에 있어서 바람직하지 않은 것은?

① 연속순로형식
② 갤러리형식
③ 중앙홀형식
④ 복도형식

해설 연속순로형식은 구형 또는 다각형의 각 전시실을 연속적으로 연결하는 것으로 많은 실을 순서별로 통해야 하고, 1실을 닫으면 전체 동선이 막히게 되므로 소규모의 전시실에 적합하다.

68. 대규모의 미술관계획에 있어서 전시실의 순회형식 중에서 가장 부적당한 것은?

① 연속순로형식
② 갤러리형식
③ 중앙홀식
④ 복도형식

해설 연속순로형식은 소규모의 전시실에 적합하다.

69. 전시실의 순회형식 중 중앙홀형식의 가장 큰 단점은?

① 출입동선   ② 자연채광
③ 장래확장   ④ 부지이용

해설 중앙홀형식은 중심부에 하나의 큰 홀을 두고 그 주위에 각 전시실을 배치하여 자유로이 출입하는 형식으로 장래의 확장에 많은 무리가 따른다.

70. 대규모의 미술관 평면계획에 있어서 전시실의 순회형식으로 가장 효과적인 것은?

① 연속순회형식
② 중앙홀형식
③ 갤러리 및 복도형식
④ 중앙홀형식과 갤러리형식의 혼합방식

해설 중앙홀형식은 대규모 미술관에 가장 효과적이다.

71. 프랑크 로이드 라이트(F. L. Wright)가 설계한 구겐하임미술관(1,959년)의 기본이 되는 전시실 순회형식은?

① 연속순회형식
② 중앙홀형식
③ 각층유닛형식
④ 갤러리 및 코리도형식

72. 다음의 미술관의 각종 평면형식에 대한 설명 중 옳지 않은 것은?

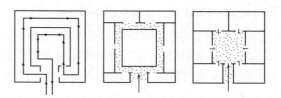

① ①의 경우는 소규모의 전시실에 이용이 불가능하며, 대규모 전시실에 적합하다.
② ②의 경우는 필요시 자유로이 각 실을 독립적으로 폐쇄할 수 있다.
③ ③의 경우는 전시실의 융통성 있는 선택적 사용이 가능하다.
④ ②, ③의 경우는 각 실에 직접 들어갈 수 있는 점이 유리하다.

해설 ①의 경우는 소규모의 전시실에 적합하다.

73. 다음의 미술관의 각종 평면형식에 대한 설명 중 옳지 않은 것은?

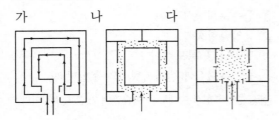

가　　　　나　　　　다

① '가'의 경우는 대규모의 전시실에 이용이 불가능하며, 소규모의 전시실에 적합하다.
② '나'의 경우는 필요시 자유로이 각 실을 독립적으로 폐쇄할 수 있다.
③ '다'의 경우는 확장 및 전시실에 융통성 있는 선택적 사용이 가능하다.
④ '나', '다'의 경우는 각 실에 직접 들어갈 수 있는 점이 유리하다.

[해설] ① '가'의 경우는 소규모의 전시실에 적합하다.
② '다'의 경우는 확장이 불가능하다.

74. 미술관계획에 대한 설명으로 부적당한 것은?

① 연속순회형식은 중심부에 하나의 큰 홀을 두고 그 주위에 각 전시실을 배치하여 자유로이 출입하는 형식으로 대규모의 전시실에 적합하다.
② 갤러리형식은 복도에서 각 실에 직접 들어갈 수 있으며, 필요시 독립적으로 폐쇄할 수 있다.
③ 이용자의 출입구는 직원 출입구와 구분한다.
④ 동선에는 이용자, 직원 등의 사람동선과 전시자료 등의 물건동선이 있다.

[해설] ① 중앙홀형식은 중심부에 하나의 큰 홀을 두고 그 주위에 각 전시실을 배치하여 자유로이 출입하는 형식으로 대규모의 전시실에 적합하다.
② 연속순회형식은 대규모의 전시실에는 부적합하다.

75. 전시실의 순회형식에 대한 설명 중 부적당한 것은?

① 연속순로형식은 소규모의 전시실에 이용하면 작은 대지면적에서도 가능하고 편리하다.
② 중앙홀형식은 중심부에 큰 홀을 두고 그 주위에 각 전시실이 배치되어 있다.
③ 전시실의 순회동선은 관람자가 가벼운 기분으로 전시경로를 따라 순회할 수 있는 배실계획이 되어야 한다.
④ 갤러리 및 코리도형식은 각 실을 자유로이 독립적으로 폐쇄할 수 없다는 단점이 있다.

[해설] 갤러리 및 코리도형식은 각 실에 직접 들어갈 수가 있는 점이 유리하며, 필요시에는 자유로이 독립적으로 폐쇄할 수 있다.

76. 미술관 전시실의 순회형식에 관한 설명 중 옳지 않은 것은?

① 연속순로형식은 각 전시실이 연속적으로 동선을 형성하고 있으며, 비교적 소규모전시에 적합하다.
② 갤러리(gallery)형식은 각 실에 직접 들어갈 수가 있는 점이 유리하며, 필요시에는 자유로이 독립적으로 폐쇄할 수 있다.
③ 중앙홀형식은 중앙홀이 크면 동선의 혼란은 없으나, 장래의 확장에 많은 무리를 가지고 있다.
④ 중앙홀형식은 작은 부지에서 효율적이나 많은 실을 순서별로 통하여야 하는 불편이 있다.

[해설] 연속순로형식은 작은 부지에서 효율적이나 많은 실을 순서별로 통하여야 하는 불편이 있다.

77. 미술관의 전시실 순회형식에 대한 설명 중 틀린 것은?

① 연속순로형식은 단순함과 공간절약의 의미에서 이점은 있으나, 많은 실을 순서별로 통하여야 하는 불편이 있다.
② 중앙홀형식에서 중앙홀이 크면 동선의 혼란은 많으나, 장래의 확장에는 유리하다.

③ 갤러리 및 코리도형식은 각 실에 직접 들어갈 수 있는 점이 유리하며, 필요시에 자유로이 독립적으로 폐쇄할 수가 있다.

④ 갤러리 및 코리도형식에서는 복도자체도 전시공간으로 이용이 가능하다.

[해설] 중앙홀형식은 중앙홀이 크면 동선의 혼란은 없으나, 장래의 확장에는 많은 무리가 따른다.

78. 전시실 순회방식에 관한 설명 중 옳지 않은 것은?

① 실연속순회형은 비교적 소규모 전시실에 적합하다.

② 갤러리 및 코리도형은 중앙에 중정을 주는 경우도 많다.

③ 갤러리 및 코리도형은 각 실에 직접 들어갈 수 있는 점이 유리하다.

④ 중앙홀형은 홀의 크기가 크면 중앙부 동선의 혼란이 있다.

[해설] 중앙홀형은 홀의 크기가 크면 중앙부 동선의 혼란이 적어진다.

79. 미술관 전시실의 순회형식에 관한 설명 중 옳지 않은 것은?

① 연속순로형식은 각 전시실의 연속적으로 동선을 형성하고 있으며, 비교적 소규모 전시에 적합하다.

② 갤러리(gallery)형식은 각 실에 직접 들어갈 수가 있는 점이 유리하며, 필요시에는 자유로이 독립적으로 폐쇄할 수 있다.

③ 중앙홀형식은 중앙홀이 크면 동선의 혼란은 없으나, 장래의 확장에 많은 무리를 가지고 있다.

④ 프랑크 로이드 라이트의 구겐하임미술관은 연속순로형식이다.

[해설] 프랑크 로이드 라이트의 구겐하임미술관은 중앙홀형식이다.

80. 주요 미술관 사례에서 전시공간의 융통성을 가장 많이 부여하고 있는 것은?

① 뉴욕 구겐하임미술관
② 과천 현대미술관
③ 파리 퐁피두센터
④ 파리 루브르박물관

[해설] 리차드 로저스(Richard rodgers)가 설계하고, 렌조 피아노(Renzo piano)가 기술적 지원을 한 파리의 퐁피두센터의 설계개념은 Flexibility(공간의 융통성)로서, 다양한 전시공간의 요구에 따른 변화에 대처하는 가변적 융통성을 극대화시킨 건물이다.

81. 전시공간의 특수전시기법 중 현장감을 가장 실감나게 표현하는 방법으로 하나의 사실 또는 주제의 시간상황을 고정시켜 연출하는 것으로 현장에 임한 느낌을 주는 것은?

① 파노라마 전시 ② 디오라마 전시
③ 아일랜드 전시 ④ 하모니카 전시

82. 미술관 건축계획에 대한 설명 중 옳은 것은?

① 하모니카 전시기법은 동일 종류의 전시물을 반복전시할 경우 유리하다.

② 대규모의 미술관은 각 전시실을 자유롭게 출입할 수 있는 연속순로형식을 주로 채용한다.

③ 미술관의 채광방식을 편측창방식으로 할 경우 실 전체의 조도분포가 균일하여 별도의 조명설비가 필요없다.

④ 아일랜드 전시기법은 벽이나 천장을 직접 이용하여 전시물을 배치하는 기법으로 관람자의 시거리를 짧게 할 수 없다는 단점이 있다.

[해설] ① 연속순로형식은 주로 소규모 전시에 채용한다.
② 측광창형식(side light)은 측면창에 광선을 들이는 방법으로 소규모 전시실외에는 부적합하다.
③ 아일랜드(island) 전시기법은 벽이나 천장을 직접 이용하지 않고, 전시물 또는 전시장치를 배치함으로써 전시공간을 만들어 내는 기법이다.(대형 전시물이거나 아주 소형일 경우 유리하며, 주로 집합시켜 군배치함)

해답 78. ④   79. ④   80. ③   81. ②   82. ①

83. 미술관의 수장고에 대한 설명으로 옳지 않은 것은?

① 가능하면 외기의 온도, 습도의 변화에서 오는 영향을 받지 않는 곳을 선택한다.
② 출입구는 1개소를 원칙으로 하며, 자료운반용 대차가 지나갈 수 있도록 턱을 만들지 않도록 한다.
③ 자료의 하중을 감안하여 필요한 적재하중을 고려해야 한다.
④ 장시간 작업하게 되므로 햇볕이 잘 드는 곳을 선택하되, 필요에 따라 차광이 가능하도록 한다.

해설 미술관의 수장고는 보관에 필요한 자연광선을 차단하고 인공조명으로 조절한다.

84. 박물관 수장고계획에 관련된 사항으로 옳은 것은?

① 수장고는 자료정리실, 수리실, 학예연구실 등을 포함한다.
② 증축을 고려해야 하며, 전시면적의 50% 이상을 환산하여 설정할 수 있다.
③ 채광, 통풍을 고려하여 개구부를 가급적 크게 하도록 한다.
④ 관람자 출입구는 별도의 자료 반출입구가 필요하며, 전시실에서 가급적 분리되어 멀리 떨어져 있도록 한다.

■ **채광 및 조명계획**

85. 미술관 자연채광법은 정측광형식에 관한 설명으로 옳은 것은?

① 전시실의 중앙부를 가장 밝게 하여 전시벽면의 조도를 균등하게 한다.
② 전시실의 측면창에서 직접광선을 사입하는 방법으로 소규모 전시에 적합하다.
③ 관람자가 서 있는 위치의 상부에 천장을 불투명하게 하여 중앙부는 어둡게 하고, 전시벽면에 조도를 충분하게 하는 방법이다.

④ 측광식과 정광식을 절충한 방법으로 천장높이가 3m를 넘는 경우에는 적용할 수 없다.

해설 ① – 정광창형식
② – 측광창형식
④ – 고측광창형식

86. 다음과 같은 특징을 갖는 건축적 채광방식은?

- 조도분포가 불균일하며 실 안쪽의 조도가 부족한 경우가 많다.
- 근린의 상황에 의해 채광이 영향을 받는다.
- 투명부분을 설치하면 해방감이 있다.

① 편측채광
② 양측채광
③ 천창채광
④ 정측광

해설 측창채광 중 1면에만 채광하는 것을 편측채광이라 하는데 방구석의 조도가 부족하며, 조도분포가 불균형하고 방구석의 주광선방향이 저각도로 되는 등의 문제점이 있다. 그러나 수평적으로 외부를 볼 수 있다는 유리한 점이 있다.

87. 미술관의 채광방식 중 가장 좋지 않은 것은?

① 측광창형식(side-light)
② 정광창형식(top-light)
③ 고측광창형식(clearstory)
④ 정측광창형식(top side light monitor)

88. 다음과 같은 단면을 갖는 전시실 조명방식의 명칭은 무엇인가?

① 측광형식
② 정광형식
③ 고측형식
④ 정측형식

89. 전시실의 채광방식 중 아래 그림의 단면에서 보는 채광형식은?

① 고측광형식(Clerestory)
② 정광형식(Top light)
③ 측광형식(side light)
④ 정측광형식(Top side light)

[해설] 정측광창형식은 천장면 가까이서 빛을 실내로 유입시킨다.

90. 미술관계획에 관한 설명 중 부적당한 것은?

① 중앙홀형식은 대지의 이용률은 높으나, 장래의 확장에 다소 무리가 있다.
② 디오라마전시는 현장성에 충실하도록 표현하기 위한 기법이다.
③ 동선체계의 가장 일반적인 방법은 일방통행에 의한 일반관람이 이루어지게 하는 것이다.
④ 정광창 채광방식은 채광량이 많아 유리 전시대(glass case)내의 공예품 전시물에 적당하다.

[해설] 정광창형식은 조각 등의 전시실에는 적당하지만, 유리케이스내의 공예품 전시물에 대해서는 적당하지 못하다.

91. 미술관 전시실의 조명설계에 관한 설명 중 부적당한 것은?

① 광색이 부드럽고 변화가 있어야 한다.
② 조명설계는 인공광선과 자연광선을 종합해서 고려한다.
③ 대상에 따라서 spot light도 고려되어야 한다.
④ 광원에 의한 현휘를 방지하도록 한다.

[해설] 광색이 적당하고 변화가 없을 것

92. 미술관 전시실의 조명 및 채광계획에 관한 기술 중 부적당한 것은?

① 광원에 의한 현휘가 없어야 한다.
② 실내의 조도 및 휘도분포가 적당해야 한다.

③ 화면 또는 케이스의 유리에 다른 영상이 나타나지 않게 해야 한다.
④ 점광원(spot light)를 고려하지 않아야 한다.

[해설] 대상에 따라서 점광원(spot light)도 고려되어야 한다.

93. 미술관의 전시장계획에 관한 설명 중 옳은 것은?

① 조명의 광원은 감추고 눈부심이 생기지 않는 방법으로 투사하는 것이 좋다.
② 인공조명을 주로 하고, 자연채광은 고려하지 않는다.
③ 광원의 위치는 수직벽면에 대해 10~25의 범위내에서 상향조정이 좋다.
④ 회화를 감상하는 시점의 위치는 화면대각선의 3배 거리가 가장 이상적이다.

[해설] ① 조명설계는 인공조명과 자연채광을 종합해서 고려한다.
② 전시물과 최량의 각도는 15~45° 이내에 광원의 위치를 결정한다.
③ 시점의 위치는 성인 1.5m를 기준으로 화면대각선에 1~1.5배를 이상적 거리간격으로 잡는다.

94. 미술관에 대한 기술 중 옳지 않은 것은?

① 케이스내의 전시물인 경우 유리면에 생기는 다른 영상을 없애려면 케이스내의 조도를 외부보다 어둡게 한다.
② 광원의 위치는 수직벽면에 대해 15~45°의 범위내에서 하향조명이 좋다.
③ 회화를 감상하는 시점의 위치는 화면대각선의 1~1.5배의 거리가 이상적이다.
④ 인공조명의 경우 관객에게 광원을 감추어 보이지 않게 한다.

[해설] 케이스내의 조도를 외부보다 밝게 하여 전시된 내부가 잘 보이도록 한다.

해답 89. ④ 90. ④ 91. ① 92. ④ 93. ① 94. ①

95. 다음은 미술관의 전시실계획을 위한 사항이다. 가장 적당치 않은 항은 어느 것인가?

① 북측채광을 원칙으로 한다.
② 관객의 동선을 시계방향으로 유도한다.
③ 화면전시물과 관객시선의 수평거리는 화면 대각길이의 1.5배를 취한다.
④ 회화전시실내의 상대습도를 60% 이내로 유지케 한다.

[해설] 전시실의 동선은 좌측통행이며, 우측벽을 따라 관람하도록 한다.(반시계방향)

96. 미술관계획에 있어 회화의 명시조건 중 최량시각(最良視覺)은?

① 27°~30°
② 42°~45°
③ 47°~50°
④ 57°~60°

[해설] 전시실의 관람자가 볼 수 있는 가장 좋은 시각은 27°~30°이다.

97. 미술관계획에서 최량시각에 적합한 사항은?

① 30°
② 45°
③ 50°
④ 60°

[해설] 최량시각 : 27°~30°

98. 박물관의 전시실 조명 및 채광계획에서 우선적으로 고려해야 할 사항 중 적절하지 못한 것은?

① 전시전달을 위한 적절한 조도
② 전시물 보존을 위한 광환경의 제어
③ 실내의 건축조형
④ 전시물 부각을 위한 입체적 연출

99. 미술관 전시실의 조명 및 채광계획에 대한 기술 중 옳지 않은 것은?

① 인공조명은 빛의 강도와 색분포조절이 쉽다.
② 전시조명이란 건축에 부대하는 일반조명이나 비상조명을 제외한 전시자료나 전시장치에 대한 조명을 말한다.

③ 전시품의 보존문제와 무관하게 자연조명의 채택은 꼭 필요하다.
④ 전시에서의 채광 및 조명계획은 이를 필요로 하는 실내공간의 디자인을 고려하여 건축과 일체화시켜 계획하여야 한다.

[해설] 전시관에서는 보존의 문제가 허용하는 한 인공조명의 채택이 꼭 필요하다.

100. 박물관 및 미술관에 관한 기술 중 가장 부적당한 것은?

① 미술관은 이용하기에 편리한 도심지에 위치하는 것이 좋다.
② 디오라마 전시란 전시물을 부각시켜 관람객에게 현장감을 부여하는 입체적인 수법을 말한다.
③ 미술관의 연속순로형식은 연속된 전시실의 한쪽 복도에 의해서 각 실을 배치한 형식이다.
④ 2층 이상의 층은 일반적으로 전시실로는 부적당하나 뉴욕 근대미술관은 이러한 개념을 타파하였다.

[해설] 연속된 전시실의 한쪽 복도에 의해서 각 실을 배치한 형식은 갤러리 및 코리도형식이다.

101. 미술관의 건축계획에 관한 기술 중 옳은 것은?

① 눈부심을 방지하기 위하여 전시화면 부근의 조도보다 관람자 부근의 조도가 높아야 한다.
② 특정의 진열실만을 보고 가는 관람자가 없도록 모든 진열실을 거쳐서 출구로 나가도록 한다.
③ 갤러리 및 복도형식의 전시형식은 각 실에 직접 출입이 가능하고 필요시 자유롭게 독립적으로 폐쇄할 수 있다.
④ 인공조명에 의해 다양한 조명효과가 얻어지므로 자연채광의 고려는 필요가 없다.

[해설] ① 눈부심 방지를 위하여 전시화면 부근의 조도가 관람자 부근의 조도보다 높아야 한다.
② 전시실의 순회동선은 관람자가 가벼운 기분으로 전시경로를 따라 순회할 수 있는 배실계획이 되어야 한다.
③ 인공조명과 함께 자연채광을 고려한다.

해답   95. ②   96. ①   97. ①   98. ③   99. ③   100. ③   101. ③

제9장 건축사

출제경향분석

건축역사를 서양건축사와 한국건축사로 나누어 정리하였는데 건축기사시험에만 속하는 범위로 서양건축사와 한국건축사에서 각각 1문제씩 출제되어 오고 있다. 내용의 분량에 비해 출제되는 문제수가 너무 적으나 완벽을 기하기 위해 부담이 되더라도 꼭 학습을 해야 하는 범위이다.

1 시대순
2 고대건축 (1) 이집트건축 (2) 바빌로니아건축

학습방향

서양건축사는 우선 시대순으로 나열할 수 있어야 한다.
가장 먼저 나오는 시대순은 고대건축인 이집트건축과 서아시아의 바빌로니아건축이다. 이집트건축에서는 피라미드와 마스타바, 그리고 신전건축의 공간구성, 바빌로니아건축에서는 지구라트에 대한 이해가 필요하다.

• 시대순

1. 고대건축	1.1. 이집트 1.2. 서아시아(바빌로니아)
2. 고전건축	2.1. 그리스 2.2. 로마
3. 중세건축	3.1. 초기 기독교 3.2. 비잔틴 3.3. 사라센 3.4. 로마네스크 3.5. 고딕
4. 근세건축	4.1. 르네상스 4.2. 바로크 4.3. 로코코
5. 근대건축	5.1.1. 신고전주의 5.1.2. 낭만주의 5.1.3. 절충주의 5.1.4. 건축기술
	5.2.1. 수공예운동 5.2.2. 아르누보운동 5.2.3. 시카코파 5.2.4. 세제셴운동 5.2.5. 독일공작연맹
	5.3.1. 바우하우스 5.3.2. 유기적 건축 5.3.3. 국제주의 5.3.4. 거장시대
	5.4.1. 팀텐, GEAM, 아키그램, 메타볼리즘, 슈퍼 스튜디오 5.4.2. 형태주의 5.4.3. 브루탈리즘 5.4.4. 포스트 모더니즘과 레이트 모더니즘
6. 현대건축	6.1. 대중주의 6.2. 신합리주의 6.3. 지역주의 6.4. 구조주의 6.5. 신공업기술주의 6.6. 해체주의

학습POINT

■ 그림. 이집트의 기둥형식

(a) 파피루스 (봉우리형) (b) 파피루스 (활짝핀형) (c) 종려나무잎

■ 그림. 마스타바 – 왕, 왕족, 귀족, 위인들의 묘

■ 피라미드 – 제왕의 분묘

■ 장제신전 – 파라오를 위한 신전

■ 예배신전 – 태양신인 암몬과 라 신을 위한 신전

• 고대건축

1 이집트건축

(1) 기둥형식

① 기하학주(각기둥) : 4각, 8각, 16각 기둥
② 식물주(植物柱) : 로터스(수련)기둥, 파피루스기둥, 종려기둥
③ 조각주(彫刻柱) : 주두에 인상(人像)을 새기거나 인신(人身)을 조각하여 기둥모양으로 사용한 것(하도르신기둥, 오시리스신기둥, 아부심벨신전 라메세스 2세의 신상)

(2) 건축의 분류

① 분묘건축 : 마스타바(mastaba), 피라미드(pyramid)

② 신전건축 : 콘스 대신전

㉮ 평면구성 : 오벨리스크(obelisk), 탑문(pylon), 중정(court), 다주실(hypostyle hall), 성소(주축선 중심의 좌우대칭형)

㉯ 내부공간 : 중앙에서 성소로 들어갈수록 바닥이 높아지고, 천장은 낮아진다.

㉰ 외부형태 : 뒤로 갈수록 단형으로 낮아지고, 정면의 탑문은 높다.

㉱ 다주실의 채광 : 고창(clerestory)

2 바빌로니아건축

(1) 아치(arch)의 발생과 볼트(vault)의 발달

① 점토사용으로 조적식 구법이 발달함

② 첨두아치가 많이 사용됨(발달순서 : 코르벨아치 – 첨두아치 – 반원형아치)

③ 목재와 석재의 사용으로 아치구법이 매우 발달함

(2) 궁전 및 천문대건축의 성행 – 지구라트(Ziggurat)

① 천문학의 발달 : 과학과 종교의 두 목적으로 축조함

② 고단의 개념과 신의 주거라는 개념을 도입함

■ 그림. 신전건축의 구성(콘스 대신전)

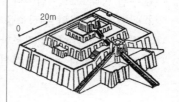
■ 그림. 지구라트

핵심 문제

1 다음 중 건축양식의 발달순서가 옳은 것은?

① 초기 그리스도교 – 비잔틴 – 로마네스크 – 로코코 – 르네상스

② 로마 – 비잔틴 – 고딕 – 로마네스크 – 르네상스 – 바로크

③ 그리스 – 로마네스크 – 르네상스 – 로코코

④ 이집트 – 비잔틴 – 로마네스크 – 르네상스 – 고딕

2 고대 메소포타미아지역의 지구라트에 대한 설명으로 옳지 않은 것은?

① 주된 형태요소는 점이다.

② 이집트건축보다 수직축을 더 강조하였다.

③ 평면은 정사각형에 기초한 중앙집중식 배치로 되어 있다.

④ 이집트신전과 유사한 직선축 진입방식으로 이루어져 있다.

3 다음 설명 중 옳은 것은?

① 이집트건축에서는 볼트와 아치가 적극적으로 이용되었다.

② 비잔틴건축에서는 모자이크가 많이 사용되었다.

③ 그리스건축에서는 기둥은 분리되지 않은 단일한 석재로 되어 있었다.

④ 로마건축에서는 첨두 아치(pointed arch)가 주로 사용되었다.

해 설

해설 **1** 시대순

① 고대 – 이집트, 서아시아

② 고전 – 그리스, 로마

③ 중세 – 초기 기독교, 비잔틴, 사라센, 로마네스크, 고딕

④ 근세 – 르네상스, 바로크, 로코코

해설 **2**

이집트신전의 직선축에 의한 접근방식과 대조를 이루는 굴곡축에 의한 접근방식이다.

해설 **3**

① 서아시아건축에서는 볼트와 아치가 적극적으로 이용되었다.

② 그리스건축에서는 기둥이 몇 개로 분리된 석재로 되어 있었다.

③ 고딕건축에서는 첨두 아치(pointed arch)가 주로 사용되었다.

정답 1. ③ 2. ④ 3. ②

3 고전건축

(1) 그리스건축
(2) 로마건축

학습방향

서양건축사에서 출제빈도가 높은 그리스건축에서는 3가지 기둥양식의 특징, 그리고 건축구성의 각 부재의 명칭을 잘 이해해야 하고, 건축으로는 파르테논신전이 중요하다. 로마건축에서는 그리스 기둥양식에다 추가되는 로마기둥 양식 두 가지가 중요하며, 건축으로는 판테온신전, 바실리카, 포름에 대한 이해가 필요하다.

1 그리스건축

(1) 특성

① 착시교정기법
  ㉮ 엔타시스(기둥의 배불림)
  ㉯ 기둥의 안쏠림 : 외측의 기둥이 중심쪽으로 경사짐
  ㉰ 처마선의 휨
  ㉱ 기단의 휨 : 굴곡현상을 고려하여 하부쪽으로 휨
② 포스트와 린텔(post - lintel)식 구조
③ 기둥양식 – 도리아식, 이오니아식, 코린트식
④ 특수한 도시형태 : 아크로폴리스, 프로필레아, 아고라

(2) 신전건축의 구성요소

① 박공(pediment)
② 엔타블러처(entablature) – ㉮ 아키트레이브 ㉯ 프리즈 ㉰ 코니스
③ 주범(order) – ㉮ 주두(capital) ㉯ 주신(shaft) ㉰ 주초(base)
④ 기단(stylobate)

(3) 오더(order, 기둥양식)

① 도리아식
  ㉮ 가장 오래된 양식으로 단순하고 장중한 느낌을 주며, 다른 주범과 달리 주초가 없다.
  ㉯ 아테네의 파르테논 신전
② 이오니아식
  ㉮ 우아, 경쾌, 유연한 느낌을 주며, 여성적이다. 주초가 있으며, 배흘림이 약하다.
  ㉯ 에릭테이온신전
③ 코린트식
  ㉮ 주두에 아칸터스 나뭇잎을 화려하게 장식한 형식으로 주로 소규모의 기념건축에 사용하였다.

학습POINT

■ 그림. 그리스 기둥양식

(a) 도리아식 (b) 이오니아

(c) 코린트식

■ 그림. 아크로폴리스

■ 그림. 신전건축의 구성

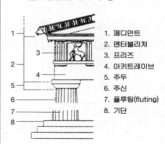

1. 페디먼트
2. 엔터블리처
3. 프리즈
4. 아키트레이브
5. 주두
6. 주신
7. 플루팅(fluting)
8. 기단

④ 아테네의 풍탑, 올림피에이온

　(4) 건축의 실예

　　① 극장 : 에피다리우스극장, 디오니소스극장

　　② 경기장 : 아테네의 스타디움

　　③ 광장 : 아고라(Agora)

　　④ 스토아(Stoa) : 정자

2 로마건축

　(1) 특성

　　① 에트러스컨의 건축의 영향(아치와 배럴볼트사용)

　　② 석재사용과 콘크리트의 발명

　　③ 돔, 볼트, 교차볼트(cross vault)를 창안하여 사용함

　　④ 실제적, 공리적 관념의 발달로 시민생활과 관련하여 욕장(浴場), 극
　　　장, 상수도, 교량 등의 축조가 발달되었다.

　(2) 기둥양식

　　① 그리스 건축양식(도리아식, 이오니아식, 코린트식)

　　② 컴포지트(composite) 오더(코린트식 + 이오니아식)

　　③ 터스칸(tuscan) 오더 – 도리아식의 단순화된 형태

　(3) 건축실예

　　① 신전건축

　　　㉮ 판테온신전(원형신전)

　　　　㉠ 복합입면 – 현관에 8개의 코린트주범의 기둥(정방형 평면)과 로
　　　　　툰다(rotunda, 원형평면부분)위 지붕은 돔형으로 되어 있다.

　　　　㉡ 톱 라이트(top light)채광(돔 정상에 있는 지름 9m)

　　　㉯ 마르스 울토르신전(각형신전)

　　② 바실리카(Basilica)

　　　법정과 상업교역소로 배럴 볼트(barrel vault)와 크로스 볼트
　　　(cross vault)로 구성된 그리스 십자(Greek cross)의 평면형태임

　　③ 포름(Forum)

　　　그리스 아고라에 해당하는 것으로 옥외집회소 또는 시장의 성격을
　　　가진 광장이다.

　　④ 원형투기장 – 콜로세움(1층 – 도리아식, 2층 – 이오니아식, 3층 –
　　　코린트식)

　　⑤ 개선문

　　⑥ 인슐라 – 평민, 노예를 위한 집합주거지

　　⑦ 상수도

■ 파르테논신전

■ 그림. 아치, 볼트, 교차볼트

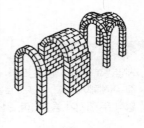

■ 그림. 로마의 기둥양식

(a) 터스칸식　　(b) 컴포지트식

■ 그림. 판테온신전

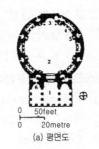

0　　50feet
0　　20metre
(a) 평면도

1. 주랑
2. 무늬있는 바닥
3. 반원형 니치부벽
4. 반원형 벽감
5. 8사당의 하나
6. Cupola로 오르는 계단

(b) 단면도

핵 심 문 제

1 그리스건축의 착시교정기법이 아닌 것은?

① 기둥의 배흘림(Entasis)

② 긴 수평선을 위쪽으로 볼록하게 처리

③ 모서리쪽의 기둥간격을 좁게 처리

④ 모서리기둥의 솟음

2 고대 그리스에서 사용된 오더로 가장 단순하고 심중한 느낌을 주며, 다른 오더와 달리 주초가 없는 것은?

① 도릭 오더   ② 이오닉 오더

③ 코린티안 오더   ④ 터스칸 오더

3 그리스, 로마건축양식에서 박공부분의 명칭은 다음 중 어느 것인가?

① pediment   ② capital

③ shaft   ④ stylobate

4 고대 로마건축의 성격에 관한 기술 중 옳지 않은 것은?

① 에트러스컨(Etruscan)의 건축을 모태(母胎)로 한다.

② 아치 볼트의 구조적 활용으로 대규모의 건축이 가능하였다.

③ 시민생활과 관련하여 욕장(浴場), 극장, 상수도, 교량 등의 축조가 발달되었다.

④ 고대 그리스의 3가지 주도형식이 그대로 계승되었다.

5 다음 건축물 중 천창채광(top light)으로 된 것은?

① 파리의 노틀담성당

② 이스탄불의 성 소피아성당

③ 아테네의 파르테논성단

④ 로마의 판테온신전

6 그리스의 아고라(Agora)와 유사한 기능을 갖는 로마시대 건축물은?

① 도무스(Domus)   ② 인슐라(Insula)

③ 포럼(Forum)   ④ 판테온(Pantheon)

해설 **1**
기둥의 안쏠림 : 외측의 기둥이 중심쪽으로 경사짐

해설 **2**
도리아식은 가장 오래된 양식으로 단순하고 장중한 느낌을 주며, 다른 주범과 달리 주초가 없다.(아테네의 파르테논 신전)

해설 **3**
박공(pediment), 주두(capital), 주신(shaft), 기단(stylobate)

해설 **4**
그리스건축양식의 3종류에 복합식 오더, 터스칸 오더를 발전, 변형시켰다.

해설 **5**
판테온신전은 정방형 평면과 원형 평면으로 이루어지는 복합입면을 결속하였으며, 돔 정상에 있는 지름 9m의 천창채광(top light)으로 한다.

해설 **6**
로마의 포럼은 그리스의 아고라와 같은 것으로 광장을 말한다.

4 중세건축 (1) 초기기독교건축 (2) 사라센건축 (3) 비잔틴건축 (4) 로마네스크건축 (5) 고딕건축

학습방향

초기기독교건축은 바실리카, 사라센건축은 스퀸치구법, 비잔틴건축은 도서렛과 펜덴티브돔, 소피아성당에 대한 이해가 필요하다. 로마네스크건축은 라틴십자가와 종탑의 추가, 피사대성당에 대한 이해가 필요하다. 중세건축의 핵심이라 할 수 있는 고딕건축은 중요하다. (첨두형 아치, 첨탑, 플라잉 버트레스, 그리고 고딕건축에 해당하는 건축물에 대해 잘 정리해야 한다.)

1 초기 기독교건축

(1) 바실리카식 교회

① 평면형식상

㉮ 현관 - 아트리움(Atrium, 중정)

㉯ 회당

㉠ 나르텍스(Narthex, 전실)

㉡ 네이브(Nave, 회랑의 중앙부분)

㉢ 아일(Aisle, 회랑의 측면부분)

㉣ 트란셉트(Transept, 수랑)

㉤ 엡스(apse)와 베마(bema, 후진)

② 구조상 : 목조 트러스지붕(고측창채광)

(2) 건축실예

① 바실리카

② 카타콤 : 지하 공동묘소

2 사라센건축

(1) 스퀸치구법

정방형 평면 4우주에 4방향 석재인 스퀸치를 걸쳐서 8각형을 만들고, 위에다 필요에 따라 스퀸치를 반복 사용하여 가까운 평면을 만든 다음에 돔을 놓게 하는 구법이다.

(2) 돔

돔으로 4각형 평면을 덮는 예는 고대부터 있었으나 대궁전의 중심에 돔을 사용한 것은 처음이었다.

학습POINT

■ 그림. 바실리카식 교회

```
         E
       앱스
      트란셉트
  아  · · · · ·
  일  · 네이브 ·
      · · · · ·
      나르텍스
      아트리움
         W
```

■ 트리포리움

① 바실리카식 교회당의 부인석

② 교회당의 아일에 있는 2층부분

③ 교회당의 신도석 또는 교회 측벽의 홍예와 높은 창사이 부분

■ 그림. 성 스테파노 로툰다

■ 그림. 십자가 형태

① 그리스 십자가

② 라틴십자가

(3) 아라베스크

아라비아장식의 끝부분을 식물의 옆을 연속시킨 당초문양, 와권문양, 종유문양, 문자문양 등으로 한 것으로 페르시아 카샨 산 타일로 꾸며지기에 카샨의 모자이크라고도 부른다.

(4) 모스크

① 이슬람교의 사원 또는 예배당

② 형식은 시대와 지방에 따라 다르나 예배자들은 메카(Mecca)를 향한 벽면에 감실과 설교단을 설치한 것이 정형(定型)이다.

③ 안뜰 주위에 넓은 회랑이 있고 중앙에는 분수가 설치되어 있는 것이 보통이다.

④ 회랑의 바깥쪽에는 미나렛이라는 첨탑이 1~6개가 있고, 아라베스크 부조의 벽면장식이 특징이다.

⑤ 용어

㉮ 미나렛(minaret) : 사원이 있는 첨탑

㉯ 밈바르(mimbar) : 이슬람(회교)사원내에 예배의식을 거행할 때 성전의 일절을 읽는 계단형의 대

㉰ 미라브(mihrab) : 회교 성지 메카를 향하는 교도들의 방향을 제시해주는 모스크나 다른 회교도의 건물내에 있는 감실(niche)

㉱ 아치

3 비잔틴건축

(1) 특성

① 사라센문화의 영향을 받았다.

② 정사각형 평면으로 그리스십자형 사용함(그리스 정교)

③ 주두에 도서렛(dossert, 부주두)를 겹쳐 얹음

④ 펜덴티브 돔(pendentive dome)을 창안함

⑤ 돔, 아치, 볼트 등을 사용함

(2) 건축 실예

① 성 소피아(S. Sophia)성당, 콘스탄티노플

② 성 비타레성당, 라벤나

③ 성 이레네성당

4 로마네스크건축

(1) 특성

① 장축형 평면(라틴 십자가)과 종탑이 추가 사용됨

■ 도서렛

비잔틴건축 기둥의 주두가 이중으로 되어 있는데 그 상부에 있는 것

■ 그림. 펜덴티브돔

■ 그림. 성소피아 성당

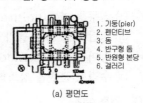

1. 기둥(pier)
2. 펜던티브
3. 돔
4. 반구형 돔
5. 반원형 본당
6. 갤러리

(a) 평면도

(b) 단면도

■ 그림. 클러스터 피어

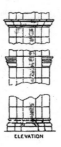

ELEVATION

■ 그림. 버트레스

buttress

② 아치구조법의 발달로 교차볼트 사용(클러스터 피어와 버트레스)

(2) 건축 실예

① 피사의 대성당, 세례당, 종탑 – 이탈리아 중부
② 성 프롬성당 – 프랑스
③ 브롬스 대성당 – 독일
④ 더램성당 – 영국

5 고딕건축

(1) 특성

① 첨두형 아치(pointed arch)와 볼트의 발달
② 첨탑(spire)과 플라잉 버트레스(flying buttress)의 발달
③ 장미창(rose window) – 착색유리(stained glass)
④ 수직적 분절을 강조하여 하늘을 향한 종교적 신념과 사상을 표현함

(2) 건축 실예

① 파리 노틀담사원
② 샤르트르 대성당
③ 아미앵 대성당
④ 솔즈베리성당
⑤ 울름의 대성당
⑥ 밀라노 대성당

■ 그림. 피사 대성당

(a) 대성당   (b) 세례   (b) 종탑

■ 그림. 성 미카엘성당

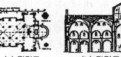

(a) 평면도   (b) 단면도

■ 그림. 앙골렘성당

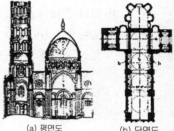

(a) 평면도   (b) 단면도

■ 그림. 볼트

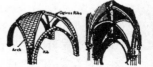

(a) 일반적 리브볼트

(b) 6분 리브볼트

■ 그림. 고딕건축의 구조체계

① 버트레스 (부축벽)
② 샛기둥
③ 4분 리브볼트
④ 고창
⑤ 트리포리움
⑥ 대 아케이드

1 초기 기독교 시기의 바실리카 양식의 본당의 평면도에서 회랑의 중앙부분을 나타내는 용어는?

① 아일(Aisle) ② 페디먼트(Pediment)

③ 네이브(Nave) ④ 아트리움(Atrium)

2 다음 중 옳지 않은 연결은?

① 암몬대신전 – 카르낙

② 파르테논신전 – 아크로폴리스

③ 카타콤 – 베니스

④ 성 소피아사원 – 콘스탄티노플

3 펜덴티브 돔(Pandentive dome)과 관계 없는 것은?

① 스퀸치(Squinch) ② 비잔틴건축

③ 성 소피아성당 ④ 그리스 정교

4 다음과 같은 특징을 갖는 건축양식은?

> • 사라센문화의 영향을 받았다.
> • 도서렛(dosseret)과 펜던티브 돔(pendentive Dome)이 사용되었다.

① 그리스건축 ② 로마건축

③ 로마네스크건축 ④ 비잔틴건축

5 다음 중 비잔틴건축에 해당하는 것은?

① 성 소피아성당 ② 피사성당

③ 노트르담성당 ④ 성 베드로성당

6 다음의 서양건축에 대한 설명 중 옳지 않은 것은?

① 로마건축의 기둥에는 그리스건축의 오더 이외에 터스칸 오더, 컴포지트 오더가 사용되었다.

② 고딕건축은 수직적인 요소가 특히 강조되었다.

③ 비잔틴건축은 사라센문화의 영향을 받았으며, 동양적 요소가 가미되었다.

④ 로마네스크건축은 내부보다는 외부의 장식에 치중하였으며, 바실리카에 비하면 단순하고 간소하다.

7 다음 중 사탑으로 유명한 피사(Pisa)의 대사원 양식은?

① 로마네스크(Romanesque)

② 르네상스(Renaissance)

③ 비잔틴(Byzantine)

④ 바로크(Baroque)

8 고딕건축에 관한 기술 중 적합치 않은 것은?

① 횡축력에 대한 플라잉 버트레스(Flying Buttress)의 창안

② 신에 대한 희생, 봉사의 종교적 상징으로서 첨탑

③ 대형석재의 일체식 구조법

④ 첨두아치의 발달

9 다음 중 고딕건축의 특성을 표현하는 용어와 가장 관계가 먼 것은?

① 플라잉 버트레스(flying buttress)

② 리브 볼트(rib vault)

③ 첨두형 아치(pointed arch)

④ 미나렛(minaret)

10 다음 중 건축양식과 해당 양식의 대표적인 특징의 연결이 옳지 않은 것은?

① 비잔틴건축 – 펜덴티브 돔(pendentive dome)

② 로마네스크건축 – 첨두 아치(pointed arch)

③ 고딕건축 – 플라잉 버트레스(flying buttress)

④ 사라센건축 – 스퀸치(squinch)

5 근세건축

(1) 르네상스건축
(2) 바로크건축
(3) 로코코건축

학습방향

고대건축부터 중세건축까지는 시대별 건축의 특성, 해당 건축물들을 중요하게 다루었지만, 근세건축부터는 건축의 특성, 해당 건축가와 작품들을 숙지하여야 하는데, 여기에서는 르네상스건축이 가장 중요하다.

1 르네상스건축

(1) 특성

① 건축비례(proportion)와 미적 대칭(symmetry) 등을 중시함
② 그리스 3주범과 로마의 2주범을 구조적 독립기둥으로 취급하고, 로마시대의 배럴 볼트, 대아치를 재활용하면서 새로운 구조기술을 도입하여 시공함
③ 매층마다 돌림띠(코니스 ; cornice)로 수평성을 강조하고, 위층으로 향할수록 점차 강(强)에서 유(柔)로 다루었음
④ 창형식은 삼각박공형 창(pediment type), 중앙기둥 2연창(order type), 연속홍예형 창(arcade type)이 있다.

(2) 건축실예

① 플로렌스의 르네상스건축
  ㉮ 브루넬리스키(F. Brunelleschi)
    – 산타마리아 플로렌스성당의 돔, 성 로렌죠성당, 성 스피리토성당, 파찌예배당, 피티궁(Palazzo Pitti)
  ㉯ 알베르티(Leon Battista Alberti)
    – 건축론, 루첼라이궁, 안드레아성당
  ㉰ 미켈로쪼 미켈로찌 (Michelozzo Michelozzi)
    – 메디치궁전
② 로마의 르네상스건축
  ㉮ 브라만테(Bramante)
    – 템피에토, 성 마리아 델라 파체, 성 베드로 대성당
  ㉯ 미켈란젤로(Michelangelo)
    – 메디치가 능묘, 파르네제궁(Palazzo Farnese), 로마의 캐피톨
③ 베니스의 르네상스건축
  • 안드레아 팔라디오(Andrea Palladio)
    – 후기 르네상스의 대가 '건축 4서' 집필, 비첸자의 바실리카, 카프라별장

학습POINT

■ 그림. 로마의 캐피톨

■ 그림. 로마의 성 베드로성당

(a) 외관 정면도

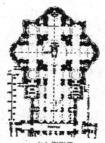

(b) 평면도

미켈란젤로의 돔
마테르니에 의해 설계된 서측 정면
베르니니의 열주랑(콜로나데)
성 베드로 광장

2 바로크건축

(1) 특성

① 강렬한 극적효과를 추구하여 감각적이며, 관찰자의 주관적 감흥을 중시함

② 건축의 구조, 표현, 장식 등 모든 것이 전체의 효과를 위해 사용함

③ 교향악적인 특성 : 공간과 매스, 움직임과 정지, 빛과 음영, 돌출과 후퇴, 큰 것과 작은 것 등의 대조적인 것들을 종합적으로 통합함

④ 기하학적으로 명확히 감지되지 않는 공간, 확산공간, 역동적인 공간, 풍요한 공간의 특징으로 구성됨

⑤ 곡선의 도입, 파동치는 벽, 타원평면의 선호, 현란한 장식이 많이 사용됨

⑥ 과장된 투시도적 효과의 수평, 수직적 요소간의 상호관입함

(2) 건축실 예

① 마데르나(Maderna)
  - 성 수잔나성당, 성 베드로성당 네이브부분과 정면

② 베르니니(Bernini)
  - 성 베드로사원의 광장과 콜로나데(Colornade), 성 앙드레아(St. Andrea)교회

③ 보로미니(F. Borromini)
  - 성 카를로성당, 성 사피엔자성당

④ 구아리노 구아리니(Guarino Guarini)
  ㉮ 이탈리아 바로크시대의 건축가
  ㉯ 보로미니의 조각적 건축을 계승하여 오스트리아, 남부독일의 바로크양식에 큰 영향을 끼침
  ㉰ 구조적, 기하학적 탁월성의 기초하에 신비하고 무한한 느낌을 주는 공간을 창조함

3 로코코건축

(1) 특성

① 프랑스 바로크의 최후 단계

② 바로크의 둔중한 인상에 비해 세련된 아름다운 곡선으로 표현(여성적인 인상)함

③ 개인위주의 프라이버시를 중요시한 양식

④ 기능적 공간구성과 개인적인 쾌락주의 공간구성으로 주거건축에 큰 발전도래함

⑤ 장식하는데 중점을 두었고, 특히 부분적 효과를 중시함

■ 그림. 성 베드로성당제단

■ 그림. 소르본느 교회당

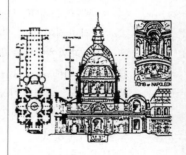
■ 그림. 앙발리드 교회당

⑥ 벽, 천장은 일련의 곡선으로 연결하여 유동성있는 공간을 만들고, 수직선만 명확히 표현함

(2) 건축실 예

① 제르망 보프란(Gremain Boffrand)
 - 스비스호텔(Soubise Hotel)의 공작부인 내실, 암로호텔
② 장 꾸르티엔스(Jean Courtinne) - 드 마티뇽(de Matignon) 호텔
③ 영국 - 더비경(Lord Derby)주택, 조지아식주택, 배스(Bath)의 광장

■ 그림. 성 바울성당

1 르네상스교회 건축양식의 특징으로 옳은 것은?

① 수평을 강조하며, 정사각형, 원 등을 사용하여 유심적 공간구성을 하였다.

② 직사각형의 평면구성으로 볼트구조의 지붕을 구성하며 종탑을 설치하였다.

③ 로마네스크건축의 반원아치를 발전시킨 첨두형 아치를 주로 사용하였다.

④ 타원형 등 곡선평면을 사용하여 동적이고 극적인 공간연출을 하였다.

2 다음의 르네상스 건축물에 대한 설명 중 옳지 않은 것은?

① 성 스피리토성당의 형태는 인간중심적 세계관에서 신중심적 세계관으로 변화했음을 보인다.

② 루첼라이궁전은 각 층마다 다른 오더를 사용하는 고대 로마방식을 채택하였다.

③ 브라만테가 설계한 성 베드로성당의 주제는 중심성이다.

④ 메디치–리카르디궁전의 1층은 러스티케이션 처리를 하여 강인한 면을 강조하였다.

3 르네상스건축의 시점으로 보는 피렌체 성당(플로렌스 성당)의 돔에 대한 설명으로 옳지 않은 것은?

① 브루넬리스키가 현상설계에서 당선된 작품이다.

② 반원형 돔의 형태를 띠고 있다.

③ 안팎 2중 쉘(shell)로 되어 있다.

④ 8개의 메인 리브와 16개의 마이너 리브로 되어 있다.

4 바로크 건축가와 작품사이의 연결이 옳지 않은 것은?

① 카를로 마데르나(Carlo Maderna) – 성 베드로성당의 정면, 로마

② 프란체스코 보로미니(Francesco Boromini) – 성 카를로성당, 로마

③ 알베르티(Leon Battista Alberiti) – 루첼라이궁, 플로렌스

④ 구아리노 구아리니(Guarino Guarini) – 성 로렌쪼성당, 튜린

[해설] **1**
② – 로마네스크건축
③ – 고딕건축
④ – 바로크건축

[해설] **2**
① 성 스피리토 성당의 형태는 신중심적 세계관에서 인간중심적 세계관으로 변화했음을 보인다.(브루넬리스키 – 우주를 수학적 공식으로 나타내려는 자연과학의 시도를 예시한 것)
② 루첼라이궁전은 1층은 도리아식, 2층은 이오니아식, 3층은 코린트식 오더를 사용했다.
③ 성 베드로성당은 중앙집중식 평면이다.
④ 메디치–리카르디궁전의 1층은 러스티케이션(rustication : 자연석을 거칠게 다듬어서 건축형태에 변화를 주며 입체감을 뚜렷하게 하는 방법) 처리함

[해설] **3** 피렌체 성당의 돔(브루넬리스키)
지상 55m의 높은 곳에 얹혀진 직경 42.4m의 8각형 형태로서 8개의 주축과 16개의 보조축으로 골격을 이룬 2중각 구조로 되어 있는 쿠폴라(cupola)라고 하는 첨두형 형태의 돔이다.

[해설] **4**
성 로렌쪼성당 – 브루넬리스키(르네상스, 이탈리아)

[정답] 1. ① 2. ① 3. ② 4. ④

6 근대건축

(1) 태동기
(2) 여명기

학습방향

근대건축의 태동기에서는 신고전주의, 낭만주의, 절충주의의 특성과 이에 관련된 건축가와 그 작품을 잘 정리해야 하며, 수공예운동, 아르누보운동 등의 여명기에 해당하는 각 건축운동의 이념과 참여건축가와 작품 등을 기억해야 한다.

1 태동기

(1) 신고전주의(Neo-Classiciam)

① 특징

㉮ 고고학자들에 의한 그리스 – 로마건축의 발굴을 통한 고전주의 운동을 고취함

㉯ 프랑스에서는 로마건축양식을, 영국에서는 그리스건축양식과 로마건축양식을 사용함

② 각국의 건축실예

㉮ 프랑스

㉠ 세르반도니(Giovanni Niccolo Servandoni) – 성 설피스(St. Sulpice) 성당

㉡ 샹그린(Jean Francois Chalgrine) – 파리 에토알 개선문(Arcade Etoile)

㉯ 영국

㉠ 존 나쉬(John Nash) – 버킹검 궁전(그리스양식)

㉡ 스머크 경(Sir Robert Smirk) – 대영박물관(그리스양식)

㉰ 독일

㉠ 쉰켈(Karl Friedrich Schinkel) – 베를린 국립극장

㉡ 크렌쩨(Leo Van Klenze) – 발할라 궁전(그리스의 파르테논 복사)

(2) 낭만주의건축

① 특징

㉮ 중세 건축문화의 동경과 그 양식형태에 대한 애착으로 말미암은 고딕건축양식의 부흥양상

② 각국의 건축실예

㉮ 영국

㉠ 바리경(Sir Charles Barry) – 국회의사당(고딕양식)

㉡ 존 나쉬(John Nash) – 브라이튼 궁전

학습POINT

■ 그림. 성 설피스성당

■ 그림. 트리아농성

■ 그림. 에토알 개선문

　　㉯ 프랑스

　　　　㉠ 비올레 둑(Viollet-le-Duc) - 데니스성당(고딕양식)

　　　　㉡ 가우(F. C. Gau)와 발류(T. Ballu) - 성 클로틸드성당(고딕양식)

　　㉰ 독일

　　　　㉠ 쉰켈(F. Schinkel) - 베르덴성당(고딕양식)

　　　　㉡ 아들러(F. Adler) - 토마스교회당(로마네스크양식)

(3) 절충주의건축

① 특징

　　㉮ 과거양식에 메이지 않고 자유롭게 예술가의 창조성을 우선하였다.

　　㉯ 르네상스, 바로크, 로코코, 사라센건축 등의 자유로운 건축양식의 선택으로 여러 종류의 건축양식이 생겨났다.(신르네상스운동과 신바로크운동)

② 각국의 건축실예

　　㉮ 프랑스

　　　　㉠ 찰스 가르니에(Charles Garnier) - 파리 오페라하우스(바로크양식)

　　　　㉡ 앙리 라브루스테(Henri Labrouste) - 성 제네비에브(St. Genevieve)도서관

　　㉯ 영국

　　　　㉠ 바리경(Sir C. Barry) - 런던의 여행자클럽(르네상스양식)

　　　　㉡ 페네도온(Pennethorn) - 런던대학(르네상스양식)

　　　　㉢ 벤트레이(John Francis Bentley) - 웨스트민스터대성당(비잔틴양식)

　　㉰ 독일

　　　　㉠ 가트너(Friedrich von Gartner) - 뮌헨의 국립도서관(신르네상스양식)

　　　　㉡ 슈미트(Friedrich von Schmit) - 비인 시청사(고딕양식)

　　　　㉢ 발로트(Johann Paul Wallot) - 독일 국회의사당(신바로크양식)

(4) 신재료

① 철 : 에펠(Gustave Eiffel)의 에펠탑(Eiffel Tower)

② 유리(산업혁명 이후) : 팩스톤(J. Paxton)의 수정궁

③ 철근콘크리트

2 여명기

(1) 미술공예운동(Art and Crafts Movement)

19세기말 영국에서 현대건축의 이념(디자인 및 제작법의 이념이라는 측면)을 확립하는데 공헌한 중요한 운동

■ 그림. 대영박물관

■ 그림. 발할라궁전

■ 그림. 국회의사당

■ 그림. 브라이튼궁전

■ 그림. 오페라 하우스

■ 그림. 에펠탑

① 영향을 준 인물
　　㉮ 존 러스킨(John Ruskin)
　　㉯ 어거스투스 퓨긴(Augustus Welby Northmore Pugin)
② 운동에 참여한 중요한 인물
　　㉮ 윌리암 모리스(William Morris)
　　　㉠ 수공예운동의 선구자이며, 근대예술운동의 지도자
　　　㉡ 대표작 - 붉은 집(Red House)
　　㉯ 발터 크레인(Walter Crane)
　　㉰ 리차드 노만 쇼우(Richard Norman Shaw)
　　㉱ 필립 웨브(Philip Speakman Webb) - 붉은 집(Red House)

■ 그림. 수정궁

(2) 아르누보(Art Nouveau)운동
① 원인
　　㉮ 영국의 수공예운동(Arts and Crafts Movement)의 자극과 영향
　　㉯ 산업혁명으로 인한 실증주의, 실용주의, 합리주의적 사조에 대한
　　　반발과 표현방법면에서 중세기의 사실주의(Realism)에서 탈피함
　　㉰ 맥무르드(A. H. Mackmurd)가 크리스토 페렌의 도시교회당이
　　　라는 책의 장정을 한데에 기인함
② 운동의 특징
　　㉮ 역사주의의 거부
　　㉯ 장식수법 : 본질적으로 장식적인 경향으로서 곡선의 장식적 가치
　　　를 강조함
　　㉰ 철이라는 새로운 재료를 사용하여 곡선장식을 표현함
③ 관련 건축가들
　　㉮ 앙리 반 데 벨데(Henry van de Velde)
　　㉯ 빅터 오르타(Victor Horta)
　　　㉠ 타셀주택
　　　㉡ 인민의 집
　　　㉢ 살베이주택
　　㉰ 안토니오 가우디(Antonio Gaudi)
　　　㉠ 바로셀로나에서만 일한 건축가(스페인지방의 건축적인 전통과
　　　　연관됨)
　　　㉡ 카사 비첸, 구엘공원, 사그라다 파밀리아교회
　　㉱ 매킨토쉬(Charles Rennie Mackintosh) - 글라스고우 미술학교

■ 그림. 붉은 집

(a) 외관

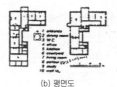

(b) 평면도

■ 그림. 타셀주택

■ 그림. 인민의 집

(3) 시카코(Chicago)파
시카코(Chicago)에 건설된 일련의 상업용 건물, 사무소건물을 지칭
하는 명칭
① 특징
　　㉮ 비역사주의

■ 그림. 파밀리아교회

ⓘ 강골구조의 사용과 그 가능성의 탐구

ⓓ 건물형태에 있어서 정적인 구조, 기능적인 구조를 분명하게 표현
하고 직접적이고, 새로운 건축어휘를 사용함(구조골조가 그대로
건축형태로 노출됨)

ⓔ 고층건물의 선결조건 : 엘리베이터(elevator)의 발명

ⓕ 적절한 구조체계의 마련 - 방화구조 및 고층건물 높이를 허용해
주는 체계의 마련

② 관련건축가

㉮ 윌리암 바론 제니(William Baron Jenney)

　ㄱ 시카코파의 창시자

　ㄴ 제 1의 라이터건물, 홈 인슈런스건물

㉯ 루이스 헨리 설리반(Louis Henry Sullivan)

　ㄱ 시카코학파의 가장 중요한 주창자이며, 형성기의 대표자이다.

　ㄴ 오디토리움건물, 웨인라이트건물, 개런티건물

■ 그림. 카사밀라

■ 그림. 글라스고우 미술학교

(4) 세제션(Secession)운동

오스트리아의 빈(Wien)에서 생겨난 예술운동으로 바그너(O. Wagner)의
영향을 받음

① 특징

㉮ 객관적, 합리적, 합목적적인 건축사상을 추진함

㉯ 과거양식에서 분리와 해방을 지향하는 건축운동

㉰ 기하학적인 형태를 실현하는 경향을 보임

② 관련건축가

㉮ 오토 바그너(Otto Wagner) - 우체국 저금은행, 스타인호프교회

㉯ 조셉 호프만(Joseph Hoffmann) - 스토클레주택

㉰ 조셉 마리아 올브리히(Joseph Maria Olbrich) - 세제션전시관

■ 그림. 시카고 루프군

■ 그림. 개런티빌딩

(5) 독일공작연맹운동

1,907년 독일 뮌헨에서 무테시우스(Muthesius)와 뜻을 같이한 저명
한 인사들의 개별적 활동이 연합하여 큰 조류로 합친 것이다.

① 특성

㉮ 수공예운동을 기반으로 해서 설립됨

㉯ 공업발전의 불가피성을 인식함

㉰ 디자인을 담당하는 예술가와 디자인을 실현하고 구체화하는 산업
가 사이의 공백을 메우려고 함

② 관련건축가

㉮ 무테시우스(H. Muthesius) - 영국의 주택(수공예운동의 장점
은 기능과 표현에 있다고 역설함)

㉯ 슈미트(K. Schmidt) - 수공예공방 설립

㉰ 페테 베렌스(Peter Behrens) - AEG 터빈공장

■ 그림. 세제션관

■ 그림. 스토클레주택

1 18세기에서 19세기초에 있었던 고전주의 건축양식의 경향은?

① 고딕건축의 정열적인 예술창조운동의 경향
② 로마와 그리스건축의 우수성에 대한 모방
③ 각 시대의 건축양식의 자유로운 선택의 경향
④ 장대하고 허식적인 벽면장식의 경향

2 근대건축 발전에 큰 힘을 가져다 준 건축재료를 모은 것은?

① 철, 유리, 시멘트
② 유리, 플라스틱, 대리석
③ 시멘트, 철, 플라스틱
④ 화강석, 강철, 플라스틱

3 다음 근대건축의 작가와 작품 중 아르누보(Art Noubeau)의 영역 이외의 것은?

① 윌리엄 모리스 – 붉은 집(Red House)
② 안토니오 가우디 – 스페인의 사그라다 파밀리아
③ 헥토르 기마르 – 파리의 지하철역 입구
④ 빅터 오르타 – 타셀 주택

4 서구의 근대건축의 사조는 과거 건축양식에의 동경과 새로운 시대 건축 창조를 향한 진취성이 아울러 점철되었던 바 다음 중 후자의 경향과는 거리가 먼 사실은?

① 설리반(L. Sullivan) 등을 중심으로 한 시카코파(Chicago school)의 건축운동
② 바그너(O. Wagner) 등을 중심으로 한 세제션(Secession)운동
③ 월터 그로피우스(W. Gropius) 등을 중심으로 한 국제주의 (Internationalism) 건축운동
④ 고전주의에 대한 반발로서의 낭만주의 건축운동

5 다음 연결 내용이 틀린 것은?

① 메타볼리즘(Metabolism) – 겐조 당게
② 바우하우스(Bauhouse) – 월터 그로피우스
③ 아르누보(Art Nouveau) – 안토니오 가우디
④ 시카코파(Chicago school) – 존 러스킨

1
고전주의(Neo-Classiciam) 건축양식은 고고학자들에 의한 그리스 – 로마건축의 발굴을 통한 고전주의운동을 고취함
① – 낭만주의
③ – 절충주의
④ – 바로크건축

해설 **2**
신재료 – ① 철 ② 유리 ③ 철근콘크리트

해설 **3**
윌리엄 모리스의 붉은 집(Red House)은 수공예운동에 속한다.

해설 **4**
중세건축 문화에의 동경으로서 낭만주의 건축운동

해설 **5**
수공예운동 – 존 러스킨

정답 1. ② 2. ① 3. ① 4. ④ 5. ④

6 근대건축

(3) 성숙기
(4) 전환기

3 성숙기

(1) 데 스틸(De Stijl)파

네델란드 로테르담에서 잡지 『De Stijl』이라는 잡지주변에 모인 예술가 집단인 로텔담파를 데 스틸파라 부름

① 특징
- ㉮ 진리, 객관성, 질서, 명확성, 단순성 등과 같은 윤리적 원리를 옹호함
- ㉯ 객관적이고 보편적인 접근방법을 추구하고 개인주의를 포기함
- ㉰ 자연주의적인 패턴과 결별하고 극단적으로 빈약한 추상적인 형태언어를 사용함
- ㉱ 서로 직교하는 직선과 완벽한 표면을 사용함
- ㉲ 백, 흑, 회색과 대비되는 적, 청, 황색의 3원색을 사용함
- ㉳ 정적인 구성 요소가 아니라 무한한 환경의 일부분으로서 역동적으로 분해된 순수입방체

② 관련 건축가
- ㉮ 게리트 리트벨트(Gerrit Thomas Rietveld) – 베를린의자, 슈레더주택
- ㉯ 테오 반 되스버그(Theo van Doesburg) – 데 스틸의 주도자

(2) 바우하우스(Bauhaus)운동

① 특징
- ㉮ 수공예방식보다는 공업과의 협력을 통하여 조형예술을 종합화하는 것
- ㉯ 이론교육과 실제교육의 병행(직인 – 도제 – 마이스터)

② 관련 건축가
- • 월터 그로피우스(Walter Gropius) – 쾰른전람회 공장

(3) 유기적건축

① 특징
- ㉮ 자연적 요소로서의 건축 – 자연을 모델로 함

■ 그림. 되스버그의 주택계획안

■ 그림. 바우하우스

(a) 전경

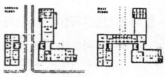

(b) 평면도

       ④ 개인화된 요소로서의 건축 - 개인주의, 공업화와 연관된 표준화를 거부
         를 거부
       ⑤ 전통적 요소로서의 건축 - 민족주의
   ② 대표적인 건축가
       ㉮ 프랑크 로이드 라이트(Frank Lloyd Wright)
       ㉯ 알바 알토(Alvar Aalto)
       ㉰ 휴고 헤링(Hugo Haring)
       ㉱ 한스 사로운(Hans Scharoun)

■ 그림. 마르세이유 아파트

(4) 국제주의건축

기능주의에 입각하여 순수형태를 추구하는 양식으로 월터 그로피우스 (W. Gropius)가 제창함

   ① 특징
       ㉮ 실용적 기능중시, 재료 및 구조의 합리적 적용과 민족적, 지역적인 차를 없애고 어느 곳에서도 적합한 현대인의 합리적, 주지적 정신에 기초를 두는 새로운 건축양식을 수립함
       ㉯ 대칭성의 배제

■ 그림. 로비주택(라이트)

   ② 관련건축가
       ㉮ 독일 : 그로피우스(W. Gropius), 멘델존(E. Mendelsohn), 타우트(B.Taut), 미스 반 데 로에(Mies van der Rohe)
       ㉯ 프랑스 : 르 코르뷔지에(Le Corbusier)
       ㉰ 네델란드 : 오우드(J. J. P. Oud), 리트벨트(G. T. Rietveld)
       ㉱ 벨기에 : 앙리 반 데 벨데(H. van de Velde)
       ㉲ 핀란드 : 알바 알토(A. Aalto)
       ㉳ 미국 : 프랑크 로이드 라이트(F. L .Wright)

■ 그림. 낙수장(라이트)

(5) C.I.A.M(현대건축 국제회의)

Team X의 젊은 급진론자들이 창립회원을 공격하는 등 대립이 심화되어 회의가 끝날 무렵 C.I.A.M.은 해체됨

(6) 거장들의 활동

   ① 월터 그로피우스(W. Gropius) - 국제주의건축
   ② 르 코르뷔지에(Le Corbusier)
       ㉮ 근대건축 5원칙
          ㉠ 필로티(Pilotis)
          ㉡ 수평 띠창(골조와 벽의 기능적 독립)
          ㉢ 자유로운 평면
          ㉣ 자유로운 퍼사드(도미노구조)
          ㉤ 옥상정원
       ㉯ 도미노(Domino)계획 : 무량판 철근콘크리트구조의 기본골격으로 여기에서 출발하여 5원칙이 세워짐

㉴ 모듈러(Modulor)
　　③ 프랑크 로이드 라이트(F. L. Wright) – 유기적 건축
　　④ 미스 반 데 로에(Mies van der Rohe) – 유니버셜공간(Universal space – 보편적 공간, 다목적 공간)
　　⑤ 알바 알토(Alvar Aalto) – 유기주의, 지역주의

■ 그림. 시그램빌딩(미스)

표 | 근대건축의 4대 거장과 작품

건축가	작 품
르 코르뷔지에	사보아주택, 론샹교회당, 스위스 학생회관, 알지에의 도시계획, 마르세이유의 주거단위, 국제연합본부 계획안, 브뤼셀 필립관
월터 그로피우스	바우하우스교사, 하버드대학, 아테네 미국대사관, 벡베이센터, 파구스공장
프랑크 로이드 라이트	로비하우스, 도쿄 국제호텔, 애리조나 산마르크호텔, 라킨빌딩, 존슨 왁스빌딩, 낙수장, 구겐하임 미술관
미스 반 데 로에	유리의 마천루안, 전원주택, 독일관, 튜겐트저택, I. I. T 종합계획

■ 그림. MIT기숙사(알토)

4 전환기

(1) 팀텐(Team X)
　　① 카를로(Giancarlo de Carlo)
　　② 칸딜리스(Georges Candilis)와 우즈(S. Woods)
　　③ 스미손 부부
　　④ 알도 반 야크(Aldo van Eyck)와 바케마(J. B. Bakema)

(2) G. E. A. M(Group d' Architecture Mobile : 움직이는 건축연구그룹의 약칭)
　　• 요나 프리드만(Yona Friedman)

(3) 아키그램(Archigram)
　　① 피터 쿡 – Instant City, Fulham Study, Plug-in City
　　② 론 해론(Ron Herron) – Walking City

(4) 메타볼리즘(Metabolism)
　　겐조 단게(Kenzo Tange)와 그의 협력자 타카시 아사다(Takashi asada)의 영향하에서 일본 동경의 세계디자인회의에서 최초로 등장한 그룹
　　① 기요노리 기꾸다께(Kiyonori Kikutake)
　　② 기쇼 구로가와(Kisho Kurokawa)

(5) 슈퍼스튜디오(Superstudio)
　　시험적인 이탈리아 건축단체로 아키그램과는 달리 소극적인 이상향을

서정시적 은유로 제안하고, 명상이 계기가 되어 행동으로 실천함

(6) 형태주의(Formalism)건축

① 필립 존슨(Philip Johnson) - 유리주택, 시그램빌딩
② 에로 사리넨(Eero Saarinen) - 제너널 모터스 기술연구소, M.I.T대학교 강당 및 예배당, 뉴욕 케네디공항 T.W.A 전용터미널, 달라스 국제공항
③ 미노루 야마사키(Minoru Yamasaki)

(7) 브루탈리즘(Brutalism)

영국 건축가 스미손(Smithson) 부부에 의해서 제시되어 번함(R. Banham)에 의해서 이론적으로 정의됨
① 스미손(Smithson)부부
② 루이스 칸(Louis I. Kahn)
③ 제임스 스터링(James Stirling)

(8) 포스트 모더니즘(Post Modernism, 탈 근대건축)

현대건축의 한계성을 인식하고 건축을 상징성 의미, 장식, 지역문화, 전통 등과 연계시킴으로서 새로운 건축양식을 모색하려는 건축사조
① 특성
  ㉮ 의미 전달체로서의 건축 : 상징적, 대중적 건축
  ㉯ 맥락(context)과 대중성의 강조
  ㉰ 공간의 애매성
② 대표적 건축가
  ㉮ 미국 : 로버트 벤츄리(Robert Venturi), 찰스 무어(Charles Moore), 마이클 그레이브스(Michael Graves, Robert) 로버트 스턴(A. M. Stern)
  ㉯ 유럽 : 알도 로시(Aldo Rossi), 크리에 형제(Leon & Rob Krier), 랄프 어스킨(Ralph Erskine)

(9) 레이트 모더니즘(Late Modernism)

현대건축의 구조, 기능, 기술 등의 합리적 해결방식을 받아들여 현대의 기술과 함께 극도로 발전시킴으로서 새로운 미학을 창조하려는 건축사조
① 특징
  ㉮ 기계미학 - 규격화, 표준화, 공업화(퐁피두센터)
  ㉯ 구조의 왜곡과 표피의 강조
  ㉰ 미니멀니스트(Minimalist)적인 표현
② 대표적 건축가
  ㉮ 미국 : 시저 펠리(Cesar Pelli), 케빈 로쉬(Kevin Roche), 아이 엠 페이(I. M. Pei), 존 포트만(John Portman)
  ㉯ 유럽 : 노만 포스터(Norman Foster), 리차드 로저스(Richard Rogers)

핵 심 문 제

1 다음 중 건축가와 작품의 연결이 옳지 않은 것은?

① 월터 그로피우스(Walter Gropius) – 아테네 미국대사관

② 프랑크 로이드 라이트(Frank Lloyd Wright) – 구겐하임 미술관

③ 르 코르뷔지에(Le Corbusier) – 론샹의 교회당

④ 미스 반 데 로에(Mies Ven der Rohe) – M. I. T 공대기숙사

2 근대건축가들의 주요 건축사상을 나타낸 것 중 바르게 짝지어진 것은?

① 르 코르뷔지에 – 근대건축의 5원칙

② 프랑크 로이드 라이트 – 유니버셜 스페이스

③ 알바 알토 – 국제주의건축

④ 미스 반 데 로에 – 유기적 건축

3 다음 중 르 코르뷔지에(Le Corbuiser)의 건축 5대 원칙이 아닌 것은?

① 필로티

② 모듈로

③ 자유로운 평면

④ 골조와 벽의 기능적 독립

해설 **3** 르 코르뷔지에(Le Corbusier)의 근대건축 5원칙

① 필로티(Pilotis)

② 수평띠창(골조와 벽의 기능적 독립)

③ 자유로운 평면

④ 자유로운 퍼사드

⑤ 옥상정원

4 다음 중 C.I.A.M과 가장 밀접한 관계가 있는 것은?

① 아테네 현장   ② 브루탈리즘

③ 로버트 벤추리   ④ 메타볼리즘

5 론 헤론의 "움직이는 도시"의 계획안이다. 다음 중 어느 건축운동과 관계가 깊은 것인가?

① CIAM   ② ARCHIGRAM

③ POST-MORDERN   ④ BAUHAUS

6 다음 중 시기적으로 가장 최근인 것은?

① 아르누보(Art Nouveau)

② 세제션(Secession)

③ 포스트 모더니즘(Post Modernism)

④ 바우하우스(Bauhaus)

7 탈 근대건축의 공통적 특징은?

① 건축의 언어성(커뮤니케이션)을 강조한다.
② 근대건축의 기능주의 개념을 발전시키려 한다.
③ 건축의 역사는 경시된다.
④ 절충주의건축을 반대한다.

8 포스트 모더니즘의 건축가로 "건축의 복합성과 대립성(Complexity and Contradiction in Architecture)"이라는 저서를 쓴 건축가는?

① 다니엘 번함
② 피터 아이젠만
③ 로버트 벤츄리
④ 조셉 팍스턴

9 레이트 모던(Late Modern) 건축양식에 대한 설명 중 옳지 않은 것은?

① 기호학적 분절을 추구하였다.
② 공업기술을 바탕으로 기술적 이미지를 과장하였다.
③ 대표적 건축가로는 시저 펠리, 노만 포스터 등이 있다.
④ 퐁피두센터는 이 양식에 부합되는 건축물이다.

해설 **7**
포스트 모더니즘(Post Modernism, 탈 근대건축)은 현대건축의 한계성을 인식하고 건축을 상징성 의미, 장식, 지역문화, 전통 등과 연계시킴으로서 새로운 건축양식을 모색하려는 건축사조 (의미전달체로서의 건축)

해설 **8** 로버트 벤츄리(Robert Venturi)
대중주의의 선구자, 다익성, 복합성, 대립성 강조, 대중코드와 엘리트코드의 이중코드(dual code)
① 저서 : 건축의 복합성과 대립성
② 작품 : 길드 하우스
　　　　(Guild House)

해설 **9**
① - 포스트 모더니즘

7 현대건축
(1) 대중주의   (2) 신합리주의
(3) 지역주의   (4) 구조주의
(5) 신공업기술주의 (6) 해체주의

학습방향

오늘날 건축의 동향으로는 대중주의에서부터 해체주의까지 정리할 수 있는데, 여기에서는 작가와 작품을 중심으로 출제되고 있다.

학습POINT

1 대중주위(大衆主義 ; Populism)

맥락주의, 상징, 은유 등을 통해 대중을 포용하여야 한다는 건축사조
① 로버트 벤츄리(Robert Venturi)
  ㉮ 대중주의의 선구자
  ㉯ 다익성, 복합성, 대립성 강조, 대중코드와 엘리트코드의 이중코드(dual code)
  ㉰ 저서 : '건축의 복합성과 대립성'
  ㉱ 작품 : 체스트넛 힐주택(Chestnut Hill House), 길드 하우스(Guild House)
② 찰스 무어(Charles W. Moore)
  ㉮ 장소로서의 공간창조
  ㉯ 체험과 기억에 의한 장소창조 : 과거양식 사용
  ㉰ 작품 : 이탈리아광장
③ 프랑크 게리(Frank Gehry)

2 신합리주의(Neo-Rationalism)

이탈리아를 중심으로 전개된 도시와 건축적, 도시적 규모 사이의 유형학적 상호작용을 주제로 하는 건축사조
① 알도 로시(Aldo Rossi) - 모데나 공동묘지, 갈라라테제(Gallaratese) 집합주택, 축제극장
② 제임스 스터링(James Stirling) - 라이세스터 대학교 공학부건물, 스투트가르트 미술관, 독일 건축박물관, 프랑크푸르트 시의회장
③ 리차드 마이어(Richard Meier) - 더글라스주택, 문예회관, 미술공예박물관
④ 마리오 보타(Mario Botta) - 리바 산 비탈레, 메디치 원형주택
⑤ 피터 아이젠만(Peter Eisenman)

3 지역주의(地域主義 ; Regionalism)

장소에 따라 변화하는 특정한 풍토, 기후, 기술, 문화, 자원 등에 대응
하여 그 지역환경에 적합한 건축을 지향하는 건축사조
① 요른 웃존(Jorn Utzon) - 시드니 오페라 하우스
② 알바로 시자(Alvaro Siza) - S.A.A.L. 집합주택

4 구조주의(構造主義 ; Structuralism)

① 알도 반 아이크(Aldo van Eyck)
② 헤르만 헤르츠베르하(Herman Hertzberger)

5 신공업 기술주의(Neo-Productivism)

현대건축 후기에 이루어진 공업기술 건축양식을 계승하여 이를 더욱
과장하려는 건축사조
① 노만 포스터(Norman Foster) - 홍콩상해은행, 윌리스 보험회사
  사옥, 세인즈버리 시각예술센터
② 케빈 로쉬(Kevin Roche) - 오클랜드 박물관, 포드재단사옥, 제
  네럴 식품회사본사
③ 시저 펠리(Cesar Pelli) - 주일 미국대사관, 대한교육보험빌딩,
  퍼시픽 디자인센터
④ 리차드 로저스(Richard Rogers)
  ㉮ 구조, 설비노출
  ㉯ 공업화된 부품과 조립식 공법
  ㉰ High-tech 건축주도 - 퐁피두센터, 로이드 보험회사사옥

6 해체주의(Deconstrectivism)

① 버나드 츄미(Bernard Tschumi) - 라 빌레프공원
② 피터 아이젠만(Peter Eisenman) - 뉴욕 파이브의 구성원, 주택
  시리즈, 웩스너 시각예술센터, IBA 집합주택
③ 프랑크 게리(Frank Gehry) - 게리 하우스, 고베 일식당, 로욜라
  법학대학, 캘리포니아 항공우주박물관, 비트라 디자인박물관
④ 렘 쿨하스(Rem Coolhaas) - 국립무용극장

■ 뉴욕 파이브(New York 5)
① 리차드 마이어
  (Richard Meier)
② 피터 아이젠만
  (Peter Eisenman)
③ 마이클 그레이브스
  (Michael Graves)
④ 존 헤이덕(Hejduk)
⑤ 찰스 과스메이(Gwathmey)
등 5명의 건축가집단

핵 심 문 제

1 Charles Moore의 사조는 다음 중 어느 것이 적당한가?

　① 신합리주의　　　　　　② 대중주의

　③ 표현주의　　　　　　　④ 브루탈리즘

2 건축가와 작품의 연결이 옳지 않은 것은?

　① 렌조 피아노 – 로마 오디토리엄

　② 아이 엠 페이 – 파리 아랍문화원

　③ 루이스 칸 – 리차즈 의학연구소

　④ 안토니오 가우디 – 카사 밀라

3 다음 건축가 중 New York 5와 관계가 없는 사람은?

　① Richard Meier

　② Peter Eisenman

　③ Michael Graves

　④ James Stirling

4 다음의 현대건축작품과 건축가가 관련이 없는 것은?

　① 사보이(Savoye)주택 – 르 코르뷔지에

　② 킴벨(Kimbell)미술관 – 루이스 칸

　③ 길드(Giuld)하우스 – 로버트 벤츄리

　④ 아이.아이.티(I.I.T) 크라운홀 – 알바 알토

2. 한국건축사

1 시대별건축
2 고전건축양식 (1) 주심포식 (2) 다포식 (3) 익공식 (4) 절충식
3 사찰건축
4 근·현대건축 (1) 건축양식 (2) 건축가와 작품

삼국시대건축은 나라별 도성의 이름과 특징, 통일신라시대 건축은 사지의 명칭, 석탑과 목탑구분과 고려시대 궁궐의 명칭, 목조건물의 명칭과 특징, 조선시대 궁궐의 특징을 이해해야 한다. 여기에 고전건축양식인 주심포식, 다포식, 익공식이 자주 출제되고 있으며, 사찰건축과 전통건축의 의장상의 특징도 간간히 출제된다. 여기에 현대건축에서는 전통양식을 묻는 것과 건축사와 작품을 다루고 있다.

1 시대별 주요 건축물

(1) 고구려

청암리 사지 : 우리나라에서 가장 오래된 가람형식으로서 일탑삼금당식 가람배치

(2) 백제

① 미륵사지(7세기초) : 동, 서원에는 석탑을 두고, 중원에는 목탑을 두었다.
② 정림사지(7세기초) : 전형적인 백제의 일탑일금당식 가람배치

(3) 신라

① 황룡사 : 일탑식 가람배치
② 분황사 : 분황사 모전석탑 – 신라 최고의 석탑
③ 첨성대 : 천문과 기후를 관측하는 동양 최고의 석탑

(4) 통일신라시대

① 감은사지 : 이탑식 가람배치, 감은사지 석탑(682년)
② 불국사 : 이탑식 가람배치, 불국사 3층 석탑(752년)
③ 화엄사 4사자석탑(754년)

(5) 고려시대

① 봉정사 극락전 : 한국 최고의 목조건축물, 부석사 조사당(1,377년)보다 100~150년 앞선 것으로 추정
② 부석사 무량수전(약 1,270년) : 주심포계 팔작지붕
③ 수덕사 대웅전

(6) 조선시대

① 서울의 남대문(1,448년)
② 통도사 : 3개 영역형식의 종속형으로 비대칭 균형을 이룸
③ 법주사 팔상전(1,624년) : 법주사 5층 목탑

학습POINT

■ 가람
① 승려와 선도들이 모여 사는 곳
② 구성 – 탑, 금당(불상), 강당(승려기거)

■ 탑
① 어원 : 스투파(분묘를 뜻하는 범어)
② 탑은 기본적으로 목구조에서 출발하여 석탑이나 전탑은 목구조 양식의 흔적이 있다.

■ 모전탑
① 돌을 벽돌모양으로 쌓아올린 탑
② 경주 분황사탑이 대표적임

■ 불탑
절에 있는 탑

(7) 근대

① 서울역 역사(1,922~1,925년) : 비잔틴풍의 돔(Dome)을 올린 르
네상스양식

② 조선총독부청사(1,916~1,926년) : 철근콘크리트 석조구조의 르네
상스양식

③ 약현성당(1,893년) : 한국 최초의 본격적인 벽돌조 3랑식 고딕양식

2 고전건축양식

(1) 주심포양식

고려시대 중기 중국 송나라로부터 전래되어 고려시대와 조선초기에 성
행된 공포양식으로 당시의 주요 건물에 사용함

① 건축양식의 특징

㉮ 공포의 출목은 2출목 이하

㉯ 기둥위에 주두를 놓고 공포를 배치함

㉰ 내부 천장구조 – 연등천장

㉱ 소로는 비교적 자유스럽게 배치된다.(우미량을 사용함)

㉲ 다포양식에 비해 간결하고 단순하며 직선적인 느낌

② 주요건축물

㉮ 고려시대

㉠ 봉정사 극락전 ㉡ 부석사 무량수전과 조사당

㉢ 수덕사 대웅전 ㉣ 성불사 극락전

㉤ 강릉 객사문

㉯ 조선시대(초기)

㉠ 은해사 거조암 영산전 ㉡ 무위사 극락전

㉢ 도갑사 해탈문

(2) 다포양식

고려시대 말기 중국 원나라로부터 전래되어 조선시대에 궁궐의 정전이
나 사찰의 주불전 등의 주요건물에 주로 사용함

① 건축양식의 특징

㉮ 공포의 출목 – 2출목 이상

㉯ 기둥위에 창방과 평방을 놓고 그 위에 공포를 배치함

㉰ 내부 천장구조 – 우물천장

㉱ 소로는 상하로 동일 수직선상에 위치를 고정함

㉲ 주심포양식에 비해 곡선적이며 장식적이고 화려한 느낌

② 주요건축물

㉮ 고려시대

㉠ 심원사 보광전 ㉡ 석왕사 응진전 ㉢ 경천사 10층석탑

■ 그림. 주심포식

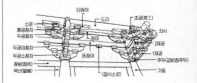

■ 그림. 다포식

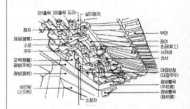

■ 그림. 익공계

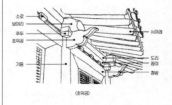

⒟ 조선시대 초기
　　㉠ 서울 남대문　㉡ 안동 봉정사 대웅전　㉢ 여주 신륵사 조사당
⒠ 조선시대 중기
　　㉠ 창덕궁 명전전　㉡ 전등사 대웅전　㉢ 내소사 대웅전
　　㉣ 창덕궁 돈화문　㉤ 화엄사 각황전
⒡ 조선시대 후기
　　㉠ 서울 동대문　㉡ 불국사 극락전　㉢ 경복궁 근정전
　　㉣ 덕수궁 중화전　㉤ 창덕궁 인정전

(3) 익공양식

조선시대초부터 우리나라에서 독자적으로 발전된 공포양식으로 향교, 서원, 사당 등의 유교건축물이나 궁궐과 사찰의 침전, 누각, 회랑 등 주요건물이 아닌 부속건물에 주로 사용함

① 건축양식의 특징
　㉮ 평방이 생략된다.
　㉯ 주심포양식이 단순화되고 간략화된 공포양식으로 초기의 익공은 간략한 초각에서 후기에는 장식화되어 가는 경향이다.
　㉰ 내부는 출목(出目)이 없이 보아지를 꾸미는 것이 보통이다.

② 주요 건축물
　㉮ 조선시대 초기
　　　㉠ 강릉 오죽헌　㉡ 옥산서원 독락당
　㉯ 조선시대 중기
　　　㉠ 서울문묘 명륜당　㉡ 종묘정전 및 영령전　㉢ 서울 동묘
　㉰ 조선시대 후기
　　　㉠ 경복궁 경회루　㉡ 수원 화서문

(4) 절충양식

① 특징
　㉮ 조선시대에 들어서 주심포양식과 다포양식이 혼합되는 경향이 발생함
　㉯ 한 건물내에서 두 가지 공포양식의 건축기법을 서로 혼합하여 사용함

② 주요 건축물
　㉮ 조선시대 초기
　　　㉠ 평양 보통문　㉡ 개심사 대웅전
　㉯ 조선시대 후기
　　　㉠ 전등사 약사전

■ 첨차
① 주두나 소로위에 도리방향으로 얹히는 부재
② 행공첨차 : 부석사 무량수전의 경우 외목도리를 받기 위해 생긴 첨차

■ 소로
주두와 유사하게 생겼지만 작은 형태, 소로의 밑사면을 굽이라 하고, 소로를 받치는 판을 굽받침이라 한다.

■ 공포
① 포작 또는 두공이라 한다.
② 상부하중이 벽이나 개구부에 전달되지 않도록 한다.
③ 구성
　㉮ 주두
　㉯ 첨차
　㉰ 살미첨차
　㉱ 소로

■ 우미량
도리를 연결하는 곡선형 보

■ 천장
① 연등천장 : 노출천장
② 우물천장 : # 자형 마감천장

■ 포작
공포를 짜서 꾸미는 일 또는 짜맞추는 것

■ 문루
궁문, 성문, 지방관청 등의 바깥문 위에 세운 다락집

3 사찰건축

• 가람의 배치

① 고구려(1탑 3금당식) : 청암리사지, 정릉사지
② 백제(1탑식) : 익산미륵사지, 부여정림사지, 부여군수리사지, 금강 사지
③ 신라(1탑식) : 황룡사지(동양 최대 규모), 분황사, 흥륜사
④ 통일신라(2탑식) : 사천왕사지(평지가람), 감은사지(평지+산지), 불국사, 화엄사

4 현대건축

(1) 근·현대 건축양식

① 명동성당 – 고딕양식
② 덕수궁 정관헌 – 전통목조건축 요소와 서양적인 요소가 절충된 특이한 건축물. 덕수궁안에 있는 양관(洋館) 가운데 하나. 함령전 북쪽에 있으며, 1,900년 이전에 지은 것으로 짐작된다.
③ 서울 성공회성당 – 로마네스크양식
④ 한국은행 – 르네상스양식
⑤ 서울역 – 비잔틴 풍 돔 + 르네상스양식

(2) 근·현대 대표적 건축가와 작품

① 박길용 : 화신백화점, 한청빌딩
② 박동진 : 고려대학교 본관 및 도서관, 구 조선일보사
③ 이광노 : 어린이회관, 주중대사관
④ 김중업 : 삼일로빌딩, 명보극장, 주불대사관
⑤ 김수근 : 국회의사당, 국립부여박물관, 자유센터, 경동교회, 남산타워
⑥ 배기형 : 구조사 건축기술연구소 개소, 유네스코회관, 조흥은행 남대문지점

1 다음 중 현존하는 한국 고대석탑으로 가장 오래된 것은?

① 미륵사지 석탑　　　　② 경천사지 석탑
③ 원각사지 석탑　　　　④ 불국사 다보탑

2 현존하는 우리나라 목조건축물 중 가장 오래된 것은?

① 부석사 무량수전　　　② 봉정사 극락전
③ 법주사 팔상전　　　　④ 화엄사 보광대전

3 한국건축사에서 시대와 건축물이 바르게 짝지어진 것은?

① 삼국시대 – 부석사 무량수전
② 통일신라시대 – 정림사지
③ 고려시대 – 봉정사 극락전
④ 조선시대 – 수덕사 대웅전

4 다음 중 조선후기의 대표적 건축물이 아닌 것은?

① 수원 팔달문　　　　　② 경복궁 근정전
③ 서울 동대문　　　　　④ 봉정사 대웅전

5 고려시대 주심포양식의 특징이 아닌 것은?

① 기둥위에 창방과 평방을 놓고 그 위에 공포를 배치한다.
② 소로는 비교적 자유스럽게 배치된다.
③ 연등천장구조로 되어 있다.
④ 우미량을 사용한다.

6 다음 중 다포식(多包式) 건축양식의 특징이 아닌 것은?

① 기둥위에 평방이 있다.
② 기둥은 일반적으로 민흘림 기둥과 통기둥을 많이 사용한다.
③ 공포의 배치는 주심과 주간에 배치한다.
④ 공포의 출목은 2출목 이하로 한다.

7 다음 중 익공식(翼工式) 건물은?

① 강릉 오죽헌
② 서울 동대문
③ 봉정사 대웅전
④ 무위사 극락전

8 한국 전통건축물의 양식을 나타낸 것 중에서 바르게 짝지어진 것은?

① 남대문 – 다포양식
② 동대문 – 주심포양식
③ 부석사 무량수전 – 익공양식
④ 강릉 오죽헌 – 주심포양식

9 다음 한국 목조건축양식에 관한 기술 중 옳은 것은?

① 다포식은 고려초기부터 시작되어 조선시대에 이르러 많이 사용되었다.
② 주심포식은 다포식에 비해 외형이 정비되고 장중한 외관을 갖는다.
③ 절충식은 다포식을 주로 하고, 주심포식의 세부수법을 절충한 형식이다.
④ 익공식은 고려시대에 형상이 체계화되어 조선시대의 대규모 건축물에 널리 사용되었다.

10 한국 고대 사찰배치 중 1탑 3금당배치의 대표적인 예는?

① 미륵사지
② 불국사지
③ 청암리사지
④ 정림사지

11 다음의 한국 근대건축 중 로마네스크 양식을 취하고 있는 것은?

① 명동성당
② 정관헌
③ 서울 성공회성당
④ 정동교회

해 설

[해설] **7**
① 서울 동대문 – 다포식
② 봉정사 대웅전 – 다포식
③ 무위사 극락전 – 주심포식

[해설] **8**
① 동대문 – 다포식
② 부석사 무량수전 – 주심포식
③ 강릉 오죽헌 – 익공식

[해설] **9**
① 다포식은 고려후기에 사용되었으며, 주심포식에 비해 외형이 정비되어 있다.
② 익공식은 조선시대의 소규모 건축물에 널리 사용되었다.

[해설] **10**
백제(1탑식) : 익산미륵사지, 부여 정림사지, 통일신라(2탑식) : 불국사

[해설] **11**
① 명동성당(1,892~98년) – 고딕양식
② 서울 성공회 성당(1,922~26년) – 로마네스크양식
③ 정동교회(1,985~98년 – 고딕양식

정답 7. ① 8. ① 9. ③ 10. ③
11. ③

■■■ **서양건축사**

■ **시대순**

1. 다음 중 서양건축의 변천과정으로 옳은 것은?

① 이집트 → 그리스 → 로마 → 비잔틴 → 로마네스크 → 고딕 → 르네상스 → 바로크

② 이집트 → 로마 → 그리스 → 로마네스크 → 비잔틴 → 고딕 → 르네상스 → 바로크

③ 이집트 → 그리스 → 비잔틴 → 로마 → 고딕 → 로마네스크 → 바로크 → 르네상스

④ 그리스 → 이집트 → 비잔틴 → 로마 → 로마네스크 → 고딕 → 르네상스 → 바로크

해설 시대순
① 고대 – 이집트, 서아시아
② 고전 – 그리스, 로마
③ 중세 – 초기 기독교, 비잔틴, 사라센, 로마네스크, 고딕
④ 근세 – 르네상스, 바로크, 로코코

2. 건축양식의 발달순서로 옳은 것은?

① 그리스 – 비잔틴 – 로마네스크 – 고딕

② 그리스 – 로마네스크 – 르네상스 –고딕

③ 로마 – 로마네스크 – 비잔틴 – 르네상스

④ 로마 – 비잔틴 – 고딕 – 로마네스크

해설 시대순
① 고대 – 이집트, 서아시아
② 고전 – 그리스, 로마
③ 중세 – 초기 기독교, 비잔틴, 사라센, 로마네스크, 고딕
④ 근세 – 르네상스, 바로크, 로코코

3. 다음 건축양식의 시대적 순서가 가장 옳게 된 항은 어느 것인가?

> A. 이집트　　B. 초기 그리스도교　C. 고딕
> D. 그리스　　E. 비잔틴　　　　　　F. 바로코
> G. 르네상스　H. 로마　　　　　　　I. 로코코
> J. 로마네스크

① A – B – D – H – J – C – I – E – F – G

② A – D – H – J – C – I – G – B – F – E

③ A – B – D – H – J – C – E – F – G – I

④ A – D – H – B – E – J – C – G – F – I

해설 시대순
① 고대 – 이집트, 서아시아
② 고전 – 그리스, 로마
③ 중세 – 초기 기독교, 비잔틴, 사라센, 로마네스크, 고딕
④ 근세 – 르네상스, 바로크, 로코코

■ **고전건축**

4. 시대에 대한 건축상의 특징 중 옳지 않은 것은?

① 그리스양식 : 페디먼트형(pediment style)

② 비잔틴양식 : 펜덴티브 돔(pendentive dome)

③ 사라센양식 : 크로스 볼트(cross vault)

④ 고딕양식 : 포인티드 아치(pointed arch)

해설 크로스 볼트는 로마때부터 사용하였다.

5. 판테온(Pantheon)은 어느 시대 건축인가?

① 그리스시대　　　　　② 로마시대

③ 르네상스시대　　　　④ 고딕시대

해설 판테온신전(원형신전) 로마건축으로 현관에 8개의 코린트 주범의 기둥(정방형평면)과 로툰다(rotunda, 원형평면 부분)위 지붕은 돔형(천창채광)으로 되어 있다.

해답　1. ①　2. ①　3. ④　4. ③　5. ②

6. 다음 건축물 중 돔구조로 된 것은?

① 로마소재 판테온신전
② 이스탄불소재 성 소피아사원
③ 플로렌스소재 산타마리아 델피오레성당
④ 보오베소재 샤르트르성당

해설 판테온신전은 현관에 8개의 코린트 양식의 기둥(정방형 평면)과 로툰다(rotunda, 원형평면부분)위 지붕은 돔형으로 되어 있다.

7. 다음 용어와 양식과의 결합에서 틀린 것은 다음 어느 것인가?

① 엔타시스 – 그리스건축
② 포인티드 아치 – 고딕건축
③ 피사의 사탑 – 로마네스크건축
④ 바실리카 – 르네상스건축

해설 바실리카 – 로마건축

8. 고대 로마건축에 대한 설명 중 옳지 않은 것은?

① 바실리카 울피아는 황제를 위한 신전으로 배럴볼트가 사용되었다.
② 판테온은 거대한 돔을 얹은 로툰다와 대형열주현관이라는 두 주된 구성요소로 이루어진다.
③ 콜로세움의 1층에는 도릭 오더가 사용되었다.
④ 인슐라(Insula)는 다층의 집합주거건물이다.

해설 바실리카 울피아는 본래 법정과 상업교역소로 사용되었다.

■ **중세건축**

9. 바실리카식 교회당의 각부 명칭과 관계가 없는 것은?

① 아일(aisle)
② 파일론(pylon)
③ 트란셉트(trancept)
④ 나르텍스(narthex)

해설 파일론 – 이집트신전의 탑문

10. 비잔틴건축의 구성요소가 아닌 것은?

① 펜덴티브(Pendentive)
② 아치(arch)
③ 부주두(dosseret)
④ 스퀸치(squinch)

해설 스퀸치 – 사라센건축

11. 용어와 양식 사이에 관련성이 없는 것은?

① 로마양식 – 리브 아치(rib arch)
② 그리스양식 – 엔타시스(entasis)
③ 고딕양식 – 첨두 아치(pointed arch)
④ 르네상스양식 – 펜덴티브(pendentive)

해설 펜덴티브 – 비잔틴양식

12. 비잔틴건축에서 대표적인 건물은?

① 산타 소피아
② 피사사원
③ 판테온
④ 파르테논

해설 ② 피사사원 – 로마네스크건축
③ 판테온 – 로마건축
④ 파르테논 – 그리스건축

13. 다음에서 건축구법과 시대와의 연결이 잘못된 것은?

① 컴포지트(composite)오더 – 로마시대
② 펜덴티브(pendentive)구법 – 비잔틴
③ 포인티드(pointed)아치 – 고딕
④ 스퀸치(squinch)구법 – 바로크

해설 스퀸치구법 : 중세건축 중 사라센건축의 구법으로 정방형 평면 4귀부에 4방향 석재인 스퀸치를 걸쳐서 8각형을 만들고 위에 스퀸치를 반복 사용하여 원형에 가까운 평면을 만든 다음 돔(dome)을 놓게 한 구조법이다.

14. 아래 그림의 교회평면 십자형태의 이름은?

① Greek Cross
② Roman Cross
③ Latin Cross
④ Gothic Cross

해설 ① 그리스십자가 : ✚

② 라틴십자가 : ✝

15. 건물과 그 양식이 서로 관련이 없는 것은?

① 피사의 사탑 – 바로크양식
② 산타 소피아사원 – 비잔틴양식
③ 노틀담사원 – 고딕양식
④ 성 피에트로 대성당 – 르네상스양식

해설 피사의 사탑 – 로마네스크양식

16. 다음 중 가장 고도로 발달된 구조 및 기술에 의해 이루어진 건축양식은?

① 근대건축
② 고딕건축
③ 바로크건축
④ 신고전주의건축

해설 고딕양식의 구조체계는 첨두아치, 리브볼트 및 플라잉 버트레스의 사용으로 구조적, 역학적 문제를 가장 완벽하게 합리적으로 해결함으로써 뼈대구조를 형성하여 높이를 증가시키고, 벽의 개구부를 증가시켜 많은 빛을 실내에 사입하는 것이 가능하도록 하였다.

17. 다음 중 고딕건축의 특징과 가장 관계가 깊은 것은?

① 바실리카(Basilica)
② 터스칸 양식(Tuscan order)
③ 펜덴티브 돔(Pendentive dome)
④ 플라잉 버트레스(Flying buttress)

해설 ①, ② – 로마, ③ – 비잔틴

18. 다음 중 고딕건축과 관계가 없는 사항은 어느 것인가?

① 리브 볼트(rib vault)구조
② 프렌치 노르만(French Norman)양식
③ 플라잉 버트레스(flying buttress)
④ 돔(dome)

해설 돔 – 로마건축

19. 다음 중 고딕건축과 가장 관계가 먼 것은?

① 첨두 아치(Pointed Arch)
② 장미창(Rose Window)
③ 첨탑(Spire)
④ 펜덴티브(Pendentive)

해설 펜덴티브 – 비잔틴건축

20. 다음 중 고딕건축양식의 특징이 아닌 것은?

① pointed arch ② stained glass
③ flying buttress ④ dome

해설 돔 – 로마건축

21. 다음의 건축양식과 해당 건축양식의 특징적 요소의 연결이 옳지 않은 것은?

① 로마네스크건축 – 펜덴티브 돔(pendentive dome)
② 고딕건축 – 플라잉 버트레스(flying buttress)
③ 고대 로마건축 – 컴포지트 오더(composite order)
④ 비잔틴건축 – 도서렛(dosseret)

해설 비잔틴건축 – 펜덴티브 돔

22. 서양건축의 시대별 건축의 특징에 관한 다음 조합 중에서 틀리는 것은 어느 것인가?

① 이집트건축 – 마스타바
② 그리스건축 – 로즈 윈도우
③ 비잔틴건축 – 펜덴티브 돔
④ 고딕건축 – 첨두 아치

해설 로즈 윈도우 – 고딕건축

해답 14. ③ 15. ① 16. ② 17. ④ 18. ④ 19. ④ 20. ④ 21. ① 22. ②

23. 다음 중 건축양식과 해당 양식의 대표적인 특징의 연결이 옳지 않은 것은?

① 비잔틴건축 – 펜덴티브 돔(pendentive dome)
② 로마네스크건축 – 첨두 아치(pointed arch)
③ 고딕건축 – 플라잉 버트레스(flying buttress)
④ 사라센건축 – 스퀸치(squinch)

해설 첨두 아치(pointed arch) – 고딕건축

24. 다음과 같은 좌우 연결 중 서로 관련이 없는 것은 어느 것인가?

① 러스티케이션(Rustication) – 르네상스
② 펜덴티브(Pendentive) – 비잔틴
③ 장미 창(Rose Window) – 고딕
④ 첨두 아치(Pointed arch) – 로마네스크

해설 ① 러스티케이션(rustication) : 르네상스건물에 적용되었던 거칠은 표면과 오목하게 들어간 부분으로 된 돌 시공방법
② 첨두 아치 – 고딕건축

25. 중세기건축에 관한 사항 중 옳지 않은 것은?

① 초기 그리스트교건축은 로마건축의 전통적 의장방법과 열주를 이용하였다.
② 4각인 평면위에 펜덴티브로 구성한 것이 비잔틴건축의 특색이다.
③ 고딕건축은 조적구조방식의 포인티드 아치를 주로 사용하였다.
④ 로마네스크건축의 대표적인 것은 피사의 성당, 샤르트르 대성당 등이다.

해설 고딕건축의 실예
① 파리 노틀담사원
② 샤르트르 대성당
③ 아미앵 대성당
④ 솔즈베리성당
⑤ 울름의 대성당
⑤ 밀라노 대성당

26. 양식별 대표적 건축물 중 연결이 옳지 않은 것은?

① 비잔틴양식 – 성 소피아성당
② 로마양식 – 아우구스투스 개선문
③ 로마네스크 양식 – 아미앵성당
④ 고딕양식 – 노틀담사원

해설 아미앵성당 – 고딕건축양식

27. 다음 중 고딕양식의 건축물이 아닌 것은?

① 베드로성당
② 노틀담성당
③ 퀼성당
④ 샤르트르성당

해설 ① 베드로성당 – 르네상스건축
② 고딕건축 – 솔즈베리사원, 아미앵사원, 샤르트르성당, 요크 대성당, 밀라노사원, 퀼른 대성당, 브뤼셀 시청, 르왕재판소, 펜서트궁전, 쟈크쾨르저택, 옥스퍼드대학, 캠브리지대학, 성 매리병원, 노틀담성당

■근세건축

28. 르네상스교회 건축양식의 특징으로 옳은 것은?

① 수평을 강조하며, 정사각형, 원 등을 사용하여 유심적 공간구성을 하였다.
② 직사각형의 평면구성으로 볼트구조의 지붕을 구성하며 종탑을 설치하였다.
③ 플라잉 버트레스 회중석의 벽체를 높여 빛을 내부로 도입하고 공간에 상승감을 부여하였다.
④ 타원형 등 곡선평면을 사용하여 동적이고 극적인 공간연출을 하였다.

해설 ② – 로마네스크건축
③ – 고딕건축
④ – 바로크건축

29. 서양건축사에 관련된 기술 중 옳지 않은 것은?

① 고딕건축구조의 특징은 리브볼트에 걸리는 하중을 플라잉 버트레스에 흡수시킴으로서 벽면에 커다란 개구부를 낼 수 있었다.

② 비잔틴건축의 과제는 장방형 공간에 어떻게 돔을 가설하느냐 하는 것인데 이를 펜덴티브로 해결했다.

③ 르네상스건축은 엄격한 비례를 통하여 조용하고 차분한 인상을 주며, 수직성을 강조하고 유심적 구성을 보여준다.

④ 바로크건축은 조형적 활력과 공간적 풍요로움 속에 하부단위들을 전체속에 통합함으로서 역동성과 체계화라는 상이한 개념을 종합해내고 있다.

해설 수직성을 강조한 건축은 고딕건축이다.

30. 르네상스시대의 건축가에 해당되지 않는 사람은?

① 비트루비우스   ② 브루넬레스키
③ 미켈란젤로   ④ 알베르티

해설 비트루비우스는 로마시대의 건축가로 건축 10서를 저술하였다.

31. 건축양식과 대표적 작품 및 건축가의 연결이 바르게 된 것은?

① 르네상스건축 – 빌라 로툰다 – 팔라디오
② 바로크건축 – 성 피터사원 – 알베르티
③ 신고전주의 – 알테스 박물관 – 베르니니
④ 국제주의 – 바르셀로나 파빌리온 – 그로피우스

해설 ① 바로크건축 – 성 피터사원 – 마르데나
② 신고전주의 – 알테스 박물관 – 쉰켈
③ 베르니니(Bernini) – 바로크건축가
④ 국제주의 – 바르셀로나 파빌리온 – 미스 반데 로에

32. 안드레아 팔라디오의 작품이 아닌 것은?

① 빌라 로툰다
② 일 제수성당
③ 일 레덴토레성당
④ 성 죠르죠 맛죠레성당

해설 일 제수성당 – G. B. 비뇰라

■ **근대건축**

33. 파리의 클로틸드(colotilde) 교회당을 설계한 건축가는?

① 스머크   ② 팩스턴
③ 슈미트   ④ 발류

해설 ① 스머크(S. R. Smirk) : 근대건축 초기의 신고전주의 건축가로 작품은 대영박물관이 있다.
② 팩스턴(J. Paxton) : 수정궁(1851년)
③ 슈미트(F. Schmit) : 근대건축 초기의 절충주의 건축가로 작품은 빈시청사이다.
④ 발류(J. Ballu) : 낭만주의 건축가로 성 클로틸드성당이 있다.

34. 근대건축운동과 발생국의 관계가 잘못된 것은?

① 미술공예운동 – 영국
② 아르누보 – 프랑스
③ 유겐드스틸 – 벨기에
④ 더 스틸 – 네덜란드

해설 아르누보운동 – 벨기에 브뤼셀

35. 다음 조항 중 틀린 것은?

① 라이트(Wright) – 유기적 건축 – 낙수장
② 페레(Perret) – 철근콘크리트구조 – 롱샹교회
③ 그로피우스(Gropious) – 국제주의건축 – 바우하우스
④ 설리반(Sullivan) – 기능주의건축 – 고층건축

해설 롱샹교회 – 르 코르뷔지에

해답   29. ③   30. ①   31. ①   32. ②   33. ④   34. ②   35. ②

36. 다음의 현대건축 작품과 설계자가 관련이 없는 것은?

① 사보아(Savoye)주택 : 르 코르뷔지에
② 낙수장 : 프랑크 로이드 라이트
③ 킴벨(Kimbel)미술관 : 월터 그로피우스
④ 튜겐트핫트(Tugendhat)주택 : 미스 반 데 로에

해설 킴벨미술관 : 루이스 칸

37. 르 코르뷔지에(Le Corbusier)와 관련 없는 것은?

① 사보아저택(Villa Savoye)
② 알지에 도시계획
③ 제네바 국제연합본부 계획안
④ 탈리아신(Taliesin)

해설 탈리아신 – 프랑크 로이드 라이트

38. 르 코르뷔지에가 제시한 근대건축의 5원칙에 해당하는 것은?

① 필로티
② 유니버셜 스페이스
③ 노출 콘크리트
④ 유기적 건축

해설 르 코르뷔지에(Le Corbusier)의 근대건축 5원칙
　① 필로티(Pilotis)
　② 수평띠창(골조와 벽의 기능적 독립)
　③ 자유로운 평면
　④ 자유로운 퍼사드
　⑤ 옥상정원

39. 다음 중 르 코르뷔지에의 작품이 아닌 것은?

① 빌라 로툰다
② 빌라 라 로슈
③ 빌라 사보아
④ 롱샹 성당

해설 빌라 로툰다 – 팔라디오(르네상스건축)

40. 르 코르뷔지에가 관계하지 않은 것은?

① 라 사라선언(Sa Saraz宣言)
② C.I.A.M
③ 팀텐(Team X)
④ 아테네 헌장(Athens 憲章)

해설 팀텐을 비롯한 젊은 건축가들과 르 코르뷔지에, 월터 그로피우스, 기디온 등 원로 건축가들과의 대립이 심화되어 C.I.A.M은 제 10차 회의를 마지막으로 해체되었다.

41. 다음 건축가 중 집합주택계획에서 고정부분(SUPPORTS)과 변화부분(VARIA-TIONS)의 응용 가능성을 주장한 사람은?

① W. Gropius　　② J. Habraken
③ L. Corbusier　④ L. Kahn

42. Guggenheim museum을 설계한 건축가는 누구인가?

① Mies Van der Rohe
② Philip Johnson
③ Frank Lloyd Wright
④ Eero Sarinen

해설 프랑크 로이드 라이트(F. L. Wright)의 작품
　① 일련의 초원주택(Prairie House)
　② 로비하우스 ③ 유니티교회 ④ 제국호텔 ⑤ 낙수장
　⑥ 존슨 왁스사무소 ⑦ 구겐하임미술관 ⑧ 탈리아신

43. 다음 중 건축가와 그의 작품의 연결이 옳지 않은 것은?

① Marcel Breuer – 파리 유네스코본부
② Le Corbusier – 동경 국립서양미술관
③ Antonio Gaudi – 시드니 오페라하우스
④ Frank Lloyd Wright – 구겐하임 미술관

해설 Jorn Utzon – 시드니 오페라하우스

해답　36. ③　37. ④　38. ①　39. ①　40. ③　41. ③　42. ③　43. ③

44. 다음 중 건축가와 작품이 잘못 연결된 것은?

① 르 코르뷔지에 – 사보아주택

② 오스카 니마이어 – 브라질 국회의사당

③ 프랑크 로이드 라이트 – 뉴욕 구겐하임미술관

④ 미스 반 데 로에 – 레버 하우스

해설 SOM – 레버 하우스(1,952년)

45. 다음 중 C.I.A.M과 가장 밀접한 관계가 있는 것은?

① 메타볼리즘(Metabolism) 그룹

② GEAM

③ 아키그램(Archigram) 그룹

④ 팀텐(Team 10)

해설 Team X의 젊은 급진론자들이 창립회원을 공격하는 등 대립이 심화되어 회의가 끝날 무렵 C.I.A.M.은 해체됨

46. 다음에서 시대적으로 가장 먼저인 것은?

① 포스트 모더니즘(Post Modernism)

② 아르누보(Art Nouveau)

③ 바우 하우스(Bau House)

④ 세제션(Secession)

해설 아르누보(1,880년) – 세제션(1,897년) – 바우 하우스(1,919년) – 포스트 모더니즘

■■■ 한국건축사

■ 시대별 건축

47. 다음 중 가장 연대가 오랜 석탑은 어느 것인가?

① 감은사지 석탑   ② 미륵사지 석탑

③ 불국사 3층 석탑   ④ 화엄사 4사자 석탑

해설 ① 감은사지 석탑 – 통일신라 초기
   ② 미륵사지 석탑 – 백제
   ③ 불국사 3층 석탑 – 통일신라 중기
   ④ 화엄사 4사자 석탑 – 통일신라 후기

48. 다음 한국건축에 대한 용어의 연결 중 옳지 않은 것은?

① 정림사 – 백제 – 평지형 1탑식

② 분황사 – 신라 – 3층 전탑

③ 법주사 – 팔상전 – 5층 목탑

④ 주심포양식 – 고려 중기 – 남송에서 전래

해설 분황사의 모전석탑
   신라시대 건축의 예로서 분황사에 있다. 원래는 9층 석탑이었으나 현재는 3층만이 남아 있는 모전석탑이다.

49. 한국 고건축에 관한 조합 중 옳지 않은 것은?

① 평지가람 – 쌍탑식

② 백제시대 일탑식 가람배치 – 황용사지

③ 사괴석(四塊石) – 건축외벽

④ 막새 – 처마끝

해설 황용사지 – 1탑식(신라시대)

50. 목조건축물 중 가장 오래된 것은?

① 부석사 무량수전

② 부석사 조사당

③ 봉정사 극락전

④ 수덕사 대웅전

해설 ① 부석사 무량수전 – 약 1,270년
   ② 부석사 조사당 – 1,377년
   ③ 봉정사 극락전 – 고려초기
   ④ 수덕사 대웅전 – 1,308년

51. 고건축물과 건축된 시대의 조합으로 옳지 않은 것은?

① 남대문 – 이조초기

② 불국사 다보탑 – 통일신라시대

③ 경주 첨성대 – 신라시대(삼국시대)

④ 부석사 무량수전 – 이조중기

해설 부석사 무량수전 – 고려시대

해답   44. ④   45. ④   46. ②   47. ②   48. ②   49. ②   50. ③   51. ④

52. 다음 현존하는 한국 목조건축물 중 고려시대의 것은?

① 송광사 국사당　　　② 강릉 객사문
③ 범어사 대웅전　　　④ 화엄사 각황전

해설 ① 송광사 국사당 – 조선초기, 주심포식
　　② 강릉 객사문 – 고려시대, 주심포식
　　③ 범어사 대웅전 – 조선중기, 다포식
　　④ 화엄사 각황전 – 조선중기, 다포식

53. 다음 궁궐건축 중에서 조선시대 중기의 궁궐건축을 대표할 수 있는 목조건축물은?

① 경복궁 근정전　　　② 덕수궁 중화전
③ 창덕궁 인정전　　　④ 창경궁 명정전

해설 조선후기 : 창덕궁 인정전, 경복궁 근정전, 덕수궁 중화전

54. 조선시대에 건립된 경복궁에 대한 설명 중 틀린 것은?

① 평지에 조영된 궁궐로 일제시대 때 건축규모가 많이 축소되었다.
② 경회루의 석주에는 적당한 민흘림이 있다.
③ 정전인 근정전을 중심으로 하는 중심건물은 남북 축선상에 좌우대칭으로 배치되어 있다.
④ 남쪽에는 광화문, 동쪽에는 영추문, 서쪽에는 건춘문, 북쪽에는 신무문이 있다.

해설 경복궁의 동문을 건춘문, 서문을 영추문, 남문을 광화문이라 명명했으며, 북문은 신무문이라고 하여 임금이 경무대에서 거행되는 과거장에 출입할 때만 문을 열었었다.

■고전건축양식

55. 주심포계 건축양식의 일반적인 설명 중 틀린 것은?

① 기둥의 주두위에만 공포를 둔다.
② 출목은 2출목 이하이고 대부분 연등천정이다.
③ 창방위에 평방을 받아 구조적 안정을 가진다.

④ 대표적인 건물로는 봉정사 극락전, 관음사 원통전이 있다.

해설 주심포식은 기둥상부에만 공포를 배치하고, 다포식은 주간에 공포를 배치하기 위해 창방위에 다포식 특유의 부재인 평방을 덧대어 구조적으로 보강한다.

56. 주심포계 목조건축에 나타나지 않는 것은?

① 평방　　　　　　　② 공포
③ 운공　　　　　　　④ 창방

해설 평방 – 다포식

57. 다음 중 주심포 건축물이 아닌 것은?

① 강릉 객사문　　　② 수덕사 대웅전
③ 남대문　　　　　　④ 무위사 극락전

해설 다포식 – 서울 남대문(1,448년)

58. 다음 중 주심포양식의 건물은 어느 것인가?

① 수덕사 대웅전　　② 화엄사 각황전
③ 통도사 대웅전　　④ 범어사 대웅전

해설 ②, ③, ④ – 다포식

59. 다음의 건축물 중 주심포식 건축양식에 해당하지 않는 것은?

① 강릉 객사문　　　② 부석사 조사당
③ 봉정사 극락전　　④ 위봉사 보광명전

해설 위봉사 보광명전(완주, 백제) – 다포식

60. 다음 중 주심포식 건물이 아닌 것은?

① 강릉 객사문　　　② 수덕사 대웅전
③ 서울 남대문　　　④ 무위사 극락전

해설 서울 남대문 – 다포식

해답　52. ②　53. ④　54. ④　55. ③　56. ①　57. ③　58. ①　59. ④　60. ③

61. 고려시대의 다포계 양식에 관한 설명 중 옳지 않은 것은?

① 대부분 우물천정이다.
② 출목은 3출목 이상으로 전개된다.
③ 주심포 사이에 공간포가 있다.
④ 다포계 양식의 건물로 수덕사 대웅전이 있다.

해설 수덕사 대웅전 - 주심포양식

62. 다음 중 다포식 건축양식의 특징이 아닌 것은?

① 기둥위에 평방이 있다.
② 기둥은 일반적으로 민흘림기둥과 통기둥을 많이 사용한다.
③ 공포의 배치는 주심과 주간에 배치한다.
④ 공포의 출목은 2출목 이하로 한다.

해설 주심포식과 다포식의 비교

	주심포식	다포식
공포의 출목	2출목 이하	2출목 이상
공포의 배치	기둥 위에 주두를 놓고 배치	기둥위에 창방과 평방을 놓고 그 위에 공포배치
내부 천장구조	연등천장	우물천장
소로 배치	비교적 자유스럽게 배치	상하로 동일 수직선상에 위치를 고정
기타	마루대공 좌우에 소슬사용 우미량사용	

63. 한국 목조건축 형식 중 다포식에 관한 설명이 아닌 것은?

① 고려 후기에서부터 사용되었으며, 주심포식에 비해 외형이 정비되어 있다.
② 마루대공 좌우에 소슬이 사용되었고, 우미량이 사용되었다.
③ 소로는 상하로 동일 수직선상에 위치를 고정하였다.
④ 공포의 출목은 2출목 이상이다.

해설 우미량은 고저차가 있는 도리를 상호연결하는 만곡형의 부재로서 주심포양식의 건물에서만 사용되었다.

64. 조선시대 건축의 중기(中期)에 주요한 건축물에 쓰인 공포(拱包)형식은 다음 중 어느 것인가?

① 절충식(折忠式)
② 주심포식(柱心包式)
③ 익공식(翼工式)
④ 다포식(多包式)

65. 다포계 양식의 구조와 관계가 먼 요소는?

① 단장혀(短長舌)
② 평방
③ 주간포
④ 창방

해설 단장혀 : 도리가 하부의 부재에 얹혀질 때 하부의 부재를 중심으로 도리방향으로 짧게 내밀어 받쳐주는 장혀로 주심포양식에 사용되었다.

66. 다음 중 다포식 건축으로 가장 오래된 것은?

① 창경궁 명정전
② 전등사 대웅전
③ 불국사 극락전
④ 심원사 보광전

해설 ① 창경궁 명정전(1,616년) : 조선중기
② 전등사 대웅전(1,621년) : 조선중기
③ 불국사 극락전(1,751년) : 조선후기
④ 심원사 보광전(1,374년) : 고려말기

67. 다음 중 다포식(多包式)건물이 아닌 것은?

① 창덕궁 돈화문
② 서울 동대문
③ 전등사 대웅전
④ 봉정사 극락전

해설 봉정사 극락전 - 주심포식

68. 다음 조선시대의 건축물 중 다포양식이 아닌 것은?

① 내소사 대웅전
② 창덕궁 명정전
③ 전등사 대웅전
④ 무위사 극락전

해설 무위사 극락전 : 주심포식

해답 61. ④ 62. ④ 63. ② 64. ④ 65. ① 66. ④ 67. ④ 68. ④

69. 다음 조선시대 건축 중 익공계(翼工系)의 건축을 설명한 것 중 해당되지 않는 것은?

① 대규모의 중요 건축에 주로 쓰이던 형식이다.
② 평방이 생략된다.
③ 내부는 출목(出目)이 없이 보아지를 꾸미는 것이 보통이다.
④ 초기의 익공은 간략한 초각에서 후기에는 장식화되어 가는 경향이다.

[해설] 익공양식은 주요건물이 아닌 부속건물에 주로 사용함
　• 보아지 : 판자집 같이 작은 집에 있어서의 들보구실을 하는 것

70. 다음 열거한 한국 건축물 중 익공식(翼工式) 건물은?

① 서울 문묘의 명륜당(明輪堂)
② 영주 부석사 조사당(祖師堂)
③ 평양 보통문(普通門)
④ 창덕궁 돈화문(敦化門)

[해설] ① 영주 부석사 조사당 – 주심포식
　② 창덕궁 돈화문 – 다포식
　③ 평양 보통문 – 절충식

71. 다음 우리나라 전통건축 중 익공계의 실례가 아닌 것은?

① 하동 쌍계사 대웅전
② 합천 해인사 장경판고
③ 강릉 오죽헌
④ 충무 세병관

[해설] 하동 쌍계사 대웅전 – 다포식

72. 한국 전통건축에 관한 설명 중 옳지 않은 것은?

① 공포는 시각적으로 무거운 지붕의 압박감을 덜어주는 역할을 한다.
② 평방은 외부기둥의 기둥머리를 연결하는 부재로 주심포양식의 건물에 주로 사용되었다.
③ 주심포양식의 건축물로는 봉정사 극락전, 부석사 무량수전 등이 있다.
④ 익공양식은 궁궐의 정전이나 사찰의 대웅전 등에 사용되었다.

[해설] ① 평방은 공포의 하중을 받는 가로재로 다포계 양식의 건물에 주로 사용되었다.
　② 익공양식은 조선시대에 체계화된 것으로 우리나라에만 있는 형식으로 중요성이 작은 건축에는 일반적으로 사용되었다.(궁궐의 침전, 각전각루정, 성곽의 일반문루, 관아건축, 불사의 전각, 묘사, 향교, 서원 등)

73. 한국 전통건축의 지붕양식에 대한 설명으로 옳은 것은?

① 맞배지붕은 용마루와 추녀마루로만 구성된 지붕으로 주로 주심포 건물에 많이 사용되었다.
② 우진각지붕은 네 면에 모두 지붕면이 있으며 전후 지붕면은 사다리꼴이고 양측 지붕면은 삼각형이다.
③ 팔작지붕은 원초적인 지붕형태로 원시움집에서부터 사용되었다.
④ 모임지붕은 용마루와 내림마루가 있고 추녀마루만 없는 형태이다.

[해설] ① 맞배지붕은 용마루와 내림마루로만 구성된 지붕으로 주로 주심포 건물에 많이 사용되었다.
　② 우진각지붕은 용마루와 추녀마루가 있고 내림마루만 없는 형태이다.
　③ 팔작지붕은 우진각지붕 위에 맞배지붕을 올려놓은 것과 같은 형태의 지붕으로 용마루와 내림마루, 추녀마루가 모두 갖추어진 가장 화려하고 장식적인 지붕이다.
　④ 모임지붕은 용마루없이 하나의 꼭지점에서 지붕골이 만나는 지붕형태이다.

74. 다음 한국건축의 각부 설명 중 틀린 것은?

① 소슬합장이란 기둥과 보를 잇는 것이다.

② 계량(繫樑)은 도리와 도리사이의 보강부재이다.

③ 이조중기 이후의 포작에는 내부와 외부의 출목수가 다른 것이 많다.

④ 헛첨차는 구조재로 볼 수 없다.

해설 소슬합장은 보위에 얹혀 도리 측면을 보강하며, 대공의 수직이동을 방지하는 역할을 한다.

75. 한국 전통건축의 조형의장상 특징으로 부적절한 것은?

① 지붕의 처마곡선

② 개방적 공간

③ 기둥의 안쏠림

④ 기둥의 배흘림

해설 한국 전통건축은 대부분 평면형식이 중간에 안뜰을 두고 ㅁ, ㄱ, ㄷ자형으로 구성되어 폐쇄공간을 형성하였다.

76. 한국건축의 의장적 특징에 대한 설명 중 옳지 않은 것은?

① 대부분의 한국건축은 인간적 척도 개념을 나타내는 특징이 있다.

② 기둥의 안쏠림으로 건축의 외관에 시지각적인 안정감을 느끼게 하였다.

③ 한국건축은 서양건축과 달리 지붕면이 정면이 되고 박공면이 측면이 된다.

④ 한국건축은 공간의 위계성이 없어 각 공간의 관계가 주(主)와 종(從)의 관계를 갖지 않는다.

해설 한국건축은 공간의 위계성이 있어 각 공간의 관계가 주(主)와 종(從)의 관계를 갖는다.

■ 사찰건축

77. 다음의 각 사찰에 대한 설명 중 옳지 않은 것은?

① 부석사의 가람배치는 누하진입형식을 취하고 있다.

② 화엄사는 경사된 지형을 수단(數段)으로 나누어서 정지(整地)하여 건물을 적절히 배치하였다.

③ 통도사는 산지에 위치하나 산지가람처럼 건물들을 불규칙하게 배치하지 않고 직교식으로 배치하였다.

④ 봉정사 가람배치는 대지가 3단으로 나누어져 있으며 상단부분에 대웅전과 극락전 등 중요한 건물들이 배치되어 있다.

해설 통도사는 3개 영역형식의 종속형으로 비대칭 균형을 이루고 있다.

78. 다음 한국사찰과 사지(寺地)의 배치 중에서 비대칭 균형을 이루고 있는 것은?

① 불국사

② 청암리사지

③ 통도사

④ 황룡사지

해설 통도사는 3개 영역형식의 종속형으로 비대칭 균형을 이루고 있다.

79. 불사건축의 진입방법에서 누하진입방식을 취한 것은?

① 부석사   ② 통도사

③ 화엄사   ④ 범어사

해설 부석사는 정면에서 바라보면 팔작지붕을 이고 있고, 후면에서 보면 맞배지붕을 하고 있는 특이한 2층 구조의 사찰 중문격인 범종루 기둥을 지나 루(樓)밑으로 진입하는 방식을 취한다.

해답   74. ①   75. ②   76. ④   77. ③   78. ③   79. ①

80. 다음의 한국 근대건축 중 고딕양식을 취하고 있는 것은?

① 명동성당   ② 덕수궁 정관헌
③ 서울 성공회성당   ④ 한국은행

해설 명동성당 – 고딕양식

81. 한국은행 본점 구관(舊館)은 어느 양식의 건물인가?

① 비잔틴양식   ② 르네상스양식
③ 로마네스크양식   ④ 고딕양식

해설 한국은행 본점구관은 조선은행(1,912년)으로서 지하 1층, 지상 2층 석조건물, 좌우대칭 철골조지붕으로 르네상스양식에 속한다.

82. 서울역 역사건물은 어떤 양식의 건물인가?

① Vault가 있는 고딕양식
② 비잔틴풍 Dome을 올린 르네상스양식
③ Pediment가 있는 그리스양식
④ Collonada가 있는 신고전주의양식

해설 경성역사(현 서울역, 1,922~25년) – 지하 1층, 지상 2층 석재 혼용 벽돌조, 르네상스양식, 비잔틴 돔설치

83. 고려대학교 본관건물은 누구의 작품인가?

① 박동진   ② 박길룡
③ 김수근   ④ 김중업

해설 박동진 : 고려대학교 본관 및 도서관, 구 조선일보사

84. 우리나라의 현대건축가 김수근의 작품이 아닌 것은?

① 삼일로빌딩   ② 자유센터
③ 경동교회   ④ 타워호텔

해설 삼일로빌딩 – 김중업

85. 해방 후 한국건축계는 일제강점기의 타율적 근대화의 시기에서 자립해야 하는 과제를 안게 되었다. 당시 다양한 사무소 중 다른 건축가들과는 달리 구조기술을 익힌 후에 건축설계를 수행한 구조사 건축기술연구소를 개소한 사람이 있었다. 이 건축가의 이름은?

① 김희춘   ② 정인국
③ 김정수   ④ 배기형

해설 배기형 – 구조사 건축기술연구소를 개소함

부록 과년도출제문제
건축계획

CBT 대비 건축기사, 건축산업기사 실전테스트는 홈페이지(www.inup.co.kr)
에서 CBT 모의 TEST로 함께 체험하실 수 있습니다.

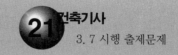
1. 쇼핑센터의 몰(mall)의 계획에 관한 설명으로 옳지 않은 것은?

① 전문점들과 중심상점의 주출입구는 몰에 면하도록 한다.

② 몰에는 자연광을 끌어들여 외부공간과 같은 성격을 갖게 하는 것이 좋다.

③ 다층으로 계획할 경우, 시야의 개방감을 적극적으로 고려하는 것이 좋다.

④ 중심상점들 사이의 몰의 길이는 100m를 초과하지 않아야 하며, 길이 40~50m 마다 변화를 주는 것이 바람직하다.

2. 연속적인 주제를 선(線)적으로 관계성 깊게 표현하기 위하여 전경(全景)으로 펼쳐지도록 연출하는 것으로 맥락이 중요시될 때 사용되는 특수전시기법은?

① 아일랜드 전시　　　② 파노라마 전시

③ 하모니카 전시　　　④ 디오라마 전시

3. 다음 설명에 알맞은 극장 건축의 평면형식은?

> • 가까운 거리에서 관람하면서 가장 많은 관객을 수용할 수 있다.
> • 객석과 무대가 하나의 공간에 있으므로 양자의 일체감이 높다.
> • 무대의 배경을 만들지 않으므로 경제성이 있다.

① 애리너(arena)형

② 가변형(adaptable stage)

③ 프로시니엄(proscenium)형

④ 오픈 스테이지(open stage)형

4. 아파트 형식에 관한 설명으로 옳지 않은 것은?

① 계단실형은 거주의 프라이버시가 높다.

② 편복도형은 복도에서 각 세대로 진입하는 형식이다.

③ 메조넷형은 평면구성의 제약이 적어 소규모 주택에 주로 이용된다.

④ 플랫형은 각 세대의 주거단위가 동일한 층에 배치 구성된 형식이다.

5. 학교운영방식에 관한 설명으로 옳지 않은 것은?

① 종합교실형은 각 학급마다 가정적인 분위기를 만들 수 있다.

② 교과교실형은 초등학교 저학년에 대해 가장 권장되는 방식이다.

③ 플래툰형은 미국의 초등학교에서 과밀을 해소하기 위해 실시한 것이다.

④ 달톤형은 학급, 학년 구분을 없애고 학생들은 각자의 능력에 따라 교과를 선택하고 일정한 교과를 끝내면 졸업하는 방식이다.

6. 다음 중 단독주택의 현관 위치 결정에 가장 주된 영향을 끼치는 것은?

① 방위　　　　　　　② 주택의 층수

③ 거실의 위치　　　　④ 도로와의 관계

7. 도서관의 열람실 및 서고계획에 관한 설명으로 옳지 않은 것은?

① 서고 안에 캐럴(carrel)을 둘 수도 있다.

② 서고면적 1m²당 150~250권의 수장능력으로 계획한다.

③ 열람실은 성인 1인당 3.0~3.5m²의 면적으로 계획한다.

④ 서고실은 모듈러 플래닝(modular planning)이 가능하다.

8. 다음 중 건축계획에서 말하는 미의 특성 중 변화 또는 다양성을 얻는 방식과 가장 거리가 먼 것은?

① 억양(Accent)
② 대비(Contrast)
③ 균제(Proportion)
④ 대칭(Symmetry)

9. 공장건축의 레이아웃(Lay out)에 관한 설명으로 옳지 않은 것은?

① 제품중심의 레이아웃은 대량생산에 유리하며 생산성이 높다.
② 레이아웃이란 생산품의 특성에 따른 공장의 건축면적 결정 방식을 말한다.
③ 공정중심의 레이아웃은 다종 소량생산으로 표준화가 행해지기 어려운 경우에 적합하다.
④ 고정식 레이아웃은 조선소와 같이 조립부품이 고정된 장소에 있고 사람과 기계를 이동시키며 작업을 행하는 방식이다.

10. 주택단지 도로의 유형 중 쿨데삭(cul-de-sac)형에 관한 설명으로 옳은 것은?

① 단지 내 통과교통의 배제가 불가능하다.
② 교차로가 +자형이므로 자동차의 교통처리에 유리하다.
③ 우회도로가 없기 때문에 방재상 불리하다는 단점이 있다.
④ 주행속도 감소를 위해 도로의 교차방식을 주로 T자 교차로 한 형태이다.

11. 사무소 건축의 실단위 계획에 관한 설명으로 옳지 않은 것은?

① 개실 시스템은 독립성과 쾌적감의 이점이 있다.
② 개방식 배치는 전면적을 유용하게 이용할 수 있다.
③ 개방식 배치는 개실 시스템보다 공사비가 저렴하다.
④ 개실 시스템은 연속된 긴 복도로 인해 방 깊이에 변화를 주기가 용이하다.

12. 미술관 전시실의 순회형식 중 연속 순회형식에 관한 설명으로 옳은 것은?

① 각 전시실에 바로 들어갈 수 있다는 장점이 있다.
② 연속된 전시실의 한 쪽 복도에 의해서 각 실을 배치한 형태이다.
③ 중심부에 하나의 큰 홀을 두고 그 주위에 각 전시실을 배치한 형식이다.
④ 전시실을 순서별로 통해야 하고, 한 실을 폐쇄하면 전체 동선이 막히게 된다.

13. 사무소 건축의 코어 유형에 관한 설명으로 옳지 않은 것은?

① 편심코어형은 기준층 바닥면적이 작은 경우에 적합하다.
② 독립코어형은 코어를 업무공간에서 별도로 분리시킨 형식이다.
③ 중심코어형은 코어가 중앙에 위치한 유형으로 유효율이 높은 계획이 가능하다.
④ 양단코어형은 수직동선이 양 측면에 위치한 관계로 피난에 불리하다는 단점이 있다.

14. 비잔틴 건축에 관한 설명으로 옳지 않은 것은?

① 사라센 문화의 영향을 받았다.
② 도저렛(dosseret)이 사용되었다.
③ 펜덴티브 돔(pendentive dome)이 사용되었다.
④ 평면은 주로 장축형 평면(라틴 십자가)이 사용되었다.

15. 다음과 같은 특징을 갖는 에스컬레이터 배치 유형은?

> • 점유면적이 다른 유형에 비해 작다.
> • 연속적으로 승강이 가능하다.
> • 승객의 시야가 좋지 않다.

① 교차식 배치
② 직렬식 배치
③ 병렬 단속식 배치
④ 병렬 연속식 배치

16. 클로즈드 시스템(closed system)의 종합병원에서 외래진료부 계획에 관한 설명으로 옳지 않은 것은?

① 환자의 이용이 편리하도록 2층 이하에 두도록 한다.

② 부속 진료시설을 인접하게 하여 이용이 편리하게 한다.

③ 중앙주사실, 약국은 정면 출입구에서 멀리 떨어진 곳에 둔다.

④ 외과 계통 각 과는 1실에서 여러 환자를 볼 수 있도록 대실로 한다.

17. 다음 중 다포식(多包式) 건축으로 가장 오래된 것은?

① 창경궁 명정전   ② 전등사 대웅전

③ 불국사 극락전   ④ 심원사 보광전

18. 다음 중 시티 호텔에 속하지 않는 것은?

① 비치 호텔   ② 터미널 호텔

③ 커머셜 호텔   ④ 아파트먼트 호텔

19. 고대 그리스의 기둥 양식에 속하지 않는 것은?

① 도리아식   ② 코린트식

③ 컴포지트식   ④ 이오니아식

20. 주택의 동선계획에 관한 설명으로 옳지 않은 것은?

① 동선은 가능한 굵고 짧게 계획하는 것이 바람직하다.

② 동선의 3요소 중 속도는 동선의 공간적 두께를 의미한다.

③ 개인, 사회, 가사노동권의 3개 동선은 상호간 분리하는 것이 좋다.

④ 화장실, 현관 등과 같이 사용빈도가 높은 공간은 동선을 짧게 처리하는 것이 중요하다.

해설 및 정답

1. 몰의 폭은 6~12m가 일반적이며, 중심상점들 사이의 몰의 길이는 240m를 초과하지 않아야 하며, 길이 20~30m마다 변화를 주어 단조로운 느낌이 들지 않도록 하는 것이 바람직하다.

2. 파노라마(panorama) 전시

   연속적인 선적(線的)으로 관계성 깊게 표현하기 위하여 전경으로 펼쳐지도록 연출하여 맥락이 중요시될 때 사용되는 표현수단이다. 벽면전시(벽화, 사진, 그래픽, 영상 등)와 입체물이 병행되는 것이 일반적인 유형으로 넓은 시야의 실경(實景)을 보는듯한 감각을 주는 전시기법

3. 애리너(arena, central stage)형

   ① 관객이 360° 둘러싼 형으로 가까운 거리에서 관람하게 되며, 가장 많은 관객을 수용할 수 있다.
   ② 배경을 만들지 않으므로 경제적이다.
   ③ 무대배경은 주로 낮은 가구로 구성된다.

4. 단층형은 평면구성의 제약이 적어 소규모 주택에 주로 이용된다.

5. 초등학교 저학년에 대해 가장 권장하는 학교 운영방식은 종합교실형이다.

6. 현관의 위치결정 요소는 도로의 위치와 경사도 및 대지의 형태에 따라 영향을 받는다.

7. 열람실

   ① 일반열람실
   성인 1인당 1.5~2.0m²(실 전체로서는 1석 평균 2.0~2.5m²)
   ② 특별열람실
   캐럴(carrel) : 서고내에 설치하는 소연구실(1.4~4.0m²/인)
   ③ 아동열람실
   아동 1인당 1.1m²(1.2~1.5m²)

9. 레이아웃(layout)

   ① 공장사이의 여러 부분, 작업장내의 기계설비, 작업자의 작업구역, 자재나 제품을 두는 곳 등 상호 위치관계를 가리키는 곳을 말한다.
   ② 장래 공장규모의 변화에 대응한 융통성이 있어야 한다.
   ③ 공장생산성이 미치는 영향이 크므로 공장의 배치계획, 평면계획은 이것에 부합되는 건축계획이어야 한다.

10. 쿨드삭(Cul-de-sac)형

    각 가구를 잇는 도로가 하나이기 때문에 통과교통이 없고 주거환경의 쾌적성과 안전성이 모두 확보된다. 각 가구와 관계없는 자동차의 진입을 방지할 수 있다는 장점이 있지만 우회도로가 없기 때문에 방재·방범상에는 불편하다. 따라서 주택의 배면에는 보행자 전용도로가 설치되어야 효과적이며 도로의 최대 길이도 150m 이하가 되어야 한다. 그러나 실제의 주택지개발에 있어서는 일반적으로 사용하고 있는 정형화된 가로망 구성보다는 각 단지의 특색을 살려 지형에 적합한 패턴을 도입해야 하며, 특히 주거내의 쾌적한 주거환경조성을 위한 가로가 형성되어야 한다.

11. 개실 시스템 연속된 긴 복도로 인해 방길이에는 변화를 줄 수 있지만 연속된 복도 때문에 방깊이에는 변화를 줄 수 없다.

12. ①, ② – 갤러리(gallery) 및 코리도(corridor)형식
    ③ – 중앙홀형식

13. 양단코어형은 2방향 피난에 이상적이며, 방재상 유리하다.

14. 비잔틴건축

    ① 사라센문화의 영향을 받았다.
    ② 정사각형 평면으로 그리스십자형 사용(그리스 정교)
    ③ 주두에 부주두(도서렛, dossert)를 겹쳐 얹음
    ④ 펜덴티브 돔(pendentive dome)을 창안함

⑤ 돔, 아치, 궁륭 등을 사용함

⑥ 성 소피아(S. Sophia) 성당, 콘스탄티노플

* ④ – 로마네스크건축

15. 에스컬레이터의 배치형식

배치형식의 종류		승객의 시야	점유면적
직렬식		가장 좋으나, 시선이 한 방향으로 고정되기 쉽다.	가장 크다.
병렬	단속식	양호하다.	크다.
	연속식	일반적이다.	작다
교차식		나쁘다.	가장 작다.

16. 약국, 중앙주사실, 회계 등은 정면 출입구 근처에 둔다.

17. ① 창경궁 명정전(1,616년) : 조선중기

② 전등사 대웅전(1,621년) : 조선중기

③ 불국사 극락전(1,751년) : 조선후기

④ 심원사 보광전(1,374년) : 고려말기

18. 시티 호텔(city hotel) : 도시의 시가지에 위치하여 일반 여행객의 단기체제나 도시의 사회적, 연회 등의 장소로 이용할 수 있는 호텔

① 커머셜 호텔

② 레지던셜 호텔

③ 아파트먼트 호텔

④ 터미널 호텔(철도역 호텔, 부두 호텔, 공항 호텔)

* ① – 리조트 호텔

19. ① 그리스 기둥양식 – 도리아식, 이오니아식, 코린트식

② 로마 기둥양식 – 그리스건축양식의 3종류에 컴포지트(composite) 오더(코린트식 + 이오니아식), 터스칸 오더을 발전, 변형시켰다.

20. 동선의 3요소 중 빈도는 동선의 공간적 두께를 의미한다.

1. ④	2. ②	3. ①	4. ③	5. ②
6. ④	7. ③	8. ④	9. ②	10. ③
11. ④	12. ④	13. ④	14. ④	15. ①
16. ③	17. ④	18. ①	19. ③	20. ②

1. 주택의 부엌 작업대 배치유형 중 ㄷ자형에 관한 설명으로 옳은 것은?

① 두 벽면을 따라 작업이 전개되는 전통적인 형태이다.

② 평면계획상 외부로 통하는 출입구의 설치가 곤란하다.

③ 작업동선이 길고 조리면적은 좁지만 다수의 인원이 함께 작업할 수 있다.

④ 가장 간결하고 기본적인 설계형태로 길이가 4.5m 이상이 되면 동선이 비효율적이다.

2. 호텔에 관한 설명으로 옳지 않은 것은?

① 커머셜 호텔은 일반적으로 고밀도의 고층형이다.

② 터미널 호텔에는 공항 호텔, 부두 호텔, 철도역 호텔 등이 있다.

③ 리조트 호텔의 건축 형식은 주변 조건에 따라 자유롭게 이루어진다.

④ 레지던셜 호텔은 여행자의 장기간 체재에 적합한 호텔로서, 각 객실에는 주방 설비를 갖추고 있다.

3. 다음 설명에 알맞은 공장건축의 레이아웃(layout)형식은?

> • 생산에 필요한 모든 공정, 기계기구를 제품의 흐름에 따라 배치한다.
> • 대량생산에 유리하며 생산성이 높다.

① 혼성식 레이아웃

② 고정식 레이아웃

③ 제품중심의 레이아웃

④ 공정중심의 레이아웃

4. 주심포 형식에 관한 설명으로 옳지 않은 것은?

① 공포를 기둥 위에만 배열한 형식이다.

② 장혀는 긴 것을 사용하고 평방이 사용된다.

③ 봉정사 극락전, 수덕사 대웅전 등에서 볼 수 있다.

④ 맞배지붕이 대부분이며 천장을 특별히 가설하지 않아 서까래가 노출되어 보인다.

5. 다음 설명에 알맞은 사무소 건축의 코어 유형은?

> • 코어를 업무공간에서 분리시킨 관계로 업무공간의 융통성이 높은 유형이다.
> • 설비 덕트나 배관을 코어로부터 업무공간으로 연결하는데 제약이 많다.

① 외코어형

② 편단코어형

③ 양단코어형

④ 중앙코어형

6. 건축계획단계에서의 조사방법에 관한 설명으로 옳지 않은 것은?

① 설문조사를 통하여 생활과 공간간의 대응관계를 규명하는 것은 생활행동 행위의 관찰에 해당된다.

② 이용 상황이 명확하게 기록되어 있는 시설의 자료 등을 활용하는 것은 기존자료를 통한 조사에 해당된다.

③ 건물의 이용자를 대상으로 설문을 작성하여 조사하는 방식은 생활과 공간의 대응관계 분석에 유효하다.

④ 주거단지에서 어린이들의 행동특성을 조사하기 위해서는 생활행동 행위 관찰 방식이 일반적으로 적절하다.

7. 학교운영방식에 관한 설명으로 옳지 않은 것은?

① 종합교실형은 교실의 이용률이 높지만 순수율은 낮다.

② 일반교실 및 특별교실형은 우리나라 중학교에서 주로 사용되는 방식이다.

③ 교과교실형에서는 모든 교실이 특정교과를 위해 만들어지고, 일반교실이 없다.

④ 플래툰형은 학년과 학급을 없애고 학생들은 각자의 능력에 따라 교과를 선택하고 일정한 교과가 끝나면 졸업을 한다.

8. 페리(C.A.Perry)의 근린주구에 관한 설명으로 옳지 않은 것은?

① 경계 : 4면의 간선도로에 의해 구획

② 공공시설용지 : 지구 전체에 분산하여 배치

③ 오픈 스페이스 : 주민의 일상생활 요구를 충족시키기 위한 소공원과 위락공간체계

④ 지구 내 가로체계 : 내부 가로망은 단지 내의 교통량을 원활히 처리하고 통과 교통을 방지

9. 다음 중 백화점의 기둥간격 결정 요소와 가장 거리가 먼 것은?

① 매장의 연면적

② 진열장의 배치방법

③ 지하주차장의 주차방식

④ 에스컬레이터의 배치방법

10. 고딕양식의 건축물에 속하지 않는 것은?

① 아미앵 성당

② 노트르담 성당

③ 샤르트르 성당

④ 성 베드로 성당

11. 도서관 건축 계획에서 장래에 증축을 반드시 고려해야 할 부분은?

① 서고

② 대출실

③ 사무실

④ 휴게실

12. 병원건축형식 중 분관식(Pavillion type)에 관한 설명으로 옳은 것은?

① 대지가 협소할 경우 주로 적용된다.

② 보행길이가 짧아져 관리가 용이하다.

③ 각 병실의 일조, 통풍 환경을 균일하게 할 수 있다.

④ 급수, 난방 등의 배관 길이가 짧아져 설비비가 적게 된다.

13. 단독주택의 리빙 다이닝 키친에 관한 설명으로 옳지 않은 것은?

① 공간의 이용율이 높다.

② 소규모 주택에 주로 사용된다.

③ 주부의 동선이 짧아 노동력이 절감된다.

④ 거실과 식당이 분리되어 각 실의 분위기 조성이 용이하다.

14. 사무소 건축의 실단위 계획에 있어서 개방식 배치에 관한 설명으로 옳지 않은 것은?

① 독립성과 쾌적감 확보에 유리하다.

② 공사비가 개실시스템보다 저렴하다.

③ 방의 길이나 깊이에 변화를 줄 수 있다.

④ 전면적을 유효하게 이용할 수 있어 공간 절약상 유리하다.

15. 아파트의 평면형식 중 계단실형에 관한 설명으로 옳은 것은?

① 대지에 대한 이용률이 가장 높은 유형이다.
② 통행을 위한 공용 면적이 크므로 건물의 이용도가 낮다.
③ 각 세대가 양쪽으로 개구부를 계획할 수 있는 관계로 통풍이 양호하다.
④ 엘리베이터를 공용으로 사용하는 세대수가 많으므로 엘리베이터의 효율이 높다.

16. 르네상스 건축에 관한 설명으로 옳은 것은?

① 건축 비례와 미적 대칭 등을 중시하였다.
② 첨탑과 플라잉 버트레스가 처음 도입되었다.
③ 펜덴티브 돔이 창안되어 실내 공간의 자유도가 높아졌다.
④ 강렬한 극적효과를 추구하며 관찰자의 주관적 감흥을 중시하였다.

17. 미술관 전시실의 전시기법에 관한 설명으로 옳지 않은 것은?

① 하모니카 전시는 동일 종류의 전시물을 반복하여 전시할 경우에 유리하다.
② 아일랜드 전시는 실물을 직접 전시할 수 없는 경우 영상매체를 사용하여 전시하는 방법이다.
③ 파노라마 전시는 연속적인 주제를 연관성있게 표현하기 위해 선형의 파노라마로 연출하는 전시기법이다.
④ 디오라마 전시는 하나의 사실 또는 주제의 시간 상황을 고정시켜 연출하는 것으로 현장에 임한 느낌을 주는 기법이다.

18. 미술관의 전시실 순회형식에 관한 설명으로 옳지 않은 것은?

① 갤러리 및 코리더 형식에서는 복도 자체도 전시 공간으로 이용이 가능하다.
② 중앙홀 형식에서 중앙홀이 크면 동선의 혼란은 많으나 장래의 확장에는 유리하다.
③ 연속순회 형식은 전시 중에 하나의 실을 폐쇄하면 동선이 단절된다는 단점이 있다.
④ 갤러리 및 코리더 형식은 복도에서 각 전시실에 직접 출입할 수 있으며 필요시에 자유로이 독립적으로 폐쇄할 수가 있다.

19. 쇼핑센터의 몰(mall)에 관한 설명으로 옳은 것은?

① 전문점과 핵상점의 주출입구는 몰에 면하도록 한다.
② 쇼핑체류시간을 늘릴 수 있도록 방향성이 복잡하게 계획한다.
③ 몰은 고객의 통과동선으로서 부속시설과 서비스 기능의 출입이 이루어지는 곳이다.
④ 일반적으로 공기조화에 의해 쾌적한 실내 기후를 유지할 수 있는 오픈 몰(open mall)이 선호한다.

20. 극장건축에서 무대의 제일 뒤에 설치되는 무대 배경용의 벽을 나나내는 용어는?

① 프로시니엄
② 사이클로라마
③ 플라이 로프트
④ 그리드 아이언

해설 및 정답

1. ㄷ자형은 양측벽면을 이용하므로 수납공간을 넓게 잡을 수 있으며, 이용하기에도 아주 편리하다. 작업동선이 짧고 부엌의 면적을 줄일 수 있는 이점이 있으나 평면계획상 외부로 통하는 출입구의 설치가 곤란하다.

2. 레지던셜 호텔(residential hotel)은 비지니스 여행자나 관광객 등의 단기체제자를 대상으로 한 호텔로 커머셜 호텔보다 규모나 설비는 고급이며, 도심을 피하여 안정된 곳에 위치한다.

3. 제품중심의 레이아웃(연속작업식)은 생산에 필요한 모든 공정, 기계기구를 제품의 흐름에 따라 배치하는 방식으로 대량생산 가능, 생산성이 높음, 공정시간의 시간적, 수량적 밸런스가 좋고 상품의 연속성이 가능하게 흐를 경우 성립한다.

4. 주심포식은 기둥위에 주두를 놓고 공포를 배치하나, 다포식은 기둥위에 창방과 평방을 놓고 그 위에 공포를 배치한다.

5. 외코어형(독립코어형)
   ① 편심코어형에서 발전된 형으로 특징은 편심코어형과 거의 동일하다.
   ② 코어와 관계없이 자유로운 사무실공간을 만들 수 있다.
   ③ 설비 덕트, 배관을 사무실까지 끌어 들이는데 제약이 있다.
   ④ 방재상 불리하고, 바닥면적이 커지면 피난시설을 포함한 서브코어가 필요하다.
   ⑤ 내진구조에는 불리하다.

6. 직접관찰을 통하여 생활과 공간간의 대응관계를 규명하는 것은 생활행동 행위의 관찰에 해당한다.

7. 달톤형은 학년과 학급을 없애고 학생들은 각자의 능력에 따라 교과를 선택하고 일정한 교과가 끝나면 졸업을 하며, 플래툰형(platoon type, P형)은 각 학급을 2분단으로 나누어 한 쪽이 일반교실을 사용할 때, 다른 한 쪽은 특별교실을 사용한다.

8. 공공시설용지는 그 유치권이 주구의 크기와 같은 학교, 기타 공공시설용지는 주구의 중심 혹은 주위의 일단으로서 짜임새 있게 배치한다.

9. 백화점의 기둥간격 결정요소
   ① 진열장(show case)의 치수와 배치방법
   ② 매장의 통로와 계단 폭
   ③ 지하주차장의 주차방식과 주차 폭
   ④ 엘리베이터, 에스컬레이터의 배치

10. ① 성 베드로성당 – 르네상스건축
    ② 고딕건축 – 솔즈베리사원, 아미앵사원, 샤르트르성당, 요크 대성당, 밀라노사원, 쾰른 대성당, 브뤼셀시청, 르왕재판소, 펜서트궁전, 쟈크쾨르저택, 옥스퍼드대학, 캠브리지대학, 성 매리병원, 노틀담성당

11. 서고는 도서증가에 따른 장래의 확장을 고려한다.

12. 분관식(pavilion type)은 평면분산식으로 각 건물은 3층 이하의 저층건물이며, 외래진료부, 부속진료부, 병동부를 각각 별동으로 하여 분산시키고 복도로 연결시키는 방법으로 각 병실을 남향으로 할 수 있어 일조, 통풍조건이 좋아진다. 그러나 넓은 부지가 필요하며, 설비가 분산적이고 보행거리가 멀어진다.

13. 리빙 다이닝 키친(LDK)은 식당, 거실, 부엌을 하나의 공간에 배치한 형식으로 공간을 효율적으로 활용할 수 있어서 소규모 주택에 주로 이용된다.

14. ① – 개실식 배치

15. ① – 집중형, ② – 편복도형, ④ – 집중형

16. ② – 고딕건축, ③ – 비잔틴건축, ④ – 바로크건축

17. 아일랜드 전시는 벽이나 천장을 직접 이용하지 않고 전시물 또는 전시장치를 배치함으로써 전시공간을 만들어 내는 기법으로 대형 전시물이거나 아주 소형일 경우 유리하며, 주로 집합시켜 군배치한다.

18. 중앙홀 형식은 중앙홀이 크면 동선의 혼란은 없으나 장래의 확장에 많은 무리가 따른다.

19. 몰(mall) 계획
① 몰은 고객의 주 보행동선으로서 중심상점과 각 전문점에서의 출입이 이루어지는 곳이다. 따라서, 확실한 방향성, 식별성이 요구되며 고객에게 변화감과 다채로움, 자극과 흥미를 주며 쇼핑을 유쾌하게 할 수 있도록 한다.
② 전문점들과 중심상점의 주출입구는 몰에 면하도록 한다.
③ 몰에는 자연광을 끌어들여 외부공간과 같은 성격을 갖게 한다. 또한 시간에 따른 공간감의 변화, 인공조명과의 대비효과 등을 얻을 수 있도록 한다.
④ 다층 및 각층간의 시야가 개방감이 적극적으로 고려되어야 한다.
⑤ 몰에는 층외로 개방된 오픈 몰(open mall)과 실내공간으로 된 인클로즈드 몰(enclosed mall)이 있다. 일반적으로 공기조화에 의해 쾌적한 실내기후로 유지할 수 있는 인클로즈드 몰이 선호된다.
⑥ 몰의 폭은 6~12m가 일반적이며, 중심상점들 사이의 몰의 길이는 240m를 초과하지 않아야 하며, 길이 20~30m마다 변화를 주어 단조로운 느낌이 들지 않도록 하는 것이 바람직하다.

20. ① 프로시니엄 아치(proscenium arch)
관람석과 무대 사이에 격벽이 설치되고 이 격벽의 개구부를 통해 극을 관람하게 된다. 이 개구부의 틀을 프로시니엄 아치라 한다.
② 플라이 로프트(fly loft) – 무대상부의 공간
③ 그리드 아이언(grid iron, 격자철판)
무대의 천장밑에 위치하는 곳에 철골로 촘촘히 깔아 바닥을 이루게 한 것으로, 여기에 배경이나 조명기구, 연기자 또는 음향반사판 등을 매어 달 수 있게 한 장치이다.

1. ②	2. ④	3. ③	4. ②	5. ①
6. ①	7. ④	8. ②	9. ①	10. ④
11. ①	12. ③	13. ④	14. ①	15. ③
16. ①	17. ②	18. ②	19. ①	20. ②

과년도출제문제

1. 상점 건축의 진열장 배치에 관한 설명으로 옳은 것은?

① 손님 쪽에서 상품이 효과적으로 보이도록 계획한다.

② 들어오는 손님과 종업원의 시선이 정면으로 마주치도록 계획한다.

③ 도난을 방지하기 위하여 손님에게 감사한다는 인상을 주도록 계획한다.

④ 동선이 원활하여 다수의 손님을 수용하고 가능한 다수의 종업원으로 관리하게 한다.

2. 다음 중 도서관에 있어 모듈 계획(Module Plan)을 고려한 서고 계획 시 결정 및 선행되어야 할 요소와 가장 거리가 먼 것은?

① 엘리베이터의 위치

② 서가 선반의 배열 깊이

③ 서고 내의 주요 통로 및 교차 통로의 폭

④ 기둥의 크기와 방향에 따른 서가의 규모 및 배열의 길이

3. 호텔의 퍼블릭 스페이스(public space) 계획에 관한 설명으로 옳지 않은 것은?

① 로비는 개방성과 다른 공간과의 연계성이 중요하다.

② 프론트 데스크 후방에 프론트 오피스를 연속시킨다.

③ 주식당은 외래객이 편리하게 이용할 수 있도록 출입구를 별도로 설치한다.

④ 프론트 오피스는 기계화된 설비보다는 많은 사람을 고용함으로서 고객의 편의와 능률을 높여야 한다.

4. 아파트에서 친교공간 형성을 위한 계획 방법으로 옳지 않은 것은?

① 아파트에서의 통행을 공동 출입구로 집중시킨다.

② 별도의 계단실과 입구 주위에 집합단위를 만든다.

③ 큰 건물로 설계하고, 작은 단지는 통합하여 큰 단지로 만든다.

④ 공동으로 이용되는 서비스 시설을 현관에 인접하여 통행의 주된 흐름에 약간 벗어난 곳에 위치시킨다.

5. 다음과 같은 특징을 갖는 건축양식은?

> • 사라센 문화의 영향을 받았다.
> • 도서렛(dosseret)과 펜던티브 돔(pendentive dome)이 사용되었다.

① 로마 건축

② 이집트 건축

③ 비잔틴 건축

④ 로마네스크 건축

6. 오토 바그너(Otto Wagner)가 주장한 근대건축의 설계지침 내용으로 옳지 않은 것은?

① 경제적인 구조

② 그리스 건축양식의 복원

③ 시공재료의 적당한 선택

④ 목적을 정확히 파악하고 완전히 충족시킬 것

7. 공동주택의 단면형식에 관한 설명으로 옳지 않은 것은?

① 트리플렉스형은 듀플렉스형보다 공용면적이 크게 된다.

② 메조넷형에서 통로가 없는 층은 채광 및 통풍 확보가 양호하다.

③ 플랫형은 평면구성의 제약이 적으며, 소규모의 평면계획도 가능하다.
④ 스킵 플로어형은 동일한 주거동에서 각기 다른 모양의 세대 배치가 가능하다.

8. 공연장의 객석 계획에서 잘 보이는 동시에 실제적으로 관객을 수용해야 하는 공연장에서 큰 무리가 없는 거리인 제1차 허용거리의 한도는?

① 15m
② 22m
③ 38m
④ 52m

9. 우리나라의 현존하는 목조건축물 중 가장 오래된 것은?

① 부석사 무량수전
② 부석사 조사당
③ 봉정사 극락전
④ 수덕사 대웅전

10. 열람자가 서가에서 책을 자유롭게 선택하나 관원의 검열을 받고 열람하는 도서관 출납 시스템은?

① 폐가식
② 반개가식
③ 안전개가식
④ 자유개가식

11. 테라스 하우스에 관한 설명으로 옳지 않은 것은?

① 각 호마다 전용의 뜰(정원)을 갖는다.
② 각 세대의 깊이는 7.5m 이상으로 하여야 한다.
③ 진입방식에 따라 하향식과 상향식으로 나눌 수 있다.
④ 시각적인 인공테라스형은 위층으로 갈수록 건물의 내부면적이 작아지는 형태이다.

12. 학교 교사의 배치 형식에 관한 설명으로 옳지 않은 것은?

① 분산병렬형은 넓은 부지를 필요로 한다.
② 폐쇄형은 일조, 통풍 등 환경조건이 불균등하다.

③ 집합형은 이동 동선이 길어지고 물리적 환경이 나쁘다.
④ 분산병렬형은 구조계획이 간단하고 생활환경이 좋아진다.

13. 사무소 건물의 엘리베이터 배치 시 고려사항으로 옳지 않은 것은?

① 교통동선의 중심에 설치하여 보행거리가 짧도록 배치한다.
② 대면배치에서 대면거리는 동일 군 관리의 경우 3.5~4.5m로 한다.
③ 여러 대의 엘리베이터를 설치하는 경우, 그룹별 배치와 군 관리 운전방식으로 한다.
④ 일렬 배치는 6대를 한도로 하고, 엘리베이터 중심 간 거리는 10m 이하가 되도록 한다.

14. 사무소 건축의 코어 형식 중 편심형 코어에 관한 설명으로 옳지 않은 것은?

① 고층인 경우 구조상 불리할 수 있다.
② 각 층 바닥면적이 소규모인 경우에 사용된다.
③ 바닥면적이 커지면 코어 이외에 피난시설 등이 필요해진다.
④ 내진구조상 유리하며 구조코어로서 가장 바람직한 형식이다.

15. 공장건축의 레이아웃에 관한 설명으로 옳지 않은 것은?

① 장래 공장 규모의 변화에 대응한 융통성이 있어야 한다.
② 제품중심의 레이아웃은 생산에 필요한 모든 공정, 기계기구를 제품의 흐름에 따라 배치한다.
③ 이동식 레이아웃은 사람이나 기계가 이동하여 작업하는 방식으로 제품이 크고, 수량이 적을 때 사용된다.
④ 레이아웃은 공장 생산성에 미치는 영향이 크므로 공장의 배치계획, 평면계획은 이것에 부합되는 건축계획이 되어야 한다.

16. 병원건축에 있어서 파빌리온 타입(pavilion type)에 관한 설명으로 옳은 것은?

① 대지 이용의 효율성이 높다.
② 고층 집약식 배치형식을 갖는다.
③ 각 실의 채광을 균등히 할 수 있다.
④ 도심지에서 주로 적용되는 형식이다.

17. 전시공간의 특수전시기법 중 하나의 사실이나 주제의 시간상황을 고정시켜 연출함으로써 현장에 임한 듯한 느낌을 가지고 관찰할 수 있는 기법은?

① 알코브 전시
② 아일랜드 전시
③ 디오라마 전시
④ 하모니카 전시

18. 백화점 매장의 배치 유형에 관한 설명으로 옳지 않은 것은?

① 직각배치는 매장 면적의 이용률을 최대로 확보할 수 있다.
② 직각배치는 고객의 통행량에 따라 통로폭을 조절하기 용이하다.
③ 사행배치는 많은 고객이 매장공간의 코너까지 접근하기 용이한 유형이다.
④ 사행배치는 Main 통로를 직각 배치하며, Sub 통로를 45° 정도 경사지게 배치하는 유형이다.

19. 지속가능한(Sustainable) 공동주택의 설계개념으로 적절하지 않은 것은?

① 환경친화적 설계
② 지형순응형 배치
③ 가변적 구조체의 확대 적용
④ 규격화, 동일화된 단위평면

20. 래드번(Radburn) 계획의 5가지 기본원리로 옳지 않은 것은?

① 기능에 따른 4가지 종류의 도로 구분
② 보도망 형성 및 보도와 차도의 평면적 분리
③ 자동차 통과도로 배제를 위한 슈퍼블록 구성
④ 주택단지 어디로나 통할 수 있는 공동 오픈 스페이스 조성

해설 및 정답

1. ① 들어오는 손님과 종업원의 시선이 직접 마주치지 않게 할 것
② 감시하기 쉽고 또한 손님에게는 감시한다는 인상을 주지 않게 할 것
③ 손님과 종업원의 동선을 원활하게 하여 다수의 손님을 수용하고 소수의 종업원으로 관리하기에 편리하도록 할 것

3. 프론트 오피스는 호텔운영의 중심부로서 인체의 두뇌에 비유할 수 있는 호텔운영의 중추가 된다. 프론트 데스크는 호텔경영의 합리화와 사무의 기계화, 각종 통신설비의 도입으로 각종 업무의 연결을 신속히 하며, 작업능률을 올려서 인건비를 절약하여야 한다.

4. 작은 건물로 설계하고, 큰 단지는 작은 부분으로 나눈다.

5. 비잔틴건축의 특성
① 사라센문화의 영향을 받았다.
② 정사각형 평면으로 그리스십자형 사용함(그리스 정교)
③ 주두에 도서렛(dossert, 부주두)를 겹쳐 얹음
④ 펜덴티브 돔(pendentive dome)

6. 오토 바그너(Otto Wagner)의 근대건축(1985년)의 건축의 설계방침
① 목적을 정밀하게 파악하고 이것을 완전하게 충족시킬 것
② 시공재료의 적당한 선택
③ 간편하고 경제적인 구조
④ 이상을 고려한 끝에 극히 자연스럽게 형성되는 건축형태가 필요 양식이다.

7. 트리플렉스형은 듀플렉스형보다 공용면적이 작게 된다.

8. 가시거리의 설정
① A구역 : 배우의 표정이나 동작을 상세히 감상할 수 있는 시선거리의 생리적한도는 15m이다. (인형극이나 아동극)
② B구역 : 실제의 극장건축에서는 될 수 있는 한 수용을 많이 하려는 생각에서 22m까지를 1차 허용한도로 정한다. (국악, 신극, 실내악)
③ C구역 : 배우의 일반적인 동작만 보이면 감상하는 데는 별 지장이 없으므로 이를 제 2차 허용한도라 하고, 35m까지 둘 수 있다. (연극, 그랜드 오페라, 발레, 뮤지컬, 심포니 오케스트라)

9. ① 부석사 무량수전 – 약 1270년
② 부석사 조사당 – 1377년
③ 봉정사 극락전 – 고려초기
④ 수덕사 대웅전 – 1308년

10. 안전개가식
① 형식 : 자유개가식과 반개가식의 장점을 취한 것으로서 열람자가 책을 직접 서가에서 꺼내지만 관원의 검열을 받고 기록을 남긴 후 열람하는 형식이다.
② 특징
㉮ 출납시스템이 필요치 않아 혼잡하지 않다.
㉯ 도서열람의 체크시설이 필요하다.
㉰ 서가열람이 가능하여 책을 직접 뽑을 수 있다.
㉱ 감시가 필요하지 않다.

11. 각 세대의 깊이는 6~7.5m 이상 되어서는 안된다.

12. 집합형
① 교육구조에 따른 유기적 구성이 가능하다.
② 동선이 짧아 학생의 이동이 유리하다
③ 물리적 환경이 좋다.
④ 시설물을 지역사회에서 이용하게 하는 다목적계획이 가능하다.

13. 4대 이하는 직선으로 배치하고, 6대 이상은 앨코브 또는 대면배치가 효과적이며, 엘리베이터 중심간 거리는 4.5m 이하가 되도록 한다.

14. 내진구조상 유리하며 구조코어로서 가장 바람직한 형식은 중심코어형이다.

15. 고정식 레이아웃은 사람이나 기계가 이동하여 작업하는 방식으로 제품이 크고, 수량이 적을 때 사용된다.

16. 분관식(pavilion type : 분동식)
   ① 배치형식 : 평면분산식으로 각 건물은 3층 이하의 저층 건물로 외래진료부, 중앙(부속)진료부, 병동부를 각각 별동으로 하여 분산시키고 복도로 연결시키는 형식
   ② 특성
      ㉮ 각 병실을 남향으로 할 수 있어 일조, 통풍조건이 좋아진다.
      ㉯ 넓은 부지가 필요하며, 설비가 분산적이고 보행거리가 멀어진다.
      ㉰ 내부환자는 주로 경사로를 이용한 보행 또는 들것으로 운반한다.

17. 디오라마(diorama)전시는 하나의 사실 또는 주제의 시간상황을 고정시켜 연출하는 것으로 현장에 임한 듯한 느낌을 가지고 관찰할 수 있는 전시기법이다.

18. 직각배치는 고객의 통행량에 따라 통로 폭을 조절하기 어려워 국부적인 혼란을 일으키기가 쉽다.

20. 래드번(Radburn) 계획에서 제시한 5가지 기본원리
   ① 보도망(Pedestrian Network)의 형성 및 보도와 차도(고가차도)의 입체적 분리
   ② 기능에 따른 4가지 종류의 도로 구분
   ③ 자동차 통과교통의 배제를 위한 슈퍼블록(大街區, super block : 간선도로에 의해 분할되지 않는 주구로 10~20ha)의 구성
   ④ 주택단지 어디로나 통할 수 있는 공동의 오픈 스페이스(Open Space) 조성
   ⑤ 쿨데삭(cul-de-sac)형의 세가로망 구성에 의해 주택의 거실을 보도 혹은 정원을 향하도록 배치

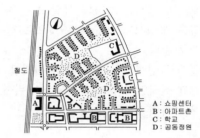

[그림] 레드번의 근린주구

1. ①	2. ①	3. ④	4. ③	5. ③
6. ②	7. ①	8. ②	9. ③	10. ③
11. ②	12. ③	13. ④	14. ④	15. ③
16. ③	17. ③	18. ②	19. ④	20. ②

1. 특수전시기법에 관한 설명으로 옳지 않은 것은?

① 하모니카 전시는 동일 종류의 전시물을 반복전
시하는 경우에 사용된다.

② 파노라마 전시는 연속적인 주제를 연관성 있게
표현하기 위해 선형의 파노라마로 연출하는 기법
이다.

③ 디오라마 전시는 하나의 사실 또는 주제의 시간
상황을 고정시켜 연출하는 것으로 현장에 임한
느낌을 준다.

④ 아일랜드 전시는 실물을 직접 전시할 수 없거나
오브제 전시만의 한계를 극복하기 위해 영상매체
를 사용하여 전시하는 기법이다.

2. 병원건축의 병동배치방법 중 분관식(pavilion
type)에 관한 설명으로 옳은 것은?

① 각종 설비 시설의 배관길이가 짧아진다.

② 대지의 크기와 관계없이 적용이 용이하다.

③ 각 병실을 남향으로 할 수 있어 일조와 통풍 조
건이 좋다.

④ 병동부는 5층 이상의 고층으로 하며 환자는 엘리
베이터로 운송된다.

3. 전시실의 순회형식에 관한 설명으로 옳지 않은 것
은?

① 중앙홀 형식은 각 실에 직접 들어갈 수 없다는
단점이 있다.

② 연속순회 형식은 많은 실을 순서별로 통하여야
하는 불편이 있다.

③ 갤러리 및 코리도 형식에서는 복도 자체도 전시
공간으로 이용할 수 있다.

④ 갤러리 및 코리도 형식은 각 실에 직접 들어 갈
수 있으며, 필요 시 독립적으로 폐쇄할 수 있다.

4. 공동주택의 단지계획에서 보차분리를 위한 방식 중
평면 분리에 해당하는 방식은?

① 시간제 차량 통행

② 쿨드삭(cul-de-sac)

③ 오버브리지(overbridge)

④ 보행자 안전참(pedestrian safecross)

5. 다음 중 터미널 호텔의 종류에 속하지 않은 것은?

① 해변 호텔   ② 부두 호텔

③ 공항 호텔   ④ 철도역 호텔

6. 레이트 모던(Late Modern) 건축양식에 관한 설명
으로 옳지 않은 것은?

① 기호학적 분절을 추구하였다.

② 퐁피두 센터는 이 양식에 부합되는 건축물이다.

③ 공업기술을 바탕으로 기술적 이미지를 강조하였다.

④ 대표적 건축가로는 시저 펠리, 노만 포스터 등이
있다.

7. 다음 중 백화점 건물의 기둥간격 결정요소와 가장 거
리가 먼 것은?

① 진열장의 치수

② 고객 동선의 길이

③ 에스컬레이터의 배치

④ 지하주차장의 주차방식

8. 주택의 부엌에서 작업 순서에 따른 작업대 배열로 가
장 알맞은 것은?

① 냉장고-싱크대-조리대-가열대-배선대

② 싱크대-조리대-가열대-냉장고-배선대

③ 냉장고-조리대-가열대-배선대-싱크대

④ 싱크대-냉장고-조리대-배선대-가열대

9. 도서관 출납 시스템에 관한 설명으로 옳지 않은 것은?

① 자유개가식은 책 내용의 파악 및 선택이 자유롭다.

② 자유개가식은 서가의 정리가 잘 안되면 혼란스럽게 된다.

③ 안전개가식은 서가열람이 가능하여 책을 직접 뽑을 수 있다.

④ 폐가식은 서가와 열람실에서 감시가 필요하나 대출절차가 간단하여 관원의 작업량이 적다.

10. 르 꼬르뷔지에가 주장한 근대건축 5원칙에 속하지 않는 것은?

① 필로티

② 옥상정원

③ 유기적 공간

④ 자유로운 평면

11. 다음 중 사무소 건축에서 기준층 평면형태의 결정 요소와 가장 거리가 먼 것은?

① 동선상의 거리

② 구조상 스팬의 한도

③ 사무실 내의 책상 배치 방법

④ 덕트, 배선, 배관 등 설비시스템상의 한계

12. 다음 설명에 알맞은 학교운영방식은?

각 학급을 2분단으로 나누어 한 쪽이 일반 교실을 사용할 때, 다른 한 쪽은 특별교실을 사용한다.

① 달톤형

② 플래툰형

③ 개방 학교

④ 교과교실형

13. 주택 부엌의 가구 배치 유형 중 병렬형에 관한 설명으로 옳은 것은?

① 연속된 두 벽면을 이용하여 작업대를 배치한 형식이다.

② 폭이 길이에 비해 넓은 부엌의 형태에 적당한 유형이다.

③ 작업면이 가장 넓은 배치 유형으로 작업효율이 좋다.

④ 좁은 면적 이용에 효과적이므로 소규모 부엌에 주로 이용된다.

14. 극장 무대 주위의 벽에 6~9m 높이로 설치되는 좁은 통로로, 그리드 아이언에 올라가는 계단과 연결되는 것은?

① 록 레일

② 사이클로라마

③ 플라이 갤러리

④ 슬라이딩 스테이지

15. 다음 중 다포식(多包式) 건물에 속하지 않는 것은?

① 서울 동대문

② 창덕궁 돈화문

③ 전등사 대웅전

④ 봉정사 극락전

16. 이슬람(사라센) 건축 양식에서 미나렛(Minaret)이 의미하는 것은?

① 이슬람교의 신학원 시설

② 모스크의 상징인 높은 탑

③ 메카 방향으로 설치된 실내 제단

④ 열주나 아케이드로 둘러싸인 중정

17. 아파트의 단면형식 중 메조넷 형식(maisonnette type)에 관한 설명으로 옳지 않은 것은?

① 하나의 주거단위가 복층 형식을 취한다.
② 양면 개구부에 의한 통풍 및 채광이 좋다.
③ 주택 내의 공간의 변화가 없으며 통로에 의해 유효면적이 감소한다.
④ 거주성, 특히 프라이버시는 높으나 소규모 주택에는 비경제적이다.

18. 기계 공장에서 지붕의 형식을 톱날지붕으로 하는 가장 주된 이유는?

① 소음을 작게 하기 위하여
② 빗물의 배수를 충분히 하기 위하여
③ 실내 온도를 일정하게 유지하기 위하여
④ 실내의 주광조도를 일정하게 하기 위하여

19. 상점 정면(facade) 구성에 요구되는 5가지 광고 요소(AIDMA 법칙)에 속하지 않는 것은?

① Attention(주의)
② Identity(개성)
③ Desire(욕구)
④ Memory(기억)

20. 사무소 건축의 오피스 랜드스케이핑 (office landscaping)에 관한 설명으로 옳지 않은 것은?

① 의사전달, 작업흐름의 연결이 용이하다.
② 일정한 기하학적 패턴에서 탈피한 형식이다.
③ 작업단위에 의한 그룹(group) 배치가 가능 하다.
④ 개인적 공간으로의 분할로 독립성 확보가 용이하다.

해설 및 정답

1. 아일랜드 전시는 입체전시물을 중심으로 전시공간에 배치하는 전시기법으로 대형전시물이나 군집 전시되는 소형 전시물의 경우에 유리하다.

2. 분관식(pavilion type : 분동식)
① 배치형식 : 평면분산식으로 각 건물은 3층 이하의 저층 건물로 외래진료부, 중앙(부속)진료부, 병동부를 각각 별동으로 하여 분산시키고 복도로 연결시키는 형식
② 특성
각 병실을 남향으로 할 수 있어 일조, 통풍조건이 좋아진다.
• 넓은 부지가 필요하며, 설비가 분산적이고 보행거리가 멀어진다.
• 내부환자는 주로 경사로를 이용한 보행 또는 들것으로 운반한다.

3. 중앙홀 형식은 중심부에 하나의 큰 홀을 두고 그 주위에 각 전시실을 배치하여 각 실을 자유로이 출입하는 형식이다.

4. 보차분리
① 평면분리 : 쿨드삭(Cul-de-sac), 루프(Loop), T자형, 열쇠자형
② 입체분리 : 오버브리지, 언더패스, 지상인공지반, 지하가, 다층구조지반

5. 해변호텔 – 리조트 호텔

6. 포스트 모더니즘은 기호학적 분절을 추구하였다.

7. 백화점의 기둥간격 결정요소
① 진열장(show case)의 치수와 배치방법
② 지하주차장의 주차방식과 주차 폭
③ 엘리베이터, 에스컬레이터의 배치

8. 부엌의 작업순서에 따른 작업대의 배열
준비 – 냉장고 – 싱크대(개수대) – 조리대 – 가열대 – 배선대

9. 폐가식은 서가와 열람실에서 감시가 불필요하나 대출절차가 복잡하고 관원의 작업량이 많다.

10. 르 코르뷔지에(Le Corbusier)의 근대건축 5원칙
① 필로티(Pilotis)
② 수평띠창(골조와 벽의 기능적 독립)
③ 자유로운 평면
④ 자유로운 퍼사드
⑤ 옥상정원

11. 사무소건축의 기준층 평면형태 결정요소
① 구조상 스팬의 한도
② 동선상의 거리
③ 각종 설비 시스템(덕트, 배선, 배관 등)상의 한계
④ 방화구획상 면적
⑤ 자연광에 의한 조명한계
⑥ 대피상 최대 피난거리

12. 플래툰형(platoon type, P형)
각 학급을 2분단으로 나누어 한 쪽이 일반교실을 사용할 때, 다른 한쪽은 특별교실을 사용한다. 미국의 초등학교에서 과밀화 해결을 위해 실시한 것이다.
① 장점
E형 정도로 이용률을 높이면서 동시에 학생의 이동을 정리할 수 있다. 교과담임제와 학급담임제를 병용할 수 있다.
② 단점
교사수가 부족할 때나 적당한 시설물이 없으면 설치하지 못하며, 시간을 배당하는데 상당한 노력이 든다.

13. ① – U자형, ③ – L자형, ④ – 직선형

14. ① 록 레일(lock rail) : 와이어 로프를 한 곳에 모아
　　서 조정하는 장소
　　② 사이클로라마(cyclorama) : 무대의 제일 뒤에 설
　　치되는 무대배경용의 벽
　　③ 슬라이딩 스테이지는 활주이동무대로 무대자체를
　　활주이동시켜 무대를 전환시키는 것

15. 봉정사 극락전 – 주심포식

16. 미나렛(minaret) : 사원이 있는 첨탑

17. ③ – 단층(flat)형

18. 톱날지붕으로 할 경우 채광창을 북측에 두어 자연채
　　광상 균일한 조도를 유지하게 한다.

19. 상점 정면(facade) 구성에 요구되는 5가지 광고 요소
　　(AIDMA 법칙)
　　① A(주의, Attention) : 주목시킬 수 있는 배려
　　② I(흥미, Interest) : 공감을 주는 호소력
　　③ D(욕망, Desire) : 욕구를 일으키는 연상
　　④ M(기억, Memory) : 인상적인 변화
　　⑤ A(행동, Action) : 들어가기 쉬운 구성

20. 개실식 배치는 개인적 공간으로의 분할로 독립성 확
　　보가 용이하다.

1. ④	2. ③	3. ①	4. ②	5. ①
6. ①	7. ②	8. ①	9. ④	10. ③
11. ③	12. ②	13. ②	14. ③	15. ④
16. ②	17. ③	18. ④	19. ②	20. ④

1. 장애인 · 노인 · 임산부 등의 편의증진 보장에 관한 법령에 따른 편의시설 중 매개시설에 속하지 않는 것은?

① 주출입구 접근로
② 유도 및 안내설비
③ 장애인전용 주차구역
④ 주출입구 높이차이 제거

2. 다음 중 사무소 건축의 기둥간격 결정 요소와 가장 거리가 먼 것은?

① 책상배치의 단위
② 주차배치의 단위
③ 엘리베이터의 설치 대수
④ 채광상 층높이에 의한 깊이

3. 우리나라 전통 한식주택에서 문골부분(개구부)의 면적이 큰 이유로 가장 적합한 것은?

① 겨울의 방한을 위해서
② 하절기 고온다습을 견디기 위해서
③ 출입하는데 편리하게 하기 위해서
④ 상부의 하중을 효과적으로 지지하기 위해서

4. 공장건축의 레이아웃(Lay out)에 관한 설명으로 옳지 않은 것은?

① 제품중심의 레이아웃은 대량생산에 유리하며 생산성이 높다.
② 레이아웃이란 공장건축의 평면요소간의 위치 관계를 결정하는 것을 말한다.
③ 고정식 레이아웃은 조선소와 같이 제품이 크고 수량이 적은 경우에 행해진다.
④ 중화학 공업, 시멘트 공업 등 장치공업 등은 시설의 융통성이 크기 때문에 신설시 장래성에 대한 고려가 필요 없다.

5. 메조넷형 아파트에 관한 설명으로 옳지 않은 것은?

① 다양한 평면구성이 가능하다.
② 소규모 주택에서는 비경제적이다.
③ 통로면적이 감소되며 유효면적이 증대된다.
④ 복도와 엘리베이터홀은 각 층마다 계획된다.

6. 고층밀집형 병원에 관한 설명으로 옳지 않은 것은?

① 병동에서 조망을 확보할 수 있다.
② 대지를 효과적으로 이용할 수 있다.
③ 각종 방재대책에 대한 비용이 높다.
④ 병원의 확장 등 성장변화에 대한 대응이 용이하다.

7. 주당 평균 40시간을 수업하는 어느 학교에서 음악실에서의 수업이 총 20시간이며 이 중 15시간은 음악시간으로 나머지 5시간은 학급 토론시간으로 사용되었다면, 이 음악실의 이용률과 순수율은?

① 이용률 37.5%, 순수율 75%
② 이용률 50%, 순수율 75%
③ 이용률 75%, 순수율 37.5%
④ 이용률 75%, 순수율 50%

8. 극장건축에서 무대의 제일 뒤에 설치되는 무대 배경용의 벽을 의미하는 것은?

① 사이클로라마
② 플라이 로프트
③ 플라이 갤러리
④ 그리드 아이언

9. 도서관의 출납시스템 중 자유개가식에 관한 설명으로 옳은 것은?

① 도서의 유지 관리가 용이하다.
② 책의 내용 파악 및 선택이 자유롭다.

③ 대출절차가 복잡하고 관원의 작업량이 많다.
④ 열람자는 직접 서가에 면하여 책의 표지 정도는 볼 수 있으나 내용은 볼 수 없다.

10. 미술관 전시실의 순회형식 중 연속순로 형식에 관한 설명으로 옳은 것은?

① 각 실을 필요시에는 자유로이 독립적으로 폐쇄할 수 있다.
② 평면적인 형식으로 2, 3개 층의 입체적인 방법은 불가능하다.
③ 많은 실을 순서별로 통하여야 하는 불편이 있으나 공간절약의 이점이 있다.
④ 중심부에 하나의 큰 홀을 두고 그 주위에 각 전시실을 배치하여 자유로이 출입하는 형식이다.

11. 서양 건축양식의 역사적인 순서가 옳게 배열된 것은?

① 로마 → 로마네스크 → 고딕 → 르네상스 → 바로크
② 로마 → 고딕 → 로마네스크 → 르네상스 → 바로크
③ 로마 → 로마네스크 → 고딕 → 바로크 → 르네상스
④ 로마 → 고딕 → 로마네스크 → 바로크 → 르네상스

12. 르네상스 교회 건축양식의 일반적 특징으로 옳은 것은?

① 타원형 등 곡선평면을 사용하여 동적이고 극적인 공간연출을 하였다.
② 수평을 강조하며 정사각형, 원 등을 사용하여 유심적 공간구성을 하였다.
③ 직사각형의 평면구성으로 볼트구조의 지붕을 구성하며 종탑을 설치하였다.
④ 로마네스크 건축의 반원아치를 발전시킨 첨두형 아치를 주로 사용하였다.

13. 아파트의 평면형식에 관한 설명으로 옳지 않은 것은?

① 홀형은 통행부 면적이 작아서 건물의 이용도가 높다.

② 중복도형은 대지 이용률이 높으나, 프라이버시가 좋지 않다.
③ 집중형은 채광·통풍 조건이 좋아 기계적 환경 조절이 필요하지 않다.
④ 홀형은 계단실 또는 엘리베이터 홀로부터 직접 주거 단위로 들어가는 형식이다.

14. 페리의 근린주구이론의 내용으로 옳지 않은 것은?

① 주민에게 적절한 서비스를 제공하는 1~2개소 이상의 상점가를 주요도로의 결절점에 배치하여야 한다.
② 내부 가로망은 단지 내의 교통량을 원활히 처리하고 통과교통에 사용되지 않도록 계획되어야 한다.
③ 근린주구의 단위는 통과교통이 내부를 관통하지 않고 용이하게 우회할 수 있는 충분한 넓이의 간선도로에 의해 구획되어야 한다.
④ 근린주구는 하나의 중학교가 필요하게 되는 인구에 대응하는 규모를 가져야 하고, 그 물리적 크기는 인구밀도에 의해 결정되어야 한다.

15. 다음 설명에 알맞은 백화점 진열장 배치방법은?

> • Main 통로를 직각 배치하며, Sub 통로를 45° 정도 경사지게 배치하는 유형이다.
> • 많은 고객이 매장공간의 코너까지 접근하기 용이하지만, 이형의 진열장이 많이 필요하다.

① 직각배치
② 방사배치
③ 사행배치
④ 자유유선배치

16. 다음 중 주심포식 건물이 아닌 것은?

① 강릉 객사문
② 서울 남대문
③ 수덕사 대웅전
④ 무위사 극락전

17. 극장건축의 음향계획에 관한 설명으로 옳지 않은 것은?

① 음향계획에 있어서 발코니의 계획은 될 수 있는 한 피하는 것이 좋다.

② 음의 반복 반사 현상을 피하기 위해 가급적 원형에 가까운 평면형으로 계획한다.

③ 무대에 가까운 벽은 반사체로 하고 멀어짐에 따라서 흡음재의 벽을 배치하는 것이 원칙이다.

④ 오디토리움 양쪽의 벽은 무대의 음을 반사에 의해 객석 뒷부분까지 이르도록 보강해 주는 역할을 한다.

18. 쇼핑센터의 특징적인 요소인 페데스트리언 지대 (pedestrian area)에 관한 설명으로 옳지 않은 것은?

① 고객에게 변화감과 다채로움, 자극과 흥미를 제공한다.

② 바닥면의 고저차를 많이 두어 지루함을 주지 않도록 한다.

③ 바닥면에 사용하는 재료는 주위 상황과 조화시켜 계획한다.

④ 사람들의 유동적 동선이 방해되지 않는 범위에서 나무나 관엽식물을 둔다.

19. 그리스 건축의 오더 중 도릭 오더의 구성에 속하지 않는 것은?

① 볼류트(volute)

② 프리즈(frieze)

③ 아바쿠스(abacus)

④ 에키누스(echinus)

20. 오피스 랜드스케이프(office landscape)에 관한 설명으로 옳지 않은 것은?

① 외부조경면적이 확대된다.

② 작업의 폐쇄성이 저하된다.

③ 사무능률의 향상을 도모한다.

④ 공간의 효율적 이용이 가능하다.

해설 및 정답

2. 사무소 건축의 기둥간격 결정 요소
① 책상배치 단위
② 채광상 층고에 의한 안깊이
③ 주차배치 단위

3. 문꼴부분의 면적이 큰 이유는 하기의 고온다습을 견디기 위해서이다.

4. 중화학공업, 시멘트공업 등 장치공업은 규모가 크고 연속작업이며, 고정도가 높아 레이아웃의 변경이 거의 불가능하며, 융통성이 적다.

5. 단층(flat)형은 각 호의 주어진 규모 가운데 각 실의 면적배분이 한 개층에서 끝나는 형으로 복도와 엘리베이터홀은 각 층마다 계획된다.

6. 집중식(block type : 개형식, 집약식)
① 배치형식 : 외래진료부, 중앙(부속)진료부, 병동부를 합쳐서 한 건물로 하고, 특히 병동부의 병동은 고층으로 하여 환자를 운송하는 형식
② 특성
• 일조, 통풍 등의 조건이 불리해지며, 각 병실의 환경이 균일하지 못하다.
• 관리가 편리하고 설비 등의 시설비가 적게 든다.

7. 이용률과 순수율

① 이용률 $= \dfrac{\text{교실이 사용되고 있는 시간}}{\text{1주간의 평균 수업시간}} \times 100(\%)$

$= \dfrac{20}{40} \times 100(\%) = 50\%$

② 순수율 $= \dfrac{\text{일정한 교과를 위해 사용되는 시간}}{\text{그 교실이 사용되고 있는 시간}} \times 100(\%)$

$= \dfrac{15}{20}\text{시간} \times 100(\%) = 75\%$

8. ① 플라이 로프트(fly loft)는 무대상부의 공간으로 이상적인 높이는 프로시니엄 높이의 4배 정도이다.

② 플라이 갤러리(fly gallery)는 그리드 아이언에 올라가는 계단과 연결되게 무대주위의 벽에 6~9m 높이로 설치되는 좁은 통로이다.
③ 그리드 아이언(grid iron)은 무대 천장밑에 설치한 격자철판으로 배경이나 조명기구 등이 매달린다.

9. ①, ③ – 폐가식, ④ – 반개가식

10. ① – 갤러리 및 코리도형식, ②, ④ – 중앙홀형식

11. 시대순
① 고대 – 이집트, 서아시아
② 고전 – 그리스, 로마
③ 중세 – 초기 기독교, 비잔틴, 사라센, 로마네스크, 고딕
④ 근세 – 르네상스, 바로크, 로코코

12. ① – 바로크 건축
② – 로마네스크 건축
④ – 고딕 건축

13. 홀(계단실)형은 채광·통풍 조건이 좋아 기계적 환경조절이 필요하지 않으며, 집중형은 채광·통풍 조건이 나빠 기계적 환경조절이 필요하다.

14. 초등학교 하나를 필요로 하는 인구가 적당하다.

15. 사행(사교)배치법은 주 통로를 직각배치하고, 부 통로를 45° 경사지게 배치하는 방법으로 좌우 주 통로에 가까운 길을 택할 수 있고, 주 통로에서 부 통로의 상품이 잘보인다. 그러나 이형의 판매대가 많이 필요하다.

16. 서울 남대문 – 다포식

17. 객석의 형이 원형이나 타원형일 경우 음이 집중되거나 불균등한 분포를 보이며, 에코가 형성되어 불리하다.

18. 바닥면의 고저차를 두어서는 안된다.

19. 볼류트(volute)는 이오니아 · 코린트식 오더의 소용
돌이(무늬)

20. 오피스 랜드스케이프(office landscape)는 외부
조경면적의 확대와는 무관하다.

1. ②	2. ③	3. ②	4. ④	5. ④
6. ④	7. ②	8. ①	9. ②	10. ③
11. ①	12. ②	13. ③	14. ④	15. ③
16. ②	17. ②	18. ②	19. ①	20. ①

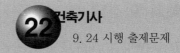
※ 본 기출문제는 수험자의 기억을 바탕으로 하여 복원한 문제이므로 실제 문제와 다를 수 있음을 미리 알려드립니다.

1. 「주택건축기준 등에 관한 규칙」에 따른 주택의 평면과 각 부위의 치수 및 기준척도에 관한 설명으로 옳지 않은 것은?

① 치수 및 기준척도는 안목치수를 원칙으로 한다.

② 거실 및 침실의 평면 각 변의 길이는 10cm를 단위로 한 것을 기준척도로 한다.

③ 거실 및 침실의 층높이는 2.4m 이상으로 하되, 5cm를 단위로 한 것을 기준척도로 한다.

④ 계단 및 계단참의 평면 각 변의 길이 또는 너비는 5cm를 단위로 한 것을 기준척도로 한다.

2. 메조넷형(maisonette type) 공동주택에 관한 설명으로 옳지 않은 것은?

① 주택내의 공간의 변화가 있다.

② 거주성, 특히 프라이버시가 높다.

③ 소규모 단위평면에 적합한 유형이다.

④ 양면 개구에 의한 통풍 및 채광 확보가 양호하다.

3. 다음의 은행계획에 대한 설명 중 옳지 않은 것은?

① 고객이 지나는 동선은 되도록 짧게 한다.

② 업무 내부의 일의 효율은 되도록 고객이 알기 어렵게 한다.

③ 주출입구에 전실을 둘 경우에는 바깥문으로 밖 여닫이 또는 자재문으로 할 수 있다.

④ 고객의 공간과 업무공간과의 사이에는 원칙적으로 구분이 있어야 한다.

4. 부엌공간에서 배선실은 어떤 용도로 쓰이는가?

① 세탁, 걸레빨기 및 잡품창고를 위한 공간

② 세탁, 다림질 및 재봉 등의 작업을 하는 공간

③ 연료 저장창고, 오물 처리시설 및 건조장 등의 옥외 작업공간

④ 식품, 식기 등을 저장하는 공간

5. 사무소 건축의 실단위 계획에 관한 설명으로 옳지 않은 것은?

① 개실 시스템은 독립성과 쾌적감의 이점이 있다.

② 개방식 배치는 전면적을 유용하게 이용할 수 있다.

③ 개방식 배치는 개실 시스템보다 공사비가 저렴하다.

④ 개실 시스템은 연속된 긴 복도로 인해 방깊이에 변화를 주기가 용이하다.

6. 미술관의 전시장 계획에 관한 설명 중 옳은 것은?

① 조명의 광원은 감추고 눈부심이 생기지 않는 방법으로 투사한다.

② 인공조명을 주로 하고 자연채광은 고려하지 않는다.

③ 광원의 위치는 수직벽면에 대해 10~25° 범위 내에서 상향조정이 좋다.

④ 회화를 감상하는 시점의 위치는 화면 대각선의 2배 거리가 가장 이상적이다.

7. 학교 운영방식에 관한 설명으로 옳지 않은 것은?

① 달톤형은 다양한 크기의 교실이 요구된다.

② 교과교실형은 각 교과교실의 순수율이 낮다는 단점이 있다.

③ 플래툰형은 교사수 및 시설이 부족하면 운영이 곤란하다는 단점이 있다.

④ 종합교실형은 학생의 이동이 없으며, 초등학교 저학년에 적합한 형식이다.

8. 쇼핑센터에서 고객의 주 보행동선으로서 중심상점과 각 전문점에서의 출입이 이루어지는 곳은?

① 몰(mall)

② 코트(court)

③ 터미널(terminal)

④ 페데스트리언 지대(pedestrian area)

9. 다음 중 주심포식 건물이 아닌 것은?

① 강릉 객사문
② 수덕사 대웅전
③ 서울 남대문
④ 무위사 극락전

10. 공장 건축의 레이아웃 계획에 관한 설명 중 옳지 않은 것은?

① 다품종 소량생산이나 주문생산 위주의 공장에는 공정중심의 레이아웃이 적합하다.
② 레이아웃 계획은 작업장 내의 기계설비 배치에 관한 것으로 공장규모 변화에 따른 융통성은 고려대상이 아니다.
③ 고정식 레이아웃은 조선소와 같이 제품이 크고 수량이 적을 경우에 적용된다.
④ 플랜트 레이아웃은 공장건축의 기본설계와 병행하여 이루어진다.

11. 병원의 간호사 대기소에 관한 설명 중 ( )안에 가장 알맞은 내용은?

> 1개의 간호사 대기소에서 관리할 수 있는 병상 수는 (㉮)개 이하로 하며, 간호사의 보행거리는 (㉯)m 이내가 되도록 한다.

① ㉮ 10~20 ㉯ 40
② ㉮ 20~30 ㉯ 40
③ ㉮ 30~40 ㉯ 24
④ ㉮ 40~50 ㉯ 24

12. 고대 그리스에서 사용된 오더로 가장 단순하고 심중한 느낌을 주며, 다른 오더와 달리 주초가 없는 것은?

① 도릭 오더
② 이오닉 오더
③ 코린티안 오더
④ 터스칸 오더

13. 사무소 건축의 엘리베이터 계획에 관한 설명으로 옳지 않은 것은?

① 대면배치에서 대면거리는 동일 군 관리의 경우는 3.5~4.5m로 한다.
② 여러 대의 엘리베이터를 설치하는 경우, 그룹별 배치와 군 관리 운전방식으로 한다.
③ 일렬 배치는 8대를 한도로 하고, 엘리베이터 중심 간 거리는 8m 이하가 되도록 한다.
④ 엘리베이터 홀은 엘리베이터 정원 합계의 50% 정도를 수용할 수 있어야 하며, 1인당 점유 면적은 $0.5{\sim}0.8m^2$로 계산한다.

14. 조선시대 다포식 목조건축의 특성으로 옳지 않은 것은?

① 주두와 소로의 형상은 굽의 하반부가 곡면
② 주심포식보다 덜 현저한 배흘림
③ 평방
④ 주간포작

15. 아파트의 평면형에 대한 설명 중 옳지 않은 것은?

① 홀형은 통행부의 면적이 많이 소요되나 동선이 길어 출입하는데 불편하다.
② 집중형은 기후조건에 따라 기계적 환경조절이 필요한 형이다.
③ 중복도형은 프라이버시가 좋지 않다.
④ 편복도형은 복도가 개방형이므로 각 호의 통풍 및 채광상 양호하다.

16. 주당 평균 40시간을 수업하는 어느 학교에서 음악실에서의 수업이 총 20시간이며 이 중 15시간은 음악시간으로 나머지 5시간은 학급토론 시간으로 사용되었다면, 이 교실의 이용률과 순수율은?

① 이용률 37.5%, 순수율 75%
② 이용률 50%, 순수율 75%
③ 이용률 75%, 순수율 37.5%
④ 이용률 75%, 순수율 50%

17. 상점계획에 대한 설명 중 옳지 않은 것은?

① 고객의 동선은 일반적으로 짧을수록 좋다.

② 점원의 동선과 고객의 동선은 서로 교차되지 않는 것이 바람직하다.

③ 대면판매 형식은 일반적으로 시계, 귀금속, 의약품, 상점 등에서 사용된다.

④ 진열케이스, 진열대, 진열장 등이 입구에서 안을 향하여 직선적으로 구성된 평면배치는 주로 침구코너, 식기코너, 서점 등에서 사용된다.

18. 호텔 계획에 관해 기술한 것 중 옳지 않은 것은?

① 호텔에서 가장 중요한 부분은 숙박부분으로 이에 따라 호텔형이 결정된다.

② 시티 호텔(city hotel)의 공용부분 또는 사교부분은 전체 연면적의 30%를 넘지 않는 것이 좋다.

③ 아파트먼트 호텔(apartment hotel)의 유니트에 주방이 부속되어 있어도 자체 식당과 주방은 둔다.

④ 호텔의 공용부분의 면적비가 가장 큰 것은 커머셜 호텔(commercial hotel)이다.

19. 극장의 평면 형식 중 애리나형에 관한 설명으로 옳지 않은 것은?

① 무대의 배경을 만들지 않으므로 경제성이 있다.

② 무대의 장치나 소품은 주로 낮은 가구들로 구성된다.

③ 연기는 한정된 액자 속에서 나타나는 구상화의 느낌을 준다.

④ 가까운 거리에서 관람하면서 가장 많은 관객을 수용할 수 있다.

20. 거주후평가(Post Occupancy Evaluation)에 대한 설명 중 옳지 않은 것은?

① 건축가의 직관과 경험에 의한 평가방법이다.

② 건물의 완공 후 거주자가 사용 중인 건물이 본래 계획된 기능을 제대로 수행하고 있는지 여부를 평가하는 것을 말한다.

③ 주요 평가요소로서 환경장치, 사용자, 주변환경, 디자인 활동 등이 고려되어야 한다.

④ 인터뷰, 답사, 관찰 등의 방법들을 이용하여 사용자의 반응을 조사한다.

해설 및 정답

1. 거실 및 침실의 평면 각 변의 길이는 5cm를 단위로 한 것을 기준척도로 한다.

2. 단층(flat)형은 각 호의 주어진 규모 가운데 각 실의 면적배분이 한 개층에서 끝나는 형으로 평면구성의 제약이 적으며, 작은 면적에서도 설계가 가능하다.

3. 은행내부 공간계획시 유의사항
① 고객의 공간과 업무공간과의 사이에는 원칙적으로 구분이 없어야 한다.
② 고객이 지나는 동선은 되도록 짧게 한다.
③ 업무내부의 일의 흐름은 되도록 고객이 알기 어렵게 한다.
④ 큰 건물의 경우 고객출입구는 되도록 1개소로 하고, 안으로 열리도록 한다.
⑤ 직원 및 내객의 출입구는 따로 설치하여 영업시간에 관계없이 열어둔다.

4. 배선실(pantry)은 규모가 큰 주택에서 부엌과 식당 사이에 식품, 식기 등을 저장하기 위해 설치한 공간이다.

5. 개실 시스템은 방 길이에는 변화를 줄 수 있지만, 연속된 복도 때문에 방 깊이에는 변화를 줄 수 없다.

6. ① 인공조명과 자연채광을 종합해서 고려한다.
② 광원의 위치는 눈부심방지를 위해 15~45°의 범위에 둔다.
③ 시점의 위치는 성인 1.5m를 기준으로 화면의 대각선에 1~1.5배를 이상적 거리 간격으로 잡는다.

7. 교과교실형은 각 교과교실의 순수율이 가장 높다는 장점이 있다.

8. 몰(mall)
① 몰은 고객의 주 보행동선으로서 중심상점과 각 전문점에서의 출입이 이루어지는 곳이다. 따라서, 확실한 방향성, 식별성이 요구되며, 고객에게 변화감과 다채로움, 자극과 흥미를 주며 쇼핑을 유쾌하게 할 수 있도록 한다.
② 전문점들과 중심상점의 주출입구는 몰에 면하도록 한다.
③ 몰에는 자연광을 끌어들여 외부공간과 같은 성격을 갖게 한다. 또한 시간에 따른 공간감의 변화, 인공조명과의 대비효과 등을 얻을 수 있도록 한다.
④ 다층 및 각층간의 시야가 개방감이 적극적으로 고려되어야 한다.
⑤ 몰에는 층외로 개방된 오픈 몰(open mall)과 실내공간으로 된 인클로즈드 몰(enclosed mall)이 있다. 일반적으로 공기조화에 의해 쾌적한 실내기후로 유지할 수 있는 인클로즈드 몰이 선호된다. 몰의 폭은 6~12m가 일반적이며, 중심 상점들 사이의 몰의 길이는 240m를 초과하지 않아야 하며, 길이 20~30m마다 변화를 주어 단조로운 느낌이 들지 않도록 하는 것이 바람직하다.

9. 다포식 – 서울 남대문(1,448년)

10. 공장건축의 레이아웃(layout)
① 공장사이의 여러 부분, 작업장내의 기계설비, 작업자의 작업구역, 자재나 제품을 두는 곳 등 상호 위치관계를 가리키는 곳을 말한다.
② 장래 공장규모의 변화에 대응한 융통성이 있어야 한다.
③ 공장 생산성이 미치는 영향이 크고, 공장 배치계획, 평면계획시 레이아웃을건축적으로 종합한 것이 되어야 한다.

11. ① 1간호단위 : 1조(8~10명)의 간호원이 간호하기에 적절한 병상수로 25베드가 이상적이며, 보통 30~40베드이다.
② 간호원의 보행거리 : 보행거리는 24m 이내로 환자를 돌보기 쉽도록 병실군의 중앙에 위치하게 한다.

해설 및 정답

12. 고대 그리스건축에서 도리아식은 가장 오래된 양식으로 단순하고 장중한 느낌을 주며, 다른 주범과 달리 주초가 없다.

13. 4대 이하는 직선으로 배치하고, 6대 이상은 앨코브 또는 대면배치가 효과적이다.

15. 홀형은 통행부의 면적이 작게 소요되며, 동선이 짧아 출입하는데 편리하다.

16. 교실의 이용률과 순수율

① 이용률 $= \dfrac{\text{교실이 사용되고 있는 시간}}{\text{1주간의 평균 수업시간}} \times 100(\%)$

$= \dfrac{20}{40} \times 100(\%) = 50\%$

② 순수율 $= \dfrac{\text{일정한 교과를 위해 사용되는 시간}}{\text{그 교실이 사용되고 있는 시간}} \times 100(\%)$

$= \dfrac{20-5}{20}$ 시간 $\times 100(\%) = 75\%$

17. 가구 배치계획시에 상점내의 동선은 길고 원활하게 하며, 고객 동선은 가능한 한 길게, 종업원 동선은 되도록 짧게 하여 보행거리를 적게 하며, 고객 동선과 교차되지 않도록 한다.

18. 호텔 연면적에 대한 숙박부분의 면적비가 가장 큰 것은 커머셜 호텔이고, 공용부분의 면적비가 가장 큰 것은 아파트먼트 호텔이다.

19. 애리나(arena, central stage)형
① 관객이 360° 둘러싼 형으로 가까운 거리에서 관람하게 되며, 가장 많은 관객을 수용할 수 있다.
② 배경을 만들지 않으므로 경제적이다.
③ 무대배경은 주로 낮은 가구로 구성된다.

20. 거주후 평가(POE : Post-Occupancy Evaluation)란 건축물이 완공된 후 사용중인 건축물이 본래의 기능을 제대로 수행하고 있는 지의 여부를 인터뷰, 현지답사, 관찰 및 기타 방법들을 이용하여 거주후 사용자들의 반응을 진단, 연구하는 과정을 말한다.

1. ②	2. ③	3. ④	4. ④	5. ④
6. ①	7. ②	8. ①	9. ③	10. ②
11. ③	12. ①	13. ③	14. ①	15. ①
16. ②	17. ①	18. ④	19. ③	20. ①

※ 본 기출문제는 수험자의 기억을 바탕으로 하여 복원한 문제이므로 실제 문제와 다를 수 있음을 미리 알려드립니다.

1. 공동주택을 건설하는 주택단지는 기간도로와 접하거나 기간도로로부터 당해 단지에 이르는 진입도로가 있어야 한다. 주택단지의 총세대수가 400세대인 경우 기간 도로와 접하는 폭 또는 진입도로의 폭은 최소 얼마 이상이어야 하는가? (단, 진입도로가 1개이며, 원룸형 주택이 아닌 경우)

① 4m   ② 6m

③ 8m   ④ 12m

2. 메조넷형(maisonette type) 공동주택에 관한 설명으로 옳지 않은 것은?

① 주택내의 공간의 변화가 있다.

② 거주성, 특히 프라이버시가 높다.

③ 소규모 단위평면에 적합한 유형이다.

④ 양면 개구에 의한 통풍 및 채광 확보가 양호하다.

3. 다음의 은행계획에 대한 설명 중 옳지 않은 것은?

① 고객이 지나는 동선은 되도록 짧게 한다.

② 업무 내부의 일의 효율은 되도록 고객이 알기 어렵게 한다.

③ 주출입구에 전실을 둘 경우에는 바깥문으로 밖여닫이 또는 자재문으로 할 수 있다.

④ 고객의 공간과 업무공간과의 사이에는 원칙적으로 구분이 있어야 한다.

4. 주택의 거실계획에 관한 설명으로 옳지 않은 것은?

① 거실에서 문이 열린 침실의 내부가 보이지 않게 한다.

② 거실이 다른 공간들을 연결하는 단순한 통로의 역할이 되지 않도록 한다.

③ 거실의 출입구에서 의자나 소파에 앉을 경우 동선이 차단되지 않도록 한다.

④ 일반적으로 전체 연면적의 10~15% 정도의 규모로 계획하는 것이 바람직하다.

5. 사무소 건축의 실단위 계획에 관한 설명으로 옳지 않은 것은?

① 개실 시스템은 독립성과 쾌적감의 이점이 있다.

② 개방식 배치는 전면적을 유용하게 이용할 수 있다.

③ 개방식 배치는 개실 시스템보다 공사비가 저렴하다.

④ 개실 시스템은 연속된 긴 복도로 인해 방 깊이에 변화를 주기가 용이하다.

6. 미술관의 전시장 계획에 관한 설명 중 옳은 것은?

① 조명의 광원은 감추고 눈부심이 생기지 않는 방법으로 투사한다.

② 인공조명을 주로 하고 자연채광은 고려하지 않는다.

③ 광원의 위치는 수직벽면에 대해 10~25°의 범위 내에서 상향조정이 좋다.

④ 회화를 감상하는 시점의 위치는 화면 대각선의 2배 거리가 가장 이상적이다.

7. 학교 운영방식에 관한 설명으로 옳지 않은 것은?

① 달톤형은 다양한 크기의 교실이 요구된다.

② 교과교실형은 각 교과교실의 순수율이 낮다는 단점이 있다.

③ 플래툰형은 교사수 및 시설이 부족하면 운영이 곤란하다는 단점이 있다.

④ 종합교실형은 학생의 이동이 없으며, 초등학교 저학년에 적합한 형식이다.

8. 쇼핑센터의 특징적인 요소인 페데스트리언 지대 (pedestrian area)에 관한 설명으로 옳지 않은 것은?

① 고객에게 변화감과 다채로움, 자극과 흥미를 제공한다.
② 바닥면의 고저차를 많이 두어 지루함을 주지 않도록 한다.
③ 바닥면에 사용하는 재료는 주위 상황과 조화시켜 계획한다.
④ 사람들의 유동적 동선이 방해되지 않는 범위에서 나무나 관엽식물을 둔다.

9. 한국 전통건축물의 공포 양식이 옳게 연결된 것은?

① 남대문 – 다포 양식
② 동대문 – 주심포 양식
③ 강릉 오죽헌 – 주심포 양식
④ 부석사 무량수전 – 익공 양식

10. 공장 건축의 레이아웃 계획에 관한 설명 중 옳지 않은 것은?

① 다품종 소량생산이나 주문생산 위주의 공장에는 공정중심의 레이아웃이 적합하다.
② 레이아웃 계획은 작업장 내의 기계설비 배치에 관한 것으로 공장규모 변화에 따른 융통성은 고려대상이 아니다.
③ 고정식 레이아웃은 조선소와 같이 제품이 크고 수량이 적을 경우에 적용된다.
④ 플랜트 레이아웃은 공장건축의 기본설계와 병행하여 이루어진다.

11. 병원의 간호사 대기소에 관한 설명 중 (   )안에 가장 알맞은 내용은?

> 1개의 간호사 대기소에서 관리할 수 있는 병상 수는 (㉮)개 이하로 하며, 간호사의 보행거리는 (㉯)m 이내가 되도록 한다.

① ㉮ 10~20 ㉯ 40
② ㉮ 20~30 ㉯ 40
③ ㉮ 30~40 ㉯ 24
④ ㉮ 40~50 ㉯ 24

12. 고대 이집트의 분묘 건축 형태에 속하지 않는 것은?

① 인슐라   ② 피라미드
③ 암굴분묘   ④ 마스타바

13. 사무소 건축의 엘리베이터 계획에 관한 설명으로 옳지 않은 것은?

① 대면배치에서 대면거리는 동일 군 관리의 경우는 3.5~4.5m로 한다.
② 여러 대의 엘리베이터를 설치하는 경우, 그룹별 배치와 군 관리 운전방식으로 한다.
③ 일렬 배치는 8대를 한도로 하고, 엘리베이터 중심 간 거리는 8m 이하가 되도록 한다.
④ 엘리베이터 홀은 엘리베이터 정원 합계의 50% 정도를 수용할 수 있어야 하며, 1인당 점유 면적은 0.5~0.8m² 로 계산한다.

14. 공포형식 중 다포식에 관한 설명으로 옳지 않은 것은?

① 다포식 건축물로는 서울 숭례문(남대문) 등이 있다.
② 기둥 상부 이외에 기둥 사이에도 공포를 배열한 형식이다.
③ 규모가 커지면서 내부출목보다는 외부출목이 점차 많아졌다.
④ 주심포식에 비해서 지붕하중을 등분포로 전달할 수 있는 합리적인 구조법이다.

15. 아파트의 평면형에 대한 설명 중 옳지 않은 것은?

① 홀형은 통행부의 면적이 많이 소요되나 동선이 길어 출입하는데 불편하다.

② 집중형은 기후조건에 따라 기계적 환경조절이 필요한 형이다.

③ 중복도형은 프라이버시가 좋지 않다.

④ 편복도형은 복도가 개방형이므로 각 호의 통풍 및 채광상 양호하다.

16. 어느 학교의 1주간의 평균수업시간이 40시간인데 제도교실이 사용되는 시간은 20시간이다. 그 중 4시간은 다른 과목을 위해 사용된다. 제도교실의 이용률과 순수율은 각각 얼마인가?

① 이용률 20%, 순수율 50%

② 이용률 50%, 순수율 20%

③ 이용률 50%, 순수율 80%

④ 이용률 80%, 순수율 50%

17. 상점계획에 대한 설명 중 옳지 않은 것은?

① 고객의 동선은 일반적으로 짧을수록 좋다.

② 점원의 동선과 고객의 동선은 서로 교차되지 않는 것이 바람직하다.

③ 대면판매 형식은 일반적으로 시계, 귀금속, 의약품, 상점 등에서 사용된다.

④ 진열케이스, 진열대, 진열장 등이 입구에서 안을 향하여 직선적으로 구성된 평면배치는 주로 침재코너, 식기코너, 서점 등에서 사용된다.

18. 호텔 계획에 관해 기술한 것 중 옳지 않은 것은?

① 호텔에서 가장 중요한 부분은 숙박부분으로 이에 따라 호텔형이 결정된다.

② 시티 호텔(city hotel)의 공용부분 또는 사교부분은 전체 연면적의 30%를 넘지 않는 것이 좋다.

③ 아파트먼트 호텔(apartment hotel)의 유니트에 주방이 부속되어 있어도 자체 식당과 주방은 둔다.

④ 호텔의 공용부분의 면적비가 가장 큰 것은 커머셜 호텔(commercial hotel)이다.

19. 극장의 평면 형식 중 애리나형에 관한 설명으로 옳지 않은 것은?

① 무대의 배경을 만들지 않으므로 경제성이 있다.

② 무대의 장치나 소품은 주로 낮은 가구들로 구성된다.

③ 연기는 한정된 액자 속에서 나타나는 구상화의 느낌을 준다.

④ 가까운 거리에서 관람하면서 가장 많은 관객을 수용할 수 있다.

20. 도서관의 출납시스템 중 자유개가식에 관한 설명으로 옳은 것은?

① 도서의 유지 관리가 용이하다.

② 책의 내용 파악 및 선택이 자유롭다.

③ 대출절차가 복잡하고 관원의 작업량이 많다.

④ 열람자는 직접 서가에 면하여 책의 표지 정도는 볼 수 있으나 내용은 볼 수 없다.

해설 및 정답

2. 복층(duplex, maisonnette)형
한 주호가 2개층 이상에 걸쳐 구성되는 형으로 주택내의 공간의 변화가 있다.
　① 장점
　• 엘리베이터의 정지층수가 적어지므로 운영면에서 경제적이고 효율적이다.
　• 복도가 없는 층은 남북면이 트여져 있으므로 평면계획상 좋은 구성이 가능하다.
　• 통로면적이 감소되고 유효면적이 증대된다.
　• 독립성이 가장 좋다.
　② 단점
　• 복도가 없는 층은 피난상 불리하다.
　• 소규모 주거에서는 비경제적이다.

3. 고객의 공간과 업무공간과의 사이에는 원칙적으로 구분이 없어야 한다.

4. 거실의 면적구성비 : 건축 연면적의 30% 정도

5. 개실 시스템은 연속된 긴 복도로 인해 방 길이에는 변화를 줄 수 있지만, 방깊이에는 변화를 줄 수 없다.

6. ① 조명설계는 인공조명과 자연채광을 종합해서 고려한다.
　② 벽면전시물에 대한 광원의 위치는 눈부심방지를 위해 15~45°의 범위에 둔다.
　③ 시점의 위치는 성인 1.5m를 기준으로 화면대각선에 1~1.5배를 이상적 거리 간격으로 잡는다.

7. 교과교실(특별교실, V)형은 모든 교실이 특정교과를 위해 만들어지고, 일반교실이 없는 형으로 학생들은 교과목이 바뀔 때마다 해당 교과교실을 찾아 수업을 듣는 방식이다. 이는 학교의 운영방식 중 순수율이 가장 높다는 장점을 가지고 있다.

8. 페데스트리언 지대는 쇼핑센터의 가장 특징적인 요소로서 고객에게 변화감과 다채로움, 자극과 변화와 흥미를 주며, 쇼핑을 유쾌하게 할 뿐만 아니라 휴식할 수 있는 장소를 마련하여 주는데 그 중요성이 있다. 그러나 쇼핑센터 뿐만 아니라 판매시설에는 바닥면의 고저차를 두어서는 안된다.

9. ① 동대문 – 다포 양식
　② 강릉 오죽헌 – 익공 양식
　③ 부석사 무량수전 – 주심포 양식

10. 공장건축의 레이아웃(layout)
　① 공장사이의 여러 부분, 작업장내의 기계설비, 작업자의 작업구역, 자재나 제품을 두는 곳 등 상호 위치관계를 가리키는 곳을 말한다.
　② 장래 공장규모의 변화에 대응한 융통성이 있어야 한다.
　③ 공장 생산성이 미치는 영향이 크고, 공장 배치계획, 평면계획시 레이아웃을 건축적으로 종합한 것이 되어야 한다.

11. 1간호단위는 30~40베드 정도이고, 간호원의 보행거리는 24m 이내로 한다.

12. 인슐라(Insula)는 로마건축의 다층 집합주거건물이다.

13. 4대 이하는 직선으로 배치하고, 6대 이상은 앨코브 또는 대면배치가 효과적이다.

14. 규모가 커지면서 외부출목보다는 내부출목이 점차 많아졌다.

15. 계단실(홀)형(direct access hall system)
　① 장점
　• 통행부의 면적이 작으므로 건물의 이용도가 높다.
　• 출입이 편하다.
　• 독립성이 좋다.

② 단점 : 고층 아파트일 경우 각 계단실마다 엘리베이터를 설치해야 하므로 시설비가 많이 든다.

16. 교실의 이용률과 순수율

① 이용률 = $\dfrac{\text{교실이 사용되고 있는 시간}}{\text{1주간의 평균 수업시간}} \times 100(\%)$

$= \dfrac{20}{40} \times 100(\%) = 50\%$

② 순수율 = $\dfrac{\text{일정한 교과를 위해 사용되는 시간}}{\text{그 교실이 사용되고 있는 시간}} \times 100(\%)$

$= \dfrac{20-4}{20}$ 시간$\times 100(\%) = 80\%$

17. 고객의 동선은 가능한 한 길게, 종업원의 동선은 가능한 한 짧게 한다.

18. 호텔 연면적에 대한 공용부분의 면적비가 가장 큰 것은 아파트먼트 호텔이고, 숙박부분의 면적비가 가장 큰 것은 커머셜 호텔이다.

19. ③ – 프로시니엄형

20. ①, ③ – 폐가식, ④ – 안전개가식

1. ③	2. ③	3. ④	4. ④	5. ④
6. ①	7. ②	8. ②	9. ①	10. ②
11. ③	12. ①	13. ③	14. ③	15. ①
16. ③	17. ①	18. ④	19. ③	20. ②

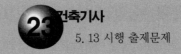
※ 본 기출문제는 수험자의 기억을 바탕으로 하여 복원한 문제이므로 실제 문제와 다를 수 있음을 미리 알려드립니다.

1. 주택의 동선계획에 관한 설명으로 옳지 않은 것은?

① 동선은 가능한 굵고 짧게 계획하는 것이 바람직하다.

② 동선의 3요소 중 속도는 동선의 공간적 두께를 의미한다.

③ 개인, 사회, 가사노동권의 3개 동선은 상호간 분리하는 것이 좋다.

④ 화장실, 현관 등과 같이 사용빈도가 높은 공간은 동선을 짧게 처리하는 것이 중요하다.

2. 한국건축에 관한 설명으로 옳지 않은 것은?

① 대부분의 한국건축은 인간적 척도 개념을 나타내는 특징이 있다.

② 기둥의 안쏠림으로 건축의 외관에 시지각적인 안정감을 느끼게 하였다.

③ 한국건축은 서양건축과 달리 박공면이 정면이 되고 지붕면이 측면이 된다.

④ 한국건축은 공간의 위계성이 있어 각 공간의 관계가 주(主)와 종(從)의 관계를 갖는다.

3. 다음의 서양건축에 대한 설명 중 옳지 않은 것은?

① 로마 건축의 기둥에는 그리이스 건축의 오더 이외에 터스칸 오더, 콤포지트 오더가 사용되었다.

② 고딕 건축은 수직적인 요소가 특히 강조되었다.

③ 비잔틴 건축은 사라센 문화의 영향을 받았으며 동양적 요소가 가미되었다.

④ 로마네스크 건축은 내부보다는 외부의 장식에 치중하였으며, 바실리카에 비하면 단순하고 간소하다.

4. 다음 설명에 알맞은 백화점 진열장 배치방법은?

> • Main 통로를 직각 배치하며, Sub 통로를 45° 정도 경사지게 배치하는 유형이다.
> • 많은 고객이 매장공간의 코너까지 접근하기 용이하지만, 이형의 진열장이 많이 필요하다.

① 직각배치　　　② 방사배치

③ 사행배치　　　④ 자유유선배치

5. 다음 중 도서관에서 장서가 60만권일 경우 능률적인 작업용량으로서 가장 적정한 서고의 면적은?

① 3,000m²　　　② 4,500m²

③ 5,000m²　　　④ 6,000m²

6. 극장의 프로시니엄에 관한 설명으로 옳은 것은?

① 무대배경용 벽을 말하며 쿠펠 호리존트라고도 한다.

② 조명기구나 사이클로라마를 설치한 연기부분 무대의 후면 부분을 일컫는다.

③ 무대의 천장 밑에 설치되는 것으로 배경이나 조명기구 등을 매다는데 사용된다.

④ 그림에 있어서 액자와 같이 관객의 시선을 무대에 쏠리게 하는 시각적 효과를 갖는다.

7. 주택단지 내 도로의 형태 중 쿨데삭(cul-de-sac) 형에 관한 설명으로 옳지 않은 것은?

① 보차분리가 이루어진다.

② 보행로의 배치가 자유롭다.

③ 주거환경의 쾌적성 및 안전성 확보가 용이하다.

④ 대규모 주택단지에 주로 사용되며, 최대 길이는 1km 이하로 한다.

8. 호텔 건축에 관한 설명으로 옳은 것은?

① 호텔의 동선에서 물품동선과 고객동선은 교차시키는 것이 좋다.
② 프론트 오피스는 수평동선이 수직동선으로 전이되는 공간이다.
③ 현관은 퍼블릭 스페이스의 중심으로 로비, 라운지와 분리하지 않고 통합시킨다.
④ 주식당은 숙박객 및 외래객을 대상으로 하며, 외래객이 편리하게 이용할 수 있도록 출입구를 별도로 설치하는 것이 좋다.

9. 병원건축에 있어서 파빌리온 타입(pavilion type)에 관한 설명으로 옳은 것은?

① 대지 이용의 효율성이 높다.
② 고층 집약식 배치형식을 갖는다.
③ 각 실의 채광을 균등히 할 수 있다.
④ 도심지에서 주로 적용되는 형식이다.

10. 아파트의 평면형식에 관한 설명으로 옳지 않은 것은?

① 홀형은 통행부 면적이 작아서 건물의 이용도가 높다.
② 중복도형은 대지 이용률이 높으나, 프라이버시가 좋지 않다.
③ 집중형은 채광·통풍 조건이 좋아 기계적 환경 조절이 필요하지 않다.
④ 홀형은 계단실 또는 엘리베이터 홀로부터 직접 주거 단위로 들어가는 형식이다.

11. 다음 중 사무소 건축에서 기준층 평면형태의 결정요소와 가장 거리가 먼 것은?

① 동선상의 거리
② 구조상 스팬의 한도
③ 사무실 내의 책상 배치 방법
④ 덕트, 배선, 배관 등 설비시스템상의 한계

12. 공장건축의 레이아웃(Lay out)에 관한 설명으로 옳지 않은 것은?

① 제품중심의 레이아웃은 대량생산에 유리하며 생산성이 높다.
② 레이아웃이란 공장건축의 평면요소간의 위치 관계를 결정하는 것을 말한다.
③ 고정식 레이아웃은 조선소와 같이 제품이 크고 수량이 적은 경우에 행해진다.
④ 중화학 공업, 시멘트 공업 등 장치공업 등은 시설의 융통성이 크기 때문에 신설시 장래성에 대한 고려가 필요 없다.

13. 쇼핑센터의 공간구성에서 페디스트리언 지대(Pedestrian area)의 일부로서 고객을 각 상점에 유도하는 주요 보행자 동선인 동시에 고객의 휴식처로서 기능을 갖고 있는 것은?

① 몰(Mall)
② 코트(Court)
③ 핵상점(Magnet store)
④ 허브(Hub)

14. 은행건축계획에 관한 설명으로 옳지 않은 것은?

① 고객과 직원과의 동선이 중복되지 않도록 계획한다.
② 대규모 은행일 경우 고객의 출입구는 되도록 1개소로 계획한다.
③ 이중문을 설치할 경우 바깥문은 바깥 여닫이 또는 자재문으로 계획한다.
④ 어린이의 출입이 많은 경우에는 주출입구에 회전문을 설치하는 것이 좋다.

15. 다음 설명에 알맞은 학교운영방식은?

> 각 학급을 2분단으로 나누어 한 쪽이 일반 교실을 사용할 때, 다른 한 쪽은 특별교실을 사용한다.

① 달톤형　　　　　　② 플래툰형
③ 개방 학교　　　　　④ 교과교실형

16. 다음은 객석의 가시거리에 관한 설명이다. ( ) 안에 알맞은 것은?

연극 등을 감상하는 경우 연기자의 표정을 읽을 수 있는 가시한계는 (㉠) 정도이다. 그러나 실제적으로 극장에서는 잘 보여야 하는 동시에 많은 관객을 수용해야 하므로 (㉡)까지를 제1차 허용한도로 한다.

① ㉠ 10m, ㉡ 22m　　② ㉠ 15m, ㉡ 22m

③ ㉠ 10m, ㉡ 25m　　④ ㉠ 15m, ㉡ 25m

17. 다음 중 건축요소와 해당 건축요소가 사용된 건축 양식의 연결이 옳지 않은 것은?

① 장미창(Rose Window) – 고딕

② 러스티케이션(Rustication) – 르네상스

③ 첨두아치(Pointed Arch) – 로마네스크

④ 펜덴티브 돔(Pendentive Done) – 비잔틴

18. 사무소 건축에서 엘리베이터 계획 시 고려사항으로 옳지 않은 것은?

① 수량 계산 시 대상 건축물의 교통수요량에 적합해야 한다.

② 승객의 층별 대기시간은 평균 운전간격 이상이 되게 한다.

③ 군관리운전의 경우 동일 군내의 서비스 층은 같게 한다.

④ 초고층, 대규모 빌딩인 경우는 서비스 그룹을 분할(조닝)하는 것을 검토한다.

19. 미술관의 전시실 순회형식 중 많은 실을 순서별로 통해야 하고, 1실을 폐쇄할 경우 전체 동선이 막히게 되는 것은?

① 중앙홀 형식

② 연속순회형식

③ 갤러리(gallery) 형식

④ 코리더(corridor) 형식

20. 다음 중 상점 정면(Facade) 구성에 요구되는 상점과 관련되는 5가지 광고요소(AIDMA 법칙)에 속하지 않는 것은?

① Attention(주의)

② Interest(흥미)

③ Design(디자인)

④ Memory(기억)

해설 및 정답

1. 동선의 3요소는 속도, 빈도, 하중으로 동선의 공간적 두께는 하중을 의미한다.

2. 한국건축은 서양건축과 달리 지붕면이 정면이 되고 박공면이 측면이 된다.

3. 로코코건축은 내부보다는 외부의 장식에 치중하였으며, 로마네스크건축은 장축형 평면(라틴 십자가)과 종탑이 추가 사용됨(피사의 대성당, 세례당, 종탑)

4. 사행(사교)배치법은 주 통로를 직각배치하고, 부 통로를 45° 경사지게 배치하는 방법으로 좌우 주 통로에 가까운 길을 택할 수 있고, 주 통로에서 부 통로의 상품이 잘 보인다. 그러나 이형(서로 다른 형태)의 판매대가 많이 필요하다.

5. 서고의 수장능력 – 150~250권/㎡(평균 200권/㎡)
600,000권 ÷ 150~250권/㎡(평균 200권/㎡)
= 약 3,000㎡

6. ① 사이클로라마(cyclorama) : 무대의 제일 뒤에 설치되는 무대배경용의 벽으로 호리존트(horizont)라 한다.
② 액팅 에리어(acting area, 연기부분무대) : 앞무대에 대해서 커튼라인 안쪽 무대
③ 그리드 아이언(grid iron, 격자철판) : 무대의 천장 밑에 위치하는 곳에 철골로 촘촘히 깔아 바닥을 이루게 한 것으로 여기에 배경이나 조명기구, 연기자 또는 음향반사판 등을 매어 달 수 있게 한 장치
④ 프로시니엄(proscenium) : 그림에 있어서 액자와 같이 관객의 눈을 무대로 쏠리게 하는 시각적 효과

7. 쿨데삭(cul-de-sac)의 적정길이는 120m에서 300m까지를 최대로 제한하고 있다.

8. ① 호텔의 동선에서 물품동선과 고객동선은 분리시키는 것이 좋다.
② 로비는 수평동선이 수직동선으로 전이되는 공간이며, 퍼블릭 스페이스의 중심으로 휴식, 면회, 담화, 독서 등 다목적으로 사용되는 공간이다.
③ 현관은 호텔의 외부 접객장소로서 로비, 라운지와 분리한다.

9. 분관식(pavilion type ; 분동식)
평면분산식으로 각 건물은 3층 이하의 저층 건물로 외래진료부, 중앙(부속)진료부, 병동부를 각각 별동으로 하여 분산시키고 복도로 연결시키는 형식
① 각 병실을 남향으로 할 수 있어 각실의 채광조건을 균등히 할 수 있고, 일조, 통풍조건이 좋아진다.
② 넓은 부지가 필요하며, 설비가 분산적이고 보행거리가 멀어진다.
③ 내부환자는 주로 경사로를 이용한 보행 또는 들것으로 운반한다.

10. 집중형은 채광·통풍 조건이 극히 불리하여 기계적 환경조절이 반드시 필요하다.

11. 사무소 건축의 기준층 평면형태 결정요소
① 구조상 스팬의 한도
② 동선상의 거리
③ 각종 설비 시스템(덕트, 배선, 배관 등)상의 한계
④ 방화구획상 면적
⑤ 자연광에 의한 조명한계
⑥ 대피상 최대 피난거리

12. 중화학공업, 시멘트공업 등 장치공업은 규모가 크고 연속작업이며, 고정도가 높아 레이아웃의 변경이 거의 불가능하며, 융통성이 적다.

13. 몰은 고객의 주 보행동선으로서 중심상점과 각 전문점에서의 출입이 이루어지는 곳이며, 고객의 휴식처로서 기능을 갖고 있는 것은 코트(Court)이다.

14. 어린이들의 출입이 많은 곳에는 회전문이 위험하므로 사용하지 않는 것이 좋다.

15. 플래툰형(platoon type, P형)

각 학급을 2분단으로 나누어 한 쪽이 일반교실을 사용할 때, 다른 한쪽은 특별교실을 사용한다.

① 장점

E형 정도로 이용률을 높이면서 동시에 학생의 이동을 정리할 수 있다. 교과담임제와 학급담임제를 병용할 수 있다.

② 단점

교사수가 부족할 때나 적당한 시설물이 없으면 설치하지 못하며, 시간을 배당하는데 상당한 노력이 든다.

16. 관객석의 가시거리

① A구역 : 배우의 표정이나 동작을 상세히 감상할 수 있는 시선거리의 생리적 한도는 15m이다.(인형극이나 아동극)

② B구역 : 실제의 극장건축에서는 될 수 있는 한 수용을 많이 하려는 생각에서 22m까지를 1차 허용한도로 정한다.(국악, 신극, 실내악)

17. 첨두 아치(pointed arch) – 고딕건축

18. ① 승객의 층별 대기시간은 평균 운전간격 이하이 되게 한다.

② 엘리베이터가 한 층에서 승객을 태우기 위한 시간은 10초로 한다.

19. 미술관 전시실의 연속 순회(순로)형식

구형 또는 다각형의 각 전시실을 연속적으로 연결하는 형식

① 단순하고 공간이 절약된다.

② 소규모 전시실에 적합하다.

③ 전시벽면을 많이 만들 수 있다.

④ 많은 실을 순서별로 통해야 하고, 1실을 닫으면 전체 동선이 막히게 된다.

20. 상점 정면(Facade) 구성에 요구되는 5가지 광고요소 (AIDMA 법칙)

① 주의(attention) ② 흥미(interest)

③ 욕망(desire) ④ 기억(memory)

⑤ 행동(action)

1. ②	2. ③	3. ④	4. ③	5. ①
6. ④	7. ④	8. ④	9. ③	10. ③
11. ③	12. ④	13. ①	14. ④	15. ②
16. ②	17. ③	18. ②	19. ②	20. ③

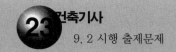
※ 본 기출문제는 수험자의 기억을 바탕으로 하여 복원한 문제이므로 실제 문제와 다를 수 있음을 미리 알려드립니다.

1. 호텔계획에 관한 설명으로 옳지 않은 것은?

① 시티 호텔은 대부분 고밀도의 고층형이다.

② 호텔의 적정규모는 일반적으로 시장성을 따른다.

③ 리조트 호텔의 건축형식은 주변 조건에 따라 자유롭게 이루어진다.

④ 커머셜 호텔은 일반적으로 리조트 호텔에 비해 넓은 공공공간(public space)을 갖는다.

2. 공장건축의 레이아웃(Lay out)에 관한 설명으로 옳지 않은 것은?

① 제품중심의 레이아웃은 대량생산에 유리하며 생산성이 높다.

② 레이아웃이란 공장건축의 평면요소간의 위치 관계를 결정하는 것을 말한다.

③ 고정식 레이아웃은 조선소와 같이 제품이 크고 수량이 적은 경우에 행해진다.

④ 중화학 공업, 시멘트 공업 등 장치공업 등은 시설의 융통성이 크기 때문에 신설시 장래성에 대한 고려가 필요 없다.

3. 백화점의 진열장 배치에 관한 설명으로 옳지 않은 것은?

① 직각배치는 매장 면적의 이용률을 최대로 확보할 수 있다.

② 사행배치는 주통로 이외의 제2통로를 상하교통계를 향해서 45° 사선으로 배치한 것이다.

③ 사행배치는 많은 고객이 매장 구석까지 가기 쉬운 이점이 있으나 이형의 진열장이 필요하다.

④ 자유유선배치는 획일성을 탈피할 수 있으며, 변화와 개성을 추구할 수 있고 시설비가 적게 든다.

4. 다음의 건축양식과 해당 건축양식의 특징적 요소의 연결이 옳지 않은 것은?

① 로마네스크 건축 – 펜덴티브 돔(pendentive dome)

② 고딕 건축 – 플라잉 버트레스(flying buttress)

③ 고대 로마건축 – 컴포지트 오더(composite order)

④ 비잔틴 건축 – 도저렛(dosseret)

5. 병원건축의 형식 중 분관식에 관한 설명으로 옳지 않은 것은?

① 동선이 길어진다.

② 채광 및 통풍이 좋다.

③ 대지면적에 제약이 있는 경우에 주로 적용된다.

④ 환자는 주로 경사로를 이용한 보행 또는 들것으로 운반된다.

6. 백화점 건축계획에 대한 설명 중 옳지 않은 것은?

① 일반적으로 기둥 간격이 클수록 매장배치가 용이하고 매장이 개방되어 보인다.

② 매장의 고객 동선은 너무 단순하거나 혼잡하지 않게 하여 고객을 분산시킨다.

③ 백화점의 색채계획은 중채도의 색을 위주로 한 배색으로 시각적인 혼란감을 억제하는 것이 좋다.

④ 엘리베이터, 에스컬레이터 등 수직동선 설비는 고객 출입구 부근에 집중시켜 동선의 원활한 연결이 가능하게 한다.

7. 주거단지의 도로형식에 관한 설명으로 옳지 않은 것은?

① 격자형은 가로망의 형태가 단순·명료하고, 가구 및 획지 구성상 택지의 이용효율이 높다.

② 쿨데삭(Cul-de-sac)형은 각 가구와 관계없는 자동차의 진입을 방지할 수 있다는 장점이 있다.

③ 루프(Loop)형은 우회도로가 없는 쿨데삭형의 결점을 개량하여 만든 패턴으로 도로율이 높아지는 단점이 있다.
④ T자형은 도로의 교차방식을 주로 T자 교차로 한 형태로 통행거리가 짧아 보행자전용 도로와의 병용이 불필요하다.

8. 미술관 및 박물관 전시기법에 관한 설명으로 옳지 않은 것은?
① 하모니카 전시는 동선계획이 용이한 전시기법이다.
② 아일랜드 전시는 일정한 형태의 평면을 반복시켜 전시공간을 구획하는 방식으로 전시효율이 높다.
③ 파노라마 전시는 연속적인 주제를 연관성 있게 표현하기 위해 선형의 파노라마로 연출하는 전시기법이다.
④ 디오라마 전시는 하나의 사실 또는 주제의 시간 상황을 고정시켜 연출하는 것으로 현장에 임한 느낌을 주는 기법이다.

9. 사무소 건축의 엘리베이터 설치 계획에 관한 설명으로 옳지 않은 것은?
① 군 관리운전의 경우 동일 군내의 서비스 층은 같게 한다.
② 승객의 층별 대기시간은 평균 운전간격 이상이 되게 한다.
③ 서비스를 균일하게 할 수 있도록 건축물 중심부에 설치하는 것이 좋다.
④ 건축물의 출입층이 2개 층이 되는 경우는 각각의 교통수요량 이상이 되도록 한다.

10. 다음 중 사무소 건축에서 기준층 평면형태의 결정요소와 가장 거리가 먼 것은?
① 동선상의 거리
② 구조상 스팬의 한도
③ 사무실 내의 책상 배치 방법
④ 덕트, 배선, 배관 등 설비시스템상의 한계

11. 극장건축의 관련 제실에 관한 설명으로 옳지 않은 것은?
① 앤티 룸(Anti Room)은 출연자들이 출연 바로 직전에 기다리는 공간이다.
② 그린 룸(Green Room)은 출연자 대기실을 말하며 주로 무대 가까운 곳에 배치한다.
③ 배경제작실의 위치는 무대에 가까울수록 편리하며, 제작 중의 소음을 고려하여 차음설비가 요구된다.
④ 의상실은 실의 크기가 1인당 최소 8m²이 필요하며, 그린 룸이 있는 경우 무대와 동일한 층에 배치하여야 한다.

12. 도서관의 열람실 및 서고계획에 관한 설명으로 옳지 않은 것은?
① 서고 안에 캐럴(carrel)을 둘 수도 있다.
② 서고면적 1m²당 150~250권의 수장능력으로 계획한다.
③ 열람실은 성인 1인당 3.0~3.5m²의 면적으로 계획한다.
④ 서고실은 모듈러 플래닝(modular planning)이 가능하다.

13. 단독주택에서 다음과 같은 실을 각각 직상층 및 직하층에 배치할 경우 가장 바람직하지 않은 것은?
① 상층: 침실, 하층: 침실
② 상층: 부엌, 하층: 욕실
③ 상층: 욕실, 하층: 침실
④ 상층: 욕실, 하층: 부엌

14. 고려시대 주심포 양식의 특징이 아닌 것은?
① 기둥 위에 창방과 평방을 놓고 그 위에 공포를 배치한다.
② 소로는 비교적 자유스럽게 배치된다.
③ 연등천장 구조로 되어 있다.
④ 우미량을 사용한다.

15. 건축공간의 치수계획에서 "압박감을 느끼지 않을 만큼의 천장 높이 결정"은 다음 중 어디에 해당 하는가?

① 물리적 스케일
② 생리적 스케일
③ 심리적 스케일
④ 입면적 스케일

16. 학교운영방식에 관한 설명으로 옳지 않은 것은?

① 종합교실형은 각 학급마다 가정적인 분위기를 만들 수 있다.
② 교과교실형은 초등학교 저학년에 대해 가장 권장되는 방식이다.
③ 플래툰형은 미국의 초등학교에서 과밀을 해소하기 위해 실시한 것이다.
④ 달톤형은 학급, 학년 구분을 없애고 학생들은 각자의 능력에 따라 교과를 선택하고 일정한 교과를 끝내면 졸업하는 방식이다.

17. 일반주택의 동선계획에 관한 설명 중 옳지 않은 것은?

① 동선이 가지는 요소는 속도, 빈도, 하중의 3가지가 있다.
② 동선에는 공간이 필요하고 가구를 둘 수 없다.
③ 하중이 큰 가사노동의 동선은 길게 나타난다.
④ 개인, 사회, 가사노동권의 3개 동선이 서로 분리되어야 바람직하다.

18. 고대 로마 건축에 대한 설명 중 옳지 않은 것은?

① 인술라(Insula)는 다층의 집합주거 건물이다.
② 콜로세움의 1층에는 도릭 오더가 사용되었다.
③ 바실리카 울피아는 황제를 위한 신전으로 배럴 볼트가 사용되었다.
④ 판테온은 거대한 돔을 얹은 로툰다와 대형 열주 현관이라는 두 주된 구성 요소로 이루어진다.

19. 다음은 객석의 가시거리에 관한 설명이다. ( ) 안에 알맞은 것은?

> 연극 등을 감상하는 경우 연기자의 표정을 읽을 수 있는 가시한계는 (㉠) 정도이다. 그러나 실제적으로 극장에서는 잘 보여야 하는 동시에 많은 관객을 수용해야 하므로 (㉡)까지를 제1차 허용한도로 한다.

① ㉠ 10m, ㉡ 22m   ② ㉠ 15m, ㉡ 22m
③ ㉠ 10m, ㉡ 25m   ④ ㉠ 15m, ㉡ 25m

20. 공동주택의 단위주거 단면구성 형태에 대한 설명 중 틀린 것은?

① 복층형(메조네트형)은 엘리베이터의 정지 층수를 적게 할 수 있다.
② 스킵 플로어형은 주거단위의 단면을 단층형과 복층형에서 동일 층으로 하지 않고 반 층씩 엇나게 하는 형식을 말한다.
③ 트리플렉스형은 듀플렉스형보다 프라이버시 확보율은 낮고 통로면적도 불리하다.
④ 플랫형은 주거단위가 동일 층에 한하여 구성되는 형식이다.

해설 및 정답

1. 호텔 연면적에 대한 숙박부분의 면적비가 가장 큰 것은 커머셜 호텔이고, 공용부분의 면적비가 가장 큰 것은 리조트 호텔과 아파트먼트 호텔이다.

2. 중화학공업, 시멘트공업 등 장치공업은 규모가 크고 연속작업이며, 고정도가 높아 레이아웃의 변경이 거의 불가능하며, 융통성이 적다.

3. 자유유선 배치는 획일성을 탈피할 수 있으며, 변화와 개성을 추구할 수 있으나 시설비가 많이 든다.

4. 비잔틴건축 – 펜덴티브 돔(pendentive dome)

5. ③ – 집중식(block type)

6. 백화점 건축계획에서 에스컬레이터는 엘리베이터 군(群)과 주출입구의 중간에 위치하는 것이 좋으며, 엘리베이터는 주출입구에서 먼 곳에 위치하게 한다.

7. T자형은 통행거리가 조금 길게 되고 보행자에 있어서는 불편하기 때문에 보행자 전용도로와의 병용에 유리하다.

8. 하모니카(harmonica)전시는 전시평면이 하모니카 흡입구처럼 동일한 공간으로 연속되어 배치되는 전시기법으로 동일종류의 전시물을 반복전시한 경우 유리하다.

9. 승객의 층별 대기시간은 평균 운전간격 이하이 되게 한다.

10. 기준층 평면형을 한정하는 요소
   ① 구조상 스팬의 한도
   ② 동선상의 거리
   ③ 덕트, 배선, 배관 등 설비시스템상의 한계
   ④ 방화구획상의 면적
   ⑤ 자연광에 의한 조명한계
   ⑥ 대피상 최대 피난거리

11. 의상실(dressing room)
   ① 실의 크기가 1인당 최소 4~5m²이 필요하다.
   ② 위치는 가능하면 무대근처가 좋고, 또 같은 층에 있는 것이 이상적이다.
   ③ 그린 룸이 있는 경우 무대와 동일한 층에 배치할 필요는 없다.

12. 열람실은 성인 1인당 1.5~2.0m²의 면적으로 계획한다.

13. 침실 상부에 욕실을 배치하는 것은 누수시 불리하며, 욕실사용시 소음문제가 발생할 수 있어서 전반적으로 바람직하지 않다.

14. 기둥위에 창방과 평방은 놓고 그 위에 공포를 배치하는 것은 다포식에 속하며, 주심포양식은 기둥위에 주두를 놓고 공포를 배치한다.

15. ① 물리적 스케일
   출입구의 크기가 인간이나 물체의 물리적 크기에 의해 결정되는 경우
   ② 생리적 스케일
   실내의 창문크기가 필요환기량으로 결정되는 경우
   ③ 심리적 스케일
   압박감을 느끼지 않을 만한 정도에서 천장높이가 결정되는 경우

16. 종합교실형(U형)은 교실수는 학급수와 일치하며, 각 학급은 자기교실에서 모든 학습을 하는 운영방식으로 초등학교의 저학년에 가장 적합하며, 교과교실형(V형)은 모든 교실이 특정교과를 위해 만들어지고, 일반교실이 없는 형으로 학생들은 교과목이 바뀔 때마다 해당 교과교실을 찾아 수업을 듣는 운영방식이다.

17. 하중이 큰 가사노동의 동선은 짧게 나타난다.

18. 바실리카 울피아는 본래 법정과 상업교역소로 사용되었다. 직사각형에 반원형 앱스가 2개가 설치되어 있으며, 장축과 단축의 길이가 거의 비슷한 그리스 십자형태이다.

19. 극장객석의 가시거리
① A구역 : 배우의 표정이나 동작을 상세히 감상할 수 있는 시선거리의 생리적 한도는 15m이다.(인형극이나 아동극)
② B구역 : 실제의 극장건축에서는 될 수 있는 한 수용을 많이 하려는 생각에서 22m까지를 1차 허용한도로 정한다.(국악, 신극, 실내악)

20. 트리플렉스형은 듀플렉스형보다 프라이버시 확보율은 높고 통로면적도 유리하다.

1. ④	2. ④	3. ④	4. ①	5. ③
6. ④	7. ④	8. ②	9. ②	10. ③
11. ④	12. ③	13. ③	14. ①	15. ③
16. ②	17. ③	18. ③	19. ②	20. ③

과년도출제문제 (CBT 시험문제)

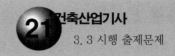

건축산업기사

3. 3 시행 출제문제

※ 본 기출문제는 수험자의 기억을 바탕으로 하여 복원한 문제이므로 실제 문제와 다를 수 있음을 미리 알려드립니다.

1. 다음 중 사무소 건축의 기준층 평면형태에 영향을 미치는 요소와 가장 관계가 먼 것은?

① 구조상 스팬의 한도
② 덕트, 배선, 배관 등 설비 시스템상의 한계
③ 자연광에 의한 조명한계
④ 지하 주차장의 주차간격

2. 아파트 건축의 각 평면 형식에 대한 설명 중 옳지 않은 것은?

① 홀형은 통행이 양호하며 프라이버시가 좋다.
② 편복도형은 복도가 개방형이므로 각호의 채광 및 통풍이 양호하다.
③ 중복도형은 대지에 대한 건물이용도가 좋으나 프라이버시가 나쁘다.
④ 계단실형은 통행부 면적이 높으며 독신자 아파트에 주로 채용된다.

3. 아파트 단지내 어린이 놀이터 계획에 대한 설명 중 옳지 않은 것은?

① 어린이가 안전하게 접근할 수 있어야 한다.
② 어린이가 놀이에 열중할 수 있도록 외부로부터의 시선은 차단되어야 한다.
③ 차량통행이 빈번한 곳은 피하여 배치한다.
④ 이웃한 주거에 소음이 가지 않도록 한다.

4. 주거단지의 단위 중 작은 것부터 큰 순서로 올바르게 나열된 것은?

① 근린분구 – 근린주구 – 인보구
② 근린주구 – 인보구 – 근린분구
③ 인보구 – 근린분구 – 근린주구
④ 근린주구 – 근린분구 – 인보구

5. 일반주택의 평면계획에 관한 설명 중 옳지 않은 것은?

① 현관의 위치는 도로와의 관계, 대지의 형태 등에 영향을 받는다.
② 부엌은 가사노동의 경감을 위해 가급적 크게 만들어 워크 트라이앵글의 변의 길이를 길게 한다.
③ 부부침실보다는 낮에 많이 사용되는 노인실이나 아동실이 우선적으로 좋은 위치를 차지하는 것이 바람직하다.
④ 거실이 통로가 되지 않도록 평면계획시 고려해야 한다.

6. 공장건축의 레이아웃 형식 중 고정식 레이아웃에 관한 설명으로 옳은 것은?

① 표준화가 어려운 경우에 적합하다.
② 대량생산에 유리하며 생산성이 높다.
③ 조선소와 같이 제품이 크고 수량이 적은 경우에 적합하다.
④ 생산에 필요한 모든 공정, 기계·기구를 제품의 흐름에 따라 배치한다.

7. 학교 운영방식 중 종합교실형에 관한 설명으로 틀린 것은?

① 교실의 이용률이 높다.
② 교실의 순수율이 높다.
③ 초등학교 저학년에 적합한 형식이다.
④ 학생의 이동을 최소한으로 할 수 있다.

8. 상점 건축물의 진열장 배치시 고려해야 할 점으로 가장 부적당한 것은?

① 감시하기 쉽고 손님에게 감시한다는 인상을 주지 않게 한다.
② 손님 쪽에서 상품이 효과적으로 보이도록 한다.

③ 들어오는 손님과 종업원의 시선이 직접 마주치게 하여 친근감을 갖도록 한다.
④ 동선이 원활하여 다수의 손님을 수용하고 소수의 종업원으로 관리하게 한다.

9. 다음의 학교 건축계획시 고려되는 융통성의 해결 수단과 가장 관계가 먼 것은?
① 공간의 다목적성
② 각 교실의 특수화
③ 교실배치의 융통성
④ 교실 사이 벽의 이동

10. 다음 중 공장건축에서 톱날지붕을 채택하는 이유로 가장 알맞은 것은?
① 균일한 조도를 얻을 수 있다.
② 온도와 습도의 조절이 용이하다.
③ 소음이 완화된다.
④ 기둥이 많이 소요되지 않는다.

11. 다음 중 단독주택에서 부엌의 크기 결정 시 고려하여야 할 사항과 가장 거리가 먼 것은?
① 거실의 크기
② 작업대의 면적
③ 주택의 연면적
④ 작업자의 동작에 필요한 공간

12. 상점의 외관 형태에 관한 기술 중 가장 부적당한 것은?
① 만입형은 점두의 일부를 상점 안으로 후퇴시킨 것으로 자연채광에 효과적인 방법이다.
② 홀형은 만입형의 만입부를 더욱 넓게 계획하고, 그 주위에 진열장을 설치함으로써 형성하는 형식으로 상점안의 면적이 작아진다.
③ 평형은 가장 일반적인 형식으로 채광이 용이하고 상점 내부를 넓게 사용할 수 있다.
④ 돌출형은 종래에 많이 사용된 형식으로 특수 도매상 등에 쓰인다.

13. 설계실이 주당 28시간이 사용되고 있는 대학교에서 1주간의 평균 수업시간은 몇 시간인가? (단, 설계실의 이용률은 80%이다.)
① 25시간   ② 28시간
③ 31시간   ④ 35시간

14. 건축모듈에 대한 설명으로 옳지 않은 것은?
① 양산의 목적과 공업화를 위해 사용된다.
② 모든 치수의 수직과 수평이 황금비를 이루도록 하는 것이다.
③ 복합 모듈은 기본 모듈의 배수로서 정한다.
④ 모듈 설정시 설계작업이 단순화 된다.

15. 다음 중 주택에서 옥내와 옥외를 연결시키는 완충적인 공간이 아닌 것은?
① 테라스
② 서비스 야드
③ 유틸리티
④ 다이닝 포오치

16. 많은 고객이 판매장 구석까지 가기 쉬운 이점이 있으며 이형의 진열장이 많이 필요한 백화점의 진열장 배치방식은?
① 자유유선배치   ② 직각배치
③ 방사배치   ④ 사행배치

17. 다음의 고층 임대사무소 건축의 코어계획에 관한 설명 중 틀린 것은?
① 엘리베이터의 직렬배치는 4대 이하로 한다.
② 코어내의 각 공간의 상하로 동일한 위치에 오도록 한다.
③ 화장실은 외래자에게 잘 알려질 수 없는 곳에 위치시키도록 한다.
④ 엘리베이터 홀과 계단실은 가능한 한 근접시킨다.

18. 다음 글에서 설명하는 주거 형태는?

> 경사지의 자연 지형 훼손을 최소화하기 위하여 많이 활용되며, 한 세대의 지붕 상부가 다른 세대와 경사면의 정도에 따라 겹쳐지면서 다른 세대의 마당으로 활용되는 형태이다.

① 테라스 하우스
② 타운 하우스
③ 아파트
④ 중정형 주택

19. 상점건축의 진열창 계획 시 반사방지를 위한 대책 중 가장 옳지 않은 것은?

① 쇼윈도 안의 조도를 외부, 즉 손님이 서 있는 쪽보다 어둡게 한다.
② 특수한 곡면유리를 사용하여 외부의 영상이 고객의 시야에 들어오지 않게 한다.
③ 차양을 설치하여 외부에 그늘을 준다.
④ 평유리는 경사지게 설치한다.

20. 사무소 건축에서 엘리베이터 대수 산정과 가장 관계가 먼 것은?

① 건물의 성격
② 층고
③ 대실 면적
④ 건물의 위치

해설 및 정답

1. 기준층 평면형을 한정하는 요소
① 구조상 스팬의 한도
② 동선상의 거리
③ 덕트, 배선, 배관 등 설비시스템상의 한계
④ 방화구획상 면적
⑤ 자연광에 의한 조명한계
⑥ 대피상 최대 피난거리

2. 계단실(홀)형(direct access hall system)
계단실(홀) 또는 엘리베이터 홀로부터 단위주호로 직접 들어가는 형식
① 장점
• 주호내의 주거성과 독립성(privacy)이 좋다.
• 동선이 짧으므로 출입이 편하다.
• 통행부의 면적이 작으므로 건물의 이용도가 높다.(전용면적비가 높아 경제적으로 유리하다.)
② 단점 : 고층 아파트일 경우 각 계단실마다 엘리베이터를 설치해야 하므로 시설비가 많이 들며, 엘리베이터의 이용률이 낮아 비경제적이다.

3. 외부로부터의 시선이 차단되어서는 안된다.

4. 근린단위 방식
• 인보구(20~40호)
• 근린분구(400~500호)
• 근린주구(1,600~2,000호)

5. 부엌은 가사노동의 경감을 위해 가급적 작게 만들어 워크 트라이앵글의 변의 길이를 짧게 한다.

6. ① – 공정중심의 레이아웃
②, ④ – 제품중심의 레이아웃

7. 교실의 순수율이 높은 학교 운영방식은 교과교실형이다.

8. 들어오는 손님과 종업원의 시선이 직접 마주치지 않게 할 것

9. 학교건축의 확장성과 융통성

① 확장에 대한 융통성	칸막이의 변경(건식공법)
② 교과내용에 대한 융통성	융통성있는 교실의 배치 (특별교실군)
③ 학교 운영방식에 따른 융통성	공간의 다목적성

10. 톱날지붕은 공장 특유의 지붕형태로 채광창이 북향으로 종일 변함없는 조도를 가진 약한 광선을 받아 들여 작업능률에 지장이 없도록 한다.

11. 부엌의 크기 결정기준
① 작업대의 면적
② 작업인의 동작에 필요한 공간
③ 수납공간
④ 연료의 종류와 공급방법
⑤ 주택 연면적, 가족수, 생활수준, 평균 작업인수

12. 만입형은 점두의 일부를 만입시킨 형으로 점내면적과 자연채광이 감소된다.

13. 이용률 $= \dfrac{\text{교실이 사용되고 있는 시간}}{\text{1주간의 평균 수업시간}} \times 100(\%)$

$= \dfrac{28}{x}$ 시간 $\times 100(\%) = 80\%$

1주간의 평균 수업시간(x) $= \dfrac{28}{0.8}$ ∴ $x = 35$시간

14. 모든 치수의 수직과 수평이 배수비례를 이루도록 하는 것이다.

15. 가사실(utility space)은 주부의 세탁, 다림질, 재봉 등의 작업을 하는 공간으로서 일반적으로 욕실 및 부엌, 서비스 관계의 여러 실과 접한 위치에 두고 서로 연락이 편리하게 한다.

16. 사행(사교)배치법은 주통로를 직각배치하고 부통로를 45° 경사지게 배치하는 방법으로 좌우 주통로에 가까운 길을 택할 수 있고, 주통로에서 부통로의 상품이 잘보인다. 그러나 이형의 판매대가 많이 필요하다.

17. 화장실은 외래자에게 잘 알려질 수 있는 곳에 위치시키도록 한다.

18. 테라스 하우스(terrace house)는 경사지에서 적절한 절토에 의하여 자연지형에 따라 건물을 테라스형으로 축조하는 것으로, 각 호마다 전용의 뜰(정원)을 갖는다.

19. 쇼윈도 안의 조도를 외부, 즉 손님이 서 있는 쪽보다 밝게 한다.

1. ④	2. ④	3. ②	4. ③	5. ②
6. ③	7. ②	8. ③	9. ②	10. ①
11. ①	12. ①	13. ④	14. ②	15. ③
16. ④	17. ③	18. ①	19. ①	20. ④

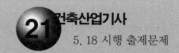
※ 본 기출문제는 수험자의 기억을 바탕으로 하여 복원한 문제이므로 실제 문제와 다를 수 있음을 미리 알려드립니다.

1. 상점의 정면(facade) 구성에 요구되는 5가지 광고 요소(AIDMA 법칙)에 속하지 않는 것은?

① 주의(Attention)
② 행동(Action)
③ 결정(Decision)
④ 기억(Memory)

2. 실내공간의 동선계획에 대한 설명 중 옳지 않은 것은?

① 동선의 빈도가 크면 가능한 한 직선적인 동선처리를 한다.
② 모든 실내공간의 동선은 특히 상점의 고객 동선은 짧게 처리하는 것이 좋다.
③ 주택의 경우 가사노동의 동선은 되도록 남쪽에 오도록 하고 짧게 하는 것이 좋다.
④ 주택에서 개인, 사회, 가사노동권의 3개 동선은 서로 분리되어 간섭이 없어야 한다.

3. 경사지 이용에 적절한 형식으로 각 주호마다 전용의 정원을 갖는 주택 형식은?

① 타운 하우스(town house)
② 로 하우스(row house)
③ 중정형 주택(patio house)
④ 테라스 하우스(terrace house)

4. 다음과 같은 특징을 갖는 학교 운영방식은?

> • 초등학교 저학년에 대해 가장 권장할 만한 형이다.
> • 교실의 수는 학급수와 일치하며, 각 학급은 스스로의 교실 안에는 모든 교과를 행한다.

① 종합교실형
② 교과교실형
③ 플래툰형
④ 달톤형

5. 다음과 같은 조건에 요구되는 주택 침실의 최소 넓이는?

> • 2인용 침실
> • 1인당 소요공기량 : 50m³
> • 침실의 천장높이 : 2.5m
> • 실내의 자연 환기횟수 : 2회/h

① 10m²
② 20m²
③ 30m²
④ 50m²

6. 다음 중 고층 사무소에 코어 시스템의 도입 효과와 가장 거리가 먼 것은?

① 설비의 집약
② 구조적인 이점
③ 유효면적의 증가
④ 독립성의 보장

7. 공동주택의 단면형식 중 메조넷형에 대한 설명으로 옳지 않은 것은?

① 채광 및 통풍이 유리하다.
② 작은 규모의 주택에 적합하다.
③ 주택 내의 공간의 변화가 있다.
④ 거주성, 특히 프라이버시가 높다.

8. 사무소 건축의 실 단위 계획 중 개방식 배치에 대한 설명으로 옳지 않은 것은?

① 전 면적을 유용하게 이용할 수 있다.
② 개실시스템에 비해 공사비가 저렴하다.
③ 자연채광에 보조채광으로서의 인공채광이 필요하다.
④ 개실시스템에 비해 독립성과 쾌적감의 이점이 있다.

9. 도서관 출납시스템에 대한 설명 중 옳지 않은 것은?

① 반개가식은 출납시설이 필요하다.

② 폐가식은 대출절차가 복잡하고 관원의 작업량이 많다.

③ 자유 개가식은 책의 내용 파악 및 선택이 자유롭고 용이하다.

④ 안전 개가식은 서가열람이 불가능하여 대출한 책이 희망한 내용이 아닐 수 있다.

10. 공장건축의 형식 중 분관식(Pavilion type)에 대한 설명으로 옳지 않은 것은?

① 통풍, 채광에 불리하다.

② 공장건설을 병행할 수 있으므로 조기완성이 가능하다.

③ 공장의 신설, 확장이 비교적 용이하다.

④ 건물마다 건축형식, 구조를 각기 다르게 할 수 있다.

11. 다음의 백화점 에스컬레이터 배치방식 중 매장에 대한 고객의 시야가 가장 제한되는 방식은?

① 직렬식

② 병렬단속식

③ 병렬연속식

④ 교차식

12. 오피스 랜드스케이핑(office landscaping)에 관한 설명 중 옳지 않은 것은?

① 커뮤니케이션의 융통성이 있고 장애요인이 거의 없다.

② 배치는 의사전달과 작업흐름의 실제적 패턴에 기초를 둔다.

③ 실내에 고정된 칸막이나 반고정된 칸막이를 사용하도록 한다.

④ 바닥을 카펫으로 깔고, 천장에 방음장치를 하는 등의 소음대책이 필요하다.

13. 아파트의 형식 중 홀 형(Hall Type)에 대한 설명으로 옳은 것은?

① 각 주호의 독립성을 높일 수 있다.

② 기계적 환경조절이 반드시 필요한 형이다.

③ 도심지 독신자 아파트에 가장 많이 이용된다.

④ 대지에 대한 건물의 이용도가 가장 높은 형식이다.

14. 어느 학교의 1주간 평균 수업시간이 36시간이고 미술 교실이 사용되는 시간이 18시간이며, 그 중 6시간이 영어수업에 사용된다. 미술교실의 이용률과 순수율은?

① 이용률 50%, 순수율 67%

② 이용률 50%, 순수율 33%

③ 이용률 67%, 순수율 50%

④ 이용률 67%, 순수율 33%

15. 사무소 건축에 있어서 연면적에 대한 임대면적의 비율로서 가장 적당한 것은?

① 40 ~ 50%　　　② 50 ~ 60%

③ 70 ~ 75%　　　④ 80 ~ 85%

16. 상점의 판매형식에 대한 설명 중 옳지 않은 것은?

① 대면판매는 진열면적이 감소된다는 단점이 있다.

② 측면판매는 판매원의 정위치를 정하기 어렵고 불안정하다.

③ 측면판매는 상품의 설명이나 포장 등이 불편하다는 단점이 있다.

④ 대면판매는 상품이 손에 잡혀서 충동적 구매와 선택이 용이하다.

17. 공장건축의 레이아웃 형식 중 다품종 소량생산이나 주문생산에 가장 적합한 것은?

① 제품중심의 레이아웃

② 공정중심의 레이아웃

③ 고정식 레이아웃

④ 혼성식 레이아웃

18. 사무소 건축의 엘리베이터 배치계획에 대한 설명 중 옳지 않은 것은?

① 주요 출입구 층에 직접 면해서 배치하는 것이 좋다.

② 각 층의 위치는 되도록 동선이 짧고 단순하게 계획하는 것이 좋다.

③ 승강기의 출발 층은 1개소로 한정하는 것이 운영 면에서 효율적이다.

④ 엘리베이터를 직선형으로 배치할 경우 6대 이하로 하는 것이 원칙이다.

19. 상점 진열창(show window)의 반사방지를 위한 대책과 가장 거리가 먼 것은?

① 창에 외기를 통하지 않도록 한다.

② 진열창 내부 밝기를 외부보다 밝게 한다.

③ 차양을 설치하여 진열창 외부에 그늘을 만들어 준다.

④ 유리면을 경사지게 하거나 특수한 경우 곡면유리를 사용한다.

20. 주택의 거실 계획에 대한 설명 중 옳지 않은 것은?

① 거실에서 문이 열린 침실의 내부가 보이지 않도록 한다.

② 거실의 연장을 위하여 가급적 정원 사이에 테라스를 둔다.

③ 통로로서의 이음을 원활하게 하기 위해 가급적 각 실의 중심에 배치한다.

④ 가능한 동측이나 남측에 배치하여 일조 및 채광을 충분히 확보할 수 있도록 한다.

해설 및 정답

1. 상점구성의 방법 – 정면구성시 필요로 하는 5가지 광고
   요소
   ① 주의(attention)   ② 흥미(interest)
   ③ 욕망(desire)   ④ 기억(memory)
   ⑤ 행동(action)

2. 상점의 고객 동선은 가능한 한 길게 처리하는 것이 좋
   다.

3. 테라스 하우스(terrace house)는 경사지에서 적절한
   절토에 의하여 자연지형에 따라 건물을 테라스형으로 축
   조하는 것으로, 각 호마다 전용의 뜰(정원)을 갖는다.

4. 초등학교 ① 저학년 : U(A)형 ② 고학년 : U · V형

5. 침실의 크기 결정
   ① 1인당 필요로 하는 신선공기 요구량 – 50m³/h
   ② 실내 자연환기가 2회/h일 경우
      50m³/h ÷ 2회/h = 25m³
   ③ 천장높이가 2.5m일 경우
      1인당 바닥면적은 25m³ ÷ 2.5m=10m²
   * 성인 2인용 침실의 경우 10m²×2인=20m²이다.

6. 코어의 역할
   ① 평면적 코어 – 유효면적의 증가
   ② 구조적 코어 – 내력벽
   ③ 설비적 코어 – 설비비의 절약

7. 단층형(flat type, simplex type)은 각 주호의 주어
   진 규모 가운데 각 실의 면적배분이 한 개층에서 끝나
   는 형식으로 평면구성에 제약이 적으며, 작은 면적에서
   도 설계가 가능하다.

8. 개방식 배치는 개방된 큰 방으로 설계하고 중역들을
   위해 분리된 작은 방을 두는 방법으로 전면적을 유효하
   게 이용할 수 있어 공간절약상 유리하며, 칸막이벽이

없어서 공사비가 다소 싸진다. 또한 방의 길이나 깊이
에 변화를 줄 수 있다. 그러나 소음이 크고 독립성이 떨
어지며, 자연채광에 인공조명이 필요하다.

9. 폐가식은 서가열람이 불가능하여 대출한 책이 희망한
   내용이 아닐 수 있다.

10. 분관식은 통풍, 채광에 유리하다.

11. 교차식 배치는 점유면적이 가장 작으나 고객의 시야
    가 가장 제한된다.

12. 실내에 고정된 칸막이나 반고정된 칸막이를 사용하
    지 않는다.

13. 집중형
    중앙에 엘리베이터나 계단실을 두고 많은 주호를 집중
    배치하는 형식
    ① 장점
    • 부지의 이용률이 가장 높으며, 부지조건에 따라 채
      택 설계된다.
    • 많은 주호를 집중시킬 수 있으며, 설비의 집중화가
      가능하다.
    • 세대별 규모변화가 가능하다.
    ② 단점
    • 프라이버시가 극히 나쁘며, 통풍 채광극히 불리하
      다.
    • 복도부분의 환기 등의 문제점을 해결하기 위해 고
      도의 설비시설을 해야 한다.

14. 이용률과 순수율

① 이용률 $= \dfrac{\text{교실이 사용되고 있는 시간}}{\text{1주간의 평균 수업시간}} \times 100(\%)$

$= \dfrac{18}{36}\text{시간} \times 100(\%) = 50\%$

② 순수율 $= \dfrac{\text{일정한 교과를 위해 사용되는 시간}}{\text{그 교실이 사용되고 있는 시간}} \times 100(\%)$

$= \dfrac{18-6}{18}\text{시간} \times 100(\%) = 67\%$

15. 유효율(연면적에 대한 임대면적의 비율)은 70~75% 정도이다.

16. 측면판매는 상품이 손에 잡혀서 충동적 구매와 선택이 용이하다.

17. 공정중심의 레이아웃(기계설비 중심)은 동일 종류의 공정 즉, 기계로 그 기능이 동일한 것, 혹은 유사한 것을 하나의 그룹으로 집합시키는 방식으로 일명 기능식 레이아웃이다. 다종 소량생산으로 예상생산이 불가능한 경우, 표준화가 행해지기 어려운 경우에 채용하며, 생산성이 낮으나 주문공장 생산에 적합하다.

18. 5대 이하는 직선으로 배치하고, 6대 이상은 앨코브 또는 대면배치가 효과적이다.

19. 진열창의 눈부심(glare, 반사)방지
① 주간시
 • 진열창내의 밝기를 외부보다 더 밝게 한다.
 • 차양을 달므로써 외부에 그늘을 준다.
 • 유리면을 경사지게 하고 특수한 곡면유리를 사용한다.
 • 건너편의 건물이 비치는 것을 방지하기 위해 가로수를 심는다.
② 야간시
 • 광원을 감춘다.
 • 눈에 입사하는 광속을 적게 한다.

20. 거실은 각 방으로 출입이 가능한 통로나 홀로서 사용되어서는 안된다.

1. ③	2. ②	3. ④	4. ①	5. ②
6. ④	7. ②	8. ④	9. ④	10. ①
11. ④	12. ③	13. ①	14. ①	15. ③
16. ④	17. ②	18. ④	19. ①	20. ③

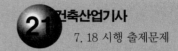
※ 본 기출문제는 수험자의 기억을 바탕으로 하여 복원한 문제이므로 실제 문제와 다를 수 있음을 미리 알려드립니다.

1. 상점의 판매방식에 관한 설명으로 옳지 않은 것은?

① 측면판매방식은 직원 동선의 이동성이 많다.

② 대면판매방식은 측면판매방식에 비해 상품 진열 면적이 넓어진다.

③ 측면판매방식은 고객이 직접 진열된 상품을 접촉할 수 있는 관계로 선택이 용이하다.

④ 대면판매방식은 쇼케이스를 중심으로 판매원이 고정된 자리나 위치를 확보하는 것이 용이하다.

2. 다음 중 사무소 건축에서 기준층 층고의 결정 요소와 가장 거리가 먼 것은?

① 채광률

② 사용목적

③ 엘리베이터의 대수

④ 공기조화(Air Conditioning)

3. 사무소건축의 사무실 계획에 관한 설명으로 옳은 것은?

① 내부 기둥간격 결정 시 철근콘크리트구조는 철골구조에 비해 기둥간격을 길게 가져갈 수 있다.

② 기준층 계획 시 방화구획과 배연계획은 고려하지 않는다.

③ 개방형 사무실은 개실형에 비해 불경기 때에도 임대자를 구하기 쉽다.

④ 공조설비의 덕트는 기준층 높이를 결정하는 조건이 된다.

4. 학교의 교실계획에 대한 설명 중 옳지 않은 것은?

① 종합교실형은 초등학교 저학년에 적합하다.

② 특별교실은 동선이 짧게 되도록 일반교실에서 근접시킨다.

③ 교과교실형은 모든 교실이 특정 교과를 위해 만들어진다.

④ 행정·관리부분은 중앙에 가까운 위치에 배치한다.

5. 아파트 단면형식 중 복층형(maisonette type)의 특징에 관한 설명으로 옳지 않은 것은?

① 거주성과 프라이버시가 양호하다.

② 소규모에 유리한 형식이다.

③ 주택내 공간의 변화가 있다.

④ 유효면적이 증가한다.

6. 주택 부엌의 작업대 배치 방식 중 L형 배치에 관한 설명으로 옳지 않은 것은?

① 정방형 부엌에 적합한 유형이다.

② 부엌과 식당을 겸하는 경우 활용이 가능하다.

③ 작업대의 코너 부분에 개수대 또는 레인지를 설치하기 곤란하다.

④ 분리형이라고도 하며, 모든 방향에서 작업대의 접근 및 이용이 가능하다.

7. 사무소 건축의 엘리베이터 배치 시 고려사항으로 옳지 않은 것은?

① 교통동선의 중심에 설치하여 보행거리가 짧도록 배치한다.

② 여러 대의 엘리베이터를 설치하는 경우, 그룹별 배치와 군관리 운전방식으로 한다.

③ 일렬 배치는 6대를 한도로 하고, 엘리베이터 중심간 거리는 10m 이하가 되도록 한다.

④ 엘리베이터 홀은 엘리베이터 정원 합계의 50% 정도를 수용할 수 있어야 하며, 1인당 점유면적은 0.5~0.8m²로 계산한다.

8. 어느 학교의 1주간의 평균수업시간은 50시간이며, 설계제도실이 사용되는 시간은 25시간이다. 설계제도실이 사용되는 시간 중 5시간은 구조강의를 위해 사용된다면, 이 설계제도실의 이용률과 순수율은?

① 이용률 : 50%, 순수율 : 80%

② 이용률 : 50%, 순수율 : 10%

③ 이용률 : 80%, 순수율 : 10%

④ 이용률 : 80%, 순수율 : 50%

9. 학교의 배치계획 중 분산병렬형에 관한 설명으로 옳지 않은 것은?

① 일종의 핑거 플랜이다.

② 화재 및 비상시에 불리하고 일조 통풍 등 환경조건이 불균등하다.

③ 편복도로 할 경우 복도면적이 커지고 단조로워 유기적인 구성을 취하기가 어렵다.

④ 넓은 부지가 필요하다.

10. 상점의 쇼윈도에 관한 설명으로 옳지 않은 것은?

① 쇼윈도의 바닥높이는 귀금속점의 경우는 낮을수록, 운동용품점의 경우는 높을수록 좋다.

② 국부조명은 배열을 바꾸는 경우를 고려하여 자유롭게 수량, 방향, 위치를 변경할 수 있도록 한다.

③ 유리면의 반사방지를 위해 쇼윈도 안의 조도를 외부보다 밝게 한다.

④ 쇼윈도 내부의 조명에 주광색의 전구를 필요로 하는 상점은 의료품점, 약국 등이다.

11. 상점의 매장계획에 관한 설명으로 옳지 않은 것은?

① 상품이 고객 쪽에서 효과적으로 보이도록 한다.

② 고객의 동선은 짧게, 점원의 동선을 길게 한다.

③ 고객과 직원의 시선이 바로 마주치지 않도록 배치한다.

④ 고객을 감시하기 쉬워야 한다.

12. Modular Coordination에 관한 설명으로 거리가 먼 것은?

① 현장에서는 조립가공이 주업무이므로 현장작업이 단순해지며, 시공의 균질성과 일정수준이 보장된다.

② 주로 건식공법에 의하기 때문에 겨울공사가 가능하며, 공기가 단축된다.

③ 국제적인 MC 사용 시 건축 구성재의 국제 교역이 용이하다.

④ 다양한 설계작업이 가능한 장점이 있는 반면 전반적으로 설계작업이 복잡하고 난해해진다.

13. 공장건축의 레이아웃(Lay Out)에 관한 설명으로 옳지 않은 것은?

① 제품중심의 레이아웃은 대량생산에 유리하며 생산성이 높다.

② 레이아웃이란 생산품의 특성에 따른 공장의 건축면적 결정 방식을 말한다.

③ 공정중심의 레이아웃은 다종 소량생산으로 표준화가 행해지기 어려운 주문생산에 적합하다.

④ 고정식 레이아웃은 조선소와 같이 조립부품이 고정된 장소에 있고 사람과 기계를 이동시키며 작업을 행하는 방식이다.

14. 경사지를 적절하게 이용할 수 있으며, 각 호마다 전용의 정원 확보가 가능한 주택형식은?

① 테라스 하우스(Terrace house)

② 타운 하우스(Town House)

③ 중정형 하우스(Patio house)

④ 로 하우스(Row house)

15. 사무소 건축의 코어(Core) 계획에 관한 설명으로 옳지 않은 것은?

① 전기입상관(EPS) 등은 분산시켜 외기에 적절히 면하게 한다.
② 위생입상관(PS) 등은 화장실에 접근시켜 배치한다.
③ 피난계단이 2개소 이상일 경우에 그 출입구는 적절히 이격하게 한다.
④ 코어 내 각 공간이 각층마다 공통의 위치에 있도록 한다.

16. 연면적이 1,000m²인 건물을 2층에서 10층까지 임대할 경우 이 건물의 임대율(유효율)은? (단, 임대율=대실면적/연면적이며, 각 층의 대실면적은 90m²로 동일함)

① 62%   ② 72%
③ 81%   ④ 91%

17. 주거 건축의 단지계획에 있어서 교통계획에 대한 내용으로 틀린 것은?

① 근린주구 단위 내부로의 자동차 통과진입을 극소화한다.
② 안전을 위하여 고밀도 지역은 진입구와 되도록 멀리 배치시킨다.
③ 2차도로 체계는 주도로와 연결되어 쿨드삭을 이루게 한다.
④ 통행량이 많은 고속도로는 근린주구 단위를 분리시킨다.

18. 공장건축의 지붕형태에 관한 설명으로 옳지 않은 것은?

① 솟을 지붕 : 채광·환기에 적합한 방법이다.
② 샤렌 지붕 : 기둥이 많이 소요되는 단점이 있다.
③ 뾰족 지붕 : 직사광선을 어느 정도 허용하는 결점이 있다.
④ 톱날 지붕 : 채광창을 북향으로 하면 하루 종일 변함없는 조도를 유지할 수 있다.

19. 주택의 평면계획에 관한 설명으로 옳지 않은 것은?

① 거실은 주거의 중심에 두고 응접실과 객실은 현관 가까이 둔다.
② 침실은 되도록 남향을 피하고 조용한 곳에 둔다.
③ 주택의 규모에 맞도록 거실, 식당, 부엌의 연결과 분리를 고려하여 공용공간을 배치한다.
④ 공간은 필요한 가구와 사용하는 사람의 행동범위 등을 고려하여 정한다.

20. 다음 중 쇼핑센터를 구성하는 주요 요소로 볼 수 없는 것은?

① 핵점포
② 몰(mall)
③ 코트(court)
④ 터미널(terminal)

해설 및 정답

1. 측면판매방식은 대면판매방식에 비해 상품 진열면적이 넓어진다.

2. 사무소건축에서 기준층의 층고는 사용목적, 채광률, 공기조화(Air Conditioning), 공사비 등에 의해서 결정된다.

3. ① 내부 기둥간격 결정 시 철골구조는 철근콘크리트구조에 비해 기둥간격을 길게 가져갈 수 있다.
  ② 기준층 계획 시 현행 법규상의 기준층계획에 관계되는 방화구획, 배연계획, 피난거리 등의 문제를 고려하여야 한다.
  ③ 개방형 사무실은 개실형에 비해 불경기 때에도 임대자를 구하기가 어렵다.

4. 특별교실은 동선이 짧게 되도록 일반교실에서 분리시킨다.

5. 소규모 아파트에 유리한 형식은 단층형이다.

6. ① L자형은 정방형 부엌에 알맞고, 비교적 넓은 부엌에서 능률이 좋으나 모서리 부분은 이용도가 낮다.
  ② 아일랜드형은 조리설비의 일부를 주방중앙에 섬처럼 배치한 것으로 분리형이라고도 하며, 모든 방향에서 작업대의 접근 및 이용이 가능하다.

7. 4대 이하는 직선으로 배치하고, 6대 이상은 앨코브 또는 대면배치가 효과적이며, 엘리베이터 중심간 거리는 4.5m 이하가 되도록 한다.

8. 이용률과 순수율

  ① 이용률 $= \dfrac{\text{교실이 사용되고 있는 시간}}{\text{1주간의 평균 수업시간}} \times 100(\%)$

  $= \dfrac{25}{50} \text{시간} \times 100(\%) = 50\%$

  ② 순수율 $= \dfrac{\text{일정한 교과를 위해 사용되는 시간}}{\text{그 교실이 사용되고 있는 시간}} \times 100(\%)$

  $= \dfrac{25-5}{25} \text{시간} \times 100(\%) = 80\%$

9. ② - 폐쇄형

10. 쇼윈도의 바닥높이는 운동용품점의 경우는 낮을수록, 귀금속점의 경우는 높을수록 좋다.

11. 고객의 동선은 가능한 길게, 점원의 동선을 가능한 짧게 한다.

12. 모듈이란 구성재의 크기를 정하기 위한 치수의 조정을 말하며, 이 모듈을 사용하여 건축 전반에 사용되는 재료를 규격화하는데, 이를 건축척도의 조정(Modular Coordination)이라 한다. 이는 설계작업이 단순해지고 간편해진다.

13. 레이아웃(lay-out)
  ① 공장 사이의 여러 부분, 작업장내의 기계설비, 작업자의 작업구역, 자제나 제품을 두는 곳 등 상호 위치관계를 가리키는 곳을 말한다.
  ② 장래 공장규모의 변화에 대응한 융통성이 있어야 한다.
  ③ 공장 생산성에 미치는 영향이 크고 공장 배치계획, 평면계획시 레이아웃을 건축적으로 종합된 것이 되어야 한다.

14. 테라스 하우스는 경사지에서 적절한 절토에 의하여 자연지형에 따라 건물을 테라스형으로 축조하는 것으로, 각 호마다 전용의 뜰(정원)을 갖는다.

15. 전기입상관(EPS, Electric Pipe Shaft)은 전기 케이블 통로로 TPS실(통신전용 케이블 통로)과 마찬가지로 보통은 MDF실(외부 케이블과 내부케이블이 연결되는 곳)에서 분배된 케이블이 여기에 들어오고, 다시 분배되는데 각 층에서 볼 수 있고, 안은 좁고 협소하며 코어내 공간에 근접해서 배치한다.

16. 임대율(rentable ratio) = $\dfrac{\text{대실면적}}{\text{연면적}} \times 100(\%)$

대실면적은 $90\text{m}^2 \times 9\text{층} = 81\text{m}^2$ 이므로

대실면적 = 연면적(A) $\times \dfrac{81}{100}(\text{m}^2)$ = 81% 이다.

17. 단지내의 통과교통량을 줄이기 위해 고밀도지역은 진입구 주변에 배치한다.

18. 샤렌 지붕 : 기둥이 적게 소요되는 장점이 있다.

19. 침실의 위치는 통풍, 일조, 환기조건이 유리한 남향 또는 동남향에 위치케 한다.

20. 쇼핑센터의 기능 및 공간의 구성요소
① 핵상점(핵점포)
② 전문점
③ 몰, 페데스트리언 지대(pedestrian area)
④ 코트
⑤ 주차장

1. ②	2. ③	3. ④	4. ②	5. ②
6. ④	7. ③	8. ①	9. ②	10. ①
11. ②	12. ④	13. ②	14. ①	15. ①
16. ③	17. ②	18. ②	19. ②	20. ④

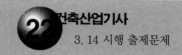
※ 본 기출문제는 수험자의 기억을 바탕으로 하여 복원한 문제이므로 실제 문제와 다를 수 있음을 미리 알려드립니다.

1. 한식주택과 양식주택에 관한 설명으로 옳지 않은 것은?

① 한식주택은 좌식이나, 양식주택은 입식이다.

② 한식주택의 실은 혼용도이나, 양식주택은 단일용도이다.

③ 한식주택의 평면은 개방적이나, 양식주택은 은폐적이다.

④ 한식주택의 가구는 부차적이나, 양식주택은 주요한 내용물이다.

2. 아파트의 형식 중 홀 형(Hall Type)에 대한 설명으로 옳은 것은?

① 각 주호의 독립성을 높일 수 있다.

② 기계적 환경조절이 반드시 필요한 형이다.

③ 도심지 독신자 아파트에 가장 많이 이용된다.

④ 대지에 대한 건물의 이용도가 가장 높은 형식이다.

3. 사무소 건축에 있어서 연면적에 대한 임대면적의 비율로서 가장 적당한 것은?

① 40 ~ 50%   ② 50 ~ 60%

③ 70 ~ 75%   ④ 80 ~ 85%

4. 주택의 침실계획에 관한 설명 중 옳지 않은 것은?

① 침실의 출입문을 열었을 때 직접 침대가 보이지 않게 하고, 출입문은 안여닫이로 한다.

② 아동침실은 정신적으로나 육체적인 발육에 지장을 주지 않도록 안전성 확보에 비중을 둔다.

③ 노인실은 다른 가족들과 생활주기가 크게 다르므로 공동생활영역에서 완전히 독립 배치시키는 것이 좋다.

④ 객용침실은 소규모 주택에서는 고려하지 않아도 되며 소파베드 등을 이용해서 처리한다.

5. 공동주택의 단면형식 중 메조넷형에 대한 설명으로 옳지 않은 것은?

① 채광 및 통풍이 유리하다.

② 작은 규모의 주택에 적합하다.

③ 주택 내의 공간의 변화가 있다.

④ 거주성, 특히 프라이버시가 높다.

6. 무창 방적 공장에 관한 설명으로 옳지 않은 것은?

① 방위에 무관하게 배치 계획할 수 있다.

② 실내 소음이 실외로 잘 배출되지 않는다.

③ 온도와 습도 조정에 비용이 적게 든다.

④ 외부 환경의 영향을 많이 받는다.

7. 학교시설의 강당 및 실내체육과 계획에 있어 가장 부적절한 설명은?

① 강당 겸 체육관인 경우 커뮤니티 시설로서 이용될 수 있도록 고려하여야 한다.

② 실내체육관의 크기는 농구코트를 기준으로 한다.

③ 강당 겸 체육관인 경우 강당으로서의 목적에 치중하여 계획한다.

④ 강당의 크기는 반드시 전원을 수용할 수 있도록 할 필요는 없다.

8. 상점에 있어서 진열창의 반사를 방지하기 위한 조치로 가장 적합하지 않은 것은?

① 진열창 내의 밝기를 외부보다 낮게 한다.

② 차양을 달아 진열창 외부에 그늘을 준다.

③ 진열찰의 유리면을 경사지게 한다.

④ 곡면 유리를 사용한다.

9. 고층사무소 건축의 기준층 평면 형태를 한정시키는 요소와 가장 관계가 먼 것은?

① 구조상 스팬의 한도
② 덕트, 배관, 배선 등 설비시스템상의 한계
③ 방화구획상 면적
④ 오피스 랜드스케이핑에 의한 가구배치

10. 다음 중 공동주택의 인동간격을 결정하는 요소와 가장 관계가 먼 것은?

① 일조 및 통풍
② 소음방지
③ 지하주차공간의 크기
④ 시각적 개방감

11. 주택의 거실 평면 계획에 대한 설명 중 옳지 않은 것은?

① 통로로서의 이용을 원활하게 하기 위해 가급적 각 실의 중심에 배치한다.
② 독립성 유지를 위하여 가급적 한쪽 벽만을 타실과 접속시킴으로써 출입구를 설치한다.
③ 침실과는 가급적 대칭적인 위치에 둔다.
④ 거실의 연장을 위하여 가급적 정원 사이에 테라스를 둔다.

12. 공장건축의 지붕형태에 대한 설명 중 옳지 않은 것은?

① 뾰족지붕 : 직사광선을 어느 정도 허용하는 결점이 있다.
② 톱날지붕 : 채광창을 북향으로 하면 하루 종일 변함없는 조도를 유지한다.
③ 솟을 지붕 : 채광 환기에 적합한 방법이다.
④ 샤렌지붕 : 기둥이 많이 소요되는 단점이 있다.

13. 상점건축에서 대면판매의 특징으로 옳은 것은?

① 진열면적이 커지고 상품에 친근감이 간다.
② 판매원의 정위치를 정하기 어렵고 불안정하다.
③ 일반적으로 시계, 귀금속 상점 등에 사용된다.
④ 상품의 설명이나 포장이 불편하다.

14. 학교건축에서 교실의 채광 및 조명에 대한 설명으로 부적당한 것은?

① 1방향 채광일 경우 반사광보다는 직사광을 이용하도록 한다.
② 일반적으로 교실에 비치는 빛은 칠판을 향해 있을 때 좌측에서 들어오는 것이 원칙이다.
③ 칠판의 조도가 책상면의 조도보다 높아야 한다.
④ 교실 채광은 일조시간이 긴 방위를 택한다.

15. 학교운영 방식에 관한 설명 중 옳지 않은 것은?

① U형 : 초등학교 저학년에 적합하며 보통 한 교실에 1~2개의 화장실을 가지고 있다.
② P형 : 교사의 수와 적당한 시설이 없으면 실시가 곤란하다.
③ U + V형 : 특별교실이 많을수록 일반 교실의 이용률이 떨어진다.
④ V형 : 각 교과의 순수율이 높고 학생의 이동이 적다.

16. 실내공간의 동선계획에 대한 설명 중 옳지 않은 것은?

① 동선의 빈도가 크면 가능한 한 직선적인 동선처리를 한다.
② 모든 실내공간의 동선은 특히 상점의 고객 동선은 짧게 처리하는 것이 좋다.
③ 주택의 경우 가사노동의 동선은 되도록 남쪽에 오도록 하고 짧게 하는 것이 좋다.
④ 주택에서 개인, 사회, 가사노동권의 3개 동선은 서로 분리되어 간섭이 없어야 한다.

17. 다음 중 쇼핑센터를 구성하는 주요 요소로 볼 수 없는 것은?

① 핵점포
② 몰(mall)
③ 코트(court)
④ 터미널(terminal)

18. 백화점에 설치하는 에스컬레이터에 관한 설명으로 옳지 않은 것은?

① 수송량에 비해 점유면적이 작다.
② 설치시 층고 및 보의 간격에 영향을 받는다.
③ 비상계단으로 사용할 수 있어 방재계획에 유리하다.
④ 교차식 배치는 연속적으로 승강이 가능한 형식이다.

19. 주택지의 단위 중 인보구의 중심시설에 해당하는 것은?

① 유치원
② 파출소
③ 초등학교
④ 어린이놀이터

20. 다음 설명에 알맞은 사무소 건축의 코어의 유형은?

> • 코어 프레임(core frame)이 내력벽 및 내진 구조가 가능함으로서 구조적으로 바람직한 유형이다.
> • 유효율이 높으며, 임대 사무소로서 경제적인 계획이 가능하다.

① 중심코어형
② 편심코어형
③ 독립코어형
④ 양단코어형

해설 및 정답

1. 한식주택은 은폐적이나, 양식주택은 개방적이다.

2. ① 계단실(홀)형은 독립성이 좋고, 출입이 편하며, 통행부의 면적이 작으므로 건물(자체)의 이용도가 높다.
   그러나 고층 아파트일 경우 각 계단실마다 엘리베이터를 설치해야 하므로 시설비가 많이 든다.
   ② 집중형은 복도부분의 환기 등의 문제점을 해결하기 위해 고도의 설비시설을 통해 기계적 환경조절이 필요한 형이다.
   ③ 중복도형은 도심지 독신자 아파트에 주로 사용된다.
   ④ 집중형은 많은 주호를 집중시킬 수 있으므로 대지의 이용률이 가장 높다. 따라서 대지에 대한 건물의 이용도가 가장 높은 형식이다.

3. 사무소건축에 있어서 유효율(연면적에 대한 임대면적의 비율)은 70~75% 정도이다.

4. 노인실은 건강유지와 소외의식 방지를 위해 남쪽의 밝은 곳에 둔다.

5. ②는 단층형의 특징에 속한다.

6. 무창공장
   방직공장 또는 정밀기계공장에 적합한 것으로 다음과 같은 특징이 있다.
   ① 창을 설치할 필요가 없으므로 건설비가 싸게 든다.
   ② 실내의 조도는 자연채광에 의하지 않고, 인공조명을 통하여 조절하게 되므로 균일하게 할 수 있다.
   ③ 공조시 냉난방부하가 적게 걸리므로 비용이 적게 들며, 운전하기가 용이하다.
   ④ 실내에서의 소음이 크다.
   ⑤ 외부로부터의 자극이 적어 작업능률이 향상된다.

7. 강당을 체육관과 겸용할 경우에는 일반적으로 체육관 목적으로 치중하는 것이 좋다.

8. 진열창 내의 밝기를 외부보다 높게 한다.

9. 기준층 평면형태 결정요소
   ① 구조상 스팬의 한도
   ② 동선상의 거리
   ③ 각종 설비 시스템(덕트, 배선, 배관 등)상의 한계
   ④ 방화구획상 면적
   ⑤ 자연광에 의한 조명한계
   ⑥ 대피상 최대 피난거리

10. 인동간격
    ① 남북간의 인동간격 결정조건
       ㉮ 일조   ㉯ 채광
    ② 동서간의(측면) 인동간격 결정조건
       ㉮ 통풍   ㉯ 방화(연소방지)상
    ③ 기타 - 소음방지, 프라이버시(시각적 개방감)

11. 거실의 위치
    ① 남향이 가장 적당하며, 햇빛과 통풍이 잘되는 곳
    ② 통로에 의한 실이 분할되지 않는 곳
    ③ 거실은 다른 한쪽 방과 접속하게 되면 유리하다.
    ④ 침실과는 항상 대칭되게 한다.
    ⑤ 거실은 주택 중심부에 두고, 각방에서 자유롭게 출입할 수 있도록 한다.
    ⑥ 정원 테라스와 연결하도록 하고 직접 출입하도록 한다.

12. 샤렌지붕 : 기둥이 적게 소요되는 장점이 있다.

13. 대면판매는 전문가의 설명이 필요한 상점에 주로 사용된다.
    ① 장점
       ㉮ 설명하기가 편리하다.
       ㉯ 종업원의 정위치를 정하기가 용이하다.
       ㉰ 포장하기가 편리하다.
    ② 단점
       ㉮ 종업원에 의해 통로가 소요되므로 진열면적이 감소된다.
       ㉯ 진열장이 많아지면 상점의 분위기가 딱딱해진다.

14. 교실 채광은 일조시간이 긴 방위를 택하고, 1방향 채광일 때는 깊은 곳까지 고른 조도가 얻어질 수 있도록 하며, 반사광을 이용한다.

15. 교과(특별)교실형(V형)

모든 교실이 특정교과를 위해 만들어지고, 일반교실이 없는 형으로 학생들은 교과목이 바뀔 때마다 해당 교과교실을 찾아 수업을 듣는 방식이다.

① 장점
  ㉮ 교실의 순수율이 가장 높다.(교육의 질을 높일 수 있다.)
  ㉯ 시설의 이용률이 높다
② 단점
  ㉮ 교실의 이용률이 가장 낮다.(운영상 비경제적이다.)
  ㉯ 학생의 이동이 심하다.(이동시 동선의 혼란방지와 소지품 보관장소가 필요하다.)

16. 상점의 고객 동선은 가능한 길게 종업원 동선은 가능한 짧게 처리하는 것이 좋다.

17. 쇼핑센터의 기능 및 공간의 구성요소
  ① 핵상점   ② 전문점   ③ 몰
  ④ 코트   ⑤ 주차장

19. 인보구(隣保區)는 이웃에 살기 때문이라는 이유만으로 가까운 친분관계를 유지하는 공간적 범위이며, 반경 100m 정도를 기준으로 하는 가장 작은 생활권 단위로서 어린이놀이터, 구멍가게 등이 있다.

20. 중심코어형(중앙코어형)
  ① 바닥면적이 큰 경우에 적합하다.
  ② 고층, 초고층에 적합하고, 외주 프레임을 내력벽으로 하여 중앙코어와 일체로 한 내진구조로 만들 수 있다.
  ③ 내부공간과 외관이 획일적으로 되기 쉽다.

1. ③	2. ①	3. ③	4. ③	5. ②
6. ④	7. ③	8. ①	9. ④	10. ③
11. ①	12. ④	13. ③	14. ①	15. ④
16. ②	17. ④	18. ③	19. ④	20. ①

※ 본 기출문제는 수험자의 기억을 바탕으로 하여 복원한 문제이므로 실제 문제와 다를 수 있음을 미리 알려드립니다.

1. 공장건축의 지붕형태에 관한 설명으로 옳지 않은 것은?

① 솟을 지붕 : 채광·환기에 적합한 방법이다.
② 샤렌 지붕 : 기둥이 많이 소요되는 단점이 있다.
③ 뾰족 지붕 : 직사광선을 어느 정도 허용하는 결점이 있다.
④ 톱날 지붕 : 채광창을 북향으로 하면 하루 종일 변함없는 조도를 유지할 수 있다.

2. 다음 설명에 알맞은 단지내 도로 형식은?

> • 불필요한 차량 진입이 배제되는 이점을 살리면서 우회도로가 없는 쿨데삭(cul-de sac)형의 결점을 개량하여 만든 형식이다.
> • 통과교통이 없기 때문에 주거환경의 쾌적성과 안전성은 확보되지만 도로율이 높아지는 단점이 있다.

① 격자형   ② 방사형
③ T자형   ④ Loop형

3. 주택 평면계획에서 일반적으로 인접 및 분리의 원칙이 적용된다. 다음 각 공간의 관계가 인접의 원칙에 해당하지 않는 것은?

① 거실 – 현관   ② 거실 – 식당
③ 식당 – 주방   ④ 침실 – 다용도실

4. 백화점 스팬(Span)의 결정요인과 가장 관계가 먼 것은?

① 공조실의 폭과 위치
② 매장 진열장의 배치방식과 치수
③ 지하주차장의 주차방식과 주차 폭
④ 엘리베이터, 에스컬레이터의 유무와 배치

5. 주택의 각 실 공간계획에 관한 설명으로 옳지 않은 것은?

① 부엌은 밝고, 관리가 용이한 곳에 위치시킨다.
② 거실이 통로로서 사용되는 평면배치는 피한다.
③ 식사실은 가족수 및 식탁배치 등에 따라 크기가 결정된다.
④ 부부침실은 주간 생활에 주로 이용되므로 동향 또는 서향으로 하는 것이 바람직하다.

6. 주거단지의 단위를 작은 것부터 큰 순서로 올바르게 나열한 것은?

① 인보구 < 근린주구 < 근린분구
② 인보구 < 근린분구 < 근린주구
③ 근린분구 < 인보구 < 근린주구
④ 근린분구 < 근린주구 < 인보구

7. 상점건축의 동선계획에서 동선을 길고 원활하게 처리하여야 효율이 좋은 것은?

① 관리 동선
② 고객 동선
③ 판매원 동선
④ 상품 반·출입 동선

8. 사무소 건축의 코어계획에 관한 설명으로 옳지 않은 것은?

① 엘리베이터 홀과 출입구문은 바싹 인접하여 배치한다.
② 코어내의 각 공간은 각 층마다 공통의 위치에 배치한다.
③ 계단, 엘리베이터 및 화장실은 가능한 근접하여 배치한다.
④ 코어내의 서비스 공간과 업무 사무실과의 동선을 단순하게 처리한다.

9. 다음 설명에 알맞은 연립주택의 유형은?

> • 각 세대마다 개별적인 옥외 공간의 확보가 가능하다.
> • 연속주택이라고도 하며, 도로를 중심으로 상향식과 하향식으로 구분할 수 있다.

① 타운 하우스
② 로우 하우스
③ 중정형 주택
④ 테라스 하우스

10. 공장건축의 형식 중 파빌리온 타입에 대한 설명으로 옳지 않은 것은?

① 통풍, 채광이 좋다.
② 공장의 신설, 확장이 비교적 용이하다.
③ 건축형식, 구조를 각기 다르게 할 수 없다.
④ 각 동의 건설을 병행할 수 있으므로 조기완성이 가능하다.

11. 다음의 아파트 평면형식 중 각 세대의 프라이버시 확보가 가장 용이한 것은?

① 집중형
② 계단실형
③ 편복도형
④ 중복도형

12. 학교의 음악교실계획에 관한 설명으로 옳지 않은 것은?

① 강당과 연락이 쉬운 위치가 좋다.
② 적당한 잔향시간을 가질 수 있도록 한다.
③ 실은 밝게 하는 것이 음악적으로 좋은 분위기가 될 수 있다.
④ 옥내 운동장이나 공작실과 가까이 배치하여 유기적인 연결을 꾀한다.

13. 사무소 건축의 실 단위 계획 중 개방식 배치에 관한 설명으로 옳지 않은 것은?

① 독립성이 결핍되고 소음이 있다.
② 전면적을 유용하게 이용할 수 있다.
③ 공사비가 개실 시스템보다 저렴하다.
④ 방의 길이나 깊이에 변화를 줄 수 없다.

14. 다음 중 사무소 건축에서 기준층 층고의 결정 요소와 가장 거리가 먼 것은?

① 채광률
② 사용 목적
③ 엘리베이터의 대수
④ 공기조화(Air Conditioning)

15. 각종 상점의 방위에 관한 설명으로 옳지 않은 것은?

① 음식점은 도로의 남측이 좋다.
② 식료품점은 강한 석양을 피할 수 있는 방위로 한다.
③ 양복점, 가구점, 서점은 가급적 도로의 북측이나 동측을 선택한다.
④ 여름용품점은 도로의 북측을 택하여 남측광선의 유입을 유도하는 것이 효과적이다.

16. 상점건축에서 진열창(show window)의 눈부심을 방지하는 방법으로 옳지 않은 것은?

① 곡면 유리를 사용한다.
② 유리면을 경사지게 한다.
③ 진열창의 내부를 외부보다 어둡게 한다.
④ 차양을 설치하여 진열창 외부에 그늘을 조성한다.

17. 학교건축에서 교사의 배치 방법 중 분산병렬형에 관한 설명으로 옳지 않은 것은?

① 일종의 핑거 플랜(finger plan)이다.
② 일조, 통풍 등 교실의 환경 조건이 균등하다.
③ 구조계획이 간단하며, 규격형의 이용이 편리하다.
④ 대지의 효율적 이용이 가능하므로 소규모 대지에 적용이 용이하다.

18. 1주일간의 평균 수업시간이 40시간인 어느 학교에서 설계제도실이 사용되는 시간은 16시간이다. 그 중 4시간은 미술수업을 위해 사용된다면, 설계제도실의 이용률은?

① 10%   ② 25%
③ 40%   ④ 80%

19. 아파트에서 엘리베이터 대수를 산정하기 위한 가정 조건으로 옳지 않은 것은?

① 실제의 주행속도는 전속도의 80%로 가정
② 이용자의 대기시간은 1개 층에서 10초로 가정
③ 엘리베이터 정원의 80%를 수송인원으로 가정
④ 1인이 승강에 필요한 시간은 문의 개폐시간을 포함하여 10초로 가정

20. 부엌 작업대의 배치 유형 중 L자형에 관한 설명으로 옳지 않은 것은?

① 정방형 부엌에 적합한 유형이다.
② 두 벽면을 이용하여 작업대를 배치한 형태이다.
③ 작업대의 코너부분에 개수대 또는 레인지 설치가 용이하다.
④ 모서리 부분의 활용도가 낮은 관계로 이에 대한 대책이 요구된다.

해설 및 정답

1. 샤렌지붕 : 기둥이 적게 소요되는 장점이 있다.

2. ① 격자형

가로망의 형태가 단순·명료하고, 가구 및 획지구성 상 택지의 이용효율이 높기 때문에 계획적으로 조성되는 시가지에 가장 많이 이용되어 온 형태이다. 자동차교통에 있어서 편리하고 교차로가 십자형이 되기 때문에 교통처리에 유리하다.

② T자형

격자형이 갖는 택지의 이용효율을 유지하면서 지구 내 통과교통의 배제, 주행속도의 저하를 위하여 도로의 교차방식을 주로 T자교차로 한 형태이다. 통행거리가 조금 길게 되고 보행자에 있어서는 불편하기 때문에 보행자 전용도로와의 병용에 유리하다.

③ 쿨드삭(Cul-de-sac)형

각 가구를 잇는 도로가 하나이기 때문에 통과교통이 없고 주거환경의 쾌적성과 안전성이 모두 확보된다. 각 가구와 관계없는 자동차의 진입을 방지할 수 있다는 장점이 있지만 우회도로가 없기 때문에 방재·방범상에는 불편하다. 따라서 주택의 배면에는 보행자 전용도로가 설치되어야 효과적이며 도로의 최대 길이도 150m 이하가 되어야 한다.

3. 주방 – 다용도실

4. 백화점의 기둥간격 결정요소
① 진열장(show case)의 치수와 배치방법
② 지하주차장의 주차방식과 주차 폭
③ 엘리베이터, 에스컬레이터의 배치

5. 부부침실은 야간생활에 주로 이용되므로 방위는 동측이나 남측이 바람직하다.

6. 근린생활권의 구성
① 인보구
어린이놀이터가 중심이 되는 단위이며, 아파트의 경우는 3~4층 건물로서 1~2동이 해당된다.

② 근린분구
일상소비생활에 필요한 공동시설이 운영가능한 단위로서 소비시설을 갖추며, 후생시설, 보육시설을 설치한다.

③ 근린주구
초등학교를 중심으로 한 단위이며, 어린이공원, 운동장, 우체국, 소방서, 동사무소 등이 설립된다. 근린주구는 도시계획의 종합계획에 따른 최소단위가 된다.

7. 상점의 고객 동선은 가능한 길게 종업원 동선은 가능한 짧게 처리하는 것이 좋다.

8. 코어계획시 고려사항
① 계단과 엘리베이터 및 변소는 가능한 한 접근시킨다. (단, 피난용 특별계단은 법정거리 한도내에서 가급적 멀리 둔다.)
② 코어내의 공간과 임대사무실 사이의 동선이 간단해야 한다.
③ 코어내 공간의 위치를 명확히 한다.
④ 엘리베이터 홀이 출입구면에 근접해 있지 않도록 한다.
⑤ 엘리베이터는 가급적 중앙에 집중시킨다.
⑥ 코어내 각 공간이 각층마다 공통의 위치에 있어야 한다.
⑦ 잡용실, 급탕실, 더스트 슈트는 가급적 접근시킨다.

9. 테라스 하우스(terrace house)는 경사지에서 적절한 절토에 의하여 자연지형에 따라 건물을 테라스형으로 축조하는 것으로 각 호마다 전용의 뜰(정원)을 갖는다.

10. 분관식(pavilion type)
① 건축형식, 구조를 각각 다르게 할 수 있다.
② 공장의 신설, 확장이 용이하다.
③ 배수, 물홈통설치가 용이하다.
④ 통풍, 채광이 좋다.
⑤ 공장건설을 병행할 수 있으므로 조기완성이 가능하다.
⑥ 화학공장, 일반기계 조립공장, 중층공장의 경우에 알맞다.

11. 독립성이 가장 좋은 순서별로 나열하면 계단실형 → 편복도형 → 중복도형 → 집중형 순이다.

12. ① 음악교실은 시청각실과 밀접한 관계가 있으므로 유기적인 연결을 꾀하도록 한다.
② 옥내운동장이나 공작실 등의 소음을 내는 실과는 가까이 하지 않는다.

13. 개방식 배치는 방의 길이나 깊이에 변화를 줄 수 있다.

14. 기준층 층고는 사용목적, 채광, 공사비(공조)에 의해서 결정되며, 사무실의 깊이는 책상배치, 채광량 등으로 결정되지만 층고에도 관계된다.

15. 상점의 방위
① 부인용품점 : 오후에 그늘이 지지 않는 방향이 좋다.
② 식료품점 : 강한 석양은 상품을 변색시키므로 서측을 피한다.
③ 양복점, 가구점, 서점 : 가급적 도로의 남측이나 서측을 선택하여 일사에 의한 퇴색, 변형, 파손 등을 방지한다.
④ 음식점 : 도로의 남측 또는 좁은 길옆이 좋다.
⑤ 여름용품점 : 도로의 북측을 택하여 남측광선을 취입하는 것이 효과적이다. (겨울용품은 이와 반대)
⑥ 귀금속품점 : 1일 중 태양광선이 직사하지 않는 방향이 좋다.

16. 진열창의 반사방지
① 주간시
㉮ 진열창내의 밝기를 외부보다 더 밝게 한다.
㉯ 차양을 달므로써 외부에 그늘을 준다.
㉰ 유리면을 경사지게 하고 특수한 곡면유리를 사용한다.
㉱ 건너편의 건물이 비치는 것을 방지하기 위해 가로수를 심는다.

② 야간시
㉮ 광원을 감춘다.
㉯ 눈에 입사하는 광속을 적게 한다.

17. ① 분산병렬형 : 일종의 핑거 플랜(finger plan)이다.
㉮ 장점
• 일조, 통풍 등 교실의 환경조건이 균등하다.
• 구조계획이 간단하고 규격형의 이용이 편리하다.
• 각 건물사이에 놀이터와 정원이 생겨 생활환경이 좋아진다.
㉯ 단점
• 넓은 대지가 필요하다.
• 편복도로 할 경우 복도면적이 커지고 길어지며, 단조로워 유기적인 구성을 취하기가 어렵다.
② 폐쇄형 : 운동장을 남쪽에 확보하여 부지의 북쪽에서 건축하기 시작해서 ㄴ자 형에서 ㅁ자형으로 완결지어 가는 종래의 일반적인 형이다.
㉮ 장점 : 대지의 효율적인 이용이 가능하다.
㉯ 단점
• 화재 및 비상시에 불리하다.
• 일조, 통풍 등 환경조건이 불균등하다.
• 운동장에서 교실에의 소음이 크다.
• 교사주변에 활용되지 않는 부분이 많다.

18. 이용률 $= \dfrac{\text{교실이 사용되고 있는 시간}}{\text{1주간의 평균 수업시간}} \times 100(\%)$

$= \dfrac{16}{40}$시간$\times 100(\%) = 40\%$

19. 엘리베이터 대수산출시 가정조건
① 2층 이상 거주자의 30%를 15분간에 일방향 수송한다.
② 1인의 승강에 필요한 시간은 문의 개폐시간을 포함해서 6초로 한다.
③ 한 층에서 승객을 기다리는 시간은 평균 10초로 한다.
④ 실제 주행속도는 전속도의 80%로 한다.
⑤ 정원의 80%를 수송인원으로 본다.

20. 부엌의 유형

① 직선형 : 좁은 부엌에 알맞고, 동선의 혼란이 없는 반면, 움직임이 많아 동선이 길어지는 경향이 있다.

② L자형 : 정방형 부엌에 알맞고, 비교적 넓은 부엌에서 능률이 좋으나 모서리 부분은 이용도가 낮다.

③ U 자형 : 양측 벽면이 이용될 수 있으므로 수납공간을 넓게 잡을 수 있으며, 이용하기에도 아주 편리하다.

④ 병렬형 : 직선형에 비해 작업동선이 줄어 들지만, 작업시 몸을 앞뒤로 바꿔야 하므로 불편하다. 식당과 부엌이 개방되지 않고 외부로 통하는 출입구가 필요한 경우에 많이 쓰인다.

1. ②	2. ④	3. ④	4. ①	5. ④
6. ②	7. ②	8. ①	9. ④	10. ③
11. ②	12. ④	13. ④	14. ③	15. ③
16. ③	17. ④	18. ③	19. ④	20. ③

※ 본 기출문제는 수험자의 기억을 바탕으로 하여 복원한 문제이므로 실제 문제와 다를 수 있음을 미리 알려드립니다.

1. 다음과 같은 조건에 있는 어느 학교 설계실의 순수율은?

- 설계실 사용시간 : 20시간
- 설계실 사용시간 중 설계실기수업 시간 : 15시간
- 설계실 사용시간 중 물리이론수업 시간 : 5시간

① 25% ② 33%
③ 67% ④ 75%

2. 단독주택의 각 실 계획에 관한 설명으로 옳지 않은 것은?

① 주택 현관의 크기는 방문객의 예상 출입량까지 고려할 필요는 없다.
② 거실은 주거생활 전반의 복합적인 기능을 갖고 있으며 이에 대한 적합한 가구와 어느 정도 활동성을 고려한 계획이 되어야 한다.
③ 계단은 안전상 경사, 폭, 난간 및 마감방법에 중점을 두고 의장적인 고려를 한다.
④ 식당 및 부엌은 능률을 좋게 하고 옥외작업장 및 정원과 유기적으로 결합되게 한다.

3. 계단실형 공동주택의 계단실에 관한 설명으로 옳지 않은 것은?

① 계단실에 면하는 각 세대의 현관문은 계단의 통행에 지장이 되지 않도록 한다.
② 계단실의 벽 및 반자의 마감은 불연재료 또는 준불연재료로 한다.
③ 계단실의 각 층별로 층수를 표시한다.
④ 계단실 최상부에는 개구부를 설치하지 않는다.

4. 모듈계획(MC : Modular Coordination)에 관한 설명으로 옳지 않은 것은?

① 건축재료의 취급 및 수송이 용이해진다.
② 건축재료의 대량 생산이 용이하여 생산 비용을 낮출 수 있다.
③ 건물 외관의 자유로운 구성이 용이하다.
④ 현장 작업이 단순해지고 공기를 단축시킬 수 있다.

5. 학교운영방식에 관한 설명으로 옳지 않은 것은?

① 종합교실형 : 학생의 이동이 없어 학급에서 안정적인 분위기를 가질 수 있다.
② 플래툰형 : 교사의 수와 적당한 시설이 없으면 실시가 곤란하다.
③ 교과교실형 : 일반교실은 각 학년에 하나씩 할당되고, 그 외에 특별교실을 갖는다.
④ 달톤형 : 학급, 학생의 구분이 없으며 학생들은 각자의 능력에 맞게 교과를 선택한다.

6. 다음 설명에 알맞은 학교 교사(校舍)의 배치 형식은?

- 일종의 핑거 플랜이다.
- 일조, 통풍 등 교실의 환경 조건이 균등하다.
- 구조계획이 간단하고 규격형의 이용도 편리하다.

① 폐쇄형
② 종합 계획형
③ 분산병렬형
④ 집합형

7. 연속작업식 레이아웃(layout)이라고도 하며, 대량생산에 유리하고 생산성이 높은 공장건축의 레이아웃 형식은?

① 제품중심의 레이아웃
② 고정식 레이아웃
③ 공정중심의 레이아웃
④ 혼성식 레이아웃

8. 상점의 계단에 관한 설명으로 옳은 것은?

① 정방형의 평면일 경우에는 중앙에 설치하는 것이 동선 및 매장 구성에 유리하다.
② 상점의 깊이가 깊은 직사각형의 평면인 경우 측벽에 따라 계단을 설치하는 것이 시각적 및 공간적 측면에서 바람직하다.
③ 경사도는 지나치게 낮은 경우를 제외하고는 높은 경사보다는 낮은 것이 올라가기 쉽다.
④ 소규모 상점의 경우 계단의 경사를 낮게 할수록 매장 면적의 효율성이 증가한다.

9. 연립주택의 종류 중 타운 하우스에 관한 설명으로 옳지 않은 것은?

① 토지 이용 및 건설비, 유지관리비의 효율성은 낮다.
② 프라이버시 확보는 조경을 통하여서도 가능하다.
③ 배치상의 다양성을 줄 수 있다.
④ 각 주호마다 자동차의 주차가 용이하다.

10. 상점 건축의 매장 가구 배치 시 고려해야 할 사항과 가장 거리가 먼 것은?

① 감시하기는 쉽지만 손님에게는 감시한다는 인상을 주지 않게 한다.
② 들어오는 손님과 종업원의 시선이 직접 마주치게 한다.
③ 손님쪽에서 상품이 효과적으로 보이게 한다.
④ 종업원의 동선은 원활하게, 소수의 종업원으로 관리하기에 편리하게 한다.

11. 다음 중 사무소 건축의 기준층 평면형태의 결정 요인에 속하지 않는 것은?

① 대피상의 최대 피난거리
② 자연광에 의한 조명한계
③ 구조상 스팬의 한도
④ 엘리베이터의 처리능력

12. 사무소 건축의 코어 형식 중 중심코어형에 관한 설명으로 옳은 것은?

① 구조코어로서 바람직한 형식이다.
② 편코어형으로부터 발전된 것으로 자유로운 사무공간을 구성할 수 있다.
③ 기준층 바닥면적이 작은 경우에 주로 사용된다.
④ 2방향 피난에 이상적인 관계로 방재 및 피난상 유리하다.

13. 주택의 동선계획에 관한 설명으로 옳지 않은 것은?

① 주택 내부동선은 외부조건과 실 배치에 따른 출입구에 의해 1차적으로 결정된다.
② 개인, 사회, 가사노동권의 3개 동선이 서로 분리되어 간섭이 없도록 한다.
③ 가사노동의 동선은 되도록 북쪽에 오도록 하고 길게 한다.
④ 동선에는 공간이 필요하고 가구를 둘 수 없다.

14. 숑바르 드 로브에 따른 주거면적기준 중 한계 기준은?

① 16m²   ② 15m²
③ 14m²   ④ 8m²

15. 진열창 유리의 흐림 방지 방법으로 가장 알맞은 것은?

① 곡면 유리를 사용한다.
② 진열대 밑에 난방장치를 하여 내외의 온도차를 적게 한다.
③ 차양을 달아 외부에 그늘을 준다.
④ 진열창 내의 밝기를 인공적으로 높게 한다.

16. 사무소 건축의 실단위계획 중 개방식 배치에 관한 설명으로 옳지 않은 것은?

① 개실시스템보다 공사비가 저렴하다.

② 오피스 랜드스케이핑은 개방식 배치의 한 형식이다.

③ 독립성과 쾌적감의 이점이 있다.

④ 전면적을 유용하게 이용할 수 있다.

17. 사무소 건축의 코어계획에 관한 설명으로 옳지 않은 것은?

① 엘리베이터홀과 건물 출입구문은 가능한 근접하여 배치한다.

② 계단, 엘리베이터 및 화장실은 가능한 근접하여 배치한다.

③ 코어내의 각 공간은 각 층마다 공통의 위치에 배치한다.

④ 코어내의 서비스 공간과 업무 사무실과의 동선을 단순하게 처리한다.

18. 다음 중 주택의 부엌 계획에서 작업삼각형(Work Triangle)의 세 변의 합으로 가장 적정한 것은?

① 2,000mm

② 3,000mm

③ 5,000mm

④ 7,000mm

19. 다음 설명에 알맞은 주거단지의 도로 유형은?

> • 통과교통을 방지할 수 있다는 장점이 있으나 우회도로가 없기 때문에 방재 · 방범상으로는 불리하다.
> • 주택 배면에는 보행자 전용도로가 설치되어야 효과적이다.

① Cul-de-sac형

② 격자형

③ T자형

④ Loop형

20. 다음의 아파트 평면 형식 중 독립성(privacy)이 가장 양호한 것은?

① 중복도형

② 계단실형

③ 집중형

④ 편복도형

해설 및 정답

1. 순수율 $= \dfrac{\text{일정한 교과를 위해 사용되는 시간}}{\text{그 교실이 사용되고 있는 시간}} \times 100(\%)$

$= \dfrac{15}{20}\text{시간} \times 100(\%) = 75\%$

2. 현관의 크기는 주택의 규모와 가족의 수, 방문객의 예상수 등을 고려한 출입량에 중점을 두어 계획하는 것이 바람직하다.

3. 계단실의 벽 및 반자의 마감은 불연재료로 한다.

4. 동일한 형태가 집단을 이루는 경향이 있으므로 건물의 배치와 외관이 단순해지므로 배색에 신중을 기해야 한다.

5. 교과(특별)교실형(V형)은 모든 교실이 특정교과를 위해 만들어지고, 일반교실이 없는 형으로 학생들은 교과목이 바뀔 때마다 해당 교과교실을 찾아 수업을 듣는 방식이다.

6. ① 분산병렬형 : 일종의 핑거 플랜(finger plan)이다.
⑦ 장점
- 일조, 통풍 등 교실의 환경조건이 균등하다.
- 구조계획이 간단하고 규격형의 이용이 편리하다.
- 각 건물사이에 놀이터와 정원이 생겨 생활환경이 좋아진다.

④ 단점
- 넓은 부지가 필요하다.
- 편복도로 할 경우 복도면적이 커지고 길어지며, 단조로워 유기적인 구성을 취하기가 어렵다.

② 폐쇄형 : 운동장을 남쪽에 확보하여 부지의 북쪽에서 건축하기 시작해서 ㄴ자형에서 ㅁ자형으로 완결지어 가는 종래의 일반적인 형이다.

7. 제품중심의 레이아웃(연속작업식)
① 생산에 필요한 모든 공정, 기계 기구를 제품의 흐름에 따라 배치하는 방식이다.

② 대량생산 가능, 생산성이 높음, 공정시간의 시간적, 수량적 밸런스가 좋고, 상품의 연속성이 가능하게 흐를 경우 성립한다.

8. 소규모 상점에 있어서 계단의 경사가 너무 낮을 경우에는 매장면적을 감소시키게 되므로 규모에 알맞는 경사도를 선택해야 한다.

9. 타운 하우스(town house)
토지의 효율적인 이용, 건설비 및 유지관리비의 절약을 고려한 연립주택의 한 종류로 단독주택의 이점을 최대한 살리고 있다.
① 공간구성
⑦ 1층 : 거실, 식당, 부엌 등의 생활공간(부엌은 출입구에 가까이, 거실 및 식당은 테라스나 정원을 향함)
④ 2층 : 침실, 서재 등 휴식 및 수면공간(침실은 발코니를 수반함)

② 특징
⑦ 인접 주호와의 사이 경계벽 연장을 통한 프라이버시의 확보
④ 각 호마다 주차가 용이함
⑤ 배치의 다양한 변화
⑥ 층의 다양화를 위해 동의 양 끝 세대나 단지의 외곽동을 1층으로 하여 중앙부에 3층을 배치함
⑨ 프라이버시의 확보는 조경을 통해 해결 가능하며, 프라이버시를 위한 시각 적정거리는 25m 정도
⑪ 일조확보를 위해 남향 또는 남동향으로 동 배치함.

10. 들어오는 손님과 종업원의 시선이 직접 마주치지 않게 한다.

11. 사무소 건축의 기준층 평면형태의 결정 요인
① 구조상 스팬의 한도
② 동선상의 거리
③ 각종 설비 시스템(덕트, 배선, 배관 등)상의 한계
④ 방화구획상 면적
⑤ 자연광에 의한 조명한계
⑥ 대피상 최대 피난거리

12. ① 중심코어형(중앙코어형)
  ㉮ 바닥면적이 큰 경우에 적합하다.
  ㉯ 고층, 초고층에 적합하고, 외주 프레임을 내력벽으로 하여 중앙코어와 일체로 한 내진구조로 만들 수 있다.
  ㉰ 내부공간과 외관이 획일적으로 되기 쉽다.
  ② 독립코어형(외코어형)은 편심코어형에서 발전된 형으로 특징은 편심코어형과 거의 동일하다.
  ③ 편심코어형(평단코어형)은 기준층 바닥면적이 작은 경우에 적합하다.
  ④ 양단코어형(분리코어형)은 2방향피난에 이상적이며, 방재상 유리하다.

13. 가사노동의 동선은 되도록 남쪽에 오도록 하고 되도록 짧게 한다.

14. 숑바르 드 로브의 주거면적기준
  ① 병리기준 : 8m²/인
  ② 한계기준 : 14m²/인
  ③ 표준기준 : 16m²/인

15. 진열창의 흐림(결로) 방지 방법은 진열창에 외기가 통하도록 하고, 내 외부의 온도차를 적게 한다.
  ①, ③, ④ – 진열창의 반사방지 방법

16. ③ – 개실식 배치

17. 엘리베이터 홀이 출입구면에 근접해 있지 않도록 한다.

18. 작업삼각형 : 냉장고와 개수대 그리고 가열기를 잇는 작업삼각형의 길이는 3.6~6.6m로 하는 것이 능률적이며, 개수대는 창에 면하는 것이 좋다.

19. 쿨드색(Cul-de-sac)형
  각 가구를 잇는 도로가 하나이기 때문에 통과교통이 없고 주거환경의 쾌적성과 안전성이 모두 확보된다. 각 가구와 관계없는 자동차의 진입을 방지할 수 있다는 장점이 있지만 우회도로가 없기 때문에 방재·방범상에는 불편하다. 따라서 주택의 배면에는 보행자 전용도로가 설치되어야 효과적이며 도로의 최대 길이도 150m 이하가 되어야 한다.

20. 아파트 평면 형식 중 독립성이 가장 좋은 순서별로 나열하면 홀(계단실)형 → 편복도형 → 중복도형 → 집중형 순이다.

1. ④	2. ①	3. ②	4. ③	5. ③
6. ③	7. ①	8. ④	9. ①	10. ②
11. ④	12. ①	13. ③	14. ③	15. ②
16. ③	17. ①	18. ③	19. ①	20. ②

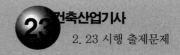
※ 본 기출문제는 수험자의 기억을 바탕으로 하여 복원한 문제이므로 실제 문제와 다를 수 있음을 미리 알려드립니다.

1. 일반주택의 평면계획에 관한 설명 중 옳지 않은 것은?

① 현관의 위치는 도로와의 관계, 대지의 형태 등에 영향을 받는다.

② 부엌은 가사노동의 경감을 위해 가급적 크게 만들어 워크 트라이앵글의 변의 길이를 길게 한다.

③ 부부침실보다는 낮에 많이 사용되는 노인실이나 아동실이 우선적으로 좋은 위치를 차지하는 것이 바람직하다.

④ 거실이 통로가 되지 않도록 평면계획시 고려해야 한다.

2. 아파트 건축의 각 평면 형식에 대한 설명 중 옳지 않은 것은?

① 홀형은 통행이 양호하며 프라이버시가 좋다.

② 편복도형은 복도가 개방형이므로 각호의 채광 및 통풍이 양호하다.

③ 중복도형은 대지에 대한 건물이용도가 좋으나 프라이버시가 나쁘다.

④ 계단실형은 통행부 면적이 높으며 독신자 아파트에 주로 채용된다.

3. 사무소 건축에 있어서 연면적에 대한 임대면적의 비율로서 가장 적당한 것은?

① 40 ~ 50%

② 50 ~ 60%

③ 70 ~ 75%

④ 80 ~ 85%

4. 주택의 각 실 공간계획에 관한 설명으로 옳지 않은 것은?

① 부엌은 밝고, 관리가 용이한 곳에 위치시킨다.

② 거실이 통로로서 사용되는 평면배치는 피한다.

③ 식사실은 가족수 및 식탁배치 등에 따라 크기가 결정된다.

④ 부부침실은 주간 생활에 주로 이용되므로 동향 또는 서향으로 하는 것이 바람직하다.

5. 다음 설명에 알맞은 단지내 도로 형식은?

> • 불필요한 차량 진입이 배제되는 이점을 살리면서 우회도로가 없는 쿨데삭(cul-de sac)형의 결점을 개량하여 만든 형식이다.
> • 통과교통이 없기 때문에 주거환경의 쾌적성과 안전성은 확보되지만 도로율이 높아지는 단점이 있다.

① 격자형

② 방사형

③ T자형

④ Loop형

6. 공장건축의 형식 중 파빌리온 타입에 대한 설명으로 옳지 않은 것은?

① 통풍, 채광이 좋다.

② 공장의 신설, 확장이 비교적 용이하다.

③ 건축형식, 구조를 각기 다르게 할 수 없다.

④ 각 동의 건설을 병행할 수 있으므로 조기완성이 가능하다.

7. 학교시설의 강당 및 실내체육과 계획에 있어 가장 부적절한 설명은?

① 강당 겸 체육관인 경우 커뮤니티 시설로서 이용될 수 있도록 고려하여야 한다.

② 실내체육관의 크기는 농구코트를 기준으로 한다.

③ 강당 겸 체육관인 경우 강당으로서의 목적에 치중하여 계획한다.

④ 강당의 크기는 반드시 전원을 수용할 수 있도록 할 필요는 없다.

8. 상점에 있어서 진열창의 반사를 방지하기 위한 조치로 가장 적합하지 않은 것은?

① 진열창 내의 밝기를 외부보다 낮게 한다.
② 차양을 달아 진열창 외부에 그늘을 준다.
③ 진열찰의 유리면을 경사지게 한다.
④ 곡면 유리를 사용한다.

9. 사무소 건축의 실 단위 계획 중 개방식 배치에 관한 설명으로 옳지 않은 것은?

① 독립성이 결핍되고 소음이 있다.
② 전면적을 유용하게 이용할 수 있다.
③ 공사비가 개실 시스템보다 저렴하다.
④ 방의 길이나 깊이에 변화를 줄 수 없다.

10. 다음 중 공동주택의 인동간격을 결정하는 요소와 가장 관계가 먼 것은?

① 일조 및 통풍
② 소음방지
③ 지하주차공간의 크기
④ 시각적 개방감

11. 숑바르 드 로브(Chombard de Lawve)가 설정한 표준기준에 따를 경우, 4인 가족을 위한 주택의 주거면적은?

① 32m²   ② 56m²
③ 64m²   ④ 128m²

12. 공장건축의 지붕형태에 대한 설명 중 옳지 않은 것은?

① 뾰족지붕 : 직사광선을 어느 정도 허용하는 결점이 있다.
② 톱날지붕 : 채광창을 북향으로 하면 하루 종일 변함없는 조도를 유지한다.
③ 솟을 지붕 : 채광 환기에 적합한 방법이다.
④ 샤렌지붕 : 기둥이 많이 소요되는 단점이 있다.

13. 상점건축에서 대면판매의 특징으로 옳은 것은?

① 진열면적이 커지고 상품에 친근감이 간다.
② 판매원의 정위치를 정하기 어렵고 불안정하다.
③ 일반적으로 시계, 귀금속 상점 등에 사용된다.
④ 상품의 설명이나 포장이 불편하다.

14. 1주일간의 평균 수업시간이 40시간인 어느 학교에서 설계제도실이 사용되는 시간은 16시간이다. 그 중 4시간은 미술수업을 위해 사용된다면, 설계제도실의 이용률은?

① 10%   ② 25%
③ 40%   ④ 80%

15. 학교운영 방식에 관한 설명 중 옳지 않은 것은?

① U형 : 초등학교 저학년에 적합하며 보통 한 교실에 1-2개의 화장실을 가지고 있다.
② P형 : 교사의 수와 적당한 시설이 없으면 실시가 곤란하다.
③ U+V형 : 특별교실이 많을수록 일반 교실의 이용률이 떨어진다.
④ V형 : 각 교과의 순수율이 높고 학생의 이동이 적다.

16. 많은 고객이 판매장 구석까지 가기 쉬운 이점이 있으며 이형의 진열장이 많이 필요한 백화점의 진열장 배치방식은?

① 자유유선배치
② 직각배치
③ 방사배치
④ 사행배치

17. 다음 중 쇼핑센터를 구성하는 주요 요소로 볼 수 없는 것은?

① 핵점포
② 몰(mall)
③ 코트(court)
④ 터미널(terminal)

18. 백화점에 설치하는 에스컬레이터에 관한 설명으로 옳지 않은 것은?

① 수송량에 비해 점유면적이 작다.
② 설치시 층고 및 보의 간격에 영향을 받는다.
③ 비상계단으로 사용할 수 있어 방재계획에 유리하다.
④ 교차식 배치는 연속적으로 승강이 가능한 형식이다.

19. 다음의 고층 임대사무소 건축의 코어계획에 관한 설명 중 틀린 것은?

① 엘리베이터의 직렬배치는 4대 이하로 한다.
② 코어내의 각 공간의 상하로 동일한 위치에 오도록 한다.
③ 화장실은 외래자에게 잘 알려질 수 없는 곳에 위치시키도록 한다.
④ 엘리베이터 홀과 계단실은 가능한 한 근접시킨다.

20. 다음 설명에 알맞은 사무소 건축의 코어의 유형은?

- 코어 프레임(core frame)이 내력벽 및 내진구조가 가능함으로서 구조적으로 바람직한 유형이다.
- 유효율이 높으며, 임대 사무소로서 경제적인 계획이 가능하다.

① 중심코어형　　　② 편심코어형
③ 독립코어형　　　④ 양단코어형

해설 및 정답

1. 부엌은 가사노동의 경감을 위해 워크 트라이앵글(냉장고와 개수대 그리고 가열기를 잇는 작업삼각형)의 변의 길이는 짧게 한다.

2. 계단실형은 통행부 면적이 작으므로 건물의 이용도가 높으며, 독신자 아파트에 적합한 것은 중복도형이다.

3. 사무소 건축에 있어서 유효율(연면적에 대한 임대면적의 비율)은 70~75% 정도이다.

4. 부부침실은 야간 생활에 주로 이용되므로 부부침실보다는 주간에 많이 사용되는 노인실이나 아동실이 우선적으로 좋은 위치를 차지하는 것이 바람직하다. 또한 부부침실은 독립성과 안정성을 보장하고 정원 쪽으로 배치하며, 남동쪽이 유리하다.

5. 주거단지의 도로형식(국지도로)
   ① 격자형
   가로망의 형태가 단순·명료하고, 가구 및 획지구성상 택지의 이용효율이 높기 때문에 계획적으로 조성되는 시가지에 가장 많이 이용되어 온 형태이다. 자동차 교통에 있어서 편리하고 교차로가 십자형이 되기 때문에 교통처리에 유리하다.
   ② T자형
   격자형이 갖는 택지의 이용효율을 유지하면서 지구 내 통과교통의 배제, 주행속도의 저하를 위하여 도로의 교차방식을 주로 T자 교차로 한 형태이다. 통행거리가 조금 길게 되고 보행자에 있어서는 불편하기 때문에 보행자 전용도로와의 병용에 유리하다.
   ③ 루프(Loop)형
   불필요한 차량도입이 배제되는 이점을 살리면서 우회도로가 없는 쿨드삭의 결점을 개량해 만든 형식이다. 쿨드삭과 같이 통과교통이 없기 때문에 주거환경·안전성은 확보되나 도로율이 높아지는 단점이 있다.

6. 분관식(pavilion type)
   ① 건축형식, 구조를 각각 다르게 할 수 있다.
   ② 공장의 신설, 확장이 용이하다.
   ③ 배수, 물홈통설치가 용이하다.
   ④ 통풍, 채광이 좋다.
   ⑤ 공장건설을 병행할 수 있으므로 조기완성이 가능하다.

7. 강당 및 체육관으로 겸용하게 될 경우 체육관 목적으로 치중하는 것이 좋다.

8. 진열창의 반사방지
   ① 주간시
   ㉮ 진열창내의 밝기를 외부보다 더 밝게 한다.
   ㉯ 차양을 달므로써 외부에 그늘을 준다.
   ㉰ 유리면을 경사지게 하고 특수한 곡면유리를 사용한다.
   ㉱ 건너편의 건물이 비치는 것을 방지하기 위해 가로수를 심는다.
   ② 야간시
   ㉮ 광원을 감춘다.
   ㉯ 눈에 입사하는 광속을 적게 한다.

9. 사무실의 개방식 배치는 방의 길이나 깊이에 변화를 줄 수 있다.

10. 인동간격
   ① 남북간의 인동간격 결정조건
      ㉮ 일조   ㉯ 채광
   ② 동서간의(측면) 인동간격 결정조건
      ㉮ 통풍   ㉯ 방화(연소방지)상
   ③ 기타 – 소음방지, 프라이버시(시각적 개방감)

11. 숑바르 드 로브 기준
   ① 병리기준 : $8m^2$/인 이하
   ② 한계기준 : $14m^2$/인 이하
   ③ 표준기준 : $16m^2$/인
   따라서, 4인 가족이므로 $16m^2$/인×4인 = $64m^2$이다.

12. ① 톱날지붕 : 기둥이 많이 소요되는 단점이 있다.
② 샤렌지붕 : 기둥이 적게 소요되는 장점이 있다.

13. 상점건축에서 대면판매는 일반적으로 상품에 대한 전문가의 설명이 필요한 시계나 귀금속 상점 등에 사용된다.

14. 이용률 $= \dfrac{\text{교실이 사용되고 있는 시간}}{\text{1주간의 평균 수업시간}} \times 100(\%)$

$= \dfrac{16}{40} \text{시간} \times 100(\%) = 40\%$

15. V(교과교실)형은 모든 교실이 특정교과를 위해 만들어져 순수율은 가장 높으며, 이용률은 낮다. 따라서, 수업시간이 바뀔 때마다 학생들이 교실을 찾아 이동해야 하므로 이동에 따른 동선의 혼란이 크다.

16. 백화점의 판매장의 사행(사교)배치법은 주통로를 직각배치하고, 부통로를 45° 경사지게 배치하는 방법으로 좌우 주통로에 가까운 길을 택할 수 있고, 주통로에서 부통로의 상품이 잘보인다. 그러나 이형(서로 다른 형태)의 판매대가 많이 필요하다.

17. 쇼핑센터공간의 구성요소
① 핵상점(핵점포)
② 전문점
③ 몰
④ 코트
⑤ 주차장

18. 백화점에 있어서 에스컬레이터는 가장 적합한 수송기관이며, 엘리베이터에 비해 10배 이상의 용량을 보유하고 있으며, 고객을 기다리게 하지 않는다.

19. 화장실의 위치는 외래자에게 잘 알려질 수 없는 곳으로 분산시키지 말고 되도록 각층의 1또는 2개소 이내에 집중해 있게 한다.

20. 중심코어형(중앙코어형)
① 바닥면적이 큰 경우에 적합하다.
② 고층, 초고층에 적합하고, 외주 프레임을 내력벽으로 하여 중앙코어와 일체로 한 내진구조로 만들 수 있다.
③ 내부공간과 외관이 획일적으로 되기 쉽다.

1. ②	2. ④	3. ③	4. ④	5. ④
6. ③	7. ③	8. ①	9. ④	10. ③
11. ③	12. ④	13. ③	14. ③	15. ④
16. ④	17. ④	18. ③	19. ③	20. ①

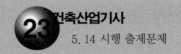

※ 본 기출문제는 수험자의 기억을 바탕으로 하여 복원한 문제이므로 실제 문제와 다를 수 있음을 미리 알려드립니다.

1. 다음 설명에 알맞은 부엌의 평면형은?

> 동선과 배치가 간단한 평면형이지만, 설비 기구가 많은 경우에는 작업동선이 길어지므로 소규모 주택에 주로 적용된다.

① ㄱ자형
② ㄷ자형
③ 병렬형
④ 일렬형

2. 상점계획에 대한 설명 중 옳지 않은 것은?

① 쇼윈도우는 간판, 입구, 파사드(facade), 광고 등을 포함하며 점포전체의 얼굴이다.
② 쇼윈도우의 크기는 상점의 종류, 전면 길이 및 부지조건에 따라 다르다.
③ 상점 바닥면은 보도면에서 자유스럽게 유도될 수 있도록 계획한다.
④ 고객 동선은 가능한 한 길게 종업원의 동선은 가능한 한 짧게 한다.

3. 다음 설명에 알맞은 공장건축의 레이아웃 형식은?

> • 기능식 레이아웃으로 기능이 동일하거나 유사한 공정, 기계를 집합하여 배치하는 방식이다.
> • 다품종 소량 생산의 경우, 표준화가 이루어지기 어려운 경우에 채용된다.

① 혼성식 레이아웃
② 고정식 레이아웃
③ 공정중심의 레이아웃
④ 제품중심의 레이아웃

4. 사무소 건축의 코어 계획에 관한 설명으로 옳지 않은 것은?

① 계단과 엘리베이터 및 화장실은 가능한 한 접근시킨다.

② 엘리베이터홀이 출입구문에 바싹 접근해 있지 않도록 한다.
③ 코어 내의 각 공간을 각 층마다 공통의 위치에 있도록 한다.
④ 편심 코어형은 기준층 바닥면적이 큰 경우에 적합하며 2방향 피난에 이상적이다.

5. 아파트의 평면 형식 중 중복도형에 관한 설명으로 옳은 것은?

① 대지 이용률이 높다.
② 복도의 면적이 최소화된다.
③ 자연 채광과 통풍이 우수하다.
④ 각 세대의 프라이버시가 매우 좋다.

6. 다음 중 상점건축의 매장 내 진열장(show case) 배치계획 시 가장 우선적으로 고려하여 할 사항은?

① 조명관계
② 진열장의 수
③ 고객의 동선
④ 실내 마감재료

7. 학교의 배치계획에 관한 설명으로 옳은 것은?

① 분산병렬형은 넓은 교지가 필요하다.
② 폐쇄형은 운동장에서 교실로의 소음 전달이 거의 없다.
② 분산병렬형은 일조, 통풍 등 환경조건이 좋으나 구조계획이 복잡하다.
④ 폐쇄형은 대지의 이용률을 높일 수 있으며 화재 및 비상 시 피난에 유리하다.

8. 부엌의 각종 설비를 작업하기에 가장 적절하게 배열한 것은?

① 냉장고 → 레인지 → 개수대 → 작업대 → 배선대
② 냉장고 → 개수대 → 작업대 → 레인지 → 배선대
③ 냉장고 → 개수대 → 레인지 → 작업대 → 배선대
④ 냉장고 → 작업대 → 레인지 → 개수대 → 배선대

9. 다음 중 단독주택 현관의 위치결정에 가장 주된 영향을 끼치는 것은?

① 용적률
② 건폐율
③ 주택의 규모
④ 도로의 위치

10. 공간의 레이아웃(lay-out)과 가장 밀접한 관계를 가지고 있는 것은?

① 재료계획
② 동선계획
③ 설비계획
④ 색채계획

11. 사무소 건축에서 엘리베이터 배치에 관한 설명으로 옳지 않은 것은?

① 일렬 배치는 8대를 한도로 한다.
② 교통동선의 중심에 설치하여 보행거리가 짧도록 배치한다.
③ 대면배치 시 대면거리는 동일 군 관리의 경우 3.5~4.5m로 한다.
④ 여러 대의 엘리베이터를 설치하는 경우, 그룹별 배치와 군 관리 운전방식으로 한다.

12. 사무소 건축에 있어서 사무실의 크기를 결정하는 가장 중요한 요소는?

① 방문자의 수
② 사무원의 수
③ 사무소의 층수
④ 사무실의 위치

13. 주거단지 내 동선계획에 관한 설명으로 옳지 않은 것은?

① 보행자 동선 중 목적동선은 최단거리로 한다.
② 보행자가 차도를 걷거나 횡단하기 쉽게 계획한다.
③ 근린주구 단위 내부로 차량 통과교통을 발생시키지 않는다.
④ 차량 동선은 긴급차량 동선의 확보와 소음 대책을 고려한다.

14. 탑상형(Tower Type) 공동주택에 관한 설명으로 옳지 않은 것은?

① 각 세대에 시각적인 개방감을 줄 수 있다.
② 다른 주거동에 미치는 일조의 영향이 크다.
③ 단지내의 랜드마크(Landmark)적인 역할이 가능하다.
④ 각 세대에 일조 및 채광 등의 거주환경을 균등하게 제공하는 것이 어렵다.

15. 사무소 건축에서 유효율(rentable ratio)이 의미하는 것은?

① 연면적과 대지면적의 비
② 임대면적과 연면적의 비
③ 업무공간과 공용공간의 면적비
④ 기준층의 바닥면적과 연면적의 비

16. 백화점 건축에서 기둥 간격의 결정 시 고려할 사항과 가장 거리가 먼 것은?

① 공조실의 위치
② 매장 진열장의 치수
③ 지하주차장의 주차방식
④ 에스컬레이터의 배치방법

17. 학교운영방식에 관한 설명으로 옳지 않은 것은?

① 교과교실형은 학생의 이동이 많으므로 소지품 보관장소 등을 고려할 필요가 있다.
② 종합교실형은 하나의 교실에서 모든 교과수업을 행하는 방식으로 초등학교 저학년에게 적합하다.
③ 일반 및 특별교실형은 우리나라 대부분의 초등학교에서 적용되었던 방식으로 이제는 적용되지 않고 있다.
④ 플래툰형은 각 학급을 2분단으로 나누어 한 쪽이 일반교실을 사용할 때, 다른 한 쪽은 특별교실을 사용하는 방식이다.

18. 공장건축의 지붕형식에 관한 설명으로 옳지 않은 것은?

① 솟을지붕은 채광 및 자연환기에 적합한 형식이다.

② 평지붕은 가장 단순한 형식으로 2~3층의 복층식 공장 건축물의 최상층에 적용된다.

③ 샤렌구조 지붕은 최근에 많이 사용되는 유형으로 기둥이 많이 필요하다는 단점이 있다.

④ 톱날지붕은 북향의 채광창을 통한 약한 광선의 유입으로 작업 능률에 지장이 없는 형식이다.

19. 타운하우스(town house)에 관한 설명으로 옳지 않은 것은?

① 각 세대마다 자동차의 주차가 용이하다.

② 프라이버시 확보를 위하여 경계벽 설치가 가능한 형식이다.

③ 일반적으로 1층에는 생활공간, 2층에는 침실, 서재 등을 배치한다.

④ 경사지를 이용하여 지형에 따라 건물을 축조하는 것으로 모든 세대 전면에 테라스가 설치된다.

20. 공장건축 중 무창공장에 관한 설명으로 옳지 않은 것은?

① 방직공장 등에서 사용된다.

② 공장 내 조도를 균일하게 할 수 있다.

③ 온·습도의 조절이 유창공장에 비해 어렵다.

④ 외부로부터 자극이 적으나 오히려 실내발생 소음은 커진다.

해설 및 정답

1. 부엌의 유형
  ① ㄱ자형 : 정방형 부엌에 알맞고, 비교적 넓은 부엌에서 능률이 좋으나 모서리 부분은 이용도가 낮다.
  ② ㄷ자형 : 양측 벽면이 이용될 수 있으므로 수납공간을 넓게 잡을 수 있으며, 이용하기에도 아주 편리하다.
  ③ 병렬형 : 직선형에 비해 작업동선이 줄어 들지만, 작업시 몸을 앞뒤로 바꿔야 하므로 불편하다. 식당과 부엌이 개방되지 않고 외부로 통하는 출입구가 필요한 경우에 많이 쓰인다.
  ④ 일렬(직선)형 : 좁은 부엌에 알맞고, 동선의 혼란이 없는 반면, 움직임이 많아 동선이 길어지는 경향이 있다.

2. 상점의 전면형태인 파사드(facade, 점두)는 간판, 쇼윈도우, 출입구, 광고 등을 포함한 점포 전체의 얼굴이며, 이 때 쇼윈도우(진열창)는 점두의 의장중심이 된다.

3. 공정중심의 레이아웃(기계설비중심)
  ① 동일 종류의 공정, 즉, 기계로 그 기능이 동일한 것, 혹은 유사한 것을 하나의 그룹으로 집합시키는 방식으로 일명 기능식 레이아웃이다.
  ② 다종 소량생산으로 예상생산이 불가능한 경우, 표준화가 행해지기 어려운 경우에 채용한다.
  ③ 생산성이 낮으나, 주문공장생산에 적합하다.

4. 중심코어형은 기준층 바닥면적이 큰 경우에 적합하며, 양단코어형은 2방향 피난에 이상적이다.

5. 중(속)복도형(middle corridor system)
  ① 장점 : 대지의 이용률이 높다.
  ② 단점
    • 복도의 면적이 넓어진다.
    • 통풍, 채광상 불리하다.
    • 프라이버시가 나쁘고 시끄럽다.

6. 상점내의 매장계획에 있어서 동선을 원활하게 하는 것이 가장 중요하다. 따라서 가구 배치계획시에 상점내의 동선은 길고 원활하게 하며, 고객동선은 가능한 한 길게, 종업원동선은 되도록 짧게 하여 보행거리를 적게 하며, 고객동선과 교차되지 않도록 한다.

7. 폐쇄형과 분산병렬형의 비교

비교내용	폐쇄형	분산병렬형
① 대지	효율적인 이용	넓은 교지필요
② 교사주변	비활용	놀이터와 정원으로 활용
③ 환경조건	불균등	균등
④ 구조계획	복잡(유기적 구성)	간단(규격화)
⑤ 동선	짧다.	길어진다.
⑥ 소음	크다.	적다.
⑦ 비상시 피난	불리하다.	유리하다.

8. 부엌의 작업순서
  냉장고 – 싱크대(개수대) – 작업대(조리대) – 레인지(가열대) – 배선대

9. 현관의 위치결정은 도로의 위치와 경사도 및 대지의 형태에 따라 영향을 받는다.

10. 공간의 레이아웃(lay-out)이란 공간을 형성하는 부분과 설치되는 물체의 평면상 배치계획으로 동선계획과 가장 밀접하다.

11. 사무소 건축에서 엘리베이터 배치는 4대 이하는 직선으로 배치하고, 6대 이상은 앨코브 또는 대면배치가 효과적이다.

12. 사무소건축의 규모는 사무원의 수에 따라 결정된다. 따라서 사무원 1인당 점유 바닥면적을 통해 대실면적과 연면적을 산출할 수 있다.

13. 보행자가 차도를 걷거나 횡단하는 것이 용이하지 않도록 한다.

14. 주동형태에 의한 분류

① 탑상형(타워형)

㉠ 건축외관의 4면성이 강조되어 방향성이 없는 자유로운 배치가 가능하다.

㉡ 조망에 유리하다.

㉢ 각 주호의 환경조건이 불균등하다.

② 판상형

㉠ 각 주호의 향의 균일성을 확보할 수 있다.

㉡ 단위평면구성이 용이하다.

㉢ 다른 주거동에 미치는 일조의 영향이 크다.(조망의 차단과 인동간격, 음영 등을 면밀히 검토해야 한다.)

15. 유효율 $= \dfrac{\text{임대(대실)면적}}{\text{연면적}} \times 100(\%)$

16. 백화점건축의 기둥간격 결정요소

① 진열장(show case)의 치수와 배치방법

② 지하주차장의 주차방식과 주차 폭

③ 엘리베이터, 에스컬레이터의 배치

17. 일반교실 + 특별교실형(U · V형)

일반교실은 각 학급에 하나씩 배당하고, 그 밖에 특별교실을 갖는다. 우리나라 학교의 70%를 차지하고 있으며, 가장 일반적인 형이다.

① 장점

전용의 학급교실이 주어지기 때문에 홈룸활동 및 학생의 소지품을 두는데 안정된다.

② 단점

교실의 이용률은 낮아진다. 따라서, 시설수준을 높일수록 비경제적이다.

18. 샤렌구조 지붕은 최근에 많이 사용되는 유형으로 기둥이 적게 필요하다는 장점이 있다.

19. 테라스하우스는 경사지를 이용하여 지형에 따라 건물을 축조하는 것으로 모든 세대 전면에 테라스가 설치된다.

20. 무창공장

방직공장 또는 정밀기계공장에 적합한 것으로 다음과 같은 특징이 있다.

① 창을 설치할 필요가 없으므로 건설비가 싸게 든다.

② 실내의 조도는 자연채광에 의하지 않고, 인공조명을 통하여 조절하게 되므로 균일하게 할 수 있다.

③ 공조시 냉난방부하가 적게 걸리므로 비용이 적게 들며, 운전하기가 용이하다.

④ 실내에서의 소음이 크다.

⑤ 외부로부터의 자극이 적어 작업능률이 향상된다.

1. ④	2. ①	3. ③	4. ④	5. ①
6. ③	7. ①	8. ②	9. ④	10. ②
11. ①	12. ②	13. ②	14. ②	15. ②
16. ①	17. ③	18. ③	19. ④	20. ③

※ 본 기출문제는 수험자의 기억을 바탕으로 하여 복원한 문제이므로 실제 문제와 다를 수 있음을 미리 알려드립니다.

1. 주택의 부엌에서 작업삼각형(Work Triangle)의 구성요소에 속하지 않는 것은?

① 냉장고
② 배선대
③ 개수대
④ 레인지

2. 다음 중 근린분구의 중심시설에 속하지 않는 것은?

① 약국
② 유치원
③ 파출소
④ 초등학교

3. 공동주택의 단면형 중 스킵 플로어(skip floor)형식에 관한 설명으로 옳은 것은?

① 하나의 단위주거의 평면이 2개 층에 걸쳐 있는 것으로 듀플렉스형이라고도 한다.
② 하나의 단위주거의 평면이 3개 층에 걸쳐 있는 것으로 트리플렉스형이라고도 한다.
③ 주거단위가 동일층에 한하여 구성되는 형식이며, 각 층에 통로 또는 엘리베이터를 설치하게 된다.
④ 주거단위의 단면을 단층형과 복층형에서 동일층으로 하지 않고 반 층씩 어긋나게 하는 형식을 말한다.

4. 공동주택에 관한 설명 중 옳지 않은 것은?

① 동일한 규모의 단독주택보다 대지비나 건축비가 적게 든다.
② 주거환경의 질을 높일 수 있다.
③ 단독주택보다 독립성이 크다.
④ 도시생활의 커뮤니티화가 가능하다.

5. 사무소 기준층 층고의 결정 요인과 가장 관계가 먼 것은?

① 엘리베이터 크기
② 채광
③ 공기조화(Air Conditioning)
④ 사무실의 깊이

6. 어느 학교의 1주간 평균수업시간이 36시간이고, 미술교실이 사용되는 시간이 18시간이며, 그 중 6시간이 영어수업에 사용된다. 미술교실의 이용률과 순수율은?

① 이용률 50%, 순수율 67%
② 이용률 50%, 순수율 33%
③ 이용률 67%, 순수율 50%
④ 이용률 67%, 순수율 33%

7. 공장건축의 형식 중 분관식(Pavlilion type)에 대한 설명으로 옳지 않은 것은?

① 통풍, 채광에 불리하다.
② 배수, 물홈통 설치가 용이하다.
③ 공장의 신설, 확장이 비교적 용이하다.
④ 건물마다 건축형식, 구조를 각기 다르게 할 수 있다.

8. 다음 중 아파트의 주동계획에서 지상에 필로티를 두는 이유와 가장 관계가 먼 것은?

① 개방감의 확보
② 원활한 보행동선의 연결
③ 오픈스페이스로써의 활용가능
④ 용적률의 감축 및 공사비 절감

9. 다음과 같은 조건에서 요구되는 침실의 최소 바닥 면적은?

> • 성인 3인용 침실
> • 침실의 천장높이 : 2.5m
> • 실내 자연환기 회수 : 3회/h
> • 성인 1인당 필요로 하는 신선한 공기요구량 : 50m³/h

① 10m²   ② 15m²
③ 20m²   ④ 30m²

10. 학교건축에서 다층교사에 관한 설명으로 옳지 않은 것은?

① 집약적인 평면계획이 가능하다.
② 학년별 배치, 동선 등에 신중한 계획이 요구된다.
③ 시설의 집중화로 효율적인 공간 이용이 가능하다.
④ 구조계획이 단순하며, 내진 및 내풍구조가 용이하다.

11. 학교건축계획시 고려하여야 할 사항으로 옳지 않은 것은?

① 교실의 융통성이 확보되어야 한다.
② 지역인의 접근 가능성이 차단되어야 한다.
③ 교과내용의 변화에 적응할 수 있어야 한다.
④ 학교운영방식의 변화에 대응할 수 있어야 한다.

12. 다음 설명에 알맞은 상점의 가구배치 유형은?

> • 상품의 전달 및 고객의 동선상 흐름이 가장 빠른 형식으로 협소한 매장에 적합하다.
> • 부분별로 상품 진열이 용이하고 대량판매 형식도 가능하다.

① 환상형   ② 직렬형
③ 굴절형   ④ 복합형

13. 다음 설명에 알맞은 백화점 건축의 에스컬레이터 배치 유형은?

> • 승객의 시야가 다른 유형에 비해 넓다.
> • 승객의 시선이 1방향으로만 한정된다.
> • 점유면적이 많이 요구된다.

① 직렬식   ② 교차식
③ 병렬 연속식   ④ 병렬 단속식

14. 주택에서 주방의 일부에 간단한 식탁을 설치하거나 식사실과 주방이 하나로 구성된 형태는?

① 독립형(K형)
② 다이닝 키친(DK형)
③ 리빙 다이닝(LD형)
④ 다이닝 테라스(DT)형

15. 사무소 건축의 코어계획에 관한 설명으로 옳지 않은 것은?

① 엘리베이터홀과 출입구문은 근접하여 배치한다.
② 코어 내의 각 공간은 각 층마다 공통의 위치에 배치한다.
③ 계단, 엘리베이터 및 화장실은 가능한 근접하여 배치한다.
④ 코어 내의 서비스 공간과 업무 사무실과의 동선을 단순하게 처리한다.

16. 상점의 숍 프런트(Shop Front) 구성에 따른 유형 중 폐쇄형에 관한 설명으로 옳지 않은 것은?

① 일반적으로 서점, 제과점 등의 상점에 적용된다.
② 고객의 출입이 적으며, 상점 내에 비교적 오래 머무르는 상점에 적합하다.
③ 상점내의 분위기가 중요하며, 고객이 내부 분위기에 만족하도록 계획한다.
④ 숍 프런트를 출입구 이외에는 벽이나 장식창 등으로 외부와의 경계를 차단한 형식이다.

17. 사무소 건축의 코어 유형에 관한 설명으로 옳지 않은 것은?

① 중앙코어형은 구조적으로 바람직한 유형이다.

② 편단코어형은 기준층 바닥면적이 작은 경우에 적합한 유형이다.

③ 외코어형은 방재상 2방향 피난시설 설치에 이상적인 유형이다.

④ 양단코어형은 단일용도의 대규모 전용사무실에 적합한 유형이다.

18. 상점계획에 대한 설명 중 옳지 않은 것은?

① 쇼윈도우는 간판, 입구, 파사드(facade), 광고 등을 포함하며 점포전체의 얼굴이다.

② 쇼윈도우의 크기는 상점의 종류, 전면 길이 및 부지조건에 따라 다르다.

③ 상점 바닥면은 보도면에서 자유스럽게 유도될 수 있도록 계획한다.

④ 고객 동선은 가능한 한 길게 종업원의 동선은 가능한 한 짧게 한다.

19. 사무소 건축에서 렌터블 비(Rentable Ratio)를 올바르게 표현한 것은?

① 연면적에 대한 임대면적의 비율

② 연면적에 대한 건축면적의 비율

③ 대지면적에 대한 임대면적의 비율

④ 대지면적에 대한 건축면적의 비율

20. 다음의 공장건축 지붕형식 중 채광과 환기에 효과적인 유형으로 자연환기에 가장 적합한 것은?

① 평지붕

② 뾰족지붕

③ 톱날지붕

④ 솟을지붕

해설 및 정답

1. 작업삼각형(Work Triangle) : 냉장고와 개수대 그리고 레인지(가열기)를 잇는 작업삼각형의 길이는 3.6~6.6m로 하는 것이 능률적이며, 개수대는 창에 면하는 것이 좋다.

2. 초등학교 – 근린주구의 중심시설

3. 스킵 플로어(skip floor)형

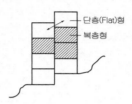

① 스킵 플로어형은 주거공간 구성에 있어서 실과 실과의 높이가 반층 정도에 걸쳐 있으므로 구조 및 설비계획상 복잡하다.
② 스킵 플로어형은 우리말로 단층(段層)인데, 플랫(flat)형의 단층과 그 의미가 다르다. 사실상 스킵 플로어형을 복층형으로 보나 구조를 보면 단층형과 복층형이 존재한다.

4. 단독주택보다 독립성이 떨어진다.

5. 사무소 기준층의 층고와 깊이에 있어서 층고는 사용목적, 채광, 공조, 공사비에 의해서 결정되며, 사무실의 깊이는 책상배치, 채광량 등으로 결정되지만 층고에도 관계된다.

6. 이용률과 순수율

① 이용률 $= \dfrac{\text{교실이 사용되고 있는 시간}}{\text{1주간의 평균 수업시간}} \times 100(\%)$

$= \dfrac{18}{36} \times 100(\%) = 50\%$

② 순수율 $= \dfrac{\text{일정한 교과를 위해 사용되는 시간}}{\text{그 교실이 사용되고 있는 시간}} \times 100(\%)$

$= \dfrac{18-6}{18}$ 시간 $\times 100(\%) = 67\%$

7. 분관식(pavilion type)
① 건축형식, 구조를 각각 다르게 할 수 있다.
② 공장의 신설, 확장이 용이하다.
③ 배수, 물흄통설치가 용이하다.
④ 통풍, 채광이 좋다.
⑤ 공장건설을 병행할 수 있으므로 조기완성이 가능하다.

8. 필로티는 1층은 기둥만을 세워 놓고 2층 이상에 실을 두는 1층만의 빈공간을 말하며, 두는 이유는 다음과 같다.
① 개방감의 확보
② 원활한 보행동선의 연결
③ 오픈스페이스로서의 활용가능

9. 침실의 최소 바닥면적의 산정
① 성인 1인당 필요로 하는 신선한 공기요구량 : 50m³/h
② 실내 자연환기 회수가 3회/h 이므로

침실의 용적 $= 50\text{m}^3/\text{h} \div 3\text{회}/\text{h} = \dfrac{50}{3}\,\text{m}^3$

③ 천장고가 2.5m라면 성인 1인당 침실 바닥면적

$= \dfrac{50}{3} \div 2.5\text{m} = \dfrac{50}{7.5}\,\text{m}^2$

따라서, 성인 3인용일 경우 $\dfrac{50}{7.5}\,\text{m}^2 \times 3\text{인} = 20\text{m}^2$

10. ④ – 단층교사의 이점

11. 지역인의 접근이 가능하도록 하여야 한다.

12. 직렬배열형 : 통로가 직선이므로 고객의 흐름이 빨라 부분별 상품진열이 용이하고, 대량판매형식도 가능하다.(침구점, 실용의복점, 가정전기점, 식기점, 서점 등)

13. 백화점 건축의 에스컬레이터 배치유형

배치형식의 종류		승객의 시야	점유면적
직렬식		가장 좋으나, 시선이 한 방향으로 고정되기 쉽다.	가장 크다.
병렬	단속식	양호하다.	크다.
	연속식	일반적이다.	작다
교차식		나쁘다.	가장 작다.

해설 및 정답

14. ① 다이닝 키친(DK형) : 부엌 + 식사실

② 리빙 다이닝(다이닝 앨코브, LD형) : 거실의 일단에 식탁을 놓은 것

③ 다이닝 테라스(DT ; dining terrace)형 : 여름철 등 좋은 테라스에서 식사하는 것

15. 엘리베이터 홀이 출입구문에 근접해 있지 않도록 한다.

16. 상점의 숍 프론트(shop front)에 의한 유형

① 개방형 : 손님이 잠시 머무르는 곳이나 손님이 많은 곳에 적합하다.(서점, 제과점, 철물점, 지물포)

② 폐쇄형 : 손님이 비교적 오래 머무르는 곳이나 손님이 적은 곳에 사용된다.(이발소, 미용원, 보석상, 카메라점, 귀금속상 등)

③ 중간형 : 개방형과 폐쇄형을 겸한 형식으로 가장 많이 이용된다.

17. 양단코어형은 방재상 2방향 피난시설 설치에 이상적인 유형이다.

18. 상점의 전면형태인 파사드(facade, 점두)는 간판, 쇼윈도우, 출입구, 광고 등을 포함한 점포전체의 얼굴이며, 이 때 진열창(쇼윈도우)은 파사드의 의장중심이 된다.

19. 유효율(Rentable Ratio) = $\dfrac{\text{임대(대실)면적}}{\text{연면적}} \times 100(\%)$

20. 공장의 지붕형식상의 분류

① 평지붕 : 중층식 건물의 최상층

② 뾰족지붕 : 동일면에 천창을 내는 방법으로 어느 정도 직사광선을 허용하는 결점이 있다.

③ 톱날지붕 : 공장 특유의 지붕형태로 채광창이 북향으로 종일 변함없는 조도를 가진 약한 광선을 받아들여 작업능률에 지장이 없도록 한다.

④ 솟을지붕 : 채광, 환기에 적합하다.

⑤ 샤렌구조 : 기둥이 적게 소요되는 장점이 있다.

1. ②	2. ④	3. ④	4. ③	5. ①
6. ①	7. ①	8. ④	9. ③	10. ④
11. ②	12. ②	13. ①	14. ②	15. ①
16. ①	17. ③	18. ①	19. ①	20. ④

건축기사 대비 **건축계획** 1

───────────────────── 定價 26,000원

저 자 이종석 · 이병억
발행인 이 종 권

2000年 12月 13日 초판1쇄 발행
2001年 2月 14日 초판2쇄 발행
2002年 1月 3日 2차개정1쇄 발행
2002年 2月 4日 2차개정2쇄 발행
2003年 1月 6日 3차개정1쇄 발행
2003年 3月 20日 3차개정2쇄 발행
2004年 1月 5日 4차개정1쇄 발행
2005年 1月 3日 5차개정1쇄 발행
2005年 5月 9日 5차개정2쇄 발행
2006年 1月 9日 6차개정1쇄 발행
2007年 1月 8日 7차개정1쇄 발행
2007年 1月 22日 7차개정2쇄 발행
2008年 1月 7日 8차개정1쇄 발행
2009年 1月 12日 9차개정1쇄 발행
2010年 1月 6日 10차개정1쇄 발행
2011年 1月 18日 11차개정1쇄 발행
2012年 1月 26日 12차개정1쇄 발행
2013年 1月 30日 13차개정1쇄 발행
2014年 1月 27日 14차개정1쇄 발행
2015年 1月 23日 15차개정1쇄 발행
2016年 1月 21日 16차개정1쇄 발행
2017年 1月 16日 17차개정1쇄 발행
2018年 1月 15日 18차개정1쇄 발행
2019年 1月 7日 19차개정1쇄 발행
2020年 1月 20日 20차개정1쇄 발행
2021年 1月 12日 21차개정1쇄 발행
2022年 1月 10日 22차개정1쇄 발행
2023年 1月 19日 23차개정1쇄 발행
2024年 1月 5日 24차개정1쇄 발행

發行處 (주)**한솔아카데미**

(우)06775 서울시 서초구 마방로10길 25 트윈타워 A동 2002호
TEL : (02)575-6144/5   FAX : (02)529-1130
〈1998. 2. 19 登錄 第16-1608號〉

※ 본 교재의 내용 중에서 오타, 오류 등은 발견되는 대로 한솔아
  카데미 인터넷 홈페이지를 통해 공지하여 드리며 보다 완벽한
  교재를 위해 끊임없이 최선의 노력을 다하겠습니다.

※ 파본은 구입하신 서점에서 교환해 드립니다.

www.inup.co.kr / www.bestbook.co.kr

ISBN 979-11-6654-419-4 13540

건축기사시리즈
①건축계획

이종석, 이병억 공저
536쪽 | 26,000원

건축기사시리즈
②건축시공

김형중, 한규대, 이명철, 홍태화
공저
678쪽 | 26,000원

건축기사시리즈
③건축구조

안광호, 홍태화, 고길용 공저
796쪽 | 27,000원

건축기사시리즈
④건축설비

오병칠, 권영철, 오호영 공저
564쪽 | 26,000원

건축기사시리즈
⑤건축법규

현정기, 조영호, 김광수, 한웅규
공저
622쪽 | 27,000원

건축기사 필기 10개년
핵심 과년도문제해설

안광호, 백종엽, 이병억 공저
1,000쪽 | 44,000원

건축기사 4주완성

남재호, 송우용 공저
1,412쪽 | 46,000원

건축산업기사 4주완성

남재호, 송우용 공저
1,136쪽 | 43,000원

7개년 기출문제
건축산업기사 필기

한솔아카데미 수험연구회
868쪽 | 36,000원

건축설비기사 4주완성

남재호 저
1,280쪽 | 44,000원

건축설비산업기사
4주완성

남재호 저
770쪽 | 38,000원

10개년 핵심
건축설비기사 과년도

남재호 저
1,148쪽 | 38,000원

건축기사 실기

한규대, 김형중, 안광호, 이병억
공저
1,672쪽 | 52,000원

건축기사 실기
(The Bible)

안광호, 백종엽, 이병억 공저
818쪽 | 37,000원

건축기사 실기 12개년
과년도

안광호, 백종엽, 이병억 공저
688쪽 | 30,000원

건축산업기사 실기

한규대, 김형중, 안광호, 이병억
공저
696쪽 | 33,000원

건축산업기사 실기
(The Bible)

안광호, 백종엽, 이병억 공저
300쪽 | 27,000원

실내건축기사 4주완성

남재호 저
1,284쪽 | 39,000원

실내건축산업기사
4주완성

남재호 저
1,020쪽 | 31,000원

시공실무
실내건축(산업)기사 실기

안동훈, 이병억 공저
422쪽 | 31,000원

Hansol Academy

건축사 과년도출제문제
1교시 대지계획
한솔아카데미 건축사수험연구회
346쪽 | 33,000원

건축사 과년도출제문제
2교시 건축설계1
한솔아카데미 건축사수험연구회
192쪽 | 33,000원

건축사 과년도출제문제
3교시 건축설계2
한솔아카데미 건축사수험연구회
436쪽 | 33,000원

건축물에너지평가사
①건물 에너지 관계법규
건축물에너지평가사 수험연구회
818쪽 | 30,000원

건축물에너지평가사
②건축환경계획
건축물에너지평가사 수험연구회
456쪽 | 26,000원

건축물에너지평가사
③건축설비시스템
건축물에너지평가사 수험연구회
682쪽 | 29,000원

건축물에너지평가사
④건물 에너지효율설계 · 평가
건축물에너지평가사 수험연구회
756쪽 | 30,000원

건축물에너지평가사
2차실기(상)
건축물에너지평가사 수험연구회
940쪽 | 45,000원

건축물에너지평가사
2차실기(하)
건축물에너지평가사 수험연구회
905쪽 | 50,000원

토목기사시리즈
①응용역학
염창열, 김창원, 안광호, 정용욱,
이지훈 공저
804쪽 | 25,000원

토목기사시리즈
②측량학
남수영, 정경동, 고길용 공저
452쪽 | 25,000원

토목기사시리즈
③수리학 및 수문학
심기오, 노재식, 한웅규 공저
450쪽 | 25,000원

토목기사시리즈
④철근콘크리트 및 강구조
정경동, 정용욱, 고길용, 김지우
공저
464쪽 | 25,000원

토목기사시리즈
⑤토질 및 기초
안성중, 박광진, 김창원, 홍성협
공저
640쪽 | 25,000원

토목기사시리즈
⑥상하수도공학
노재식, 이상도, 한웅규, 정용욱
공저
544쪽 | 25,000원

10개년 핵심 토목기사
과년도문제해설
김창원 외 5인 공저
1,076쪽 | 45,000원

토목기사 4주완성
핵심 및 과년도문제해설
이상도, 고길용, 안광호, 한웅규,
홍성협, 김지우 공저
1,054쪽 | 42,000원

토목산업기사 4주완성
7개년 과년도문제해설
이상도, 정경동, 고길용, 안광호,
한웅규, 홍성협 공저
752쪽 | 39,000원

토목기사 실기
김태선, 박광진, 홍성협, 김창원,
김상욱, 이상도 공저
1,496쪽 | 50,000원

토목기사 실기
12개년 과년도문제해설
김태선, 이상도, 한웅규, 홍성협,
김상욱, 김지우 공저
708쪽 | 35,000원

**콘크리트기사 · 산업기사
4주완성(필기)**

정용욱, 고길용, 전지현, 김지우
공저
976쪽 | 37,000원

**콘크리트기사
12개년 과년도(필기)**

정용욱, 고길용, 김지우 공저
576쪽 | 28,000원

**콘크리트기사 · 산업기사
3주완성(실기)**

정용욱, 김태형, 이승철 공저
748쪽 | 30,000원

**건설재료시험기사
4주완성 필독서(필기)**

박광진, 이상도, 김지우, 정용욱
공저
742쪽 | 37,000원

**건설재료시험기사
13개년 과년도(필기)**

고길용, 정용욱, 홍성협, 전지현
공저
656쪽 | 30,000원

**건설재료시험기사
3주완성(실기)**

고길용, 홍성협, 전지현, 김지우
공저
728쪽 | 29,000원

**콘크리트기능사
3주완성(필기+실기)**

정용욱, 고길용, 전지현 공저
524쪽 | 24,000원

**지적기능사(필기+실기)
3주완성**

염창열, 정병노 공저
640쪽 | 29,000원

측량기능사 3주완성

염창열, 정병노 공저
562쪽 | 27,000원

**전산응용토목제도기능사
필기 3주완성**

김지우, 최진호, 전지현 공저
438쪽 | 26,000원

**건설안전기사 4주완성
필기**

지준석, 조태연 공저
1,388쪽 | 36,000원

**산업안전기사 4주완성
필기**

지준석, 조태연 공저
1,560쪽 | 36,000원

**공조냉동기계기사 필기
5주완성**

조성안, 이승원, 한영동 공저
1,502쪽 | 39,000원

**공조냉동기계산업기사
필기 5주완성**

조성안, 이승원, 한영동 공저
1,250쪽 | 34,000원

**공조냉동기계기사 실기
5주완성**

조성안, 한영동 공저
950쪽 | 37,000원

**조경기사 · 산업기사
필기**

이윤진 저
1,836쪽 | 49,000원

**조경기사 · 산업기사
실기**

이윤진 저
1,050쪽 | 45,000원

조경기능사 필기

이윤진 저
682쪽 | 29,000원

조경기능사 실기

이윤진 저
350쪽 | 28,000원

조경기능사 필기

한상엽 저
712쪽 | 28,000원

Hansol Academy

조경기능사 실기
한상업 저
738쪽 | 29,000원

산림기사 · 산업기사 1권
이윤진 저
888쪽 | 27,000원

산림기사 · 산업기사 2권
이윤진 저
974쪽 | 27,000원

전기기사시리즈(전6권)
대산전기수험연구회
2,240쪽 | 113,000원

전기기사 5주완성
전기기사수험연구회
1,680쪽 | 42,000원

전기산업기사 5주완성
전기산업기사수험연구회
1,556쪽 | 42,000원

전기공사기사 5주완성
전기공사기사수험연구회
1,608쪽 | 41,000원

**전기공사산업기사
5주완성**
전기공사산업기사수험연구회
1,606쪽 | 41,000원

전기(산업)기사 실기
대산전기수험연구회
766쪽 | 42,000원

**전기기사 실기 15개년
과년도문제해설**
대산전기수험연구회
808쪽 | 37,000원

전기기사시리즈(전6권)
김대호 저
3,230쪽 | 119,000원

전기기사 실기 기본서
김대호 저
964쪽 | 36,000원

전기기사 실기 기출문제
김대호 저
1,336쪽 | 39,000원

**전기산업기사 실기
기본서**
김대호 저
920쪽 | 36,000원

**전기산업기사 실기
기출문제**
김대호 저
1,076 | 38,000원

전기기사 실기 마인드 맵
김대호 저
232쪽 | 16,000원

**전기(산업)기사
실기 모의고사 100선**
김대호 저
296쪽 | 24,000원

전기기능사 필기
이승원, 김승철 공저
624쪽 | 25,000원

**소방설비기사
기계분야 필기**
김흥준, 한영동, 박래철, 윤중오
공저
1,130쪽 | 39,000원

**소방설비기사
전기분야 필기**
김흥준, 홍성민, 박래철 공저
990쪽 | 38,000원

공무원 건축계획
이병억 저
800쪽 | 37,000원

7 · 9급 토목직 응용역학
정경동 저
1,192쪽 | 42,000원

9급 토목직 토목설계
정경동 저
1,114쪽 | 42,000원

응용역학개론 기출문제
정경동 저
686쪽 | 40,000원

측량학(9급 기술직/ 서울시 · 지방직)
정병노, 염창열, 정경동 공저
722쪽 | 27,000원

응용역학(9급 기술직/ 서울시 · 지방직)
이국형 저
628쪽 | 23,000원

스마트 9급 물리 (서울시 · 지방직)
신용찬 저
422쪽 | 23,000원

7급 공무원 스마트 물리학개론
신용찬 저
614쪽 | 38,000원

1종 운전면허
도로교통공단 저
110쪽 | 12,000원

2종 운전면허
도로교통공단 저
110쪽 | 12,000원

1 · 2종 운전면허
도로교통공단 저
110쪽 | 12,000원

지게차 운전기능사
건설기계수험연구회 편
216쪽 | 15,000원

굴삭기 운전기능사
건설기계수험연구회 편
224쪽 | 15,000원

지게차 운전기능사 3주완성
건설기계수험연구회 편
338쪽 | 12,000원

굴삭기 운전기능사 3주완성
건설기계수험연구회 편
356쪽 | 12,000원

초경량 비행장치 무인멀티콥터
권희춘, 김병구 공저
258쪽 | 22,000원

시각디자인 산업기사 4주완성
김영애, 서정술, 이원범 공저
1,102쪽 | 36,000원

시각디자인 기사 · 산업기사 실기
김영애, 이원범 공저
508쪽 | 35,000원

토목 BIM 설계활용서
김영휘, 박형순, 송윤상, 신현준, 안서현, 박진훈, 노기태 공저
388쪽 | 30,000원

BIM 구조편
(주)알피종합건축사사무소
(주)동양구조안전기술 공저
536쪽 | 32,000원

Hansol Academy

BIM 주택설계편
(주)알피종합건축사사무소
박기백, 서창석, 함남혁, 유기찬
공저
514쪽 | 32,000원

BIM 기본편
(주)알피종합건축사사무소
402쪽 | 32,000원

**BIM 건축계획설계
Revit 실무지침서**
BIMFACTORY
607쪽 | 35,000원

**전통가옥에서 BIM을
보며**
김요한, 함남혁, 유기찬 공저
548쪽 | 32,000원

BIM 주택설계편
(주)알피종합건축사사무소
박기백, 서창석, 함남혁, 유기찬
공저
514쪽 | 32,000원

BIM 활용편 2탄
(주)알피종합건축사사무소
380쪽 | 30,000원

BIM 건축전기설비설계
모델링스토어, 함남혁
572쪽 | 32,000원

BIM 토목편
송현혜, 김동욱, 임성순, 유자영,
심창수 공저
278쪽 | 25,000원

디지털모델링 방법론
이나래, 박기백, 함남혁, 유기찬
공저
380쪽 | 28,000원

**건축디자인을 위한
BIM 실무 지침서**
(주)알피종합건축사사무소
박기백, 오정우, 함남혁, 유기찬 공저
516쪽 | 30,000원

**BIM건축운용전문가
2급자격**
모델링스토어, 함남혁 공저
826쪽 | 34,000원

**BIM토목운용전문가
2급자격**
채재현, 김영휘, 박준오, 소광영,
김소희, 이기수, 조수연
614쪽 | 35,000원

BE Architect
유기찬, 김재준, 차성민, 신수진,
홍유찬 공저
282쪽 | 20,000원

**BE Architect
라이노&그래스호퍼**
유기찬, 김재준, 조준상, 오주연
공저
288쪽 | 22,000원

**BE Architect
AUTO CAD**
유기찬, 김재준 공저
400쪽 | 25,000원

건축관계법규(전3권)
최한석, 김수영 공저
3,544쪽 | 110,000원

건축법령집
최한석, 김수영 공저
1,490쪽 | 60,000원

건축법해설
김수영, 이종석, 김동화, 김용환,
조영호, 오호영 공저
918쪽 | 32,000원

건축설비관계법규
김수영, 이종석, 박호준, 조영호,
오호영 공저
790쪽 | 34,000원

건축계획
이순희, 오호영 공저
422쪽 | 23,000원

www.bestbook.co.kr

건축시공학

이찬식, 김선국, 김예상, 고성석,
손보식, 유정호, 김태완 공저
776쪽 | 30,000원

**현장실무를 위한
토목시공학**

남기천,김상환,유광호,강보순,
김종민,최준성 공저
1,212쪽 | 45,000원

알기쉬운 토목시공

남기천, 유광호, 류명찬, 윤영철,
최준성, 고준영, 김연덕 공저
818쪽 | 28,000원

Auto CAD 오토캐드

김수영, 정기범 공저
364쪽 | 25,000원

친환경 업무매뉴얼

정보현, 장동원 공저
352쪽 | 30,000원

**건축시공기술사
기출문제**

배용환, 서갑성 공저
1,146쪽 | 69,000원

**합격의 정석
건축시공기술사**

조민수 저
904쪽 | 67,000원

**건축전기설비기술사
(상권)**

서학범 저
784쪽 | 65,000원

**건축전기설비기술사
(하권)**

서학범 저
748쪽 | 65,000원

**마법기본서 PE
건축시공기술사**

백종엽 저
730쪽 | 62,000원

**스크린 PE
건축시공기술사**

백종엽 저
376쪽 | 32,000원

**용어설명1000 PE
건축시공기술사(상)**

백종엽 저
1,072쪽 | 70,000원

**용어설명1000 PE
건축시공기술사(하)**

백종엽 저
988쪽 | 70,000원

**합격의 정석
토목시공기술사**

김무섭, 조민수 공저
804쪽 | 60,000원

건설안전기술사

이태엽 저
600쪽 | 52,000원

소방기술사 上

윤정득, 박견용 공저
656쪽 | 55,000원

소방기술사 下

윤정득, 박견용 공저
730쪽 | 55,000원

**소방시설관리사 1차
(상,하)**

김흥준 저
1,630쪽 | 63,000원

건축에너지관계법해설

조영호 저
614쪽 | 27,000원

ENERGYPULS

이광호 저
236쪽 | 25,000원

Hansol Academy

수학의 마술(2권)
아서 벤저민 저, 이경희, 윤미선,
김은현, 성지현 옮김
206쪽 | 24,000원

**스트레스,
과학으로 풀다**
그리고리 L. 프리키온, 애너이브
코비치, 앨버트 S.융 저
176쪽 | 20,000원

숫자의 비밀
마리안 프라이베르거, 레이첼
토머스 지음. 이경희, 김영은,
윤미선. 김은현 옮김
376쪽 | 16,000원

지치지 않는 뇌 휴식법
이시카와 요시키 저
188쪽 | 12,800원

행복충전 50Lists
에드워드 호프만 저
272쪽 | 16,000원

**스마트 건설,
스마트 시티, 스마트 홈**
김선근 저
436쪽 | 19,500원

**e-Test 엑셀
ver.2016**
임창인, 조은경, 성대근, 강현권
공저
268쪽 | 17,000원

**e-Test 파워포인트
ver.2016**
임창인, 권영희, 성대근, 강현권
공저
206쪽 | 15,000원

**e-Test 한글
ver.2016**
임창인, 이권일, 성대근, 강현권
공저
198쪽 | 13,000원

**e-Test 엑셀
2010(영문판)**
Daegeun-Seong
188쪽 | 25,000원

**e-Test
한글+엑셀+파워포인트**
성대근, 유재휘, 강현권 공저
412쪽 | 28,000원

**재미있고 쉽게 배우는
포토샵 CC2020**
이영주 저
320쪽 | 23,000원

건축기사 실기 (전 3권)

한규대, 김형중, 안광호, 이병억
1,672쪽 | 52,000원

건축기사 실기(The Bible)

안광호, 백종엽, 이병억
818쪽 | 37,000원

※ 구입처는 **전국대형서점**에서 구매하실 수 있습니다.